JN214532

翻訳版

Agricultural Bioinformatics

オミクスデータとICTの統合

［原著編者］ Kavi Kishor P.B.
Rajib Bandopadhyay
Prashanth Suravajhala

［監訳］ 石井一夫
［翻訳］ 石井一夫
大前奈月

NTS

Translation from the English language edition:
Agricultural Bioinformatics
edited by P.B. Kavi Kishor, Rajib Bandopadhyay and Prashanth Suravajhala

Copyright © Springer India 2014
This Springer imprint is published by Springer Nature
The registered company is Springer (India) Private Ltd.
All Rights Reserved

Japanese translation rights arranged with Springer Nature through Japan UNI Agency, Inc., Tokyo

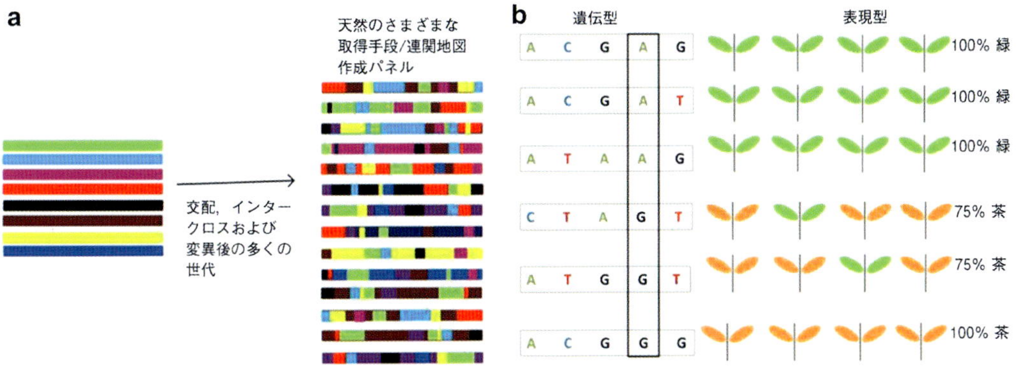

図 1　相関地図作成の略図。(a) 相関地図作成のサンプル集団を代表するさまざまなサンプル取得手段の集合体。(b) 遺伝子型（塩基多型）と表現型の間の相関（correlation）/ 連関（association）は有意なマーカーと形質の相関（有意なマーカー - 表現型連関）を生じる。（補足：連関（association）とは質的変数間の関連性のことで，相関（correlation）とは量的変数間の関連性のことである。統計学では「連関」と「相関」は区別される）(p.4)

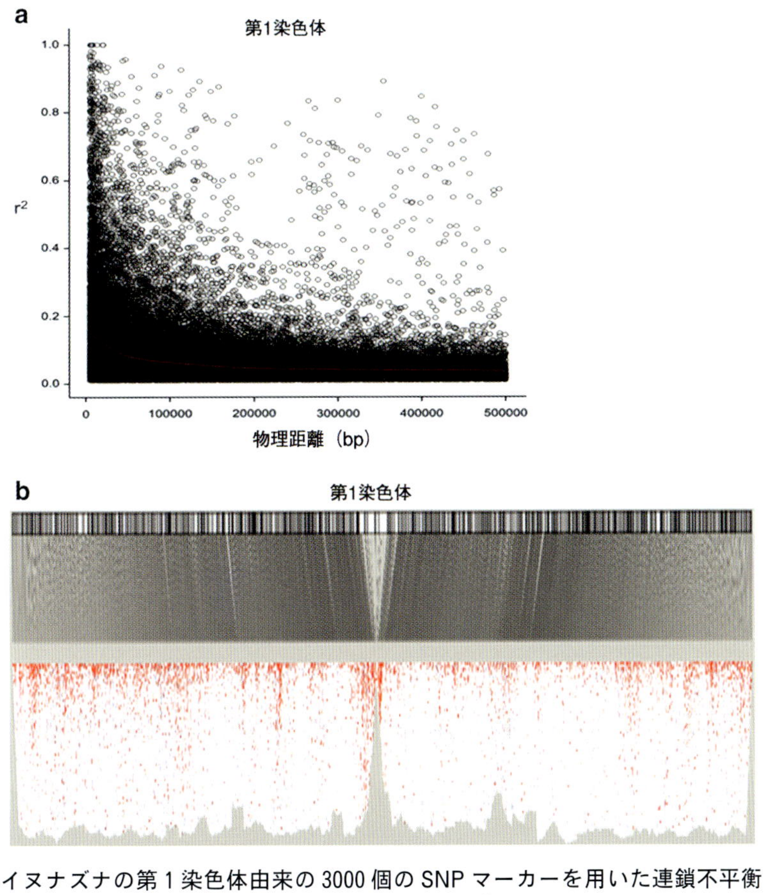

図 2　シロイヌナズナの第 1 染色体由来の 3000 個の SNP マーカーを用いた連鎖不平衡（LD）の可視化法。(a) 遺伝距離（cM）に対する連鎖不平衡崩壊（r^2）の散布図。Loess 適合曲線（赤色の曲線）は連鎖不平衡崩壊を示す。(b) 第 1 染色体の連鎖不平衡の程度についてのヒートプロット。ヒートプロット内の長方形領域の色（赤色：高度連鎖不平衡，白色：低度連鎖不平衡）は，二つの遺伝子座間の連鎖不平衡値（r^2）を示す。(p.8)

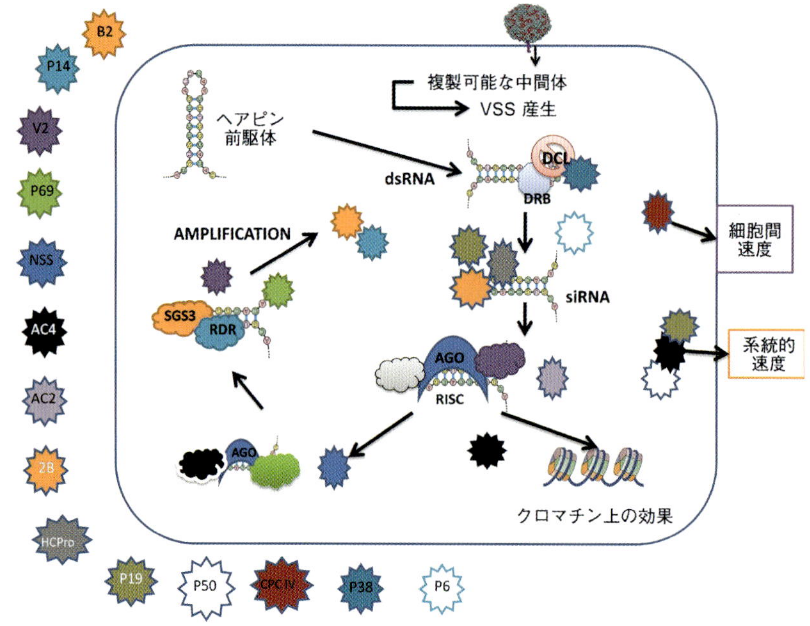

図 2　最も一般的なウイルスサイレシングサプレッサーの可能な作用様式の概念図 (p.31)

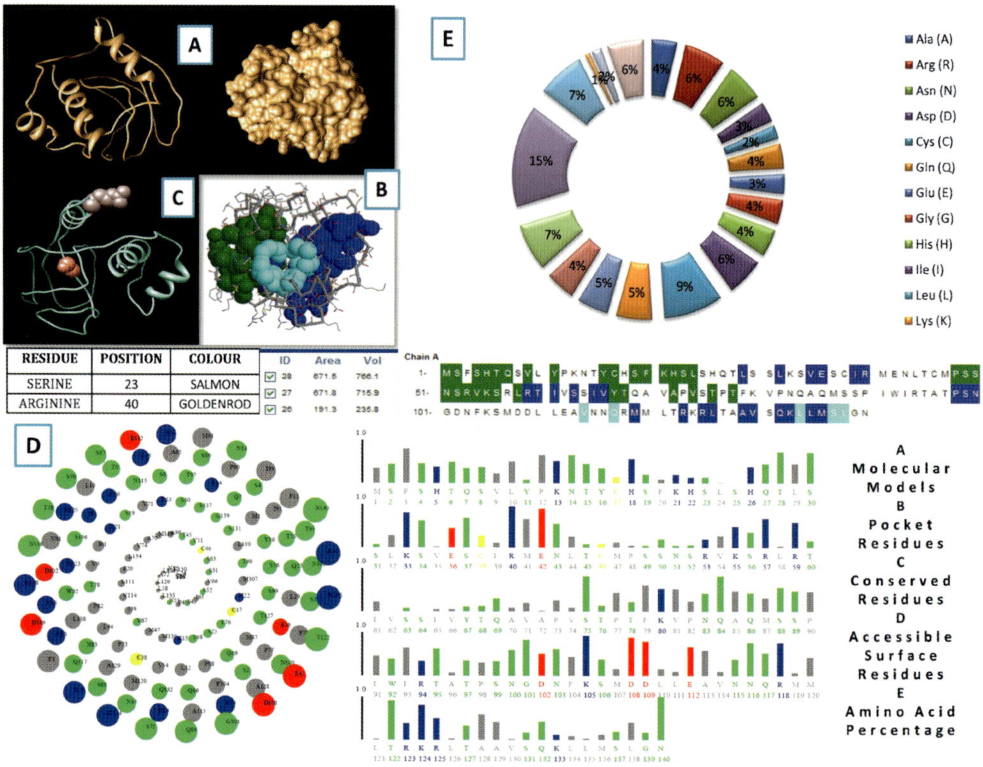

図 4　アフリカキャッサバモザイクウイルスの AC4 の分析 (p.35)

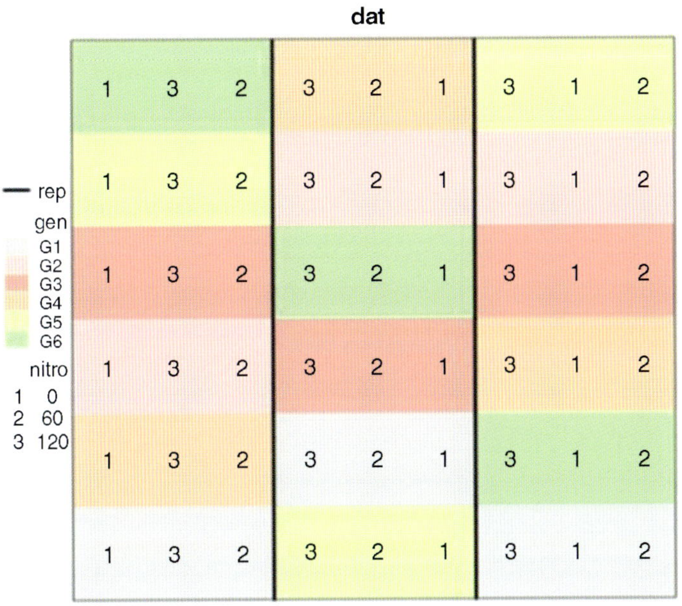

図2　イネストリッププロット実験（Gomez および Gomez 1984）（p.117）

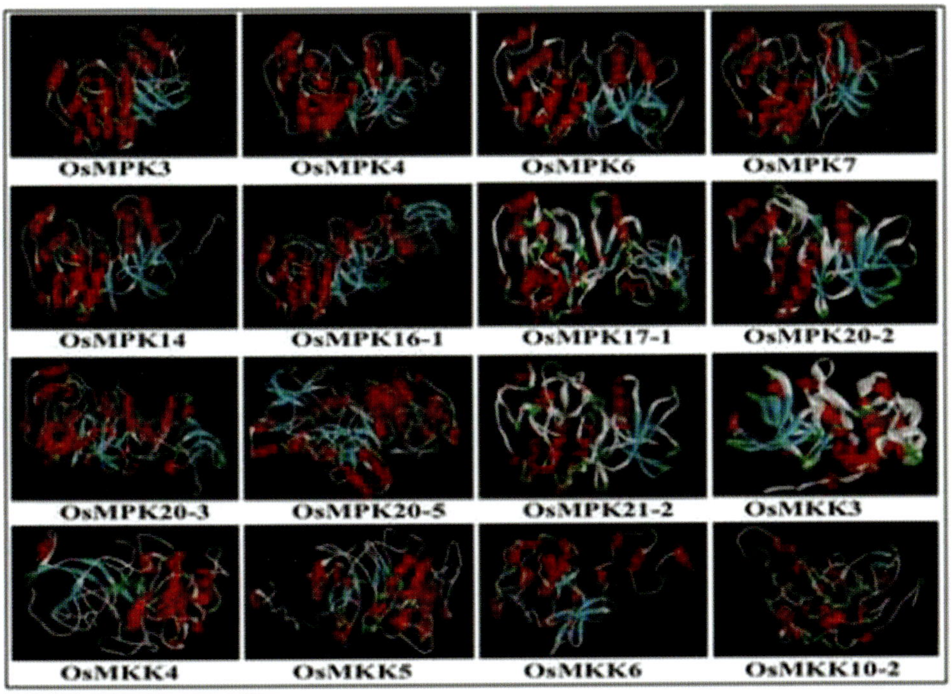

図6　相同性モデリングによって構築されたイネ MAPKK および MAPK の理論的 3 次元モデル。
11 個のイネ MAP キナーゼ（OsMPK3，OsMPK4，OsMPK6，OsMPK7，OsMPK14，OsMPK16-1，OsMPK17-1，OsMPK20-2，OsMPK20-3，OsMPK20-5 および OsMPK21-2）と，5 個の MAP キナーゼキナーゼ（OsMKK3，OsMKK4，OsMKK5，OsMKK6，OsMKK10-2）の構造を示した。赤色領域はアルファらせんを，空色領域はベータシートを，緑色領域はターンを示し，灰色領域はループを示す（Wankhede ら 2013）。（p.123）

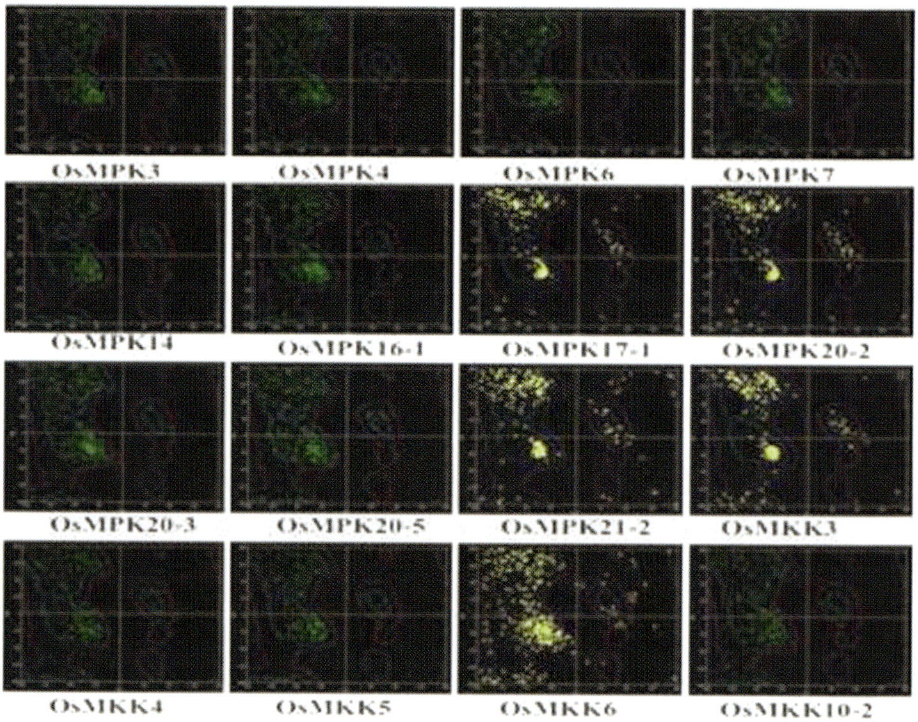

図7　イネ MAPKK，および MAPK の理論的 3 次元構造の Ramachandran プロット分析。

11 個のイネ MAP キナーゼ（OsMPK3，OsMPK4，OsMPK6，OsMPK7，OsMPK14，OsMPK16-1，OsMPK17-1，OsMPK20-2，OsMPK20-3，OsMPK20-5 および OsMPK21-2），および 5 個の MAP キナーゼキナーゼ（OsMKK3，OsMKK4，OsMKK5，OsMKK6，OsMKK10-2）の 3 次元構造は，Ramachandran プロットを用いて検証された。

緑色ドット / 黄色ドットは，最もあり得る領域とさらに許容された領域にあるアミノ酸を示し，赤色ドットはやや許容された領域，あるいは許容されない領域にあるアミノ酸を示す。空色の線でおおわれた領域は，最もあり得る領域を示し，ピンクの線でおおわれた領域はさらに許容された領域を示す。プロットの他の領域は，やや許容されたあるいは許容されない領域のループを示す（Wankhede ら 2013）。

(p.124)

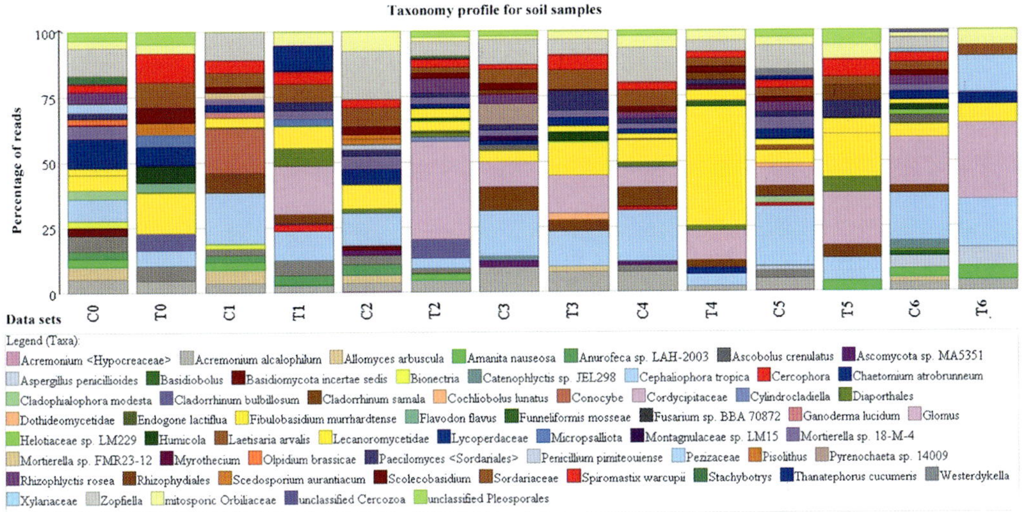

図2　昆虫病原性真菌類である白きょう病菌（*Beauveria bassiana*）で処理したインドのトウガラシ畑から回収した土壌サンプルの真菌類の多様性解析の一時的記録。サンプルCおよびサンプルTは，おのおの，コントロール（非処理）群と処理群からのプロットを示し，数値は処理後に経過した週を示す。マルチタグ454パイロシークエンシングで生成された真菌類のITSリードの解析（MEGAN（Huson ら 2011）を用いた）は，各サンプルで同定された比較的多数のさまざまな真菌類の分類群を示す。これらの結果は真菌類の多様性が白きょう病菌（*B.bassiana*）の処理によって影響されないことを示す（結果は著者らの研究室より）（p.276）

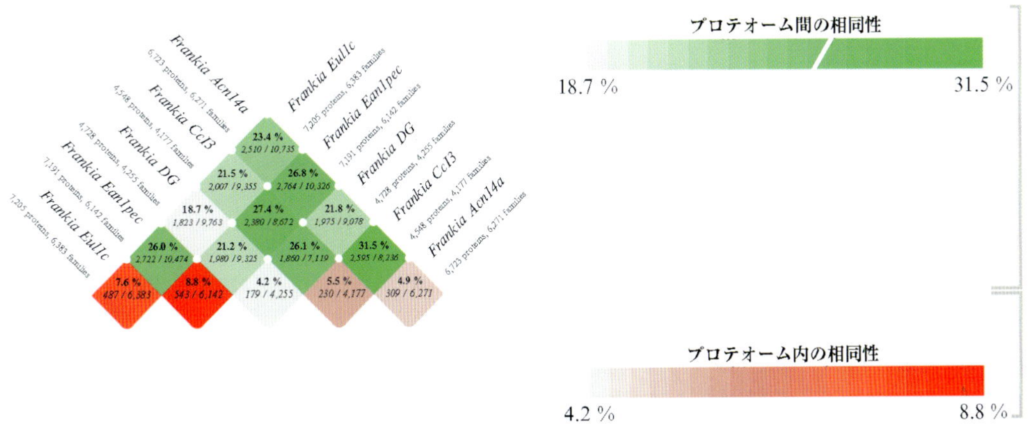

図1　比較ゲノム用のCMG-Biotoolsプラットフォームで生成した*Frankia*属ゲノムのBLAST行列。一番濃い緑は二つのゲノム間で類似な遺伝子が発見された最も高い分画を示す。（p.295）

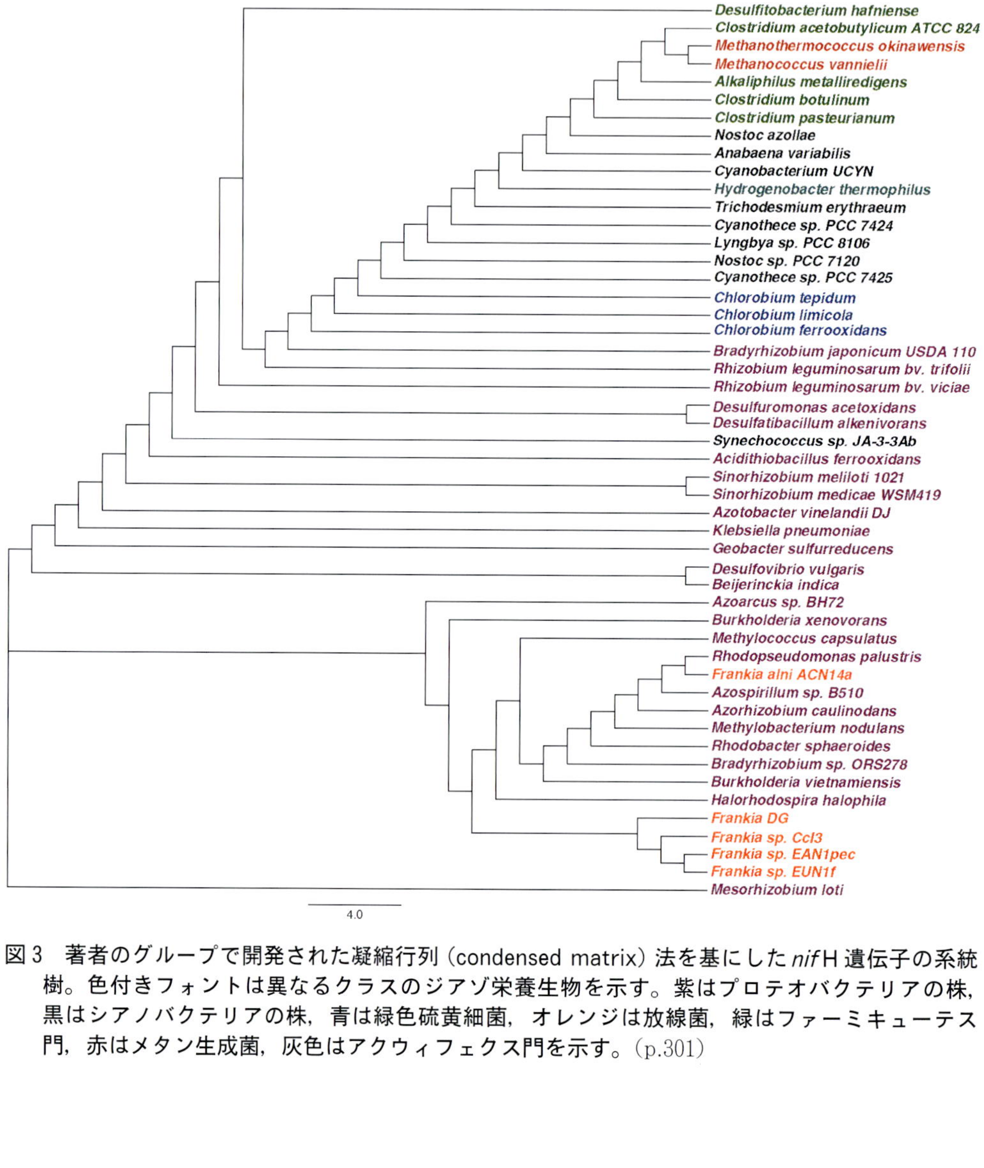

図3　著者のグループで開発された凝縮行列（condensed matrix）法を基にした*nif*H遺伝子の系統樹。色付きフォントは異なるクラスのジアゾ栄養生物を示す。紫はプロテオバクテリアの株，黒はシアノバクテリアの株，青は緑色硫黄細菌，オレンジは放線菌，緑はファーミキューテス門，赤はメタン生成菌，灰色はアクウィフェクス門を示す。(p.301)

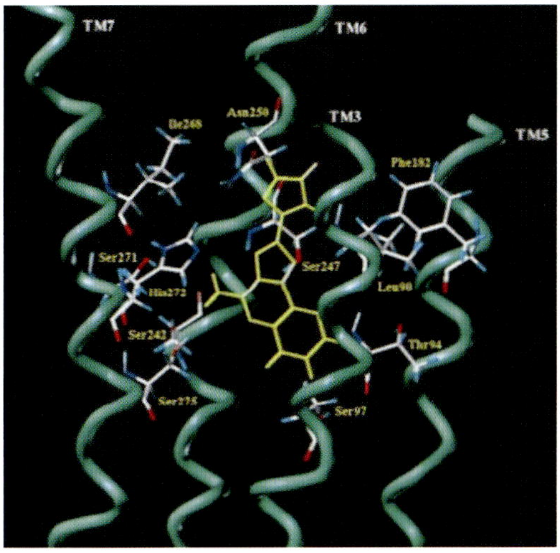

図 1　近接した (e5 Å) の Leu90 (*TM3*), Phe182 (*TM5*), Ser242 (*TM6*), Ser247 (*TM6*), Asn250 (*TM6*), Ser271 (*TM7*), His272 (*TM7*) および Ser275 (*TM7*) などの側鎖残基をもつトリアゾロキナゾリンアンタゴニスト複合体のドッキングされた側面図 (p.340)

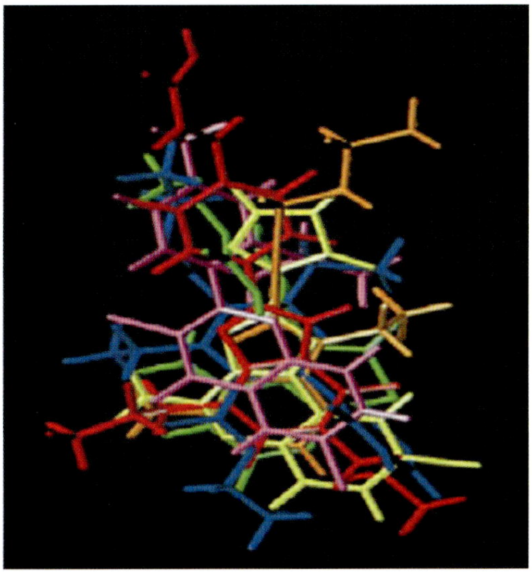

図 2　ドッキングされた A3 アンタゴニストモデルの重ね合わせ。Moro ら (1998) と Li ら (1998) による分子モデリングを用いた，N9-アルキルアデノシン誘導体 (青色)，(3-(4-メトキシフェニル)-5-アミノ-7-オキソチアゾロ [3,2] ピリミジン (緑色)，トリアゾロキナゾリンアンタゴニスト (黄色)，6-フェニルピリジン誘導体 (マゼンダ色) (p.340)

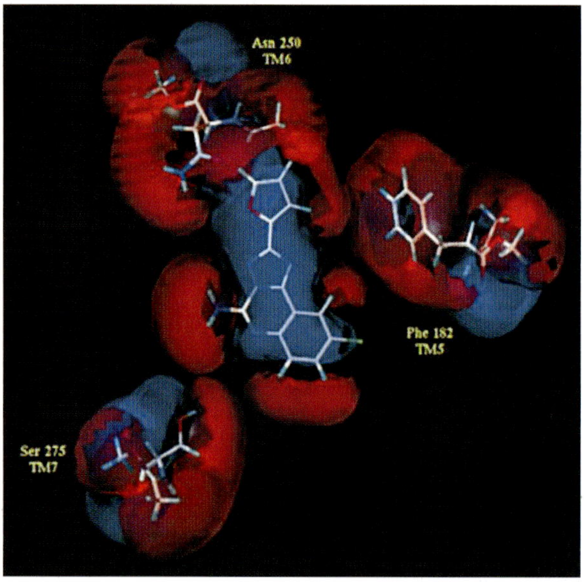

図3　ドッキングされたトリアゾロキナゾリン複合体の等電位の表面，およびアンタゴニスト構造の近接に位置した三つの重要なアミノ酸。分子モデリングを用いたPhe182（*TM5*），Asn250（*TM6*），Ser275（*TM7*），および赤色：5.0 kcal/molおよび青色：−5.0 kcal/mol（Moroら 1998）（p.341）

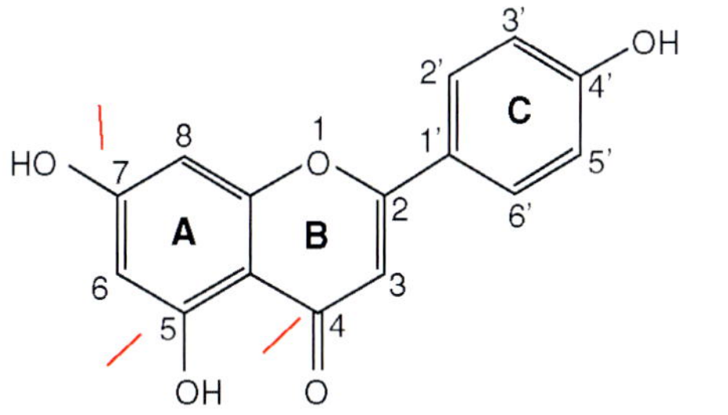

図 4　アピゲニン（CID；5280443）の構造。アピゲニンの分子モデリングは C7 と C5 でのヒドロキシル基，および C4 でのカルボニル基（赤色で示す）が阻害薬と活性部位の間の水素結合と静電的相互作用に貢献することを示した。（p.342）

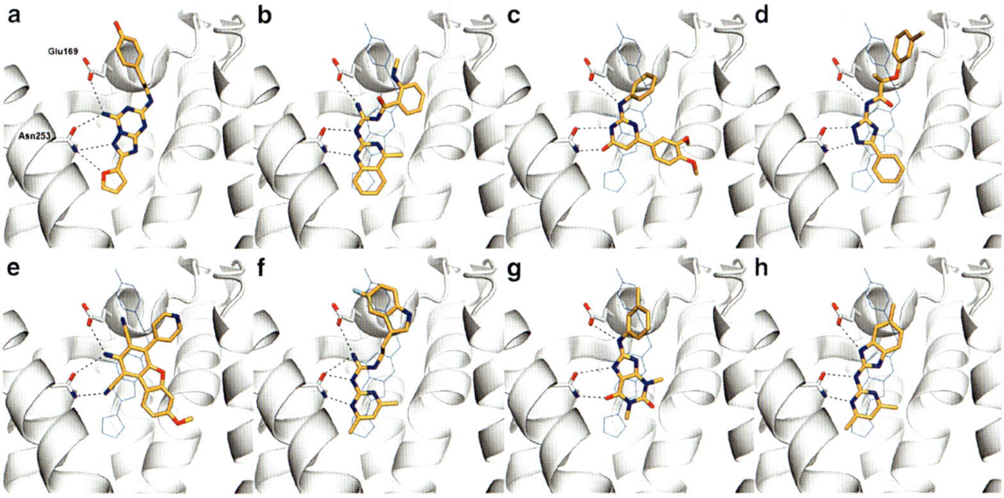

図 5　(a) A2A 型アデノシン受容体リガンド結合部位を白色リボンで示し，Glu69 と Asn253 の側鎖はスティックで示す。(b ～ h) では，結晶学的リガンドは青線で示し，リガンドに対するドッキング姿勢は赤色が酸素原子，オレンジ色が炭素原子を示し，黒の点線は水素結合である（Carlsson ら 2010）。（p.342）

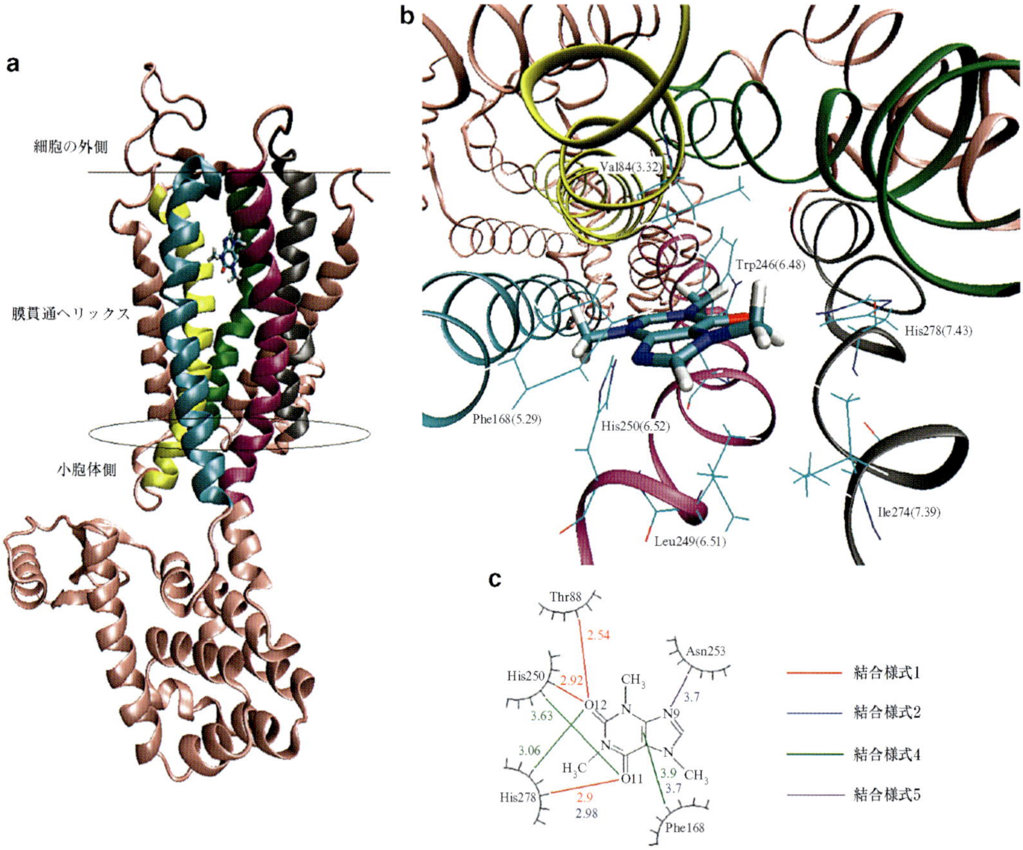

図6 (a) カフェイン結合穴（キャビティ）。カフェイン結合穴を規定する五つの膜貫通（*TM*）ヘリックスは別々の色で描く。TM Ⅱ は緑色；TM Ⅲ は黄色；TM Ⅴ はシアン色；TM Ⅵ はマゼンタ色；TM Ⅶ は灰色；その他すべてはピンク色。(b) カフェイン結合キャビティ，細胞外の図。(c) カフェイン結合キャビティを規定する五つの膜貫通（*TM*）ヘリックスは別々の色で描く。TM Ⅱ は緑色；TM Ⅲ は黄色；TM Ⅴ はシアン色；TM Ⅵ はマゼンタ色；TM Ⅶ は灰色。いくつかの重要なポケット残基を標識して線で示す。他のすべてはピンク色で示す。括弧内の位置番号は，どの膜貫通ヘリックスに残基が存在するか，またヘリックス上の最も保存された残基に対する残基の相対的位置を示す。たとえば，Pro248 は膜貫通ヘリックス Ⅵ 上の最も保存された残基である。その位置番号は 6.50 として規定される。そのため，Leu249 の位置番号は 6.51 である。
(p.343)

翻訳にあたって

「ビッグデータ，IoT，AI」という言葉が現在のデジタル世界のキーワードとなってだいぶ時が過ぎた。これらの言葉は，バズワードと思われたが廃れることなく現代の新たな産業革命を推進する駆動輪であり続けている。翻訳者の一人である石井一夫は，材料化学分野でのデータサイエンスの動向を概観し紹介することを目的に「翻訳マテリアルズインフォマティクス―探索と設計」と題する書籍を2017年に翻訳出版した。限定的ではあるが，最新のデータサイエンスの利活用が材料分野で確実に進みつつあることを感じさせる書籍であった。ビッグデータや，IoT，AIの利活用が期待されるもう一つの分野として農業が挙げられる。とくに少子高齢化の進むわが国においては，後継者不足などを補うためにその推進が期待かつ切望されている。本書は，「Agricultural Bioinformatics by P.B. Kavi Kishor (Springer)」の翻訳であり，農業分野でのデータサイエンスの現状を展望する貴重な書籍である。農業分野での次世代シークエンサーを用いたゲノム解析の現状から，機械学習，クラウドコンピューティングに至るデータサイエンス分野までをカバーしており，その目的に叶う数少ない書籍である。

翻訳は，石井一夫と大前奈月で全体のおよそ半分ずつを担当し，正確を期するためその翻訳結果を相互に確認し用語などの統一を図った。なおも誤りがあった場合は翻訳者らの浅学によるものである。ご指摘があれば正誤表などで対応することを考えている。また，翻訳協力をいただいた清水節子氏，および本書の翻訳にご理解をいただき，ご支援をいただいた株式会社エヌ・ティー・エス代表取締役　吉田隆氏，ならびに編集を担当された大湊国弘氏，森美晴氏には心から感謝申し上げる。さらに，本書を翻訳するにあたり，データサイエンスに関する多くの洞察と情報を共有したデータサイエンスコミュニティーの方々にお礼を申し上げたい。お世話になった多くのコミュニティがあるが，「マシンラーニングのら猫勉強会」，「情報処理学会ビッグデータ活用実務フォーラム」ならびに関係された「情報処理学会」の方々にはとくにお礼を申し上げたい。また，家族や職場の方々の理解がなければできなかった仕事であることはいうまでもない。ここでお礼を申し上げたい。

翻訳者一同

2018年8月

翻訳者プロフィール

石井一夫

久留米大学バイオ統計センター准教授。
専門分野：ビッグデータ分析，計算機統計学，データマイニング，数理モデリング，機械学習，人工知能。2015 年度情報処理学会優秀教育賞受賞。日本技術士会フェロー，APEC エンジニア，IPEA 国際エンジニア。

大前奈月

東京大学新領域創成科学研究科　情報生命科学専攻修了。
国立研究開発法人産業技術総合研究所所属。

はしがき

本書は，農業における応用のため円滑にバイオインフォマティクスを取り込むいくつかの重要な話題に注目した簡潔で集約的な解説書である。アグリバイオインフォマティクスを学びたい研究者や上級の大学院生の両者を対象としている。おもに植物バイオインフォマティクスを中心に，農業を研究する研究者から幅広く興味深い話題を選択した。一般にバイオインフォマティクスの価値は，さまざまな理由で世界中の研究者から関心を集めている。そのおもな理由の一つは，*in silico* ベースの方法を用いて結果を予測する際に付加された価値であり，さらにはウェットラボの実験を削減することである。しかし，バイオインフォマティクスのツールを用いた，より多くのコンセンサスが得られている。過去10年間に，農業分野で利用されたバイオインフォマティクスの応用研究から，無数のツールとデータベースが開発された。本書の著者らは，バイオインフォマティクス研究のすべての実践で一般的な応用の他に，おもに農業の計算機研究に応用できる読み物や展示媒体として良い解説書を提供できたと考えている。

Sameera Panchangam らは，「植物での EST：我々はどこに向かうのか？」の章において，完全配列決定が未完成のゲノムについてとくに EST をよりよく理解する必要性に焦点を当てている。包括的解説において，植物の発現した転写産物の構築に用いられるこれらの配列および機能的レパートリーがどのように新たに構築されるかについて取り扱っている。Saikumar と Dinesh Kumar は，彼らの担当した章で，植物マイクロ RNA の理想的解説を提示しており，いくつかのバイオインフォマティクスプラットフォームや，植物の miRNA の発見につながった方法，および起源となる前駆体メッセンジャー RNA（mRNA）から miRNA を理解するための検証と必要性について記述している。最近発見された配列特異的 miRNA 兆候の導入から，油糧種子作物由来の miRNA がいくつかの推定される機能的および進化的現象と関連する無数の次元について解説する。Priyanka James らは，薬用植物の要約である Medbase について解説する。植物ベースの知識発見を活用するバイオインフォマティクスのアプローチは，二次代謝産物の生産に関与する遺伝子やパスウェイの同定のための新しいツールを提供している。そのデータベースは，重要な民族特有の薬用植物に関連するバイオインフォマティクス戦略を目的としており，治療上重要な活性物質の同定を支援する。さらに彼らは，薬用植物の栽培に携わる農家を支援するためにこのデータベースの活用を提案している。

Khyatiben と Sivaramaiah の「植物－微生物間相互作用：二つの動的生物学的実体の対話」では，植物と微生物の関連性が，植物の多様性，代謝，形態学，生産性，生理学，防御系，災害に対する耐性に影響する生態学的な役割について述べる。さらに，植物と微生物の相互作用における複雑な潜在的シグナル伝達過程の役割を明らかにするために用いられているオミクスアプローチを解説する。

Sohini Guptaらは，「静かなる暗殺者」と題された章において，同定されたウイルスのサイレンシングサプレッサーの概要を述べ，さらに，特定の事例研究によるウイルスのサイレンシングサプレッサーのバイオインフォマティクス解析の可能性について述べる。また，これらの静かなる暗殺者の応用を指向した利用のための将来のフレームワークを概念化する。Subarna Thakurらは，「生物窒素固定に関連する共生ジアゾ栄養生物のゲノムの探索」という章で，窒素固定遺伝子群の比較ゲノミクス，タンパク質化学および系統発生分析の分野における，おもに窒素固定研究を加速させたゲノムおよびプロテオーム分析のための新しい計算ツールへのアクセス方法について解説する。代替的な系統発生学的方法および，これらを用いたタンパク質構造に基づく研究は，共生窒素固定の未知の側面を明らかにするかなり実り多いものであった。Raj PasamとRajiv Sharmaは，「連関地図作成：農作物における複雑な形質を分析するための新しいパラダイム」と題した章において，重要な農作物形質の遺伝学的基礎と農作物におけるこれらの形質の複雑さを理解し解読するために進行中の科学的課題と数多くの取り組みについて解説する。

坂田克己らは，「オミクスデータからの知識マイニング」と題された章において，多層化された生物学的情報の複雑なデータから知識を抽出する要点を与え，この多重オミクスベースのアプローチは強力な方法となる。彼らは，複数のオミクスデータを統合するための代表的なアプローチを紹介し，オミクスデータからの知識マイニングに関する話題を議論し，さらにp値の意味を説明し，大豆の早期実生段階に特異的なタンパク質のための発現分析の統計学的検定の応用を紹介する。Tiratha Raj Singhは，「システム生物学におけるサポートベクトルマシン（SVM）に特に注目した機械学習：植物の視点」と題された章において，バイオインフォマティクスなどの統合的なゲノミクスやツールを用いたシステム生物学の進歩について解説する。彼はさらに，生物学的データの大量の蓄積をもたらすハイスループット技術における最近の開発の役割を述べる。機械学習の論理的応用と，データ管理のための最先端技術の処理方法について解説する。

Uma Deviらは，「病原性解析のためのバイオインフォマティクスツールと微生物殺虫剤としての昆虫病原性真菌類」と題された章において，その研究で広範に記述される土着性土壌真菌の多様性における昆虫病原性真菌の大量適用効果の解明に関与するタンパク質について焦点を当てる。この章では，微生物バイオ農薬としての昆虫病原性真菌の感受性に影響を及ぼす要因について，バイオインフォマティクスで強化した研究に焦点を当てる。Himaらは，非生物的ストレス耐性に関連する遺伝子群を理解するのにバイオインフォマティクスがいかに役立つかを簡単に説明する。Sujay RakshitとGanapathyは，穀物作物の比較ゲノムミクスをとくにソルガムを参照して解説する。

Chavaliらは，データベース設計に関連する仮想化の拡張機能をサポートするクラウドプラットフォームの必要性を取り上げている。大企業のクラウドに特化した設計データベースについて説明するが，クラウドプラットフォームを用いて配信する必要があるデータベースアプリケーションについて述べ，さらにはクラウドコンピューティングの主要サービスモデルであるSaaS（software-as-a-service）について述べる。後者は，エンドユーザのために設計でき，ウェブで配信される。

すべての読者がこの本で興味深い記事をみつけられると考える。多くの人が家畜に関連する情報科学の話題が欠けていると感じているかもしれないが，次の版でそれに対応することになるだろう。

本書をお楽しみ下さい。

Kavi Kishor P.B., Ph.D, Hyderabad, India
Rajib Bandopadhyay, Ph.D., Ranchi, India
Prashanth Suravajhala, Ph.D., Secunderabad, India

前　文

地球上の生命は，植物なしには持続不可能だろう。植物バイオテクノロジーは，もう一つの緑の革命を我々の農家にもたらす可能性がたびたび強調されてきた。農業と生命科学を専攻している大学院生にとって，植物ゲノム科学の知識と利用を認識することは不可欠である。これらの情報は，「新しい農業」の発展を支援する可能性があり，研究領域の農業技術の進歩を駆動する。植物研究にはゲノム科学技術を農業の進歩に変換する非常に大きな可能性がある。しかし，これはバイオインフォマティクスとバイオ統計学の革新的な応用を通して，生物学的データや現象を把握するために，計算生物学を理解する必要がある。

バイオインフォマティクスは，データマイニング，パターン認識，3 次元可視化および機械学習など，計算集約的技術の開発と応用に焦点を当てており，大規模なゲノム科学情報，化学構造，その他の生物学的データの迅速で効果的な研究を支援するのみならず，大きなデータ集合から生物学的な意味の抽出を支援する。ここ 10 年間に，EST（発現配列タグ），BAC（細菌人工染色体）ライブラリおよび物理地図，遺伝子配列多型，多様体収集物，発現プロフィールリソースなど，主要作物で利用可能なゲノム科学ツールが大幅に増加した。現在，ゲノム間の比較を可能にするゲノムのアノテーションやゲノム情報のブラウザで十分に支援された全ゲノム配列が，下等植物のみならず，双子葉植物や単子葉植物におけるさまざまな科を代表するいくつかの参照植物で利用できる。同時に，次世代シークエンシング・プラットフォームのようなゲノム科学ツールはますます利用しやすく安価になっている。新しいゲノム科学情報源の豊富さと利用しやすさは，もはやモデル系に限定することなく農作物改良の動機をもつ研究者にパラダイムシフトを起こしている。

アグリバイオインフォマティクスは，農業問題を直接扱っている。ゲノム科学の情報源は，農業や園芸および森林の樹木種の植物改良を高速化する手段を生成する。たとえば，この知識は，干ばつや病気，害虫への抵抗性，より少ない肥料要求性や高い栄養成分などの望ましい特徴をもつ農作物の開発に貢献できる。*in silico* 生物学は，動植物のゲノム以外にも，ウイルス，細菌，ファイトプラズマ，原虫，真菌類，線虫などを含む寄生植物ゲノムや数百もの利用可能な病原体ゲノムの利用まで含んでおり，病気の診断，および耐病性遺伝子組換え作物の管理や栽培を可能にするために，植物−病原体相互作用を研究する機会を提供する。

それは真に農業研究でエキサイティングな瞬間であり，本書は，農学の発展におけるバイオインフォマティクスの進化的役割のひらめきを捉えていると考える。ゲノム科学とバイオインフォマティクスを通じた技術革新の出現により，経済的に重要な多くの重要課題がいま，ますます説明可能となり，新たな資金調達の機会をもたらし，多くの科学的なキャリアのための実り多い基盤が横たわっている。

本書の執筆にあたり，Kavi Kishor P.B. 教授，およびその他の貢献者により，もたらされた取り組みに感謝する。

ニューデリー，Jawaharlal Nehru 大学，植物ゲノム研究研究所にて
Asis Datta
National Institute of Plant Genome Research (NIPGR)
Aruna Asaf Ali Marg, JNU Campus
New Delhi-110067, India

目　次

第15章　植物－微生物間相互作用：二つの動的生物学的実体の対話……………… 309

Plant-Microbial Interaction: A Dialogue Between Two Dynamic Bioentities

Khyatiben V. Pathak and Sivaramaiah Nallapeta

第16章　システム生物学におけるサポートベクトルマシン（SVM）に特に注目した機械学習：植物の視点……………………………………… 325

Machine Learning with Special Emphasis on Support Vector Machines (SVMs) in Systems Biology: A Plant Perspective

Tiratha Raj Singh

第1章　連関地図作成：農作物における複雑な形質を分析するための新しいパラダイム

Association Mapping: A New Paradigm for Dissection of Complex Traits in Crops

Raj K. Pasam and Rajiv Sharma

要約

本章は，連鎖不均衡（LD）地図作成とも呼ばれる連関地図作成（AM：相関マッピング）の基本的な情報を提供する。連関地図作成は植物の複雑な形質の遺伝的構造を研究するためにより成功率が高く，高速で分解能の高い方法の一つとして出現してきた。形質の基礎になる遺伝情報の解明とは別に，連関地図作成は，作物改良のための既存の遺伝的多様性研究も支援する。遺伝的多様性の潜在的可能性は，植物育種ではまだ十分には研究されておらず，連関地図作成は遺伝資源の育種をめざして，より有用なアレルの検出，アレルのリストへ追加することを支援できる。最近，安価な遺伝子多型解析，および塩基配列決定技術が出現し，大部分の作物で連関地図作成における注目度の高いマーカーの利用が容易になってきた。偽連関が起こる集団構造は，連関地図作成の結果についての信頼性の高い解釈と利用をさまたげる主要な限界の一つである。それでも，全ゲノム連関地図作成に対する適切な統計学的方法の進歩の結果により，この集団構造の問題もある程度解決した。本章では，連関地図作成および連鎖不均衡の崩壊（decay）測定の基本概念と，連関地図作成に含まれる原理と工程を詳細に説明する。本章は，連鎖地図作成に対する連鎖不均衡地図作成の有利な点，連鎖不均衡地図作成に含まれる限界，連鎖不均衡地図作成で使用される統計学的方法，および連鎖不均衡地図作成結果における決定事項および解釈を考察する。

キーワード：連関地図作成，作物遺伝学，全ゲノム連関解析（GWAS），連鎖不平衡，遺伝率，地図作成の集団

R.K. Pasam (✉)
Sainsbury Laboratory, University of Cambridge,
Cambridge, UK
e-mail: raj.pasam@slcu.cam.ac.uk

R. Sharma
Leibniz-Institute of Plant Genetics and Crop Plant
Research (IPK), Gatersleben, Germany
e-mail: sharmar@ipk-gatersleben.de

K.K. P.B. (eds.), *Agricultural Bioinformatics*,
DOI 10.1007/978-81-322-1880-7_1, © Springer India 2014

1. はじめに

重要な栽培形質の遺伝的基盤を決定することは，主要な科学的課題の一つであり，作物におけるこれらの特性の複雑さを理解し解読する多くの取り組みが進行中である。過去20年間，作物やそのほかの植物種において多くの遺伝地図作成研究が報告されてきた（Bernardo 2008)。これらほとんどの研究の目的は，形質の基盤にある遺伝学を理解し，表現型多様性に寄与するゲノム領域を絞り込み，理想的な場合には原因となる多型を同定することであった。栽培で重要なこれらの形質の遺伝学的な決定における問題点の一部は，植物の重要な形質の大部分の定量的形質とその環境との相互作用が原因である。しかし強力な生物定量法が利用でき，および関連した分子マーカーの出現によって，さまざまな作物の量的形質遺伝子座（QTL）の研究が急に増えてきた。QTL地図作成は，基盤となる複雑な形質の遺伝的構造を評価し，形質に寄与するゲノム領域の数の推定が容易となる重要なツールである。遺伝子あるいはQTLの検出は，主として減数分裂中の組換えによる遺伝的連鎖解析によって可能となる（Tanksley 1993)。最近までQTL地図作成研究のほとんどは，両親をもとにした地図作成集団による連鎖分析によるものであった。もう一つの方法である，連鎖不均衡（LD）地図作成とも呼ばれる連関地図作成（AM）は，連鎖地図作成特有の限界を克服するため，既存の自然集団あるいは計画された集団に依存する。連鎖地図作成および連鎖不均衡地図作成（あるいは連関地図作成）の両戦略は，組換えがゲノムを表現型と連関する可能のある小さな断片に分断するという事象を利用する（Myles ら 2009)。今日，連関地図作成は，いくつかの作物において，形質に影響するQTL/遺伝子の検出に次第に多く使われつつある（Pasam ら 2012；Breseghello および Sorrells 2006；Yan ら 2011；Robbins ら 2011；Fusari ら 2012；Abdurakhmonov ら 2009)。連関地図作成法は，連鎖地図作成における限界を回避し，またより広い遺伝資源における進化史的な組換えから生じた連鎖不均衡から利益を受ける。

植物育種のほとんどの取り組みは，今まで広大な植物の遺伝資源をかえりみず，限られた遺伝資源に大いに注力した結果，次第に衰退し，栽培作物における遺伝的多様性がせばまった（Tanksley および McCouch 1997)。一方，連関地図作成は，QTLと有益なアレルの検出のために既存の植物の遺伝資源を研究し，それらを作物育種法に取り込める可能性がある。連関地図作成におけるマッピングの解像度を決定する主要な要因の一つは，集団における連鎖不均衡崩壊の頻度である（Flint-Garcia ら 2003)。全ゲノムにおける連鎖不均衡の崩壊は非常に動的で，さまざまな遺伝子プールおよび集団内における種間または種内変動を示す（Hamblin ら 2010；Caldwell ら 2006；Hyten ら 2007；Ranc ら 2012)。さまざまな遺伝子プールにおける連鎖不均衡の変動傾向は，在来型および野生型遺伝資源を用いたより詳細な解像度の連関地図作成の機会を提供する。いくつかの研究は，広範なマーカーをもつ野生型および外来型遺伝資源が，詳細なQTL地図作成あるいは遺伝子レベルの解像度のQTL解析像が得られることを示唆し，示した（Ranc ら 2012；Waugh ら 2009；Huang ら 2012b；Hufford ら 2012)。遺伝学とゲノミクスの最近の進歩と植物育種の戦略の変化に代わり，連関地図作成は，さらなる作物改良および遺伝的多様性の保存を目指す形質遺伝学の理解において重大な役割を果たしている。著者らは，出現しつつある新規地図作成ツールおよび作物改良の将来展望と共に，関連する連関地図作成技術と統計学を包括的に概観する。

2. 地図作成法

従来および現代の植物育種法は，作物改良のため解析対象の形質に影響する遺伝子/QTL の位置の重要性を強調する。量的形質地図作成は，Karl Sax によりインゲンマメで初めて報告され(1923)，連鎖地図上に QTL を配置し，位置情報の数値を割り当てた（Sax 1923)。QTL および遺伝子の同定に，順遺伝学的方法と逆遺伝学的方法の両方を含んだ分子遺伝学が用いられた（Takeda および Matsuoka 2008)。最近 10 年間で，量的形質の地図作成に両親性の連鎖地図作成が広く使用されてきた。連関地図作成は当初はヒト遺伝学で使用され，成功したツールとして後に多くの植物研究に使用された。QTL 地図作成の集団は広く二つの型に分類できる。すなわち，家系に基づく連鎖集団とも呼ばれる計画的な集団，および連鎖不均衡地図作成法を用いる自然な集団である（Semagn ら 2010；Mackay および Powell 2007)。両親性の地図作成法とは対照的に，連関地図の作成集団（パネル）では，作物の自然集団または育種集団の多様性を示すさまざまな系統を注意深く標本抽出する（Zhao ら 2007；Zhu ら 2008)。最近，連鎖地図作成と連鎖不平衡地図作成の両方の地図作成法の限界を克服するために，種々の作物に対し次世代集団（NGP）と呼ばれるより進歩した地図作成用集団の開発が実施されている。これらの次世代集団の設計は量的形質地図作成の遺伝的解像度を改善するために，複数親の交配および（あるいは）より後期世代による次々世代以降の相互交配（インタークロス）などが含まれる（Morrell ら 2011)。複数親の次々世代インタークロス（MAGIC, Multiparent advanced generation intercross）集団および入れ子型連関地図作成（NAM, nested association mapping）集団，さらにいくつかの次々世代インタークロスによる組換え近交系（AI-RIL）は，作物改良に用いることができる可能性のある次世代集団設計である（以下の補足も参照)。次世代集団地図作成法の詳細な説明はこの総説の連関地図作成の範囲を超える。本章では，連関地図作成集団を概説し，連関地図作成に関する方法と手法，および作物育種に対するその意味を詳述する。また，連関地図作成における問題点に注目し，欠点を軽減する方策を考察する。

補足：交配には，インクロス，クロス，バッククロス，インタークロスの４種類がある。模式的に書くと以下のようになる。

クロス：aa×bb
インクロス：aa×aa または bb×bb
バッククロス：aa×ab または ab×aa または bb×ab または ab×bb
インタークロス：ab×ab

3. 連関地図作成の集団

連関地図作成の集団は理想的にはさまざまなサンプル取得手段の代表的集合体（**図** 1a）であるべきであり，一方で遺伝資源に存在し，利用できる自然の遺伝子多様性に依存する。このため，いくつかの両親性の集団の特徴的な変異欠失に影響されない（Hall ら 2010）。連関地図作成は，さまざまな統計学的手法を用いてさまざまな集合体の間の有意なマーカーと形質の相関（有意なマーカー－表現型連関）を検出することが含まれる（図 1b）。連関地図作成は最初にヒトの遺伝子地図作成の研究に導入され（Hastbacka ら 1992；Lander および Schork 1994），後に植物研究で考慮された（Flint-Garcia ら 2003）。連関地図作成は集団に発生した祖先の組換え事象を探索し，有意なマーカー－表現型連関を同定するために，集団に存在するすべてのアレルを考慮する。近傍の遺伝子座のアレルでの非ランダム相関（ランダムでない相関）（連鎖不平衡）を探索することで，マップされたマーカー集合と有意に相関するゲノム領域の検出が可能である。地図作成が成功するかどうかは，表現型データの質，集団サイズおよび集団に存在する連鎖不平衡の程度に依存する（Flint-Garcia ら 2005；Mackay および Powell 2007；Pasam ら 2012）。

連関地図作成は，おおまかに二つに分類される。すなわち，(1) 候補遺伝子による地図作成であり，選択された候補遺伝子が配列決定されており，その配列多型が表現型多型と相関するもの，(2) 全ゲノム相関解析（GWAS）であり，これはゲノム全体のマーカー多型と表現型の相関するものである。全ゲノム相関解析（GWAS）は，ヒトおよび動物の遺伝学においてこの数年で次第に普及し，かつ強力となってきた。ここ数年は，候補遺伝子による地図作成研究で発表された数が増えている（Gupta らによる総説 2005）。さまざまな作物におけるいくつかの候補遺伝子相関解析研究には，オオムギの開花期遺伝子（Stracke ら 2009），コムギの *Psy-A1* 遺伝子座（Singh ら 2009），ライムギの霜害耐性遺伝子（Li ら 2011），トウモロコシの *Dwarf8*

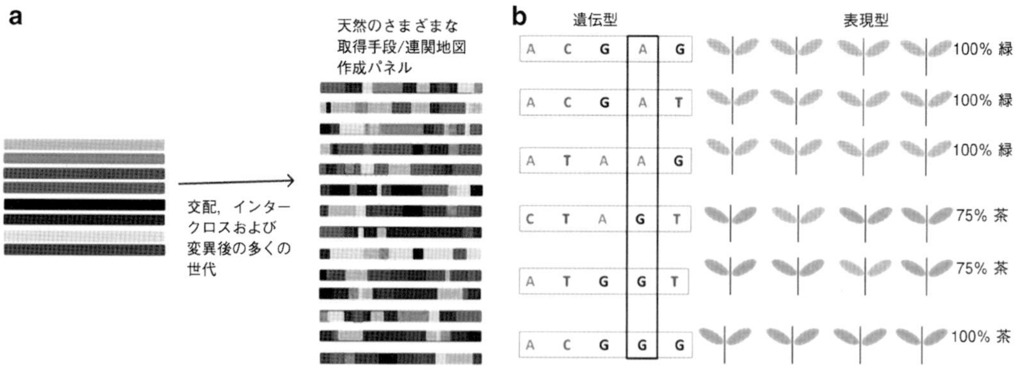

※口絵参照

図 1　相関地図作成の略図。(a) 相関地図作成のサンプル集団を代表するさまざまなサンプル取得手段の集合体。(b) 遺伝子型（塩基多型）と表現型の間の相関（correlation）/連関（association）は有意なマーカーと形質の相関（有意なマーカー - 表現型連関）を生じる。（補足：連関（association）とは質的変数間の関連性のことで，相関（correlation）とは量的変数間の関連性のことである。統計学では「連関」と「相関」は区別される）

(Thornsberry ら 2001) およびフィトエン合成酵素遺伝子座 (Palaisa ら 2003), ソルガムの光周期開花期遺伝子 (Bhosale ら 2012), およびダイズの *rhg-1* 遺伝子 (Li ら 2009) などがある。

さまざまな安価なハイスループットな遺伝子多型解析プラットホームが出現し，全ゲノム連関解析はさまざまな作物における複雑な形質の遺伝的基盤を解明する次第に魅力的な方法になってきている。いくつかの成功した全ゲノム連関解析の結果の事例が，イネ (Huang ら 2010；Agrama ら 2007；Zhao ら 2011)，トウモロコシ (Remington ら 2001；Beló ら 2008)，オオムギ (Comadran ら 2009；Pasam ら 2012；Cockram ら 2010)，ソルガム (Brown ら 2008；Murray ら 2009)，ダイズ (Jun ら 2008)，レタス (Simko ら 2009)，ジャガイモ (Gebhardt ら 2004)，およびサトウダイコン (Würschum ら 2011) などのさまざまな作物で報告された。

4. 連鎖地図作成 対 連関地図作成

家族性地図作成とも呼ばれる連鎖地図作成，および連鎖不均衡地図作成または集団地図作成または全ゲノム連関解析 (Myles ら 2009) とも呼ばれる連関地図作成は，マーカーと遺伝子座の間の連鎖不平衡に依存する。連鎖地図作成では，連鎖地図は二つの別々の親系統の交配から集団を樹立することで作成される。その後，通常は，地図化されたマーカー遺伝子座および表現型形質の同時分離 (cosegregation) を同定するため，強力な区間地図作成法が実施される。これによって，QTL と連鎖マーカーの同定ができる。両親性の地図作成集団で捕捉される減数分裂の事象数には限界があるため，QTL 地図の遺伝的解像度はしばしば 10〜30 cM (センチモルガン) に限定される (Zhu ら 2008)。連関地図作成は，連鎖地図作成に固有の限界を克服するために既存の自然集団あるいは計画されたさまざまな集団に依存する。地図作成用集団における連鎖不平衡は，解析中の遺伝資源集合体を反映する (Semagn ら 2010)。集団内のいくつかのアレルは連関地図作成中に同時に解析され，一方連鎖地図作成では，対照群の親に由来するアレルのみが解析される。

理論的には，連関地図は連鎖地図よりも詳細な地図の作成が可能なはずであり，連鎖地図では解像度は進化史的組換えのいくつかの発生数に依存している。連関地図は，進化史的組換え事象のいくつかの発生の結果であり，新しい何らかの交配設計は不要だが，両親性の連鎖地図作成では，十分な組換え事象を蓄積するために多くの集積が必要で，これらの集団の作成は時間がかかる。量的形質測定は，一度ホモ接合体を確立したときのみ可能で，注意深い処理による自殖 (selfing) を必要とすることが多い。連鎖地図作成用集団の作成には長期間を要するが，連関地図作成用集団の作成時間はそれほどでもない。また，両親性の集団からの結果は，同一集団または関連する集団のみに特定の情報を与えるが，連関地図作成用集団の結果はより広い遺伝資源に適用できる。しかし連関地図作成は通常の連鎖地図作成法と比較して利用可能な多数のマーカーを必要とし，また集団構造の影響による解析の偽陽性の数が多いため，複雑となる。連関地図作成における関連する偽陽性および集団の混合に関する問題は，それらが結果に対し大きな影響があるため，以下で詳細に解説する。しかし，育種の系統，栽培の系統，在来の系統，および野生型遺伝資源の集合体に QTL を地図化する連関地図作成の可能性は，植物育種において形質改良の領域を提供する。

連関地図作成の主要な利点を以下にまとめる。すなわち (1) 両親性の集団のような集団作成が不要，(2) 種々の形質に対して同じ集団を使用可能，(3) 新しい目的のアレルの検出にいろいろなより広範な遺伝資源を使用可能，(4) 高解像度地図作成を達成することが可能，である。同様に，連関地図作成の主要な欠点を以下にまとめる。すなわち (1) 集団構造に起因する偽陽性が存在，(2) すべての作物ではまだ利用可能ではない高密度なマーカーをカバーする地図が必要，(3) 連関地図作成の集団において低頻度の機能的アレルを検出するための検出力に限界有り，(4) 表現型多型の遺伝子構造に対し，検出されたQTLの影響の推定が困難，(5) 検出されたQTLの説明量の少ない遺伝率 (Morrell ら 2011；Myles ら 2009)，である。

5. 連関地図作成に対する連鎖不均衡の意味

連鎖平衡 (LE) および連鎖不平衡 (LD) という用語は，集団遺伝学における連鎖関係を定義するために用いられる。連鎖平衡はさまざまな遺伝子座でのアレルのランダムな相関である。連鎖不平衡は，分離された遺伝子座でのアレルのランダムでない相関である。あるいは，さまざまな遺伝子座の特定のアレルの組換えが進化史上低下したレベルといえる (Flint-Garcia ら 2003；Hill および Robertson 1968；Lewontin および Kojima 1960)。ゲノムで強固に連鎖しているアレルは，その遺伝子座間の組換えが制限されるため，一般的に連鎖不平衡となる。連関地図作成で，高密度のマーカー遺伝型解析を用いてもすべての多型の遺伝型判定ができないことから，連鎖不平衡に依存する。機能的な多型は遺伝子型が判定されたマーカーには無いことが多い。そのような場合，遺伝子型が判定されたマーカーが，機能的多型を含んだ高連鎖不平衡領域内に存在し，この遺伝子型判定マーカーが分析の際に検出されることが必要とされる。一般に，連関地図作成の検出力は遺伝子型の判定マーカーと機能的多型の間の連鎖不平衡の程度にも依存する。連鎖不平衡の崩壊の頻度は，種間，同一種内のさまざまな集団間，およびあるゲノム内のさまざまな遺伝子座間で，大きく変動する (Caldwell ら 2006；Gupta ら 2005)。広範囲にわたる連鎖不平衡が存在する領域では，遺伝子型の判定マーカーが原因となる多型を有する高連鎖不平衡領域内に存在する確率が高いため，QTL/相関マーカーの検出が比較的容易である。しかし，広範囲にわたる連鎖不平衡領域を絞り込むことは，この領域内のいくつかのマーカーが同程度に有意な表現型と相関を示すことから，元来の原因多型を検出することが難しい。連鎖不平衡の崩壊が非常に短い距離範囲にあり，すべての多型が互いに無相関である場合には，1点の遺伝子多型を特定するためにはこの領域の完全な配列決定が必要となる。遺伝的浮動*，変異，組換え様式の領域多様性，多様性および集団の混合，集団内の染色体組成および交配様式などいくつかの寄与因子は，集団内およびさまざまな集団内およびさまざまな集団間の連鎖不平衡様式に有意に影響する可能性がある (Cardon および Bell 2001；Flint-Garcia ら 2003)。

＊訳注：無作為抽出の効果によって生じる，遺伝子プールにおける対立遺伝子頻度の変化

6. 連鎖不平衡の定量法

連鎖不平衡の多くの指標が提案されており（Gupta ら 2005），最も良く用いられる指標は *D* 値，*D*' 値および r^2 値である。各ハプロタイプの出現頻度（割合）が，対応するアレルの出現頻度（割合）の積に等しいとき，アレル 'A/a' および 'B/b' をもつ染色体上の二つの遺伝子座はそれぞれ連鎖平衡にあるという。連鎖不平衡の定量法は 1917 年に Jennings が最初に報告した（Jennings 1917）。連鎖不平衡の多くの指標の基本的な構成要素は，観察されたアレルの頻度と期待されるアレルの頻度の間の差（D 値）である。すなわち，$D = \pi_{AB} - \pi_A \ \pi_B$ であり，ここで π_{AB} は二つの遺伝子座でアレル A および B を有する配偶子の頻度であり，π_A と π_B はそれぞれアレル A およびアレル B の頻度の積である。連鎖不平衡の指標 r^2 は，ときには Δ^2 とも呼ばれ，Hill および Robertson（Hill および Robertson 1968）によって導入されたが，二つの遺伝子座間の相関係数の二乗である（$r^2 = D / \pi_A \ \pi_a \ \pi_B \ \pi_b$）。連鎖不平衡の指標 r^2 は，0 から 1 の範囲にある。$r^2 = 0$ の値のときは，遺伝子座が完全に連鎖平衡であることを示し，$r^2 = 1$ の値のときは遺伝子座が完全な連鎖不平衡にあることを示す。適切な連鎖不平衡パラメータの選択は研究目的に依存する。ほとんどの植物研究では，地図作成を行う集団内での連鎖不平衡を定量し可視化するのに r^2 値を用いる（Gupta ら 2005）。いくつかの連鎖不平衡の可視化法およびソフトウェアが植物および動物研究で用いられる。二つの著名な使用法は，Haploview で作成された連鎖不平衡の三角ヒートマップ（Barrett ら 2005），および連鎖不平衡散布図（scatter plots）である。連鎖不平衡ヒートマップは簡便で，染色体全体の連鎖不平衡の分布パターン上の情報を与える。連鎖不平衡散布図は遺伝的距離（cM）あるいは物理的距離（bp）を用いて連鎖不平衡崩壊の割合を決定し表示する。連鎖不平衡散布図は，連鎖不平衡が臨界閾値を超えた場合に崩壊した時の全体の平均距離を表し，各染色体あるいは全ゲノムに対して作図できる。連鎖不平衡の r^2 値を遺伝的距離に対してプロットし，これらのデータ点を通る非線形の平滑化 Loess 曲線は，連鎖不平衡が連鎖への依存を超える可能性のある場合の有効遺伝距離を表している。基底の連鎖不平衡の閾値は，非連鎖の場合の r^2 値の 95 パーセンタイル，または 75 パーセンタイルとして算出できる（Breseghello および Sorrells 2006；Mather ら 2007）。Loess 曲線と基底の連鎖不平衡が交わる点は，集団における連鎖不平衡の程度を表すと考えられる。例として，第 1 染色体について 280 のシロイヌナズナの系統にわたる 3000 個の SNP マーカーから作成した連鎖不平衡散布図（**図 2a**）およびヒートプロット（図 2b）を示す。図 2a は集団における連鎖不平衡の崩壊を示し，図 2b は染色体にわたる連鎖不平衡の程度と連鎖不平衡の分布を示す。

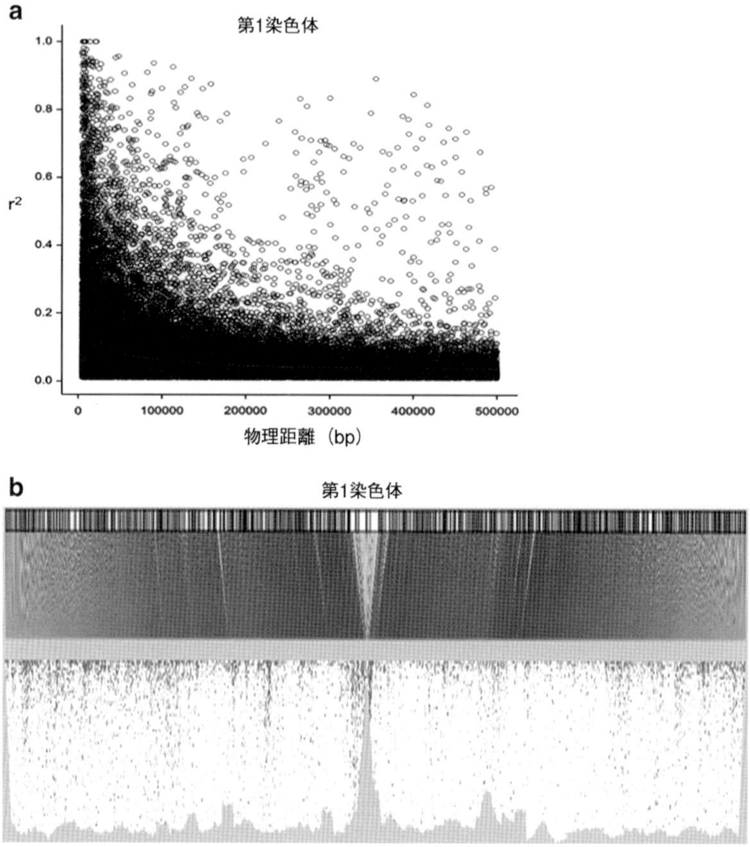

※口絵参照

図2　シロイヌナズナの第1染色体由来の3000個のSNPマーカーを用いた連鎖不平衡（LD）の可視化法。（a）遺伝距離（cM）に対する連鎖不平衡崩壊（r^2）の散布図。Loess適合曲線（赤色の曲線）は連鎖不平衡崩壊を示す。（b）第1染色体の連鎖不平衡の程度についてのヒートプロット。ヒートプロット内の長方形領域の色（赤色：高度連鎖不平衡，白色：低度連鎖不平衡）は，二つの遺伝子座間の連鎖不平衡値（r^2）を示す。

7. 集団の構造化と連関地図作成についての結果

集団の構造化は偽の形質連関を誘導し，植物と動物の両方における連関解析の主要な交絡因子となる。連関地図作成では，複雑な遺伝的関連性およびその集団構造化が表現型の地図作成に影響する。集団構造化（集団の不均一）はすべての自然集団で不可避であり，さまざまな部分集団（亜集団ともいう）間でアレルの不均一な分布をもたらす。部分集団間のアレル分布および，表現型とその後に起こる集団層別化データとの相関の間の系統的な違いは，解析中のなんらかの偽陽性の直接的原因となる可能性がある（Flint-Garcia ら 2005；Myles ら 2009）。偽連関は適応に関連する遺伝子で高くなるが，これは進化の下での環境に関する変数との相関が高いためである。たとえば，開花期などの形質はその緯度の違いに強く相関しており，自然集団における集団の部分構造化もその緯度の違いに相関しており，そのため何らかの偽相関が起こる（Zhao ら 2007）。連関地図作成における集団構造化の問題はよく認知されており，複雑な遺伝的構造をもつ集団内であっても，この問題を処理する何らかの方法が提案されている（Lander および Schork 1994；Price ら 2006；Pritchard ら 2000b）。しかし，どの方法も自然集団に特有の隠れた集団構造化（集団の不均一の）を克服できず，偽相関の制御に 100％有効ではないため，連関地図作成の結果を確認する時には注意が必要である。

8. 連関地図作成の方法論

いくつかの重要な作物における遺伝子プール間での複雑な育種史および限られた遺伝子の流動は，複雑な集団層別化ができ，作物種の連関解析が複雑化する。連関地図作成に含まれる工程の図による枠組みを**図 3** のフローチャートに示す。連関地図作成に対し，まず最初にすることは，連関解析のための適切な遺伝資源の選択であり，集団のサイズ，集団の多様性および集団の適応性などのいくつかの要因が含まれる。信頼できる表現型データを得るため，複数環境における実験上の表現型が必要である。ある場合には，すでに利用可能なデータベース内の確実な表現型情報を，連関解析に直接用いることができる。集団の遺伝子型は，マーカーを利用可能性，および実験計画の実現可能性に依存する。AFLP（Amplified Fragment Length Polymorphism, 増幅断片長多型），RFLP（Restriction Fragment Length Polymorphism, 制限酵素断片長多型），SSRs（Simple Sequence Repeat, 単純反復配列）のような確立されたマーカー系とは別に，DArTs（Diversity Arrays Technology, 多様体アレイ技術）および SNP（Single Nucleotide Polymorphism, 一塩基多型）アレイのようないくつかのハイスループットなマーカープラットホームが，オオムギ，コムギ，イネ，ソルガムなどの主要農作物に対してすでに利用できる（Roy ら 2010；Wenzl ら 2004；Marone ら 2012；Bouchet ら 2012；Nelson ら 2011；Trebbi ら 2011）。近年，いわゆる放置されてきた，あるいは孤児作物（orphan crops）に対するより大きなマーカーデータベースなどいくつかの遺伝子資源収集体が認知されてきた（Varshney ら 2010）。これらの進化した情報源は，連関地図作成法と合わせて作物育種において有効に利用できる。次の段階は，連鎖不平衡と集団構造の解析である。連鎖不平衡と集団構造の重要性は，すでに詳述しており，連鎖不平衡の情報は結果の解釈をさらに助ける。最終段階は，連関解析のために効率的統計モデルを適用することと，信頼できる結果を解明するために解析結果を調べることである。マーカーと形質の有意な相関は，(1) 表現型および真の原因多型である遺伝型決定マーカーとの直接的相関，(2) 表現型が，真の原因多型を有する連鎖不平衡領域内にある遺伝子型判定マーカーと相関する間接的相関，あるいは (3) 集団構造の結果である可能性のある偽陽性の連関，のいずれかに依存する可能性がある。臨界閾値により偽陽性結果と偽陰性結果を均衡させつつ，これら 3 種型の連関を識別し，および偽陽性からの真の結果を判別することが，連関解析で重要な作業である。

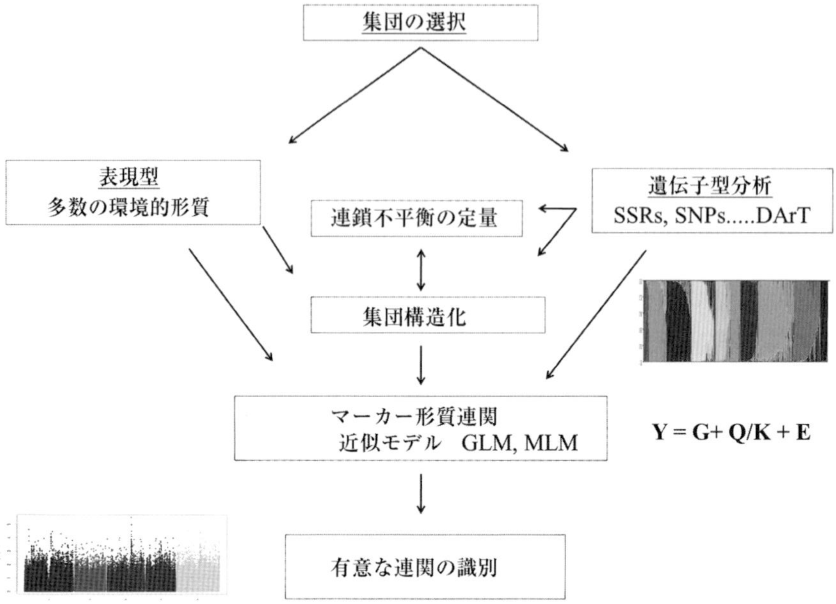

図3 全ゲノム連関分析の各工程の図による枠組み

9. 連関地図作成の統計学的方法

いくつかの統計学的方法が，集団構造化から生じる連鎖不平衡で起こる偽連関の軽減のために，連関地図作成に対して提案されてきた。植物の連関研究での適用は限られており現在は時代遅れとなっているハプロタイプ相対リスク（HRR）法，症例対照研究（ケースコントロール研究），伝達不平衡テスト（transmission disequilibrium test, TDT），およびいくつかの家系に基づく方法など，より原始的な方法が存在する（Spielman ら 1993；Falk および Rubinstein 1987；Schulze および McMahon 2002）。集団層別化の調整に用いられた二つの一般的方法は，genomic control（GC）法および構造化連関（SA）解析であった（Devlin および Roeder 1999；Pritchard ら 2000b）。GC 法では，症例群および対照群の両群で遺伝型分析された一群の連鎖のないランダムなマーカーから，検定統計量の中央値または平均値として定数因子 λ を推定する。GC 法では，集団層別化は λ により連関検定統計量にインフレーションを起こすと考えられているため，全マーカーの検定統計量を λ で割り，相関の検定を実施するためにカイ二乗検定，または，F 分布を用いて比較する。GC は多くのシナリオでうまく動作するが，極端な設定条件では検出力は大幅減少し，保守的に働く（Mackay および Powell 2007）。

構造化連関法は連関地図作成を洗練した方法であり，解析に含まれる各個体は部分集団に帰属し，その後，部分集団に割当てた条件のもとで連関の検定がなされる。最初に，集団共通祖先がランダムなマーカーを用いて推論され，この祖先を基に，各個体が部分集団に割り当てられる。この部分集団への帰属関係（メンバーシップ）が，連関検定における集団層別化のための対照として用いられる。STRUCTURE というコンピュータプログラムは，個体を部分集団に割り当てるのに用いる（Pritchard ら 2000a)。STRUCTURE はモデルに基づく方法を用いてベイジアンクラスタ分析を実行する。この方法は，複数の遺伝子座の情報を用いて，集団親和性の事前の知識なしに，個体をクラスタまたは部分集団に割り当て，Hardy-Weinberg 平衡における遺伝子座を推定する。STRUCTURE プログラムは，正確なマーカー推定のためにマルコフ連鎖モンテカルロ法（MCMC）による多数の繰り返しが必要であるので，より多くの数のマーカーを用いるにつれコンピュータ的に負荷が高い（Pasam ら 2012)。これらの部分集団のメンバーシップ係数（Q）は，集団化構造を補正する（ロジスティック回帰による）ために一般化線形モデル（GLM）に組み込まれる。当てはめたモデルでは，集団のメンバーシップに寄与する多型は最初に Q で計算され，その後，マーカーおよび表現型間の何らかの残差による相関の存在を確認できる。STRUCTURE による集団構造化の推定は計算機負荷が高く，時には部分集団の数は明確ではない。さらに，部分集団への各個体の割当ては明確に定義されず，何らかの矛盾が生じることもある。主成分分析（PCA）法は，EIGENSTRAT 法とも呼ばれ，これらの限界を克服するために提案された（Price ら 2006)。このモデルの効果は事実上，Pritchard ら（2000b）の提案した構造化連関法に類似するが，STRUCTURE に由来する推定量（Q）を用いる代わりに，この方法では層別化の調整に PCA 成分を適用する。PCA 法は，大量のマーカーの処理を容易にし，分析の各個体への正確な集団化祖先を決定して，割り当てる問題を回避する。連関地図作成解析の偽陽性を低減させる別の方法では，連関地図を作成する集団におけるおもな構造化パターンを捕捉するために，PCA および非計量的多次元尺度法（nMDS, nonmetric multidimensional scaling）の両者に対し 2 段階次元決定法を組み込んでいる（Zhu および Yu 2009)。

しかし，集団構造化の情報自体は，連関地図作成に密接に関連した個体群をもつ高度に構造化した集団を用いる時には，偽の相関を制御するには十分ではない。集団構造化情報（Q）および個体群間のペアワイズ相関係数（K 行列）の両者を合わせた混合一般化線形モデル（MLM）法が，Yu ら（2006）により導入された。K 行列の推定量は 2 個体間の勾配により近似的に個体識別の推定を行う。混合一般化線形モデル法では，集団の構造化情報 Q 値は固定効果として当てはめられ，一方 K 行列は，個体群に対する変量効果（ランダム効果ともいう）の分散－共分散行列として取り込まれる。混合一般化線形モデルは，統計モデルに個体群間のすべてのペアワイズの遺伝的な相関関係を取り込み，遺伝学的に類似の個体群の表現型は，遺伝学的に類似していない個体群よりも相関しやすいことを反映する（Kang ら 2008)。個々の個体の変量効果の平均値は，個体群間の表現型の共分散について，その相対的相関性（K 行列）に比例すると仮定することで制限される。混合一般化線形モデルの原理は，変量効果（K）を利用して全ゲノム相関性により説明できる表現型の相関性を説明することであり，さらに，モデルにおける固定効果として Q 値あるいは PCA 成分を用いることである（Yu ら 2006；Zhao ら 2007)。一般化線形モデルおよび混合線形モデルなどのさまざまなモデル用いて行われたいくつかの研究で，すべての例で混合線形モデルのほうが良い性能を示すという結論に達した（Kang ら 2008；Pasam ら 2012；Stich および Melchinger 2009；Zhao ら 2007)。

混合線形モデル法は非常に計算機の負荷が高い。したがって，計算時間を減らし，工程速度を上げるために，効率的混合モデル連関（efficient mixed-model association：EMMA）（Kang ら

2008）や，事前に決定された集団化パラメータ（P3D）とも呼ばれる圧縮混合線形モデル法（compressed MLM）（Zhang ら 2010）など，多くの方法が提案されてきた。血縁関係行列を推定する時，数学的に正確な形式で行列を推定することが重要である。最初に，血縁関係行列を求めるために系統の情報を用いるが，現在は全ゲノムに分布したマーカーの利用が可能なために，マーカーに基づく相対的または血縁関係行列が最もよく用いられる。SPAGeDi（Hardy および Vekemans 2002）または TASSEL（Bradbury ら 2007）などのいくつかのソフトウェアパッケージが相対的または血縁関係行列を推定するために用いられる。相関検定は，上記のモデル由来のざまざまなオプションを用いて実施でき，**表 1** に示す。さまざまなモデルは以下のようなものである。すなわち，（1）ナイーブモデル：集団構造化に対していかなる補正もされていない一般化線形モデル，（2）Q モデル：集団構造化に対する補正として集団の構造化情報 Q 値行列をもつ一般化線形モデル，（3）P モデル：集団構造化に対する補正として主成分（PC）をもつ一般化線形モデル，（4）QK モデル：団構造化に対する補正として集団の構造化情報である Q 値の行列（Q 行列）と変量効果行列（K 行列）をもつ混合線形モデル，（5）PK モデル：集団構造化に対する補

表 1　最近のさまざまな植物種における全ゲノム連関解析

種	系統	参照文献
コムギ	仁品質系統	Breseghello および Sorrells（2006）
コムギ	さび病抵抗性	Yu ら（2012）
イネ	栽培系統	Huang ら（2010）
イネ	栽培系統	Zhao ら（2011）
トウモロコシ	葉構造	Tian ら（2011）
トウモロコシ	油脂生合成	Li ら（2013）
オーツムギ	βグルカン濃縮	Newell ら（2012）
オオムギ	生育習性	Rostoks ら（2006）
オオムギ	アントシアニン色素	Cockram ら（2010）
オオムギ	栽培系統	Pasam ら（2012）
ライムギ	耐霜性	Li ら（2011）
ソルガム	栽培系統	Morris ら（2013）
ポテト	品質系統	D’hoop ら（2008）
トマト	果実質	Ranc ら（2012）
ダイズ	クロロフィル蛍光パラメータ	Hao ら（2012）
サトウキビ	栽培系統	Würschum ら（2011）
モモ	果実質と開花期	Cao ら（2012）
ワタ	繊維質系統	Abdurakhmonov ら（2009）
シロイヌナズナ	107 種の表現型	Atwell ら（2010）

略語：*AM* 連関地図作成（association mapping），*DArT* 多様性アレイ技術（Diversity Arrays Technology），*GC* genomic control 法（genomic control），*GLM* 一般化線形モデル（general linear model），*GWAS* 全ゲノム連関分析（genome-wide association studies），*LD* 連鎖不平衡（linkage disequilibrium），*MAGIC* 多親正次々世代インタークロス（multiparent advanced generation intercross），*MLM* 混合線形モデル（mixed linear model），*NAM* 入れ子型連関地図作成（nested association mapping），*NGP* 次世代集団（next-generation population），*NGS* 次世代シーケンシング（next- generation sequencing），*QTL* 量的形質座（quantitative trait locus），*RIL* 組換え近交系（recombinant inbred line），*SNP* 一塩基多型（single-nucleotide polymorphism），*SA* 構造化連関（structured association）

正として主成分（PC）とK行列をもつ混合線形モデル，(6) Kモデル：集団構造化に対する補正としてK行列をもつ混合線形モデル（Kangら2008；StichおよびMelchinger 2009；Pritchardら2000a；Yuら2006)。現時点まで，上記のすべて解析を実施するため，さまざまなソフトウェアプログラム［TASSEL（Bradburyら2007)，GenStat（Payneら2006)，SAS，Rおよび，その他など］が利用できるようになっている。いくつかの比較研究では，PKモデル（主成分と変量効果で補正したモデル)，QKモデル（集団の構造化情報Q値の行列と変量効果で補正したモデル）およびKモデル（変量効果で補正したモデル）が他のモデルより優れていた。大部分において，QKモデルとKモデルがさまざまな種で良好な当てはめ結果を示した（Kangら2008；Pasamら2012；StichおよびMelchinger 2009；Zhaoら2007；Stichら2008)。

10. 連関地図作成結果の解釈－何が期待されるか？

全ゲノム連関分析を可視化する一般的方法は，すべての染色体に対してManhattanプロットを用いることである。Manhattanプロットとは，SNPの位置（X軸）に対してプロットした，SNP連関について負の対数p値をもつ散布図（Y軸）である。最も有意な相関をもつSNPは，プロットにおいて顕著なピークとして目立つであろう。大部分の形質の量的性質と不可避の偽陽性のために，そのようなプロットにいくつかのピークが認められる。形質の遺伝率も相関結果の出力に影響する。そして，そのため，形質は頑健で，一般的に重複した形質が使用される。偽陽性は，集団層別化，統計解析法，ジェノタイピングにおけるエラーおよび（あるいは）簡単な分析では識別が困難な複数の検査項目が原因で生じると思われる。いくつかの研究では，形質の高い遺伝率と反復性にもかかわらず，ほとんど相関は報告されていない。これは，すべての多型を捕捉した集団構造化修正モデルによって生じ，相関に対するマーカーに限定的な変異が残る。そのため，何らかの結論を導く前に，注意深く慎重に結果をみることが必要である。

11. 全ゲノム連関解析に対する有意性閾値の決定

真の相関を判断するために有意なp値の閾値を設定することは，研究において評価された検定で困難である。全ゲノム連関解析に対する閾値であるp値は評価の厳格さを決定する。一般的に，0.05という普遍的なp値（グラフ上の$-\log 10(p)=1.3$）は寛大すぎであり，テストされたマーカーのいくつかはこの閾値を容易に越える。全ゲノム連関解析は，解析の一環として実施する多重比較を考慮しなければならない。この多重比較検定の負担は，全ゲノム連関解析での主要な問題点である（Storeyrsら2004)。多重比較検定を考慮する広く用いられる統計学的方法として，過誤率を調整するためのBonferroni補正（BlandおよびAltman 1995)，偽陽性率（false discovery rate, FDR)（BenjaminiおよびHochberg 1995；Storeyら2004）などの方法が提案されてきた。これらの閾値の多くはすでに非常に保守的で，入力した全ゲノム情報の利用可能性によっては，必要な検定数が増加するので，一部はより厳格な閾値を主張する。種々のシミュレーションおよび理論的研究によって，全ゲノム連関解析に対する有意性閾値は種々の集団，形質，連鎖不平衡パターン，配列群，ならびに，さまざまなマーカー系で変動する可能性が示されてきた（Panagiotou ら 2012）。全ゲノム連関解析での効率的な有意性閾値に曖昧さと不確定性がある場合に，種々の解析で種々の閾値有意性が用いられる。複雑な連関モデルと稀なアレルの存在による検出力低下のために，厳密な閾値を用いると，分析の際に重要なピークを過剰に見殺しにする可能性がある。既存の厳密な統計学的方法の調整および多くの新しい FDR 法が，全ゲノム連関解析に対して提案されている（Johnson ら 2010）。反対に，有意であるとしてより低い下限 p 値である 0.1 パーセンタイル分布を用いるなど有意性閾値を決める寛大な方法もある（Chan ら 2010）。有意性閾値を決決めながらも，偽陽性と偽陰性の問題を低減させるために，選択性と感度のバランスをとる必要がある。

12. 連関地図作成の検出力

連関地図作成の検出力は，地図作成集団内の真の連関を検出する能力である。連関解析の検出力を決定するため，いくつかのシミュレーション研究と理論的研究が行われた。これらの研究は，連関地図作成の検出力が集団サイズ，集団内の連鎖不平衡の範囲，全ゲノムマーカーの被覆率の範囲，および実験デザインなどの要因に依存すると結論した（Kang ら 2008；Stich ら 2008）。全ゲノム連関解析における QTL 検出の能力も，分析する形質と，標的アレルの影響の強度，および形質に影響する QTL の数に依存する。検出力は頑健なデータの使用，および集団サンプルサイズの増加により増加する可能性がある。

13. 連関地図作成で説明される遺伝的多型

マーカーと表現型の間の有意な連関が，いくつかの植物の全ゲノム連関解析で見出されてきた（Abdurakhmonov ら 2009；Agrama ら 2007；Atwell ら 2010；Breseghello および Sorrells 2006；Rode ら 2011；Roy ら 2010）。大部分の複雑な形質の全ゲノム連関解析は，いくつかの遺伝子座が遺伝的構成成分の分散（variance）に寄与し，この連関の大部分が表現型変異のごく一部しか説明できないことを示す。これは，遺伝学者に，「欠失遺伝率」とも呼ばれる欠失遺伝多型の推定部分を残す（Brachi ら 2011）。全ゲノム連関解析，検出されたマーカー－形質連関では，家系に基づく解析と比較して，表現型多型の一部しか説明しない（Pasam ら 2012；Roy ら 2010）。低い説明力の遺伝的多型は，これらの複雑な形質の遺伝多型部分および遺伝的構造の解析法および推定法に関して，いくつかの疑問を提示する。ヒト全ゲノム連関解析における欠失遺伝率の原因を説明するいくつかのもっともらしい理由が提出された。植物研究で用いられるマーカー数はヒトや動物の遺伝研究よりはるかに少ないが，同様の理屈が植物全ゲノム連関解析である程度通用する。体長の形質に関する共同研究では，厳密な閾値を用いて，インパクトのある 40 個もの遺伝子多型が同定された。合わせて，これらの多型はヒトの身長の多型の約 5%を説明できた（Maher 2008；Visscher 2008）。同じく，オオムギの全ゲノム連関解析では，出穂日と有意に連関する 34 個の SNP が認められ，合計で表現型多型の 16%を説明し（Pasame ら 2012），シロイヌナズナでは開花期についての表現型多型の 45%が有意なマーカーによって説明される（Li ら 2010）。しかし，説明の必要がある多型のかなりの量がいまだに欠失している。説明を要する欠失の原因に関する多くの説明には，(1) 不十分なマーカー被覆率，たとえば，原因となる多型が遺伝子型決定された SNP をもつ完全連鎖不平衡領域に存在しない場合，そのような SNP マーカーによって説明できる相関相関および多型の検出力が低下する。(2) 分析から除かれた，検出されない主要な影響をもつ稀なアレル，(3) 統計学的検出から逃れる小さな個別影響をもつ，多数の遺伝子/QTL に依存する特徴または形質の発現，(4) 全ゲノム連関解析におけるエピスタシスな（異なる遺伝子座間の相互作用が一つの形質に影響すること）相互作用の検出に用いることができる統計学的方法の不適切さ，(5) 構造的多型，(6) 遺伝子－環境相互作用，(7) パネルでの集団層別化水準に依存する個々の SNP に対する R^2 の偏った推定量（Brachi ら 2011；Frazer ら 2009；Gibson 2010；Hall　ら 2010；Maher 2008；Manolio ら 2009），がある。上述の理由は，ヒトでの全ゲノム連関解析の流れでおもに考察されてきたが，植物やほかの生物での全ゲノム連関解析にも適する。上述の理由のほかにも，分析に採用された統計モデルが，SNP によって説明される多型に影響する可能性がある。モデルの厳密さと閾値が増加するにつれ，影響の小さい SNP の検出力は低下するだろう。全ゲノム連関解析において厳密なモデルを用いながらも，形質多型のより大部分はモデル自体で説明され，より低頻度の多型は遺伝的影響による説明はなされない。モデルの厳密さを低下させると，マーカーで説明される多型は増加するが，同時に，より偽陽性が生じる可能性がある。これらのどの原因の組み合わせが隠れた表現型多型を推定できるかを決めることは，連関地図作成解析の将来の成功に重大な意味をもつだろう。

14. 植物における全ゲノム連関解析

全ゲノム連関解析は三つの必須の要素を必要とする。すなわち，(1) 頑健なデータを与える十分に大きな解析集団。(2) 適切な全ゲノムマーカー被覆率，および (3) 統計学的に強力で，遺伝的連関の検出に採用可能な分析方法，である。初期には，非常に限られたマーカー被覆率の少数の全ゲノム連関解析が，イネやオオムギなどの作物で実施された（Virk ら 1996；Kraakman ら 2004）。その後，新規マーカー系の出現，新規の塩基配列解析技術の到来，および数種類の作物でのゲノム資源によって，全ゲノム連関解析の急増が明確になった。最近 10 年間に発表された顕著な全ゲノム連関解析の一部を表 1 に示す。一塩基多型（SNP）マーカーは，同時に数千の SNP の並列の遺伝子多型解析が容易であるため，全ゲノム連関解析でよく用いられる。数千の SNP をもつオオムギ，イネ，コムギ，ヒヨコマメ，リンゴ，およびジャガイモなどのいろいろな種の SNP アレイと測定法の進化は，農業作物での全ゲノム連関解析のシナリオを変化させた（Akhunov ら 2009；Chagné ら 2012；Hiremath ら 2012；McCouch ら 2010；　ら 2012；Hamilton ら 2011）。完全な de novo のゲノム配列情報を利用でき，次世代シーゲンス技術を用いることができることで，ゲノム当り数百万個の SNP が使用可能となった。トウモロコシやイネなどの作物では，被覆率の低い全個体の次世代シーケンシング（NGS）技術および全ゲノム連関解析についての数百万個の SNP の利用が既に実行されている（Buckler ら 2009；Huang ら

2010)。それらの問題点があるにも関わらず，全ゲノム連関解析は作物における複雑な形質を解明する強力な方法であることが証明されてきた。

15. 連関地図作成の限界の低減

連関地図作成は多くの植物研究で成功例が証明されているが，偽陽性の数，稀なアレルの欠失，検出されたQTLの低い影響，エピスタシス（遺伝学において，異なる遺伝子座間の相互作用が一つの形質に影響すること）および環境の効果を決定することの複雑さなどに起因するいくつかの全ゲノム連関解析に固有の問題点が存在する。いくつかの計算モデルは，全ゲノム連関解析における偽陽性の低下と集団構造化の交絡作用を克服する助けになる。エピスタシスな連関地図作成技術の統計学的方法はなお発展中である（Stich および Gebhardt 2011；Lü ら 2011)。混合モデルの負荷の高い計算機要件は，連関解析におけるエピスタシスな相互作用検出への集中を低下させてきたと思われる。しかし，全ゲノム連関解析ではエピスタシス効果を検出するさまざまな統計学的方法を用いた手法が出現している（Wang ら 2011)。重要な農学的形質の大部分は，複数の効果の小さいQTLおよびそれらのエピスタシスな相互作用および環境相互作用によって制御されている（Bernardo 2008)。したがって，新しい統計学的手法を調べてQTL相互作用の解釈することから開始するのが，作物育種における連関地図作成の可能性の完全実現に重要である。全ゲノム連関解析における他の問題点は，効果の小さい多数の遺伝子座が量的形質に寄与し，主要な効果を有するQTLがほとんど報告されないことである（Buckler ら 2009)。稀なアレルと非常に低効果なQTLの検出力は，集団サイズの増加で改善できる。全ゲノム連関解析で，研究者は，遺伝子相互作用，遺伝子発現，コピー数変異（CNV）などのさまざまなゲノム構造多型，および稀な多型の均衡した重みなどを無視しやすく，処理が難しい。複雑な形質の遺伝的構造の解明において，全ゲノム連関解析で将来の注力が可能な領域が存在する。

16. 作物改良における連関地図作成の将来展望

近年の植物育種研究で変動するパラダイムは，連鎖地図作成，連関地図作成，および比較ゲノム方法を有する集団遺伝学の枠組みから，疑いようもなく利益を受けている。栽培植物化と植物育種は，現代の作物の遺伝基盤を狭め，その結果として遺伝的多様性を低下させた。現在の条件において，全ゲノム連関解析は，遺伝的多様化に関する世界の農作物遺伝資源における自然の遺伝的多様性を効率的に利用する標識である。全ゲノム連関解析で用いられるより広範な遺伝資源の多様性は，アレル探索のための広大な範囲を与え，作物改良で用いられる新しい機能的多型を同定し，遺伝資源の育種の遺伝的基盤を拡大する（Hamblin ら 2011)。経済的に重要な形質に対するQTL検出，および外来資源から遺伝資源育種に優れたQTLアレルを移入することが，将来の作物改良の有望な手法として提案された（Prada 2009)。植物育種は，効率的利用のためにQTLの検出精度が最も重要であると強調する。詳細地図作成，QTL/遺伝子の単離と特徴分析に関する成功例もあるが，別の報告で解説する（Salvi および Tuberosa 2005)。これらの研究の大部分は，栽培遺伝資源の改良には，外来遺伝資源の利用，およびより広い多様性が重要であることを示す。近い将来，全ゲノム連関解析の成果の効率的利用が，現在の作物育種遺伝資源の遺伝的基盤を促進することに役立つだろう。

全ゲノム連関解析は通常，QTL の解明のためにその結果を利用する目的で，または育種における優れた個体の遺伝子型による選択のために，またはポジショナルクローニングへの工程の一つとして，実施される (Rafalski 2010)。検出された QTL に密接に連鎖するマーカーは，作物育種法においてマーカーに基づく選択のために利用できる。しかし，作物改良のための QTL アレルの選択は慎重さが必要である。さまざまな集団の利用による，あるいは以前の研究からの全ゲノム連関解析結果の検証が，結果に依存する前に重要である。増加し続ける全ゲノム連関解析により，いくつかの形質でマーカー－形質連関が集積しているため，反復実験による結果の検証が推奨される。連結連鎖および連鎖不均衡による地図作成法も，結果の同時検証，および連鎖地図作成と連鎖不均衡地図作成に固有な限界の克服を助けるだろう (Jung ら 2005；Lu ら 2010)。

また，効率的に遺伝多型を捉え，集団構造化の交絡効果の問題を回避する NAM および MAGIC などの次世代集団がいくつか開発されてきている。種々の作物でのこれらの集団の使用増加は，作物改良の機会を促進し，遺伝資源育種の遺伝的基盤を多様化できる (Huang ら 2012a；Buckler ら 2009；Cook ら 2012)。NAM 集団は，トウモロコシでいくつかの形質研究で利用され，QTL 地図作成が成功している (Cook ら 2012；Poland ら 2011；Kump ら 2011；Buckler ら 2009)。トウモロコシでの NAM 集団は，25 種類の系統を単一の参照親に交配させることで構成される。それぞれの交配から，200 個の組換え近交系 (RIL) が合計 5000 の系統について作成され，QTL 検出の十分な統計学的検出力を付与した (Buckler ら 2009)。しかし，集団確立のための創始者系統の最適化設計と数について議論が多く，さらに，対象種における集団構造と遺伝的多様性，また対象形質の遺伝的構造にも依存する。MAGIC 集団は，もう一つの先進的な多親交インタークロス設計であり，その成功はシロイヌナズナ (Kover ら 2009) などのモデル生物，および最近ではコムギ (Huang ら 2012a) でも示されている。しかしこれらの資源は，他の多くの種では容易には利用できず，作物改良での効率的な利用に関しては開発途上である。別の方法として，ゲノム選択 (GS, genomic selection) も作物改良で卓越している。ゲノム選択は，選択のためのマーカー－形質相関の強度から計算する育種値に依存し，ゲノム選択は形質改良のために一つの QTL に注目するよりも，全ゲノムにわたる望ましいアレルの頻度を増加することを目的とする (Jannink ら 2010)。

既存および発展中の安価な遺伝子多型解析技術および NGS 技術により，数千のマーカーと大規模集団を用いた全ゲノム連関研究は，すでに現実のものである。徹底したゲノム多型情報を与える全ゲノムリシーケンシング (シーケンシングによるジェノタイピング (GBS)) は，イネ，コムギおよびトウモロコシなどの作物ですでに地図作成に利用されており (Huang ら 2010；Buckler ら 2009；Poland ら 2012)，近い将来に他の作物にも利用されるだろう。複雑なゲノムをもつ作物 (コムギやオオムギなど) はゲノムに多数の反復領域を包含し，そのような状況では，反復の再表示を減少させる配列決定法，あるいはゲノム濃縮 (enrichment) 的方法が推奨される (Mamanova ら 2010)。シーケンシング費用の迅速な低下はに伴い，いくつかの作物で多数の配列数を確保することによる遺伝子型決定が可能となるだろう。植物でのマイクロアレイやRNA-Seqのようなハイスループットな遺伝子発現プロファイリング技術の進歩は，植物で全ゲノム発現による定量的形質遺伝子座（eQTL）の解析を範疇に捉えた（Hollowayら2011）。メタボロミクスやプロテオミクスのような新しい「オミクス技術」の到来が，新しい全ゲノムプロファイリングにおいて認知され，さまざまな水準で新しい全ゲノム連関解析の足場を与える。「オミクス」技術を確実にすることで，ネットワークへの経路および興味深い洞察が全体的に理解でき，表現型の最終量的性質をもたらす（Adamski および Suhre 2013；Baerenfaller ら 2008）。従来の全ゲノム連関研究と合わせたこれらの研究によって，遺伝子効果と相互作用が詳細に理解できるだろう。

それにもかかわらず，ゲノムベースの塩基配列決定と全ゲノム連関研究の費用はまだ高く，発展途上国のいくつかの一般的な育種者や研究者には手が届かない。このことは，地域的応用に関する種々の作物改良計画，および貧弱な資源作物における，全ゲノム連関研究の十分な可能性の使用を制限する。今日の植物研究は単一の問題あるいは目的に限定されず，分野横断的なあるいは多分野の方法へと変化してきた。明らかに膨大な利益が，データウエアハウス手法を組み込み，データ統合プラットホームを確立することによって得られる。Accession，表現型データ，オミクスプロファイリングデータ，ゲノミクスデータ，塩基配列および遺伝子多型解析のデータについての情報など種々の研究プロジェクトから利用可能な膨大なデータは，自由にアクセスできる公的データベースに統合できる。またこれは，すべての植物研究分野にわたって，高価な情報資源のデータ共有と利用可能性を容易にする。たとえば，accession 情報，全ゲノム連関分析方法とともに表現型および遺伝子型のデータを含む統合データベースが，シロイヌナズナの研究分野に対して利用となった（Atwell ら 2010；Huang ら 2011）。作物に対する統合情報を有する同様の公的データベースは，これらの出現しつつある技術の利用を促進し，作物改良における全ゲノム連関研究の完全な可能性を実現させるだろう。

文 献

Abdurakhmonov I, Saha S, Jenkins J, Buriev Z, Shermatov S, Scheffler B, Pepper A, Yu J, Kohel R, Abdukarimov A (2009) Linkage disequilibrium based association mapping of fiber quality traits in *G. hirsutum* L. variety germplasm. Genetica 136 (3):401–417

Adamski J, Suhre K (2013) Metabolomics platforms for genome wide association studies linking the genome to the metabolome. Curr Opin Biotechnol 24(1):39–47

Agrama H, Eizenga G, Yan W (2007) Association mapping of yield and its components in rice cultivars. Mol Breed 19(4):341–356

Akhunov E, Nicolet C, Dvorak J (2009) Single nucleotide polymorphism genotyping in polyploid wheat with the Illumina GoldenGate assay. Theor Appl Genet 119(3):507–517

Atwell S, Huang YS, Vilhjalmsson BJ, Willems G, Horton M, Li Y, Meng D, Platt A, Tarone AM, Hu TT, Jiang R, Muliyati NW, Zhang X, Amer MA, Baxter I, Brachi B, Chory J, Dean C, Debieu M, de Meaux J, Ecker JR, Faure N, Kniskern JM, Jones JD, Michael T, Nemri A, Roux F, Salt DE, Tang C, Todesco M, Traw MB, Weigel D, Marjoram P, Borevitz JO, Bergelson J, Nordborg M (2010) Genome-wide association study of 107 phenotypes in *Arabidopsis thaliana* inbred lines. Nature 465 (7298):627–631

Baerenfaller K, Grossmann J, Grobei MA, Hull R, Hirsch-Hoffmann M, Yalovsky S, Zimmermann P, Grossniklaus U, Gruissem W, Baginsky S (2008) Genome-scale proteomics reveals *Arabidopsis thaliana* gene models and proteome dynamics. Science 320(5878):938–941

Barrett JC, Fry B, Maller J, Daly MJ (2005) Haploview: analysis and visualization of LD and haplotype maps. Bioinformatics 21(2):263–265

Beló A, Zheng P, Luck S, Shen B, Meyer D, Li B, Tingey S, Rafalski A (2008) Whole genome scan detects an allelic variant of fad2 associated with increased oleic acid levels in maize. Mol Gen Genomics 279(1):1–10

Benjamini Y, Hochberg Y (1995) Controlling the false discovery rate – a practical and powerful approach to multiple testing. J R Stat Soc Ser B Methodol 57(1):289–300

Bernardo R (2008) Molecular markers and selection for complex traits in plants: learning from the last 20 years. Crop Sci 48(5):1649–1664

Bhosale S, Stich B, Rattunde HF, Weltzien E, Haussmann B, Hash CT, Ramu P, Cuevas H, Paterson A, Melchinger A, Parzies H (2012) Association analysis of photoperiodic flowering time genes in west and central African sorghum [*Sorghum bicolor* (L.) Moench]. BMC Plant Biol 12(1):32

Bland JM, Altman DG (1995) Multiple significance tests – The Bonferroni method. Br Med J 310 (6973):170

Bouchet S, Pot D, Deu M, Rami J-F, Billot C, Perrier X, Rivallan R, Gardes L, Xia L, Wenzl P, Kilian A, Glaszmann J-C (2012) Genetic structure, linkage disequilibrium and signature of selection in Sorghum: lessons from physically anchored DArT markers. PLoS One 7(3):e33470

Brachi B, Morris GP, Borevitz JO (2011) Genome-wide association studies in plants: the missing heritability is in the field. Genome Biol 12(10)

Bradbury PJ, Zhang Z, Kroon DE, Casstevens TM, Ramdoss Y, Buckler ES (2007) TASSEL: software for association mapping of complex traits in diverse samples. Bioinformatics 23(19):2633–2635

Breseghello F, Sorrells ME (2006) Association mapping of kernel size and milling quality in wheat (*Triticum aestivum* L.) cultivars. Genetics 172(2):1165–1177

Brown PJ, Rooney WL, Franks C, Kresovich S (2008) Efficient mapping of plant height quantitative trait loci in a sorghum association population with introgressed dwarfing genes. Genetics 180(1):629–637

Buckler ES, Holland JB, Bradbury PJ, Acharya CB, Brown PJ, Browne C, Ersoz E, Flint-Garcia S, Garcia A, Glaubitz JC, Goodman MM, Harjes C, Guill K, Kroon DE, Larsson S, Lepak NK, Li H, Mitchell SE, Pressoir G, Peiffer JA, Rosas MO, Rocheford TR, Romay MC, Romero S, Salvo S, Sanchez Villeda H, da Silva HS, Sun Q, Tian F, Upadyayula N, Ware D, Yates H, Yu J, Zhang Z, Kresovich S, McMullen MD (2009) The genetic architecture of maize flowering time. Science 325(5941):714–718

Caldwell KS, Russell J, Langridge P, Powell W (2006) Extreme population-dependent linkage disequilibrium detected in an inbreeding plant species, *Hordeum vulgare*. Genetics 172(1):557–567

Cao K, Wang L, Zhu G, Fang W, Chen C, Luo J (2012) Genetic diversity, linkage disequilibrium, and association mapping analyses of peach (*Prunus persica*) landraces in China. Tree Genet Genome 8(5):975–990

Cardon LR, Bell JI (2001) Association study designs for complex diseases. Nat Rev Genet 2(2):91–99

Chagné D, Crowhurst RN, Troggio M, Davey MW, Gilmore B, Lawley C, Vanderzande S, Hellens RP, Kumar S, Cestaro A, Velasco R, Main D, Rees JD, Iezzoni A, Mockler T, Wilhelm L, Van de Weg E, Gardiner SE, Bassil N, Peace C (2012) Genome-wide SNP detection, validation, and development of an 8K SNP array for apple. PLoS One 7(2):e31745

Chan EK, Rowe HC, Kliebenstein DJ (2010) Understanding the evolution of defence metabolites in *Arabidopsis thaliana* using genome-wide association mapping. Genetics 185:991–1007

Cockram J, White J, Zuluaga DL, Smith D, Comadran J, Macaulay M, Luo Z, Kearsey MJ, Werner P, Harrap D, Tapsell C, Liu H, Hedley PE, Stein N, Schulte D, Steuernagel B, Marshall DF, Thomas WTB, Ramsay L, Mackay I, Balding DJ, Consortium TA, Waugh R, O'Sullivan DM (2010) Genome-wide association mapping to candidate polymorphism resolution in the unsequenced barley genome. Proc Natl Acad Sci 107(50):21611–21616

Comadran J, Thomas WT, van Eeuwijk FA, Ceccarelli S, Grando S, Stanca AM, Pecchioni N, Akar T, Al-Yassin A, Benbelkacem A, Ouabbou H, Bort J, Romagosa I, Hackett CA, Russell JR (2009) Patterns of genetic diversity and linkage disequilibrium in a highly structured Hordeum vulgare association-mapping population for the Mediterranean basin. Theor Appl Genet 119:175–187

Cook JP, McMullen MD, Holland JB, Tian F, Bradbury P, Ross-Ibarra J, Buckler ES, Flint-Garcia SA (2012) Genetic architecture of maize kernel composition in the nested association mapping and inbred association panels. Plant Physiol 158(2):824–834

D'hoop B, Paulo M, Mank R, Eck H, Eeuwijk F (2008) Association mapping of quality traits in potato (L.). Euphytica 161:47–60

Devlin B, Roeder K (1999) Genomic control for association studies. Biometrics 55:997–1004

Falk CT, Rubinstein P (1987) Haplotype relative risks: an easy reliable way to construct a proper control sample f or risk calculations. Ann Hum Genet 51:227–233

Flint-Garcia SA, Thornsberry JM, Buckler ES 4th (2003) Structure of linkage disequilibrium in plants. Annu Rev Plant Biol 54:357–374

Flint-Garcia SA, Thuillet AC, Yu J, Pressoir G, Romero SM, Mitchell SE, Doebley J, Kresovich S, Goodman MM, Buckler ES (2005) Maize association population: a high-resolution platform for quantitative trait locus dissection. Plant J 44:1054–1064

Frazer KA, Murray SS, Schork NJ, Topol EJ (2009) Human genetic variation and its contribution to complex traits. Nat Rev Genet 10:241–251

Fusari C, Di Rienzo J, Troglia C, Nishinakamasu V, Moreno M, Maringolo C, Quiroz F, Alvarez D, Escande A, Hopp E, Heinz R, Lia V, Paniego N (2012) Association mapping in sunflower for sclerotinia head rot resistance. BMC Plant Biol 12(1):93

Gebhardt C, Ballvora A, Walkemeier B, Oberhagemann P, Schüler K (2004) Assessing genetic potential in germplasm collections of crop plants by marker-trait association: a case study for potatoes with quantitative variation of resistance to late blight and maturity type. Mol Breed 13(1):93–102

Gibson G (2010) Hints of hidden heritability in GWAS. Nat Genet 42(7):558–560

Gupta PK, Rustgi S, Kulwal PL (2005) Linkage disequilibrium and association studies in higher plants: present status and future prospects. Plant Mol Biol 57(4):461–485

Hall D, Tegstrom C, Ingvarsson PK (2010) Using association mapping to dissect the genetic basis of complex traits in plants. Brief Funct Genomic 9:157–165

Hamblin MT, Close TJ, Bhat PR, Chao SM, Kling JG, Abraham KJ, Blake T, Brooks WS, Cooper B, Griffey CA, Hayes PM, Hole DJ, Horsley RD, Obert DE, Smith KP, Ullrich SE, Muehlbauer GJ, Jannink JL (2010) Population structure and linkage disequilibrium in US barley germplasm: implications for association mapping. Crop Sci 50:556–566

Hamblin MT, Buckler ES, Jannink J-L (2011) Population genetics of genomics-based crop improvement methods. Trends Genet 27:98–106

Hamilton J, Hansey C, Whitty B, Stoffel K, Massa A, Van Deynze A, De Jong W, Douches D, Buell CR (2011) Single nucleotide polymorphismdiscovery in eliteNorth American potato germplasm. BMC Genomics 12:302

Hao D, Chao M, Yin Z, Yu D (2012) Genome-wide association analysis detecting significant single nucleotide polymorphisms for chlorophyll and chlorophyll fluorescence parameters in soybean (*Glycine max*) landraces. Euphytica 186:919–931

Hardy OJ, Vekemans X (2002) SPAGeDi: a versatile computer program to analyse spatial genetic structure at the individual or population levels. Mol Ecol Notes 2:618–620

Hastbacka J, Delachapelle A, Kaitila I, Sistonen P, Weaver A, Lander E (1992) Linkage disequilibrium mapping in isolated founder populations – Diastrophic dysplasia in Finland. Nat Genet 2(3):204–211

Hill WG, Robertson A (1968) The effects of inbreeding at loci with heterozygote advantage. Genetics 60(3):615–628

Hiremath PJ, Kumar A, Penmetsa RV, Farmer A, Schlueter JA, Chamarthi SK, Whaley AM, Carrasquilla-Garcia N, Gaur PM, Upadhyaya HD, Kavi Kishor PB, Shah TM, Cook DR, Varshney RK (2012) Large-scale development of cost-effective SNP marker assays for diversity assessment and genetic mapping in chickpea and comparative mapping in legumes. Plant Biotechnol J 10(6):716–732

Holloway B, Luck S, Beatty M, Rafalski J-A, Li B (2011) Genome-wide expression quantitative trait loci (eQTL) analysis in maize. BMC Genomics 12(1):336

Huang X, Wei X, Sang T, Zhao Q, Feng Q, Zhao Y, Li C, Zhu C, Lu T, Zhang Z, Li M, Fan D, Guo Y, Wang A, Wang L, Deng L, Li W, Lu Y, Weng Q, Liu K, Huang T, Zhou T, Jing Y, Li W, Lin Z, Buckler ES, Qian Q, Zhang Q-F, Li J, Han B (2010) Genome-wide association studies of 14 agronomic traits in rice landraces. Nat Genet 42(11):961–967

Huang YS, Horton M, Vilhjálmsson BJ, Seren –Ü, Meng D, Meyer C, Ali Amer M, Borevitz JO, Bergelson J, Nordborg M (2011) Analysis and visualization of *Arabidopsis thaliana* GWAS using web 2.0 technologies. Database 2011

Huang BE, George AW, Forrest KL, Kilian A, Hayden MJ, Morell MK, Cavanagh CR (2012a) A multiparent advanced generation inter-cross population for genetic analysis in wheat. Plant Biotechnol J 10(7):826–839

Huang X, Kurata N, Wei X, Wang Z-X, Wang A, Zhao Q, Zhao Y, Liu K, Lu H, Li W, Guo Y, Lu Y, Zhou C, Fan D, Weng Q, Zhu C, Huang T, Zhang L, Wang Y, Feng L, Furuumi H, Kubo T, Miyabayashi T, Yuan X, Xu Q, Dong G, Zhan Q, Li C, Fujiyama A, Toyoda A, Lu T, Feng Q, Qian Q, Li J, Han B (2012b) A map of rice genome variation reveals the origin of cultivated rice. Nature 490:497–501

Hufford MB, Xu X, van Heerwaarden J, Pyhajarvi T, Chia J-M, Cartwright RA, Elshire RJ, Glaubitz JC, Guill KE, Kaeppler SM, Lai J, Morrell PL, Shannon LM, Song C, Springer NM, Swanson-Wagner RA, Tiffin P, Wang J, Zhang G, Doebley J, McMullen MD, Ware D, Buckler ES, Yang S, Ross-Ibarra J (2012) Comparative population genomics of maize domestication and improvement. Nat Genet 44(7):808–811

Hyten DL, Choi I-Y, Song Q, Shoemaker RC, Nelson RL, Costa JM, Specht JE, Cregan PB (2007) Highly variable patterns of linkage disequilibrium in multiple soybean populations. Genetics 175(4):1937–1944

Jannink J-L, Lorenz AJ, Iwata H (2010) Genomic selection in plant breeding: from theory to practice. Brief Funct Genomic 9(2):166–177

Jennings HS (1917) The numerical results of diverse systems of breeding, with respect to two pairs of characters, linked or independent, with special relation to the effects of linkage. Genetics 2(2):97–154

Johnson R, Nelson G, Troyer J, Lautenberger J, Kessing B, Winkler C, O'Brien S (2010) Accounting for multiple comparisons in a genome-wide association study (GWAS). BMC Genomics 11(1):724

Jun T-H, Van K, Kim M, Lee S-H, Walker D (2008) Association analysis using SSR markers to find QTL for seed protein content in soybean. Euphytica 162(2):179–191

Jung J, Fan R, Jin L (2005) Combined linkage and association mapping of quantitative trait loci by multiple markers. Genetics 170(2):881–898

Kang HM, Zaitlen NA, Wade CM, Kirby A, Heckerman D, Daly MJ, Eskin E (2008) Efficient control of population structure in model organism association mapping. Genetics 178(3):1709–1723

Kover PX, Valdar W, Trakalo J, Scarcelli N, Ehrenreich IM, Purugganan MD, Durrant C, Mott R (2009) A multiparent advanced generation inter-cross to finemap quantitative traits in *Arabidopsis thaliana*. PLoS Genet 5(7):e1000551

Kraakman AT, Niks RE, Van den Berg PM, Stam P, Van Eeuwijk FA (2004) Linkage disequilibrium mapping of yield and yield stability in modern spring barley

cultivars. Genetics 168(1):435–446
Kump KL, Bradbury PJ, Wisser RJ, Buckler ES, Belcher AR, Oropeza-Rosas MA, Zwonitzer JC, Kresovich S, McMullen MD, Ware D, Balint-Kurti PJ, Holland JB (2011) Genome-wide association study of quantitative resistance to southern leaf blight in the maize nested association mapping population. Nat Genet 43(2):163–168
Lander ES, Schork NJ (1994) Genetic dissection of complex traits. Science 265(5181):2037–2048
Lewontin RC, Kojima K-i (1960) The Evolutionary Dynamics of Complex Polymorphisms. Evolution 14(4):458–472
Li YH, Zhang C, Gao ZS, Smulders MJM, Ma ZL, Liu ZX, Nan HY, Chang RZ, Qiu LJ (2009) Development of SNP markers and haplotype analysis of the candidate gene for rhg1, which confers resistance to soybean cyst nematode in soybean. Mol Breed 24(1):63–76
Li Y, Huang Y, Bergelson J, Nordborg M, Borevitz JO (2010) Association mapping of local climate-sensitive quantitative trait loci in *Arabidopsis thaliana*. Proc Natl Acad Sci 107(49):21199–21204
Li Y, Bock A, Haseneyer G, Korzun V, Wilde P, Schon CC, Ankerst D, Bauer E (2011) Association analysis of frost tolerance in rye using candidate genes and phenotypic data from controlled, semi-controlled, and field phenotyping platforms. BMC Plant Biol 11(1):146
Li H, Peng Z, Yang X, Wang W, Fu J, Wang J, Han Y, Chai Y, Guo T,YangN, Liu J,WarburtonML, ChengY, Hao X, Zhang P, Zhao J, Liu Y, Wang G, Li J, Yan J (2013) Genome-wide association study dissects the genetic architecture of oil biosynthesis in maize kernels. Nat Genet 45(1):43–50
Lu Y, Zhang S, Shah T, Xie C, Hao Z, Li X, Farkhari M, Ribaut J-M, Cao M, Rong T, Xu Y (2010) Joint linkage–linkage disequilibrium mapping is a powerful approach to detecting quantitative trait loci underlying drought tolerance in maize. Proc Natl Acad Sci 107(45):19585–19590
Lü H-Y, Liu X-F, Wei S-P, Zhang Y-M (2011) Epistatic association mapping in homozygous crop cultivars. PLoS One 6(3):e17773
Mackay I, Powell W (2007) Methods for linkage disequilibrium mapping in crops. Trends Plant Sci 12(2):57–63
Maher B (2008) Personal genomes: the case of the missing heritability. Nature 456(7218):18–21
Mamanova L, Coffey AJ, Scott CE, Kozarewa I, Turner EH, Kumar A, Howard E, Shendure J, Turner DJ (2010) Target-enrichment strategies for nextgeneration sequencing. Nat Methods 7(2):111–118
Manolio TA, Collins FS, Cox NJ, Goldstein DB, Hindorff LA, Hunter DJ, McCarthy MI, Ramos EM, Cardon LR, Chakravarti A, Cho JH, Guttmacher AE, Kong A, Kruglyak L, Mardis E, Rotimi CN, Slatkin M, Valle D, Whittemore AS, Boehnke M, Clark AG, Eichler EE, Gibson G, Haines JL, Mackay TF, McCarroll SA, Visscher PM (2009) Finding the missing heritability of complex diseases. Nature 461(7265):747–753
Marone D, Panio G, Ficco DM, Russo M, Vita P, Papa R, Rubiales D, Cattivelli L, Mastrangelo A (2012) Characterization of wheat DArT markers: genetic and functional features. Mol Gen Genomics 287(9):741–753
Mather KA, Caicedo AL, Polato NR, Olsen KM, McCouch S, Purugganan MD (2007) The extent of linkage disequilibrium in rice (*Oryza sativa* L.). Genetics 177(4):2223–2232
McCouch SR, Zhao KY, Wright M, Tung CW, Ebana K, Thomson M, Reynolds A, Wang D, DeClerck G, Ali ML, McClung A, Eizenga G, Bustamante C (2010) Development of genome-wide SNP assays for rice. Breed Sci 60(5):524–535
Morrell PL, Buckler ES, Ross-Ibarra J (2011) Crop genomics: advances and applications. Nat Rev Genet 13(2):85–96
Morris GP, Ramu P, Deshpande SP, Hash CT, Shah T, Upadhyaya HD, Riera-Lizarazu O, Brown PJ, Acharya CB, Mitchell SE, Harriman J, Glaubitz JC, Buckler ES, Kresovich S (2013) Population genomic and genome-wide association studies of agroclimatic traits in sorghum. Proc Natl Acad Sci 110(2):453–458
Murray SC, Rooney WL, Hamblin MT, Mitchell SE, Kresovich S (2009) Sweet sorghum genetic diversity and association mapping for brix and height. Plant Gen 2(1):48–62
Myles S, Peiffer J, Brown PJ, Ersoz ES, Zhang Z, Costich DE, Buckler ES (2009) Association mapping: critical considerations shift from genotyping to experimental design. Plant Cell Online 21(8):2194–2202
Nelson J, Wang S, Wu Y, Li X, Antony G, White F, Yu J (2011) Single-nucleotide polymorphism discovery by high-throughput sequencing in sorghum. BMC Genomics 12(1):352
Newell M, Asoro F, Scott MP, White P, Beavis W, Jannink J-L (2012) Genome-wide association study for oat (*Avena sativa* L.) beta-glucan concentration using germplasm of worldwide origin. Theor Appl Genet 125(8):1687–1696
Palaisa KA, Morgante M, Williams M, Rafalski A (2003) Contrasting effects of selection on sequence diversity and linkage disequilibrium at two phytoene synthase loci. Plant Cell 15(8):1795–1806
Panagiotou OA, Ioannidis JPA, Genome-Wide Significance Project (2012) What should the genome-wide significance threshold be? Empirical replication of borderline genetic associations. Int J Epidemiol 41(1):273–286
Pasam R, Sharma R, Malosetti M, van Eeuwijk F, Haseneyer G, Kilian B, Graner A (2012) Genome-wide association studies for agronomical traits in a world-wide spring barley collection. BMC Plant Biol 12(1):16
Payne RW, Murray DA, Harding SA, Baird DB, Soutar DM (2006) GenStat for Windows (9th edition) introduction. VSN International, Hemel Hempstead
Poland JA, Bradbury PJ, Buckler ES, Nelson RJ (2011) Genome-wide nested association mapping of quantitative resistance to northern leaf blight in maize. Proc Natl Acad Sci U S A 108(17):6893–6898
Poland J, Endelman J, Dawson J, Rutkoski J, Wu S, Manes Y, Dreisigacker S, Crossa J, Sánchez-Villeda H, Sorrells M, Jannink J-L (2012) Genomic selection in wheat breeding using genotyping-by-sequencing. Plant Genome 5(3):103–113

Prada D (2009) Molecular population genetics and agronomic alleles in seed banks: searching for a needle in a haystack? J Exp Bot 60(9):2541–2552

Price AL, Patterson NJ, Plenge RM, Weinblatt ME, Shadick NA, Reich D (2006) Principal components analysis corrects for stratification in genome-wide association studies. Nat Genet 38(8):904–909

Pritchard JK, Stephens M, Donnelly P (2000a) Inference of population structure using multilocus genotype data. Genetics 155(2):945–959

Pritchard JK, Stephens M, Rosenberg NA, Donnelly P (2000b) Association mapping in structured populations. Am J Hum Genet 67(1):170–181

Rafalski JA (2010) Association genetics in crop improvement. Curr Opin Plant Biol 13(2):174–180

Ranc N, Mun–os S, Xu J, Le Paslier M-C, Chauveau A, Bounon R, Rolland S, Bouchet J-P, Brunel D, Causse M (2012) Genome-Wide association mapping in tomato (Solanum lycopersicum) is possible Using Genome Admixture of Solanum lycopersicum var. cerasiforme. G3 Genes Genomes Genet 2(8):853–864

Remington DL, Thornsberry JM, Matsuoka Y, Wilson LM, Whitt SR, Doebley J, Kresovich S, Goodman MM, Buckler ES (2001) Structure of linkage disequilibrium and phenotypic associations in the maize genome. Proc Natl Acad Sci U S A 98(20):11479–11484

Robbins MD, Sim S-C, Yang W, Van Deynze A, van der Knaap E, Joobeur T, Francis DM (2011) Mapping and linkage disequilibrium analysis with a genome-wide collection of SNPs that detect polymorphism in cultivated tomato. J Exp Bot 62(6):1831–1845

Rode J, Ahlemeyer J, FriedtW,Ordon F (2011) Identification of marker-trait associations in the German winter barley breeding gene pool (*Hordeum vulgare* L.). Mol Breed: 30:1–13

Rostoks N, Ramsay L, MacKenzie K, Cardle L, Bhat PR, Roose ML, Svensson JT, Stein N, Varshney RK, Marshall DF, Graner A, Close TJ, Waugh R (2006) Recent history of artificial outcrossing facilitates whole-genome association mapping in elite inbred crop varieties. Proc Natl Acad Sci 103(49):18656–18661

Roy JK, Smith KP, Muehlbauer GJ, Chao S, Close TJ, Steffenson BJ (2010) Association mapping of spot blotch resistance in wild barley. Mol Breed 26(2):243–256

Salvi S, Tuberosa R (2005) To clone or not to clone plant QTLs: present and future challenges. Trends Plant Sci 10(6):297–304

Sax K (1923) The association of size differences with seed-coat pattern and pigmentation in *Phaseolus vulgaris*. Genetics 8(6):552–560

Schulze TG, McMahon FJ (2002) Genetic association mapping at the crossroads: which test and why? Overview and practical guidelines. Am J Med Genet 114(1):1–11

Semagn K, Bjornstad Å, Xu Y (2010) The genetic dissection of quantitative traits in crops. Electron J Biotechnol 13(5)

Simko I, Pechenick DA, McHale LK, Truco MJ, Ochoa OE, Michelmore RW, Scheffler BE (2009) Association mapping and marker-assisted selection of the lettuce dieback resistance gene Tvr1. BMC Plant Biol 9:135

Singh A, Reimer S, Pozniak CJ, Clarke FR, Clarke JM, Knox RE, Singh AK (2009) Allelic variation at Psy1- A1 and association with yellow pigment in durum wheat grain. Theor Appl Genet 118(8):1539–1548

Spielman RS, Mcginnis RE, Ewens WJ (1993) Transmission test for linkage disequilibrium – The insulin gene region and insulin-dependent diabetes-mellitus (Iddm). Am J Hum Genet 52(3):506–516

Stich B, Gebhardt C (2011) Detection of epistatic interactions in association mapping populations: an example from tetraploid potato. Heredity 107(6):537–547

Stich B, Melchinger AE (2009) Comparison of mixedmodel approaches for association mapping in rapeseed, potato, sugar beet, maize, and Arabidopsis. BMC Genomics 10:94

Stich B, Möhring J, Piepho H-P, Heckenberger M, Buckler ES, Melchinger AE (2008) Comparison of mixed-model approaches for association mapping. Genetics 178(3):1745–1754

Storey JD, Taylor JE, Siegmund D (2004) Strong control, conservative point estimation and simultaneous conservative consistency of false discovery rates: a unified approach. J R Stat Soc Ser B (Stat Methodol) 66(1):187–205

Stracke S, Haseneyer G, Veyrieras JB, Geiger HH, Sauer S, Graner A, Piepho HP (2009) Association mapping reveals gene action and interactions in the determination of flowering time in barley. Theor Appl Genet 118(2):259–273

Takeda S, Matsuoka M(2008) Genetic approaches to crop improvement: responding to environmental and population changes. Nat Rev Genet 9(6):444–457

Tanksley SD (1993) Mapping polygenes. Annu Rev Genet 27(1):205–233

Tanksley SD, McCouch SR (1997) Seed banks and molecular maps: unlocking genetic potential from the wild. Science 277(5329):1063–1066

Thornsberry JM, Goodman MM, Doebley J, Kresovich S, Nielsen D, Buckler ES (2001) Dwarf8 polymorphisms associate with variation in flowering time. Nat Genet 28(3):286–289

Tian F, Bradbury PJ, Brown PJ, Hung H, Sun Q, Flint-Garcia S, Rocheford TR, McMullen MD, Holland JB, Buckler ES (2011) Genome-wide association study of leaf architecture in the maize nested association mapping population. Nat Genet 43(2):159–U113

Trebbi D, Maccaferri M, Heer P, Sørensen A, Giuliani S, Salvi S, Sanguineti M, Massi A, Vossen E, Tuberosa R (2011) High-throughput SNP discovery and genotyping in durum wheat (Triticum durum Desf.). Theor Appl Genet 123(4):555–569

Varshney RK, Glaszmann J-C, Leung H, Ribaut J-M (2010) More genomic resources for less-studied crops. Trends Biotechnol 28(9):452–460

Virk PS, Ford-Lloyd BV, Jackson MT, Pooni HS, Clemeno TP, Newbury HJ (1996) Predicting quantitative variation within rice germplasm using molecular markers. Heredity 76(3):296–304

Visscher PM (2008) Sizing up human height variation. Nat Genet 40(5):489–490

Wang D, Eskridge K, Crossa J (2011) Identifying QTLs and epistasis in structured plant populations using adaptive mixed LASSO. J Agric Biol Environ Stat 16(2):170–184

Waugh R, Jannink JL, Muehlbauer GJ, Ramsay L (2009) The emergence of whole genome association scans in barley. Curr Opin Plant Biol 12(2):218–222

Wenzl P, Carling J, Kudrna D, Jaccoud D, Huttner E, Kleinhofs A, Kilian A (2004) Diversity Arrays Technology (DArT) for whole-genome profiling of barley. Proc Natl Acad Sci U S A 101(26):9915–9920

Würschum T, Maurer H, Kraft T, Janssen G, Nilsson C, Reif J (2011) Genome-wide association mapping of agronomic traits in sugar beet. Theor Appl Genet 123(7):1121–1131

Yan J, Warburton M, Crouch J (2011) Association mapping for enhancing maize (L.) genetic improvement. Crop Sci 51(2):433–449

Yu J, Pressoir G, Briggs WH, Vroh Bi I, Yamasaki M, Doebley JF, McMullen MD, Gaut BS, Nielsen DM, Holland JB, Kresovich S, Buckler ES (2006) A unified mixed-model method for association mapping that accounts for multiple levels of relatedness. Nat Genet 38(2):203–208

Yu L-X, Morgounov A, Wanyera R, Keser M, Singh S, Sorrells M (2012) Identification of Ug99 stem rust resistance loci in winter wheat germplasm using genome-wide association analysis. Theor Appl Genet 125(4):749–758

Zhang Z, Ersoz E, Lai C-Q, Todhunter RJ, Tiwari HK, Gore MA, Bradbury PJ, Yu J, Arnett DK, Ordovas JM, Buckler ES (2010) Mixed linear model approach adapted for genome-wide association studies. Nat Genet 42(4):355–360

Zhao KY, Aranzana MJ, Kim S, Lister C, Shindo C, Tang CL, Toomajian C, Zheng HG, Dean C, Marjoram P, Nordborg M (2007) An Arabidopsis example of association mapping in structured samples. PLoS Genet 3(1)

Zhao K, Tung C-W, Eizenga GC, Wright MH, Ali ML, Price AH, Norton GJ, Islam MR, Reynolds A, Mezey J, McClung AM, Bustamante CD, McCouch SR (2011) Genome-wide association mapping reveals a rich genetic architecture of complex traits in *Oryza sativa*. Nat Commun 2:467

Zhu C, Yu J (2009) Nonmetric multidimensional scaling corrects for population structure in association mapping with different sample types. Genetics 182(3):875–888

Zhu C, Gore M, Buckler ES, Yu J (2008) Status and Prospects of Association Mapping in Plants. Plant Genome J 1(1):5

第2章　静かなる暗殺者：植物ウイルスのサイレンシングサプレッサーにおけるインフォマティクス

The silent assassines: Informatics of plant viral silencing suppressors

Sohini Gupta, Sayak Ganguli, and Abhijit Datta

要約

せめぎ合いは続く ── サイレンシングサプレッサーは，植物の内在性 RNA サイレンシング機構に対抗する静かなる武器として出現してきた。その存在が明らかになった報告がいくつかなされており，高等植物では，これらのタンパク質は RNA サイレンシングの抑制に関わり，成長と発生段階の遺伝子発現制御における重要な役割を担うだけでなく，植物の病原体に対する防御応答を低下させる。これらのウイルスのサイレンシングサプレッサーは，二本鎖 RNA に結合したり，エフェクタータンパク質を妨害し，構造を変化させたりすることなどによって，RNA サイレンシング経路のさまざまな段階に干渉する。

その情報科学的な課題は，このようなタンパク質の多様な構造の説明と解明，そしてこれらのタンパク質の典型的な構造の理解と概念化である。分子モデリングや動的シミュレーションのような情報科学の基本的手法は前述の要件のデザインと実装に効果的なツールとなるが，SVM 分類法，ネットワーク分析，そして系統解析などを含むシステムレベルのアプローチなどのより進んだ技術はこのような解明に強靭な枠組みを与えるだろう。この章では，これまで同定されてきたウイルスのサイレンシングサプレッサーの簡潔な概観と，ウェットの研究室でどのように研究されてきたかの見識を提供する。これとは別に，特定の研究例におけるウイルスサイレンシングサプレッサーのバイオインフォマティクス解析の可能性に焦点を当て，これらの静かなる暗殺者の応用指向の利用に関する将来的な枠組みの概念化を行う。

キーワード：ウイルスサイレンシングサプレッサー（VSR/VSS），バイオインフォマティクス，動的シミュレーション，分子モデリング，サポートベクトルマシン（SVM）

S. Gupta • S. Ganguli • A. Datta (✉)
DBT Center for Bioinformatics, Presidency University,
Kolkata, West Bengal, India
e-mail: abhijit_datta21@yahoo.com

K.K. P.B. (eds.), *AgriculturalBioinformatics*,
DOI 10. 1007/978-81-322-1880-7_2, © Springer India 2014

1. はじめに

RNA サイレンシングは侵入してきたウイルスに対抗する宿主の機構の最も強力な武器の一つである（Bies-Etheve ら 2009）。植物の適応免疫システムの重要な特徴の一つは，感染段階にウイルス由来の siRNA（vsiRNA）の高度な産生である（Azevedo ら 2010；Bisaro 2006；Buhler ら 2006）。これらの vsiRNA は，サイレンシング複合体を誘導する RNA の重要な因子である AGO1 タンパク質と相互作用しているという報告がある（Burgyan 2008；Chao ら 2005）。これらの vsiRNA に対する装備のために，ウイルスはサイレンシングサプレッサーを進化させてきた。このたんぱく質は植物が生成する vsiRNA に対する対抗防衛として働く。これらのタンパク質の重要性は，これらのサプレッサーが不活性化された場合に，おそらく自前の防御機構によってより良い方法でウイルス感染から回復するという事実によって証明されている（Bies-Etheve ら 2009；Chen ら 2008；Csorba ら 2007）。

抗ウイルスサイレンシングの過程はおもに三つの段階に分かれる。

(1) ウイルスの RNA とウイルスの siRNA の認識とプロセシング

(2) これらの vsiRNA の発現の増加。この過程はしばしば増幅と呼ばれる。

(3) ウイルス RNA の RISC への取り込みによるターゲティング

識別段階の重要な因子は植物の DICER であり，これは特化した RNAse Ⅲ酵素で，二本鎖または構造化された RNA の認識に関わる（Aliyari および Ding 2009；Behm-Ansmant ら 2006；Csorba ら 2009）。一度ウイルス RNA が認識されると，DICER が vsiRNA へと処理する（Akbergenov ら 2006；Azevedo ら 2010；Baumberger ら 2007；Bisaro 2006；Buhler ら 2006；Csorba ら 2010；Cuellar ら 2009）。

植物は二つの型の vsiRNA をもつ。最初のトリガー RNA は Dicer によって処理された産物である一次的な RNA と，RDR 酵素によって処理された二次的な siRNA である（Azevedo ら 2010；Brosnan および Voinnet 2009；Buhler ら 2006；Csorba ら 2010；Cuperus ら 2010；Deleris ら 2006；Diaz-Pendon ら 2007）。モデル植物であるシロイヌナズナでの研究では，Dicer 様 4（DCL4）と Dicer 様 2（DCL2）が最も重要な DCL で，それらが協調して二本鎖またはウイルスヘアピン構造を切断することによって 21 または 22 塩基の vsiRNA を産生する（Azevedo ら 2010；Cuellar ら 2009；Ding 2010；Ding および Voinnet 2007）。なぜならば RDR1，RDR2 そして RDR6 は vsiRNA 生成の増幅に関わる酵素であるからである。品質管理が欠落したウイルスの異常な ssRNA を，自然に二次産物である vsiRNA 生成の基質である dsRNA に変換する（Brosnan および Voinnet 2009；Buhler ら 2006；Diaz-Pendon ら 2007；Donaire ら 2008；Donaire ら 2009）。生成された vsiRNA が Argonaute（AGO）タンパク質を含む特異的エフェクター複合体に積み込まれると，RNA 標的に誘導される（Akbergenov ら 2006；Dunoyer ら 2010a, b）。一般的に AGO を伴った複合体への特定の vsiRNA の結合は末端の塩基によって制御されている（Eagle ら 1994）。AGO1 と AGO7 は協調してウイルス RNA の除去で機能し，AGO1 が存在しないとき，AGO7 はしばしば「代理のスライサー」として働くことが報告された。

2. ウイルスのサイレンシングサプレッサーの種類

ウイルスのサイレンシングサプレッサーは進化的に初期の分子で広範囲の多様性をもっているが，驚くほど配列のホモロジーが低い。ウイルスのサイレンシングサプレッサーの研究で，RNA サイレンシング機構とそれに対応するエフェクター複合体のほとんどすべての段階が，これらのサプレッサータンパク質の標的となる可能性があることが示されている。ウイルスのサイレンシングサプレッサーの攻撃の対象となり得る段階と複合体は次のとおりである（詳細は図にまとめて示す）。

1. ウイルス RNA の認識
2. 切断
3. RISC の会合
4. RNA ターゲティングと増幅

今日でもまだウイルスのサイレンシングサプレッサーの生物学（産生，進化制御，そして作用）の理解においては非常に初歩段階にいる。同定されたウイルスのサイレンシングサプレッサーの多くは多機能である。サプレッサー活性とは別に，コートタンパク質，レプリカーゼ，移動タンパク質，ウイルスの移行に関わるヘルパータンパク質，プロテアーゼ，そして転写調節因子など，いくつかの構造的または機能的な役割をもっていることが報告されている（**図 1，表 1，2**）。

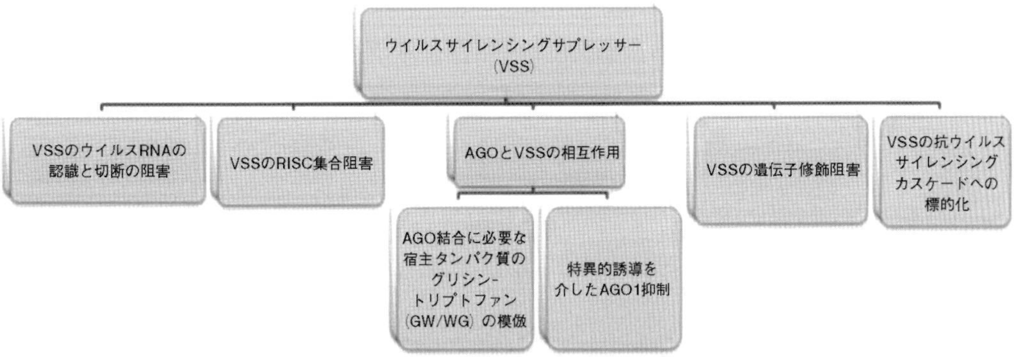

図 1　作用様式に基づく，同定されたウイルスサイレンシングサプレッサーのさまざまな型

表1 ウイルスサイレンシングサプレッサーの宿主範囲と地理的分布

シリアル番号	地理的分布（国）	宿主植物の範囲	ウイルス名	ウイルスサイレンシングサプレッサー名	参照文献
1.	アフリカ（カメルーン）	キャッサバ（*Manihot esculenta*）	アフリカキャッサバモザイクウイルス（*African cassava mosaic virus*）	AC4	Chellappan ら（2005）
2.	アフリカ（ケニア）	キャッサバ（*Manihot esculenta*）	アフリカキャッサバモザイクウイルス（*African cassava mosaic virus*）	AC2	Voinnet ら（1999）
3.	スリランカ	キャッサバ（*Manihot esculenta*）	スリランカキャッサバモザイクウイルス（*Sri Lankan cassava mosaic virus*）	AC4	Vanitharani ら（2004）
4.	ブラジル	トマト（*Solanum lycopersicum*）	トマトゴールデンモザイクウイルス（*Tomato golden mosaic virus*）	AC2	Wang ら（2005）
5.	オーストラリア	トマト（*Solanum lycopersicum*）	トマトリーフカールウイルス（*Tomato leaf curl virus*）	C2	Ikegami ら（2011）
6.	イタリア，カルフォルニア，およびスペイン	オレンジ（*Citrus sinensis*）およびライム（*C. aurantifolia*）	カンキツトリステザウイルス（*Citrus tristeza virus*）	P23，P20	Ikegami ら（2011）
7.	インドネシア	トマト（*Solanum lycopersicum*），ベンサミアナタバコ（*Nicotiana benthamiana*）	トマトリーフカールジャワウイルス（*Tomato leaf curl Java virus*）	V2 および C2	Fukunaga ら（2009）および Glick ら（2008）
8.	シンガポールおよびタイ	カッコウアザミ（*Ageratum conyzoides*）	カッコウアザミ葉脈黄化ウイルス（*Ageratum yellow vein virus*）	C2	Ikegami ら（2011）
9.	イスラエル，オーストラリア	トマト（*Solanum lycopersicum*）	トマトリーフカールウイルス（*Tomato yellow leaf curl virus*）	V2	Fukunaga ら（2009）Glick ら（2008）
10.	中国	トマト（*Solanum lycopersicum*）	トマトイエローリーフ中国ウイルスβサテライト（*Tomato yellow leaf curl China betasatellite*）	βC1	Ikegami ら（2011）
11.	米国	ビート（*Beta vulgaris*）	ビートカールトップウイルス（*Beet curly top virus*）	C2	Wang ら（2005）

（続く）

表１（続き）

シリアル番号	地理的分布（国）	宿主植物の範囲	ウイルス名	ウイルスサイレンシングサプレッサー名	参照文献
12.	温帯地方の全世界	ブラッシカ・ラパ（*Brassica campestris*），シロイヌナズナ	カリフラワーモザイクウイルス（*Cauliflower mosaic virus*）	P6	Haas ら（2008） Love ら（2007）
13.	イタリア	ポトス（*Epipremnum aureum*）	ポトス潜在ウイルス（*Pothos latent virus*）	P14	Merai ら（2005）
14.	オーストラリア，エルサルバドル，フィジー，ソロモン諸島，タイ，米国	ハイビスカス（*Hibiscus rosa-sinensis*），トロロアオイ（*Abelmoschus manihot*）	ハイビスカス退緑斑ウイルス（*Hibiscus chlorotic ring spot virus*）	CP	Merai ら（2005） Deleris ら（2006）
15.	デンマーク，ドイツ，オランダ，およびイギリス	モンテンジクアオイ（*Pelargonium zonale*），キヌア（*Chenopodium quinoa*），*Nicotiana clevelandii*	テンジクアオイフラワーブレイクウイルス（*Pelargonium flower break virus*）	CP	Martínez-Turiño および Hernãndez（2009）
16.	日本	リンゴ（*Pyrus malus*）	リンゴ潜在ウイルス（*Apple latent virus*）	VP20，Vp25，Vp24	Ikegami ら（2011）
17.	オーストラリア（タスマニア），フランス，日本，オランダ，米国（カリフォルニア）	ビート（*Beta vulgaris*），*Chenopodium foliosum* または *C. capitatum*，*Claytonia perfoliata*，セイヨウタンポポ（*Taraxacum officinale*），ドクニンジン（*Conium maculatum*）	ビートイエローウイルス（*Beet yellows virus*）	P21	Lakatos ら（2006）
18.	アフリカ	サツマイモ（*Ipomoea batatas*）	スイートポテト萎黄スタントウイルス（*Sweet potato chlorotic stunt virus*）	P22	Ikegami ら（2011）
19.	ウガンダ，タンザニア，ペルー，イスラエル	サツマイモ（*Ipomoea batatas*）	スイートポテト萎黄スタントウイルス（*Sweet potato chlorotic stunt virus*）	RNase3	Ikegami ら（2011）
20.	全世界に分布	キュウリ（*Cucumis sativus*）	キュウリモザイクウイルス（*Cucumber mosaic virus*）	2b	Goto ら（2007） Guo および Ding（2002） Mayers ら（2000）
21.	アジア，アフリカ，北米，中米，カリブ海，南米	ハリビユ（*Amaranthus spinosus*），シロザ（*Chenopodium album*），ゴボウ（*Arctium lappa*），*Crotalaria mucronata*，イヌホオズキ（*Solanum nigrum*）他多種	トマト黄化えそウイルス（*Tomato spotted wilt virus*）	NSs	Takeda ら（2005）

（続く）

表 1 (続き)

シリアル番号	地理的分布 (国)	宿主植物の範囲	ウイルス名	ウイルスサイレンシングサプレッサー名	参照文献
22.	日本, 中国, 韓国	イネ (*Oryza sativa*)	イネ萎縮病ウイルス (*Rice dwarf virus*)	Pns10	Chao ら (2005)
23.	前チェコスロバキア, スウエーデン, ポーランド, イギリス	ムラサキツメクサ (*Trifolium praetense*), ムラサキウマゴヤシ (*Medicago sativa*), シナガワハギ (*Melilotus officinalis*), シロツメクサ (*Trifolium repens*), キヌア (*Chenopodium quinoa*), *Nicotiana clevelandii*	レッドクローバーネクロティックモザイクウイルス (*Red clover necrotic mosaic virus*)	P27, P88	Takeda ら (2005)
24.	米国, 日本, イタリア	コムギ (*Triticum aestivum*), オオムギ (*Hordeum vulgare*), ライムギ (*Secale cereale*), *Bromus commutatus*	ムギ類萎縮ウイルス (*Soilborne wheat mosaic virus*)	19K	Ikegami ら (2011)
25.	おそらく全世界に分布, 太平洋領域, オーストラリア, 中国, イギリス, 米国, 前ソ連	オオムギ (*Hordeum vulgare*), コムギ (*Triticum aestivum*)	オオムギモザイクウイルス (*Barley stripe mosaic virus*)	γb	Merai ら (2006)
26.	イスラエル, スペイン, ヨルダン, トルコ, スーダン	キュウリ (*Cucumis sativus*), スイカ (*Citrullus vulgaris*)	キュウリ葉脈黄化ウイルス (*Cucumber vein yellowing virus*)	P1b	Kasschau ら (2003)
27.	おそらく全世界に分布	ビート (*Beta vulgaris*), レタス (*Lactuca sativa*), ホウレンソウ (*Spinacia oleracea*), ハツカダイコン (*Raphanus sativus*)	ビート西洋イエローウイルス (*Beet western yellows virus*)	P0	Pazhouhandeh ら (2006)
28.	おそらく全世界に分布, とくにヨーロッパ, ニュージーランド, 中東, 北米, 日本	ジャガイモ (*Solanum tuberosum*), タバコ (*Nicotiana tabacum*), トマト (*Solanum lycopersicum*)	ポテトウイルス Y (*Potato virus Y*)	HC-Pro	Ebhardt ら (2005)
29.	おそらく全世界に分布, とくに米国西部, カナダ	シロツメクサ (*Trifolium repens*)	チューリップウイルス X (*Tulip virus X*)	TGBpl	Ikegami ら (2011)
30.	おそらく全世界に分布	タバコ (*Nicotiana tabacum*)	タバコモザイクウイルス (*Tobacco mosaic virus*)	122K	Fukunaga および Doudna (2009)

表２　インドにおける主要なウイルスサイレンシングサプレッサー

シリアル番号	宿主植物名	ウイルス名	ウイルスサイレンシングサプレッサー名
1.	キャッサバ	インドキャッサバモザイクウイルス (*Indian cassava mosaic virus*)	AC2
2.	リョクトウ (*Vigna radiata; Vigna mungo*)	リョクトウ黄はんモザイクウイルス (*Mung bean yellow mosaic virus*)	AC2
3.	カッコウアザミ (*Ageratum conyzoides*)	カッコウアザミ葉脈黄化ウイルス (*Ageratum yellow vein virus*)	C2
4.	オクラ (*Abelmoschus esculentus*)	オクラ葉脈黄化モザイクウィルス (*Bhendi yellow vein mosaic virus*)	βC1
5.	ササゲ (*Vigna unguiculata*)	ササゲモザイクウイルス (*Cowpea mosaic virus*)	S-CP
6.	ラッカセイ (*Arachis hypogaea*)	ピーナッツクランプウイルス (*Peanut clump virus*)	P15

3. ウイルスのサイレンシングサプレッサーの研究

長年，ウイルスのサイレンシングサプレッサーに対する注目度が高まるにしたがって，発現状態を同定し，これらのタンパク質の考えられ得る作用様式への手がかりを提供するために，モデル測定系が開発されて確立され，定式化されてきた。ここでは，ウイルスのサイレンシングサプレッサーの研究で最もよく用いられる五つの異なる測定系について議論する（**図２，表３**）。

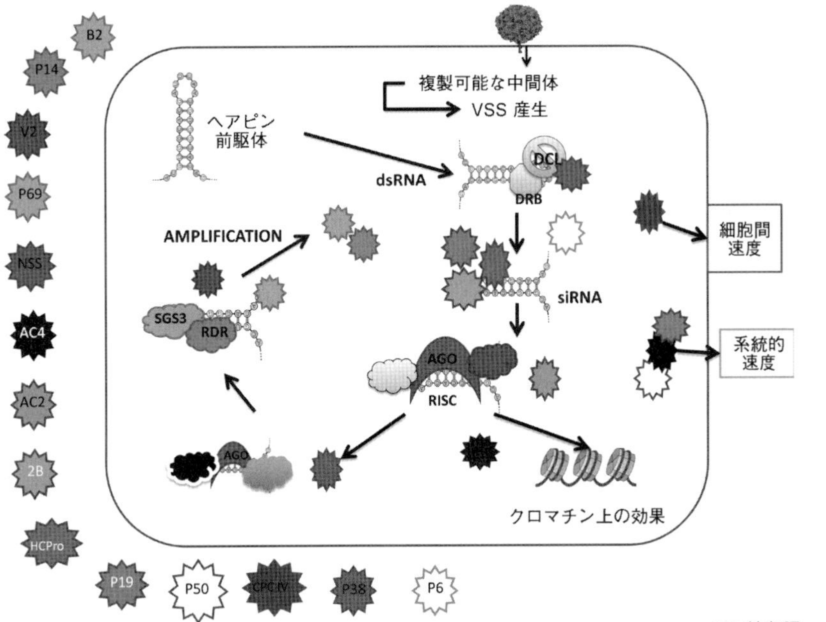

※口絵参照

図２　最も一般的なウイルスサイレンシングサプレッサーの可能な作用様式の概念図

表3 ウイルスサイレンシングサプレッサーの同定と研究のための測定系

シリアル番号	名前	方法	限界	関連サプレッサー	参照文献
1.	アグロフィルター測定法	疑わしいウイルスにコードされた遺伝子は，まずアグロバクテリウム（*Agrobacterium tumefaciens*）株に導入された適切なシャトルベクターにクローニングされる。 候補遺伝子およびレポーター遺伝子（緑色蛍光タンパク質（GFP），またはβ-グルクロニダーゼ（GUS）を植物細胞へ導入するのに用いられる懸濁液は，通常混合され，ベンサミアナタバコ（*Nicotiana benthamiana*）植物の葉に圧力をかけて圧縮浸透される。	低い サプレッション活性	キュウリモザイクウイルス（CMV *cucumber mosaic virus*）の2b遺伝子，カンキツトリステザウイルス（CTV *citrus tristeza virus*）のコートタンパク質（CP）	Brigneti ら（1998）および Qu ら（2008）
2.	サイレンシングリバーサル	特定の標的ウイルスに感染したときにサイレンシングされた導入遺伝子の発現が逆転（回復）できるかどうかを調べる（サイレンシングリバーサル）。 最初の測定で，ウイルス感染によってレポーター導入遺伝子サイレンシングが逆転（回復）されたかどうかを確認し，次いで他の遺伝子にも拡張する。	実験結果に影響を与える可能性のある植物齢や成長条件などの複数の変数が存在するという一般的な問題点がある。 さらに，この方法は，RNAサイレンシングを逆転（回復）できないウイルスサプレッサーを検出することができない。	AC2, AC4	Voinnet ら（1999）および Schnettler ら（2009） Silhavy および Burgyan（2004） Silhavy ら（2002） Chellappan ら（2005）
3.	トランジェント発現測定法	本法は，試験するタンパク質を発現する形質転換植物を，転写後サイレンシングによって制御されるレポーター遺伝子を有する植物と交配させる工程を含む。 交配後の植物を，サイレンシングから解放された結果としてレポーター遺伝子の発現を調べる。	時間がかかる	タバコエッチ病ウイルス（TEV *tobacco etch potyvirus*）の場P1/HC-前駆タンパク質	Anandalakshmi ら（1998） Kasschau ら（2003）
4.	接ぎ木による移動阻害	ウイルスにコードされたサイレンシングサプレッサーが，全身的なRNAサイレンシングシグナルを阻害するかを検証するため植物の断片を接ぎ木する。系統的サイレンシングシグナルの活性と範囲を検証するために最初に用いられた。	タバコやベンサミアナタバコ（*N. benthamiana*）などの大型植物でのみ効果がある。	ポテトウイルスXのp25	Szittya ら（2010） Takeda ら（2005） Till および Ladurner（2007）

（続く）

表３　（続き）

シリアル番号	名前	方法	限界	関連サプレッサー	参照文献
5.	蛍光イメージング	無傷の葉全体の蛍光イメージングが，植物におけるウイルスサプレッサー効果の空間的定量的観察に利用される。このサプレッサー測定法は，植物ウイルスサプレッサーがGFPの一過性発現を大きく増強することで検証される。	GFP蛍光の短時間および長時間の調節が必要（範囲7-21dpi）	ビートマイルド黄化ウイルス（BMYV-IPP *Beet mild yellowing virus*）のP0かプラムポックスウイルス（PPV *plum pox virus*）のHC-Pro	Trinks ら（2005） Vaistij および Jones（2009） Vanitharani ら（2005）

4. バイオインフォマティクス的アプローチ

バイオインフォマティクスは，ウイルスのサイレンシングサプレッサーを研究する際に非常に興味深い選択肢を提供する。ほとんどのウェット実験は機能の基本的な機構と，さまざまなタンパク質の発現レベルの同定に焦点を当てている。構造の解明と，シミュレーション技術によるこれらのタンパク質の相互作用の研究は，これらのサプレッサーの作用様式の理解につながる実現可能な新しい選択肢を提供するとともに，これらの独特のタンパク質の進化の歴史の示唆を与える。バイオインフォマティクスのさまざまなアプローチと可能な出力結果は**図３**にまとめて示した。

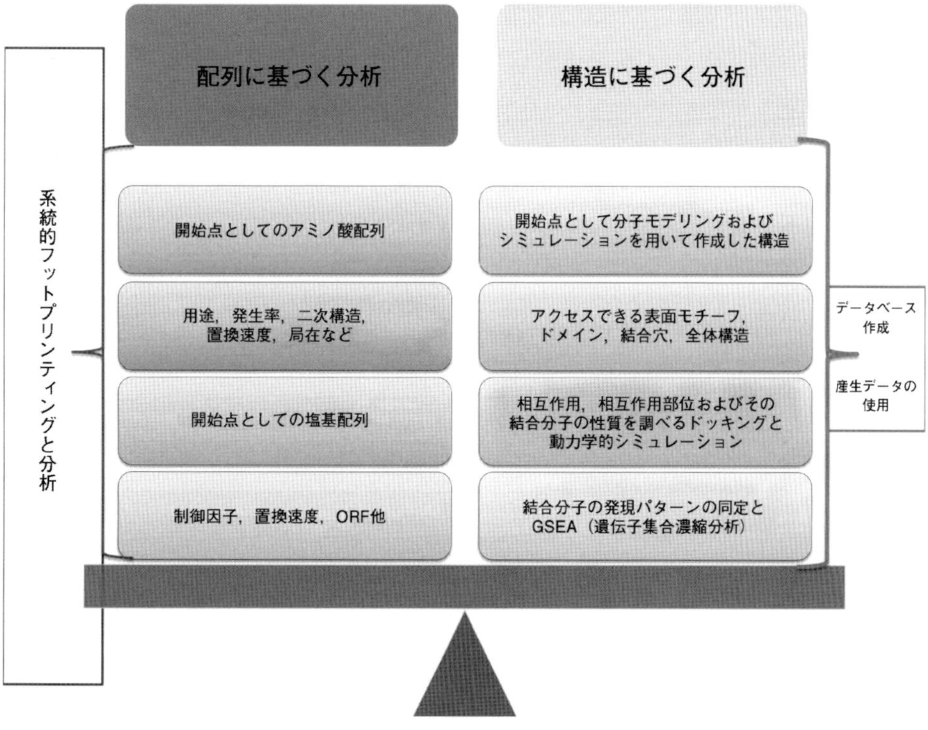

図３　植物ウイルスサイレシングサプレッサー研究のバイオインフォマティクスアプローチ

ウイルスのサイレンシングサプレッサーの制御は，バイオインフォマティクスにとっての興味深い課題も提供した。これらのサプレッサー mRNA にターゲットする siRNA の設計は，ベイジアンと極値分布を用いることができる (Ganguli ら 2011a)。配列の制御エレメントの解析と，このような同定済みのエレメントの考えられる機能を推定することは，これらのサプレッサーの基本的な生物学的示唆を提供する。これらのプロトコルは Ganguli らの文献 (Ganguli ら 2010 および 2011b) などから利用可能である。

5. 事例研究

ジェミニウイルスは他のほとんどのウイルスよりも非常に小さなゲノムをもつ。ゲノムの構造，媒介昆虫の型，そして宿主の範囲などの生物学的特性によって，ジェミニウイルス科は四つの属に分類することができる (Fauquet ら 2003)。ジェミニウイルスのゲノムは，一つまたは二つの環状の一本鎖 DNA 分子からなる。それぞれが 2.6 から 2.8 kb で，ミニクロモソームとして詰め込まれている (Pilartz および Jeske 1992)。この二つのゲノムの構成要素は DNA-A と DNA-B と呼ばれる。六つの遺伝子が DNA-A にコードされる。ウイルス鎖には，コートタンパク質 (CP) をコードする *AV1* と機能がまだよく解明されていない *AV2* の二つの遺伝子がコードされている。相補鎖には，複製関連タンパク質 (Rep) をコードする *AC1*，転写と複製促進タンパク質をコードする *AC2* と *AC3*，および AC4 の四つの遺伝子がコードされている。BV1 と BC1 の二つの遺伝子が DNA-B にコードされていて，それぞれ順に，移動タンパク質と核シャトルタンパク質をコードする。AC4 は二粒子ジェミニウイルスにコードされた小分子タンパク質で，多様な生物学的機能をもつことが報告されている。これがいくつかの二粒子ジェミニウイルスにおける感染性で重要な役割を担うことが示されている (Elmer ら 1988；Etessami ら 1991；Hoogstraten ら 1996；Pooma および Petty 1996；Sung および Coutts 1995)。Vanitharani らによると (Vanitharani および associates (2004))，アフリカキャッサバモザイクウイルス (ACMV) の AC4 は，転写後遺伝子サイレシング (PTGS) を抑制することが示されている。ジェミニウイルスは一本鎖の DNA ゲノムをもつが，複製サイクルの間は大抵二本鎖 RNA の段階をもたない。ジェミニウイルスは，おそらく，感染植物においてウイルス由来の siRNA の産生による転写の重複によって PTGS を活性化すると報告されている (Chellappan ら 2004；Vanitharani ら 2005)。同定されたウイルスのコードする PTGS サプレッサータンパク質の一つがアフリカンキャッサバモザイクウイルスの Cameroon 株とスリランカキャッサバモザイクウイルス (SLCMV) の AC4 タンパク質である。miRNA 経路のサイレンシング抑制と，ジェミニウイルスがコードするサイレンシングサプレッサーによる病徴の形成のその後の機構はまだ解明されていない。しかし少し後に，AC4 が選択的に一本鎖の miRNA を含む sRNA に結合することが示された (Chellappan ら 2005)。

この研究では，分子モデリングとスレッディングによって，アフリカキャッサバモザイクウイルスの AC4 タンパク質のモデルを作成した。ラマチャンドランプロットのねじれ角を考慮した骨格の幾何学と構造の解析で，モデリングがうまくいっている事実の指標となる異常値は存在しなかった。モデルを生成した後，分子のアクセス可能な表面を解析し，スパイラルプロットの外側の面にはグルタミン酸やリシンのような親水性の残基が優位に存在していることが分かった。この解析で用いた色の意味は次のとおりである。

1. 青→正に荷電した残基（R，K，H）
2. 赤→負に荷電した残基（D，E）
3. 緑→極性の非荷電残基（G，N，Y，Q，S，T，W）
4. 黄色→システイン
5. 灰色→疎水性の残基（その他全部）

タンパク質の結合ポケットの同定は CASTp サーバーを用いて Delaunay の三角測量スコアを計算し，最大のポケットの範囲と体積を生成した（**図４**に，青，緑，シアンで示した）。

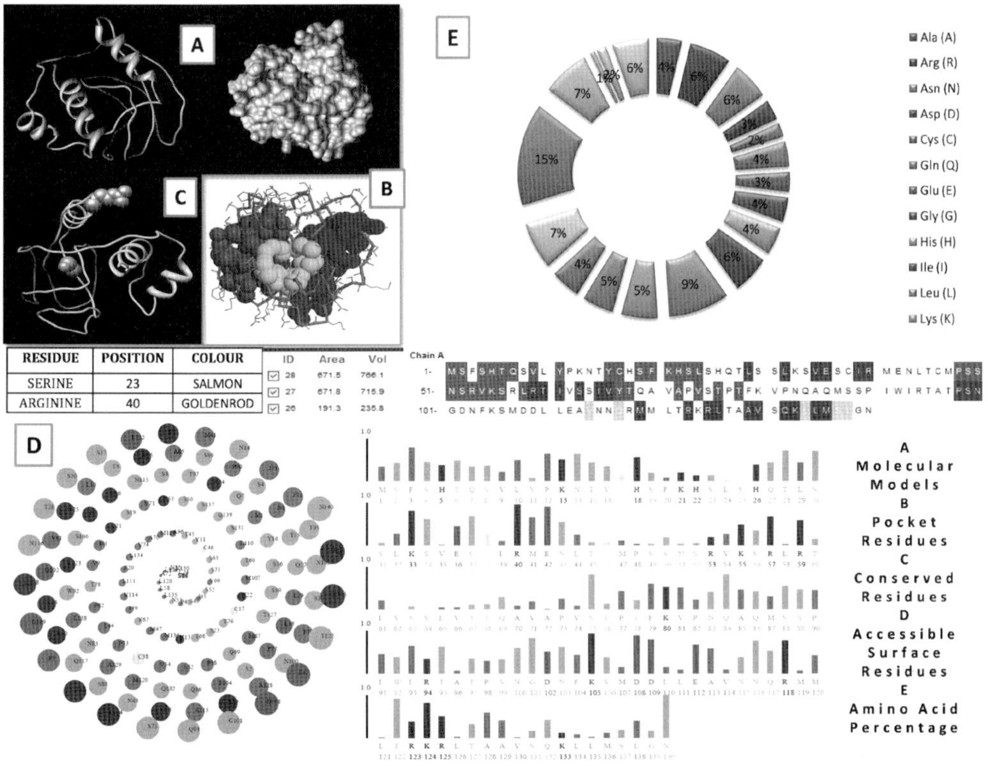

※口絵参照

図４　アフリカキャッサバモザイクウイルスの AC4 の分析

6. 結論

ウイルスのサイレンシングサプレッサーは植物と病原体の相互作用の観点で構築されてきた遺伝子対遺伝子（gene for gene）進化モデルの産物である。これらの静かなる刺客の複雑な進化の正しい洞察を得るにはさらなる研究が必要である。将来的には，我々の利益と農業関係者を支援できるようにこれらの分子を利用し，操作する目的で，これらのタンパク質の構造，機能，進化，インタラクトミクスを明らかにするため，伝統的な実験解析の方法とともに *in silico* アプローチは探求し用いられるべきであろう。

謝辞

著者らはインド政府の生物工学部門の BTBI プログラムの貢献に感謝する。

文 献

Akbergenov R, Si-Ammour A, Blevins T, Amin I, Kutter C, Vanderschuren H, Zhang P, Gruissem W, Meins F Jr, Hohn T, Pooggin M (2006) Molecular characterization of geminivirus-derived small RNAs in different plant species. Nucleic Acids Res 34:462–471

Aliyari R, Ding SW (2009) RNA-based viral immunity initiated by the Dicer family of host immune receptors. Immunol Rev 227:176–188

Anandalakshmi R, Pruss GJ, Ge X, Marathe R, Mallory AC, Smith TH, Vance VB (1998) A viral suppressor of gene silencing in plants. Proc Natl Acad Sci U S A 95:13079–13084

Azevedo J, Garcia D, Pontier D, Ohnesorge S, Yu A, Garcia S, Braun L, Bergdoll M, Hakimi MA, Lagrange T, Voinnet O (2010) Argonaute quenching and global changes in Dicer homeostasis caused by a pathogen-encoded GW repeat protein. Genes Dev 24:904–915

Baumberger N, Tsai CH, Lie M, Havecker E, Baulcombe DC (2007) The Polerovirus silencing suppressor P0 targets ARGONAUTE proteins for degradation. Curr Biol 17:1609–1614

Behm-Ansmant I, Rehwinkel J, Doerks T, Stark A, Bork P, Izaurralde E (2006) mRNA degradation by miRNAs and GW182 requires both CCR4: NOTdeadenylase and DCP1:DCP2 decapping complexes. Genes Dev 20:1885–1898

Bies-Etheve N, Pontier D, Lahmy S, Picart C, Vega D, Cooke R, Lagrange T (2009) RNA-directed DNA methylation requires an AGO4-interacting member of the SPT5 elongation factor family. EMBO Rep 10:649–654

Bisaro DM (2006) Silencing suppression by geminivirus proteins. Virology 344:158–168

Brigneti G, Voinnet O, Li WX, Ji LH, Ding SW, Baulcombe DC (1998) Viral pathogenicity determinants are suppressors of transgene silencing in *Nicotiana benthamiana*. EMBO J 17:6739–6746

Brosnan CA, Voinnet O (2009) The long and the short of noncoding RNAs. Curr Opin Cell Biol 21:416–425

Bühler M, Verdel A, Moazed D (2006) Tethering RITS to a nascent transcript initiates RNAi- and heterochromatin-dependent gene silencing. Cell 125:873–886

Burgyan J (2008) Role of silencing suppressor proteins. Methods Mol Biol 451:69–79

Chao JA, Lee JH, Chapados BR, Debler EW, Schneemann A, Williamson JR (2005) Dual modes of RNA-silencing suppression by Flock House virus protein B2. Nat Struct Mol Biol 12:952–957

Chapman EJ, Prokhnevsky AI, Gopinath K, Dolja VV, Carrington JC (2004) Viral RNA silencing suppressors inhibit the microRNA pathway at an intermediate step. Genes Dev 18:1179–1186

Chellappan P, Vanitharani R, Fauquet CM (2005) MicroRNA-binding viral protein interferes with Arabidopsis development. Proc Natl Acad Sci U S A 102:10381–10386

Chen HY, Yang J, Lin C, AdamYuan Y (2008) Structural basis for RNA-silencing suppression by Tomato aspermy virus protein 2b. EMBO Rep 9:754–760

Csorba T, Bovi A, Dalmay T, Burgyán J (2007) The p122 subunit of Tobacco Mosaic Virus replicase is a potent silencing suppressor and compromises both small interfering RNA- and microRNA-mediated pathways. J Virol 81:1768–11780

Csorba T, Pantaleo V, Burgyán J (2009) RNA silencing: an antiviral mechanism. Adv Virus Res 75:35–71

Csorba T, Lózsa R, Hutvágner G, Burgyán J (2010) Polerovirus protein P0 prevents the assembly of small RNA-containing RISC complexes and leads to degradation of ARGONAUTE1. Plant J 62:463–472

Cuellar WJ, Kreuze JF, Rajamaki ML, Cruzado KR, Untiveros M, Valkonen JPT (2009) Elimination of antiviral defense by viral RNase III. Proc Natl Acad Sci U S A 106:10354–10358

Cuperus JT, Carbonell A, Fahlgren N, Garcia-Ruiz H, Burke RT, Takeda A, Sullivan CM, Gilbert SD, Montgomery TA, Carrington JC (2010) Unique functionality of 22-nt miRNAs in triggering RDR6-dependent siRNA biogenesis from target transcripts in Arabidopsis. Nat Struct Mol Biol 17:997–1003

Deleris A, Gallego-Bartolome J, Bao J, Kasschau KD, Carrington JC, Voinnet O (2006) Hierarchical action and inhibition of plant Dicer-like proteins in antiviral defense. Science 313:68–71

Diaz-Pendon JA, Li F, Li WX, Ding SW (2007) Suppression of antiviral silencing by cucumber mosaic virus 2b protein in Arabidopsis is associated with drastically reduced accumulation of three classes of viral small interfering RNAs. Plant Cell 19:2053–2063

Ding SW (2010) RNA-based antiviral immunity. Nat Rev Immunol 10:632–644

Ding SW, Voinnet O (2007) Antiviral immunity directed by small RNAs. Cell 130:413–426

Donaire L, Barajas D, Martínez-García B, Martínez- Priego L, Pagán I, Llave C (2008) Structural and genetic requirements for the biogenesis of tobacco rattle virus-derived small interfering RNAs. J Virol 82:5167–5177

Donaire L, Wang Y, Gonzalez-Ibea D, Mayer KF, Aranda MA, Llave C (2009) Deep-sequencing of plant viral small RNAs reveals effective and widespread targeting of viral genomes. Virology 392:203–214

Dunoyer P, Brosnan CA, Schott G, Wang Y, Jay F, Alioua A, Himber C, Voinnet O (2010a) An endogenous, systemic RNAi pathway in plants. EMBO J 29:1699–1712

Dunoyer P, Schott G, Himber C, Meyer D, Takeda A, Carrington JC, Voinnet O (2010b) Small RNA duplexes function as mobile silencing signals between plant cells. Science 328:912–916

Eagle PA, Orozco BM, Hanley-Bowdoin L (1994) A DNA sequence required for geminivirus replication also mediates transcriptional regulation. Plant Cell 6:1157–1170

Ebhardt HA, Thi EP, Wang MB, Unrau PJ (2005) Extensive 3′ modification of plant small RNAs is modulated by helper component-proteinase expression. Proc Natl Acad Sci U S A 102:13398–13403

Elmer JS, Brand L, Sunter G, Gardiner WE, Bisaro DM, Rogers SG (1988) Genetic analysis of the tomato golden mosaic virus. II. The product of the AL1 coding sequence is required for replication. Nucleic Acids Res 16:7043–7060

Etessami P, Saunders K, Watts J, Stanley J (1991) Mutational analysis of complementary-sense genes of African cassava mosaic virus DNA A. J Gen Virol 72:1005–1012

Fauquet CM, Bisaro DM, Briddon RW, Brown JK, Harrison BD, Rybicki EPD, Stenger C, Stanley J (2003) Revision of taxonomic criteria for species demarcation in the family Geminiviridae, and an updated list of begomovirus species. Arch Virol 148:405–421

Fukunaga R, Doudna JA (2009) dsRNA with 5′ overhangs contributes to endogenous and antiviral RNA silencing pathways in plants. EMBO J 28:545–555

Fusaro AF,Matthew L, Smith NA, Curtin SJ, Dedic-Hagan J, Ellacott GA, Watson JM, Wang MB, Brosnan C, Carroll BJ, Waterhouse PM (2006) RNA interferenceinducing hairpin RNAs in plants act through the viral defence pathway. EMBO Rep 7:1168–1175

Ganguli S, Dey SK, Dhar P, Basu P, Roy P, Datta A (2010) Catalytic RNA world relics in Dicer RNAs. Int J Genet 2:8–17

Ganguli S, De M, Datta A (2011a) Analyses o argonaute–microrna interactions in Zea mays. Int J Comput Biol 1:32–34.

Ganguli S, Mitra S, Datta A (2011b) Antagomirbase: a putative antagomir database. Bioinformation 7:41–43.

Garcia-Ruiz H, Takeda A, Chapman EJ, Sullivan CM, Fahlgren N, Brempelis KJ, Carrington JC (2010) Arabidopsis RNA-dependent RNA polymerases and dicer-like proteins in antiviral defense and small interfering RNA biogenesis during Turnip Mosaic Virus infection. Plant Cell 22:481–496

Glick E, Zrachya A, Levy Y, Mett A, Gidoni D, Belausov E, Citovsky V, Gafni Y (2008) Interaction with host SGS3 is required for suppression of RNA silencing by tomato yellow leaf curl virus V2 protein. Proc Natl Acad Sci U S A 105:157–161.

Goto K, Kobori T, Kosaka Y, Natsuaki T, Masuta C (2007) Characterization of silencing suppressor 2b of cucumber mosaic virus based on examination of its small RNA binding abilities. Plant Cell Physiol 48:1050–1060

Guo HS, Ding SW (2002) A viral protein inhibits the long range signaling activity of the gene silencing signal. EMBO J 21:398–407

Haas G, Azevedo J, Moissiard G, Geldreich A, Himber C, Bureau M, Fukuhara T, Keller M, Voinnet O (2008) Nuclear import of CaMV P6 is required for infection and suppression of the RNA silencing factor DRB4. EMBO J 27:2102–2112

Hamilton AJ, Baulcombe DC (1999) A species of small antisense RNA in posttranscriptional gene silencing in plants. Science 286:950–952

Hoogstraten RA, Hanson SF, Maxwell DP (1996) Mutational analysis of the putative nicking motif in the replication-associated protein (AC1) of bean golden mosaic geminivirus. Mol Plant-Microbe Interact 9:594–599

Ikegami M, Kon T, Sharma P (2011) RNA silencing and viral encoded silencing suppressors. In: RNAi technology. CRC Press, Enfield, pp 209–240

Kasschau KD, Carrington JC (1998) A counter defensive strategy of plant viruses: suppression of posttranscriptional gene silencing. Cell 95:461–470

Krizan KA, Carrington JC (2003) P1/HC-Pro, a viral suppressor of RNA silencing, interferes with Arabidopsis development and miRNA function. Dev Cell 4:205–217.

Kumakura N, Takeda A, Fujioka Y, Motose H, Takano R, Watanabe Y (2009) SGS3 and RDR6 interact and colocalize in cytoplasmic SGS3/RDR6-bodies. FEBS Lett 583:1261–1266

Lakatos L, Csorba T, Pantaleo V, Chapman EJ, Carrington JC, Liu YP, Dolja VV, Calvino LF, López-Moya JJ, Burgyán J (2006) Small RNA binding is a common strategy to suppress RNA silencing by several viral suppressors. EMBO J 25:2768–2780.

Llave C (2010) Virus-derived small interfering RNAs at the core of plant–virus interactions. Trends Plant Sci 15:701–707

Love AJ, Laird J, Holt J, Hamilton AJ, Sadanandom A, Milner JJ (2007) Cauliflower mosaic virus protein P6 is a suppressor of RNA silencing. J Gen Virol. 88:3439–3444.

Lózsa R, Csorba T, Lakatos L, Burgyán J (2008) Inhibition of 3′ modification of small RNAs in virus-infected plants require spatial and temporal co-expression of small RNAs and viral silencing-suppressor proteins. Nucleic Acids Res 36:4099–4107

Mayers CN, Palukaitis P, Carr JP (2000) Subcellular distribution analysis of the cucumber mosaic virus 2b protein. J Gen Virol 81:219–226

Mayo MA, Ziegler-Graff V (1996) Molecular biology of luteoviruses. Adv Virus Res 46:413–460

Mérai Z, Kerényi Z, Kertész S, Magna M, Lakatos L, Silhavy D (2006) Double-stranded RNA binding may be a general plant RNA viral strategy to suppress RNA silencing. J Virol 80:5747–5756

Mi S, Cai T, Hu Y, Chen Y, Hodges E, Ni F, Wu L, Li S, Zhou H, Long C, Chen S, Hannon GJ, Qi Y (2008) Sorting of small RNAs into Arabidopsis argonaute complexes is directed by the 5′ terminal nucleotide. Cell 133:116–127

Pazhouhandeh M, Dieterle M, Marrocco K, Lechner E, Berry B, Brault V, Hemmer O, Kretsch T, Richards KE, Genschik P, Ziegler-Graff V (2006) F-box-like domain in the polerovirus protein P0 is required for silencing suppressor function. Proc Natl Acad Sci U S A 103:1994–1999.

Phillips JR, Dalmay T, Bartels D (2007) The role of small RNAs in abiotic stress. FEBS Lett 581:3592–3597

Pilartz M, Jeske H (1992) Abutilon mosaic geminivirus double stranded DNA is packed into minichromosomes. Virology 189:800–802

Pooma W, Petty IT (1996) Tomato golden mosaic virus open reading frame AL4 is genetically distinct from its C4 analogue in monopartite geminiviruses. J Gen Virol 77:1947–1951

Qu F, Ye X, Jack Morris T (2008) Arabidopsis DRB4, AGO1, AGO7, and RDR6 participate in a DCL4- initiated antiviral RNA silencing pathway negatively regulated by DCL1. Proc Natl Acad Sci U S A 105:14732–14737

Ratcliff F, Harrison BD, Baulcombe DC (1997) A similarity between viral defense and gene silencing in plants. Science 276:1558–1560

Schnettler E, Vries WD, Hemmes H, Haasnoot J, Kormelink R, Goldbach R, Berkhout B (2009) The NS3 protein of rice hoja blanca virus complements the RNAi suppressor function of HIV-1 Tat. EMBO Rep 10:258–263.

Silhavy D, Burgyan J (2004) Effects and side-effects of viral RNA silencing suppressors on short RNAs. Trends Plant Sci 9:76–83

Silhavy D, Molnár A, Lucioli A, Szittya G, Hornyik C, Tavazza M, Burgyán J (2002) A viral protein suppresses RNA silencing and binds silencinggenerated, 21- to 25-nucleotide double-stranded RNAs. EMBO J 21:3070–3080

Sung YK, Coutts RH (1995) Pseudo recombination and complementation between potato yellow mosaic geminivirus and tomato golden mosaic geminivirus. J Gen Virol 76:2809–2815

Szittya G, Moxon S, Pantaleo V, Toth G, Rusholme Pilcher RL, Moulton V, Burgyan J, Dalmay T (2010) Structural and functional analysis of viral siRNAs. PLoS Pathog 6:e1000838.

Takeda A, Tsukuda M, Mizumoto H, Okamoto K, Kaido M, Mise K, Okuno T (2005) A plant RNA virus suppresses RNA silencing through viral RNA replication. EMBO J 24:3147–3157

Till S, Ladurner AG (2007) RNA Pol IV plays catch with Argonaute 4. Cell 131:643–645

Trinks D, Rajeswaran R, Shivaprasad PV, Akbergenov R, Oakeley EJ, Veluthambi K, Hohn T, Pooggin MM (2005) Suppression of RNA silencing by a geminivirus nuclear protein, AC2, correlates with trans activation of host genes. J Virol 79:2517–2527

Vaistij FE, Jones L (2009) Compromised virus-induced gene silencing in RDR6-deficient plants. Plant Physiol 149:1399–1407

Vanitharani R, Chellappan P, Pita JS, Fauquet CM (2004) Differential roles of AC2 and AC4 of cassava geminiviruses in mediating synergism and suppression of posttranscriptional gene silencing. J Virol 78:9487–9498

Vanitharani R, Chellappan P, Fauquet CM (2005) Geminiviruses and RNA silencing. Trends Plant Sci 10(3):144–151

Vaucheret H (2006) Post-transcriptional small RNA pathways in plants: mechanisms and regulations. Genes Dev 20:759–771

Voinnet O, Pinto YM, Baulcombe DC (1999) Suppression of gene silencing: a general strategy used by diverse DNA and RNA viruses of plants. Proc Natl Acad Sci U S A 96:14147–14152.

Wang H, Hao L, Shung CY, Sunter G, Bisaro DM (2003) Adenosine kinase is inactivated by geminivirusAL2 and L2 proteins. Plant Cell 15:3020–3032

Wang H, Buckley KJ, Yang X, Buchmann RC, Bisaro DM (2005) Adenosine kinase inhibition and suppression of RNA silencing by geminivirus AL2 and L2 proteins. J Virol 79:7410–7418.

Wang XB, Wua Q, Itoa T, Cilloc F, Lia WX, Chend X, Yub JL, Ding SW (2010) RNAi-mediated viral immunity requires amplification of virus-derived siRNAs in *Arabidopsis thaliana*. Proc Natl Acad Sci U S A 107:484–489

第3章　農作物の熱ストレス耐性への取り組み：バイオインフォマティクスによるアプローチ

Tackling the Heat-Stress Tolerance in Crop Plants: A Bioinformatics Approach

Sudhakar Reddy Palakolanu, Vincent Vadez, Sreenivasulu Nese, and Kavi Kishor P.B.

要約

植物は，熱ストレスなど，植物の多様な日常的活動に負に影響するさまざまなタイプの環境要因に晒されている。植物は付着生物であり，悪環境からもたらされるさまざまな非生物的ストレスに対応し，適応するために，発達した効果的な戦略をもたなければならない。環境ストレスに対する植物の反応は複雑で，いくつかの技術的な限界により，古典的な植物育種のプログラムにおける研究では難しい課題と思われてきた。環境ストレス応答を制御する制御ネットワークの現在の知識は断片的であり，これらの環境ストレスによって起こるダメージまたはストレスによって誘導されるダメージに対応する植物の耐性機構の理解は，完全からはほど遠い。ゲノミクス，プロテオミクス，メタボロミクスなどのような，ここ数年の新規の「オミックス」技術の出現によって，研究者たちが，非生物的ストレス応答を制御する制御ネットワークの積極的な解析を行うことが可能になった。さまざまなオミックスアプローチの近年の進展は，非生物ストレス条件における植物の反応を理解するのに非常に役立つことが分かってきた。このような解析は，植物の応答とストレス条件への適応の知識を増やし，植物育種を含めた農作物の改良プログラムの向上を可能にする。この章では，熱ストレスを克服するための，ゲノミクス，プロテオミクス，メタボロミクス，フェノミクス，遺伝子導入に基づく方法を含めた熱ストレスへの植物の応答の系統的解析について最近の進展をまとめる。

キーワード：オミックス，フェノミクス，分子制御ネットワーク，NGSに基づくトランスクリプトーム解析，ヒートショック応答，ヒートショックタンパク質，ヒートショックエレメント

S.R. Palakolanu
International Crops Research Institute for the Semi-Arid Tropics (ICRISAT), Patancheru, Hyderabad 502 324, India

Leibniz Institute of Plant Genetics and Crop Plant Research (IPK), Corrensstrasse 03, D-06466 Gatersleben, Germany

V. Vadez
International Crops Research Institute for the Semi-Arid Tropics (ICRISAT), Patancheru, Hyderabad 502 324, India

S. Nese
Leibniz Institute of Plant Genetics and Crop Plant Research (IPK), Corrensstrasse 03, D-06466 Gatersleben, Germany

K.K. P.B. (✉)
Department of Genetics, Osmania University, Hyderabad 500 007, Andhra Pradesh, India
e-mail: pbkavi@yahoo.com

K.K. P.B. et al. (eds.), *Agricultural Bioinformatics*,
DOI 10.1007/978-81-322-1880-7_3, © Springer India 2014

略語：HSFs：ヒートショック転写因子
ROS：活性酸素種
GEO：遺伝子発現オムニバス
TAIR：シロイヌナズナ情報リソース
NGS：次世代シーケンシング
GC-MS：ガスクロマトグラフィー質量分析法
LC-MS：液体クロマトグラフィー質量分析法
SGN：ナス科ゲノミクスネットワーク

1. はじめに

植物は，自然界では固着性のため，さまざまな非生物的ストレスに対応する生理学的，分子的な機構を発達させている。植物は15億年前に出現し始め（Lehninger ら 1993），ダメージを最小化し，細胞レベルでの恒常性の保護を確実にするように，環境の摂動に対する植物の応答を進化圧が形成してきた。熱ストレスは，ここ数年の地球温暖化で農作物の生産を劇的に制限しうるおもな非生物ストレスの一つとなっている。高温は，植物の成長の全段階で有害となり得る。熱ストレスは，植物の機能と成長に不可逆なダメージを引き起こす（Hall 2001）。熱ストレスは細胞レベルの構成要素と代謝の広い範囲に影響する。熱ストレスのタイミング，期間，過酷さが，農作物の花粉と雌しべの相互作用に影響する（Snider および Oosterhuis 2011）。細胞の代謝への熱ストレスの影響に応答するため，植物や他の生物は，いくつかの転写産物，タンパク質，代謝物の組成を再構成することで外気温の変化に応答する。熱ストレスは，表現型と遺伝型の一連の変化を引き起こし，浸透圧の不均衡を作り出し，ヒートショックタンパク質（heat-shock proteins, HSPs）として知られる普遍的で進化的に保存されたタンパク質を生産する（Gupta ら 2010）。極限温度に関わるストレス応答は，活性酸素種（reactive oxygen species, ROS）を過剰に生成し，酸化ダメージを引き起こし，農作物の成長と生産の制限につながる。温度と酸化ストレス条件下の全ゲノムな転写プロファイルにより，協調した発現パターンとオーバーラップしたレギュロンが明らかになった（Mittal ら 2012）。そのため熱ストレスへの植物の応答の理解は，農業科学において最もホットなトピックの一つとして考えられている。この研究分野のおもな進展は，さまざまなバイオインフォマティクス・システムバイオロジー的なアプローチの応用に由来する。これらのハイスループットな技術は，一度に数千の遺伝子の解析を可能にした（Smita ら 2013）。バイオインフォマティクスツールの導入によって，巨大なゲノムデータベースから，多くの熱ストレス誘導性の遺伝子とそのプロモーター配列が同定され，遺伝子の推定機能がトランスジェニックな（遺伝子導入に基づく）アプローチで機能的に特徴づけられた。これは農作物における熱耐性の向上の分子機構を理解する情報を提供する。これらのデータ集合が公共に公開されていることは，モデル植物のみならず，農作物における熱ストレスへの応答と耐性の視野を拡大し深化させることに役立ってきた。

2. バイオインフォマティクスによるアプローチ

機能ゲノミクスの最近の進展は，ストレスへの適応と耐性に関する複雑な分子の制御ネットワークの理解のためのトランスクリプトミクス（網羅的な遺伝子発現），プロテオミクス（タンパク質のプロファイリング・修飾），メタボロミクス（代謝物のプロファイリング），フェノミクスなどさまざまなバイオインフォマティクス的アプローチの使用を可能にしてきた（Cramer ら 2011）。これらの技術は，毎年発表される数千の新たなアルゴリズムとソフトウェアとともに，バイオインフォマティクスの分野を後押しする膨大な情報を生成する。複数のオミックス解析を組み合わせたシステムベースのアプローチは，細胞レベルの事象の全体像を決める効果的なツールとなり，複雑な分子の制御ネットワークの理解を促進し，熱ストレスへの適応と耐性に関与する相互作用因子を明らかにする。システムとしての植物をより良く理解するためには，トランスクリプトミクス，プロテオミクス，メタボロミクスから得られたデータを統合する必要がある。この文脈で，さまざまなオミックスデータは，パスウェイの相互作用の特性を明らかにするための重要な制御段階の同定に大きく貢献するだろう。さまざまな植物種からの広い範囲のオミックスデータ集合の統合は，農作物と果実樹木における将来の遺伝子工学的な応用のためのトランスレーショナルリサーチの促進を容易にする。これらのアプローチは，温度ストレスの際の植物の機能の根本となる重要な細胞の構成要素の理解において，システムバイオロジーの威力を示している。したがって，分野間または分野を超えた共同作業は，植物の熱ストレスへの適応に関する複雑さを解決する役割をもつ。

2.1　トランスクリプトミクス

トランスクリプトミクスは環境に応じた植物の応答を研究する強力なアプローチである。トランスクリプトームは，特定の成長段階またはさまざまな環境条件下の細胞または生物個体内で発現する全転写物のセットからなる。近年のトランスクリプトミクスの研究は，低温，高塩濃度，乾燥，高照度，高浸透圧，酸化ストレスなどのさまざまな非生物ストレスに対する植物の応答をより良く理解するのに役立ってきた（van Baarlen ら 2008；Deyholos 2010；Wang ら 2012）。さまざまなストレス条件で誘導される遺伝子が大きく重複することは，さまざまな非生物ストレス条件下に対応する遺伝子制御ネットワークの分子レベルのクロストークがあることを明らかにした（Weston ら 2011；Friedel ら 2012）。この貢献は，ストレス条件下の植物の異なる成長段階の発現プロファイルに基づいて新規のストレス応答遺伝子を発見することを可能にした（Sreenivasulu ら 2008；Smita ら 2013）。モデル植物であるシロイヌナズナやイネ，およびその他の重要な農作物の完全なゲノム配列が利用可能であることは，ハイスループットな全ゲノムな機能解析を行うのに十分な情報を提供する。他のストレスと比べ，植物における熱ストレス応答は近年注目度が上昇し，さまざまな植物種で熱ストレスへの応答の網羅的なトランスクリプトーム解析が報告されてきた（Mangelsen ら 2011；Liu ら 2012）。Lim ら（2006）により，シロイヌナズナの培養細胞では中程度の熱ストレスが，ヒートショックタンパク質（HSP）を多く含む 165 個の遺伝子の発現を促進することが明らかになった。Frank ら（2009）は，cDNA マイクロアレイと qPCR 解析で，Hsp70，Hsp90 とヒートショック転写因子（HSF, heat-shock transcription factors）がトマトの花粒粉の熱ストレス耐性に重要であることを明らかにした。*Triticum aestivum* と他の植物のトランスクリプトームデータで，熱ストレスに応答して遺伝子の 5%が有意に影響を受けることが示された（Finka ら 2011）。しかし，シロイヌナズナのトランスクリプトームデータで，熱ストレスへの応答で発現する遺伝子の 11%は，熱誘導性のシャペロンにコードされることが分かった（Qin ら 2008）。その他の転写物は，カルシウムシグナリング，植物ホルモンシグナリング，糖と脂質のシグナリング，代謝に関わる産物をコードしていた。さらに，いくつかの研究で熱処理の間に増加する多様な転写物を同定し，それには転写因子の *DREB2* ファミリーのメンバー，タンパク質の過剰発現をコードする *AsEXP1*，ガラクチノール合成酵素をコードする遺伝子群，ラフィノースオリゴ糖経路の酵素，抗酸化酵素が含まれていた（Xu ら 2007）。熱ストレス条件下では，プログラム細胞死，基本的な代謝，生物ストレス応答に関わるものは転写レベルが低下していることを示した報告がある（Larkindale および Vierling 2008）。

ブドウにおける熱ストレスおよび回復応答性遺伝子群が，アフィメトリクスの Grape Genome Array と qRT-PCR の技術を用いて同定され，ブドウの葉では全プローブセットの 8%が熱ストレスとその後の回復に応答していることが明らかになった。この研究で同定された応答性遺伝子群は，細胞レスキュー（すなわち抗酸化酵素），タンパク質の運命（すなわち HSP），一次または二次代謝，転写因子，シグナル伝達，形態形成など，多数の重要な因子や生物学的パスウェイに属するものである。対照となる遺伝子型において，熱ストレスに応答するトランスクリプトームの変化の測定に Wheat Genome Array が応用され，熱ストレスに応答した全部で 6560 個のプローブセットを同定した（Qin ら 2008）。トウモロコシ，オオムギ，ソルガム（コーリャン，モロコシとも呼ぶ），さまざまなイネ科の植物において，熱と乾燥ストレスの組み合わせは，個別のストレスを与えるよりも，成長と生産に顕著に有害な影響をもたらした（Abraham 2008）。いうまでもなく，乾燥と熱の同時ストレスの影響に関する顕著な研究例（Rizhsky ら 2004）は別として，複合ストレスはほとんど研究されていない（Atkinson および Urwin 2012）。いくつかの植物種で，熱ストレスと複合ストレスに応答する発現の検証にトランスクリプトーム解析が用いられた（Oshino ら 2007；Rasmussen ら 2013）。乾燥と熱の複合ストレス下のシロイヌナズナ植物体のトランスクリプトームのプロファイリングは，400 以上の転写物の発現パターンの変化に影響している（Rizhsky ら 2004）。熱と高照度（Hewezi ら 2008），熱と塩（Keles および Oncel 2002）の複合ストレスに晒された植物での，注目すべき応答も観察された。彼らの報告は，いくつかの経路・機構は，遺伝型，期間，強度，非生物ストレスのタイプに依存することを示唆した。

これまで，ほとんどのトランスクリプトームの応答が，植物の成長の栄養段階のストレス耐性の向上に焦点を当ててきた。熱ストレスは成長段階の期間を短くし，これは器官の数の減少，器官の大きさの縮小，短いライフサイクルにおける光受容の低下，炭素同化に関連する過程の摂動を引き起こす。これらのパラメータは，究極的には，最終的な植物の収穫量の損失に影響する（Hussain および Mudasser 2007）。しかし熱ストレスに最も感受性の高い成長段階は，開花時と登熟期である（Wei ら 2010）。高温は，コムギの生産量と質の両方を劇的に低下させる（Sharma ら 2012）。この流れで，最近，熱ストレスの生産量の安定性の理解のためにイネ（Dupont ら 2006；Yamakawa および Hakata 2010）とオオムギ（Mangelsen ら 2011）における，種子形成でのトランスクリプトームの変化を明らかにする二，三の試みが行われた。まとめると，トランスクリプトーム解析は，熱ストレスに対する植物の応答の新規の洞察と，遺伝子の機能のアノテーションと分子育種のさらなる研究の大きな示唆を提供した。ポストゲノミクスの時代では，全ゲノムのトランスクリプトームプラットフォームから大量の遺伝子発現データが生成される。さまざまなストレス応答についての，全ゲノムな遺伝子レベルで，ハイスループットのマイクロアレイの遺伝子発現データベースに問い合わせるために開発されたアプリケーションがいくつかある。使用可能な発現データは，ほとんどが GEO（Barrett ら 2007），NASC Arrays（Craigon ら 2004），PLEXdb（Dash ら 2012），ArrayExpress（Kapushesky ら 2012）のようなオンラインのレポジトリに寄託されている。同時に，網羅的な正規化とクラスタリングアルゴリズムを実装することで成長とストレス特異的なレギュロンを抽出する（Sreenivasulu ら 2010）ため，さまざまなオンラインのクエリ指向のツールが開発され，Genevestigator（Zimmermann ら 2004），*Arabidopsis* eFP browser（Winter ら 2007），RiceArrayNet（Lee ら 2009），または，シロイヌナズナと イネ の共発現のデータマイニングツール群（Ficklin ら 2010；Movahedi ら 2011），Gramene（Youens-Clark ら 2011），TAIR（Swarbreck ら 2008），MaizeGDB（Schaeffer ら 2011）などが含まれる。

2.1.1　NGS によるトランスクリプトーム解析

配列を基盤とした方法はデジタルで，ハイスループットで，精度が高く，実行が容易であり，アリル特異的な発現を同定できるため，次世代シークエンス（NGS, next-generation sequencing）を使ったトランスクリプトーム解析は他の使用可能な技術よりも優れている。NGS のおもな長所は，スループットが従来のシークエンス技術よりも非常に高いことである。近年，研究者たちは Illumina Genome Analyzer，Roche/454 Genome Sequencer FLX Instrument，ABI SOLiD System のようなさまざまなプラットフォームを開発し，それらはゲノム配列決定，ゲノムのリシークエンス，miRNA の発現プロファイル，DNA メチル化解析，そしてとくに非モデル生物における de novo のトランスクリプトーム解析などの分野の先端研究において，強力で費用効果の高いツールであることが示されてきた (Morozova および Marra 2008)。NGS のトランスクリプトーム解析は，cDNA のクローニングが不要で桁外れのショートリード配列の桁外れの深度を達成できるため，高速で簡単である。NGS 技術を用いたトランスクリプトームの配列の取得は，トランスクリプトームの組成の測定に包括的で効率的な方法であり，遺伝子発現の研究により良い選択肢を提供する。植物のトランスクリプトーム解析における NGS 技術の応用例は非常に限定的で，植物のトランスクリプトームの複雑性を明らかにするために，わずか数個の概念実証研究が行われただけである。ここで，植物で行われた RNA-Seq を基盤とした遺伝子発現の研究のいくつかの例を提供するが，これはさまざまな生物学的側面の新たな洞察を与えている。トウモロコシでの Illumina のシークエンス解析では，発現変動遺伝子の割合が非常に高い (64.4%) ことが明らかになり，光合成のような基本的な細胞レベルの代謝の転写とともにトランスクリプトームの動的なリプログラミングの証拠を提供した (Li ら 2010)。ダイズにおける統合的なトランスクリプトームのアトラスが生成され，組織特異的な発現の遺伝子の同定につながった (Libault ら 2010)。さらにこの発現データは，他のマメ科植物である *Medicago truncatula* と *Lotus japonicus* との遺伝子発現の比較解析にも用いられている。別の独立の研究では，Severin ら (2010) がダイズにおける種子登熟過程などの農学的に重要な形質に関わる 177 個超の遺伝子を RNA-Seq を用いて同定した。Garg ら (2011) は，ヒヨコマメでの大規模で並列なパイロシークエンシングによる組織ごとの比較で，発現に差がある遺伝子と組織特異的な転写物を同定した。イネにおける転写の複雑性も，二つの亜種でのさまざまな組織の mRNA のシークエンスによって明らかになり，15000 超の新規の転写活性をもつ領域と 3464 個の発現の異なる遺伝子が同定された (Lu ら 2010)。高度に保存され，同じ遺伝子ファミリーのメンバーであるなど関連した転写物を識別し，それらの発現を数値化するために，Roche454 の技術を用いた配列を基盤とした新規のアプローチは，遺伝子のユニークな 3'-UTR の配列決定に焦点を当てた (Eveland ら 2008)。

RNA-Seq は，コーディングとノンコーディング RNA の大規模な配列を高速に取得し定量する NGS 技術での一般的なアプローチである (Garber ら 2011)。NGS を基盤とした RNA-Seq は，多くの植物でゲノムリソースの高速な開発に用いられた (Gowik ら 2011)。NGS は，ゲノムが解読されていないマングローブ (Dassanayake ら 2009)，ユーカリ (Novaes ら 2008)，オリーブ (Alagna ら 2009)，クリ (Barakat ら 2009) のような生物種でのトランスクリプトームデータベースの生成で用いられた。この RNA-Seq のアプローチでは，入力として断片化した mRNA または断片化した cDNA (Wang ら 2009a) を用いることができ，リード長は 100 から 250 塩基長で，用いるシークエンサーとシークエンスのキットによっては 500 塩基長のモデル長を得ることができるものもある。今後 NGS データの処理を始めようとする人々にとってのおもな課題は，データを保存するための方法を入れ替えることである。これはこの技術の歴史が浅く，発展し続けていること，NGS データを基盤とする発現の異なる遺伝子群の検出と解析の標準的な方法がないことによる。このような農作物からのディープシークエンスデータは最終的な生産量，穀物の質，病気耐性，熱ストレス耐性などの非生物学的応答に関わる遺伝子候補を同定するのに役立つ。これらのデータは，経済的に重要な農作物の形質に関与する新規の遺伝子とプロモーターを分離，同定するのにも有用である。このようなバイオインフォマティクスのデータの生成は農作物の改善プログラムで役に立つだろう。NGSを基盤としたシークエンスの応用は，NCBIのSRA（SequenceRead Archive）(http://www.ncbi.nlm.nih.gov/sra)，European Nucleotide Archive (http://www.ebi.ac.uk/ena/home)，DDBJ Sequence Read Archive (http://trace.ddbj.nig.ac.jp/dra/index_e.shtml) のブラウズにより，植物のゲノミクス分野で急速に広がっており，これらの多くはNGSプラットフォームからの生データを保存している。ユーザーは，ある特定の生物種がどれくらいシークエンスされているかを知ることができ，後の使用のために使用可能な公共のシークエンスデータを取得することができる。

2.2　プロテオミクス

プロテオミクスは，細胞内小器官，細胞，器官，組織レベルでの完全なプロテオームを記述する強力なツールであるだけでなく，ストレスの多い条件に晒されるなどの異なる生理的条件でのタンパク質のプロファイルの状態の比較も行うことができる（Cushman および Bohnert 2000）。このプロテオームは細胞または生物の実際の状態を反映し，トランスクリプトームとメタボロームの重要な架け橋であり（Zhu ら 2003），直接的に生化学過程で働くため，フェノタイプにより近いはずである。過去10年で，プロテオミクスは農作物での非生物的ストレス応答の機構の深い洞察をもたらす，多くの生物学的機構を探索する強力なツールであることが示されてきた（Rinalducci ら 2011；Yin ら 2012）。しかしながら，熱ストレス下の農作物におけるプロテオミクスの研究は，あまりよく理解されていない（Neilson ら 2010；Rinalducci ら 2011）。植物における熱耐性の調節機構を理解するために，プロテオミクスレベルでの高温での応答の詳細研究は必須である。これまで植物では熱ストレスに関する研究はわずか2，3件しか行われていない（Koussevitzky ら 2008；Neilson ら 2010）。タンパク質解析手法の近年の発展は，多くのタンパク質の評価と同定を可能にし，さらに，とくに熱ストレスなどのストレス応答の文脈でプロテオームデータを探索することを可能にする（Nanjo ら 2010）。プロテオームアプローチは，コムギの粒子の質に対しての熱ショックの影響の検討の研究でうまく用いられ，育種家が，望む性質，とくに熱ストレス条件に耐性をもった品種を作成するのを可能にするタンパク質マーカーを同定した（Skylas ら 2002）。2次元電気泳動解析を組み合わせたMALDI-TOFによるコムギの胚乳での熱ストレスの影響の解析で，トータルで48個の発現が異なるタンパク質が同定された（Majoul ら 2003）。これらのうち37%以上のタンパク質が，タンパク質の安定性とフォールディングに関与するヒートショックタンパク質として同定され，このことは高温がタンパク質の変性と制御に重大な影響を及ぼしていることを示唆している。イネの葉における熱ストレスに応答する，2次元電気泳動-MSによるプロテオミクス解析で，1000個のタンパク質のスポットが同定され，そのうち73個のタンパク質が少なくとも1時間で異なる発現を示した。これらのタンパク質は，ヒートショックタンパク質，エネルギーと代謝，酸化還元恒常性，制御タンパク質に関与する異なるクラスにさらに分類された。

熱ストレス条件下でのオオムギの品種でのプロテオミクス解析は，いくつかの小分子ヒートショックタンパク質のアイソフォームとSAM-S (S-adenosylmethionine synthase) を同定し，それらの発現が上昇していることを明らかにした (Sule ら 2004)。シロイヌナズナで熱ストレス応答に関するプロテオミクス解析が行われ，45 個のスポットが同定され，これらは熱と乾燥ストレスの複合ストレスに特異的であった。*A. scabra* で，熱によって特異的に制御されるタンパク質は，シュクロース合成酵素，活性酸素分解酵素，グルタチオン S-トランスフェラーゼ，ストレス誘導性のヒートショックタンパク質を含む。このことは，これらのタンパク質が高温条件下での *A. scabra* の生存を促進することに役立つ可能性があることを示唆する。Palmblad ら (2008) は，シロイヌナズナで差異的な代謝的標識法 (differential metabolic labeling) を用いて，多数の既知のヒートショックタンパク質とともに，以前はヒートショックとは関連していないとされていた他のタンパク質も同定した。Polenta ら (2007) は熱処理を行ったトマトの果皮からヒートショックタンパク質を同定した。彼らは，この過程に関与するクラスⅠ小分子ヒートショックタンパク質の重要性を強調し，単一分子特異的なポリクローナル血清 (mono-specific polyclonal antiserum) と MS/MS 解析を用いてさらなる特徴を検証した。このようにしてこの研究の結果は，植物は複雑な方法で熱ストレスに対応しており，ヒートショックタンパク質は複雑な細胞内ネットワークで重要な役割を担うことを示唆した。熱ストレス応答に関与するいくつかの新規のタンパク質の同定は，植物における熱感受性の分子基盤のより良い理解につながる新たな洞察を提供する (Lee ら 2007)。

2 次元電気泳動と LC-MS/MS を用いて，高温ストレス下におけるオウシュウトウヒ (Norway spruce) の二つの生態型 (低地および高地) のタンパク質のプロファイリングが検証された。この解析は熱ストレスからの回復時に，とくに低地の生態型 (高度な熱耐性がある) で，小分子ヒートショックタンパク質の蓄積がみられることを示した (Valcu ら 2008)。熱ストレス下での根のタンパク質のプロファイリングで，少なくとも一種で異なる発現が見られた 70 個のタンパク質のスポットを同定した。熱ストレスの結果，多くのタンパク質の発現が低下していたが，*A. scabra* では熱ストレス下で発現が増加するタンパク質のスポットが多くみられた。イネ科の 2 種類の植物は，異なるプロテオームのプロファイルを示した。*A. scabra* で，熱ストレスで特異的に制御される遺伝子のいくつかは，ショ糖合成酵素，スーパーオキシドジスムターゼ，グルタチオン S-トランスフェラーゼ，ストレス誘導性のヒートショックタンパク質が含まれる。このことは，これらのタンパク質が，高温条件下での *A. scabra* の生存の促進に関与する可能性があることを示唆している (Xu ら 2008)。*C. spinarum* での乾燥と組み合わせた熱ストレスではおおよそ 650 個のタンパク質の発現のスポットがみられた。熱と乾燥処理で，49 個の発現レベルが変化し，30 個が MS と 2 次元ウエスタンブロットで同定された。これらのタンパク質は，ヒートショックタンパク質，光合成に関連するタンパク質，RNA プロセッシングに関わるタンパク質，代謝とエネルギー生産に関わるタンパク質に分類された (Zhang ら 2010)。高温ストレス下でのダイコンの葉のプロテオームのプロファイリングでは，11 個の異なる発現のタンパク質のスポットが同定され，これらはヒートショックタンパク質群，酸化還元恒常性に関わるタンパク質，エネルギーと代謝に関わるタンパク質，シグナル伝達に関わるタンパク質，の四つのカテゴリに分類された (Zhang ら 2012)。このような研究は植物における熱応答の概観を理解するのに良い開始点を提供するが，植物における熱応答のより良い理解のためにはさらなる熱処理と比較解析を行う必要がある。

プロテオミクスのデータが利用可能であることは，発表された結果と結論をサポートするのに重要である。植物種で利用可能ないくつかのプロテオミクスのリソースとレポジトリが更新され (Schneider ら 2012)，トウモロコシ，シロイヌナズナのプロテオーム解析の情報を提供する Plant Proteome Database (http://ppdb.tc.cornell.edu/)，イネのリン酸化タンパク質の大規模な同定を行ったデータセット (Nakagami ら 2012) を更新している RIKEN Plant Phosphoproteome Database (RIPP-DB，https://database.riken.jp/sw/en/Plant_Phosphoproteome_Database/ria102i/)，ショットガンプロテオミクスを基盤としたイネのプロテオームデータベースとして発足した OryzaPG-DB (Helmy ら 2011) などがある。これらのレポジトリとは別に，多数の非常に価値のある情報源が植物のプロテオミクスで利用可能であり，おのおのはタンデム質量分析の結果，定量的な情報，リン酸化サイトの局在など特定の項目に焦点を当てており，ほんのわずかの例を示すと，ProMEX (Wienkoop ら 2012) などの植物プロテオミクス，植物のリン酸化部位のデータベースである PhosPhAt (Arsova および Schulze 2012)，シロイヌナズナを含めたさまざまな生物種でのタンパク質の量の絶対量の情報を統合したメタ情報源である PaxDb (Wang ら 2012)，シロイヌナズナのプロテオミクスデータの可視化を統合したポータルである MASCP Gator (Joshi ら 2011)，植物のプロテオームのデータベースである PPDB (the Plant Proteome Database, Sun ら 2009) がある。UniProtKB は，PRIDE，IntAct，ProMEX，PeptideAtlas，PhosphoSite などいくつかのプロテオミクスのリソースと相互リンクしている。文献参照を伴った相互参照の完全なリストは http://www.uniprot.org/docs/dbxref で利用可能である。これらのデータベースは熱ストレス耐性に関与する複雑なタンパク質ネットワークと，熱ストレス下のこれらのタンパク質の機能を同定して理解するのに役立つ。

2.3　メタボロミクス

メタボロミクスは，一般的な代謝反応に関わり，維持，増殖，細胞の通常の機能に必要であるすべての低分子代謝物の定性的で定量的なデータの集積物である (Arbona ら 2009；Jordan ら 2009)。メタボロームは，トランスクリプトームまたはプロテオームと比較して，表現型に直接的に影響し，遺伝子型と表現型のギャップを埋める。メタボロームの研究は，遺伝的な背景と環境条件の影響の統合を表し，特定の植物種における表現型をより正確に記述する。ストレスの多い事象での代謝制御は，ここ 10 年で非常に容易になり，質量分析計を用いた研究を通じて代謝物の同定能力が向上してきた (Sawada ら 2009)。より包括的な測定はいくつかの抽出と検出技術を並列に用いて，質量分析計と組み合わせたガスクロマトグラフィー (GC-MS)，質量分析計と組み合わせた液体クロマトグラフィー (LC-MS) などのさまざまな分析技術を用いた化学分析に供することでのみ達成される (De Vos ら 2007)。他の解析技術としては，質量分析計と組み合わせた液体クロマトグラフィ（フォトダイオードアレイ検出）の LC-PDA/MS (Huhman および Sumner 2002)，質量分析計と組み合わせたキャピラリー電気泳動 (CE-MS) (Harada および Fukusaki 2009, Takahashi ら 2009)，フーリエ変換イオンサイクロトロン共鳴質量分析計 (FTICR/MS) (Oikawa ら 2006)，NMR 分光法 (Krishnan ら 2005) が含まれる。上記で言及した分離技術とともに用いることができるすべての解析機器のうち，メタボロミクスで最もよく使われるものは質量分析で，とくに正確な質量測定を提供する (Arbona ら 2013)。ゆえに，将来の目標は，公共のデータベースにある複数のメタボロミクス技術からのデータの標準化とアノテーション付けである (Castellana および Bafna 2010)。取得されたデータは，機能ゲノミクスのための多変量相関解析で検討され，植物代謝のシステムバイオロジーの研究と農作物の向上に用いられる (Arbona ら 2013)。シロイヌナズナや他のモデル植物のゲノム配列情報から，植物はこのような悪環境に適応するため代謝ネットワークを再構成することが証明された (Kaplan ら 2004)。多くの植物は，初期と後期の遺伝子ネットワークの代謝の漸進的な調整によってさまざまなストレスへ応答している。いくつかの代謝の変化は，塩，乾燥，温度ストレスに共通であり，他のものは特異的であった (Urano ら 2009；Lugan ら 2010)。代謝の変化を「地図」または「マーカー」として用い，他の「オミックス」解析と組み合わせることで，代謝の動きを制御する因子が Saito ら (2008) によって検証された。ゆえに，メタボロミクスは細胞レベルの機能の理解と遺伝子の機能の解明に重要な役割を示すといえそうである (Hagel および Facchini 2008)。

植物の系では，メタボロミクス的方法が，さまざまなストレス下のメタボロミクスの変化の研究で用いられており，たとえば水と塩 (Cramer ら 2007)，硫黄 (Nikiforova ら 2005)，リン (Hernandez ら 2007)，酸化物 (Boxter ら 2007)，重金属 (Le Lay ら 2006) である。しかし熱ストレスに関してはわずかな報告しかなされていない。最近のメタボローム解析で，低温と他のストレスに応答する共通の代謝物があることが示され，低温応答経路の DREB1/CBF 転写ネットワークで突出した役割を担うことが証明された (Maruyama ら 2009)。シロイヌナズナの個体間の熱と低温ストレスへの応答の，GC-MS (Kaplan ら 2004) や GCTOF-MS (Wienkoop ら 2008) を使った比較代謝物解析が行われた。熱ショックに応答する多くの代謝物が低温ショックで生成されるそれと重複していた。多くの代謝物のレベルは，熱よりも低温応答で，特異的に変化していた。この応答は，植物の代謝において低温ストレスが強い衝撃であることを示唆する。Wang ら (2004) は，乾燥と熱ストレスの組み合わせが個々のストレスが個別に与えられたときに比べ，農作物の成長と生産性の低下につながることを報告した。高温条件下でのイネの穀果形成の解析に，メタボロームとトランスクリプトームの統合された結果が，Yamakawa および Hakata (2010) によって用いられた。受粉誘導型と受粉非誘導型の果実の分子レベルでの現象が Wang ら (2009a, b) によって検証され，トマトの果実での，DEETIOLATED1 の発現低下の影響も解析された (Enfissi ら 2010)。熱ストレスはアラニン，アラントイン，アラキドン酸，2-ケトイソカプロン酸，ミオイノシトール，プトレッシン，ラムノースなどの重要な代謝物の蓄積を誘導するが，一方で，フルクトース 6 リン酸は低下させる (Luengwilai ら 2012)。さらにこれらの結果は，プロリン，単糖類，ガラクチノール，ラフィノースのような適合溶質 (compatible solutes) の代謝ネットワークが温度ストレス耐性で重要な役割を担うことを示唆した (Alcazar ら 2010)。

代謝のプロファイリングに関連する情報源が利用可能で，更新され，メタボロームデータセットと解析プラットフォームのデータアーカイブとして提供されており，たとえば，LC-MSに基づくメタボロームデータベース（http://appliedbioinformatics.wur.nl/moto/）（Mocoら2006），KOMICS（Iijimaら2008），Plant MetGenMAP（Joungら2009），Metabolome Express（https://www.metabolomeexpress.org/）（Carrollら2010；Ferry-Dumazetら2011），MeRy-B（http://www.cbib.u-bordeaux2.fr/MERYB/）（Ferry-Dumazetら2011），KaPPA-View4 SOL（Sakuraiら2011），MetaCrop 2.0（http://metacrop.ipk-gatersleben.de）（Schreiberら2012），PRIMe（http://prime.psc.riken.jp/）（Sakuraiら2013）などがある。これとは別に，いくつかの個別の種ごとのデータベースもGrameneデータベースで利用可能であり，　たとえばRiceCyc，MaizeCyc，BrachyCyc，SorghumCyc，Sol Genomics Network（SGN）などがある。これらのデータベースは大規模データセットの情報源およびレポジトリとして重要な役割をもち，他のオミックス研究で得られた包括的なデータを含む代謝物のプロファイルをより統合するツールとして機能する（Akiyamaら2008）。これらの成功に続き，植物の細胞レベルでのシステムの理解のために，いくつかのマルチオミックスを基盤としたシステム解析が用いられている。

2.4　フェノミクス

フェノミクスは，生物が遺伝的変異や環境の影響に応答して変化する際の，生物の物理的で形態的な特徴を検証する系統的な研究である。成長や他の形態学的特徴を計測する伝統的な方法は，時間と費用がかかり，多くの遺伝子型と植物の侵襲的な回収が必要であった。フェノミクスは，遺伝資源をスクリーニングし，熱ストレス耐性を目的とした育種プログラムで使用可能な形態的多様性を利用するための重要な技術であると考えられている。そのため，ポストゲノム時代においては，技術としてのフェノミクスは引き続き重要な要素となっている。フェノミクスのアプローチは，さまざまな種類の非生物ストレスの耐性に関与する正確な分子機構を理解することを可能にする。これはいくつかの機関での，表現型の研究を加速させる技術とプラットフォーム開発への投資のための研究を促進した。この投資は，最初民間セクターで始まり，最近は国際協力ネットワーク（www.plantphenomics.com）を形成している公共の研究機関が対応している。オーストラリア，ドイツ，フランス，カナダ，イタリア，その他多数の国で，ハイスループットな方法で集団をスクリーニングする表現型決定施設を構築するために，多数の新たな取り組み（International Plant Phenomics Network，Deutsche Plant Phenomics Network，European Plant Phenomics Network）が発足した（Furbank 2009；Finkel 2009）。大規模な表現型決定プラットフォームは，おもに，植物組織の非破壊的な画像解析や，より進んだ技術で取得される構造や機能的特徴に基づく（Nagelら2009；YazdanbakhshおよびFisahn 2009）。他の研究室では，ガラス張りの部屋と温室はカメラが取付可能で，植物は運搬装置でイメージングステーションまで移動することが可能である。このような設備は全世界の研究室のいくつか（CropDesign（ベルギー），The Plant Accelerator（オーストラリア），PhenoPhab（オランダ），Metapontum Agrobios（イタリア），PK（ドイツ））に存在し，3次元画像を取得できるという利点がある。ハイスループットのフェノミクスプラットフォームを用いると，水不足応答などのさまざまなパラメータを研究することができる（Sadok ら 2007；Berger ら 2010）。これまで，農作物の熱ストレス応答のフェノミクスの分野では，ほんの一握りの研究しか行われていない（Sharma ら 2012；Yeh ら 2012）。しかし，特定の質問がこれらのプラットフォームに投げかけられたときは，フェノミクスの適用は実に有用で重要となるだろう。

植物は炭素代謝と水平衡に関して熱ストレスで多数の反応を示すが，残念なことに熱ストレス耐性の遺伝的基盤に関する重要な生理学的形質は同定されていない（Allakhverdiev ら 2008；Wolkovich ら 2012）。多くの種で，最も熱ストレスに感受性が高いのは生殖過程であることが知られている。熱ストレスは，タンパク質と膜の安定性を含めた細胞レベルの恒常性に大きく影響する。これらの応答は，基礎的な熱耐性，短期または長期の獲得的熱耐性，適度な高温への熱耐性を含む。高温は種子の発芽，成長，光合成効率，コアの代謝行程，花粉の生存能力，呼吸，水分関連，タンパク質と膜の安定性に悪影響を及ぼす。異なる種と品種では，成長段階での高温への耐性が異なる可能性があるが，すべての栄養成長期と生殖段階は熱ストレスに大きく影響を受ける（Hall 1992）。植物における季節周期段階が異なると，高温への感受性が異なる。栄養成長期の間は，日中の高温は葉のガス交換の機能にダメージを与えることがある。夜間の高温は，花粉を不稔にする。しかしこれは，研究している種と遺伝子型に依存する。Sharma ら（2012）は，多様な起源の 1274 個のコムギの品種の大規模スクリーニングで，熱ストレス耐性という観点で 41 個の顕著な系統を同定した。この対照型の品種は，熱耐性における遺伝的差異を検出するクロロフィルの蛍光パラメータの能力を比較するのに用いられた。この同定は，熱ストレス耐性の遺伝的生理的性質の理解のための将来的な研究の助けとなるだろう（Sharma ら 2012）。成長，種子形成，発芽，葉の成熟，花序または穂，果実に変化をもたらす温度と熱ストレス処理時間が農作物の熱耐性の研究に用いられた（Rahman ら 2007；Seepaul ら 2011）。しかし，熱耐性の分子レベルの遺伝学の理解を深めるには，ハイスループットの表現型決定解析が必須である。

3. ヒートショックタンパク質

ヒートショック応答（HSR, heat-shock response）は，生物または組織または細胞が，突然の高温ストレスに晒されたときに引き起こされる高度に保存された反応である。高温ストレスは，保存されたヒートショック転写産物と，その他の制御因子の急速な誘導と一過的な発現で特徴づけられる。ヒートショックタンパク質の保存された五つのファミリー（Hsp100, Hsp90, Hsp70, Hsp60, sHsp）のなかで，小分子ヒートショックタンパク質（sHsps）は，植物内で最も普遍的にみられ，熱ストレス下でその発現は 200 倍にまで増加する。異なるクラスの分子シャペロンが，特定の変性した基質や状態に結合するようである。ヒートショックタンパク質/シャペロン分子は，細胞質と，核，ミトコンドリア，葉緑体，小胞体などの細胞内小器官に局在する（Wang ら 2004）。いくつかの働きについてはヒートショックタンパク質に由来するとされているが，ヒートショックタンパク質が熱耐性に貢献する機構はまだ解明されていない。多くの研究が，ヒートショックタンパク質は，熱ストレス下で，細胞内のタンパク質の本来の形状と機能を確保する分子シャペロンであると主張している。ストレスの間，多くの酵素と構造タンパク質が有害な構造になり，機能が変化する。ゆえに，機能的な構造をタンパク質が維持するためには，変性タンパク質の凝集の阻止，変性タンパク質のリフォールディングは必須である。間違った折り畳み，変性，凝集で生じた，非機能的で有害なポリペプチドの除去も，ストレス下での細胞の生存にとって重要である。そのため，ヒートショックタンパク質/シャペロンのさまざまなクラスが協力し，ストレスからのタンパク質の保護において，相補的，そしてしばしば重複した役割をもつ（Bowen ら 2002）。変性したまたは間違って折り畳まれたタンパク質が凝集体を形成するとき，Hsp100/Clp によって再可溶化し，その後リフォールディングされるか，プロテアーゼによって分解される（Schöffl ら 1998）。いくつかのヒートショックタンパク質/シャペロン（Hsp70，Hsp90）は，他のヒートショックタンパク質/シャペロンのメンバーの合成を引き起こすシグナル伝達や転写活性化を伴う。類似の知見が植物のシャペロンでも報告されている。*Pisum sativum* の Hsp18.1 は，熱変性タンパク質に安定的に結合することができ，Hsp70/Hsp100 複合体による次のリフォールディングでのフォールディングが可能な状態を維持した（Mogk ら 2003）。近年の研究で，Hsp70 と Hsp90 は高温で酵素を保護する働きがあることが示された（Reddy ら 2010，2011）。植物でのヒートショック応答は，深く研究されており，複数のシグナル経路の存在が推測されている（Kotak ら 2007；von Koskull-Doring ら 2007）。多くの研究で，Hsp101，Hsp70s のような高分子量のヒートショックタンパク質と小分子ヒートショックタンパク質の転写の増加が言及されており（Sarkar ら 2009；Mittal ら 2009；Chauhan ら 2011），また，DREB，ガラクチノール合成酵素，ラフィノースオリゴ糖経路に関わる他の酵素，酸化ストレス酵素などのさらなる転写産物も同定された（Frank ら 2009；Suzuki ら 2011）。バイオインフォマティクスのツールを用いたヒートショックタンパク質と ヒートショック転写因子の全ゲノムな探索は，ゲノムに存在する遺伝子の数の特定だけでなく，染色体上の局在の特定にも役立つ。ソフトウェアツールも，細胞内の局在やこれらの推定機能とともにプロモーターの上流配列を明らかにするのに役立つ。

真核生物におけるヒートショック遺伝子発現の制御は，ヒートショック転写因子（HSF, heat-shock transcription factors）によって介在され，これは真核生物界で高度に保存されている（Scharf ら 2012）。植物のヒートショック転写因子は独特の特徴をもち，熱ストレス誘導性のヒートショック転写因子誘導性の遺伝子群が存在することは，長期的な熱ショック応答での転写の調整でおもな役割を担う可能性がある（Chauhan ら 2011）。ヒートショック転写因子とヒートショックタンパク質が関与する温度ストレス応答のシグナル伝達経路と防御機構は，活性酸素種（ROS, reactive oxygen species）の生成と密接に関係していると考えられている（Frank ら 2009）。シロイヌナズナでのアスコルビン酸ペルオキシダーゼのような抗酸化酵素の，ヒートショック転写因子依存的な発現（Frank ら 2009）は，ヒートショック転写因子がヒートショックタンパク質の制御だけでなく酸化ストレスの制御にも働いていることを示唆している（Reddy ら 2009）。最近の研究で，非標準的な転写因子がヒートショック応答に関与することが明らかになり，たとえば bZip28 であり，これは膜をコード化する遺伝子で，転写因子につなぎ留められ，ヒートショックで誘導され，非変異体はヒートショックに高感受性になる（Gao ら 2008）。

ヒートショックタンパク質のほかにも熱ストレスで発現が促進される植物のタンパク質があり，ユビキチン，LEA タンパク質，細胞質の Cu/Zn-SOD と Mn-SOD が含まれる。熱と窒素ストレスで誘導されるオスモチン様の多数のタンパク質はまとめて Pir タンパク質と呼ばれ，熱ストレス下の多くの植物細胞で過剰発現しており熱耐性を与える。*Hordeum vulgare* のマイクロアレイの発現データは，小分子ヒートショックタンパク質とヒートショック転写因子遺伝子群のほとんどは，異なる植物の成長段階では，乾燥と温度ストレス下で異なって制御されていることを明らかにし，これはストレスと非ストレスの制御ネットワークでかなりのクロストークがあることを示唆している。ヒートショック転写因子プロモーターの *in silico* のシス配列制御モチーフ解析で，アブシジン酸応答のシスエレメント（ABREs, abscinic acid-responsive cis-elemtns）が濃縮されていることが示され，このことは *HvsHsf* 遺伝子群の転写応答を介在する際にアブシジン酸（ABA, abscisic acid）が制御に関わることを示唆している。

4. ヒートショックプロモーター

誘導性または特異的なプロモーターは，植物の遺伝子工学での重要なツールとなる可能性があり，非生物ストレス耐性に関わる遺伝子群を移動させて検証しようと試みる際にそれらの必要性が高まる。ここ 10 年で，全世界のさまざまなグループによっていくつかの候補遺伝子群，パスウェイ，戦略が同定され，植物の熱ストレス適応の見識を提供した。強力で構成的なプロモーターは，制御された熱ストレス応答遺伝子の発現とともに，日常的に植物の形質転換で用いられている。しかし，構成的プロモーターのそのような利用は，植物の成長と発達に重大な問題を引き起こし，形質転換植物のパフォーマンス全般を低下させる（Sakuma ら 2006a）。構成的プロモーターは最終的な生産性を妨げるため，ヒートショック誘導性のプロモーターを同定して単離し，形質転換農作物を作製する際に用いることが重要である。しかしながら，植物において，組織特異的で特定の成長段階で導入遺伝子を発現制御することはまだ困難な課題である。熱ストレス応答プロモーターは標的遺伝子をストレスのある場所でのみ発現させることに用いることができるため，熱ストレス応答プロモーターとその制御領域の単離と特徴解析はより遺伝子工学的な応用先があるだろう。ヒートショックプロモーターの活性を測定する強力なアプローチは，ヒートショック遺伝子に GFP（緑色蛍光タンパク質）や GUS（β-グルクロニダーゼ）のようなレポーター遺伝子を融合させることである。これは，熱ストレスがある状態，またはない状態で，発生段階および組織特異的な発現を測定することを可能にする（Khurana ら 2013）。いくつかの転写産物は翻訳段階で抑制されるが，その他はそのような抑制を回避し積極的に翻訳され続けることが分かった。しかし，この制御の仕組みの理解，とくに関与する制御 RNA エレメントの識別についてはほとんど理解されていなかった。計算機的で実験的なアプローチで，Matsuura ら（2013）は，シロイヌナズナで，異なる翻訳に影響し，熱ストレスで制御される mRNA の翻訳に応答するシス制御の徴候をもつ 5'-UTR 内で新規のシス制御エレメントを同定した。マイクロアレイを用いた包括的なトランスクリプトーム解析は，ストレスで制御される転写物間の関係を明らかにし，温度ストレス誘導の遺伝子群のシス制御エレメントの推定を可能にした（Weston

ら2008)。さらに，さまざまなストレス条件下の種子形成の間の転写の動的機構の特徴分析は，シス制御エレメントの推定を可能にした（Weston ら2008)。Ma および Bohnert（2007）は，発現プロファイルとストレス制御遺伝子群の5'シス制御モチーフの明確な相関を示した。これらの解析は，ストレス制御遺伝子群は複雑な制御ネットワークとパスウェイ間の相互作用によって制御されていることを示唆した。この類のネットワークは，さまざまなバイオインフォマティクスのアプローチを用いて，トランスクリプトームのデータをもとにして推定されてきた（Long ら2008)。ヒートショック転写因子の基本構造とプロモーターの認識は，真核生物界で高度に保存されている（Scharf ら2012)。これらのヒートショック転写因子遺伝子群を含むシスモチーフの発現は，制御ネットワークの形成を介してヒートショック転写因子自身によって制御されている可能性があると，Nover ら（2001）により推定されている。ストレス処理と異なる成長段階の間のヒートショックタンパク質の発現は，ヒートショックタンパク質とヒートショック転写因子プロモーターそれぞれに存在するシスモチーフに依存し，その後これはとくにヒートショック転写因子などのさまざまな転写因子を結合するということがヒマワリ胚の一過的レポーターアッセイで示された（Almoguera ら2002)。Hsp18.2プロモーターに *GUS* 遺伝子を融合させたシロイヌナズナの形質転換植物では，植物のほとんどすべての器官で，熱ストレスが *GUS* 遺伝子の活性を誘導することを示した（Takahashi ら1992)。同様に，Hsp81遺伝子のプロモーターを用いたときに，形質転換シロイヌナズナで，熱ショックで誘導される *GUS* の活性が観察された（Yabe ら1994)。Crone ら（2001）は，花のすべての器官や組織での GmHsp17.5E プロモーターの詳細な発現解析を行い，異なる花組織は熱ショック後に異なって発現していることを明らかにした。ヒートショック転写因子は，コア配列が nGAAnnTTCn または nTTCnnGAAn である熱ストレスエレメント（HSEs）に結合し，三量体を形成し，下流の遺伝子の発現を制御する（Wu 1995)。熱ストレス誘導性の遺伝子群のプロモーター内にヒートショックエレメントが存在しているに関わらず，ヒートショック転写因子遺伝子群は種子形成の間に発現する（Kotak ら2007)。Atsp90-1プロモーター領域は，成長とストレス条件での発現制御において，組み合わせの様式で寄与する（Haralampidis ら2002)。シロイヌナズナの HsfA3の熱ストレスによる誘導は，乾燥ストレス応答で機能する転写因子である DREB2A によって直接的に制御されている（Sakuma ら2006a, b)。その結果，熱誘導性の遺伝子群のプロモーター上で DRE が同定された（Larkindale および Vierling 2008)。

ヒートショックタンパク質（HSP）のプロモーターは熱ストレス条件下で急速に高度に誘導されるため，誘導的な発現の良い候補である。さらに，その誘導は異なる温度と誘導の期間によって正確に制御することができる。さまざまな宿主で，植物の小分子ヒートショックタンパク質プロモーターで駆動したレポーター遺伝子の発現を用いた詳細な解析が行われている。AtHsp18.2プロモーターはシロイヌナズナ（Takahashi ら1992）や *N. plumbaginifolia*（Moriwaki ら1999)，タバコの毛状根（Lee ら2007）などの他の生物種でうまく利用されている。さらに，ダイズの GmHsp17.3B プロモーターの誘導能がコケの *Physcomitrella patens* で検証された（Saidi ら2007)。シロイヌナズナの Hsp18.2プロモーターが，タバコの BY-2細胞での *GUS* 遺伝子の発現を駆動するのに用いられ，熱ストレス下でタンパク質の最大の活性が検出された

(Shinmyo ら 1998)。Khurana ら (2013) は，形質転換シロイヌナズナでコムギの sHsp26 プロモーターの活性を研究し，非生物ストレス条件，とくに熱ストレス条件下で一貫して高レベルの *GUS* 遺伝子の発現が観察された。しかし種子の成熟の間のヒートショックタンパク質の発現制御の機構については，まだ多くが未解明である。さらに獲得ストレス耐性と成長におけるこれらの直接的な機能に加え，ヒートショックタンパク質/シャペロンが他の構成要素と相乗的に機能し，細胞のダメージを低下するのに役立つ。もしプロモーターの範囲が広いと，さまざまな環境ストレスに応じて異なって発現する複数の導入遺伝子を植物に導入することが可能である。農作物の熱ストレス誘導性のプロモーターの同定は，農学的なパフォーマンスを向上させた形質転換植物の作成において，大きな助けとなるだろう。

5. ヒートショックタンパク質の発現を通じた熱ストレス耐性の形質転換農作物

農作物のほとんどは，日中または夜間そしてその両方の温度における日・季節的な摂動に影響を受ける。高温ストレス耐性に対する従来の育種は，今までのところうまくいっていない。これは，熱ストレス，遺伝子の適正源，熱ストレスの形質の複雑な性質に関与する遺伝的機構の理解の欠如による可能性がある。この複雑性は現在，ヒートショックエレメント (HSEs, heat-shock element)，ヒートショック転写因子 (HSFs, heat shock factors)，ヒートショック応答の受容体候補，シグナル構成要素，クロマチンリモデリングの性状を含めた特徴量で分解されている (Proveniers および van Zanten 2013)。いくつかのグループが，細菌のシステムで小分子ヒートショックタンパク質の発現レベルを変化させ，細菌細胞でヒートショックタンパク質を過剰発現するとヒートショックタンパク質が熱耐性をもたらす役割をもつことを示した。大腸菌における *OsHsp16.9* の過剰発現は熱耐性をもたらした。Yeh ら (2012) は，熱ストレス耐性に関連する領域を明らかにするため，この小分子ヒートショックタンパク質の欠損変異体を作製した。彼らは大腸菌でこのコンストラクトを過剰発現させ，N 末端領域のアミノ酸残基 30-36 (PATSDND) または *OsHsp16.9* の第 2 のコンセンサス領域の 73-78 (EEGNVL) の欠損がシャペロンの活性をなくすことを明らかにし，摂氏 47.5 度 での大腸菌の生存を不可能にした。三つの小分子ヒートショックタンパク質を大腸菌に導入したときは，熱耐性を獲得し，*in vitro* の熱凝集からリンゴ酸脱水素酵素 (MDH, malate dehydrogenase) を保護することができた (Pike ら 2001)。熱やさまざまな非生物ストレス下で，さまざまなヒートショックタンパク質を含む組み換えプラスミドを形質転換した *E.coli* Bl21 (DE3) 細胞の生存性を，対照群の大腸菌 (pET28a ベクターを形質転換したもの) と比較した。PgHsps を形質転換した細胞は，形質転換していない細胞では致死となる摂氏 47.5 度での処理で熱耐性を示した。形質転換したものと形質転換していない細胞からの溶解物を摂氏 55 度で加熱すると，PgHsps-Bl21 DE3 細胞内の変性したタンパク質の量は PET28a ベクター (コントロール) 細胞より 50%少なかった (Reddy ら 2010, 2011)。さらに，DsHsp17.7 を発現する遺伝子組み換え *E.coli* の塩ストレス耐性は対照群の大腸菌よりも高かった (Song および Ahn 2011)。これらの結果は，ヒートショックタンパク質の発現が非生物ストレス耐性を大腸菌に付与し，植物が厳しい環境へ適応する際に役割を果たすことを示唆する。

熱耐性制御におけるヒートショックタンパク質の関わりは，アンチセンスまたはRNAiのアプローチで発現レベルを低下させることで高等植物でもさらに検証されている。それぞれのHsp100タンパク質の発現を低下させたトウモロコシとシロイヌナズナでは基底および誘導性の両方の熱耐性の欠損がみられた（HongおよびVierling 2000，NietoSoteloら2002）。Yangら（2006）は，Hsp100/ClpBタンパク質を抑制したトマトは熱耐性を失うことを示した。シロイヌナズナ植物では，熱耐性の獲得はHsp70のアンチセンスによって負に影響を受けることが明らかになった（LeeおよびSchoffl 1996）。おのおののHsp100タンパク質の発現が低下したトウモロコシとシロイヌナズナの変異体では，基底および誘導性の両方の熱耐性の欠損が観察された。Hsa32を欠損している植物は，亜致死温度での前処理を行った後でさえもヒートショック処理では生存しない（Charngら2006）。熱誘導性の転写活性化因子である*HsfA2*の発現レベルが低下させると，その変異体植物の熱ストレスへの感受性が増加した（Charngら2007）。シロイヌナズナのHsfA1a，A1b，A2ノックアウト変異体の全ゲノムなトランスクリプトーム解析で，HsfA1aとA1bは熱ストレス応答の初期で重要な役割を担うが，*HsfA2*は長期に及ぶ熱ストレス条件と回復段階で機能することが示唆された（Schrammら2006；Nishizawaら2006）。シロイヌナズナのHsfA2の熱ストレス誘導性の発現は，HsfA1aまたはHsfA1bには影響を受けない（Buschら2005）。*HsfA2*遺伝子は，強照度と過酸化水素でも誘導される（Nishizawaら2006）。これは酸化ストレス応答の重要酵素をコードするアスコルビン酸パーオキシダーゼ２（APX2）の制御にも密接に関わり，これはHsfA2がさまざまな環境ストレス下で多様な役割を担うことを示唆している。

逆に，多数の植物種でヒートショックタンパク質の発現の増加が達成されている。ニンジンの*sHsp17.7*を過剰発現させたニンジンの形質転換細胞系統と植物は，高温下での形質転換組織の生存の促進がみられた（Malikら1999）。タバコの小分子ヒートショックタンパク質を過剰発現した形質転換タバコは，子葉が開く割合が増加した（ParkおよびHong 2002）。同様に，*HsfA1*遺伝子を過剰発現した形質転換トマトは，熱耐性が増加した。トマトのミトコンドリアのヒートショックタンパク質遺伝子を過剰発現したタバコは，同じ遺伝子のアンチセンスコンストラクトを発現する形質転換体よりも，摂氏48度での熱耐性が高かった（Sanmiyaら2004）。*OsHsp17.7*遺伝子を過剰発現した形質転換イネは，形質転換していない対照植物より，熱耐性の増加とUV-Bストレスへの耐性の大きな増加が見られた（Murakamiら2004）。形質転換シロイヌナズナにおける*RcHsp17.8*の構成的発現は，高度な熱耐性と塩，乾燥，浸透圧ストレスへの耐性を付与した（Jiangら2009）。形質転換タバコでの*CaHsp26*の過剰発現は，低放射照度の元での低温ストレスの間にPSIIとPSIを保護した（Guoら2007）。高分子量のヒートショックタンパク質を過剰発現するシロイヌナズナが作製され，その形質転換植物は摂氏45度（1時間）の温度で生存し，ストレス解除後に活発な成長がみられたが，ベクターを形質転換した対照植物ではストレス後の回復期の成長は復帰しなかった（Queitschら2000）。同様に*AtHsp100*を過剰発現する形質転換イネの系統は高温ストレス回復期後の再成長がみられたが，形質転換していない植物では同様の状態までは回復することができなかった（Katiyar-Agarwalら2003）。トウモロコシでの最近の研究で，小分子ヒートショックタンパク質遺伝子である*ZmsHsp*はサイトカイニン応答で機能をもつ可能性があることを示した（Cao ら 2010）。さらに，オニウシノケグサ（*Festuca arundinacea*）で*MsHsp23*遺伝子を発現させた形質転換体は，シャペロンと抗酸化活性を介して酸化ダメージから葉を防護した。これらの結果は，形質転換オニウシノケグサでは*MsHsp23*が非生物ストレス耐性を付与し，他の農作物でもストレス耐性を形成するのに役立つ可能性があることを示唆している（Lee ら 2012）。形質転換タバコでの*ZmHSP16.9*の過剰発現は熱と酸化ストレスの両方への耐性を付与し，野生型に比べて種子の発芽率，根の長さ，抗酸化酵素活性を増加させる（Sun ら 2012）。*WsHsp26*を過剰発現した形質転換シロイヌナズナは，連続的な高温に耐性があり，高温下では大きな種子を生産し，野生型よりも発芽率が高かった（Chauhan ら 2012）。ヒートショックタンパク質を用いて高温耐性のために育成された形質転換植物のリストを**表 1** に示す。

表 1　ヒートショックタンパク質遺伝子を用いて高温耐性向上した形質転換植物の詳細

遺伝子	タンパク質	植物源	標的植物	機能	参照文献
Hsf1	Hsf	シロイヌナズナ	シロイヌナズナ	耐熱性およびヒートショックタンパク質の継続的発現	Lee ら（1995）
Hsf3	Hsf	シロイヌナズナ	シロイヌナズナ	基底耐熱性および熱保護プロセスの増強	Prändl ら（1998）
HsfA1	Hsf	トマト	トマト	高温下での成長および果実熟成の優位	Mishra ら（2002）
Hsf3	Hsf	シロイヌナズナ	シロイヌナズナ	低閾値温度	Panchuk ら（2002）
HsfA2	Hsf	シロイヌナズナ	シロイヌナズナ	変異体は基底および誘導性の耐熱性を低下させたが，過剰発現は耐性増加を示した	Li ら（2005）
HsfA2	Hsf	シロイヌナズナ	シロイヌナズナ	耐熱性は向上したが，塩/浸透圧ストレス耐性およびカルスの増殖も向上	Ogawa ら（2007）
HsfA2e	Hsf	イネ	シロイヌナズナ	環境ストレスへの耐性増強	Yokotani ら（2008）
Hsf7	Hsf	イネ	シロイヌナズナ	高温応答性	Liu ら（2009）
HsfC1b	Hsf	イネ	イネ	浸透圧ストレス，および非ストレス条件下での植物成長要求性	Schmidt ら（2012）
DnaK	Hsp70	*Aphanothece halophytica*	イネおよびタバコ	高温および塩ストレスにおける種子収量および植物バイオマスの増加	Uchida ら（2008）
Hsp70	Hsp70	*Trichoderma harzianum*	シロイヌナズナ	熱ストレス耐性増加	Montero-Barrientos ら（2010）
mtHsp70	Hsp70	イネ	イネ	プログラム細胞死の抑制	Qi ら（2011）
Hsc70-1	Hsp70	シロイヌナズナ	シロイヌナズナ	ヒートショックへの耐性向上	Sung および Guy（2003）

（続く）

表１（続き）

遺伝子	タンパク質	植物源	標的植物	機能	参照文献
Hsp101	HSP100	シロイヌナズナ	シロイヌナズナ	対照群より極限温度での突然変動良好	Quietsch ら (2000)
Hsp101	Hsp100	シロイヌナズナ	イネ	高温耐性の増強	Katiyar-Agarwal ら (2003)
Hsp17.7	Hsp17.7	ノラニンジン	ノラニンジン	耐熱性増加	Malik ら (1999)
mtsHsp	sHsp	トマト	タバコ	耐熱性	Sanmiya ら (2004)
Hsp21	sHsp	トマト	トマト	温度依存性酸化ストレス	Neta-Sharir ら (2005)
sHsp17.7	sHsp	イネ	イネ	形質転換イネ苗の乾燥耐性	Sato および Yokoya (2008)
Hsp16.9	sHsp	トウモロコシ	タバコ	熱および酸化ストレス増強	Sun ら (2012)
Hsp17.5	sHsp	ハス	シロイヌナズナ	基底の耐熱性向上	Zhou ら (2012)
Hsp26	sHsp	トウガラシ	タバコ	低照度での冷却ストレスにおける PSII および PSI の防御	Guo ら 2007
Hsp17.8	sHsp	*Rosa chinensis*	シロイヌナズナ	熱，塩，浸透圧，乾燥耐性増強	Jiang ら (2009)
sHsp17.7	sHsp	イネ	イネ	耐熱性増強	Murakami ら (2004)
sHsp26	sHsp	コムギ	シロイヌナズナ	種子の成熟および発芽，および熱ストレスに対する耐性付与	Chauhan ら (2012)
sHsp18	sHsp	*Opuntia streptacantha*	シロイヌナズナ	塩，浸透圧およびアビシジン酸処理下の種子発芽率増加	Salas-Muñoz ら (2012)

6. 結論

多数の手法，植物種，ストレス条件を用いて，幅広い範囲での「オミックス」研究が現在進められているようである。結果の発表に伴い，高温ストレスが植物組織において分子レベルでの際立った反応を引き起こすことがますます明らかになってきた。このような研究のデータが生成されるにつれて，生態学的，経済的に重要な植物種のストレス耐性の促進を目的とした選択的育種プログラムのより最適な候補を提供する。植物細胞は哺乳類の種類のそれとは根本的に異なり，これらの生物学的差異が植物の機能ゲノミクスの研究特有の困難を引き起こす。技術と方法の進展は，将来の植物の熱ストレスのオミックス研究の進め方を変えるだろう。ゲノミクス，トランスクリプトミクス，プロテオミクス，そしてメタボロミクスは，熱ストレス耐性のような特定の科学の問題のさまざまな側面を検証するが，互いに相補している。表現型，遺伝型，トランスクリプトミクス，プロテオミクス，メタボロミクスのデータの統合は，正確で詳細な遺伝子ネットワークの再構成を可能にする。これは究極的には，複雑な表現型の形質に関与する分子レベルのパスウェイの解明につながるだろう。熱ストレス耐性の背後にある遺伝的で細胞レベルの仕組みのより良い理解は，望まない効果をわずかまたはまったくもたない，望ましい形質をもった形質転換植物の作製を容易にするだろう。バイオインフォマティクスツールは，多数のヒートショックタンパク質とヒートショック転写因子とそれらの制御に関する全ゲノムなデータを得る助けにもなる。まとめると，オミックスデータとバイオインフォマティクスのツールを用いて生成された情報は，農作物における熱ストレス耐性のより良い理解の助けとなるだろう。耐性の構成要素とQTLsの同定の知見，対応する遺伝子群のクローニングは，複数の遺伝子の形質転換と，高度にストレス耐性のある形質転換農作物の生産を可能にするだろう。

謝辞

Sudhakar Reddy Palakolanu は Department of Science and Technology, Govt. of India, New Delhi に対し，INSPIRE Faculty Fellowship Award Grant No. IFA-11LSPA-06 を通じた研究資金提供に感謝する。Kavi Kishor P.B. は University Grants Commission, New Delhi による UGC-BSR faculty fellowship の提供に感謝する。

文　献

Abraham EM (2008) Differential responses of hybrid bluegrass and Kentucky bluegrass to drought and heat stress. Aristotle University of Thessaloniki, 54006, Thessaloniki, Greece, William A. Meyer, Stacy A. Bonos, and Bingru Huang; Hort Sci 43:2191–2195

Akiyama K, Chikayama E, Yuasa H, Shimada Y, Tohge T, Shinozaki K, Hirai MY, Sakurai T, Kikuchi J, Saito K (2008) PRIMe: a Web site that assembles tools for metabolomics and transcriptomics. In Silico Biol 8:339–345. doi:2008080027

Alagna F, D'Agostino N, Torchia L, Servili M, Rao R, Pietrella M, Giuliano G, Chiusano ML, Baldoni L, Perrotta G (2009) Comparative 454 pyrosequencing of transcripts from two olive genotypes during fruit development. BMC Genomics 10. doi:Artn 399. doi:10.1186/1471-2164-10-399

Alcazar R, Planas J, Saxena T, Zarza X, Bortolotti C, Cuevas J, Bitrian M, Tiburcio AF, Altabella T (2010) Putrescine accumulation confers drought tolerance in transgenic *Arabidopsis* plants over-expressing the homologous arginine decarboxylase 2 gene. Plant Physiol Biochem 48:547–552. doi:S0981-9428(10)00032-X [pii]10.1016/j.plaphy.2010.02.002

Allakhverdiev SI, Kreslavski VD, Klimov VV, Los DA, Carpentier R, Mohanty P (2008) Heat stress: an overview of molecular responses in photosynthesis. Photosynth Res 98:541–550. doi:10.1007/s11120-008-9331-0

Almoguera C, Rojas A, Diaz-Martin J, Prieto-Dapena P, Carranco R, Jordano J (2002) A seed-specific heatshock transcription factor involved in developmental regulation during embryogenesis in sunflower. J Biol Chem 277:43866–43872. doi:10.1074/jbc. M207330200 M207330200

Arbona V, Iglesias DJ, Talon M, Gomez-Cadenas A (2009) Plant phenotype demarcation using nontargeted LC-MS and GC-MS metabolite profiling. J Agric Food Chem 57:7338–7347. doi:10.1021/jf9009137

Arbona V, Manzi M, Ollas C, Gomez-Cadenas A (2013) Metabolomics as a tool to investigate abiotic stress tolerance in plants. Int J Mol Sci 14:4885–4911. doi:ijms14034885 [pii]10.3390/ijms14034885

Arsova B, Schulze WX (2012) Current status of the plant phosphorylation site database PhosPhAt and its use as a resource for molecular plant physiology. Front Plant Sci 3:132. doi:10.3389/fpls.2012.00132

Atkinson NJ, Urwin PE (2012) The interaction of plant biotic and abiotic stresses: fromgenes to the field. J Exp Bot 63:3523–3543. doi:ers100 [pii]10.1093/jxb/ers100

Barakat A, DiLoreto DS, Zhang Y, Smith C, Baier K, Powell WA, Wheeler N, Sederoff R, Carlson JE (2009) Comparison of the transcriptomes of American chestnut (*Castanea dentata*) and Chinese chestnut (*Castanea mollissima*) in response to the chestnut blight infection. BMC Plant Biol 9. doi:Artn 51. doi:10.1186/1471-2229-9-51

Barrett T, Troup DB, Wilhite SE, Ledoux P, Rudnev D, Evangelista C, Kim IF, Soboleva A, Tomashevsky M, Edgar R (2007) NCBI GEO: mining tens of millions of expression profiles-database and tools update. Nucleic Acids Res 35:D760–D765. doi:10.1093/nar/gkl887

Baxter CJ, Redestig H, Schauer N, Repsilber D, Patil KR, Nielsen J, Selbig J, Liu J, Fernie AR, Sweetlove LJ (2007) The metabolic response of heterotrophic *Arabidopsis* cells to oxidative stress. Plant Physiol 143:312–325. doi:pp.106.090431 [pii]10.1104/pp.106.

090431

Berger B, Parent B, Tester M (2010) High-throughput shoot imaging to study drought responses. J Exp Bot 61:3519–3528. doi:erq201 [pii]10.1093/jxb/erq201

Bowen J, Lay-Yee M, Plummer K, Ferguson I (2002) The heat shock response is involved in thermotolerance in suspension-cultured apple fruit cells. J Plant Physiol 159:599–606

Busch W, Wunderlich M, Schoffl F (2005) Identification of novel heat shock factor-dependent genes and biochemical pathways in *Arabidopsis thaliana*. Plant J 41:1–14. doi:TPJ2272 [pii]10.1111/j.1365-313X.2004.02272.x

Cao Z, Jia Z, Liu Y, Wang M, Zhao J, Zheng J, Wang G (2010) Constitutive expression of ZmsHSP in *Arabidopsis* enhances their cytokinin sensitivity. Mol Biol Rep 37:1089–1097. doi:10.1007/s11033-009-9848-0

Carroll AJ, Badger MR, Harvey Millar A (2010) The Metabolome Express Project: enabling web-based processing, analysis and transparent dissemination of GC/MS metabolomics datasets. BMC Bioinformatics 11:376. doi:1471-2105-11-376 [pii]10.1186/1471-2105-11-376

Castellana N, Bafna V (2010) Proteogenomics to discover the full coding content of genomes: a computational perspective. J Proteomics 73:2124–2135. doi:S1874-3919(10)00185-5 [pii]10.1016/j.jprot.2010.06.007

Charng YY, Liu HC, Liu NY, Hsu FC, Ko SS (2006) *Arabidopsis* Hsa32, a novel heat shock protein, is essential for acquired thermotolerance during long recovery after acclimation. Plant Physiol 140:1297–1305. doi:pp.105.074898 [pii]10.1104/pp.105.074898

Charng YY, Liu HC, Liu NY, Chi WT, Wang CN, Chang SH, Wang TT (2007) A heat-inducible transcription factor, HsfA2, is required for extension of acquired thermotolerance in *Arabidopsis*. Plant Physiol 143:251–262. doi:pp.106.091322 [pii]10.1104/pp.106.091322

Chauhan H, Khurana N, Agarwal P, Khurana P (2011) Heat shock factors in rice (*Oryza sativa* L.): genomewide expression analysis during reproductive development and abiotic stress. Mol Genet Genomics 286:171–187. doi:10.1007/s00438-011-0638-8

Chauhan H, Khurana N, Nijhavan A, Khurana JP, Khurana P (2012) The wheat chloroplastic small heat shock protein (sHSP26) is involved in seed maturation and germination and imparts tolerance to heat stress. Plant Cell Environ 35:1912–1931. doi:10.1111/j.1365-3040.2012.02525.x

Craigon DJ, James N, Okyere J, Higgins J, Jotham J, May S (2004) NASCArrays: a repository for microarray data generated by NASC's transcriptomics service. Nucleic Acids Res 32:D575–D577

Cramer GR, Ergul A, Grimplet J, Tillett RL, Tattersall EA, Bohlman MC, Vincent D, Sonderegger J, Evans J, Osborne C, Quilici D, Schlauch KA, Schooley DA, Cushman JC (2007) Water and salinity stress in grapevines: early and late changes in transcript and metabolite profiles. Funct Integr Genomics 7:111–134. doi:10.1007/s10142-006-0039-y

Cramer GR, Urano K, Delrot S, Pezzotti M, Shinozaki K (2011) Effects of abiotic stress on plants: a systems biology perspective. BMC Plant Biol 11:163. doi:1471-2229-11-163 [pii]10.1186/1471-2229-11-163

Crone D, Rueda J, Martin KL, Hamilton DA, Mascarenhas JP (2001) The differential expression of a heat shock promoter in floral and reproductive tissues. Plant Cell Environ 24:869–874

Cushman JC, Bohnert HJ (2000) Genomic approaches to plant stress tolerance. Curr Opin Plant Biol 3:117–124. doi:S1369-5266(99)00052-7

Dash S, Van Hemert J, Hong L, Wise RP, Dickerson JA (2012) PLEXdb: gene expression resources for plants and plant pathogens. Nucleic Acids Res 40(Database issue):D1194–D1201. doi:gkr938 [pii]10.1093/nar/gkr938

Dassanayake M, Haas JS, Bohnert HJ, Cheeseman JM (2009) Shedding light on an extremophile lifestyle through transcriptomics. New Phytol 183:764–775. doi:10.1111/j.1469-8137.2009.02913.x

De Vos RC, Moco S, Lommen A, Keurentjes JJ, Bino RJ, Hall RD (2007) Untargeted large-scale plant metabolomics using liquid chromatography coupled to mass spectrometry. Nat Protoc 2:778–791. doi:nprot.2007. 95 [pii]10.1038/nprot.2007.95

Deyholos MK (2010) Making the most of drought and salinity transcriptomics. Plant Cell Environ 33:648–654. doi:PCE2092 [pii]10.1111/j.1365-3040. 2009.02092.x

Dupont FM, Hurkman WJ, Vensel WH, Tanaka CK, Kothari KM, Chung OK, Altenbach SB (2006) Protein accumulation and composition in wheat grains: effects of mineral nutrients and high temperature. Eur J Agron 25:96–107

Enfissi EM, Barneche F, Ahmed I, Lichtle C, Gerrish C, McQuinn RP, Giovannoni JJ, Lopez-Juez E, Bowler C, Bramley PM, Fraser PD (2010) Integrative transcript and metabolite analysis of nutritionally enhanced DE-ETIOLATED1 downregulated tomato fruit. Plant Cell 22: 1190–1215. doi:tpc.110.073866 [pii]10.1105/tpc.110.073866

Eveland AL, McCarty DR, Koch KE (2008) Transcript profiling by 3′-untranslated region sequencing resolves expression of gene families. Plant Physiol 146:32–44. doi:pp.107.108597 [pii]10.1104/pp.107.108597

Ferry-Dumazet H, Gil L, Deborde C, Moing A, Bernillon S, Rolin D, Nikolski M, de Daruvar A, Jacob D (2011) MeRy-B: a web knowledgebase for the storage, visualization, analysis and annotation of plant NMR metabolomic profiles. BMC Plant Biol 11:104. doi:1471-2229-11-104 [pii]10.1186/1471-2229-11-104

Ficklin SP, Luo F, Feltus FA (2010) The association of multiple interacting genes with specific phenotypes in rice using gene coexpression networks. Plant Physiol 154: 13–24. doi:pp.110.159459 [pii]10.1104/pp.110.159459

Finka A, Mattoo RU, Goloubinoff P (2011) Meta-analysis of heat and chemically upregulated chaperone genes in plant and human cells. Cell Stress Chaperones 16:15–31. doi:10.1007/s12192-010-0216-8

Finkel E (2009) Imaging. With 'phenomics', plant scientists hope to shift breeding into overdrive. Science 325:380–381. doi:325/5939/380 [pii]10.1126/science.325_380

Frank G, Pressman E, Ophir R, Althan L, Shaked R, Freedman M, Shen S, Firon N (2009) Transcriptional profiling of maturing tomato (*Solanum lycopersicum* L.) microspores reveals the involvement of heat shock proteins, ROS scavengers, hormones, and sugars in the heat stress response. J Exp Bot 60:3891–3908. doi:erp234 [pii]10.1093/jxb/erp234

Friedel S, Usadel B, von Wiren N, Sreenivasulu N (2012) Reverse engineering: a key component of systems biology to unravel global abiotic stress cross-talk. Front Plant Sci 3:294. doi:10.3389/fpls.2012.00294

Furbank RT (2009) Plant phenomics: from gene to form and function. Funct Plant Biol 36:V–VI

Gao H, Brandizzi F, Benning C, Larkin RM (2008) A membrane-tethered transcription factor defines a branch of the heat stress response in *Arabidopsis thaliana*. Proc Natl Acad Sci U S A 105:16398–16403. doi:0808463105 [pii]10.1073/pnas.0808463105

Garber M, Grabherr MG, Guttman M, Trapnell C (2011) Computational methods for transcriptome annotation and quantification using RNA-seq. Nat Methods 8:469–477. doi:10.1038/Nmeth.1613

Garg R, Patel RK, Jhanwar S, Priya P, Bhattacharjee A, Yadav G, Bhatia S, Chattopadhyay D, Tyagi AK, Jain M (2011) Gene discovery and tissue-specific transcriptome analysis in chickpea with massively parallel pyrosequencing and web resource development. Plant Physiol 156:1661–1678. doi:pp.111.178616 [pii]10.1104/pp.111.178616

Gowik U, Brautigam A, Weber KL, Weber AP, Westhoff P (2011) Evolution of C4 photosynthesis in the genus Flaveria: how many and which genes does it take to make C4? Plant Cell 23:2087–2105. doi:tpc.111.086264 [pii]10.1105/tpc.111.086264

Guo SJ, Zhou HY, Zhang XS, Li XG, Meng QW (2007) Overexpression of CaHSP26 in transgenic tobacco alleviates photoinhibition of PSII and PSI during chilling stress under low irradiance. J Plant Physiol 164:126–136. doi:S0176-1617(06)00048-4 [pii]10.1016/j.jplph.2006.01.004

Gupta SC, Sharma A, Mishra M, Mishra R, Chowdhuri DK (2010) Heat shock proteins in toxicology: how close and how far? Life Sci 86:377–384

Hagel J, Facchini PJ (2008) Plant metabolomics: analytical platforms and integration with functional genomics. Phytochem Rev 7:479–497

Hall AE (1992) Breeding for heat tolerance. Plant Breeding Rev 10:129–168

Hall AE (2001) Crop responses to environment. CRC Press LLC, Boca Raton

Haralampidis K, Milioni D, Rigas S, Hatzopoulos P (2002) Combinatorial interaction of cis elements specifies the expression of the *Arabidopsis* AtHsp90-1 gene. Plant Physiol 129:1138–1149. doi:10.1104/pp. 004044

Harada K, Fukusaki E (2009) Profiling of primary metabolite by means of capillary electrophoresis-mass spectrometry and its application for plant science. Plant Biotechnol 26:47–52. doi:10.5511/plantbiotechnology.26.47

Helmy M, Tomita M, Ishihama Y (2011) OryzaPG-DB: rice proteome database based on shotgun proteogenomics. BMC Plant Biol 11:63. doi:1471-2229-11-63 [pii]10.1186/1471-2229-11-63

Hernandez G, Ramirez M, Valdes-Lopez O, Tesfaye M, Graham MA, Czechowski T, Schlereth A, Wandrey M, Erban A, Cheung F, Wu HC, Lara M, Town CD, Kopka J, Udvardi MK, Vance CP (2007) Phosphorus stress in common bean: root transcript and metabolic responses. Plant Physiol 144:752–767. doi:pp.107.096958 [pii]10.1104/pp.107.096958

Hewezi T, Howe P, Maier TR, Hussey RS, Mitchum MG, Davis EL, Baum TJ (2008) Cellulose binding protein from the parasitic nematode *Heterodera schachtii* interacts with *Arabidopsis* pectin methylesterase: cooperative cell wall modification during parasitism. Plant Cell 20:3080–3093. doi:tpc.108.063065 [pii]10.1105/tpc.108.063065

Hong SW, Vierling E (2000) Mutants of *Arabidopsis thaliana* defective in the acquisition of tolerance to high temperature stress. Proc Natl Acad Sci U S A 97:4392–4397. doi:97/8/4392

Huhman DV, Sumner LW (2002) Metabolic profiling of saponins in *Medicago sativa* and *Medicago truncatula* using HPLC coupled to an electrospray ion-trap mass spectrometer. Phytochemistry 59:347–360

Hussain SS, Mudasser M (2007) Prospects for wheat production under changing climate in mountain areas of Pakistan- an econometric analysis. Agric Syst 94:494–501

Iijima Y, Nakamura Y, Ogata Y, Tanaka K, Sakurai N, Suda K, Suzuki T, Suzuki H, Okazaki K, Kitayama M, Kanaya S, Aoki K, Shibata D (2008) Metabolite annotations based on the integration of mass spectral information. Plant J 54:949–962. doi:TPJ3434 [pii]10.1111/j.1365-313X.2008.03434.x

Jiang C, Xu J, Zhang H, Zhang X, Shi J, Li M, Ming F (2009) A cytosolic class I small heat shock protein, RcHSP17.8, of *Rosa chinensis* confers resistance to a variety of stresses to *Escherichia coli*, yeast and *Arabidopsis thaliana*. Plant Cell Environ 32:1046–1059. doi:PCE1987 [pii]10.1111/j.1365-3040.2009.01987.x

Jordan KW, Nordenstam J, Lauwers GY, Rothenberger DA, Alavi K, Garwood M, Cheng LL (2009) Metabolomic characterization of human rectal adenocarcinoma with intact tissue magnetic resonance spectroscopy. Dis Colon Rectum 52:520–525. doi:10.1007/DCR.0b013e31819c9a2c00003453-200903000-00024

Joshi HJ, Hirsch-Hoffmann M, Baerenfaller K, Gruissem W, Baginsky S, Schmidt R, Schulze WX, Sun Q, van Wijk KJ, Egelhofer V, Wienkoop S, Weckwerth W, Bruley C, Rolland N, Toyoda T, Nakagami H, Jones AM, Briggs SP, Castleden I, Tanz SK, Millar AH, Heazlewood JL (2011) MASCP Gator: an aggregation portal for the visualization of *Arabidopsis* proteomics data. Plant Physiol 155:259–270

Joung JG, Corbett AM, Fellman SM, Tieman DM, Klee HJ, Giovannoni JJ, Fei Z (2009) Plant MetGenMAP: an integrative analysis system for plant systems biology. Plant Physiol 151:1758–1768. doi:pp.109.145169 [pii]10.1104/pp.109.145169

Kaplan F, Kopka J, Haskell DW, Zhao W, Schiller KC, Gatzke N, Sung DY, Guy CL (2004) Exploring the temperature-stress metabolome of *Arabidopsis*. Plant Physiol 136:4159–4168. doi:pp.104.052142 [pii]10.1104/pp.104.052142

Kapushesky M, Adamusiak T, Burdett T, Culhane A, Farne A, Filippov A, Holloway E, Klebanov A, Kryvych N, Kurbatova N et al (2012) Gene expression atlas update-a value-added database of microarray and sequencing-based functional genomics experiments. Nucleic Acids Res 40:D1077–D1081

Katiyar-Agarwal S, Agarwal M, Grover A (2003) Heattolerant basmati rice engineered by over-expression of hsp101. Plant Mol Biol 51:677–686

Keles Y, Oncel I (2002) Response of antioxidative defence system to temperature and water stress combinations in wheat seedlings. Plant Sci 163:783–790

Khurana N, Chauhan H, Khurana P (2013) Wheat chloroplast targeted sHSP26 promoter confers heat and abiotic stress inducible expression in transgenic *Arabidopsis* Plants. PLoS One 8:e54418. doi:10.1371/journal.pone.0054418 PONE-D-12-26816

Kotak S, Vierling E, Baumlein H, von Koskull-Doring P (2007) A novel transcriptional cascade regulating expression of heat stress proteins during seed development of *Arabidopsis*. Plant Cell 19:182–195. doi:tpc.106.048165 [pii]10.1105/tpc.106.048165

Koussevitzky S, Suzuki N, Huntington S, Armijo L, Sha W, Cortes D, Shulaev V, Mittler R (2008) Ascorbate peroxidase 1 plays a key role in the response of *Arabidopsis thaliana* to stress combination. J Biol Chem 283:34197–34203. doi:M806337200 [pii]10.1074/jbc.M806337200

Krishnan P, Kruger NJ, Ratcliffe RG (2005) Metabolite fingerprinting and profiling in plants using NMR. J Exp Bot 56:255–265. doi:eri010 [pii]10.1093/jxb/eri010

Larkindale J, Vierling E (2008) Core genome responses involved in acclimation to high temperature. Plant Physiol 146:748–761. doi:pp.107.112060 [pii]10.1104/pp.107.112060

Le Lay P, Isaure MP, Sarry JE, Kuhn L, Fayard B, Le Bail JL, Bastien O, Garin J, Roby C, Bourguignon J (2006) Metabolomic, proteomic and biophysical analyses of *Arabidopsis thaliana* cells exposed to a caesium stress. Influence of potassium supply. Biochimie 88:1533–1547. doi:S0300-9084(06)00050-2 [pii]10.1016/j.biochi.2006.03.013

Lee JH, Hübel A, Schöffl F (1995) Derepression of the activity of genetically engineered heat shock factor causes constitutive synthesis of heat shock protein and increased thermotolerance in transgenic *Arabidopsis*. Plant J 8:603–612. doi:10.1046/j.1365-313X.1995.8040603.x

Lee JH, Schoffl F (1996) An Hsp70 antisense gene affects the expression of HSP70/HSC70, the regulation of HSF, and the acquisition of thermotolerance in transgenic *Arabidopsis thaliana*. Mol Gen Genet 252:11–19

Lee KP, Kim C, Landgraf F, Apel K (2007) EXECUTER1- and EXECUTER2-dependent transfer of stress-related signals from the plastid to the nucleus of *Arabidopsis thaliana*. Proc Natl Acad Sci U S A 104:10270–10275. doi:0702061104 [pii]10.1073/pnas.0702061104

Lee TH, Kim YK, Pham TT, Song SI, Kim JK, Kang KY, An G, Jung KH, Galbraith DW, Kim M, Yoon UH, Nahm BH (2009) RiceArrayNet: a database for correlating gene expression from transcriptome profiling, and its application to the analysis of coexpressed genes in rice. Plant Physiol 151:16–33. doi:pp.109.139030 [pii]10.1104/pp.109.139030

Lee KW, Cha JY, Kim KH, Kim YG, Lee BH, Lee SH (2012) Overexpression of alfalfa mitochondrial HSP23 in prokaryotic and eukaryotic model systems confers enhanced tolerance to salinity and arsenic stress. Biotechnol Lett 34:167–174. doi:10.1007/s10529-011-0750-1

Lehninger AL, Nelson DL, Cox MM (1993) Principles of biochemistry second edition. Worth, New York

Li C, Chen Q, Gao X, Qi B, Chen N, Xu S, Chen J, Wang X (2005) AtHsfA2 modulates expression of stress responsive genes and enhances tolerance to heat and oxidative stress in *Arabidopsis*. Sci China C Life Sci 48:540–550

Li P, Ponnala L, Gandotra N, Wang L, Si Y, Tausta SL, Kebrom TH, Provart N, Patel R, Myers CR, Reidel EJ, Turgeon R, Liu P, Sun Q, Nelson T, Brutnell TP (2010) The developmental dynamics of the maize leaf transcriptome. Nat Genet 42:1060–1067. doi:ng.703 [pii]10.1038/ng.703

Libault M, Farmer A, Joshi T, Takahashi K, Langley RJ, Franklin LD, He J, Xu D, May G, Stacey G (2010) An integrated transcriptome atlas of the crop model *Glycine max*, and its use in comparative analyses in plants. Plant J 63:86–99. doi:TPJ4222 [pii]10.1111/j.1365-313X.2010.04222.x

Lim CJ, Yang KA, Hong JK, Choi JS, Yun DJ, Hong JC, Chung WS, Lee SY, Cho MJ, Lim CO (2006) Gene expression profiles during heat acclimation in *Arabidopsis thaliana* suspension-culture cells. J Plant Res 119:373–383. doi:10.1007/s10265-006-0285-z

Liu J, Jung C, Xu J, Wang H, Deng S, Bernad L, Arenas-Huertero C, Chua NH (2012) Genome-wide analysis uncovers regulation of long intergenic noncoding RNAs in *Arabidopsis*. Plant Cell 24:4333–4345. doi:tpc.112.102855 [pii]10.1105/tpc.112.102855

Liu JG, Qin QL, Zhang Z, Peng RH, Xiong AS, Chen JM, Yao QH (2009) OsHSF7 gene in rice, Oryza sativa L., encodes a transcription factor that functions as a high temperature receptive and responsive factor. BMB Rep 42:16–21

Long TA, Brady SM, Benfey PN (2008) Systems approaches to identifying gene regulatory networks in plants. Annu Rev Cell Dev Biol 24:81–103. doi:10.1146/annurev.cellbio.24.110707.175408

Lu T, Lu G, Fan D, Zhu C, Li W, Zhao Q, Feng Q, Zhao Y, Guo Y, Huang X, Han B (2010) Function annotation of the rice transcriptome at single-nucleotide resolution by RNA-seq. Genome Res 20:1238–1249. doi:gr.106120.110 [pii]10.1101/gr.106120.110

Luengwilai K, Saltveit M, Beckles DM (2012) Metabolite content of harvested Micro-Tom tomato (*Solanum lycopersicum* L.) fruit is altered by chilling and protective heat-shock treatments as shown by GC–MS metabolic profiling. Postharvest Biol Technol 63:116–122

Lugan R, Niogret MF, Leport L, Guegan JP, Larher FR, Savoure A, Kopka J, Bouchereau A (2010) Metabolome and water homeostasis analysis of *Thellungiella salsuginea* suggests that dehydration tolerance is a key response to osmotic stress in this halophyte. Plant J 64:215–229. doi:10.1111/j.1365-313X.2010.04323.x

Ma S, Bohnert HJ (2007) Integration of *Arabidopsis thaliana* stress-related transcript profiles, promoter structures, and cell-specific expression. Genome Biol 8: R49. doi:gb-2007-8-4-r49 [pii]10.1186/gb-2007-8-4-r49

Majoul T, Bancel E, Triboi E, Ben Hamida J, Branlard G (2003) Proteomic analysis of the effect of heat stress on hexaploid wheat grain: characterization of heatresponsive proteins from total endosperm. Proteomics 3:175–183. doi:10.1002/pmic.200390026

Malik MK, Slovin JP, Hwang CH, Zimmerman JL (1999) Modified expression of a carrot small heat shock protein gene, hsp17.7, results in increased or decreased thermotolerancedouble dagger. Plant J 20:89–99. doi:tpj 581

Mangelsen E, Kilian J, Harter K, Jansson C, Wanke D, Sundberg E (2011) Transcriptome analysis of high-temperature stress in developing barley caryopses: early stress responses and effects on storage compound biosynthesis. Mol Plant 4:97–115. doi:ssq058 [pii]10.1093/mp/ssq058

Maruyama K, Takeda M, Kidokoro S, Yamada K, Sakuma Y, Urano K, Fujita M, Yoshiwara K, Matsukura S, Morishita Y, Sasaki R, Suzuki H, Saito K, Shibata D, Shinozaki K, Yamaguchi-Shinozaki K (2009) Metabolic pathways involved in cold acclimation identified by integrated analysis of metabolites and transcripts regulated by DREB1A and DREB2A. Plant Physiol 150:1972–1980

Matsuura H, Takenami S, Kubo Y, Ueda K, Ueda A, Yamaguchi M, Hirata K, Demura T, Kanaya S, Kato K (2013) A Computational and experimental approach reveals that the 5′-proximal region of the 5′-UTR has a cis-regulatory signature responsible for heat stress-regulated mRNA translation in *Arabidopsis*. Plant Cell Physiol 54:474–483

Mishra SK, Tripp J, Winkelhaus S, Tschiersch B, Theres K, Nover L, Scharf KD (2002) In the complex family of heat stress transcription factors, HSfA1 has a unique role as master regulator of thermotolerance in tomato. Genes Dev 16:1555–1567. doi:10.1101/gad.228802

Mittal D, Chakrabarti S, Sarkar A, Singh A, Grover A (2009) Heat shock factor gene family in rice: genomic organization and transcript expression profiling in response to high temperature, low temperature and oxidative stresses. Plant Physiol Biochem 47:785–795. doi:S0981-9428(09)00122-3 [pii]10.1016/j.plaphy.2009.05.003

Mittal D, Madhyastha DA, Grover A (2012) Genomewide transcriptional profiles during temperature and oxidative stress reveal coordinated expression patterns and overlapping regulons in rice. PLoS One 7:e40899. doi:10.1371/journal.pone.0040899PONED-12-02988 [pii]

Moco S, Bino RJ, Vorst O, Verhoeven HA, de Groot J, van Beek TA, Vervoort J, de Vos CH (2006) A liquid chromatography-mass spectrometry-basedmetabolome database for tomato. Plant Physiol 141:1205–1218. doi:141/4/1205 [pii]10.1104/pp.106.078428

Mogk A, Schlieker C, Friedrich KL, Schonfeld HJ, Vierling E, Bukau B (2003) Refolding of substrates bound to small Hsps relies on a disaggregation reaction mediated most efficiently by ClpB/DnaK. J Biol Chem 278:31033–31042. doi:10.1074/jbc.M303587200M303587200

Montero-Barrientos M, Hermosa R, Cardoza RE, Gutierrez S, Nicolas C, Monte E (2010) Transgenic expression of the Trichoderma harzianum hsp70 gene increases Arabidopsis resistance to heat and other abiotic stresses. J Plant Physiol 167:659–665. doi:10.1016/j.jplph.2009.11.012

Moriwaki M, Yamakawa T, Washino T, Kodama T, Igarashi Y (1999) Delayed recovery of β-glucuronidase activity driven by an *Arabidopsis* heat shock promoter in heat-stressed transgenic *Nicotiana plumbaginifolia*. Plant Cell Rep 19:96–100

Morozova O, Marra MA (2008) Applications of next-generation sequencing technologies in functional genomics. Genomics 92:255–264. doi:10.1016/j.ygeno.2008.07.001

Movahedi S, Van de Peer Y, Vandepoele K (2011) Comparative network analysis reveals that tissue specificity and gene function are important factors influencing the mode of expression evolution in *Arabidopsis* and rice. Plant Physiol 156:1316–1330. doi:pp.111.177865 [pii]10.1104/pp.111.177865

Murakami T, Matsuba S, Funatsuki H, Kawaguchi K, Saruyama H, Tanida M, Sato Y (2004) Overexpression of a small heat shock protein, sHSP17.7, confers both heat tolerance and UV-B resistance to rice plants. Mol Breeding 13:165–175

Nagel KA, Kastenholz B, Jahnke S, van Dusschoten D, Aach T (2009) Temperature responses of roots: impact on growth, root system architecture and implications for phenotyping. Funct Plant Biol 36:947–959. doi:10.1071/FP09184

Nakagami H, Sugiyama N, Ishihama Y, Shirasu K (2012) Shotguns in the front line: phosphoproteomics in plants. Plant Cell Physiol 53:118–124. doi:10.1093/pcp/pcr148

Nanjo Y, Skultety L, Ashraf Y, Komatsu S (2010) Comparative proteomic analysis of early-stage soybean seedlings responses to flooding by using gel and gelfree techniques. J Proteome Res 9:3989–4002. doi:10.1021/pr100179f

Neilson KA, Gammulla CG, Mirzaei M, Imin N, Haynes PA (2010) Proteomic analysis of temperature stress in plants. Proteomics 10:828–845. doi:10.1002/pmic.200900538

Nieto-Sotelo J, Martinez LM, Ponce G, Cassab GI, Alagon A, Meeley RB, Ribaut JM, Yang R (2002) Maize HSP101 plays important roles in both induced and basal thermotolerance and primary root growth. Plant Cell 14:1621–1633

Nikiforova VJ, Daub CO, Hesse H, Willmitzer L, Hoefgen R (2005) Integrative gene-metabolite network with implemented causality deciphers informational fluxes of sulphur stress response. J Exp Bot 56:1887–1896. doi:eri179 [pii]10.1093/jxb/eri179

Nishizawa A, Yabuta Y, Yoshida E, Maruta T, Yoshimura K, Shigeoka S (2006) *Arabidopsis* heat shock transcription factor A2 as a key regulator in response to several types of environmental stress. Plant J 48:535–547. doi:TPJ2889 [pii]10.1111/j.1365-313X.2006.02889.x

Novaes E, Drost DR, Farmerie WG, Pappas GJ, Grattapaglia D, Sederoff RR, Kirst M (2008) Highthroughput gene and SNP discovery in *Eucalyptus grandis*, an uncharacterized genome. BMC Genomics 9. doi:Artn 312. doi:10.1186/1471-2164-9-312

Nover L, Bharti K, Doring P, Mishra SK, Ganguli A, Scharf KD (2001) *Arabidopsis* and the heat stress transcription factor world: how many heat stress transcription factors do we need? Cell Stress Chaperones 6:177–189

Ogawa D, Yamaguchi K, Nishiuchi T (2007) High-level overexpression of the Arabidopsis HsfA2 gene confers not only increased themotolerance but also salt/ osmotic stress tolerance and enhanced callus growth. J Exp Bot 58:3373–3383

Oikawa A, Nakamura Y, Ogura T, Kimura A, Suzuki H, Sakurai N, Shinbo Y, Shibata D, Kanaya S, Ohta D (2006) Clarification of pathway-specific inhibition by Fourier transform ion cyclotron resonance/mass spectrometry-based metabolic phenotyping studies. Plant Physiol 142:398–413. doi:pp.106.080317 [pii]10.1104/pp.106.080317

Oshino T, Abiko M, Saito R, Ichiishi E, Endo M, Kawagishi-Kobayashi M, Higashitani A (2007) Premature progression of anther early developmental programs accompanied by comprehensive alterations in transcription during high-temperature injury in barley plants. Mol Genet Genomics 278:31–42. doi:10.1007/s00438-007-0229-x

Palmblad M, Mills DJ, Bindschedler LV (2008) Heatshock response in *Arabidopsis thaliana* explored by multiplexed quantitative proteomics using differential metabolic labeling. J Proteome Res 7:780–785. doi:10.1021/pr0705340

Panchuk II, Volkov RA, Schoffl F (2002) Heat stress- and heat shock transcription factor-dependent expression and activity of ascorbate peroxidase in Arabidopsis. Plant Physiol 129:838–853

Park SM, Hong CB (2002) Class I small heat shock protein gives thermotolerance in tobacco. J. Plant Physiol 159:25–30

Pike CS, Grieve J, Badger MR, Price GD (2001) Thermoprotective properties of small heat shock proteins from rice, tomato and *Synechocystis* sp PCC6803 overexpressed in, and isolated from, *Escherichia coli*. Aust J Plant Physiol 28:1219–1229

Polenta GA, Calvete JJ, Gonzalez CB (2007) Isolation and characterization of the main small heat shock proteins induced in tomato pericarp by thermal treatment. FEBS J 274:6447–6455. doi:EJB6162 [pii]10.1111/j.1742-4658.2007.06162.x

Prndl R, Hinderhofer K, Eggers-Schumacher G, Schöffl F (1998) HSF3, a new heat shock factor from *Arabidopsis thaliana*, derepresses the heat shock response and confers thermotolerance when overexpressed in transgenic plants. Mol Gen Genet 258:269–278. doi:10.1007/s004380050731

Proveniers MC, van Zanten M (2013) High temperature acclimation through PIF4 signaling. Trends Plant Sci 18:59–64. doi:S1360-1385(12)00209-9 [pii]10.1016/j.tplants.2012.09.002

Qi Y, Wang H, Zou Y, Liu C, Liu Y, Wang Y, Zhang W (2011) Over-expression of mitochondrial heat shock protein 70 suppresses programmed cell death in rice. FEBS Lett 585:231–239. doi:10.1016/j.febslet.2010.11.051

Qin D, Wu H, Peng H, Yao Y, Ni Z, Li Z, Zhou C, Sun Q (2008) Heat stress-responsive transcriptome analysis in heat susceptible and tolerant wheat (*Triticum aestivum* L.) by using Wheat Genome Array. BMC Genomics 9:432. doi:1471-2164-9-432 [pii]10.1186/1471-2164-9-432

Queitsch C, Hong SW, Vierling E, Lindquist S (2000) Heat shock protein 101 plays a crucial role in thermotolerance in *Arabidopsis*. Plant Cell 12:479–492

Rahman H ur, Malik SA, Saleem M, Hussain F (2007) Evaluation of seed physical traits in relation to heat tolerance in upland cotton. Pakistan J Bot 39:475–483

Rasmussen S, Barah P, Suarez-Rodriguez MC, Bressendorff S, Friis P, Costantino P, Bones AM, Nielsen HB, Mundy J (2013) Transcriptome responses to combinations of stresses in *Arabidopsis*. Plant Physiol 161:1783–1794

Reddy RA, Kumar B, Reddy PS, Mishra RN, Mahanty S, Kaul T, Nair S, Sopory SK, Reddy MK (2009) Molecular cloning and characterization of genes encoding *Pennisetum glaucum* ascorbate peroxidase and heatshock factor: interlinking oxidative and heat-stress responses. J Plant Physiol 166:1646–1659. doi:S0176-1617(09)00134-5 [pii]10.1016/j.jplph.2009.04.007

Reddy PS, Mallikarjuna G, Kaul T, Chakradhar T, Mishra RN, Sopory SK, Reddy MK (2010) Molecular cloning and characterization of gene encoding for cytoplasmic Hsc70 from *Pennisetum glaucum* may play a protective role against abiotic stresses. Mol Genet Genomics 283:243–254. doi:10.1007/s00438-010-0518-7

Reddy PS, Thirulogachandar V, Vaishnavi CS, Aakruti A, Sopory SK, Reddy MK (2011) Molecular characterization and expression of a gene encoding cytosolic Hsp90 from *Pennisetum glaucum* and its role in abiotic stress adaptation. Gene 474:29–38. doi:S0378-1119(10)00459-2 [pii]10.1016/j.gene.2010.12.004

Rinalducci S, Egidi MG, Karimzadeh G, Jazii FR, Zolla L (2011) Proteomic analysis of a spring wheat cultivar in response to prolonged cold stress. Electrophoresis 32:1807–1818. doi:10.1002/elps.201000663

Rizhsky L, Liang H, Shuman J, Shulaev V, Davletova S, Mittler R (2004) When defense pathways collide. The response of *Arabidopsis* to a combination of drought and heat stress. Plant Physiol 134:1683–1696. doi:10.1104/pp. 103.033431pp.103.033431

Sadok W, Naudin P, Boussuge B, Muller B, Welcker C, Tardieu F (2007) Leaf growth rate per unit thermal time follows QTL-dependent daily patterns in hundreds of maize lines under naturally fluctuating conditions. Plant Cell Environ 30:135–146

Saidi Y, Domini M, Choy F, Zryd JP, Schwitzguebel JP, Goloubinoff P (2007) Activation of the heat shock response in plants by chlorophenols: transgenic

Physcomitrella patens as a sensitive biosensor for organic pollutants. Plant Cell Environ 30:753–763. doi:PCE1664 [pii]10.1111/j.1365-3040.2007.01664.x

Saito K, Hirai MY, Yonekura-Sakakibara K (2008) Decoding genes with coexpression networks and metabolomics – 'majority report by precogs'. Trends Plant Sci 13:36–43

Sakuma Y, Maruyama K, Osakabe Y, Qin F, Seki M, Shinozaki K, Yamaguchi-Shinozaki K (2006a) Functional analysis of an *Arabidopsis* transcription factor, DREB2A, involved in drought-responsive gene expression. Plant Cell 18:1292–1309

Sakuma Y, Maruyama K, Qin F, Osakabe Y, Shinozaki K, Yamaguchi-Shinozaki K (2006b) Dual function of an *Arabidopsis* transcription factor DREB2A in waterstress-responsive and heat-stress-responsive gene expression. Proc Natl Acad Sci U S A 103:18822–18827. doi:0605639103 [pii]10.1073/pnas.0605639103

Sakurai N, Ara T, Ogata Y, Sano R, Ohno T, Sugiyama K (2011) KaPPA-View4: a metabolic pathway database for representation and analysis of correlation networks of gene co-expression and metabolite coaccumulation and omics data. Nucleic Acids Res 39: D677–D684

Sakurai T, Yamada Y, Sawada Y, Matsuda F, Akiyama K, Shinozaki K, Hirai MY, Saito K (2013) PRIMe Update: innovative content for plant metabolomics and integration of gene expression and metabolite accumulation. Plant Cell Physiol 54:e5. doi:pcs184 [pii]10.1093/pcp/pcs184

Sanmiya K, Suzuki K, Egawa Y, Shono M (2004) Mitochondrial small heat-shock protein enhances thermotolerance in tobacco plants. FEBS Lett 557:265–268. doi:S0014579303014947

Sarkar NK, Kim YK, Grover A (2009) Rice sHsp genes: genomic organization and expression profiling under stress and development. BMC Genomics 10:393. doi:1471-2164-10-393 [pii]10.1186/1471-2164-10-393

Sawada Y, Akiyama K, Sakata A, Kuwahara A, Otsuki H, Sakurai T, Saito K, Hirai MY (2009) Widely targeted metabolomics based on large-scale MS/MS data for elucidating metabolite accumulation patterns in plants. Plant Cell Physiol 50:37–47. doi:pcn183 [pii]10.1093/pcp/pcn183

Schaeffer ML, Harper LC, Gardiner JM, Andorf CM, Campbell DA, Cannon EK, Sen TZ, Lawrence CJ (2011) MaizeGDB: curation and outreach go handin- hand. Database (Oxford). bar022.doi:bar022 [pii]10.1093/database/bar022

Scharf KD, Berberich T, Ebersberger I, Nover L (2012) The plant heat stress transcription factor (Hsf) family: structure, function and evolution. Biochim Biophys Acta 1819:104–119. doi:S1874-9399(11)00178-7 [pii]10.1016/j.bbagrm.2011.10.002

Schmidt R, Schippers JH, Welker A, Mieulet D, Guiderdoni E, Mueller-Roeber B (2012) Transcription factor OsHsfC1b regulates salt tolerance and development in Oryza sativa ssp. japonica. AoB Plants 2012: pls011. doi:10.1093/aobpla/pls011

Schneider M, Consortium TU, Poux S (2012) UniProtKB amid the turmoil of plant proteomics research. Front Plant Sci 3:270

Schöffl F, Prändl R, Reindl A (1998) Regulation of the heat-shock response. Plant Physiol 117:1135–1141

Schramm F, Ganguli A, Kiehlmann E, Englich G, Walch D, von Koskull-Doring P (2006) The heat stress transcription factor HsfA2 serves as a regulatory amplifier of a subset of genes in the heat stress response in *Arabidopsis*. Plant Mol Biol 60:759–772. doi:10.1007/s11103-005-5750-x

Schreiber F, Colmsee C, Czauderna T, Grafahrend-Belau E, Hartmann A, Junker A, Junker BH, Klapperstuck M, Scholz U, Weise S (2012) MetaCrop 2.0: managing and exploring information about crop plant metabolism. Nucleic Acids Res 40(Database issue): D1173–D1177. doi:gkr1004 [pii]10.1093/nar/gkr1004

Seepaul R, Macoon B, Reddy KR, Baldwin B (2011) Switchgrass (*Panicum virgatum* L.) intraspecific variation and thermotolerance classification using *in vitro* seed germination assay. Am J Plant Sci 2:134–147

Severin AJ, Woody JL, Bolon YT, Joseph B, Diers BW, Farmer AD, Muehlbauer GJ, Nelson RT, Grant D, Specht JE, Graham MA, Cannon SB, May GD, Vance CP, Shoemaker RC (2010) RNA-Seq Atlas of *Glycine max*: a guide to the soybean transcriptome. BMC Plant Biol 10:160. doi:10.1186/1471-2229-10-160

Sharma RC, Crossa J, Velu G, Huerta-Espino J, Vargas M, Payne TS, Singh RP (2012) Genetic gains for grain yield in CIMMYT spring bread wheat across international environments. Crop Sci 52:1522–1533

Shinmyo A, Shoji T, Bando E, Nagaya S, Nakai Y, Kato K, Sekine M, Yoshida K (1998) Metabolic engineering of cultured tobacco cells. Biotechnol Bioeng 58:329–332. doi:10.1002/(SICI)1097-0290(19980420) 58:2/3<329::AID-BIT34>3.0.CO;2-4

Skylas DJ, Cordwell SJ, Hains PG, Larsen MR, Basseal DJ, Walsh BJ, Blumenthal C, Rathmell W, Copeland L, Wrigley CW (2002) Heat shock of wheat during grain filling: proteins associated with heat-tolerance. J Cereal Sci 35:175–188. doi:UNSP jcrs.2001.0410. doi:10.1006/jcrs.2001.0410

Smita S, Katiyar A, PandeyDM, Chinnusamy V, Archak S, Bansal KC (2013) Identification of conserved drought stress responsive gene-network across tissues and developmental stages in rice. Bioinformation 9:72–78. doi:10.6026/97320630009072973206300090 72

Snider JL, Oosterhuis DM (2011) How does timing, duration and severity of heat stress influence pollen-pistil interactions in angiosperms? Plant Signal Behav 6:930–933

Song NH, Ahn YJ (2011) DcHsp17.7, a small heat shock protein in carrot, is tissue-specifically expressed under salt stress and confers tolerance to salinity. Nat Biotechnol 28:698–704. doi:S1871-6784(11)00089-6 [pii]10.1016/j.nbt.2011.04.002

Sreenivasulu N, Usadel B, Winter A, Radchuk V, Scholz U, Stein N, Weschke W, Strickert M, Close TJ, Stitt M, Graner A, Wobus U (2008) Barley grain maturation and germination: metabolic pathway and regulatory network commonalities and differences highlighted by new MapMan/PageMan profiling tools. Plant Physiol 146:1738–1758. doi:pp.107.111781 [pii]10.1104/pp.107.111781

Sreenivasulu N, Sunkar R, Wobus U, Strickert M (2010)

Array platforms and bioinformatics tools for the analysis of plant transcriptome in response to abiotic stress. Methods Mol Biol 639:71–93. doi:10.1007/978-1-60761-702-0_5

Sule A, Vanrobaeys F, Hajos G, Van Beeumen J, Devreese B (2004) Proteomic analysis of small heat shock protein isoforms in barley shoots. Phytochemistry 65:1853–1863. doi:10.1016/j.phytochem.2004.03.00S0031942204001414

Sun Q, Zybailov B, Majeran W, Friso G, Olinares PD, van Wijk KJ (2009) PPDB, the Plant Proteomics Database at Cornell. Nucleic Acids Res 37(Database issue): D969–D974. doi:gkn654 [pii]10.1093/nar/gkn654

Sun L, Liu Y, Kong X, Zhang D, Pan J, Zhou Y, Wang L, Li D, Yang X (2012) ZmHSP16.9, a cytosolic class I small heat shock protein in maize (*Zea mays*), confers heat tolerance in transgenic tobacco. Plant Cell Rep 31:1473–1484. doi:10.1007/s00299-012-1262-8

Sung DY, Guy CL (2003) Physiological and molecular assessment of altered expression of Hsc70-1 in Arabidopsis. Evidence for pleiotropic consequences. Plant Physiol 132:979–987

Suzuki N, Koussevitzky S, Mittler R, Miller G (2011) ROS and redox signaling in the response of plants to abiotic stress. Plant Cell Environ 35:259–270

Swarbreck D, Wilks C, Lamesch P, Berardini TZ, Garcia-Hernandez M, Foerster H (2008) The *Arabidopsis* Information Resource (TAIR): gene structure and function annotation. Nucleic Acids Res 36:D1009–D1014

Takahashi T, Naito S, Komeda Y (1992) The *Arabidopsis* HSP18.2 promoter/GUS gene fusion in transgenic *Arabidopsis* plants: a powerful tool for the isolation of regulatory mutants of the heat-shock response. Plant J 2:751–761. doi:10.1111/j.1365-313X.1992.tb00144

Takahashi H, Takahara K, Hashida SN, Hirabayashi T, Fujimori T, Kawai-Yamada M, Yamaya T, Yanagisawa S, Uchimiya H (2009) Pleiotropic modulation of carbon and nitrogen metabolism in *Arabidopsis* plants overexpressing the NAD kinase2 gene. Plant Physiol 151:100–113. doi:pp.109.140665 [pii]10.1104/pp.109.140665

Uchida A, Hibino T, Shimada T, Saigusa M, Takabe T, Araki E, Kajita H, Takabe T (2008) Overexpression of DnaK chaperone from a halotolerant cyanobacterium Aphanothece halophytica increases seed yield in rice and tobacco. Plant Biotechnol 25:141–150

Urano K, Maruyama K, Ogata Y, Morishita Y, Takeda M, Sakurai N, Suzuki H, Saito K, Shibata D, Kobayashi M, Yamaguchi-Shinozaki K, Shinozaki K (2009) Characterization of the ABA-regulated global responses to dehydration in *Arabidopsis* by metabolomics. Plant J 57:1065–1078.doi:TPJ3748[pii]10.1111/j.1365-313X.2008.03748.x

Valcu CM, Lalanne C, Plomion C, Schlink K (2008) Heat induced changes in protein expression profiles of Norway spruce (*Picea abies*) ecotypes from different elevations. Proteomics 8(20):4287–4302. doi:10.1002/pmic.200700992

van Baarlen P, van Esse HP, Siezen RJ, Thomma BP (2008) Challenges in plant cellular pathway reconstruction based on gene expression profiling. Trends Plant Sci 13:44–50. doi:S1360-1385(07)00304-4 [pii]10.1016/j.tplants.2007.11.003

von Koskull-Doring P, Scharf KD, Nover L (2007) The diversity of plant heat stress transcription factors. Trends Plant Sci 12:452–457. doi:S1360-1385(07) 00193-8 [pii]10.1016/j.tplants.2007.08.014

Wang W, Vinocur B, Shoseyov O, Altman A (2004) Role of plant heat-shock proteins and molecular chaperones in the abiotic stress response. Trends Plant Sci 9:244–252. doi:10.1016/j.tplants.2004.03.006S1360-1385(04) 00060-3

Wang W, Wang YJ, Zhang Q, Qi Y, Guo DJ (2009a) Global characterization of *Artemisia annua* glandular trichome transcriptome using 454 pyrosequencing. BMC Genomics 10. doi:Artn 465. doi:10.1186/1471-2164-10-465

Wang Y, Xiao J, Suzek TO, Zhang J, Wang J, Bryant SH (2009b) PubChem: a public information system for analyzing bioactivities of small molecules. Nucleic Acids Res 37(Web Server issue):w623–w633. doi:gkp456 [pii]10.1093/nar/gkp456

Wang M, Weiss M, Simonovic M, Haertinger G, Schrimpf SP, Hengartner MO (2012) PaxDb, a database of protein abundance averages across all three domains of life. Mol Cell Proteomics 11:492–500

Wei LQ, Xu WY, Deng ZY, Su Z, Xue Y, Wang T (2010) Genome-scale analysis and comparison of gene expression profiles in developing and germinated pollen in *Oryza sativa*. BMC Genomics 11:338. doi:10.1186/1471-2164-11-338

Weston DJ, Gunter LE, Rogers A, Wullschleger SD (2008) Connecting genes, coexpression modules, and molecular signatures to environmental stress phenotypes in plants. BMC Syst Biol 2:16. doi:1752-0509-2-16 [pii]10.1186/1752-0509-2-16

Weston DJ, Karve AA, Gunter LE, Jawdy SS, Yang X, Allen SM, Wullschleger SD (2011) Comparative physiology and transcriptional networks underlying the heat shock response in *Populus trichocarpa*, *Arabidopsis thaliana* and *Glycine max*. Plant Cell Environ 34:1488–1506. doi:10.1111/j.1365-3040.2011.02347.x

Wienkoop S, Morgenthal K, Wolschin F, Scholz M, Selbig J, Weckwerth W (2008) Integration of metabolomic and proteomic phenotypes: analysis of data covariance dissects starch and RFO metabolism from low and high temperature compensation response in *Arabidopsis thaliana*. Mol Cell Proteomics 7:1725–1736

Wienkoop S, Staudinger C, Hoehenwarter W, Weckwerth W, Egelhofer V (2012) ProMEX – a mass spectral reference database for plant proteomics. Front Plant Sci 3:125. doi:10.3389/fpls.2012.00125

Winter D, Vinegar B, Nahal H, Ammar R, Wilson GV (2007) An "Electronic Fluorescent Pictograph" Browser for Exploring and Analyzing Large-Scale Biological Data Sets. PLoS One 2(8):e718

Wolkovich EM, Cook BI, Allen JM, Crimmins TM, Betancourt JL, Travers SE, Pau S, Regetz J, Davies TJ, Kraft NJ, Ault TR, Bolmgren K, Mazer SJ, McCabe GJ, McGill BJ, Parmesan C, Salamin N, Schwartz MD, Cleland EE (2012) Warming experiments underpredict plant phenological responses to climate change. Nature 485:494–497. doi:nature11014 [pii]10.1038/nature11014

Wu C (1995) Heat shock transcription factors: structure and regulation. Annu Rev Cell Dev Biol 11:441–469

Xu J, Tian J, Belanger F, Huang B (2007) Identification and characterization of an expansin gene AsEXP1 associated with heat tolerance in C3 *Agrostis* grass species. J Exp Bot 58:3789–3796

Xu J, Belanger F, Huang B (2008) Differential gene expression in shoots and roots under heat stress for a geothermal and non-thermal *Agrostis* grass species contrasting in heat tolerance. Environ Exp Bot 63:240–247

Yabe N, Takahashi T, Komeda Y (1994) Analysis of tissue-specific expression of *Arabidopsis thaliana* HSP90-family gene HSP81. Plant Cell Physiol 35:1207–1219

Yamakawa H, HakataM(2010) Atlas of rice grain fillingrelated metabolism under high temperature: joint analysis of metabolome and transcriptome demonstrated inhibition of starch accumulation and induction of amino acid accumulation. Plant Cell Physiol 51:795–809. doi:pcq034 [pii]10.1093/pcp/pcq034

Yang JY, Sun Y, Sun AQ, Yi SY, Qin J, Li MH, Liu J (2006) The involvement of chloroplast HSP100/ClpB in the acquired thermotolerance in tomato. Plant Mol Biol 62:385–395. doi:10.1007/s11103-006-9027-9

Yazdanbakhsh N, Fisahn J (2009) High throughput phenotyping of root growth dynamics, lateral root formation, root architecture and root hair development enabled by PlaRoM. Funct Plant Biol 36:938–946. doi:10.1071/FP09167

Yeh CH, Kaplinsky NJ, Hu C, Charng YY (2012) Some like it hot, some like it warm: phenotyping to explore thermotolerance diversity. Plant Sci 195:10–23

Yin YL, Yu GJ, Chen YJ, Jiang S, Wang M, Jin YX, Lan XQ, Liang Y, Sun H (2012) Genome-wide transcriptome and proteome analysis on different developmental stages of *Cordycepsmilitaris*. PLoS One 7 (12). doi:ARTN e51853. doi:10.1371/journal. pone.0051853 Youens-Clark K, Buckler E, Casstevens T, Chen C, Declerck G, Derwent P, Dharmawardhana P, Jaiswal P, Kersey P, Karthikeyan AS, Lu J, McCouch SR, Ren L, Spooner W, Stein JC, Thomason J, Wei S, Ware D (2011) Gramene database in 2010: updates and extensions. Nucleic Acids Res 39(Database issue): D1085–D1094. doi:gkq1148 [pii]10.1093/nar/gkq1148

Yokotani N, Ichikawa T, Kondou Y, Matsui M, Hirochika H, Iwabuchi M, Oda K (2008) Expression of rice heat stress transcription factor OsHsfA2e enhances tolerance to environmental stresses in transgenic Arabidopsis. Planta 227:957–967

ZhangM, LiG,Huang W,Bi T, Chen G, Tang Z, SuW, Sun W (2010) Proteomic study of *Carissa spinarum* in response to combined heat and drought stress. Proteomics 10:3117–3129. doi:10.1002/pmic.200900637

Zhang H, Guo F, Zhou H, Zhu G (2012) Transcriptome analysis reveals unique metabolic features in the *Cryptosporidium parvum* Oocysts associated with environmental survival and stresses. BMC Genomics 13:647. doi:10.1186/1471-2164-13

Zhu H, Bilgin M, SnyderM(2003) Proteomics. Annu Rev Biochem 72:783–812. doi:10.1146/annurev.biochem.72.121801.161511

Zimmermann P, Hirsch-Hoffmann M, Hennig L, Gruissem W (2004) GENEVESTIGATOR. *Arabidopsis* microarray database and analysis toolbox. Plant Physiol 136:2621–2632. doi:10.1104/pp. 104.046367136/1/2621

第4章　穀物の比較ゲノミクス：現状と将来展望

Comparative Genomics of Cereal Crops: Status and Future Prospects

Sujay Rakshit and K.N. Ganapathy

要約

穀物はイネ科の仲間であり，農業の開始以来，地球全体の数十億の人間の食料安全保障を提供する重要な役割を担っている。穀物は，形態，適応，遺伝的構造という観点で，相互に非常に異なっている。このことが，世界中の研究者が穀物の進化，遺伝的特徴，発生を研究する動機を与えている。ここ二，三十年の間のゲノム研究での目を見張るような進展は，穀物全体，とくに経済的な重要性をもつ穀物における比較ゲノミクスの研究への下準備となった。これらの研究全体で，マクロおよびミクロの両水準で，穀物全体にわたって高度に保存されていることを明らかにしてきた。しかしながら，ゲノム配列決定プロジェクト以前の穀物における比較研究のほとんどは遺伝地図レベルで行われていた。21世紀初頭の間の大規模ゲノム配列決定プロジェクト，とくにイネ，ソルガム（コーリャンまたはモロコシとも呼ぶ），トウモロコシ，オオムギ，コムギ，アワにおけるそれは，配列レベルでの遺伝子・ゲノム領域の保存のより良い理解へとつながった。この章はゲノム配列決定以前の穀物比較ゲノミクスの状態と，主要穀物のゲノム配列決定後の進展を解説する。主要穀物のゲノム構造が詳細に議論される。この章は穀物ゲノムの際立った特徴と進化の仕組みについても記述する。ゲノム配列決定技術の進展，とくに次世代シークエンス技術と，穀物全体のゲノム解析を行う際のこれらの技術の有効性も議論する。比較ゲノム解析を行うためのさまざまなゲノム解析のツール，データベース，情報源をここで解説する。この章は，穀物の比較ゲノミクスから得られた知識を，どのように遺伝子発見プログラム，機能ゲノミクス，それに引き続いて穀物の遺伝的改良に用いることができるのかを知る機会を提供する。

キーワード：比較ゲノミクス，穀物，次世代シークエンシング技術（NGS），ゲノム資源，コリニアリティ

S. Rakshit (✉)，K.N. Ganapathy
Directorate of Sorghum Research, Rajendranagar,
Hyderabad 500 030, India
e-mail: rakshit@sorghum.res.in

K.K. P.B. et al. (eds.), *Agricultural Bioinformatics*,
DOI 10.1007/978-81-322-1880-7_4, © Springer India 2014

1. はじめに

コムギ（*Triticum aestivum* L.），イネ（*Oryza sativa* L.），トウモロコシ（*Zea mays* L.），オオムギ（*Hordeum vulgare* L.），エンバク（*Avena sativa* L.），ソルガム［*Sorghum bicolor*（L.）Moench］，キビなどのイネ科の穀物（高エネルギーの食用の穀物に用いられる栽培された草種）は，人類の主要カロリー供給物であり，全世界の全作物生産の50%超を占める。食料としての使用とは別に，穀物やワラは原料の重要成分であり，ここしばらくは化石燃料を基盤としたエネルギーの代替としてのバイオエネルギーの生産用としての重要性が増している（Salse および Feuillet 2007）。穀物はイネ科（*Poaceae*）の仲間で，四番目に大きな被子植物の科である。このような穀物は比較的最近の進化史を有している。約2億年の顕花植物（被子植物）系と比較して，主要穀物，すなわちトウモロコシ，イネ，ソルガム，コムギは共通の祖先から5千〜7千万年前に分岐し始めた（Kellogg 2001）。これらの穀物は同時期に独立して相互に生殖的な隔離を伴って栽培植物化された。コムギは肥沃な三日月地帯の南西アジアで，トウモロコシはメキシコで，イネは東南アジアと西アフリカの両方で，ソルガムはアフリカで栽培植物化された（Harlan 1971，1992；Zohary および Hopf 2000；Piperno および Flannery 2001）。穀物は，幅広い環境に適応し，これが多くのストレス耐性の強力な資源となる。これらの穀物作物は非常に多様なゲノム構造とゲノムサイズをもつ（Feuillet および Keller 2002）。経済的重要性，広範な多様性と比較的最近の進化の歴史のため，一般のイネ科の，とくに穀物は，比較研究群として広範に個別に研究されてきた。初期の比較研究は，アイソザイムを用いたものに限られていた。しかし1980年代のゲノム革命で，遺伝情報の共通の言語，つまりデオキシリボ核酸（DNA, deoxyribonucleic acid）を用いたゲノム比較に尽力されてきた。

植物の成長と発生の重要な問題は，ゲノム研究を介して収集された情報を用いることでより良く理解することができ，これは穀物の改良に直接的に応用できる可能性がある（Buell 2009）。ゲノムとトランスクリプトームの塩基配列決定の最近の進展は，穀物種全般にわたる多くの配列の蓄積を引き起こした。この蓄積情報は，先進領域である比較ゲノミクスを介して，さまざまな生物種全体にわたりゲノムの構造と機能の関係を研究するのに用いられる。比較ゲノミクスを介して，選択の痕跡で提供される情報が機能とゲノム上で起きた進化的過程の理解に用いられる。ゲノムの進化と種形成の機構についての洞察を与えるのとは別に，比較ゲノミクスは遺伝地図上のDNAマーカーの高密度化と保存された遺伝子と制御配列の同定の手助けとなる。これはさらに，重要な遺伝子群の地図による遺伝子単離にも役立つ。このような研究は細胞学レベルから遺伝地図，そして部分または全ゲノム配列のレベルで行うことができる。モデル農作物上で開発されたまたは生成されたゲノム情報は，多様性や適応の基盤のよりよい理解のために孤児穀物の遺伝子発見に用いることができ，これは穀物改良のための効果的な遺伝資源の使用につながる。

2002年のイネゲノムのドラフト配列（Goff ら 2002；Yu ら 2002）の発表により，穀物の比較ゲノミクスは新たな次元に入った。ここしばらくで，多くの穀物のゲノムが完全または部分的に塩基配列決定され，それはより系統的な方法で比較ゲノミクス研究を行う範囲を広げた。初期の結果は，遺伝地図レベルでは高水準の保存度であることを示している。比較ゲノミクス以前の大きな課題として，30000個超の注釈（アノテーション）がなされた遺伝子群の機能の評価と遺伝子の機能および制御の原因領域同定があり，これらは効果的に穀物の改良に用いることができる可能性がある。

2. 穀物間の細胞生物学的差異

細胞生物学は進化過程を研究するのに重要な役割を担ってきた。進化過程を理解する細胞生物学的な研究は，遺伝的形質の仕組みが確立されるかなり前に開始された。細胞生物学はおもに染色体の数と倍数性のレベルに焦点を当てる。DNAが遺伝物質であることが認識され，遺伝物質のコードの仕組みが理解されて以来，細胞生物学は生物学の研究の主要注目点となった。これよりかなり前に，所定の生物種で染色体の数が一定であることが確立された。1970年代まで，全植物種にわたる研究の主要な注目点は染色体数，倍数性レベル，DNA含量（C値）を決定することであった。進化の過程が進むに伴って，DNA含量またはC値が増加することが明らかになった。しかし，これは組織的な複雑性にほとんど相関せず，多くの場合，進化系統樹における高位な生物は進化のレベルが低い生物よりもDNAの量が少ないことを意味する。これは常に生物学者を悩ませ，このなぞはC値パラドックスまたはC値エニグマと呼ばれる。穀物は染色体の数，倍数性のレベル，およびDNA含量という点では相互に大きく異なる（**表１**）。主要穀物の中で，コムギ（2n＝42）に比べてオオムギの染色体が最も少ない（2n＝14）。トウモロコシやその近縁種のソルガムの染色体数は類似している（2n＝20）。*Z. perennis*のような栽培種のトウモロコシの近縁野生種のいくつかは通常のトウモロコシの２倍の染色体数をもつ。イネはソルガムやトウモロコシよりも多い染色体数をもつ（2n＝24）。栽培穀物の中で，コムギのみが多倍数性（異質６倍体）で，他は二倍体である。C値は穀類ごとに大きく異なる。イネは最も少ないDNA含量（1C＝0.5 pg）で，一方でコムギは最も高い値（1C＝18.1 pg）である。染色体の数がC値と相関しないことは特筆すべき点である。たとえば，オオムギの染色体数（2n＝14）はトウモロコシやソルガム（2n＝20）よりも少ないが，DNA含量はトウモロコシ，またはソルガムのそれぞれ２倍または７倍多い。実際，染色体数の類似しているソルガムやトウモロコシのような近縁種内でも，DNA含量は３から４倍異なる。

表１　主要穀物の染色体数，倍数体レベル，生活環型，核DNA含量

種	科	2n	倍数体レベル	生活環型	DNA含量（pg） 1C	2C	3C	4C	存在量	方法
オオムギ *Hordeum vulgare* L. cv. Asse	イネ科	14	2	A	5.4	10.9	16.3	21.8	C[ar]	Fe
オオムギ *Hordeum vulgare* L. cv. Trumpf	イネ科	14	2	A	5.9	11.7	17.6	23.4	R[aq]	FC:EB/O
オオムギ *Hordeum vulgare* L.	イネ科	14	2	A	5.1	10.1	15.2	20.2	O	FC:PI
イネ *Oryza sativa* L. ssp. Indica	イネ科	24	2	P	0.5	1.0	1.4	1.9	O	FC:PI
イネ *Oryza sativa* L. ssp. indica イネ *Oryza sativa* L. spp. Japonica	イネ科	24	2	P	0.4	0.9	1.3	1.8	O	FC:PI

（続く）

表 1 （続き）

種	科	2n	倍数体レベル	生活環型	DNA 含量（pg） 1C	2C	3C	4C	存在量	方法
イネ *Oryza sativa* L. ssp. javanica	イネ科	24	2	P	0.5	0.9	1.4	1.8	O	FC:PI
ソルガム（モロコシ）*Sorghum bicolor*（L. Moench）	イネ科	20	2	A	0.8	1.6	2.4	3.2	O	FC:PI
ソルガム（モロコシ）*Sorghum bicolor*（L. Moench）spp. bicolor cv Hegari white	イネ科	21	2	A	0.9	1.7	2.6	3.5	O	FC:PI
Zea diploperennis	イネ科	20	2	A	1.8	3.6	5.4	7.1	O	FC:PI
Zea luxurians	イネ科	20	2	A	4.4	8.8	13.2	17.7	O	Fe
トウモロコシ *Zea mays* L. inbred line B75[h]	イネ科	20	2	A	2.8	5.6	8.3	11.1	O	FC:DAPI
トウモロコシ *Zea mays* L. spp. mays[h]	イネ科	20	2	A	2.8	5.6	8.3	11.1	O	Fe
トウモロコシ *Zea mays* L. spp. Mexicana K69-5[h]	イネ科	20	2	A	3.4	6.8	10.2	13.6	O	Fe
Zea perennis（Hitchc.）	イネ科	40	4	P	5.7	11.4	17.0	22.7	O	Fe
パンコムギ *Triticum aestivum* L. cv. Chinese Spring h	イネ科	42	6	A	18.1	36.1	54.2	72.2	O	FC:PI
Triticum araraticum Jakubz. I	イネ科	28	4	A	10.1	20.1	30.2	40.2	R[aq]	FC:EB/O
デュラムコムギ *Triticum duram* Desf. var. alexandrinum	イネ科	28	4	A	13.2	26.3	39.5	52.6	R[aq]	FC:EB/O
ヒトツブコムギ *Triticum monococcum* L.	イネ科	14	2	A	6.0	11.9	17.9	23.8	O	FC:PI
Triticum timopheevi	イネ科	28	4	A	9.6	19.1	28.7	38.2	R[aq]	FC:EB/O
Triticum turgidum	イネ科	28	4	A	12.9	25.8	38.6	51.5	C[ar]	FE
Triticum urartu Thum	イネ科	14	2	A	5.7	11.4	17.1	22.7	C[ar]	FE

Bennett および Leitch（1995）の文献を改変。

A 1年性，*P* 多年性，*O* 初期値，*R* 再較正値，*C* 較正値，*FC* 蛍光色素の一つを用いたフローサイトメトリー（*PI* プロピジウムイオダイド，*DAPI* 4′,6-ジアミノフェニルインドール，*EB/O* エチジウムブロマイドおよびオリホマイシン，*M:DAPI* DAPI を用いたマイクロデンシトメトリ）

3. ゲノム塩基配列決定法

ゲノム塩基配列決定とはDNA塩基配列決定技術によってゲノムの核酸配列を決定する工程のことをいう。近代的なDNA塩基配列決定技術で達成される高速な塩基配列決定法は，完全DNA配列または多数の型や多種類の生物ゲノムの配列決定の手段となってきた。DNA塩基配列決定法の最初の突破口は1970年代に起こり，イギリスのケンブリッジ大学のフレデリック・サンガーが1977年に「連鎖停止薬（チェーンターミネーター）を用いたDNA塩基配列決定」法を発表し，ハーバード 大学のウォルター・ギルバートとアラン・マキサムが「化学分解によるDNA塩基配列決定」と呼ばれる別のDNA塩基配列決定法を開発した。最初にバクテリオファージΦX174のゲノムが完全に解読された（Sanger ら 1977a）。これらの二つの方法，とくに連鎖停止（チェーンターミネーション）法はほぼ20年にわたってDNA塩基配列決定計画で優勢であった。1990年代の半ばから後半に，DNA塩基配列決定の新規の方法が開発され，これらは合わせて「次世代」シークエンシング（NGS）ツールと呼ばれる。

3.1　次世代シークエンシング技術

サンガー塩基配列決定法は，1980 年代から，塩基配列決定の化学に関するパラダイムシフトが起きた 2000 年代半ばまでは優勢であった。2000 年以降にいくつかのサンガー法によらないハイスループットな塩基配列決定技術が商品として入手可能になり，「第 2 世代」または「次世代」シークエンシング技術と呼ばれた。これらには，パイロシークエンシング法（454/Roche で商品化），SOLiD 塩基配列決定法（Applied Biosystems により商品化），SBS 法（Sequence by Synthesis）（Illumina/Solexa によって商品化）などがある。NGS 技術は多数の植物ゲノムを，伝統的な塩基配列決定法と比べて非常に高速かつ低コストでリシークエンシング（再塩基配列決定）することを可能にする（Gupta 2008）。

3.1.1　パイロシークエンシング法

本法は 2004 年に 454/Roche によって商品化された。本製品では，平均 250 bp の塩基配列リードが産生される。パイロシークエンス反応は，一本鎖 DNA 鋳型，塩基配列決定反応用プライマー，DNA ポリメラーゼ，ATP スルフリラーゼ，ルシフェラーゼ，アピラーゼからなる混合物で遂行される。2 種類の基質，すなわち APS（adenosine 5' phosphorsulfate）およびルシフェリンが反応液に添加される。最初に，四つのデオキシリボヌクレオチド（dNTPs）のうちの一つがシークエンス反応液に添加され，塩基が相補である場合に DNA ポリメラーゼがこれを DNA 鎖に取り込むのを触媒する。各塩基の取り込みの間に，ホスホジエステル結合が dNTPs 間で形成され，取り込まれた塩基と等量のピロリン酸（PPi）が遊離する。塩基配列決定反応中に，APS 存在下で ATP スルフリラーゼが PPi を ATP に変換する。ATP は，酵素ルシフェラーゼの効果によりルシフェリンがオキシルシフェリンに変換される際に用いられる。これにより用いられた ATP の量に比例する強度の光が生じる。光は CCD（charge-coupled device：電荷結合素子）カメラで検出され，パイログラム内のピークとして検出される。各ピークの高さは取り込まれたヌクレオチド数に比例する。この反応は酵素アピラーゼによって再反応され，ATP と取り込まれなかった dNTPs を分解する。そして次の dNTP が添加される。dNTPs の添加は，一度に一回のみ行われる。シグナルの生成は，塩基配列決定反応で次に反応するヌクレオチドが何かを示す。過程の進行に伴い，相補 DNA 鎖が伸長し，反応行程中のシグナルのピークに従って塩基配列が決定される（Siqueira ら 2012）。

3.1.2　SOLiD 法

SOLiD は Sequencing by Oligonucleotide Ligation and Detection の略語であり，米国の Applied Biosystems 社によって商業化された。SOLiD 法は，DNA リガーゼによるオリゴヌクレオチドの塩基配列決定反応用プライマーへの連続的な連結反応（ライゲーション）を定量することで塩基配列決定反応が進行する（Varshney ら 2009）。パイロシークエンシング法にあるように，DNA 断片がオリゴヌクレオチドアダプターに連結され，ビーズに装着され，エマルジョン PCR で増幅され塩基配列決定反応のシグナルを提供する。ビーズはフローセルの表面に沈着し，各増幅断片上で塩基配列決定反応用プライマーをアダプター配列にアニーリングすることで，リガーゼを介したシークエンス反応が開始する（Siqueira ら 2012）。SOLiD 製品によるリード長は 25-35 bp の範囲で，各塩基配列決定反応の実行で 2～4 Gb の DNA 配列データを産生する。高品質の値をもつリードのベースコール（塩基呼び出し）後に，2 段階目の品質評価を可能にするためにリードは参照ゲノムへと整列化（アライメント）される。この過程は 2 塩基コード化法と呼ばれる（Mardis 2008）。

3.1.3 SBS 法

SBS（Sequencing by Synthesis：合成による塩基配列決定）法は Illumina 社により商品化された。この方法は，オリゴプライマーの結合した DNA クラスター断片への取り込みのために，DNA ポリメラーゼとともにすべての 4 種類のヌクレオチドがフローセルへ添加される。この塩基は蛍光標識をもち，3' 水酸基は化学的に遮蔽されている。この次に画像処理段階が続き，各フローセルのレーンが撮影される。画像処理段階後，DNA ポリメラーゼによる次の取り込み反応にあたり各鎖を調製するために 3' 保護基が化学的に除去される。この一連の段階が指定されたサイクル回数分続き，25-35 塩基のリードを生成する。パイロシークエンシング法と異なり，一度に 1 塩基の DNA 鎖が伸長し，その後の画像撮影が可能となる。これは，一台のカメラで大量の DNA クラスターのアレイを連続画像として撮影することを可能にする。

3.1.4 他の NGS 技術

1 分子リアルタイム法（Single molecule real time：SMRT）は，人気を集めているもう一つの最近の塩基配列決定反応である。これは Pacific Biosciences 社によって開発された。これはまた SBS 法を基盤としている。DNA は，ウェル底に捕捉ツールを装備した小ウェル状のチャンバーであるゼロモード・ウエーブガイド（ZMWs）で合成される。シークエンシング反応は非修飾ポリメラーゼと蛍光標識されたヌクレオチドを用いて実施される。DNA 鎖伸長時のヌクレオチドの取り込みの際に，蛍光標識が遊離し，非修飾の DNA 鎖が露出する。この方法は，平均リード長が 2500～2900 塩基で，最高 15000 塩基のリードが可能である。これは，しばしば第三世代シークエンシング技術と呼ばれ，第二世代のシークエンシング技術よりもより格安で高速であると予測されている（Gupta 2008）。HiSeq NGS シークエンシングは Illumina 社の実績があり広く受け入れられている可逆的ターミネーターに基づいた SBS 化学反応を革新的な工学技術と組み合わせたものである（www.res.illumina.com）。スキャニングと画像処理技術を用いて，フローセル両面のクラスターをシークエンシングでき，リード数と塩基配列の出力が増加する。HiSeq2000 装置は約 3～8 日で 600 GB の出力を供する。HiSeq2000 は GC 塩基の塩基配列決定において 454 や SOLiD に比較して大きく改良され，HiSeq2000 は最も格安の塩基配列決定法といわれている（Liu ら 2012）。近年多くの進歩的なパーソナルゲノムシークエンサーが発売された。Ion PGM（Personal Genome Machine）は Ion Torrent 社のライフサイエンス技術部門によって 2010 年に発売された（Merriman ら 2012）。Ion PGM は半導体を基盤としたマイクロ反応チャンバーの高密度アレイを用い，100～200 bp の塩基配列決定リードを生成し，

1ランで1Gbpまでのデータを産生する。塩基配列決定反応過程で，四つのヌクレオチドが微小反応チャンバーへと別々に添加される。そしてこの反応系は，特異的な塩基伸長の間に水酸基が放出される際のpHの変化を感知し，塩基配列を記録していく（Berkmannら2012）。PGMは，蛍光もカメラのスキャンもなしで塩基配列決定を行う最初の商用機であり，より高速で，より格安で，より小サイズの機器へつながった。

MiSeqは，Illumina社から出ているもう一つのパーソナルゲノム機であり，SBS法を用いている。これは，クラスター生成，SBS反応，データ解析を一つの機器の中で統合し，約8時間で全ゲノムの配列情報を提供する。最高品質のデータと，アンプリコンシークエンシング，クローンチェック，ChIP-Seq，小規模ゲノムのシークエンシングなどの幅広いアプリケーションがMiSeqの主要な強みである。PGMは120 MBから1.25 GBの出力，および2×150 bpのリード長のデータを提供する（Liuら2012）。

4. 穀物ゲノム塩基配列決定の進展

ここ二，三十年にかけて，穀物ゲノミクス分野で大きな進展があった。これらには，高密度の遺伝的図，物理的図，QTL（量的形質遺伝子座）地図が閲覧可能になったことなどがある。これに続いて穀物のESTデータベースが作成された。最近では，イネ，ソルガム，トウモロコシ，コムギ，アワなどのような穀物類の大規模穀物ゲノム塩基配列決定プロジェクトが穀物のゲノム構造の詳細な情報を提供した。ゲノム塩基配列決定で得られたこの詳細な情報およびその知見は，穀物の遺伝的改良を効率的に利用するためのゲノムの構造的および機能的要素の理解の助けとなる。

4.1　イネ

穀物の中で，イネは小さなゲノム（420 Mbp）で他の穀物と比較して遺伝子密度が高いと推定されている。地図化されたクローンを塩基配列決定するという戦略を用いて99.99％超の高精度を達成するために，10か国が関与するIRGSP（International Rice Genome Sequencing Project）を発進することが実現している。モンサント社は2000年4月4日に，イネドラフトゲノムを完了させたことを発表し，これはIRGSPで閲覧可能となった（Barry 2001）。2002年4月，米国のGoffらと中国のYuらが，日本型品種の日本晴（Nipponbare）とインディカ品種の93-11のドラフト塩基配列をそれぞれ発表した。これらのグループはどちらも，各栽培品種の塩基配列決定に全ゲノムショットガン法を用いていた。Goffら（2002）は，98％の精度の確率で25億塩基超を産生し，これはイネゲノムの6倍の被覆率であることを示していた。推定された38 MbpのDNAを除去した後，550万個の塩基配列断片は，42109個の連続的な塩基配列断片（コンティグ）に再構成（アセンブル）され，全被覆範囲は389,809,244 bp（イネゲノムの93％）であった。この配列はSyd（Syngentaドラフト塩基配列，www.tmri.org）と呼ばれる。Yuら（2002）は127,550個のコンティグを産生し，全コンティグ長は361 Mb（被覆率86％）であった。SSR (simple sequence repeat：単純配列反復) は 8000 bp ごとに約一個の割合で検出された。イネにおいて，ジ-，トリ-，テトラヌクレオチド SSR の各 SSR が，それぞれ 24%，59%，17%認められた。最も高頻度な，ジヌクレオチド SSR は AG/CT，トリヌクレオチド SSR は CGG/CCG，テトラヌクレオチド反復単位は ATCG/CGAT であった。推定遺伝子内に，7000 個超の SSR がみつかり，そのうち 92%はトリヌクレオチドであった。SSR に加え，イネゲノム中に～38 Mbp の長鎖繰り返し DNA と 150 Mbp の短鎖繰り返し DNA が検出された。推定遺伝子数は日本晴では 32000～50000 個，93-11 では 46022～55615 個の範囲である。日本晴の地図に基づく詳細配列が，Matsumoto ら (2005) により IRGSP 主導の下で発表された。本研究でイネゲノムのサイズを正確に 389 Mb と決定し，10000 塩基に一個より低いエラー率で，370 Mb の最終配列を決定した。これでイネゲノムの 95%がカバーされた。本研究では転移因子の関連しないタンパク質をコードした配列を全部で 37544 個同定し，そのうち 71%はシロイヌナズナに推定相同配列をもっていた。同様に，シロイヌナズナのタンパク質の 90%が，イネの推定プロテオームに推定相同配列をもっていると報告された。37544 個の推定遺伝子のうち 29%は遺伝子ファミリーにグループ化された。全部で 22840 個の遺伝子がイネの EST または完全長 cDNA とマッチした。同定された遺伝子のうち，2859 個はイネおよびその他の穀物に特異的だった。イネでは 9.9 kb に一個の遺伝子をもつことが報告された。核のゲノムの 0.38 から 0.43%は細胞小器官 (オルガネラ：ミトコンドリアとクロロプラストのこと) の DNA 断片を含むことが認められ，このことは細胞小器官の DNA が核のゲノムに繰り返し継続的に移行していることを示唆している。ジャポニカ種とインディカ種の二品種間で，80127 個の多型部位が検出され，0.53～0.78%の範囲の SNP 頻度であった。イネの全染色体のセントロメアは，セントロメア特異的なレトロトランスポゾンとともに 155-165 bp の高度な繰り返し配列である CentO サテライト DNA を含むことが報告された。CentO サテライトはイネのセントロメアの機能領域内に局在する。ヘテロクロマチンが非常に富んだ染色体 4，9，10 の短腕を除いて，発現している遺伝子の密度は，セントロメア周辺の領域に比べて，末端部位で高いことが観察された。遺伝子の約 14%は縦列反復 (タンデムリピート) で並んでいる。14 個の tRNA 偽遺伝子を含む，全部で 763 個の tRNA 遺伝子が 12 個の染色体で検出された。全部で 158 個の miRNA がイネの擬分子 (擬遺伝子) 上にマップされ，215 個の snRNA (small nucleolar RNA) と 93 個のスプライソソーム RNA 遺伝子がイネのゲノムの染色体上に局所的な分布を示した。イネのゲノム配列情報は，他の多様な穀類の配列情報の構成の助けとなり，遺伝地図と他の穀物からのシークエンスサンプルと合わせることで穀類の進化の新たな洞察を生み出した。

4.2 ソルガム

穀物の中で，ゲノムの複雑性という観点ではソルガム (コーリャンまたはモロコシ) はイネの次にくる。ソルガムのゲノムサイズは～730 Mb である。C4 で乾燥耐性をもつ種であり，トウモロコシやサトウキビなどの他の重要な穀物と密接に関連していることから，当然にイネの次のゲノム配列決定の選択肢となった。この方針に従って，世界中のソルガム学界分野のメンバー，ならびにサトウキビやトウモロコシなど密接な関連のある穀物からの学界分野の代表者らが2004年11月9日にミズーリ州のセントルイスに集合し（Kresovich ら 2005），ソルガムゲノミクスの将来展望の基盤づくりと，とくにソルガムゲノム塩基配列決定計画の調整を行った。5年後，6か国にわたる20研究室以上の共同作業の末，全ゲノムショットガン法を用いてアメリカ栽培種のBtx623のドラフト配列が発表された（Paterson ら 2009a）。ソルガムゲノムは，イネと比較して～75%を超える範囲のDNAのほとんどがヘテロクロマチンであることが明らかになった。遺伝子に豊んだ領域であるユークロマチンのサイズはおよそ252 Mbである。ソルガムゲノムの三分の一は組換えに富んだ領域で，他の部分は組換えの少ない領域である。ソルガムゲノムの正味のサイズはイネに比べて大きいが，これはおもにLTR（long terminal repeat）レトロトランスポゾンが関与する。ソルガムゲノムの55%近くがレトロトランスポゾンであり，これはトウモロコシゲノム（79%）とイネゲノム（26%）の中間である。ソルガムは *Gypsy* 様エレメントと *Copia* 様エレメントの比率（3.7：1と 4.9：1）がトウモロコシ（1.6：1）よりも高いという点でイネと類似している。CACTA様エレメント（ゲノムの4.7%）はソルガムDNAトランスポゾンの中の主要クラスである。MITE（miniature inverted-repeat transposable element）はゲノムの1.7%にみられ，一方 *helitrons* エレメントは0.8%にみられた。ソルガムゲノムでは全部で34496個の遺伝子が同定され，そのうち27640個がタンパク質をコードする遺伝子だった。24%近く（3983個）の遺伝子ファミリーがソルガムとイネ科植物に特異的で，1153個（7%）はソルガムに特異的だった。1491個の部位で選択的スプライシングの痕跡がみられた。これに加えて，5197個の推定，または727個の未同定のプロセスされた偽遺伝子，およびトランスポゾン特異的なドメインを含む932個のモデルがソルガムで同定された。イントロンの位置や位相という点では，ソルガムとイネのオルソログ遺伝子の間で98%以上の一致がみられた。ソルガムでは，1947個のファミリーに所属する5303個のパラログが同定され，これらの大部分は近接して重複していた。ソルガムのゲノムでは，149個のマイクロRNA（miRNA）が同定され，このうち5個は推定上のポリシストロニックmiRNAであった。高信頼度のソルガム遺伝子の94%近く（25875個）がイネ，シロイヌナズナまたは，およびポプラにオルソログをもつ。乾燥に対するソルガムの特徴的な適応は，一つのmiRNAといくつかの遺伝子ファミリーの拡大に起因する可能性がある。イネのmiRNAである169 gは乾燥ストレスで発現が増加し，ソルガムでは五つのホモログをもつ。葉緑体とミトコンドリアゲノムの核ゲノムへのアラインメントにより，いくつかの核ゲノムへのミトコンドリアと葉緑体の配列の挿入が認められた。ソルガムでのオルガネラゲノムの挿入はイネよりも少ない。ほとんどのオルガネラの挿入は500 bp以下で，細胞内小器官の挿入の1.5%が2 kbより大きいと報告されている。オルガネラDNAの挿入は核ゲノムの0.085%で，イネの0.53%よりも低い。Nelson ら（2011）は，SNPの分布を特定するために，ソルガムの八つの多様な遺伝子型，つまりBTx623，BTx430，P898012，Segalone，SC35，SC265，PI653737（*Sorghum propinquum*），12-26（ssp. *verticilliflorum*）のショートリードによるゲノムシークエンシングを行った。この研究では82%以上の確度で，283000個のSNPを明らかにした。Zhang ら（2011）は，サトウソルガムの2系統（Keller と E-Tian），および中国のグレインソルガムのJi2731のシークエンシングにより，1057018個のSNP，99948個の1-10 bp長の

indel（欠失，挿入多型），16487個の多型の有無，ならびに17111個のコピー数多型を検出した。Maceおよび Jordan（2010）は，全ゲノム配列情報と，44のさまざまな研究から報告された161個の特異的形質に関与する771個のQTLを統合し，QTLや同定された遺伝子に富む領域は不均一に分布することを示した。

4.3　トウモロコシ

トウモロコシのゲノムはイネやソルガムに比べてより複雑である。それは，何回かのゲノム重複を経ており，近縁種のソルガムと区別できる。Schnableら（2009）は，BAC（bacteria artificial chromosomes）の最小タイリングパスとfosmidクローンを用いて，米国でトウモロコシの最も標準的な近交系の一つであるB73のゲノムシークエンシングを行った。ユニーク領域に対する自動および手動での修正の組み合わせによるクローンの塩基配列決定を用いたショットガンシークエンシングにより，2.3 GbのB73のゲノム配列が得られた。トウモロコシのゲノムは，大部分が，単一遺伝子群または小数遺伝子群を含む単一ないし低コピー数DNAの島で分断された非遺伝子領域に富む繰り返し配列の画分からなる。反復エレメント（repetitive element）は種内の広範の多様性に寄与していると報告されている。これらには転移因子（TEs, transposable elements），リボゾームDNA（rDNA, ribosomal DNA），高コピー数の短鎖縦列反復配列（STRs, short tandem repeat）などがある。B73の参照配列のおよそ85%が転移因子からなる。それは855個のDNA転移因子ファミリーを含んでいる。これらのスーパーファミリーのうち最も複雑なものは*Mutator*である。トウモロコシは八つの*Helitron*ファミリーをもっている。LTRトランスポゾンは，B73参照ゲノムの75%超の部分を構成する。トウモロコシでは，遺伝子に豊むユークロマチン領域に*Copia*様エレメントが過剰に存在し，遺伝子の乏しいヘテロクロマチン領域には*Gypsy*様エレメントがより多く認められる。全部で，11892個のファミリーに属する32540個のタンパク質コード遺伝子および150個のmiRNA遺伝子がトウモロコシで記録された。トウモロコシ遺伝子群のエクソンサイズは，イネおよびソルガムのオルソログ遺伝子群と類似している。反復配列の存在により，トウモロコシ遺伝子群はより大きなイントロンを含む。11892個のトウモロコシ遺伝子ファミリーのうち，8494個はトウモロコシ，ソルガム，イネ，シロイヌナズナで共通であった。縦列CentCサテライト反復（タンデムCentCサテライトリピート）およびセントロメアのレトロトランスポゾンエレメント（CRMs, centromeric retrotransposon elements）はトウモロコシのセントロメアにさまざまな量で局在している。低メチル化遺伝子は，ソルガムではペリセントロメア領域からかなりのものが排除されているが，トウモロコシではより広く分布している。

4.4　オオムギ

4番目に豊富な穀物はオオムギであり，コムギ属のモデルとして扱われ，国際オオムギゲノムシークエンスコンソーシアムにより2012年にゲノム塩基配列決定がなされた（Mayerら2012）。

この目的のために，1978年に米国農務省（USDA）のミネソタ州農業試験場で開発された麦芽製造用の種のMorexが用いられた。6個の独立のBACライブラリ由来の全部で571000個のBACクローンが整列化（アセンブル）され，累積長が4.98 Gbの9265BACコンティグからなる物理地図が作成された。これは67000個のBACクローンからなる最小タイリングパスで再構築される。これで，5.1 Gbのオオムギゲノムの95%以上を占める。全ゲノムショットガンシークエンス法の後に，IlluminaのショートリードのGAIIx技術でフォローアップされた。オオムギの染色体のペリセントロメア領域とセントロメア領域は，著しく組換え頻度が低く，このことは他のイネ科の種でも認められる。約1.9 Gb，あるいは48%の配列がこれらの領域に当たる。オオムギゲノムの約84%が転移因子または他の反復構造からなる。これらの約99.6%がLTRレトロトランスポゾンである。非LTRレトロトランスポゾンが占めるのはわずか0.31%である。オオムギのLTR *Gypsy* レトロトランスポゾンスーパーファミリーは，*Copia* スーパーファミリーよりも1.5倍以上多く存在する。オオムギはおおよそ30400個の遺伝子を含む。ソルガム，イネ，ミナトカモジグサ，シロイヌナズナのゲノムによる遺伝子ファミリーに基づく比較は，少なくとも一つの参照ゲノムに相同性をもつ26159個の遺伝子群の同定につながった。オオムギゲノムでは，全部で15719個の高信頼度の遺伝子が同定された。機能をもつ遺伝子の高比率が，各染色体の組換え活性が「不活性な」ペリセントロメア領域に「ロック」されている。オオムギでは，72〜84%の高信頼度の遺伝子が，少なくとも1種類の発生段階のまたは組織のサンプルで発現しており，36〜55%の高信頼度の遺伝子が変動的に制御されていた。オオムギでは転写後プロセッシングは重要な制御機構である。選択的スプライシングが高信頼度の遺伝子のうち73%にまで記録され，選択的スプライシングの転写物のうちわずか17%がすべての組織で認められた。オオムギゲノムでは，27009個もの単一エクソンの低信頼度の遺伝子が新規の推定転写活性のある領域に分類され，タンパク質をコードした遺伝子やORF（open reading frame）に相同性をもたない。4種の多様なオオムギ品種（すなわち，Bowman，Barke，Igri，Haruna Nijo）をリシークエンスする過程で，1500万の重複のないSNV（一塩基多様体）がオオムギで検出された。これらのSNVは，すべての染色体においてペリセントロメア領域に向かって頻度が低くなる傾向がある。

4.5　コムギ

他の穀物と比べて，コムギのゲノムは非常に大きく，このことがゲノム塩基配列決定を困難にしている。塩基配列決定の終了した他の2倍体の穀物に比べてパンコムギのゲノムは複雑で，ゲノム（$2n=6x=42$, AABBDD）は異質6倍体で，ゲノムサイズは約17 Gbである。パンコムギは栽培化されていた4倍体のエンマーコムギ（AABB, *Triticum dicoccoides*）と2倍体のタルホコムギ（goat grass）（DD, *Aegilops tauschii*）を約8000年前に掛け合わせたのが起源である。Brenchleyら（2012）は454のパイロシークエンス法を用いて，6倍体のコムギの品種であるChinese Spring（CS42）の17 Gbの配列を産生した。6倍体の配列中のA-，B-，D-ゲノム由来の遺伝子のアセンブリを特定するため，A-genomeドナーに関連する *T. monococcum* の

Illumina のシークエンスアセンブリ，および *Ae. speltoides* の cDNA のアセンブリ，および D-genome ドナーに由来する *Ae. tauschii* の 454 のシークエンスを用いた。CS42 の追加シークエンスの産生に，SOLiD 装置が用いられた。6 倍体のコムギゲノムでは遺伝子数は 94000～96000 個の範囲である。同定された遺伝子の約三分の二が三つの構成ゲノム（A，B，D）に割り当てられている。ミナトカモジグサとコムギの遺伝子セット間で，低保存領域をもつ重複度の高い領域が存在していた。6 倍体ゲノムは倍数化と栽培化を通じて遺伝子ファミリーメンバーの著しい減少を経過していた。コムギのゲノム全体にわたる遺伝子断片の存在量が記録された。OrthoMCL クラスタリングを用いたイネ，ソルガム，ミナトカモジグサ，オオムギ間の完全長 cDNA のオルソロググループのアセンブリで，20496 個のオルソロググループが作成された。シロイヌナズナの代謝遺伝子の約 90%がこれらのグループとマッチした。Ling ら（2013）は，全ゲノムショットガン法を用いて，野生型二倍体コムギ（*Triticum urartu*）のゲノム配列（Accession: G1812（PI428198））を報告し，フィルター済みの高品質の配列データで 4.48 Gb のゲノムを整列化（アセンブル）した。*T. urartu* のゲノムサイズは 4.94 Gb と推定された。ゲノムアノテーションにより 34879 個のタンパク質コード遺伝子モデルが推定され，平均遺伝子サイズは 3207 bp で，1 遺伝子あたり平均 4.7 個エクソンが存在すると推定された。6 倍体のコムギの A-genome の 28000 個の推定遺伝子との比較で，*T. urartu* の遺伝子セットは 6800 個の追加遺伝子を含んでおり，このことは *T. urartu* の遺伝子セットが A-genome より，より完全なゲノム構成遺伝子セットを表すことを示している。この差は，遺伝子推定に用いた方法の差に由来する可能性があるが，また二倍体の祖先と比較したときの 6 倍体の A-genome における著しい遺伝子喪失による可能性もある。*T. urartu* のゲノム配列の約 66.88%が，おもに LTR レトロトランスポゾン（49.07%），DNA トランスポゾン（9.77%），未分類エレメント（8.04%）を含む反復エレメントであると推定されている。全体で，116 個のファミリーに分布する 412 個の保存された miRNA と 24 個の新たな miRNA が同定された。五つの単子葉植物と五つの双子葉植物での miRNA の比較で，73 個の miRNA が単子葉植物に特異的で，そのうち 23 個が *T.urartu* に特異的であることを示した。本研究で，これらの miRNA の 244 個の標的遺伝子が推定され，MIR5050 という miRNA の標的遺伝子（TRIUR3_06170）が低温処理に応答していることを見出したが，これは miRNA を介する低温適応の制御研究という新たな情報源を提案するものである。本研究では，「R タンパク質」をコードする 593 個の遺伝子を明らかにし，これはミナトカモジグサ（197 個），イネ（460 個），トウモロコシ（106 個），ソルガム（211 個）よりも数が多く，さらに他の穀物よりも R 遺伝子の数が多いことを報告した。全部で 739534 個の挿入部位に基づく多型マーカー（insertion-site-based polymorphism, ISBP）と 166309 個の SSR（simple sequence repeat：単純配列反復）が同定された。PCR での検証で，SSR の 94.5%と ISBP マーカーの 87%が，期待された産物をもつマーカーであることが確認された。SSR の 33%超と ISRB の 10%超が A-genome 特異的に増幅された。別の *T. urartu*（Accession: DV2138）のリシークエンシングで，2989540 個の SNP が検出され，これは SNP マーカーの将来的な開発に役立つだろう。

4.6　アワ

アワ（*Setaria italica*）もイネ科植物の仲間である。これは乾燥地帯の重要な栄養食品で，C4 バイオエタノールとしての使用の可能性ももつ。アワは～490 Mb のサイズのゲノムをもつ。このゲノムは反復配列に非常に富むが，このことは塩基配列決定の終了したイネ科の他の種のゲノムと合致する。LTR レトロトランスポゾンは，全核ゲノムの 25%超の領域を構成する最も量の多いレトロトランスポゾンのクラスである。タンパク質コード遺伝子のエクソンは，～46 Mb でゲノムの 9%を構成すると推定された。9 本の染色体につながったドラフトゲノム（～423 Mb）と 38801 個の注釈（アノテーション）を付与された遺伝子が報告された（Zhang ら 2012）。アワゲノムのゲノムアセンブリは推定ゲノムサイズの～86%をカバーし，未アセンブル領域の多くは反復配列が原因である。機能アノテーションにより，遺伝子のうち 78.8%が，タンパク質データベースで機能既知の相同遺伝子であることが確認された。アワの遺伝子セットにおける，他のイネ科植物でもみられる保存性の高い遺伝子の検索により，保存性の高い遺伝子の 99%はアワでの相同遺伝子であることが明らかになった。さらに本研究は，ゲノム内の 1367 個の偽遺伝子も同定した。全部で 99 個の rRNA（リボソーマル RNA）遺伝子が同定され，そのうち 23 個の rRNA 遺伝子は第 8 番染色体と第 9 番染色体に四つの大きなクラスターを形成していた。ゲノム配列決定により，ゲノムの～46%が転移因子から構成されていることも明らかになった。レトロエレメント（クラスⅠ転移因子；31.6%）と DNA トランスポゾン（クラスⅡ転移因子；9.4%）の両方が同定された。

4.7　他のイネ科植物

Vogel ら（2010）は，国際ミナトカモジグサイニシアチブを介してモデル植物であるミナトカモジグサ（*Brachypodium*）のゲノム配列を発表した。全ゲノムショットガンシークエンシングを用いて，二倍体の近交系系統である Bd21 が塩基配列決定された。本研究により 272 Mb の配列情報が作成された。全部で 25532 個のタンパク質コード遺伝子が推定され，これはイネやソルガムと近い数であった。三つのイネ科の間で，77～84%の遺伝子ファミリーが共通していた。ミナトカモジグサゲノムの 4.77%を DNA トランスポゾンが占める。このレトロトランスポゾンにおいて，レトロトランスポゾン配列は本ゲノムの 21.4%を占め，これに対してイネでは 26%，ソルガムでは 54%，コムギでは 80%超を占める。少なくとも 17.4 Mb のゲノムが，ミナトカモジグサ内の LTR の組換えにより喪失されたと報告された。いくつかのイネ科植物で，レトロエレメントの増大には組換えによるこれらの除去で拮抗することを示した。ミナトカモジグサとイネ／ソルガムの間での 14 個の主要なシンテニー分断が検出され，このことは全染色体のセントロメア領域への入れ子状の挿入で説明できる。ソルガムとオオムギにおいて，類似の入れ子状の挿入が検出された。

5. 比較ゲノムの情報源

5.1 データベース

Gramene，PlantGDB，Phytozome，GreenPhyIDB，CoGE，PLAZA，GRASIUSなどのいくつかのウェブのリソース（情報源）が，さまざまな比較研究用に利用できる。おもな比較ゲノムのリソースについて議論する。

5.1.1 Gramene

イネ科植物の比較ゲノム解析のための，最も標準的で，オープンソースで，管理されたデータリソースはGramene（http://www.gramene.org/）である。このデータベースは2002年にパブリックドメインに設置された（Wareら2002）。初期にはこのデータベースには，他のイネ科のゲノム研究を促進するため，イネの配列が基本情報として用いられた。その後，Ensembl技術を統合し，オオムギ，ミナトカモジグサ，アワ，トウモロコシ，オーツムギ，トウジンビエ，ライムギ，コムギ，ソルガムの情報を含めて，データベースはより強化された。最近のバージョンでは，ダイズ，バショウ，ナス，アブラナ，シロイヌナズナ，ブドウ，ポプラのような他の植物種からの情報も導入された。このデータベースの目的は，公共のゲノムとEST塩基配列決定プロジェクトの情報を用いた種間の相同性解析を促進すること，タンパク質構造と機能解析を支援すること，遺伝地図と物理地図を作成すること，生化学パスウェイを解釈すること，遺伝子とQTLの位置を特定すること，そして表現型の特性と変異を記述することである。*Genome*，*Genetic Diversity*，*Pathways*，*Protein*，*Gene*，*Ontologies*，*Markers*，*Comparative Maps*，*QTL*，*BLAST*，*Gramene Mart*，*Species*などのさまざまなモジュールがデータベース中で使用可能である。「*Genome*」モジュールはデータベースでカバーされている植物種の詳細情報を有する。集団構造と進化的な多様性のパターンは，「*Genetic Diversity*」で扱われる。「*Pathway*」モジュールは*RiceCyc*，*MaizeCyc*，*BrachyCyc*，*SorghumCyc*サブモジュールをもち，この中に各穀物植物のパスウェイデータベースが記述されている。シロイヌナズナ，トマト，ジャガイモ，コショウ，コーヒー，ウマゴヤシ，大腸菌などからのパスウェイデータベースのミラーも提供されており，これは比較解析に役立つ。イネ科からのSwiss-ProtとTrEMBLのタンパク質エントリーのまとまった情報は「*Protein*」モジュールで扱われる。タンパク質のエントリーは，Molecular Function：遺伝子産物（タンパク質）の分子機能，Biological Process：遺伝子産物（タンパク質）が関与する生物学的プロセス，Cellular Localization（Cellular Component）：遺伝子産物の細胞内局在に基づいて注釈を付与される。「*Genes*」または「*Gene and Allele*」モジュールでは，形態学的，発生学的，農学的に重要な表現型，多型，生理学的特徴，生化学的機能，アイソザイムに関与する遺伝子とアレル（対立遺伝子）が記述されている。「*Ontologies*（用語の仕様）」モジュールでは，*Plant Ontology*（植物解剖学と植物の発生段階），*Trait Ontology*（植物の形質と表現型），*Gene Ontology*（分子レベルの機能（*Molecular Function*），生物学的プロセス（*Biological Process*），細胞内コンポーネント（*Cellular Component*）），*Environment*

Ontology（環境オントロジー），*Gramene's Taxonomy Ontology*（*Gramene* データベースの分類法の用語仕様）の情報を提供する。地図作成（マッピング）に用いるさまざまなマーカーの基本情報は「*Markers*」モジュールで提供される。このモジュールで使用できる「*SSRIT tool*」は所定の配列のマイクロサテライトの同定に非常に有用なツールである。「*Maps*」モジュールは，データベースで扱われる種の遺伝地図，物理地図，配列地図，QTL 地図の可視化を支援する。*Comparative Map Viewer*（*CMap*）は，さまざまな地図を生成し比較するのを支援する。*Maps* モジュール内の情報は *Markers* モジュールからつくられている。塩基配列決定の終了したイネ，ソルガム，ミナトカモジグサの三つのゲノムが *CMap* でのシンテニーブロック（視覚化された染色体上の相対配置を示すブロック）を用いて比較された。種で同定された農学的形質の QTL（量的形質遺伝子座）は「*QTL*」モジュールでカバーされる。各 QTL に関連する形質や遺伝地図上にマップされた遺伝子座などの情報がこのモジュールで使用可能である。このモジュールは，形質名称，シンボル，カテゴリー，連鎖群，QTL アクセッション ID，または種についてワイルドカードを用いて検索することができる。「*BlastView*」は，Ensemble Plants データベースに対しての配列の類似性検索のための統合プラットフォームである。種ごとの検索は，DNA データベースとタンパク質データベースの両方で可能で，それぞれ BLASTn（核酸配列をアライメントする）と BLASTx（すべての核酸配列をすべての六つのフレームで翻訳した配列をアラインメントする）検索ツールを用いて行う。「*Gramene Mart*」モジュールは次のデータベース，すなわち Plant Gene 37，Plant Variation 37，Gramene Mapping，Gramene QTL 37 を もつ。各データベースは 10 個のデータベースで検索でき，ソルガムはそのうちの一つである。「*Species Page*」はデータベースで扱っている全 11 穀物種の詳細情報を完全な系統発生的情報とともに提供する。

5.1.2　PlantGDB

PlantGDB（http://www.plantgdb.org）は，比較研究におけるもう一つの包括的なデータベースである。このデータベースは，多数の塩基配列決定が終了した，または近々塩基配列決定される植物ゲノム用の安定なゲノムアノテーション法，ツール，標準的な訓練セットの開発を目的としている（Duvick ら 2007）。このデータベースは 16 個の双子葉植物と 7 個の単子葉植物のゲノム配列情報をもつ。植物ゲノム・遺伝子配列は，約 4 か月ごとに GenBank からダウンロードされる。これらは種ごとに整列されており，ダウンロード，検索，BLAST 解析が可能である。カスタム転写産物アセンブリである *PUT*（*PlantGDB* 由来のユニークな転写物）がすべての植物種で 10000 超の EST とともに提供されている。それは，特殊な依頼によっても取得されることがある。*PUT* データ集合はダウンロード可能であり，バッチ処理による BLAST 検索も実行できる。このデータベースで Gene Ontology アノテーションおよび UniProt BLAST トップヒットに基づくキーワード検索を実行できる。ここで 16 植物種のゲノムブラウザ（染色体ベース，スカフォールドベース，および BAC ベース）が提供されている。ゲノムアセンブリは，類似の種に由来する転写産物またはタンパク質にスプライシングを考慮してアラインメントされ，簡単なグラフィカルなインターフェースで表示される（*xGDB platform*）。このポータルにおいて，配列やコード領域に隣接した配列データを検索する強力な検索ツールが，BLASTとGeneSeqerとともに，提供される。PlantGDBには，コミュニティがxGDBゲノムブラウザそれ自身に遺伝子のアノテーションを作成できる*yrGATE*ツールがある。転写のエビデンスから明らかになったすべてのスプライスジャンクションがここに示され，ユーザーは遺伝子モデルの作成と検証が簡単にできる。遺伝子アノテーションは，登録されたユーザーによりキュレーション用に提出可能である。管理者からアノテーションが承認されると，ゲノムブラウザに取り込まれ，*yrGATE*トラック上で公開される。間違ったアノテーションの可能性のある遺伝子は分類され，*GAEVAL*ツールにおいて表形式で表示される。*SRG*（*Splice-Related Gene*）データベース（モデル植物のスプライシング関連遺伝子の詳細），*ASIP*（*Alternative Splicing in Plants*）データベース（シロイヌナズナ，イネ，タルウマゴヤシ，ミヤコグサからの選択的スプライシングのデータベース），Ac/Dsトランスポゾンデータベース（とくにトウモロコシ）などの追加データベースがPlantGDBで使用できる。*BLAST*，*GeneSeqer Spliced Alignment*，*GenomeThreader Spliced Alignment*，*MuSeqBox*，*PatternSearch*，*Tracembler*，*TE nest*のような配列解析用のさまざまなツールが本データベースで使用できる。*TableMaker*と*BioExtract*は，PlantGDBで使用できる二つの追加ツールである。*TableMaker*は，MySQLクエリを用いてPlantGDBのGenBankの表にアクセスする。*BioExtract*を用いれば，ユーザーは一つの環境で，配列データベースへの問い合わせ，ウェブベースまたはローカルなバイオインフォマティクスツールによるデータ解析，結果の保存，ワークフローの作製と管理などが可能となる。*Plant Genome Research Outreach Portal*（*PGROP*）はさまざまな現場出張活動，プログラム，リソースを設置するための集中的なアクセスを可能にしている。

5.1.3　Phytozome

Phytozome（http://www.phytozome.net）は，植物において比較ゲノム研究を促進するもう一つのオンラインリソースである。このリソースの目的は，ユーザーのさまざまな計算機の熟練度レベルに応じた，(1)注釈（アノテーション）付きの植物の遺伝子ファミリーへのアクセス，(2)遺伝子ファミリーや個々の遺伝子の進化史へのナビゲート，(3)植物のゲノム解析の流れでの遺伝子検証，(4)ユーザーの未分類配列への推定機能の割り当て，(5)完全なゲノム配列，遺伝子，関連配列（相同性配列など）と整列化（アライメント），遺伝子機能情報，遺伝子ファミリーなどからなる植物ゲノミクスのデータセットへの統一的アクセスを，バルク処理，または必要時における複合的クエリ結果として提供することである（Goodsteinら2012）。25種の植物ゲノム情報のうち，JGI（Joint Genomics Institute）により，18種はゲノム塩基配列決定，およびアセンブルがなされ，部分的または完全な注釈（アノテーション）付与がなされており，Phytozomeデータベースで閲覧できる。本データベースでは，遺伝子や遺伝子ファミリーが，キーワード検索および配列相同性検索の両方で取得できる。プロテオームおよび遺伝子ファミリーのコンセンサス配列から，指定した遺伝子配列に最も相同性のあるゲノム領域，遺伝子の転写産物，ペプチド，遺伝子ファミリーを取得できるようになっている。遺伝子名称，シンボル，同義名称（synonym），外部データベースのID，機能アノテーションのIDなど，遺伝子や遺伝子ファミリーに関連する特性も検索できる。本データベースでは，キュレートされていない遺伝子ファミリーを容易に特定できる。キーワード検索および配列相同性検索で得られた遺伝子や遺伝子ファミリーは個々に閲覧することもできるし，あるいはまとまった遺伝子ファミリーを構築するために必要時に統合することもできる。各遺伝子ファミリーおよびその構成遺伝子の情報が *Gene Family view* で供される。「*Family History*」タブを用いて，その遺伝子ファミリーの進化史を閲覧できる。Phytozome には *Gene Page* があり，単一遺伝子の機能アノテーションおよびその進化史が示され，さらには，選択的スプライシング転写産物（存在している場合）や，この遺伝子座に関連する（エクソン-イントロンおよび UTR 境界がカラー表示された）ゲノム配列，転写産物配列，コーディング配列，ペプチド配列および，本遺伝子のペプチドに整列化（アライン）された他の Phytozome ペプチドなどへのリンクがなされている。Phytozome の *GBrowse* ツールは 25 の全てのゲノムのゲノムセントロメアの閲覧を可能にする。これは，Phytozome のホームページから直接に，あるいは Gene Family や Gene Page 上の個別のメンバー遺伝子のリンクから，あるいはクエリ検索の BLAST/BLAT 結果ページからアクセスできる。

5.1.4　GreenPhylDB

GreenPhylDB（http://www.greenphyl.org/cgi-bin/index.cgi）は比較ゲノム用のデータベースで，22 種のゲノム情報を有する（Conte ら 2008）。これはおもな植物門からの完全なプロテオーム配列を含む。プロテオーム情報は，ホメオティックな形状の共通した植物ファミリーでクラスタを形成している*。いったん配列群（クラスター）が評価されると，オルソログ（種を超えた相同性）およびウルトラパラログ（パラログは種内相同性のこと，ウルトラパラログは，系統樹上，種内相同性があるが，他の種の相同性はみられないことをいう）など，ホモログ（相同性）関係を推定するために系統解析が行われる。機能ゲノミクスや興味のある形質の候補遺伝子の同定において，リソースは非常に役に立つ。本ウェブリソースは 3371 個の注釈（アノテーション）の付与された遺伝子ファミリーを有する。

GreenPhylDB のゲノム解析ツールには，*BLAST*，*family classification of given sequence*（所定配列のファミリー分類），*Get homologues and/or similar sequences*（相同配列ないし類似配列取得）（このツールは，系統解析，および登録された配列 ID リストで BLAST で相互にベストマッチした配列から，推定ホモログ配列の配列 ID を提供する），*InterPro Domain Distribution*（配列と種によってドメイン分布が表示される；さまざまな組み合わせを指定するために特殊な演算子を用いて，InterPro ドメインを選択できる），*export sequences*（データベースで用いられている配列 ID のリストを提供し，選択した形式でエクスポートできる）がある。

＊訳注：ここで，ホメオティックとは遺伝的な原因（ある遺伝子の突然変異，あるいはその発現程度の異常などをさす）によって，多細胞生物体の一部の器官が本来の形をとらず他の相同な器官に転換する変化のことをいう，植物の場合，雄蕊が花弁や葉に変化するものなどがある。短くいうと，「遺伝的な形態形成」のこと。したがって，ここでは遺伝的な形態の一致した植物ファミリーごとに，分類がなされている，という意味である。

5.1.5 CoGE

CoGE (Accelerating Comparative Genomics) (http://genomevolution.org/CoGe/) は，変更可能な分析ネットワークが作成できるように相互に結合した多数のツールを有する独特のウェブ情報源である (Lyons および Freeling 2008；Lyons ら 2008)。CoGE の主要機能は，複数生物の複数ゲノムの複数バージョンを単一プラットフォームで保存すること，欲しいゲノムの欲しい領域を (付随とともに) すぐにみつけ，任意のアルゴリズムで複数ゲノム領域を比較すること，および「興味のある」パターンを迅速簡潔に同定できる様式で解析結果を可視化すること，である。CoGe は次のようなオプションをもつ。すなわち，*OrganismView* (ある生物の概要とそのゲノム情報を提供する)，*CoGeBlast* (任意の数の生物に対する BLAST 検索ができる)，*FeatView* (Name と Discription によりゲノムの特徴がわかる)，*SynMap* (任意の 2 ゲノムのシンテニー - ドットプロット (2 ゲノムの相互の類似性を示すプロット) を生成する)，*GEvo* (さまざまな配列比較アルゴリズムを用いて複数ゲノム領域を比較できる)。*OrthologyViewer* はさまざまなオルソログ推定ツールの情報を統合する。たとえば，*SynMap* を用いてソルガムゲノムをトウモロコシゲノムと比較し，逆位領域が同定されたとき，この領域の転位点は *GEvo* を用いて詳細に比較でき，*SeqView* でトウモロコシの配列を抽出できる。次に，全タンパク質コード領域を *FeatView* で検出し，得られた情報を *CoGeBlast* を用いて，他の植物ゲノム (イネなど) における相同性検索に利用できる。推定シンテニー領域は *GEvo* で評価できる。シンテニー領域で追加コピー数をもつ遺伝子が同定された場合，この配列は再度 *FeatView* で取得でき，推定された種内ホモログ，あるいは種間のホモログを *CoGeBlast* を用いて取得でき，*FastaView* を用いてこれらの推定ホモログの FASTA ファイルを作成する。これは *CoGeAlign* を用いて整列化 (アラインメント) することができ，*TreeView* を用いて系統樹を作成することに用いる。あるいは *CIPRES* などのより包括的な系統解析ツールへとエクスポートすることもできる。同時に，遺伝子のコドンとタンパク質の使用の多様性を *FeatList* を用いて確認できる。何らかの遺伝子で何らかの興味深い変異が認められた場合，その全 GC 含量とバラツキのみられる GC の内容を *FeatView* でチェックできる。ミトコンドリアに由来する何らかの配列の水平移動はミトコンドリアゲノムを検索する *CoGeBlast* または *GEvo* で確認できる。

5.1.6 PLAZA

PLAZA (http://bioinformatics.psb.ugent.be/plaza/) もさまざまなゲノム塩基配列決定の取り組みからの情報を統合する集中型ゲノムデータベースである。植物配列データマイニングおよび比較ゲノムの方法論の統合的モジュールを介して，進化解析および緑色植物亜界 (*Viridiplantae*) 内のデータマイニングを行うことができる。これは，909850 遺伝子を含む 25 緑色植物種の構造と機能のアノテーションを統合している。これらの遺伝子の 85%超はタンパク質をコードしており，32294 個の多重遺伝子ファミリーにクラスター化される。これは 18547 個の系統樹生成となる。あらかじめ計算されたデータセットには，相同性遺伝子ファミリー，多重配列整列化 (マルチプルシークエンスアラインメント)，系統樹，種内の全ゲノムドットプロット，種間のゲノムのコリニアリティ (遺伝子の並び順の一致性) などが含まれている。信頼度の高い Gene Ontology アノテーションおよび関連した種間の系統樹に基づくオルソロジーの統合により，機能の記述のない数千の遺伝子に機能的なアノテーションが付与された。先進的なクエリシステムならびに複数のインタラクティブな可視化ツールが，ユーザフレンドリーで直感的なウェブインターフェースを通じて使用できる。さらに，詳細なドキュメンテーションおよびチュートリアルでさまざまなツールを紹介し，ワークベンチは，PLAZA のインターフェースを通じてユーザーの定義した遺伝子セットを解析する効率的な方法を提供する。

5.1.7　GRASSIUS

http://grassius.org/commcontrib.html で使用できる GRASSIUS (Grass Regulatory Information Services) はデータベース，イネ科植物の遺伝子発現に関連する計算機と実験のリソース，農業的な形質との関係を含む公共のウェブリソースである。ここには遺伝子発現の制御における転写因子 (transcription factors, TFs) および遺伝子プロモーター内のシス制御エレメントの相互作用の情報が蓄積されており，これはコミュニティまたは文献解析によって寄託され，編集されている。その目的は，全ゲノムな遺伝子発現制御過程に関する植物学界内の研究とコミュニケーションを促進するために一か所で何でもそろうリソースを提供することである。本リソースは現在，トウモロコシ，イネ，ソルガム，サトウキビ，ミナトカモジグサの制御情報を含んでいる。これは，*GrassTFDB*，*GrassPROMDB*，*GrassCoRegDB* の三つの大きなデータベースからの統合情報をもつ。*GrassTFDB* は転写因子，それらの DNA 結合特性，これらの転写因子と相互作用する遺伝子群の情報を扱う。特異的な構造特性に基づいて，転写因子は 50 個のファミリーに分類される。転写因子の情報は種ごとに *MaizeTFDB*，*RiceTFDB*，*SorghumTFDB*，*CaneTFDB* でアクセスでき，また，MYB などの転写因子ファミリーごとにもアクセスできる。このデータベースは，*TFome Collection* 内の特定の転写因子の使用可能なクローンの情報も蓄積している。

GrassPROMDB は四つのイネ科植物のプロモーター配列を扱う。*GrassCoRegDB* は，配列特異的な結合様式で DNA に結合しない転写制御因子の集合体である。これらは転写因子と相互作用するか，DNA のアクセシビリティを制御するクロマチン修飾因子として働く。このデータベースにリストされているタンパク質の多くの特異的機能はまだ未知である。現在，GRASSIUS は 9028 個の転写因子，419 個の共調節因子，149075 個のプロモーター，180 個の TF オームの情報を含んでおり，作物ごとに分類されている。

5.2　ツール

シークエンシング技術の急速な進展により，ゲノム科学者の目前の最も大きな問題点は，適切な解析ツールで蓄積された情報を補完することである。これに関して，バイオインフォマティクスが重要な役割を担う。明らかになった配列情報は正しいアノテーションアルゴリズムで適切にアノテーションを付与される必要がある。適切にアノテーションが付与された制御エレメント (シスとトランスの両方) なしには，生成された情報はいかなる生物学的機能とも相関しなくなる可能性がある。さまざまな遺伝子型から生成された配列情報は，それらに共通の特徴を理解できるように整列（アラインメント）する必要があり，これは最終的には比較ゲノム研究で用いることができる。

5.2.1 アノテーションツール・リソース

アノテーションツールはゲノムアノテーションツール，遺伝子構造アノテーションツール，遺伝子推定ツールに分類することができる。TriAnnot は，植物ゲノムの自動化アノテーション用の多目的でハイスループットなパイプラインの一つである。このパイプラインは 712 個の CPU の計算クラスターで並列化され，5 日以内で 1 Gb の配列のアノテーション付けをすることができる。小スケールの解析にはウェブインターフェースから，大規模なアノテーションにはサーバを用いて使用できる。TriAnnot パイプラインは四つのメインパネルをもつ。Panel I は転移因子のアノテーションとマスクを行う。Panel II はタンパク質をコードした遺伝子の構造的および機能的アノテーションに用いられる。Panel III は ncRNA 遺伝子と保存されている非コード配列の同定に用いられ，Panel IV は分子マーカーの開発に用いられる。TriAnnot パイプラインは当初，国際コムギゲノム塩基配列決定コンソーシアムの元でのパンコムギの 21 個の染色体のアノテーション付けに用いられていた。TriAnnot は操作可能で，追加されるコムギ染色体と植物ゲノムのアノテーションプロジェクト用に TriAnnot パイプラインの継続的な改良を支援する 3BSEQ プロジェクトに用いられている。TriAnnot パイプラインは少しの修正で他の植物種への適応も容易であると考えられている（Leroy ら 2012）。遺伝子とゲノムのアノテーション用の他のツールやリソースとそれらの特徴とウェブリソースを**表 2** で提供する。

表 2　遺伝子およびゲノムアノテーションに共通のリソース

シリアル番号	ツール／リソース	詳細	ソース
ゲノムアノテーションパイプラインのリソース			
1	PASA	EST およびタンパク質配列をゲノムに整列化させたり，エビデンス駆動型のコンセンサス遺伝子モデルを作成したりするアノテーションパイプライン	www.pasa.sourceforge.net/
2	MAKER	反復配列の検出，EST およびタンパク質配列のゲノムへの整列化，ab initio 遺伝子予測（配列情報だけを用いてゲノム上での遺伝子の位置を予測する方法），エビデンスによるクエリ値を用いたこれらのデータの遺伝子アノテーションへの自動作成。	http://gmod.org/wiki/MAKER
3	NCBI	米国 NCBI（国立生物工学情報センター）由来のゲノムアノテーションパイプライン。遺伝子モデルの作成のために Gnomon および GenomeScan からの予測を用いて BLAST アノテーションを行う。	www.ncbi.nlm.nih.gov
4	Emsembl	Emsembl の遺伝子アノテーションパイプライン。遺伝子モデルの作成のために種特異的，種をまたがった整列化に用いる。ノンコーディング RNA もアノテーションされる。	www.ensembl.org

（続く）

表２（続き）

シリアル番号	ツール／リソース	詳細	ソース
遺伝子構造アノテーションツール			
1	RepeatMasker	散在する反復配列および複雑性の低いDNA配列のDNA配列分析。	www.repeatmasker.org/
2	GENEMARK	遺伝子予測プログラム	www.exon.gatech.edu
3	TSSP-TCM	植物プロモーター検出	http://www.arabidopsis.org
4	WISE2	タンパク質配列とゲノムDNA配列の比較。イントロンとフレームシフトのエラーを許容する。	www.ebi.ac.uk/Tools/psa/genewise/
5	GrailEXP	DNA配列のエクソン，遺伝子，プロモーター，ポリA，CpGアイランド，EST相同性，反復配列を予測するソフトウェアパッケージ。	www.compbio.ornl.gov/grailexp/
6	GeneScan	MITのGeneScan用の新規ウェブサイト。GeneScanはゲノム配列のイントロン - イントロンの位置と境界を予測する。	http://genes.mit.edu/GENSCAN.html
7	yrGATE	真核生物遺伝子の同定と配布のためのWebベースの遺伝子構造アノテーションツール	www.plantgdb.org/prj/yrGATE/
遺伝子推定ツール			
1	mGene	真核生物DNA配列からのタンパク質コード遺伝子の全ゲノム予測のための計算ツール	www.mgene.org/
2	SNAP	SNAPは，コドンでアライメントされたヌクレオチド配列セットに基づきシノニマス（配列が異なるがアミノ酸は同じ）コドンおよび非同義（配列が異なりアミノ酸も異なる）の置換率を計算する。	www.snap.cs.berkeley.edu/
3	FGENESH	ゲノムDNA配列中の多重遺伝子を予測する。	www.softberry.com
4	Twinscan	真核ゲノム配列中の遺伝子構造を予測するためのシステム	www.bioinformatics.ca/
5	BenomeScan	さまざまな生物からゲノム配列内の遺伝子位置およびエクソン-イントロン構造の予測	www.genes.mit.edu/genomescan.html
6	GeneSeqer@PlantDB	植物ゲノム配列への応用のためにつくられた遺伝子構造予測ツールを提供するWebサーバ	www.plantgdb.org/cgi-bin/GeneSeqer/

5.2.2　プロモーターと制御因子の同定用のツール／リソース

任意の生物ゲノムの大きな分画が，いつ，どこで，どれくらいの遺伝子産物を生産する必要があるかを指定するのに関与する。この制御情報は，ゲノム中にハードウェア的に書き込まれており，多くは時と世代を超えて一定である。これらの制御配列は，制御している遺伝子に密接に近接（シス制御エレメント）しているか，その転写産物（多くはタンパク質）が転写因子としてトランスに動作する。転写因子は「シス制御装置にハードウェア的にコードされた配列を解釈し，これを基本的な転写機構へのシグナルという形で実行し，RNAの産生につながる。転写因子は階層的な遺伝子制御ネットワークで構成されており，一つの転写因子がしばしば他のタンパク質と

表3 プロモーターおよび制御配列のリソースの特徴

シリアル番号	ツール／リソース	詳細	ソース
1	GRASSIUS	とくにイネ科を扱う転写因子リソース	http://grassius.org/commcontrib.html
2	PlantPorm	植物プロモーター配列のデータベース	http://linux1.softberry.com/berry.phtml?topic=plantprom&group=data&subgroup=plantprom
3	AthaMap	シロイヌナズナにおける推定転写因子結合部位の全ゲノム地図	www.athamap.de/
4	PlantTFDB	約49種の植物転写因子データベース	planttfdb.cbi.edu.cn/
5	PlantPromoterdb 3.0	シロイヌナズナ，イネなどの植物プロモーターデータベース	ppdb.agr.gifu-u.ac.jp/
6	PLACE	植物シス活性制御DNAエレメントのデータベース	www.dna.affrc.go.jp/PLACE/
7	Transfac	真核生物転写因子，そのゲノム結合部位およびDNA結合プロファイルに関するデータベース	www.gene-regulation.com/pub/databases.html
8	PlantCare	植物シス活性制御エレメントのデータベースおよびプロモーター配列のインシリコ分析用ツールへのポータル	bioinformatics.psb.ugent.be/webtools/plantcare/html/

協調的に，他の転写因子の発現を正または負に制御する（Yilmaz ら 2009）」。これらの制御エレメントを同定するために多くのツールが利用でき，いくつかのリソースがコミュニティで使用するためにこれらの情報を保持している。一般的なツールとリソースの特徴を**表3**に示す。

5.2.3 マルチプル配列アラインメントのリソース

シークエンスアラインメント（配列整列）は，タンパク質，DNA，RNAなどの与えられた生物学的配列の間の類似点と相違点の検出に役立つ。配列整列はペアワイズ配列またはマルチプル配列（多重整列）法で実施できる。ペアワイズ配列整列法を用いて，二つのクエリ（問い合わせ）配列の最大マッチの区分的（ローカル）または大域的な整列（アラインメント）を得ることができる。これは一度に二つの配列間でのみ使用できる。最も標準的には，この方法は，クエリ配列と高い類似性をもつ配列に対するデータベースの検索など極度の精度が必要でない場合に用いられる。ドットマトリックス法，動的計画法（Dynamic Programming），ワード法が最もよくペアワイズ整列法で用いられる。ペアワイズ整列法とは異なり，多重配列整列法は一度に二つ以上の配列を取り込むことができる。そのような方法は，指定したクエリセット中の全配列を整列化しようと試みる。これはしばしば配列群にわたる保存配列を同定し，これは進化的に関連している可能性がある。このような整列法は計算負荷が高い。多重整列用の標準的なリソースを**表4**に示す。さまざまな配列整列ツールの中でも，Clustalは広く用いられている多重配列整列プログラムである（Chenna ら 2003）。三つの主要バリエーションがあり，ClustalW（コマンドラインイ

表４　多重配列整列のリソース

名前	詳細説明	配列タイプ[a]	整列タイプ[b]	リンク
ABA	ド・ブラン（de bruijin）整列	タンパク質	大域	http://nbcr.sdsc.edu/euler/
ALE	手動整列化，多少ソフトウェアの支援あり	ヌクレオチド	局所	http://www.red-bean.com/ale/
AMAP	配列アニーリング	両方	大域	http://baboon.math.berkeley.edu/mavid/
anon.	線形ギャップコストを用いた3配列の迅速，局所整列	ヌクレオチド	大域	http://www.csse.monash.edu.au/~lloyd/tildeStrings/
BAli-Phy	ツリー多重整列；確率論的，ベイジアン；接合部推定	両方	大域	http://www.biomath.ucla.edu/msuchard/bali-phy
Base-By-Base	Javaベースの統合化分析ツールを用いた多重配列整列エディタ	両方	局所または大域	http://athena.bioc.uvic.ca/virology-ca-tools/baseby-base/
ClastalW	先進的整列	両方	局所または大域	Available at EBI, DDBHPBIL, EMBNet, GenomeNet
CodonCodeAligner	多重整列，ClastalWおよびPhrapの支援	ヌクレオチド	局所または大域	http://www.codoncode.com/aligner/
Compas	統計的有意差評価による多重タンパク質配列整列の比較	タンパク質	局所または大域	http://prodata.swmed.edu/compass/compass_advanced.php
DIALIGN-TXおよびDIALIGN-T	セグメントに基づいた方法	両方	局所（奨励）または大域	http://dialign-tx.gobics.de/
DNA Alignment	種内のアラインメントのためのセグメントに基づいた方法	両方	局所（奨励）または大域	http://www.fluxusengineering.com/align.htm
DNA Baser sequence Assembler	多重整列，自動バッチ整列	ヌクレオチド	局所または大域	www.DnaBaser.com
MARNA	RNAの多重整列	RNA	局所	http://biwww2.informatik.uni-freiburg.de/Software/MARNA/index.html
MAVID	先進的整列	両方	大域	http://baboon.math.berkeley.edu/mavid/
MULTALIN	動的計画法/クラスタリング	両方	局所または大域	http://prodes.toulouse.inra.fr/multalin/multalin.html
Multi-LAGAN	先進的動的計画法整列	両方	大域	http://genome.lbl.gov/vista/lagan/submit.shtml
Praline	先進的/反復/一貫した/予備的プロファイリングおよび二次構造予測を用いたホモロジー拡張型整列	タンパク質	大域	http://www.ibi.vu.nl/programs/pralinewww/

（続く）

表4 (続き)

名前	詳細説明	配列タイプ[a]	整列タイプ[b]	リンク
RevTrans	タンパク質からDNAへの逆翻訳に基づくDNAおよびタンパク質整列の統合	DNA/タンパク質(特殊例)	局所または大域	http://www.cbs.dtu.dk/services/RevTrans/
SAGA	遺伝的アルゴリズムによる配列整列	タンパク質	局所または大域	http://www.tcoffee.org/Projects_home_page/saga_home_page.html
SAM	隠れマルコフモデル	タンパク質	局所または大域	http://www.cse.ucsc.edu/compbio/HMM-apps/T02-query.html
Se-AI	手動で整列	両方	局所	http://tree.bio.ed.ac.uk/software/seal/
StatAlign	整列と系統解析のベイジアン同時推定(MCMC)	両方	大域	http://phylogeny-cafe.elte.hu/StatAlign/
Stemloc	多重整列および二次構造予測	RNA	局所または大域	http://biowiki.org/StemLoc
UGENE	MUSCLE, KAlign, Clustal, MAFFTのプラグインによる多重整列の支援	両方	局所または大域	http://ugene.unipro.ru/download.html

http://en.wikipedia.org/wiki/Sequence_alignment_software から改変
[a] 配列型：タンパク質またはDNA
[b] 整列型：局所または大域

ンターフェース, Larkin ら 2007), ClustalX (このバージョンはグラフィカルユーザーインターフェースである, Thompson ら 1997), Clustal Omega (これは数十万の配列をわずか 2, 3 時間で整列化できる) である。これは複数プロセッサも使用する。さらに整列結果の品質は以前のバージョンよりも良くなっている (Sievers ら 2011)。このプログラムでは, NBRF/PIR, FASTA, EMBL/Swiss-Prot, Clustal, GCC/MSF, GCG9 RSF, GDE など広範な入力形式を受け取ることができる。出力形式は, Clustal, NBRF/PIR, GCG/MSF, PHYLIP, GDE, NEXUS のうちの一つまたは複数が可能である。整列工程には三つの主要ステップ, すなわち, ペアワイズアラインメント, その後ガイドツリーの作成 (またはユーザー定義ツリーの使用), そして最後にガイドツリーを用いて多重整列を行うステップがある。「Do complete Alignment」オプションを選択したときにはすべてのこれらのステップが自動的に行われ, そうでないときタスクは「Do Alignment from guide tree」と「Produce guide tree only」のオプションで実施される。デフォルトの設定またはカスタマイズされた設定のオプションがある。

5.2.4 全ゲノムアラインメントと比較ゲノムツール

核酸またはアミノ酸配列の整列 (アラインメント) は配列解析において最も重要なツールの一つであり, 多くの献身的な研究によって, 類似領域の配列整列用の多くの洗練されたアルゴリズムが使用できる (Chain ら 2003)。ごく最近までこれらのアルゴリズムのほとんどは, 一つの遺伝子またはオペロンを含む単一のタンパク質配列またはDNA配列の比較用におもに設計されていた。長いゲノム配列またはゲノム全体の整列にはいくつかの問題が付随していた。ここ最近のいくつかのプログラムはこの必要性に対応して開発されたものである（**表5**）。ASSIRC (Accelerated Search for SImilar Regions in Chromosomes) ツールは，大きなゲノム内の核酸配列の類似性を特定するのに用いられる（Vincens ら 2002)。D-ASSIRC の新バージョンは，上記のタスクを行うために二つの異なる戦略を用いる。(i) 標的配列をいくつかの大きな重複配列に分割することによる分散検索，(ii) 中央処理（AGD 戦略）または局所管理による複数のプロセッサー（ALD 戦略）で操作する固定長の正確な反復モチーフの分散検索である。ACGT (A Comparative Genomic Tool) はもう一つの比較配列解析ツールであり，解析，比較，および比較された配列のグラフィカルな表示を提供する（Xie および Hood 2003)。このツールは，比較ファイルあり，またはなしで GenBank，Embl，FASTA 形式の DNA 配列ペアを読み込み，多数の視覚化オプションをユーザーに提供し，入力配列間の類似度を解析する。GMOD (Generic Model Organism Database) はもう一つの総合ゲノム解析ツールで，比較ゲノムとシンテニー（2 種のゲノムの遺伝子重複解析）データの管理と視覚化に用いることができる。GMOD は比較

表５　配列整列および比較ゲノミクスツール

ツール	ウェブサイト
ASSIRC	ftp://ftp.biologie.ens.fr/pub/molbio/
DIALIGN	http://bibiserv.TechFak.Uni-Bielefeld.DE/dialign/
MUMmer	http://www.tigr.org/software/mummer/
PipMaker/BlastZ	http://bio.cse.psu.edu/pipmaker/
GLASS	http://crossspecies.lcs.mit.edu/
WABA	http://www.soe.ucsc.edu/&#3;kent/xenoAli/
LSH-ALL-PAIRS	作成者に連絡 jbuhler@cs.washington.edu
Vmatch	http://www.vmatch.de
MGA	http://bibiserv.techfak.uni-bielefeld.de/mga/
PipMaker/BlastZ	http://bio.cse.psu.edu/pipmaker/
Alfresco	http://www.sanger.ac.uk/Software/Alfresco/
Intronerator	http://www.cse.ucsc.edu/&#3;kent/intronerator/
VISTA	http://www-gsd.lbl.gov/vista/
SynPlot	http://www.sanger.ac.uk/Users/jgrg/SynPlot/
ACT	http://www.sanger.ac.uk/Software/ACT/
DisplayMUMS	http://www.tigr.org/software/displaymums/
ACGT	http://db.systemsbiology.net/projects/local/mhc/acgt/
GMOD	http://ccg.murdoch.edu.au/index.php/GMOD
DIALIGN	http://dialign.gobics.de/
GATA	http://gata.sourceforge.net/

ゲノムデータの管理と視覚化用のいくつかの構成要素をもつ。GMODに組み込まれている構成要素はCMAP，GBrowse_syn，SynView，Sybilである。CMAPツールで，研究者が，遺伝地図，物理地図，配列アセンブリ地図，QTL地図，欠失地図をみることができる。他の比較ゲノムツールと異なり，CMAPは配列データを必要としない。GBrowse_synは多重配列整列データとGBrowseによって提供されたゲノムアノテーションに対する他のソースからのシンテニーを表示する。Sybilは全ゲノム比較，領域的比較（シンテニー），オルソログ遺伝子の比較を提供する。SynViewは領域，および/または遺伝子レベルでシンテニーを表示する。DIALIGNは多重配列整列用のソフトウェアプログラムである。これは配列の全体を比較することによるペアワイズ整列および多重整列を構築する。DIALIGNは大域的および局所的な両方の整列化に用いられるが，局所的相同性のみをもつ配列群を扱う状況下でとくにうまく機能する（Morgensternら1998）。WABA（Wobble Aware Bulk Aligner）は大規模ゲノム間の配列比較を行うもう一つのツールである（BaillieおよびRose 2000）。GATA（Graphic Alignment Tool for Comparative Sequence Analysis）はきめの細かい整列と視覚化を行うツールで，非コードの0-200 kbのペアワイズ配列解析に適する（NixおよびEisen 2005）。GATAは処理後の特徴を用いてNCBI-BLASTNプログラムを用い，二つのDNA配列を徹底的に整列化する。このツールは大規模配列逆位および小規模配列逆位の両方，重複，区分シャッフリングを視覚化する。整列結果は視覚的で，ギャップを含まないため，比較配列解析に非常に適したDNA保存を全面的に記述した図を作成するために遺伝子のアノテーションを両方の配列に付与することができる。

6. 穀物での比較ゲノムの進展

遺伝マーカーを用いた穀物での比較ゲノム地図作成が1990年代に大規模に行われた（GaleおよびDevos 1998;Bennetzen 2000）。続いてESTの開発とゲノム断片の配列決定プロジェクトが地図作成の解像度を向上させた。おもな穀物の全ゲノム配列が閲覧できることは，穀物の比較ゲノムの初期の結果の評価を容易にする。さらに，使用可能な豊富な情報は，ゲノムがまだ配列決定のなされていない他の多くの少数派の穀物ゲノム研究の主要なリソースを提供する。

6.1 穀物におけるマクロとマイクロレベルのコリニアリティ

比較ゲノムの観点から，コリニアリティは遺伝子・マーカーの順序が進化の過程で互いに分離したゲノム間で保存されていることを示す。このコリニアリティは遺伝地図レベルではマクロコリニアリティを意味するが，配列レベルではマイクロコリニアリティを意味する。倍数性のレベル，染色体数，一倍体（ハプロイド）のDNA量という点では穀物間に大きな違いがあるが（表1），穀物間で数百万年の進化の歴史があってもマーカーの順序は多くが保存されている（FeuilletおよびKeller 2002）。脱粒性や矮化性のような作物学上重要な形質に関わるQTLは穀物と他のイネ科植物種でコリニアリティをもつことが明らかになった（Patersonら1995；Pereiraおよび

Lee 1995)。Moore ら (1995) は，参照配列としてイネのゲノムを用いて七つの異なるイネ科植物を整列化したイネ科のコンセンサス地図を最初に開発した。Gale および Devos ら (1998) による，より精度が向上したこのコンセンサスマップで，Devos および Gale ら (2000) が 10 種のイネ科のゲノムはイネの 30 個未満の数の連鎖ブロックで記述できることを示した。これは，八つの種，つまりイネ，アワ，サトウキビ，ソルガム，トウジンビエ，トウモロコシ，コムギ，オートムギのオルソログな染色体間の関係を示す有名なクロップサークルモデルにつながる。しかし穀物比較ゲノムで収集されたデータのより詳細な解析によると，ある生物種のコリニアリティな領域で検出される一つのマーカーが，別の生物種のコリニアリティな領域にみられる平均確率は低い (トウモロコシとソルガムのような非常に関連性の高い種でも平均で 50%) ことが示された (Gaut 2002)。このような結果は明らかに穀物ゲノム間の大々的な再構成を示しており，トウモロコシやコムギのようなより複雑なゲノムの代わりとしてイネやソルガムのような小さなゲノムを用いるコンセプトに疑問を投げかけた。

配列情報と解析ツールの進展に伴い，2600 個のマップされた配列マーカーを用いて，Salse (2004) らはイネゲノムで 656 個の推定オルソログ遺伝子を同定した。彼らは，それぞれトウモロコシの第 1，4，5，6 染色体とイネの第 9-12，6-8，6，1 染色体間で六つの新たなコリニアリティ領域を同定することができた。コムギでの 4485 個の EST を用いた類似の研究で，コムギの染色体の中で，第 3 染色体はイネで最も保存されており，第 5 染色体は最も保存度が低かった (La Rota および Sorrells 2004)。しかし Guyot ら (2004) は，コムギの染色体 1A の短腕とイネの染色体 5S の間でのモザイク状の遺伝子の保存を観測した。さらに EST と低重複度の BAC の塩基配列決定を用いて，新たなコリニアリティおよび穀物ゲノムの一染色体群内における逆位のような構造異常を検出できた (Klein ら 2003；Singh ら 2004；Buell ら 2005)。

最初のマイクロコリニアリティの研究は二つのトウモロコシの遺伝子座 (*sh2/a1* および *Adh1*) とソルガムとイネのホモロガスな領域 (相同領域) に関わるもので，トウモロコシ，ソルガム，イネの間での遺伝子の配置順が保存されていることを示した (Chen ら 1997)。類似のマイクロコリニアリティがコムギとオオムギの受容体様キナーゼのオルソログの間で示された (Feuillet および Keller 1999)。しかし，トウモロコシとソルガム (Tikhonov ら 1999)，およびトウモロコシとイネ (Tarchini ら 2000；Ilic ら 2003) の *Adh1* 遺伝子座，オオムギとイネのさび病の圃場抵抗性遺伝子の *rpg1* (Kilian ら 1997)，オオムギとイネの *Rph7* (Scherrer ら 2005)，トウモロコシ，ソルガム，イネの *r1/b1* (Swigonova ら 2005)，イネとソルガムの *Orp1/Orp2* (Ma ら 2005)，トウモロコシとイネの *Bz* (Lai ら 2005)，そしてその他多くの研究で，マクロコリニアリティの領域で，顕著な遺伝子の再構成が明らかになった。

20 個のサトウキビの BAC の，454 のパイロシークエンスとソルガムの配列の比較で，二つのゲノムの遺伝子領域は大部分がコリニアリティとなっており，ソルガムゲノムは，同質倍数性であるサトウキビゲノムの遺伝子領域 DNA の大部分のアセンブリの鋳型として使用できることが明らかになった (Wang ら 2010)。しかし，彼らはまた，2 ゲノム間の 54 個の染色体再構成 (転座，逆位転座，逆位，ゲノム特異的重複) の現象も見出した。マクロコリニアリティ領域内では，さまざまなタイプの小規模な再構成がマイクロコリニアリティを破壊しているようであり，これは遺伝子地図レベルを反映したものではなさそうである。小規模逆位または遺伝子重複などのいくつかの再構成はマクロコリニアリティにはあまり影響を及ぼさないが，欠損や転座は解析を非常に複雑にする（Feuillet および Keller 2002）。Schnable ら（2009）は，イネとソルガムのゲノム配列をトウモロコシと比較し，これらのゲノム間に顕著なコリニアリティがあることを示した。彼らは，イネ，ソルガム，トウモロコシのオルソログのエクソンは類似サイズだが，反復配列の挿入によってイントロンの長さが異なっていることを発見した。Paterson ら（2009a）は全部で 19929 個のソルガムの遺伝子モデルがイネのブロックコリニアリティ領域内に存在することを報告した。コムギとミナトカモジグサのゲノム配列を比較することで，両者の間に非常に緊密な遺伝子保存性があることが示された（Brenchley ら 2012）。それ以前に，Vogel ら（2010）は，ミナトカモジグサで同定された遺伝子ファミリーの 77〜84%が，イネ，ソルガム，ミナトカモジグサで示される三つのイネ科の亜科の間で共有されていることを示した。

6.2　穀物ゲノムのユークロマチンとヘテロクロマチン

穀物間でゲノムサイズが大きく異なるにも関わらず，これらのゲノム内の遺伝子に豊む領域はサイズと構成が非常によく類似している（Feuillet および Keller 1999；Bowers ら 2005）。Bowers ら（2005）は，イネ・ソルガムのシンテニーマップで，遺伝子に豊む領域および反復に豊む領域間の比較において，ユークロマチン領域染色体とヘテロクロマチン領域染色体が密接に関連していることを報告した。組換え頻度は，ユークロマチン領域で，より多く観察された。さらに彼らは，染色体の先端領域ではシンテニーが最も高度に保存され，レトロエレメントの頻度が最も低いことを観察した。これらの領域はペリセントロメア領域に対して非常に組換えの頻度が高かった。ペリセントロメア領域は反復 DNA の含量が高く，遺伝子配列の割合が低い（Akhunov ら 2003；Bowers ら 2005；Schnable ら 2009）。しかし穀物間で，組換え領域でのマイクロシンテニーの優先的保存はよくみられる（Bowers ら 2005）。このことは穀物における遺伝子再構成が一般に何か有害なものであることを示唆するが，これの背後にある理由は未だ明らかではない（Paterson ら 2009b）。

ユークロマチンとヘテロクロマチン分割は進化の過程で多くが保存されている（Paterson ら 2009b）。ソルガムはイネより〜75%大きい DNA をもつことが観察され，それらの多くはヘテロクロマチンである（Paterson ら 2009a）。遺伝子領域の整列とソルガムとイネの遺伝地図（Bowers ら 2003）と細胞地図（Kim ら 2005）の整列は，これらの二つのゲノムが同程度のユークロマチンをもつことを示した。これらの領域は組換えの 97〜98%，高コリニアリティのある遺伝子の 75.4〜94.2%にあたる（Bowers ら 2005；Paterson ら 2009a）。siRNA で誘導されるクロマチンリモデリング ATPase DDM1 の制御下にある転移因子と関連の縦列反復（タンデムリピート）がヘテロクロマチン状態を決定することが，シロイヌナズナで，明らかになっている（Lippman ら 2004）。穀物における「ゲノム内のゲノム」の保存性は将来的により正確に理解する必要がある（Paterson ら 2009b）。イネ，ソルガム，トウモロコシ，コムギ，オオムギ，その他の植物のゲノム配列は，転移因子と他の反復配列の多くがヘテロクロマチン領域に存在していることを明らかにした（Matsumoto ら 2005；Paterson ら 2009a；Schnable ら 2009；Brenchley ら 2012；Mayer ら 2012）。転移因子ファミリーの優先性という観点での種ごとの差が広く報告されている。たとえば，オオムギ（Mayer ら 2012）では，ミナトカモジグサ（Vogel ら 2010）とイネ（Matsumoto ら 2005）に比べて，高度な反復配列領域では，*Copia* スーパーファミリーの 1.5 倍より多く，LTR *Gypsy* レトロトランスポゾンスーパーファミリーが存在している。動原体領域の反復 DNA への高度な耐性および組換えの抑制は，「相互適応遺伝子複合体」の進化を支えるある種のゲノム環境を生成することが示唆され，栽培化の過程を支えると推定される（Paterson ら 2010）。

6.3　穀物ゲノムの際立った特徴

穀物ゲノムと他の双子葉植物のゲノムの比較で，穀物系統に特異的な多くの遺伝子が同定された（Campbell ら 2007；Schnable ら 2009）。Schnable ら（2009）はトウモロコシ，イネ，ソルガムのゲノム配列をシロイヌナズナと比較した。中核セットである 8494 個の遺伝子ファミリーはすべての四つの種で共有されていた。トウモロコシ，ソルガム，イネの遺伝子ファミリー数はそれぞれ 11892 個，12353 個，13055 個である。これらのうち，2077 遺伝子ファミリーは 3 種で，405 遺伝子ファミリーはトウモロコシとソルガム，229 遺伝子ファミリーはトウモロコシとイネ，661 遺伝子ファミリーはソルガムとイネに共通である。トウモロコシ，ソルガム，イネに特有の遺伝子ファミリー数はそれぞれ 465 個，265 個，1110 個である。このような種特異的な遺伝子の同定は新しいことではない（Paterson ら 2009b）。たとえば，トウモロコシ（ゼイン（zein）種）とソルガム（カフィリン（kafirin）種）の主要種子貯蔵タンパク質遺伝子は，イネでは存在しないが，oryzoid 型からパニコイド（panicoid）型が多様化したころから進化したようにみえる（Song および Messing 2003）。既存の遺伝子断片が隣接することは，新規遺伝子の生成の主要機構である。イネとトウモロコシにおける優勢な遺伝子導入因子はそれぞれ，*Mutator* 様転移因子である *Pack-MULE*（Jiang ら 2004）と *Helitrons*（Brunner ら 2005）であると報告されている。トウモロコシは，合計で～20000 個になる八つの *Helitrons* ファミリーを含み，遺伝子に富む領域ではこれが優勢であると報告されている（Schnable ら 2009）。

4～5 千万年前に分岐したソルガムとイネ（Paterson ら 2004；Bowers ら 2005）で，1 千～1 千 5 百万年前に分岐したソルガムとトウモロコシ（Bowers ら 2003）よりも遺伝子の配置順が高度に類似していることは留意すべき興味深いことである。Schnable ら（2009）の研究は，ソルガムとトウモロコシ（405 個）よりもソルガムとイネ（661 個）でより多くの遺伝子ファミリーが保存されていることも示した。この謎を説明する特定の理由はまだ明らかになっていない。二峰性の GC 含量の分布の存在は，穀物遺伝子のもう一つの顕著な組成上の特徴である（Paterson ら 2009b）。穀物遺伝子は，5' の非翻訳領域から独特な負の GC 勾配を示し，これはコード領域の内側 1 kb 近くまで広がる（Wong ら 2002）。穀物遺伝子のこのような独特な特徴の背後にある原因についてもほとんど分かっていない。

6.4 穀物のゲノム進化の機構

五つの主要機構，つまり，倍数性，転移因子の増幅と移動，染色体の破損，不等な相同組換え，非正統的組換えが，ゲノムの複雑性の起源に関わる（Bennetzen 2007）。これまでの被子植物ゲノムの配列比較は，おのおののゲノムを形成するのに重要な役割を担う古代のゲノム重複が優先的に存在することを示唆した。RFLP 地図を用いた初期の研究は二倍体の分類群の間でさえも，進化の過程で大規模な重複が起きたことのヒントを与えていた。これはさらにイネのゲノム配列を用いても確認された（Paterson ら 2004；Tian ら 2005；Yu ら 2005）。遺伝子配列の分岐に基づき，Paterson ら（2004）はこの重複が約 7 千万年前に起こり，その後 2 千万年のさらなる進化で panicoid 型，pooid 型，oryzoid 型の系統が分岐した，と推定した。この時期に，遺伝子欠失，新機能獲得または潜在的機能分化やその他という観点でほとんどのゲノムの再構成が起きた（Lynch ら 2001）。共通する古代の重複より最近の重複のほうが穀物ゲノムの進化により貢献していると示唆された（Paterson ら 2009b）。Paterson ら（2009a）は 1947 個のファミリーに属する 5303 個のパラログを同定し，これらはほとんどが近位に重複していた。

ゲノムの再構成の主要機構はすべての穀物の系統で同じではない。しかし生成されたゲノム配列から，レトロトランスポゾンととくに LTR レトロトランスポゾンが，しばしば「ゲノムの肥満化」といわれる植物ゲノムの拡大の要因であることが，得られたゲノム配列から証明されている（Vitte および Bennetzen 2006）。たとえば，少なくともイネゲノムの 35%（Matsumoto ら 2005），ソルガムゲノムの 55%（Paterson ら 2009a），トウモロコシゲノムの 85%（Schnable ら 2009），オオムギゲノムの 84%（Mayer ら 2012）が転移因子で占められる。転移因子ファミリーは種ごとに大きく異なることが示されており，これが独特なゲノム構造と各ゲノムの機能発現の要因となっている可能性がある。染色体構造の変化はしばしば転移因子の移動と関連し，さまざまなゲノムの進化で重要な役割を担う（Feuillet および Keller 2002）。転移因子はしばしば，不等な相同組換えにつながる非正統的組換えを引き起こし，これが断片の除去や追加につながる。断片の除去の割合は植物系統ごとに大きく異なるようである（Kirik ら 2000；Vitte および Bennetzen 2006）。ほとんどのマイクロコリニアリティ研究は，イネ科植物の相同遺伝子間のエクソンの保存性を示してきたが，イントロンのサイズは例外としてイントロンの位置も保存されている。コムギのようなより大きなゲノムをもつ穀物の中では，イントロン領域は転移因子に局在し，これが転移因子のサイズを増大させることが報告された（Schnable ら 2009）。これまでの比較ゲノムの研究は，進化の過程で穀物ゲノムの形成とリモデリングにはレトロエレメントがおもな役割を担っていることを示唆している。最も明白な例は，レトロトランスポゾンの逆位を伴った 3 百万年の期間のソルガムからの分岐後にトウモロコシのゲノムがほぼ 2 倍になったことである。レトロトランスポゾンは一般的に，双子葉植物よりもイネ科植物でより転写が活性化されており，より保存されている（Vicient ら 2001）。

6.5　比較ゲノムを用いた遺伝子発見とマーカー開発

穀物の比較ゲノムは，穀物全体にわたって遺伝子と遺伝子の配置順序が総体的に保存されていることを明らかにした。バイオインフォマティクスの進展は，ゲノム上の遺伝子とマーカーの単離に用いることができるツールも提供している。

6.5.1　比較ゲノムを基盤とした遺伝子クローニング

ゲノム配列が利用可能になるかなり以前に，RFLP 地図を用いた研究により穀物間での遺伝子コリニアリティが示され，イネゲノムのデータは，いわゆる相互ゲノム地図によるクローニングを用いた他のゲノムからの遺伝子のポジショナルクローニングを支援すると考えられてきた（Kilian ら 1997）。コリニアリティは穀物間の「緑の革命」遺伝子で存在し，これは双子葉植物での矮性遺伝子であるイネの *Sd1*（Monna ら 2002），コムギの *Rht-1*，トウモロコシの *D8*（Peng ら 1999）の直接クローニングに役立った。マイクロコリニアリティが高いところはどこでも，標的の形質のコリニアリティ地図がない場合でもイネの配列を用いて候補遺伝子は簡単に同定することができる（Salse および Feuillet 2007）。オオムギではこの方法に従って，ウドンコ病耐性遺伝子の *Ror2* が Collins ら（2003）によって，矮性遺伝子の *sw3* が Gottwald ら（2004）によって単離された。成長過程に関わる遺伝子と QTL と，栽培化の過程で選択されたものは，直接遺伝子単離の良い候補となることが示唆される（Salse および Feuillet 2007）。耐病（R）遺伝子群は穀物ゲノム間でのコリニアリティがほとんどなく，イネゲノムの情報を用いた遺伝子単離法の良い候補とはならないことが報告された。

イネでのオルソロジーがない場合でも，二つのゲノムの間で遺伝子断片はよく保存されており，該当する領域由来のマーカーを標的領域に敷き詰めて利用できる。オオムギの R 遺伝子座の，*Rpg1*，*Rph7* の周辺の遺伝子間隔を染色体ウォーキング開始のために，イネの EST を用いて，時間短縮できた（Brueggeman ら 2002；Brunner ら 2003）。Griffiths ら（2006）は，ミナトカモジグサの情報およびイネで単離された対制御遺伝子 *Ph1* をコムギで統合した。コリニアリティが非常に低い場合，トウモロコシの穂の構造遺伝子である *Ramosa1* を単離した Vollbrecht ら（2005）によりすでに報告されているように，トランスポゾンタギングのような別の方法を用いることができる。比較ゲノムと物理地図法により，Shinozuka ら（2010）はドクムギの自家不和合性の遺伝子をイネ，ソルガム，ミナトカモジグサの配列情報を用いてクローニングした。

6.5.2　比較ゲノムを基盤とした遺伝子アノテーションとマーカーの開発

穀物間の遺伝子と遺伝子配列の高度な保存は高速で正確な新種の遺伝子アノテーションの可能性を開拓する。この目的のために，イネとソルガムのようなモデル穀物のゲノム配列を参照として用いることができる。注釈付与のされた EST 配列もこの目的で用いることができる。注釈付与されたイントロン－エクソン接合部の情報は新たな種の注釈付与に役立つ。本過程で全ゲノムで新規マーカーが同定され，これはマーカーによる選択で用いることができる。Varshney ら（2005）はオオムギ EST-SSR（SSR: simple sequence repeat：単純配列反復）の分類群間可換性を示し，オオムギのマーカーの78%超の割合がコムギで増幅がみられ，ライムギでは75.2%，イネでは42.4%と続く。さらに，公開されている穀物1369182個のESTに対して*in silico*でのEST-SSRの比較で，コムギ(93.5%)，ライムギ(37.3%)，イネ(57.3%)，ソルガム(51.9%)，トウモロコシ(51.9%)の有意な相同性を示した。この研究は，強固なマーカーシステム開発における比較ゲノムの有用性を示唆する。類似の研究で，Srinivasら(2008)はイネゲノム情報を用いて，ソルガムの四つのおもな緑色染色性QTLである*Stg1*，*Stg2*，*Stg3*，*Stg4*の50個の遺伝子-SSRマーカーを開発することができた。最近，Kumariら(2013)は24828個の非冗長的なアワのESTから447個のeSSR(EST由来SSR)を開発し，そのうち327個は9個の染色体上に物理的にマップされた。これらのSSRのうち106個が属を超えて，八つの雑穀(キビ・アワ・ヒエなどの穀粒)と四つの非雑穀種で平均〜88%の高度な増幅を示した。これらの研究で開発された大規模なSSRマーカーは遺伝資源の特徴分析における比較ゲノミクスの利用とその後の分子育種プログラムでの利用の有用性を示している。

7. 将来展望

イネ，ソルガム，トウモロコシ，アワ，コムギなどのような主要穀物の全ゲノム配列情報が利用できることは，これらの重要な穀物におけるゲノム進化の機構の理解，ならびに植物の成長と発生，細胞内プロセス，さまざまな生物的・非生物的なストレス耐性の重要な制御に関わる遺伝子群の解明に革命を起こした。大規模DNAマーカーを用いた比較地図作成はイネ科に属する種間の遺伝子群の保存性を明らかにした。イネとソルガムの全ゲノム配列は，他の穀物の配列レベルでの比較ゲノミクスのための評価ツールとして機能する。これは，ゲノムがまだ塩基配列決定がなされていない孤児作物での比較ゲノミクスのための優れたツールをも提供する。

穀物間の機能ゲノミクスは全ゲノム塩基配列決定と大規模なEST塩基配列決定プロジェクトによってより実用的になってきている。ゲノムDNA配列データからタンパク質構造と推定機能への翻訳は，ある生物種の遺伝型とその表現型の間の重要なリンクを提供する。ゲノム配列とハイスループット塩基配列決定プロジェクトの実用的な応用は，多様な遺伝資源間の対立遺伝子の多様性パターンが良く理解されているときのみ，最適な実現化がなされる。対立遺伝子の多様性パターンの情報は，農学的に重要な形質のために遺伝的改良を行う穀物特異的遺伝子の機能解析に貢献するだろう。最終的には，構造と機能ゲノミクスの情報の統合は複雑な生物応答に関与する遺伝子のネットワークのより良い理解を提供するだろう。配列情報が利用できない孤児作物では，遺伝子のシンテニーとコリニアリティが，古代ゲノムの進化を研究する比較ゲノム地図作成において重要な役割を担う。モデル穀類のゲノム配列が利用できることとこれらの穀物種の間のシンテニー関係の理解によって，関連する穀物種での種を超えた増幅マーカーの開発は現在実用的な選択肢となりつつある。これらの方法は，現在のゲノム革命ではあまり恩恵を受けないであろう孤児作物種におけるマーカー支援型の育種に必要なゲノムツールの開発を促進するだろう。

塩基配列決定法の改良は新規開発するのと同様に多くの問題を伴う。次世代シークエンシング技術は，伝統的なサンガー塩基配列決定技術に比べて，非常に短時間のうちに多大な量のデータを産生し，これは計算生物学者，バイオインフォマティシャン，そしてより重要なことは穀物改良計画における応用において穀物育種家に多くの課題を与える。現代の次世代シークエンシングツールの主要目標の一つは，伝統的な在来種のリシークエンス，および表現型と遺伝子型の関係の分子基盤を理解することである。試料として選択された数千個体の多様性パネル，次世代シークエンシング技術を用いて参照ゲノム配列との多様性の程度を抽出するために選択された数千個体の多様性パネルは，連関地図作成法を用いて優れた遺伝型を開発するのを補助するための，既存の遺伝的多様性，表現型に関連する遺伝子（群）の理解，および自然の遺伝的多様性を明らかにする枠組みを提供するだろう。現代のゲノムツールの主要な問題点として，この大量のデータを穀物育種計画に応用できる知識に変換することが残されている。正確な表現型情報の収集は，より進んだ穀物改良におけるゲノミクス技術の効率的な利用を妨げるおもな要因の一つである。正確な表現型決定技術はゲノミクスの進展の速度に追いついていない。育種家はゲノムツールと正確な表現型決定技術を応用し，穀物改良工程を真に進展させ，ゲノミクスの可能性の利点を生かすことが求められている。ギャップを埋める最も効率的な取り組みは，分子植物育種の中核要素を構成するさまざまな研究分野を統合することである。さまざまな方法の統合は，全ゲノムの構造，遺伝子・遺伝的影響を推定する強力な統計学の知識，および分子生物学的技術の十分な経験，伝統的な育種法を必要とする。これらの統合された方法は将来的な穀物改良に革命を起こすだろう。

文　献

Akhunov ED, Goodyear AW, Geng S et al (2003) The organization and rate of evolution of wheat genomes are correlated with recombination rates along chromosome arms. Genome Res 13:753–763

Baillie DL, Rose AM (2000) WABA success: a tool for sequence comparison between large genomes. Genome Res 10:1071–1073

Barry GF (2001) The use of the Monsanto draft rice genome sequence in research. Plant Physiol 125:1164–1165

Bennett MD, Leitch IJ (1995) Nuclear DNA amounts in angiosperms. Ann Bot 76:113–176

Bennetzen JL (2000) Comparative sequence analysis of plant nuclear genomes: microcolinearity and its many exceptions. Plant Cell 12:1021–1029

Bennetzen JL (2007) Patterns in grass genome evolution. Plant Biol 10:176–181

Berkmann PJ, Lai K, Lorenc MT et al (2012) Nextgeneration sequencing applications for wheat crop improvement. Am J Bot 99(2):365–371

Bowers JE, Abbey C, Anderson S et al (2003) A highdensity genetic recombination map of sequencetagged sites for Sorghum, as a framework for comparative structural and evolutionary genomics of tropical grains and grasses. Genetics 165:367–386

Bowers JE, Arias MA, Asher R et al (2005) Comparative physical mapping links conservation of microsynteny to chromosome structure and recombination in grasses. Proc Natl Acad Sci U S A 102:13206–13211

Brenchley R, Spannag M, Pfeifer M et al (2012) Analysis of the bread wheat genome using whole-genome shotgun sequencing. Nature 491:705–710

Brueggeman R, Rostoks N, Kudrna D et al (2002) The barley stem rust-resistance gene Rpg1 is a novel disease-resistance gene with homology to receptor kinases. Proc Natl Acad Sci U S A 99:9328–9333

Brunner S, Keller B, Feuillet C (2003) A large rearrangement involving genes and low copy DNA interrupts the microcolinearity between rice and barley at the Rph7 locus. Genetics 164:673–683

Brunner S, Fengler K, Morgante M et al (2005) Evolution of DNA sequence nonhomologies among maize inbreds. Plant Cell 17:343–360

Buell CR (2009) Poaceae genomes: going from unattainable to becoming a model clade for comparative plant genomics. Plant Physiol 149:111–116

Buell CR, Yuan Q, Ouyang S et al (2005) Sequence, annotation, and analysis of synteny between rice chromosome 3 and diverged grass species. Genome Res 15:1284–1291

Campbell MA, Zhu W, Jiang N et al (2007) Identification and characterization of lineage-specific genes within the

Poaceae. Plant Physiol 145:1311–1322
Chain P, Kurtz S, Ohlebusch E et al (2003) An applications-focused review of comparative genomics tools: capabilities, limitations and future challenges. Brief Bioinform 4:105–123
Chen M, SanMiguel P, De Oliveira AC et al (1997) Microcollinearity in sh-2 homologous regions of the maize, rice and sorghum genomes. Proc Natl Acad Sci U S A 94:3431–3435
Chenna R, Sugawara H, Koike T et al (2003) Multiple sequence alignment with the Clustal series of programs. Nucleic Acids Res 31:3497–3500
Collins NC, Thordal-Christensen H, Lipka V et al (2003) SNARE-protein –mediated disease resistance at the plant cell wall. Nature 425:973–977
Conte MG, Gaillard S, Lanau N et al (2008) GreenPhylDB: a database for plant comparative genomics. Nucleic Acids Res 36:991–998
Devos KM, Gale MD (2000) Genome relationships: the grass model in current research. Plant Cell 12:637–646
Duvick J, Fu A, Muppirala U et al (2007) PlantGDB: a resource for comparative plant genomics. Nucleic Acids Res 36:959–965
Feuillet C, Keller B (1999) High gene density is conserved at syntenic loci of small and large grass genomes. Proc Natl Acad Sci U S A 96:8265–8270
Feuillet C, Keller B (2002) Comparative genomics in the grass family: molecular characterization of grass genome structure and evolution. Ann Bot 89:3–10
Gale MD, Devos KM (1998) Comparative genetics in the grasses. Proc Natl Acad Sci U S A 95:1971–1974
Gaut BS (2002) Evolutionary dynamics of grass genomes. New Phytol 154:15–28
Goff SA, Ricke D, Lan TH et al (2002) A draft sequence of the rice genome (Oryza sativa L. ssp. japonica). Science 296:92–100
Goodstein DM, Shu S, Howson R et al (2012) Phytozome: a comparative platform for green plant genomics. Nucleic Acids Res 40:1178–1186
Gottwald S, Stein N, Borner A et al (2004) The gibberellic-acid insensitive dwarfing gene sdw3 of barley is located on chromosome 2HS in a region that shows high colinearity with rice chromosome 7L. Mol Genet Genomics 271:426–436
Griffiths S, Sharp R, Foote TN et al (2006) Molecular characterization of Ph1 as a major chromosome pairing locus in polyploid wheat. Nature 439:749–752
Gupta PK (2008) Single molecule DNA sequencing technologies for future genomics research. Trends Biotechnol 26:602–611
Guyot R, Yahiaoui N, Feuillet C et al (2004) In silico comparative analysis reveals a mosaic conservation of genes within a novel colinear region in wheat chromosome 1AS and rice chromosome 5S. Funct Integr Genomics 4:47–58
Harlan JR (1971) Agricultural origins: centers and non-centers. Science 174:568–574
Harlan JR (1992) Origins and process of domestication. In: Chapman GP (ed) Grass evolution and domestication. Cambridge University Press, Cambridge, pp 159–175
Ilic K, SanMiguel PJ, Bennetzen JL (2003) A complex history of rearrangement in an orthologous region of the maize, sorghum, and rice genomes. Proc Natl Acad Sci U S A 100:12265–12270
Jiang N, Bao ZR, Zhang XY et al (2004) Pack-MULE transposable elements mediate gene evolution in plants. Nature 431:569–573
Kellogg EA (2001) Evolutionary history of the grasses. Plant Physiol 125:1198–1205
Kilian A, Chen J, Han F et al (1997) Towards map-based cloning of the barley stem rust resistance gene Rpg1 and rpg4 using rice as a intergenomic cloning vehicle. Plant Mol Biol 35:187–195
Kim JS, Klein PE, Klein RR et al (2005) Chromosome identification and nomenclature of Sorghum bicolor. Genetics 169:1169–1173
Kirik A, Salomon S, Puchta H (2000) Species-specific double-strand break repair and genome evolution in plants. EMBO J 19:5562–5566
Klein PE, Klein RR, Vrebalov J, Mullet JE (2003) Sequence-based alignment of sorghum chromosome 3 and rice chromosome 1 reveals extensive conservation of gene order and major chromosomal rearrangement. Plant J 34:605–621
Kresovich S, Barbazuk B, Bedell JA et al (2005) Toward sequencing the sorghum genome. A U.S. National Science Foundation-sponsored workshop report[w]. Plant Physiol 138:1898–1902
Kumari K, Muthamilarasan M, Misra G et al (2013) Development of eSSR-markers in Setaria italica and their applicability in studying genetic diversity, cross-transferability and comparative mapping in millet and non-millet species. PLoS One 8(6):e67742. doi:10.1371/journal.pone.0067742
La Rota M, Sorrells ME (2004) Comparative DNA sequence analysis of mapped wheat ESTs reveals the complexity of genome relationships between rice and wheat. Funct Integr Genomics 4:34–46
Lai J, Li Y, Messing J, Dooner HK (2005) Gene movement by helitron transposons contributes to the haplotype variability of maize. Proc Natl Acad Sci U S A 102:9068–9073
Larkin MA, Blackshields G, Brown NP et al (2007) Clustal W and Clustal X version 2.0. Bioinformatics 23:2947–2948
Leroy P, Guilhot N, Sakai H et al (2012) TriAnnot: a versatile and high performance pipeline for the automated annotation of plant genomes. Front Plant Sci 3:5. doi:10.3389/fpls.2012.00005
Ling HQ, Zhao S, Liu D et al (2013) Draft genome of the wheat A genome progenitor Triticum urartu. Nature 496:87–90
Lippman Z, Gendrel AV, Black M et al (2004) Role of transposable elements in heterochromatin and epigenetic control. Nature 430:471–476
Liu L, Li Y, Li S et al (2012) Comparison of nextgeneration sequencing systems. J Biomed Biotechnol. doi:10.1155/2012/251364
Lynch M, O'Hely M, Walsh B, Force A (2001) The probability of preservation of a newly arisen gene

duplicate. Genetics 159:1789–1804
Lyons E, Freeling M (2008) How to usefully compare homologous plant genes and chromosomes as DNA sequences. Plant J 53:661–673
Lyons E, Pedersen B, Kane J, Freeling M (2008) The value of nonmodel genomes and an example using SynMap within CoGe to dissect the hexaploidy that predates the rosids. Trop Plant Biol 1:181–190
Ma J, SanMiguel P, Lai J et al (2005) DNA rearrangement in orthologous orp regions of the maize, rice and sorghum genomes. Genetics 170:1209–1220
Mace ES, Jordan DR (2010) Location of major effect genes in sorghum (Sorghum bicolor (L.)). Theor Appl Genet 121:1339–1356
Mardis ER (2008) Next generation DNA sequencing methods. Annu Rev Genomics Hum Genet 9:387–402
Matsumoto T, Wu J, Kanamori H et al (2005) The mapbased sequence of the rice genome. Nature 436:793–800
Mayer KFX, Waugh R, Langridge P et al (2012) The International Barley Genome Sequencing Consortium. Nature 491:711–716
Merriman B, Ion Torrent R&D Team, Rothberg JM (2012) Progress in Ion Torrent semiconductor chip based sequencing. Electrophoresis 33(23):3397–3417. doi:10.1002/elps.201200424
Monna L, Kitazawa N, Yoshino R et al (2002) Positional cloning of rice semidwarfing gene, sd-1: rice 'green revolution gene' encodes a mutant enzyme involved in gibberellin synthesis. DNA Res 9:11–17
Moore G, Devos KM, Wang Z, Gale MD (1995) Cereal genome evolution: grasses, line up and form a circle. Curr Biol 5:737–739
Morgenstern B, Frech K, Dress A et al (1998) DIALIGN: finding local similarities by multiple sequence alignment. Bioinformatics 14:290–294
Nelson JC, Wang S, Wu Y et al (2011) Single nucleotide polymorphism discovery by high-throughput sequencing in sorghum. BMC Genomics 12:352–364
Nix DA, Eisen MB (2005) GATA: a graphic alignment tool for comparative sequence analysis. BMC Bioinformatics 6:9
Paterson AH, Lin YR, Li ZK et al (1995) Convergent domestication of cereal crops by independent mutations at corresponding genetic loci. Science 269:1714–1718
Paterson AH, Bowers JE, Chapman BA (2004) Ancient polyploidization predating divergence of the cereals, and its consequences for comparative genomics. Proc Natl Acad Sci U S A 101:9903–9908
Paterson AH, Bowers JE, Bruggmann R et al (2009a) The sorghum bicolor genome and the diversification of grasses. Nature 457:551–556
Paterson AH, Bowers JE, Feltus FA et al (2009b) Comparative genomics of grasses promises a bountiful harvest. Plant Physiol 149:125–131
Paterson AH, Freeling M, Sasaki T (2010) Grains of knowledge: genomics of model cereals. Genome 15:1643–1650
Peng JR, Richards DE, Hartley NM et al (1999) 'Green revolution' genes encode mutant gibberellin response modulators. Nature 400:256–261
Pereira MG, Lee M (1995) Identification of genomic regions affecting plant height in sorghum and maize. Theor Appl Genet 90:380–388
Piperno DR, Flannery KV (2001) The earliest archaeological maize (Zea mays L.) from highland Mexico: new accelerator mass spectrometry dates and their implications. Proc Natl Acad Sci U S A 98:2101–2103
Salse J, Feuillet C (2007) Comparative genomics of cereals. In: Varsheny RK, Tuberosa R (eds) Genomic assisted crop improvement, vol 1, Genomics approaches and platforms. Springer, The Netherlands, pp 177–205
Salse J, Piegu B, Cooke R, Delseny M (2004) New in silico insight into the synteny between rice (Oryza sativa L.) and maize (Zea mays L.) highlights reshuffling and identifies new duplications in the rice genome. Plant J 38:396–409
Sanger F, Air GM, Barrell BG et al (1977a) Nucleotide sequence of bacteriophage phi X174 DNA. Nature 265:687–695
Scherrer B, Isidore E, Klein P et al (2005) Large intraspecific haplotype variability at the Rph7 locus results from rapid and recent divergence in the barley genome. Plant Cell 17:361–374
Schnable PS, Ware D, Fulton RS et al (2009) The B73 maize genome: complexity, diversity, and dynamics. Science 326:1112–1115
Shinozuka H, Cogan NOI, Smith KF et al (2010) Finescale comparative genetic and physical mapping supports map-based cloning strategies for the selfincompatibility loci of perennial ryegrass (*Lolium perenne* L.). Plant Mol Biol 72:343–355
Sievers F, Wilm A, Dineen D et al (2011) Fast, scalable generation of high-quality protein multiple sequence alignments using Clustal Omega. Mol Syst Biol 7:539
Singh NK, Raghuvanshi S, Srivastava SK et al (2004) Sequence analysis of the long arm of rice chromosome 11 for rice-wheat synteny. Funct Integr Genomics 4:102–117
Siqueira JF Jr, Fouad AF, Rocas IN (2012) Pyrosequencing as a tool for better understanding of human microbiomes. J Oral Microbiol. doi:10.3402/ jom.v4i0.10743
Song R, Messing J (2003) Gene expression of a gene family in maize based on noncollinear haplotypes. Proc Natl Acad Sci U S A 100:9055–9060
Srinivas G, Satish K, Murali Mohan S et al (2008) Development of genic-microsatellite markers for sorghum staygreen QTL using a comparative genomic approach with rice. Theor Appl Genet 117:283–296
Swigonova Z, Bennetzen JL, Messing J (2005) Structure and evolution of the r/b chromosomal regions in rice, maize and sorghum. Genetics 169:891–906
Tarchini R, Biddle P, Wineland R et al (2000) The complete sequence of 340 kb of DNA around the rice Adh1- Adh2 region reveals interrupted colinearity with maize chromosome 4. Plant Cell 12:381–391
Thompson JD, Gibson TJ, Plewniak F et al (1997) The CLUSTAL_X windows interface: flexible strategies for multiple sequence alignment aided by quality analysis tools. Nucleic Acids Res 25:4876–4882
Tian CG, Xiong YQ, Liu TY et al (2005) Evidence for an

ancient whole genome duplication event in rice and other cereals. Yi Chuan Xue Bao 32:519–527

Tikhonov AP, SanMiguel PJ, Nakajima Y et al (1999) Colinearity and its exceptions in orthologous adh regions of maize and sorghum. Proc Natl Acad Sci U S A 96:7409–7414

Varshney RK, Sigmund R, Borner A et al (2005) Interspecific transferability and comparative mapping of barley EST-SSR markers in wheat, rye and rice. Plant Sci 168:195–202

Varshney RK, Nayak SN, May GD et al (2009) Next generation sequencing technologies and their implications for crop genetics and breeding. Trends Biotechnol 27:522–530

Vicient CM, Jaaskelainen MJ, Kalendar R, Schulman AH (2001) Active retrotransposons are common feature of grass genomes. Plant Physiol 125:1283–1292

Vincens P, Badel-Chagnon A, Andre C et al (2002) D-ASSIRC: distributed program for finding sequence similarities in genomes. Bioinformatics 18:446–451

Vitte C, Bennetzen JL (2006) Analysis of retrotransposon diversity uncovers properties and propensities in angiosperm genome evolution. Proc Natl Acad Sci U S A 103:17638–17643

Vogel JP, Garvin DF, Mockler TC et al (2010) Genome sequencing and analysis of the model grass Brachypodium distachyon. Nature 463:763–768

Vollbrecht E, Springer PS, Goh L et al (2005) Architecture of floral branch systems in maize and related grasses. Nature 436:1119–1126

Wang J, Roe B, Macmil S et al (2010) Microcollinearity between autopolyploid sugarcane and diploid sorghum genomes. BMC Genomics 11:261

Ware D, Jaiswal P, Ni J et al (2002) Gramene: a resource for comparative grass genomics. Nucleic Acids Res 30:103–105

Wong GKS, Wang J, Tao L et al (2002) Compositional gradients inGramineae genes. GenomeRes 12:851–856

Xie T, Hood L (2003) ACGT-a comparative genomics tool. Bioinformatics 19:1039–1040

Yilmaz A, Nishiyama MY Jr, Fuentes BG et al (2009) GRASSIUS: a platform for comparative regulatory genomics across the grasses. Plant Physiol 149:171–180

Yu J, Hu S, Wang J et al (2002) A draft sequence of the rice genome (Oryza sativa L. ssp. indica). Science 296:79–92

Yu J, Wang J, Lin W et al (2005) The genomes of Oryza sativa: a history of duplications. PLoS Biol 3:e38

Zhang LY, Guo XS, He B et al (2011) Genome-wide patterns of genetic variation in sweet and grain sorghum (Sorghum bicolor). Genome Biol 12:R114

Zhang G, Liu X, Quan Z et al (2012) Genome sequence of foxtail millet (Setaria italica) provides insights into grass evolution and biofuel potential. Nat Biotechnol 30:549–554

Zohary D, Hopf M (2000) Domestication of plants in the old world, 3rd edn. Oxford University Press, Oxford

第5章　知識ベースの改良のための融合法に向けてのバイオインフォマティクスの応用とイネゲノミクスにおける計算機統計学の全貌

A Comprehensive Overview on Application of Bioinformatics and Computational Statistics in Rice Genomics Toward an Amalgamated Approach for Improving Acquaintance Base

Jahangir Imam, Mukesh Nitin, Neha Nancy Toppo, Nimai Prasad Mandal, Yogesh Kumar, Mukund Variar, Rajib Bandopadhyay, and Pratyoosh Shukla

要約

イネ（*Oryza sativa* L.）は世界の主要作物であり，世界人口の半分以上で主食となっている。何千年もの栽培および育種から最近のゲノミクスおよびシステム生物学アプローチまで，イネは農業および植物研究で注目の対象となってきた。現代の科学研究は大規模データセットを組織化して分析するためにコンピュータ技術に依存している。イネインフォマティクス（比較的新しい学問領域）は，バイオインフォマティクスの小さな学問領域として急速に発展してきた。イネインフォマティクスは，配列および実験データから重要な発見を抽出するため，育種と進化による自然の実験の力を活用することに専心している。ハイスループットのジェノタイピング（遺伝子多型解析）およびシークエンシング（塩基配列解析）技術の最近の進歩は，使いやすいデータベースへのアクセスと情報検索の利用により，データ収集およびその分析の状況を変化させた。これは，ゲノム情報，化学構造，モデル生成研究の山積み課題を高速に効率よく研究する機会を与えるデータベースツール，計算機集約型技術，統計ソフトウェア（たとえば，パターン認識，データマイニング，機械学習アルゴリズム，R-統計ソフト，MATLAB，および可視化など）の開発と応用に注力している。近年，イネ品種に対する新たに出現してきたさまざまな疾病が，農学者や病理学者にとっての増大する懸念となっている。国際イネ情報システム（IRIS, The International Rice Information System），イネゲノム研究プログラム（RGP, Rice Genome Research Program），統合化イネゲノムエクスプローラ（INE，Integrated Rice Genome Explorer），およびイネプロテオームデータベース（RPD，Rice Proteome Databases）の設立は，*in silico* ソフトウェア（SWISS Model, Modeler, Autodock を用いた相同性モデリングなど）を用いたイネ品種改良の重要な取り組みである。近年継続しているイネのタンパク質とその代謝経路における機能研究は世界中に展開している。イネインフォマティクスは，すでに農業の研究とその発展に大きな衝撃を示し始めた。

キーワード：イネインフォマティクス，IRIS (The International Rice Information System)，イネゲノミクス情報源，イネプロテオミクス情報源，データベース，イネバイオインフォマティクスソフトウェア

略語：

RAP-DB：Rice Annotation Project Database（イネアノテーションプロジェクトデータベース）
ESTs：Expressed Sequence Tag（発現配列タグ）
SAS：Statistical Analysis Software（統計分析ソフトウェア）
IRRI：International Rice Research Institute（国際イネ研究所）
ICIS：International Crop Information System（国際穀物情報システム）
WWW：World Wide Web（ワールドワイドウエブ）
IRIS：International Rice Information System（国際イネ情報システム）
GMS：Genealogy Management System（系統管理研究所）
NCBI：National Center for Biotechnology Information（国立生物工学情報センター）
EMBL：European Molecular Biology Laboratory（欧州分子生物学研究所）
EBI：European Bioinformatics Institute（欧州バイオインフィマティクス研究所）
DDBJ：DNA Data Bank of Japan（日本DNAデータバンク）
TIGR：The Institute of Genomic Research（ゲノム研究所）
IRFGC：International Rice Functional Genomics Consortium（国際イネ機能ゲノミクスコンソーシアム）
GWAS：Genome Wide Association Study（全ゲノム連関解析）
OMAP：Oryza Mapping Alignment Project（イネマッピング整列プロジェクト）
MOsDB：MIPS Rice (*Oryza sativa*) database（MIPSイネデータベース）
RiceGAAS：Rice Genome Automated Annotation System（イネゲノム自動アノテーションシステム）
RED：Rice Expression Databases（イネ発現データベース）
RMOS：Rice Microarray Opening Site（イネマイクロアレイ公開サイト）
RAD：Rice Array Database（イネアレイデータベース）
CREP：Collection of Rice Expression Profiles（イネ発現プロフィール集積物）
RAN：Rice Array Net（イネアレイネット）
RGKbase：Rice Genome Knowledge base（イネゲノム知識ベース）
MATLAB：MATrixLABoratory（マトリックス・ラボラトリー）
GRNN：Generalized Regression Neural Network（一般化回帰ニューラルネットワーク）
BPNN：Back Propagation Neural Network（逆伝播ニューラルネットワーク）
PDB：Protein Data Bank（タンパク質データバンク）

J. Imam
Biotechnology Laboratory, Central Rainfed Upland Rice Research Station (CRRI), Hazaribagh 825301, Jharkhand, India

Enzyme Technology and Protein Bioinformatics Laboratory, Department of Microbiology, Maharshi Dayanand University, Rohtak 124001, Haryana, India

M. Nitin • N.N. Toppo • N.P. Mandal • Y. Kumar
M. Variar (✉)
Biotechnology Laboratory, Central Rainfed Upland Rice Research Station (CRRI), Hazaribagh 825301, Jharkhand, India
e-mail: mukund.variar@gmail.com

R. Bandopadhyay
Department of Biotechnology, Birla Institute of Technology, Mesra, Ranchi 835215, Jharkhand, India

P. Shukla (✉)
Enzyme Technology and Protein Bioinformatics Laboratory, Department of Microbiology, Maharshi Dayanand University, Rohtak 124001, Haryana, India
e-mail: pratyoosh.shukla@gmail.com

K.K. P.B. et al. (eds.), *Agricultural Bioinformatics*,
DOI 10.1007/978-81-322-1880-7_5, © Springer India 2014

1. はじめに

イネは，世界人口の約半分で主食となっている作物である。いくつかの農業作物のなかで，イネは，多くの生物学的特徴，および遺伝学，育種，ゲノミクス，遺伝資源の収集と維持，システム生物学，および機能的ゲノミクスの分野で最近の研究の進歩があるモデル単子葉植物となってきたために，バイオインフォマティクスと計算機生物学の研究にとって最も重要な作物の一つであると考えられている。この 30 年間，バイオテクノロジーの進歩は，とくに育種，優良遺伝子型の選択，大規模 cDNA 解析，遺伝地図作成，およびゲノム塩基配列解析で多くのイネ研究プログラムの促進をもたらした (Khush および Brar 1998；Sasaki および Burr 2000)。同時に，バイオテクノロジー研究の進歩は，イネ研究におけるイネインフォマティクスという新時代への道を開拓し，イネの作物改良の新しい機会と方向を開き，食物安全保障上の世界的な問題に関する課題に対処することになる。日本米品種日本晴 Nipponbare のゲノムシークエンシングプロジェクトは 10 か国の共同研究によって 2005 年に完了し，HTTP のアクセスを通じたイネゲノムの正確なアノテーションを提供するため RAP-DB (Rice Annotation Project Database, イネアノテーションプロジェクトデータベース) が確立された (IRGSP 2005；Itoh ら 2007)。イネゲノムシーケンス研究および関連のゲノミクス情報源整備と並行して，イネ育種研究および分子マーカー資源開発の進歩は，研究者による農業上重要な遺伝子および QTL の同定，分離および組込みを研究者が高速化することを手助けした (Ashikari ら 2005；Konishi ら 2006；Ma ら 2006, 2007；Kurakawa ら 2007)。

イネ研究の最近の進歩は，大規模シークエンシング，数千遺伝子の発現プロファイリング，表現型解析，およびトランスクリプトミクス，プロテオミクス，メタボロミクス上の戦略などに由来するハイスループットデータの出現に関連している (Nagamura および Antonio 2010)。さらに，現在は，大量生産による変異系統群，および完全長 cDNA クローン群，およびそれらの統合的関連データベース群などの生物資源の大規模集積物が，利用できる (Brady および Provart 2009；Kuromori ら 2009；Seki および Shinozaki 2009)。これらの戦略からのゲノミクスデータの大規模集積物により，そのデータに研究者がアクセスしやすく理解しやすい形式に変換する必要性および重要性を産み，これは最終的に解析され有用な生物学的情報に解釈できる (Lewis ら 2000)。このデータを組織化するための，この頑健なインフラのために，分析の計算法，および使いやすいデータベースを用いたさまざまなタイプのデータの統合および検索のインターフェイスが開発された (Nagamura および Antonio 2010)。

バイオインフォマティクスの利用は，高速なイネの科学研究のきっかけとなった。これは，従来法よりもはるかに高速なデータ処理およびデータ解析による簡単で便利な方法に貢献した。学術コンテンツの最新情報へのアクセス，共同研究者との通信，研究者間の 2 方向通信過程への貢献，および情報資源のより簡単な公表におけるインターネットの能力は，イネ関連情報および技術の進歩で認められるようになってきた (Ram および Rao 2012)。現在，多数のバイオインフォマティクスの情報源を World Wide Web を介して世界中の研究者が利用できる。現在，研究者は自分たちの研究結果を Web 上に容易に投稿でき，またはその結果を以前の結果と比較できる。施設間のデータへのアクセスの容易さおよびデータ共有は，共同研究の機会を増加し，そのためにイネの科学研究分野における研究活動と発展を劇的に加速した。これらの発展は，データベース，ウェブサーバ，記事，およびこの分野での研究組織の利用公開を通じて強調される。

農業分野での主要な焦点はイネ研究であり，この 20 年間はシークエンシング技術の進歩に関するものである。イネ研究の各段階で，食物安全保障の世界的問題は白熱した論点であり，形態学的および生理学的研究から，マーカー支援によるイネの品種改良，バイオインフォマティクス技術の開発まで，この問題に注力し，対応してきた。バイオインフォマティクスにおけるイネ研究の進歩は，このことにおいて中心的役割を果たした。後に，大規模 DNA 解析，遺伝地図作成，ゲノム配列解析が，イネゲノムのコンピュータの産生する情報の顕著な増加をもたらした（Sasaki および Burr 2000）。同時期に，EST（Expressed Sequence Tags）研究などのシークエンシング技術の進歩が，イネの遺伝子発現研究の道筋を変化させた。EST プロジェクトは，NCBI dbEST（http://ncbi.nlm.nih.gov/dbEST/dbEST_summary.html）上に公開された GenBank の約 1,251,304 個のエントリーデータをまとめて表示している［GenBank Release 1.3.2011］（Ram および Rao 2012）。近年，新しいソフトウェアおよび統計分析の発展により，イネ（*Oryza sativa* L.）の生理学実験に，R（v. 2.8.0）を用いて，ANOVA およびテューキーの HSD 検定（Tukey honestly significant difference test）による平均の比較分析により実施された（Swamy ら 2013）。R（v. 2.8.0）は，統計計算とグラフィックスのためのフリーソフトウェアである。これは，広範なさまざまな UNIX プラットホーム，Windows および MacOS 上でコンパイルして実行する。MATLAB は，データ分析および可視化用のパッケージソフトウェアである。MATLAB は大規模なグリッド化データセットを非常に簡単に処理できるため，気候変動の分析や確率モデルの設計に，農業系研究者は，MATLAB を用いる。SAS（Statistical Analysis Software）も，農作物の科学研究で統計データの分析に広く用いられる統計パッケージの一つである。イネ植物は多様な機構でさまざまなストレスに応答する。大規模な情報であるイネゲノム配列の公開は，ゲノミクスおよびプロテオミクスの研究から産生され，*in silico* の計算機バイオインフォマティクスツールにおいて，イネにおける環境ストレスを管理する新しいプラットホームが設置される。2 個のタンパク質間の *in silico* ドッキングにより，イネの EDS1 および PAD4 間の顕著なタンパク質-タンパク質相互作用が示され，これはこれらが二量体タンパク質複合体が形成されることが提案され，これはおそらくシロイヌナズナの場合と同様に，植物におけるサリチル酸シグナル伝達経路を引き起こすのにも重要である（Singh および Shah 2012）。

2. イネ（*Oryza sativa*）：単子葉植物のモデル種

イネ科は，トウモロコシ，コムギ，オオムギ，サトウキビ，ソルガム，およびイネなどのほとんどの農業用作物種を含む単子葉植物の中で最も重要なものの一つである。これらの種は，ゲノム全体で，広範なシンテニーを共有し，種の一つを，科のなかの比較ゲノミクスおよびバイオインフォマティクス研究の基盤にすることができる（Moore ら 1995）。

イネはそのなかで主要な単子葉植物の一つであり，さまざまなバイオテクノロジーおよびバイオインフォマティクス研究のモデル種として用いられる。イネは，ゲノミクスおよびバイオインフォマティクス研究に最も適した種であり，そのゲノムサイズが小さい（～431 Mb）ことがモデル種として選択されるおもな理由である。2番目の理由は，遺伝子的な，および分子的な資源が利用できることである。日本米品種である日本晴Nipponbareの完全ゲノム塩基配列決定終了後に，イネ研究は大変革した。

3. イネ情報システム：イネインフォマティクス

計算機および情報技術は，バイオテクノロジーおよびバイオインフォマティクス研究を大変革した。分子生物学と遺伝資源の保存における最新技術は，配列情報，遺伝子情報および表現型情報の分析の速度を加速した（Ram および Rao 2012）。IRRI（International Rice Research Institute, 国際イネ研究所）は，CIMMYT（International Maize and Wheat Improvement Center, 国際トウモロコシおよびコムギ品種改良センター）と共同で，ICIS（International Crop Information System, 国際作物情報システム）プロジェクトを設立した。このプロジェクトでは，科学者は新しくかつ進歩的なバイオインフォマティクスソフトウェアの使用に関するさまざまな改良を行い，また研究を促進し加速化するソフトウェアの開発，およびイネおよびトウモロコシなどさまざまな作物由来の情報のリンクの構築を実施している。これによりICISは，公的に公開され，研究者が容易にアクセスできるイネの膨大なデータセットを維持している。

4. Webツールとイネの情報源

イネの品種改良において，ゲノミクス情報源の知識獲得により生産された膨大なデータおよび情報の結果により，農学系研究者に，将来の使用のためにデータを維持し，データを処理するという課題が示された。このような活動は，データベースの形でデータ維持の仕組みを構築した。世界のイネ研究，およびイネ分野で機能する組織は，そのようなデータベースを開発し維持してきた。データベース，ソフトウェアツール，ウェブサーバなどがデータ管理に使用でき，分子レベルの活性の処理，またはイネの耐病性品種の生産など，イネに関する問題の解決に利用される（Ram および Rao 2012）。www（World Wide Web）は，多くのバイオインフォマティクス資源を，現在wwwを通じて全世界で利用できるように，研究者間の膨大な情報共有機構を提供する。

4.1 IRIS (International Rice Information System)

IRIS（International Rice Information System, 国際イネ情報システム）は，遺伝子資源および遺伝資源の改良に関する世界中の情報を管理および維持するデータベースシステムであるICIS（International Crop Information System）のイネでの実装である（Bruskiewich ら 2003）。1995年に，国際農業研究センターであるCIMMYT（International Maize および Wheat Improvement Center）および IRRI（International Rice Research Institute）は，他の

CGIAR (Consultative Group on International Agricultural Research, 国際農業研究協議グループ) センターと共同で，広範囲の作物に対する作物データ管理における問題点克服のために，ICIS (International Crop Information System, 国際作物情報システム，Fox および Skovmand 1996) の開発プロジェクトを開始した。いくつかの CGIAR センター，国立農業研究システム，および先端研究施設が，どの作物および育種システムに対してもすべてのデータ源を適応させるような汎用的システムとして ICIS の開発に協力している。ICIS は基本的に二つの目的がある。1 番目は，プライベートデータセットおよび公的なデータセットの両方のさまざまなデータ型を単一の情報システムに統合すること，2 番目は専門家の見解およびこの統合プラットホーム上で動くアプリケーションを提供することである。ゲノム解析の完了後，ICIS は遺伝資源の保存および評価，機能ゲノミクス，アレル探索，育種，検査およびリリースに由来する一連の活動を支援することになる。ICIS の GMS (Genealogy Management System, 系統管理システム) は，遺伝資源のユニークな同定，命名の管理 (同音異義語と同義語を含む)，およびすべての遺伝資源の開発情報の保持を確実なものにする中心的なデータベースである。ICIS システムは高速で使いやすく，PC ベースであり，CD-ROM やまたオンライン (http://www.iris.irri.org/) で利用できる。主として，ICIS (IRIS) は，生物学者が手持ちのデータやクエリを管理し，世界的な公共の情報と完全に統合して自分のデータを見られるように設計されている。ICIS の一つの革新的な特徴として，独立した外部ユーザーの手持ちのデータを，公的なコアデータと統合することが許容されていることがある。IRIS は，オープンソースの ICIS プロジェクトの下で開発されている。コードは誰でも自由に利用でき，ICIS プロジェクトについての最新の情報は http://www.icis.cgiar.org でアクセスできる。

4.2 データベース開発

コンピュータベースのデータベースは分子生物学，バイオテクノロジー，およびバイオインフォマティクスの分野の新しいイノベーションであり，情報の使用，およびオンラインのアクセシビリティにその範囲を見出している。GenBank の三つの主要なデータベース源である NCBI (National Center for Biotechnology Information, 国立生物工学情報センター：http://ncbi.nlm.nih.gov)，EBI (European Bioinformatics Institute, 欧州バイオインフォマティクス研究所：http://www.ebi.ac.uk/) の EMBL (European Molecular Biology Laboratory, 欧州分子生物学研究所)，および DDBJ (DNA Data Bank of Japan, 日本 DNA データバンク：http://ddbj.nig.ac.jp)，生物学的情報の管理が主要な役割である。これらの機関に提出された基本的な配列データは，基本的データを補足するため，普段から自動的に他の機関へとミラーリングすることができる。配列データを超えた，ある範囲の適切な機能ゲノミクス，プロテオミクス，構造化実験データ，および関連データは，さまざまなカテゴリーでさまざまな種類のデータベースの開発に，さまざまな組織で利用されている。イネにおけるそのようなデータベースの一覧を**表 1** に示す。

表１　利用可能なイネの主要な構造的および機能的ゲノミクスのデータベース

シリアル番号	データベース	説明 / おもな特徴	URL
1	DRTF	イネ転写因子のデータベース	http://drtf.cbi.pku.edu.cn/
2	RAP-DB	イネ日本米品種日本晴（*Oryza sativa* ssp. *Japonica* cv. Nipponbare）のゲノム配列およびアノテーション	http://rapdb.dna.affrc.go.jp/
3	Rice Genome Annotation（イネゲノムアノテーション）	イネ日本米品種日本晴（*Oryza sativa* ssp. *Japonica* cv. Nipponbare）のゲノム配列およびアノテーション	http://rice.plantbiology.msu.edu/
4	RISe	イネインディカ品種（93-11）およびジャポニカ米品種（日本晴）の配列コンティグおよびアノテーション	http://rice.genomics.org.cn/
5	OryzaSNP（イネ SNP）	イネとその品種由来の SNP データ	http://oryzasnp.org/
6	Rice Haplotype Map（イネハップマップ）	517 種のイネ在来種の SNP データ	http://www.ncgr.ac.cn/RiceHapMap
7	Koshihikari genome（コシヒカリゲノム）	イネ日本米品種コシヒカリ（*Oryza sativa* ssp. *Japonica* cv. Koshihikari）のゲノム配列	http://koshigenome.dna.affrc.go.jp/
8	OMAP	イネ地図整列プロジェクト	http://www.omap.org/
9	dbEST	イネ ESTs	http://www.ncbi.nlm.nih.gov/
10	KOME	ジャポニカ米完全長 cDNA 配列	http://cdna01.dna.affrc.go.jp/cDNA/
11	RICD	インディカ米完全長 cDNA 配列	http://www.ncgr.ac.cn/ricd
12	Rice MPSS（イネ MPSS）	イネ小分子 RNA の MPSS（Massively parallel signature sequencing　大規模並列シグネチャー配列）データ	http://mpss.udel.edu/rice/
13	Rice PARE（イネ PARE）	RNA 端の並列分析	http://mpss.udel.edu/rice/
14	Rice SBS（イネ SBS）	イネ小分子 RNA SBS（Sequencing by Synthesis）データ	http://mpss.udel.edu/rice/
15	Indica MPSS（インディカ MPSS）	インディカ米小分子 RNA MPSS データ；MPSS（Massively parallel signature sequencing　大規模並列シグネチャー配列）	http://mpss.udel.edu/rice/
16	Tos17 Insertion Mutant Database（Tos17 挿入変異体データベース）	Tos17 挿入変異体パネル	http://tos.nias.affrc.go.jp/
17	Rice Mutant Database（イネ変異体データベース）	T-DNA 挿入系統	http://rmd.ncpgr.cn/
18	TRIM	イネ変挿入異体系統	http://trim.sinica.edu.tw/index.php
19	SHIP	上海 T-DNA 挿入集団	http://ship.plantsignal.cn/index.do

（続く）

表1 （続き）

シリアル番号	データベース	説明／おもな特徴	URL
20	Oryza Tag Line（イネタグライン）	T-DNA および Ds 隣接配列タグ	http://urgi.versailles.inra.fr/OryzaTagLine/
21	IR64 Rice Mutant Database（IR64 イネ変異データベース）	IR64 の変異作製による変異系統	http://irfgc.irri.org/cgi-bin/gbrowse/IR64_deletion_mutants/
22	Rice Array DB（イネアレイデータベース）	アメリカ国立科学財団（NSF）のイネオリゴヌクレオチドアレイプロジェクト	http://www.ricearray.org/
23	Rice Atlas（イネアトラス）	イネ細胞レベルの発現プロフィールデータベース	www.yalescientific.org/2010/02/the-rice-atlas/
24	OryzaExpress	系統ベースのイネ遺伝子発現プロフィール	http://bioinf.mind.meiji.ac.jp/OryzaExpress/
25	CREP	イネの遺伝子発現プロフィール収集	http://crep.ncpgr.cn/crep-cgi/home.pl
26	RiceXpro	イネ発現プロフィールデータベース	http://ricexpro.dna.affrc.go.jp/
27	NIAS Genebank	30000 個のイネへのアクセス	http://www.gene.affrc.go.jp/
28	National Plant Germplasm（国立植物遺伝資源）	米国農務省遺伝資源データベース	http://www.ars-grin.gov/npgs/
29	IRIS	International Rice Information System（国際イネ情報システム）	http://www.iris.irri.org/germplasm/
30	Gramene	イネにアンカーされたイネ科ゲノムデータ	http://www.gramene.org/
31	Oryzabase	イネ遺伝学データベース	http://www.shigen.nig.ac.jp/rice/oryzabase/
32	GreenPhyl	植物ゲノミクスデータベース	http://greenphyl.cirad.fr/v2/cgi-bin/index.cgi
33	Rice Phylomics（イネ Phylomics）	イネのフィロミクス分析データ	http://phylomics.ucdavis.edu/
34	RKD	イネキナーゼデータベース	http://phylomics.ucdavis.edu/ kinase/
35	Rice GT（イネ GT）	イネグリコシルトランスフェラーゼデータベース	http://phylomics.ucdavis.edu/cellwalls/gt/
36	SALAD	保存アミノ酸配列のクラスタリング	http://salad.dna.affrc.go.jp/
37	Q-TARO	イネの QTL 地図作成情報	http://qtaro.abr.affrc.go.jp/
38	Rice TOGO Browser（イネ TOGO ブラウザ）	統合イネゲノミクスブラウザ	http://agri-trait.dna.affrc.go.jp/
39	INE	国際イネゲノムエクスプローラ	http://ine.dna.affrc.go.jp/giot/
40	MOsDB	MIPS（Munich Information Center for Protein Sequences）イネデータベース	http://mips.gsf.de/proj/plant/jsf/rice/index.jsp

（続く）

表１（続き）

シリアル番号	データベース	説明 / おもな特徴	URL
41	OryGenesDB	イネ遺伝子，T-DNA および Ds 隣接配列タグ	http://orygenesdb.cirad.fr/
42	Rice Annotation DB（イネアノテーションデータベース）	イネゲノム手動アノテーションのコンティグデータ	http://ricedb.plantenergy.uwa.edu.au/
43	Rice pipeline（イネパイプライン）	イネデータベース統一化ツール	http://cdna01.dna.affrc.go.jp/PIPE
44	Rice Proteome DB	イネプロテオームデータベース	http://gene64.dna.affrc.go.jp/RPD/main_en.html
45	RiceGAAS	イネゲノム自動化アノテーションシステム	http://ricegaas.dna.affrc.go.jp/
46	Rice Genome Project/IRGSP（イネゲノムプトジェクト/IRGSP）	国際イネゲノム配列プロジェクト（IRGSP），公的助成による研究室のコンソーシアム	http://rgp.dna.affrc.go.jp/E/IRGSP/
47	TIGR Rice（TIGR イネ）	The TIGR イネゲノムプロジェクト BLAST，BLAST プログラムで検索で使用するデータベース収集のためのサーバ	http://blast.jevi.org/euk-blast/ index.cgi/project1=osa1
48	IRFGC	国際イネ機能ゲノミクスコンソーシアム	http://irfgc.irri.org/
49	RED	イネ発現データベース	http://red.dna.affrc.go.jp/cDNA/
50	Yale Plant Genomics	Yale 植物ゲノミクス	http://plantgenomics.biology.yale.edu/
51	Genevestigator	多器官マイクロアレイデータベースおよび発現メタアナリシスツール	http://www.genevestigator.com/
52	AgriTOGO	日本の農水省のさまざまなゲノムプロジェクトに由来する情報および資源データベースシステム	http://togo.dna.affrc.go.jp/
53	VanshanuDhan	Vanshanu イネゲノムデータベース	http://www.nrcpb.org/

4.3　構造的および機能的ゲノミクスデータベース

イネゲノミクスデータベースは，育種者がおもに関心をもつ多数の経済的に重要な形質など，すべての生物学的過程の遺伝学的および分子学的基盤の理解に使用できる主要な情報源である。ゲノム配列から解読できる基本的情報は，高収率，生物/非生物ストレス抵抗性，良好な食感などの標的形質を有する新しい品種の開発に必須である。広範な遺伝子および分子マーカーの利用可能性は，ゲノミクス分析にとってイネを重要な種とした。2004 年にイネゲノム配列解析が完了し，標準的なアノテーションが必要に応じてゲノム配列からの情報も完全に使用し，理解することが可能である。これは，イネゲノムの構造的および機能的特徴分析のプラットホームの確立をもたらした。RAP-DB（The Rice Annotation Project Database，イネアノテーションプロジェクトデータベース）は，イネゲノムの配列およびアノテーションデータを与える。RAP-DBは，イネジャポニカ米品種（Oryza sativa ssp. Japonica）のゲノム情報のためのハブである。

このウェブベースのツールは，イネの日本晴品種のイネゲノム配列に関する情報，12本のイネ染色体のアノテーションを与える。RAP-DBは，IRGSPゲノム配列（build 3 assembly）（IRGSP 2005）およびアノテーション付けされた遺伝子を表すRAP遺伝子座のIDを含む。RAP-DBの主要概念は，IRGSPゲノム配列とRAPアノテーションへの簡単なアクセスを提供することである。RAP-DBは，2種類のアノテーションビューア，BLASTおよびBLAT検索，およびその他の有用な特徴をもつ。TIGR（The Institute of Genomic Research）は，アノテーションの質を改良するために，新しいデータをもつイネゲノム配列の領域で活動している。TIGRイネゲノムプロジェクトBLAST サーバは，BLASTプログラムであるblastn，blastx，tblastn，およびtblastxの検索に用いるデータベースの集合体をもつ。The TIGR Rice Pseudomoleculesデータベースによって，ユーザは12のTIGRのイネ偽分子データベースの最新バージョンに対して検索できる。これらのデータベースは，イネゲノムの包括的分析を提供する目的で概念化され，ゲノミクス要素を同定するための構造的アノテーション，および配列データに生物学的意味を付けるための機能的アノテーションの両方を含む。

国際機能ゲノミクスコンソーシアム（IRFGC, The International Rice Functional Genomics Consortium）は，遺伝子に富むゲノミクス配列の100 Mbの領域のリシークエンシングを実施し，国際的な育種計画で通常使われる20種のさまざまなイネ品種と在来種からのSNP多型を決定し，栽培型イネの印象的な遺伝子型および表現型の多様性を認めた（McNallyら2009）。Zhaoら（2011）は，82か国から集めたイネ*O. sativa*の413個の多様なアクセション（accession）にわたり，44,100個のSNP多型に基づいた詳細な全ゲノム連関解析（GWAS）の結果を示し，34個の形質について系統的に表現型を決定した。SNP多型は，日本のイネの177個のアクセションで分析され，3グループに分類されている。すなわち，在来種，1931年から1974年までに開発された改良型栽培種（初期育種段階），1975年から2005年までに開発された改良型栽培種（後期育種段階）（Yonemaruら2012）である。イネマッピング整列プロジェクト（OMAP, Oryza Mapping Alignment Project）（Wingら2005）は，イネ野生種ゲノムの特徴を分析するために開始され，すでに栽培型イネのアフリカ種である*Oryza glaberrima*のゲノム配列を発表している。近年のゲノム配列解析の進歩の恩恵により，研究者はOryza属内，二つの主要亜種内，さまざまなイネ栽培品種と在来種にわたり，栽培型イネの品種改良に大きな可能性がある膨大な遺伝子多型情報にアクセスできる（NagamuraおよびAntonio 2010）。完全なゲノム塩基配列データと共に，短いEST（Expressed Sequence Tags, 発現配列タグ），dbEST内の完全長cDNA配列データベース，およびKOMEも遺伝子発現と多型の評価に有用である。さらに，マイクロRNA（miRNA），低分子干渉性RNAs（siRNAs），トランス活性化性のsiRNAs，およびヘテロクロマチンsiRNAなどの短いリード配列は，デラウェア大学のイネデータベース経由でアクセスできる（Simonら2008）。とくに，イネMPSS（Massively parallel signature sequencing，大規模並列シグネチャー配列）のデータベースは，イネのアノテートされた遺伝子のセンスおよびアンチセンス発現に関する詳細な情報を有する，低分子RNA配列のレポジトリである（Kan ら 2007）。ゲノム配列，およびすべての短い長さの転写産物の情報源は，イネの情報を大きく増加させ，農業で重要な形質の遺伝的制御の理解を助けるだろう。

MIPS（Munich Information Center for Protein Sequences）イネ（*Oryza sativa*）データベース（MOsDB）は，イネのゲノム情報に専念した包括的データ収集体を提供する。MOsDB は，二つの公的に公開されたイネゲノミクス配列のデータを統合する。すなわち，インディカ種（*O. sativa* L. ssp. *Indica*）およびジャポニカ種（*O. sativa* L. ssp. *Japonica*）である。MOsDB は，内部および外部アノテーションなど関連データ分析のための統合情報源と，同じくすべてのアノテートされたイネ遺伝子の複雑な特徴分析を提供する。それは，公的に利用可能なイネゲノム配列への最新のアクセスおよび種々の検索オプションを含む。MOsDB は，増加しているデータ型範囲および拡大しているイネゲノムの情報量を含むように持続的に拡大中である。RiceGAAS（Rice Genome Automated Annotation System, イネゲノム自動アノテーションシステム）もさまざまな構造的および機能的成分を同定するために広範に用いられている（Sakata ら 2002）。それは，ゲノム配列の信頼できる最新の分析を行うとともに，アノテーション結果を保存し検索するために開発されてきた。RiceGAAS システムは，GenBank からイネゲノム配列を収集し，そのあと複数の遺伝子予測プログラムと相同性検索結果を組み合わせるアルゴリズムに基づいて遺伝子予測，エクソン，スプライス部位，反復，および tRNA を分析して機能的分析を行う。RiceGAAS システムは 14 個の分析プログラムからなる。これらは，タンパク質データベースおよびイネ EST データベースに対する相同性検索のための BLAST，遺伝子ドメイン予測のための GENSCAN および RiceHMM，エクソン予測のための MZEF，スプライス部位予測のための SplicePredictor，およびその他を含む（Sakata ら 2002）。そのため RiceGAAS は，集積された配列データの系統的および包括的アノテーションを提供する。

OryGenDB は，イネ機能ゲノミクスのもう一つのデータベースである。このデータベースは，イネ逆遺伝学の対話型ツールである。イネ遺伝子の挿入変異体は，このデータベースで容易にアクセスできる隣接配列タグ（FST, flanking sequence tag）情報によってカタログ化されている。Oryzabase は，イネゲノム情報源の統合データベースである。Oryzabase は，生物学的データを分子ゲノミクス情報と統合することで，モデル単子葉植物としてイネ（*Oryza sativa*）を包括的に閲覧するために作成された（http://www.shigen.nig.ac.jp/rice/oryzabase/top/top.jsp）。このデータベースは，イネの発生，および解剖，イネ変異体，およびとくにイネ野生種に関する遺伝子情報源についての情報を含む。いくつかの遺伝地図，物理地図および，全ゲノムおよび cDNA 配列のをもつ発現地図も，Oryzabase で生物学的データと連結している。これは，イネのライフサイクル，表現型および遺伝子機能間の関係，およびイネの遺伝的多様性に関するより大きな知識の獲得に有用なツールを提供する（Kurata および Yamazaki 2006）。

またデータベースは，イネの変異体系統のスクリーニング，および表現型分類のために開発されており，特定の形態的および生理学的特徴をもつ系統の選択に使える。この変異体データベースのいくつかは，ジャポニカ米栽培種である日本晴由来の約 50,000 個の Tos17 挿入変異系統を有する Rice Tos17 Insertion Mutant Database（イネ Tos17 挿入変異体データベース，Miyao ら 2007），134,346 個のイネ T-DNA 挿入系統を含む RMD（Rice Mutant Database, イネ変異体データベース）(Zhang ら 2006)，55,000 個の T-DNA 挿入系統を有する TRIM (Taiwan Rice Insertional Mutants, 台湾イネ挿入変異体，Chern ら 2007)，65,000 個の T-DNA 挿入系統を含む Shanghai T-DNA Insertion Population Database (SHIP, 上海 T-DNA 挿入集団データベース)，46,000 個の T-DNA および Ds 挿入系統を有する Oryza Tag Line (Larmande ら 2008)，および IR64 品種の放射線照射および化学的変異体について表現型情報を有する IR64 Rice Mutant Database (Wu ら 2005) などを含んでいる。これらのデータベースは多くは，中断した遺伝子の隣接配列の情報を与えるため，ユーザーは利用可能な変異体をスクリーニングできる。

バイオインフォマティクスのもう一つの大きな部分は，ゲノム発現データの膨大な量の分析であり，これはマイクロアレイと SAGE (Serial Analysis of Gene Expression) 法によって生成される (Gerstein および Jansen 2000)。このような大量のデータの分析のため，RED (Rice Expression Databases, イネ発現データベース）および RMOS (Rice Microarray Opening Site, イネマイクロアレイオープンサイト)，RAD (Rice Array Database, イネアレイデータベース)，Rice Atlas, OryzaExpress，CREP (Collection of Rice Expression Profiles, イネ発現プロファイルの集合体)，RiceArrayNet (RAN)，RiceChip.Org，Rice MPSS，RicePLEX，MGOS (*Magnaporthe grisea*, *Oryza sativa*, イネイモチ病およびイネ）データベース，および Rice Gene Expression Profile（イネ遺伝子発現プロフィール）データベース (RiceXPro) などの，多数の分析ツールとデータベースが開発された。これらのデータベースは，特定の基準に基づいたさまざまなサンプルからの発現プロフィールを比較できる分析ツールを提供する。さらに，これらのデータベースは遺伝子発現ネットワーク，およびゲノムアノテーション，代謝経路および遺伝子発現などの種々の種類のオミクス情報を提供する。

ゲノムアセンブリおよびアノテーションのよりよい分析のために，データベース，すなわち RGKbase (Rice Genome Knowledgebase, イネ知識ベース：イネ比較ゲノミクスおよび進化生物学のためのアノテーションデータベース）が導入されてきた (Wang ら 2012)。RGKbase は三つのおもな構成要素をもつ。すなわち (1) イネゲノミクスと分子生物学に関する統合データキュレーション，(2) 使いやすいビューア，および (3) 組成およびシンテニー分析のためのバイオインフォマティクスツール，である。現在，RGKbase は，5 種のイネ栽培種および品種からのデータを含み，新しいデータセットが持続的にその中に導入されている。AgriTOGO の成分データベースでイネ TOGO ブラウザ (Rice TOGO Browser) として知られる非常に重要なゲノミクスデータベースは，イネ機能および応用ゲノミクスの統合データベースである。イネ TOGO ブラウザは，ゲノムの特定の領域と関連する特定の遺伝子，配列，遺伝子マーカー，および表現型に関する情報を検索するために，三つの検索選択肢（すなわち，キーワード検索，領域検索，および形質検索）を提供する使いやすいウェブインターフェイスを通じてアクセスできる (Nagamura ら 2010)。

4.4　イネプロテオミクスデータベース

イネゲノム塩基配列決定が完了し，タンパク質の機能，機能的ネットワーク，および3次元構造の詳細研究であるプロテオーム分析が，注目されてきた。多くのイネプロテオミクスデータベースも利用可能であり，これは，細胞システムにおけるタンパク質機能，タンパク質-タンパク質相互作用，および下流のタンパク質機能のより良い理解のための重要な情報源である。今日，イネプロテオミクス分析に利用できるプロテオーム関連データベースおよびツールのリストが存在する。これは，ExPASy Proteomics ツール，ExPASy における Compute pI/Mw ツール，ProteinProspector，aBi の pIans MW 計算サービス，SWISS-PROT および TrEMBL，ProteinProspector (UCSF)，Rockefeller Univ Prowl (検索エンジン)，Mascot，EMBL，PeptideSearch，Swiss-protExPaSy，YPD (Proteome Inc.)，および Sherpa である。ショットガンプロテオミクス-ゲノミクスに基づいたイネプロテオームデータベースである OryzaPG-DB は，実験的ショットガンプロテオミクスデータのゲノミクスによる特徴を組み込んでいる。このデータベースのバージョンは，27個の nanoLC-MS/MS の結果およびハイブリッドイオントラップ-オービトラップ質量分析計での実行により作成され，未分化培養イネ細胞からのトリプシン消化物の分析に高い正確性を提供する。約3,200個の遺伝子がこれらのペプチドで占められ，そのうち40個は新しいゲノミクス的特徴を含んでいた。OryzaPG は，イネプロテオームの最初のプロテオゲノミクスベースのデータベースであり，対応するゲノミクスの起源と，ペプチドベースの発現プロフィールを提供しており，各ペプチドの新規性のアノテーションが含まれている (Helmy ら 2011)。

Rice Proteome Database は，イネのプロテオームを記述した最初の詳細データベースである。Rice Proteome Database は，さまざまなイネの組織および細胞内器官由来のタンパク質の2次元ポリアクリルアミド電気泳動に基づいた23個の参照地図を含む。これらの参照マップは13,129個の同定されたタンパク質を含み，5,092個のタンパク質のアミノ酸配列がデータベースに格納されている。成長あるいはストレス応答に関わるおもなタンパク質が，プロテオミクス的方法によって同定された。Rice Proteome Database は，分子量，等電点，発現などの各タンパク質の計算による特性，タンパク質シーケンサーおよび質量分析器を用いて決定したアミノ酸配列などの実験的な測定による特性，および配列相同性などのデータベース検索の結果を含んでいる。データベースは，キーワード，アクセション番号，タンパク質名，等電点，分子量，およびアミノ酸配列によって，あるいは一つの二次元電気泳動の参照地図上のスポットの選択によって検索できる (Komatsu ら 2004)。Rice Proteome Database から得られた情報は，未知のタンパク質の遺伝子クローニングおよび機能予測を助けるだろう。

イネ研究でよく用いられる重要なプロテオームデータベースとウエブの情報源を，**表2**に示す。ここに示したデータベースはイネプロテオミクスデータベースの比較に用いられてきたさまざまなカテゴリーに分類される。

表 2　世界中で公開されている主要なイネプロテオミクスデータベース

シリアル番号	データベース	説明 / おもな特徴	URL
1	WORLD-2DPAGE	二次元ポリアクリルアミドゲルのデータベースとサービスのインデックス	http://www.expasy.ch/ch2d/2d-index.html
2	SWISS-2DPAGE	二次元ポリアクリルアミドゲル電気泳動およびSDS-PAGEの注釈付きデータベース	http://www.expasy.ch/ch2d/2d-top.html
3	YPM	酵母のプロテオーム地図データベース	http://www.ibgc.u-bordeaux2.fr/YPM
4	YEAST 2D-PAGE	酵母の二次元ポリアクリルアミドゲル電気泳動のデータベース	www.world-2dpage.expasy.org/list/
5	ECO2DBASE	大腸菌の二次元ポリアクリルアミドゲル電気泳動のデータベース	http://pcsf.brcf.med.umich.edu/eco2dbase
6	Sub2D	枯草菌 (Bacillus subtilis) の二次元ポリアクリルアミドゲル電気泳動のデータベース	http://pc13mi.biologie.uni-greifswald.de/
7	Cyano2Dbase	シアノバクテリアの二次元ポリアクリルアミドゲル電気泳動のデータベース	http://www.kazusa.or.jp/tech/sazuka/cyano/proteome.html
8	Abeerden 2-D db	*Haemophilus* の二次元ポリアクリルアミドゲル電気泳動のデータベース	http://www.abdn.ac.uk/-mmb023/2dhome.html
9	Fly 2-D db	ショウジョウバエ遺伝子とゲノムのデータベース	http://ty.cmb.ki.se/
10	ECO2DBASE	大腸菌の二次元ポリアクリルアミドゲル電気泳動のデータベース	www.expasy.org/cgi-bin/dbxref?ECO2DBASE
11	HSC-2DPAGE	Harefieldby 病院の二次元ポリアクリルアミドゲル電気泳動のタンパク質データベース	www.doc.ic.ac.uk/vip/hsc-2dpage/
12	SIENA-2DPAGE	Siena 大学（イタリア）の SDS-PAGE のデータベース	http://www.bio-mol.unisi.it/2d/2d.html
13	PHCI-2DPAGE	寄生虫-宿主細胞の相互作用に関する二次元ポリアクリルアミドゲル電気泳動	http://www.gram.au.dk/
14	Rice Proteome Database	イネの二次元ポリアクリルアミドゲル電気泳動およびプロテオミクス	http://gene64.dna.affrc.go.jp/RPD

5. R ソフトウェアを用いる統計学的イネインフォマティクス

統計的イネインフォマティクスによる新しい科学分野は，複雑な生物学的現象の理解を改善するために，利用できる古典的および非古典的な統計学的方法を改良し，新しい方法論を開発し，データベースを分析することを目的としている。この学際的な科学は数学的かつ統計学的知識の理解を，生物科学とその応用に要求する (Mathur 2010)。とくに**図 1** に示すような目的のために，統計学的プログラミング言語 R が，R 開発コアチーム (R Development Core Team, 2009) により開発された。これは理論の流れに従った実用的問題を解く。R は簡便な電卓としても，また複雑な統計分析にも用いることができる。

R はフリーソフトウェアで，無保証である。これはまた，農作物の科学研究者の実験的データを評価するため，研究者により活発に用いられるコードも生成する。**図 2** に示すように，水平

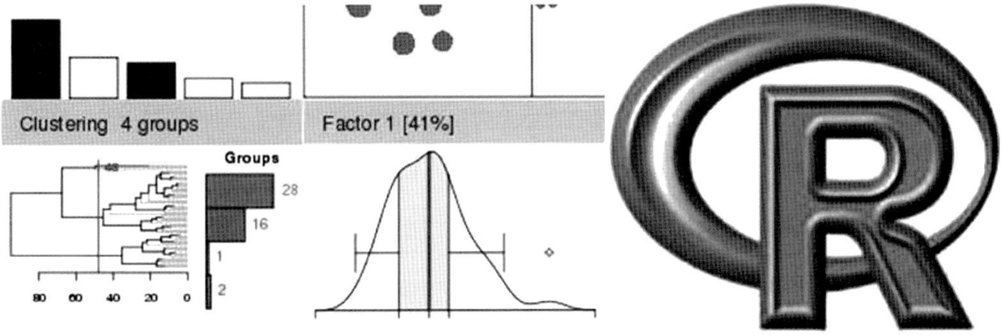

図１　R version 2.15.1 (2012-06-22). "Roasted Marshmallows." Copyright (C) 2012. The R Foundation for Statistical Computing ISBN 3-900051-07-0. Platform: x86_64-unknown-linux-gnu (64-bit)

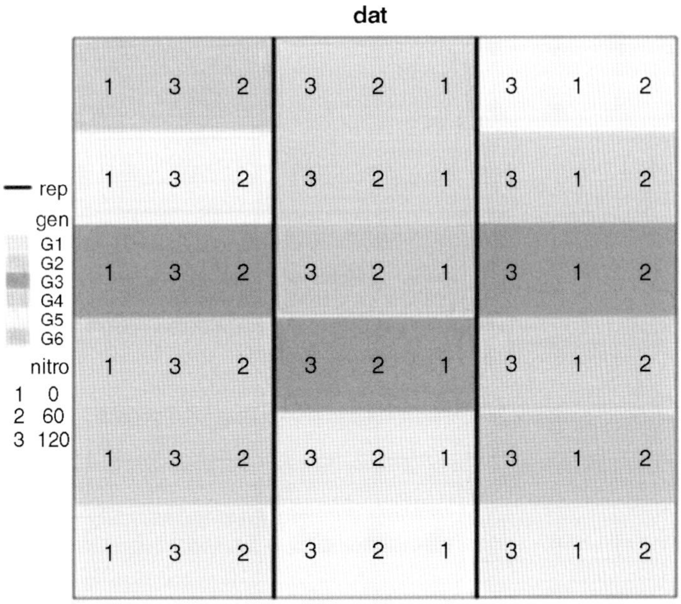

※口絵参照

図２　イネストリッププロット実験（Gomez および Gomez 1984）

ストリップに品種を，および垂直ストリップに窒素肥料を用いた３反復のイネのストリッププロット実験を，R ソフトウェアを用いて計算した（Gomez および Gomez 1984)。

```
dat<- gomez.stripplot
# Gomez の図 3.7
desplot(gen~x*y, data=dat, out1=rep, num=nitro, cex=1)
# Gomez の表 3.12
tapply(dat$yield, dat$rep, sum)
tapply(dat$yield, dat$gen, sum)
```

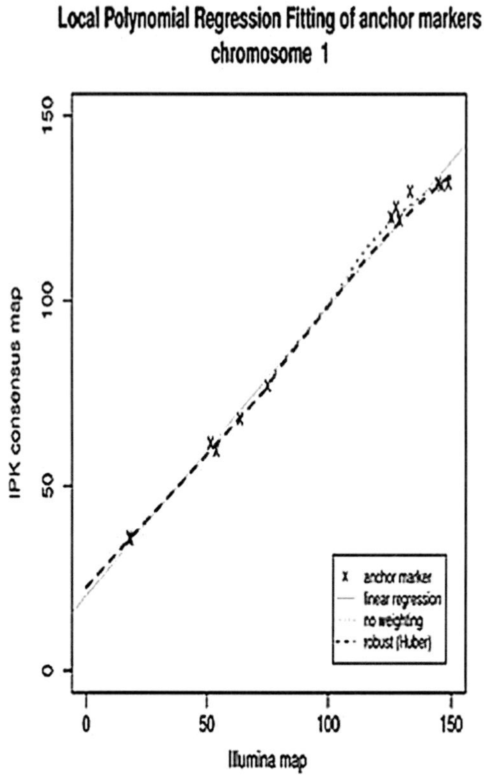

図 3　R-統計パッケージを用いた第 1 番染色体のアンカーマーカーの局所的，
多項式回帰分析による当てはめ（Thiel ら 2009）

```
tapply(dat$yield, dat$nitro, sum)
# Gomez の表 3.15. ストリッププロットの Anova 表
dat<-transform(dat, nf=factor(nitro))
m1 <- aov(yield ~ gen * nf + Error(rep + rep:gen + rep:nf),
data=dat)
summary(m1)

>library(agridat)
>png(filename="gomez.stripplot_%03d_large.png", width=1000,
 height=800)
> ### 名前： gomez.stripplot
> ### タイトル：イネストリッププロット実験
> ### エイリアス： gomez.stripplot
>
> ### ** 例
>
>
```

```
>dat<- gomez.stripplot
>
> # Gomez の図 3.7
>desplot(gen~x*y, data=dat, out1=rep, num=nitro, cex=1)
>
> # Gomez の表 3.12
>tapply(dat$yield, dat$rep, sum)
   R1     R2      R3
 84700 100438 100519
>tapply(dat$yield, dat$gen, sum)
   G1    G2     G3      G4     G5    G6
 48755 56578 54721 50121 47241 28241
>tapply(dat$yield, dat$nitro, sum)
   0     60     120
 72371 98608 114678
>
> # Gomez の表 3.15. ストリッププロットの Anova 表
>dat<-transform(dat, nf=factor(nitro))
> m1 <- aov(yield ~ gen * nf + Error(rep + rep:gen + rep:nf),
 data=dat)
>summary(m1)
Error: rep
     Df SumSq Mean Sq F value Pr(>F)
Residuals 2 9220962 4610481
Error: rep:gen
     Df Sum Sq MeanSq F value Pr(>F)
gen 5 57100201 11420040 7.653 0.00337 **
Residuals 10 14922619 1492262
---
Signif.codes: 0 '***' 0.001 '**' 0.01 '*' 0.05 '.' 0.1 ' ' 1
Error: rep:nf
  Df   Sum Sq     MeanSq  F value    Pr(>F)
nf 2 50676061   25338031    34.07   0.00307 **
Residuals 4 2974908 743727
---
Signif.codes: 0 '***' 0.001 '**' 0.01 '*' 0.05 '.' 0.1 ' ' 1
Error: Within
          Df    Sum Sq   Mean Sq F value    Pr(>F)
gen:nf    10 23877979   2387798    5.801 0.000427 ***
Residuals 20  8232917    411646
```

```
---
Signif.codes: 0 '***' 0.001 '**' 0.01 '*' 0.05 '.' 0.1 ' ' 1
>dev.off()
null device
       1
>
Result
```

Thiel ら (2009) は三つの回帰分析法を検証するために R-統計パッケージを用いた。すなわち，(i) 線形最小二乗回帰分析，(ii) degree＝1 (多項式の次数) および span＝0.7 (平滑化パラメータ) を指定した LOESS 補正による局所多項式回帰分析，および (iii) (ii) と同じパラメータ設定による局所多項式回帰分析を実施し，イネからの分岐に先立つオオムギの太古の全ゲノム重複の実証と進化論的分析を支援するために，事前に定義された隣接点を用いて両データセットの染色体間の 24％まで観測された地図上の長さの差を正規化した。

6. イネ科学における MATLAB 計算ツール

MATLAB は，MATrixLABoratory に由来しており，これは，問題およびその解答をなじみ深い数学の表記方法で表現した使いやすい環境で計算や，可視化およびプログラミングを統合した最先端の数学ソフトウェアパッケージである。MAPLE あるいは MATHEMATICA などの他の数学パッケージと異なり，MATLAB は追加のツールボックスを用いないと記号処理を実行できない。しかしそれは，未だに数値計算のための主要なソフトウェアパッケージの一つである。MATLAB アプリケーションは，さまざまなイネの疾病の時間枠を予測する確率モデルを作成するために，広く用いられる。一般化回帰ニューラルネット (GRNN, Generalized Regression Neural Network) モデルは，順伝播逆伝播帰ニューラルネットワーク (BPNN, feedforward Back Propagation Neural Network) に必要とされる複数のパラメータの最適化が不要である第 2 型のニューラルネットワーク型を設計するために MATLAB (the MathWorks Inc., Natick, MA) ソフトウェアを用いて開発され，**図 4** に示すようなイモチ病予測を行うための確率モデル (Kaundal ら 2006) のウェブサーバの設計を助ける。

7. イネにおける SAS (Statistical Analysis Software) のアプリケーション

SAS は，データの入力，検索，管理，レポート出力，図の設計，統計分析および数学分析，ビジネス予測，意思決定支援，オペレーションズリサーチ，プロジェクト管理，およびアプリケーション開発のようなさまざまな作業の実行を可能にするソフトウェア解決の統合システムである。SAS は，IBM のメインフレーム，Unix，Linux，OpenVMS Alpha，および Microsoft

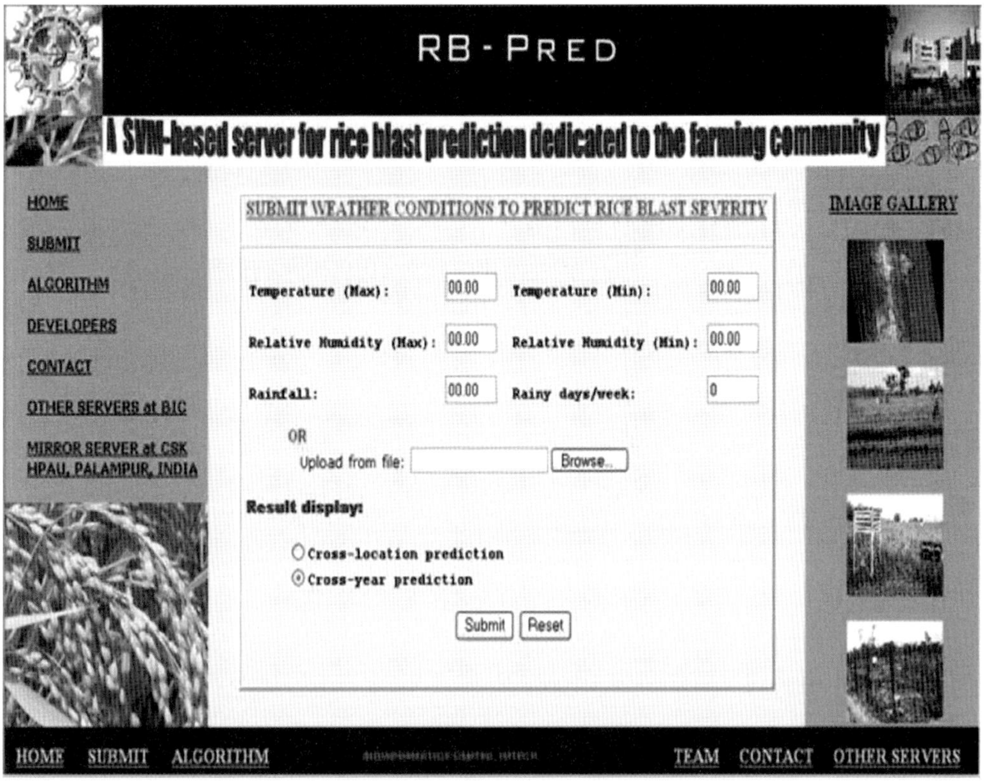

図４　“RB-Pred”ウェブサーバーを用いたイネイモチ病の重症度のオンライン予測のための提出形式の概要（Kaundal ら 2006）

Windows 上で実行できる。コードはこれらの環境間で「ほぼ」透過的に移行できる。より古いバージョンでは**図5**に示すように，PC DOS，アップル Macintosh，VMS，VM/CMS，PrimeOS，Data General AOS および OS/2 をサポートしてきた。

SAS はまた，作物科学で統計データを分析するために広く使用される統計ソフトウェアの一つでもある。SAS を用いて実施された統計分析は，Version 8.2 では，立ち上げ時に三つの窓が開く。SAS のサンプルプログラムは，非常に安定した水準で優位性をもって使用でき（**表3**），2001 年 2 月の雨期に得た最初の 3 カ所での Bg2845，Bg2834，および Bg300 について成熟群の 3 か月の分析を行った（Samita ら 2010）。品種とそれらの相互作用と，SAS ソフトウェアを用いて検定した。SAS の ANOVA は，結果の表示に用いられた。表 3 に，AVT-2（BT）試験での穀物収量（kg/プロット）に対する分割プロットデザインによる分散分析（ANOVA）の結果と，穀物収量で認められた有意な変動を示す（Cyprien および Kumar 2012）。

8. イネ科学における計算モデリング

タンパク質-タンパク質相互作用は，タンパク質の機能を解明し細胞レベルで複雑な経路におけるその役割を理解するための重要な様式である。タンパク質の最も正確な構造的特徴は，X 線

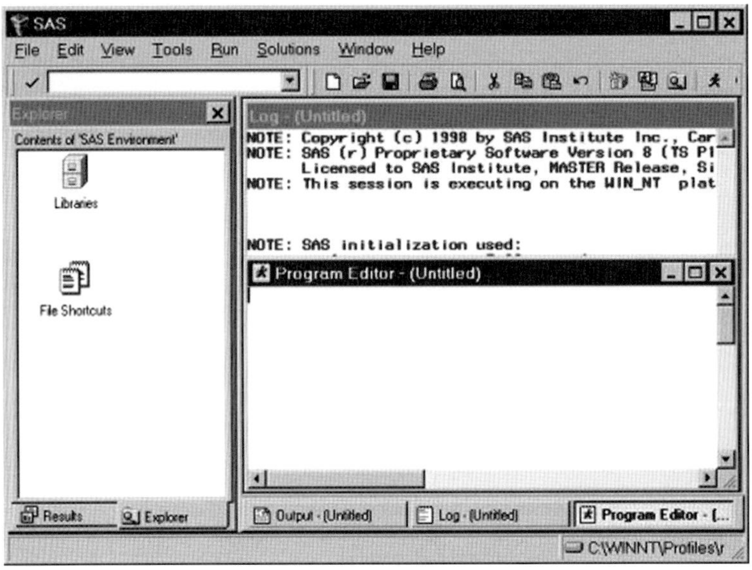

図5 SASのウィンドウズ環境（Cary 2001）

表3 AVT-2（BT）試験に対する分割プロットデザインによる分散分析（ANOVA）

（Cyprien および Kumar 2012）

変異体源	自由度（D.f.）	分散分析（ANOVA）の平方和（SS）	平均平方（MS）	F値	Pr > F
N	2	0.08	0.04	2.54	0.19

結晶解析およびNMR分光法によって与えられる。これらの方法は一定の技術的困難さと労働集約的なものであるために，実験方法で解明されたタンパク質構造の数は，タンパク質配列の集積からはるかに遅れている。2007年末までに，PDB（Protein Data Bank）（www.rcsb.org）（Berman ら 2000）に寄託されたタンパク質構造は44,272個であった。これはUniProtKBデータベース（http://www.ebi.ac.uk/swissprot）における配列のちょうど1パーセントである。バイオインフォマティクス分野の進歩は，分子レベルでいくつかの生物学的過程を理解する効率的なツールを与えてきた。最近では，タンパク質の構造と分子ドッキングの計算モデリングが大きく進歩し，タンパク質-タンパク質相互作用の予測が非常に有望となっている。ドッキングは，二つの分子（受容体およびリガンド）間の最良のマッチングを発見する試みの計算スキームである（Halperin ら 2002）。タンパク質-タンパク質ドッキングは，抗体-抗原複合体などのタンパク質-タンパク質複合体の構造を研究する方法の一つである（Gray 2006；Sivasubramanian ら 2006；Sharma 2008）。GOLD，Autodock，Hexなどが，現在市販されているいくつかのドッキングソフトウェアである。SWISS Model（http://swissmodel.expasy.org/）およびModbase（http://modbase.compbio.ucsf.edu/modbase-cgi/index.cgi）などある種のオンラインサーバ源も相同性モデリングに用られる。Procheck，WHAT IF，VERIFY3D，およびERRATなどの他の構造検証プログラムは，さらなるモデル検証に利用された。

イネMAPKおよびMAPKKについて結晶構造が存在せず，鋳型タンパク質の既知の構造に基づいてこれらのタンパク質の妥当な３次元構造を決定するために，相同性モデリング法が採用された。３次元構造は，MAPKK-MAPK 相互作用を予測するために，ZDOCK および RDOCK プログラムを用いて，さらにタンパク質-タンパク質ドッキングの入力データとして使用された。同時に，イネ MAPKK-MAPK のタンパク質相互作用ネットワークを研究するために，Y2H 分析が用いられた。MAPKK および MAPK の計算予測および Y2H 分析が直接比較され，タンパク質-タンパク質相互作用の予測に対する計算ドッキングの信頼性が評価された（Wankhede ら 2013）。すべての３次元モデルは，ループ改善（モデルおよびループ作成アルゴリズムに基づいた）および側鎖改善プロトコルの支援により改善された。11 個の MAPK および５個の MAPKK のそれぞれのモデル化３次元構造を**図６**に示す。

タンパク質のモデル化３次元構造の全体的な立体化学的品質は，タンパク質の psi（Ca-C 結合）および phi（N-Ca 結合）角度に基づいて，また許容された領域および許容されない領域に存在するアミノ酸残基の数についての情報を与える Ramachandran プロットを用いて判定された。すべてのモデル化タンパク質は最もあり得る領域で最大の残基を示し，次に許容された領域が続き，最小は Ramachandran プロットにおけるやや許容された領域であった（**図７**）。

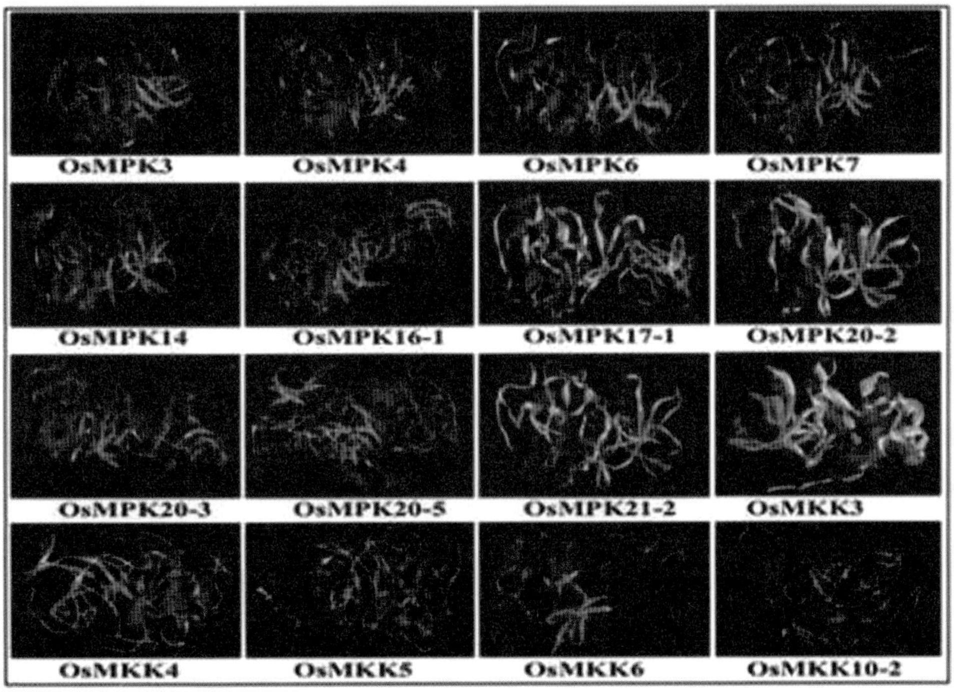

※口絵参照

図６　相同性モデリングによって構築されたイネ MAPKK および MAPK の理論的３次元モデル。
11 個のイネ MAP キナーゼ（OsMPK3，OsMPK4，OsMPK6，OsMPK7，OsMPK14，OsMPK16-1，OsMPK17-1，OsMPK20-2，OsMPK20-3，OsMPK20-5 および OsMPK21-2）と，５個の MAP キナーゼキナーゼ（OsMKK3，OsMKK4，OsMKK5，OsMKK6，OsMKK10-2）の構造を示した。赤色領域はアルファらせんを，空色領域はベータシートを，緑色領域はターンを示し，灰色領域はループを示す（Wankhede ら 2013）。

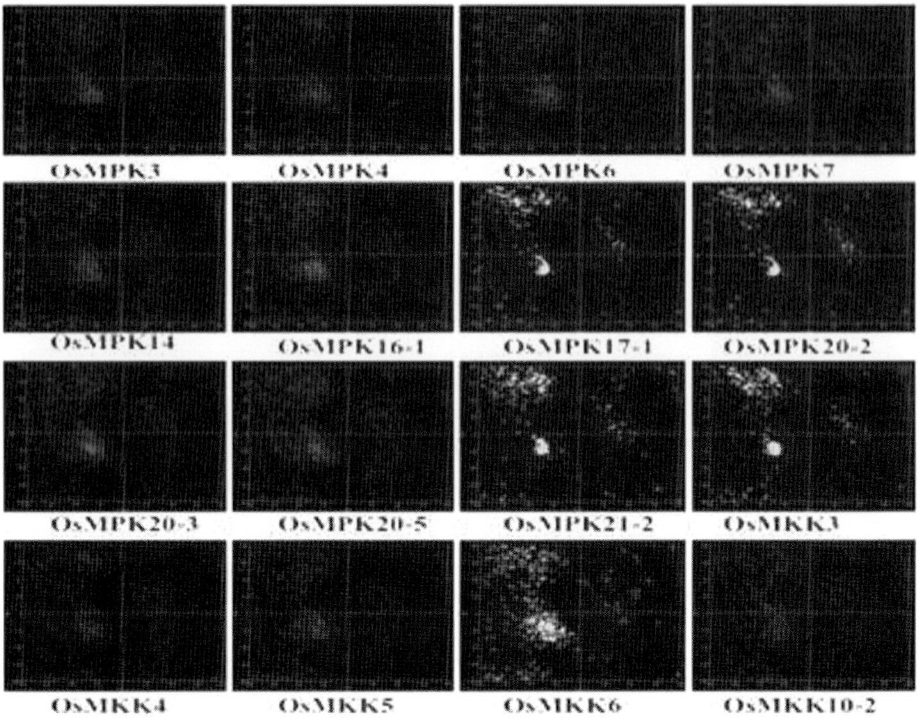

※口絵参照

図7　イネ MAPKK，および MAPK の理論的 3 次元構造の Ramachandran プロット分析。
11 個のイネ MAP キナーゼ（OsMPK3，OsMPK4，OsMPK6，OsMPK7，OsMPK14，OsMPK16-1，OsMPK17-1，OsMPK20-2，OsMPK20-3，OsMPK20-5 および OsMPK21-2），および 5 個の MAP キナーゼキナーゼ（OsMKK3，OsMKK4，OsMKK5，OsMKK6，OsMKK10-2）の 3 次元構造は，Ramachandran プロットを用いて検証された。
緑色ドット / 黄色ドットは，最もあり得る領域とさらに許容された領域にあるアミノ酸を示し，赤色ドットはやや許容された領域，あるいは許容されない領域にあるアミノ酸を示す。空色の線でおおわれた領域は，最もあり得る領域を示し，ピンクの線でおおわれた領域はさらに許容された領域を示す。プロットの他の領域は，やや許容されたあるいは許容されない領域のループを示す（Wankhede ら 2013）。

9. 結論

イネは，世界で経済的に重要な単子葉作物の一つである。バイオインフォマティクス分野は，ニーズを満たし，イネ研究の全分野の研究者へ要望に基づく情報を提供する。バイオインフォマティクスは一般的にすべての農業分野に適用でき，品種改良への恩恵となる。これは，作物生産性に関わる多数の農業形質の理解を助ける。構造的および機能的ゲノミクス，およびプロテオミクスのイネデータベースの進歩によって，分子レベルと表現型レベルの両方での研究がさらに進歩するだろう。iBIRA（Integrated Bioinformatics Information Resource Access, 統合バイオインフォマティクス情報源へのアクセス）は，単一のプラットホームでバイオインフォマティクス研究者をバイオインフォマティクス情報源に関連付づける取り組みである。毎日，研究者のニーズを満たすために，新しいデータベース，web サーバ，およびソフトウェアツールが出現している。イネインフォマティクスの課題は，どのようにそれを論理的結論に翻訳するかということである。

文　献

Ashikari M, Sakakibara H, Lin S, Yamamoto T et al (2005) Cytokinin oxidase regulates rice grain production. Science 309:741–745

Berman HM,Westbrook J, Feng Z, Gilliland G et al (2000) The protein data bank. Nucleic Acids Res 28:235–242

Brady SM, Provart NJ (2009) Web-queryable large-scale data sets for hypothesis generation in plant biology. Plant Cell 21:1034–1051

Bruskiewich RM, Cosico AB, Eusebio W et al (2003) Linking genotype to phenotype: the International Rice Information System(IRIS). Bioinformatics 19:163–165

Cary NC (2001) Step-by-step programming with base SAS® software. SAS Institute Inc., Cary

Chern C, Fan M, Yu S, Hour S et al (2007) A rice phenomics study-phenotype scoring and seed propagation of a T-DNA insertion-induced rice mutant population. Plant Mol Biol 265:427–438

Cyprien M, Kumar V (2012) A comparative statistical analysis of rice cultivars data. J Reliab Stat Stud 5:143–161

Fox PN, Skovmand B (1996) The International Crop Information System (ICIS)-connects genebank to breeder to farmer's field. In: Cooper M, Hammer GL (eds) Plant adaptation and crop improvement. CAB International, Wallingford

Gerstein M, Jansen R (2000) The current excitement in bio-informatics-analysis of whole-genome expression data: how does it relate to protein structure and function. Curr Opin Struct Biol 10:574–584

Gomez KA, Gomez AA (1984) Statistical procedures for agricultural research. Wiley Interscience, New York

Gray JJ (2006) High resolution protein-protein docking. Curr Opin Struct Biol 16:183–193

Halperin I,Ma B,Wolfson H,Nussinov R (2002) Principles of docking: an overview of search algorithms and a guide to scoring functions. Proteins 47:409–443

Helmy M, Tomita M, Ishihama Y (2011) OryzaPG-DB: rice proteome database based on shotgun proteogenomics. BMC Plant Biol 11:63

International Rice Genome Sequencing Project (2005) The map-based sequence of the rice genome. Nature 436:793–800

Itoh T, Tanaka T, Barrero RA, Yamasaki C et al (2007) Curated genome annotation of *Oryza sativa* ssp. *japonica* and comparative genome analysis with *Arabidopsis thaliana*. Genome Res 17:175–183

Kan N, Venu RC, Cheng L, Belo A et al (2007) An expression atlas of rice mRNAs and small RNAs. Nat Biotechnol 25:473–477

Kaundal R, Kapoor AS, Raghava GPS (2006) Machine learning techniques in disease forecasting: a case study on rice blast prediction. BMC Bioinformatics 7:485. doi:10.1186/1471-2105-7-485

Khush GS, Brar DS (1998) The application of biotechnology to rice. In: Ives C, Bedford B (eds) Agricultural biotechnology in international development. CAB International, Wallingford

Komatsu S, Kojima K, Suzuki K, Ozaki K, Higo K (2004) Rice Proteome Database based on two-dimensional polyacrylamide gel electrophoresis: its status in 2003. Nucleic Acids Res 32:388–392

Konishi S, Izawa T, Lin SY, Ebana K, Fukuta Y, Sasaki T, Yano M (2006) An SNP caused loss of seed shattering during rice domestication. Science 312:1392–1396

Kurakawa T, Ueda N, Maekawa M, Kobayashi K et al (2007) Direct control of shoot meristem activity by a cytokinin-activating enzyme. Nature 445:652–655

Kurata N, Yamazaki Y (2006) Oryzabase. An integrated biological and genome information database for rice. Plant Physiol 140:12–17

Kuromori T, Takahashi S, Kondou Y, Shinozaki K, Matsui M (2009) Phenome analysis in plant species using loss-of-function and gain-of-function mutants. Plant Cell Physiol 50:1215–1231

Larmande P, Gay C, Lorieux M, Perin C et al (2008) Oryza Tag Line, a phenotypic mutant database for the Genoplante rice insertion line library. Nucleic Acids Res 36:1022–1027

Lewis S, Ashburner M, Reese MG (2000) Annotating eukaryote genomes. Curr Opin Struct Biol 10:349–354

Ma JF, Tamai K, Yamaji N, Mitani N et al (2006) A silicon transporter in rice. Nature 440:688–691

Ma JF, Yamaji N, Mitani N et al (2007) An efflux transporter of silicon in rice. Nature 448:209–212

Mathur SK (2010) Statistical bioinformatics: with R. Elsevier, Boston

McNally KL, Childs KL, Bohnert R et al (2009) Genome wide SNP variation reveals relationships among landraces and modern varieties of rice. Proc Natl Acad Sci U S A 106:12273–12278

Miyao A, Iwasaki Y, Kitano H, Itoh JI, Maekawa M, Murata K, Yatou O, Nagato Y, Hirochika H (2007) A large-scale collection of phenotypic data describing an insertional mutant population to facilitate functional analysis of rice genes. Plant Mol Biol 63:625–635

Moore G, Devos KM, Wang Z, Gale MD (1995) Grasses, line up and form a circle. Curr Biol 5:737–739

Nagamura Y, Antonio BA (2010) Current status of rice informatics resources and breeding applications. Breed Sci 60:549–555

Nagamura Y, Antonio BA, Sato Y, Miyao A, Namiki N, Yonemaru J, Minami H, Kamatsuki K, Shimura K, Shimizu Y, Hirochika H (2010) Rice TOGO Browser: a platform to retrieve integrated information on rice functional and applied genomics. Plant Cell Physiol 52:230–237

Ram S, Rao LN (2012) Global information resources on rice for research and development. Rice Sci 19:327–334

Sakata K, Nagamura Y, Numa H, Antonio BA et al (2002) RiceGAAS: an automated annotation system and data-base for rice genome sequence. Nucleic Acids Res 30:98–102

Samita S, Anputhas M, De DS (2010) Selection of rice varieties for recommendation in Sri Lanka: a complex-free approach. World J of Agric Sci 6:189–194

Sasaki T, Burr B (2000) International Rice Genome Sequencing Project: the effort to completely sequence

the rice genome. Curr Opin Plant Biol 3:138–141
Seki M, Shinozaki K (2009) Functional genomics using RIKEN *Arabidopsis thaliana* full-length cDNAs. J Plant Res 122:355–366
Sharma B (2008) Structure and mechanism of a transmission blocking vaccine candidate protein Pfs25 from *P falciparum*: a molecular modeling and docking study. In Silico Biol 8:193–206
Simon SA, Zhai J, Zeng J, Meyers BC (2008) The cornucopia of small RNAs in plant genomes. Rice 1:52–62
Singh I, Shah K (2012) In silico study of interaction between rice proteins enhanced disease susceptibility and phytoalexin deficient, the regulators of salicylic acid signalling pathway. J Biosci 37:563–571
Sivasubramanian A, Chao G, Pressler HM, Wittrup KD, Gray JJ (2006) Structural model of the mAb 806- EGFR complex using computational docking followed by computational and experimental mutagenesis. Structure 14:401–414
Swamy BPM, Ahmed HU, Henry A, Mauleon R, Dixit S et al (2013) Genetic, physiological, and gene expression analyses reveal that multiple QTL enhance yield of rice mega-variety IR64 under drought. PLoS ONE 8:e62795. doi:10.1371/journal.pone.0062795
Thiel T, Graner A, Waugh R, Grosse I, Close TJ, Stein N (2009) Evidence and evolutionary analysis of ancient whole-genome duplication in barley predating the divergence from rice. BMC Evol Biol 9:209. doi:10.1186/1471-2148-9-209
Wang D, Xia Y, Li X, Hou L, Yu J (2012) The Rice Genome Knowledgebase (RGKbase): an annotation database for rice comparative genomics and evolutionary biology. Nucleic Acids Res 41:1199–1205
Wankhede DP, Misra M, Singh P, Sinha AK (2013) Rice mitogen activated protein kinase kinase and mitogen activated protein kinase interaction network revealed by in-silico docking and yeast two-hybrid approaches. PLoS ONE 8:e65011. doi:10.1371/journal.pone.0065011
Wing RA, Ammiraju JS, Luo M, Kim H et al (2005) The oryza map alignment project: the golden path to unlocking the genetic potential of wild rice species. Plant Mol Biol 59:53–62
Wu J, Wu C, Lei C, Baraoidan M, Boredos A et al (2005) Chemical and irradiation induced mutants of *indica* rice IR64 for forward and reverse genetics. Plant Mol Biol 59:85–97
Yonemaru J, Yamamoto T, Ebana K, Yamamoto E, Nagasaki H, Shibaya T, Yano M (2012) Genomewide haplotype changes produced by artificial selection during modern rice breeding in Japan. PLoS ONE 7:e32982. doi:10.1371/journal.pone.0032982
Zhang J, Li C, Wu C, Xiong L, Chen G, Zhang Q, Wang S (2006) RMD: a ricemutant database for functional analysis of the rice genome. Nucleic Acids Res 34:745–748
Zhao K, Tung CW, Eizenga GC et al (2011) Genomewide association mapping reveals a rice genetic architecture of complex traits in oryza sativa. Nat Commun 2:467. doi:10.1038/ncomms1467

第6章　植物の塩ストレス応答における遺伝子発見へのバイオインフォマティクスの貢献

Contribution of Bioinformatics to Gene Discovery in Salt Stress Responses in Plants

P. Hima Kumari*, S. Anil Kumar*, Prashanth Suravajhala, N. Jalaja, P. Rathna Giri, and Kavi Kishor P.B.

要約

塩分は農作物の生産量の大きな低下を引き起こす主要な非生物ストレスである。したがって，制御機構を理解し，その後，植物の塩分耐性を向上させることは植物学者にとって重要な目標である。塩分耐性は植物が塩を排除する能力，ナトリウムイオン(Na^+)の液胞への区画化，浸透圧ストレスに対応し，イオンの恒常性を維持するためのカリウムイオン(K^+)の取り込みに依存している。効率的でハイスループットな方法とともに完全なゲノム配列が利用可能になったことは，塩ストレスに関与する多くの遺伝子の同定を手助けする。バイオインフォマティクスのツールは，ホモロジーと遺伝子シンテニーを基にして，ストレスに関与する種を超えた遺伝子ファミリーを同定することを可能にしてきた。その上，全ゲノム配列決定，ストレス耐性に関与するcDNAライブラリー，全ゲノム関連解析(genome-wide association study)はストレス関連の遺伝子の発見を促進してきた。塩ストレス耐性に関与する可能性のある標的遺伝子の単離を伴った塩生と非塩生の種の両方からの重要な情報は，塩ストレス耐性農作物の生産を狙った農作物育種プログラムに役立つ。

キーワード：比較ゲノミクス，タンパク質-タンパク質相互作用，塩ストレス，トランスポーター

---

*Contributed equally

P. Hima Kumari • S. Anil Kumar
N. Jalaja • K.K. P.B. (✉)
Department of Genetics, Osmania University,
Hyderabad 500 007, Andhra Pradesh, India
e-mail：pbkavi@yahoo.com

P. Suravajhala
Bioclues Organization, IKP Knowledge Park, Picket,
Secunderabad 500 009, Andhra Pradesh, India

P. Rathna Giri
Genomix Molecular Diagnostics Pvt. Ltd., Prashanth
Nagar, Kukatpally, Hyderabad 500 072, India

K.K. P.B. et al. (eds.), *Agricultural Bioinformatics*,
DOI 10.1007/978-81-322-1880-7_6, © Springer India 2014

1. はじめに

植物は成長と発生に適した環境条件を必要とする。しかしながら，固着性の性質のために多数の悪環境にも直面する。世界の人口はおもに穀物農作物に依存しており，全世界の農業生産の60%超を占める（Harlan 1995）。塩，乾燥，水，熱，低温，酸化ストレスのような多数の非生物ストレス（**図1**）が共に代謝の重大な変化を引き起こし，これは活性酸素種（ROS, reactive oxygen species）の発生につながる。さまざまな非生物ストレスにより，世界の耕地の5%と，農作物生産の50%が毎年影響を受けている（**図2**）。非生物ストレスが重大な場合，植物は不稔になり，完全に生産力を失う。これらのストレス因子は相互に関連しており，生物的，形態的，生理的な一連の変化（**表1**）を引き起こし，植物の死につながる（Rodriguez ら 2005）。塩と乾燥は農作物の膨大な喪失を引き起こす二大ストレス要因である。しかし植物はさまざまなストレスに応答する多数の機構を発達させてきており，これらは複雑で統合的である（Ciarmiello ら 2011）。

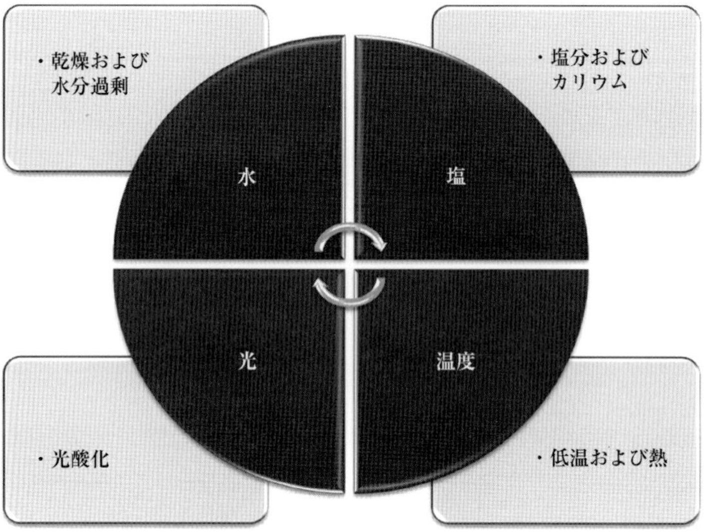

図1　植物の成長に影響する非生物ストレス

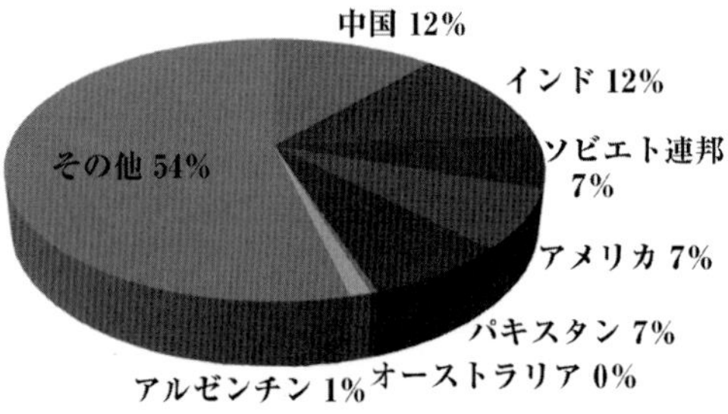

図2　土壌の塩分に影響を受ける灌漑農地の割合

表1　植物の代謝への塩の影響

形態的影響	生理学的・生化学的影響
葉先白化と葉先焼け（塩）	芽への高濃度の Na^+ の輸送
葉の褐色化とネクローシス（ナトリウム度）	古い葉への Na^+ の優先的蓄積
根の貧弱な成長	高濃度の Cl^- の取り込み
葉の巻き込み	K^+ 取り込みの低下
開花期間の変化	適合溶質とポリアミンのレベルの増加
植物の成長の抑制	エステラーゼアイソザイムのパターンの変化
穀物の収量と質の低下	芽と根の生体重量と乾燥重量の低下

1.1　植物における塩ストレスの影響

塩分は植物の成長を制限し，最終的な生産量を低下させる。塩分を含んだ環境下での植物の生存能力は非塩生植物と塩生植物で異なる。双子葉植物の塩生植物の多くは，さまざまな機構に適応することで200〜300 mM NaClの濃度で生存する。非塩生植物の成長応答は二つの段階で起こる。すなわち，(a) 浸透段階と呼ばれる外界の塩の増加への急速な応答と，(b) イオン段階と呼ばれる，液胞への Na^+ イオンの蓄積を伴う緩やかな応答，である。塩濃度の上昇に伴い，葉の細胞は水分と膨圧を失うが，これは一過性であり，植物から発達した複雑な機構による浸透圧調整を行う。塩分は，気孔開口部を閉じ，光合成速度を低下させることで植物に悪影響を及ぼす。この状況は活性酸素種の生成を増加させ，酸化ストレスを作り出す。ナトリウム輸送に対する戦略と機構は，ナトリウム排除，液胞へのナトリウムの区画化，植物のさまざまな段階での細胞内の区画化を含む。多くの農作物では，塩分耐性は，ナトリウムイオンの蓄積で起こるダメージを最小限にするための葉や芽からのナトリウムの排除によって達成される（Munns 2002；Tester および Davenport 2003）。

1.1.1　根と細胞膜レベルの Na^+ 輸送の機構

Na^+ は，根毛を通じて土壌からの濃度勾配によって上皮細胞および皮層細胞へと受動的に入る。Na^+ は，カスパリー線とコルク質のラメラをもたない内皮へも入り込む可能性がある（White 2001；Moore ら 2002）。Na^+ の流入は細胞膜のレベルでは一方向性であり，環状ヌクレオチド感受性チャネル（CNGCs, cyclic nucleotide-gated channels）やグルタミン酸受容体などの Ca^{2+} や多くの非選択的陽イオンチャネル（NSCCs, nonselective cation channels）のようなシグナル分子の複雑な集合によって引き起こされ，制御される。20個の環状ヌクレオチド感受性チャネルのうち，AtCNGC1，AtCNGC3，AtCNGC4，および AtCNGC10 は Na^+ の取り込みに関与していることが知られており（Gobert ら 2006；Guo ら 2008），AtGLR2 と AtGLR3 は Na^+ と K^+ の共輸送に関与することが知られている。K^+ または Na^+ のプロトン（H^+）との交換は植物内で起きていることが知られており（Chanroj ら 2012），Na^+/H^+ アンチポーター（NHXs）として知られているトランスポーターのファミリーによって担われている。シロイヌナズナの根の表皮細胞では，細胞膜からアポプラストへの Na^+ の流出は，ナトリウムプロトンアンチポーターである食塩過剰感受性遺伝子（*SOS1*, salt overly sensitive）の発現によって達成される。細胞質の塩濃度の増加に伴い，細胞間の Ca^{2+} シグナルが誘引され，SOS3（カルシウム結合タンパク質）を補充し，セリンスレオニンプロテインキナーゼであるSOS2と複合体を形成するが，これは次に Na^+ の流出に対しSOS1を活性化し，植物の成長に関与する細胞内過程の重要な制御要因であるpHの恒常性とイオン平衡（**図3**）を維持する。

1.1.2　植物での Na^+ の輸送

塩生植物と非塩生植物のどちらも，細胞質への Na^+ の相当な流入量に関わらず，細胞質内の Na^+ 濃度は無毒な濃度に保たれている。これは Na^+（と Cl^-）の排除機構または液胞への区画化による。後者は植物がNaClを浸透圧調整物質として用いることを可能にしている。したがって植物は，水を土壌から細胞へと駆動する細胞の浸透圧ポテンシャルを維持するために無機イオンを用いる（Blumwald 2000）。表皮細胞と皮層細胞の細胞質への Na^+ 流入は濃度勾配に従ってプラスモデスマータを介して急激に起こる。シンプラスト細胞での径方向輸送に関する情報はあまり利用可能ではない。一群の Na^+ トランスポーター（NHX）が細胞膜と根毛の細胞の液胞での Na^+ の制御を行う。液胞内の Na^+ 濃度の検出に，凍結走査型電子顕微鏡とX線の微量分析が用いられている（Lauchli ら 2008；Moller ら 2009）。陽イオン交換輸送体である *AtCHX21* 遺伝子

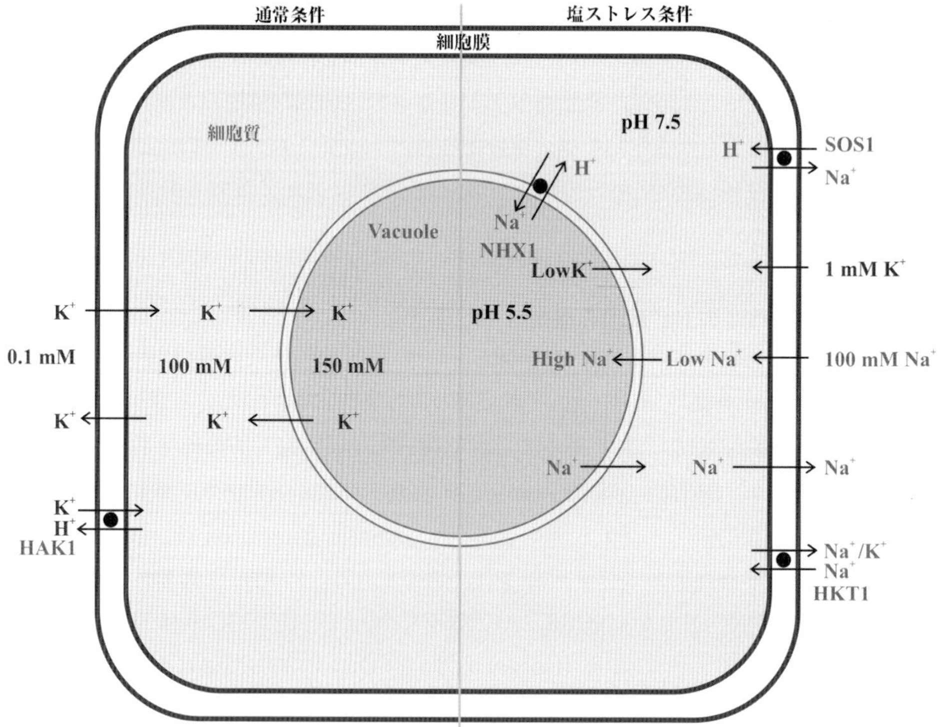

図3　通常条件下と塩ストレス条件下での Na^+ と K^+ のイオン恒常性

は，中心柱（stelar）細胞への径方向輸送に関与する。根のアポプラスト細胞は，陽イオン結合マトリックスをもつため，Na^+，K^+，Ca^{2+}，Mg^{2+}のようなイオンへの親和性をもつ。カスパリー線の障壁をもつため，Na^+のアポプラストの輸送は内皮細胞までに限定される（Peterson ら 1993）。一般的に，最初にアポプラストからシンプラストへと内皮細胞を介してNa^+が入り，皮層細胞の細胞膜を通過する。木部内へのNa^+の流入は，植物の塩分耐性に対する重要な過程である。この過程は葉でのNa^+濃度の増加を引き起こす（Shi ら 2002）。Na^+の毒性が現れるおもな場所は，根よりも葉の葉身のようである（Munns および Tester 2008）。高親和性のK^+トランスポーター1（*AtHKT1*）は，新芽から師部へのNa^+の輸送と共に中心柱細胞へのNa^+の流出にも関与している。さまざまな細胞型におけるさまざまな非選択的陽イオンチャネルのさまざまな分布により，若い葉よりも古い葉でよりNa^+の蓄積がみられる（Karley ら 2000）。葉の細胞質のタンパク質へ毒性を与えるNa^+の蓄積を低下させるため，根から葉へのNa^+の流入は制限され，液胞へと区画化される必要がある。細胞質での低Na^+濃度は一般的に細胞膜に局在するNa^+/H^+交換輸送体によって達成される。植物で，複雑な機能をもつ複数のNa^+/H^+交換輸送体が検出されている。これまでシロイヌナズナからさまざまなNa^+/H^+交換輸送体（NHXs）が同定，単離されており，それらの機能を**表2**に示した。

表2　さまざまな植物から単離されたNa^+/H^+交換輸送体

シリアル番号	タンパク質の名前	アミノ酸の長さ	機能・発現	参考文献
1	Na^+/H^+交換輸送体1	538	細胞体積の制御と細胞質のNa^+の解毒化に必要	Gaxiola ら（1999）
2	Na^+/H^+交換輸送体2	546	根と芽で発現。ABA と NaCl で誘導される。	Yokoi ら（2002）
3	Na^+/H^+交換輸送体3	503	根で発現	Yokoi ら（2002）
4	Na^+/H^+交換輸送体4	529	根と芽で非常に低レベルで発現	Yokoi ら（2002）
5	Na^+/H^+交換輸送体5	521	根，葉，茎，花，長角果で発現。根と芽では低レベルで発現。	Bassil ら（2011）
6	Na^+/H^+交換輸送体6	535	根，葉，茎，花，長角果で発現。根と芽では低レベルで発現。	Bassil ら（2011）
7	Na^+/H^+交換輸送体7（NHE-7）（SOS1）	1,146	芽よりも根でより発現。根，胚軸，茎および葉の木部／シンプラストの境界上の柔細胞に多くが局在する。	Shi ら（2000）
8	Na^+/H^+交換輸送体8（NHE-8）（SALT OVERLY SENSITIVE 1B タンパク質）	756	根や花よりも葉でより発現	An ら（2007）
9	不活性なポリ（ADP-リボース）ポリメラーゼ RCD1（RADICAL-INDUCED CELL DEATH1 タンパク質）	589	若い発生中の組織や，葉の道管や，根や孔辺細胞で発現	Jasper ら（2009）

1.2 Na^+チャネル

植物は，生物的膜障壁を介したイオンと分子の移動のためにさまざまな型の膜輸送系をもつ。イオンの交換は通常，シンポーターやアンチポーターのような二次的活性化トランスポーターによってなされる（Dahl ら 2004）。Na^+トランスポーターは，細菌，酵母，植物，動物由来の一価の陽イオンプロトンアンチポーター（CPA1, cation proton antiporter-1）ファミリーに属する（**図 4**）。これらのおもな生理的機能は，(1) 代謝時に生産されるH^+を排除することによる細胞質の pH 制御，(2) 液胞へのNa^+流入による（植物における）塩耐性である（Waditee ら 2001）。Na^+の輸送に加え，このファミリーは pH 制御とK^+恒常性維持にも関与する（An ら 2007）。細胞膜のNa^+トランスポーター（PM-NHE, plasma membrane Na^+ transporters）は脊椎動物に広範にみられるが，一方で細胞内Na^+トランスポーター（NHX）遺伝子群は，20～25%の相同性でカビ，植物，動物のみでPM-NHEから進化したことが明らかにされた（Rodríguez-Rosales ら 2009）。これまで動物では 9 個の細胞膜Na^+トランスポーターアイソフォーム（NHE1-NHE9）が同定され，植物では 8 個の細胞内Na^+トランスポーター（NHX1-NHX8）が同定された。これらはおもにチロシンキナーゼを標的とする因子と，プロテインキナーゼ A（PKA, protein kinase A）およびプロテインキナーゼ C（PKC）など Ser/Thr キナーゼのアゴニストによって制御される。さらに，これらは，細胞質のCa^{2+}の増加と細胞体積の変化にも影響を受ける（Orlowski および Grinstein 1997）。シロイヌナズナでの CPA1 ファミリーメンバーの全ゲノムな検証により，8 個のメンバーすなわち，*AtNHX1-8* が明らかにされた。*AtNHX1* と *AtNHX7/SOS1* が，トノプラストと細胞膜のNa^+/H^+アンチポーターとして同定された。*AtNHX2-6* のタンパク質は系統発生学的に *AtNHX1* と類似しているが，一方で *AtNHX8* は *AtNHX7/SOS1* と関連しているようである。

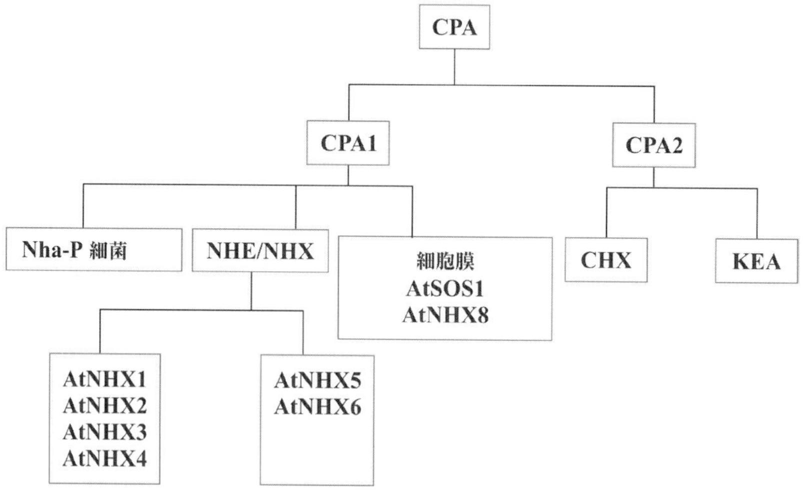

図 4 一価陽イオントランスポーターの分類

1.2.1 Na^+-H^+アンチポーターの構造

細胞内のpH，細胞の浸透圧平衡，細胞内のNa^+濃度はNa^+/H^+アンチポーター遺伝子によって制御されている。これらは膜内在性タンパク質であり，Na^+イオンの排除にプロトンの電気化学的勾配を用いている。細胞内Na^+トランスポーター（NHX）の構造決定により，これがpHによって緻密に制御され，発現が抑制され，酸性のpHで結晶を形成することが示された。細胞内Na^+トランスポーターは，さまざまな植物では350～400アミノ酸残基からなり，約40～45オングストローム単位である。その活性はおもにpH 7から8で変化し，pH 6.5以下では完全に抑制される。Na^+トランスポーターは，アミロライド結合阻害剤の保存ドメインLLFIYLLPPIとともに12個の膜貫通ドメインをもつ。プロトン化部位の変化に関与するpHセンサーは，細胞質側の膜貫通領域IXに存在する。

1.3 農作物種での塩ストレス応答

シロイヌナズナ近縁種*Thellungiella*（塩耐性種）とシロイヌナズナ*Arabidopsis*（塩感受性種）の間の塩基配列の配列同一性を利用し，研究が行われた（Gongら2005）。標準的状態とストレス状態の両条件下で，*Thellungiella*メタボロームはシロイヌナズナよりもより溶解性，極性，還元度が高く，量が多いことが明らかになった。しかし浸透圧と塩ストレスでは，シロイヌナズナでより生物物理的な性質の変化がみられた（Luganら2010）。Na^+/H^+交換輸送体の機能を調べるため，野生型と形質転換体の両方から単離された完全な状態の液胞を用いてNa^+依存的なH^+の動態が測定された。200 mM NaCl存在下でのNa^+/H^+の交換率は，Na^+/H^+を過剰発現させた形質転換植物の方が野生型植物よりも高かった（Apseら1999）。*AtNHX1*変異体植物の葉の液胞膜では顕著にNa^+/H^+とK^+/H^+の交換活性が低下しており，形態形成を変化させた（Apseら2003）が，このことは*AtNHX1*がK^+とpHの恒常性維持で役割を担うことを示唆している。

1.4 K^+チャネル

K^+は最も豊富で重要な元素の一つであり，植物の乾燥重量の10%までに上る。これのおもな役割は細胞のイオン平衡，膜電位，光合成，酵素活性などの維持である。植物における安定な細胞質のK^+の濃度は，さまざまな酵素活性に必要な約100 mMであると推定されている。外部環境から細胞内へとK^+を輸送するチャネルはほとんどが細胞膜領域に局在する。多くの植物種ではK^+トランスポーターをコードする遺伝子が同定されている。植物は最初に根毛と表皮細胞から外部のK^+を感知する。植物の細胞とK^+の外部供給の間には線形関係がある。K^+イオンは結合部位に対しNa^+イオンと競合するため，細胞内へのK^+流入は塩ストレス条件下で阻害される。K^+の供給が低下した場合，数分の間に膜電位の過分極が桁違いに活性化される。それに対して，過剰なK^+の濃度によって脱分極が起こる。シロイヌナズナとイネでのゲノム全体の探索によりK^+トランスポーターをコードする70超の遺伝子が同定されている（Amruthaら2007）。

初期および長期的なK^+輸送にしたがって，K^+チャネルと輸送体をコードした遺伝子は6個のファミリー（KUP/HAK/KT，HKT，Shaker，TPR，Kir様, CPA）に分類されている。

1.4.1 KUP/HAK/KT トランスポーター

このファミリーは，細菌由来のK^+トランスポーター（KUP, K^+ uptake permease），カビ由来の高親和性のK^+トランスポーター（HAK, high-affinity K^+ transporters），植物由来のK^+トランスポーター（K^+ transporter, KT）と相同性をもつものとして同定された。これらのタンパク質は細胞の伸長成長に関与する。HAK/KUP/KT トランスポーターは，シロイヌナズナでは13個のメンバー，イネでは26個のメンバーからなる大きなファミリーを形成している。これらは，カビとバクテリアのホモログに比べ，機能的により多様である（Grabov 2007；Banuelos ら 2002）。このファミリーのすべてのタンパク質は，シロイヌナズナ，イネ，オオムギで単離され，同定され，OsHAK3以外は，10〜14個の膜貫通ヘリックスをもっていた（Gierth および Maser 2007）。

1.4.2 HKT トランスポーター

高親和性のK^+トランスポーター（HKT, high-affinity K^+ transporters）はTrkスーパーファミリーに属しており，電位依存性カチオンチャネルと類似性をもつ。このトランスポーターはモノマーであり，shaker型のトランスポーター4量体と類似していると考えられている。このファミリーは動物界からは失われ，細菌，カビ，植物でのみ存在するようである。HKTのアミノ酸配列に基づき，このファミリーは二つのサブファミリーに分類される。サブファミリー1はより長いイントロンをもち，単子葉と双子葉植物にみられるが，サブファミリー2は単子葉植物のみにみられる。最初の*HKT*遺伝子群はコムギから単離され（*TaHKT1*），アフリカツメガエル *Xenopus laevis* の卵母細胞で発現させられた。K^+チャネルのフィルター残基のPループ末端はGly-Try-Gly（GYG）と呼ばれ，この三連構造は，基質の陽イオンを膜タンパク質の疎水性の領域へと誘引する。この三連構造はすべてのK^+チャネルで高度に保存されている。サブファミリー1は，最初のグリシンの位置がセリン残基である（Gierth および Maser 2007）。

1.4.3 環状ヌクレオチド感受性チャネル（CNGC）

植物の環状ヌクレオチド感受性チャネル（CNGC）は非選択的な陽イオン誘導輸送体であり，機能的に特徴づけられ，発現する。これまで，56個の陽イオン誘導輸送体をコードしたチャネルの配列が同定され，そのうち26個はCNGCファミリーのものであった（Ward ら 2009）。これらは最初，環状ヌクレオチドリガンドの糖とリン酸基部分に結合する保存性リン酸結合カセットをもつ環状ヌクレオチド結合領域（CNBD, cyclic nucleotide-binding domain）の存在で同定された（Cukkemane ら 2011）。これらの遺伝子はCNGC20を除いておもに細胞膜に局在し，CNGC20は葉緑体に局在する。これらのチャネルは陽イオンチャネルの「P-ループ」スーパーファミリーであり，進化的にこれらの構造はさまざまな陽イオンで誘導されるような基本の形を提供する（Zhorov および Tikhonov 2004）。タバコ由来のCNGCオルソログやシロイヌナズナ由来のGNGC1の生化学的な研究で，CNBDはカルモジュリンのそれと重複していることが示され（Araziら2000；KoehlerおよびNeuhaus 2000），これからチャネル活性の制御における環状ヌクレオチドとカルモジュリンの相互作用が示唆された。

1.4.4　shaker型のチャネル

shakerチャネルはK^+イオンに対して高選択性であり，細胞膜領域により発現がみられる。ここでのチャネルの開閉はおもに膜電位の変化に依存し，そのファミリーはさらに，K^+外向き整流チャネル（KORC）とK^+内向き整流チャネル（KIRC）に分類される。KORCは植物細胞へのNa^+の流入を担う（WegnerおよびRaschke 1994）。KORCチャネルは細胞膜が脱分極している間開いており，K^+の流出とNa^+の流入を担う（MaathuisおよびSanders 1997）。トウモロコシのstelar細胞でのKORCチャネルの開放は，細胞質のCa^{2+}の増加につながる。植物の細胞膜においては（TyermanおよびSkerrett 1999；White 1999），電位非依存的な陽イオンチャネル（VIC, voltage-independent cation channel）は，電位依存性のチャネル（KIRCとKORC）に比べて，比較的高いNa^+/K^+選択性をもつ。

1.4.5　2穴K^+（TPK）チャネルファミリー

このファミリーのメンバーは，四つの膜貫通領域と，GYGDモチーフのある二つの穴領域をもっており，shaker型チャネルと類似している。電圧センサーは存在せず，そのために膜レベルで弱い基質親和性を示す（**表3**）。シロイヌナズナで単離された五つのチャネルのうち四つは，カルシウムイオン結合に関わる「EFハンド」領域をもち，このことはK^+イオンの恒常性維持を担うことを示す（Maathuis 2007）。

表3　さまざまな植物から単離されたK^+トランスポータータンパク質の一覧

シリアル番号	タンパク質名称	生物種	アミノ酸の長さ	機能と発現	参考文献
1	K^+トランスポーター10（OsHAK10）	イネ・ジャポニカ亜種（*Oryza sativa* subsp. Japonica）	843	根，芽，開花時期の円錐花序で発現	Banuelosら（2002）
2	おそらくK^+トランスポーター11（OsHAK11）	イネ・ジャポニカ亜種（*Oryza sativa* subsp. Japonica）	791	花粉の形成に関わる	Banuelosら（2002）
3	推定K^+トランスポーター12（OsHAK12）	イネ・ジャポニカ亜種（*Oryza sativa* subsp. Japonica）	793	K^+イオンの輸送	Banuelosら（2002）
4	おそらくK^+トランスポーター13（OsHAK13）	イネ・ジャポニカ亜種（*Oryza sativa* subsp. Japonica）	778	K^+イオンの輸送	Banuelosら（2002）
5	おそらくK^+トランスポーター14（OsHAK14）	イネ・ジャポニカ亜種（*Oryza sativa* subsp. Japonica）	859	K^+イオンの輸送	Banuelosら（2002）

（続く）

表 3 （続き）

シリアル番号	タンパク質名称	生物種	アミノ酸の長さ	機能と発現	参考文献
6	おそらく K^+トランスポーター 15 (OsHAK15)	イネ・ジャポニカ亜種 (*Oryza sativa* subsp. Japonica)	867	K^+イオンの輸送	Banuelos ら (2002)
7	おそらく K^+トランスポーター 16 (OsHAK16)	イネ・ジャポニカ亜種 (*Oryza sativa* subsp. Japonica)	811	K^+イオンの輸送	Banuelos ら (2002)
8	おそらく K^+トランスポーター 17 (OsHAK17)	イネ・ジャポニカ亜種 (*Oryza sativa* subsp. Japonica)	707	K^+イオンの輸送	Banuelos ら (2002)
9	K^+トランスポーター 18 (OsHAK18)	イネ・ジャポニカ亜種 (*Oryza sativa* subsp. Japonica)	793	K^+イオンの輸送	Yang ら (2009)
10	K^+トランスポーター 19 (OsHAK19)	イネ・ジャポニカ亜種 (*Oryza sativa* subsp. Japonica)	742	K^+イオンの輸送	Yang ら (2009)
11	K^+トランスポーター 1 (OsHAK1)	イネ・ジャポニカ亜種 (*Oryza sativa* subsp. Japonica)	801	おもに根で発現	Banuelos ら (2002)
12	K^+トランスポーター 20 (OsHAK20)	イネ・ジャポニカ亜種 (*Oryza sativa* subsp. Japonica)	747	K^+イオンの輸送	Yang ら (2009)
13	K^+トランスポーター 21 (OsHAK21)	イネ・ジャポニカ亜種 (*Oryza sativa* subsp. Japonica)	799	K^+イオンの輸送	Yang ら (2009)
14	K^+トランスポーター 22 (OsHAK22)	イネ・ジャポニカ亜種 (*Oryza sativa* subsp. Japonica)	790	K^+イオンの輸送	Yang ら (2009)
15	K^+トランスポーター 23 (OsHAK23)	イネ・ジャポニカ亜種 (*Oryza sativa* subsp. Japonica)	877	カリウムイオンの輸送	Yang ら (2009)
16	K^+トランスポーター 24 (OsHAK24)	イネ・ジャポニカ亜種 (*Oryza sativa* subsp. Japonica)	772	K^+イオンの輸送	Yang ら (2009)
17	K^+トランスポーター 25 (OsHAK25)	イネ・ジャポニカ亜種 (*Oryza sativa* subsp. Japonica)	770	K^+イオンの輸送	Yang ら (2009)
18	K^+トランスポーター 26 (OsHAK26)	イネ・ジャポニカ亜種 (*Oryza sativa* subsp. Japonica)	739	K^+イオンの輸送	Yang ら (2009)
19	K^+トランスポーター 27 (OsHAK27)	イネ・ジャポニカ亜種 (*Oryza sativa* subsp. Japonica)	811	K^+イオンの輸送	Yang ら (2009)
20	おそらく K^+トランスポーター 2 (OsHAK2)	イネ・ジャポニカ亜種 (*Oryza sativa* subsp. Japonica)	783	K^+イオンの輸送	Yang ら (2009)

（続く）

表３（続き）

シリアル番号	タンパク質名称	生物種	アミノ酸の長さ	機能と発現	参考文献
21	おそらく K^+ トランスポーター３ (OsHAK3)	イネ・ジャポニカ亜種 (*Oryza sativa* subsp. Japonica)	808	K^+ イオンの輸送	Yang ら (2009)
22	HvHAK4	オオムギ (*Hordeum vulgare*)	697	成長段階の葉組織で発現	Boscari ら (2009)
23	K^+ トランスポーター５ (OsHAK5)	イネ・ジャポニカ亜種 (*Oryza sativa* subsp. Japonica)	781	主根と側根の表皮の K^+ 取り込み	Gierth ら (2005)
24	K^+ トランスポーター６ (OsHAK6)	イネ・ジャポニカ亜種 (*Oryza sativa* subsp. Japonica)	748	K^+ イオンの輸送	Yang ら (2009)
25	K^+ トランスポーター７ (OsHAK7)	イネ・ジャポニカ亜種 (*Oryza sativa* subsp. Japonica)	811	おもに芽と根で発現	Banuelos ら (2002)
26	推定 K^+ トランスポーター８ (OsHAK8)	イネ・ジャポニカ亜種 (*Oryza sativa* subsp. Japonica)	793	K^+ イオンの輸送	Yang ら (2009)
27	おそらくトランスポーター９ (OsHAK9)	イネ・ジャポニカ亜種 (*Oryza sativa* subsp. Japonica)	788	K^+ イオンの輸送	Yang ら (2009)
28	K^+ トランスポーター３ (AtKT3) (AtKUP4) (AtPOT3) (tiny root hair 1 タンパク質)	シロイヌナズナ (*Arabidopsis thaliana*)	775	根毛の先端の成長に必要	Rigas ら (2001)
29	AtKUP1	シロイヌナズナ (*A. thaliana*)	721	成熟植物体の根，茎，葉，花で非常に低レベルで検出される	Kim ら (1998)
30	トランスポーター４ (AtKT4) (AtKUP3) (AtPOT4)	シロイヌナズナ (*A. thaliana*)	789	K^+ 枯渇状態の植物の根で強く発現	Kim ら (1998)
31	K^+ トランスポーター５ (AtHAK1) (AtHAK5) (AtPOT5)	シロイヌナズナ (*A. thaliana*)	785	K^+ 枯渇により根と芽で発現誘導	Rubio ら (2000)
32	K^+ トランスポーター６ (AtHAK6) (AtPOT6)	シロイヌナズナ (*A. thaliana*)	782	根で発現	Rubio ら (2000)
33	K^+ トランスポーター７ (AtHAK7) (AtPOT7)	シロイヌナズナ (*A. thaliana*)	858	根で発現	Rubio ら (2000)
34	K^+ トランスポーター８ (AtHAK8) (AtPOT8)	シロイヌナズナ (*A. thaliana*)	781	根で発現	Rubio ら (2000)

（続く）

表 3 （続き）

シリアル番号	タンパク質名称	生物種	アミノ酸の長さ	機能と発現	参考文献
35	Na^+トランスポーター HKT1 (AtHKT1)	シロイヌナズナ (*A. thaliana*)	506	すべての組織の維管束系で発現。根，葉，花柄。	Uozumi ら (2000)
36	陽イオントランスポーター HKT2 (OsHKT2) (Po-OsHKT2)	イネ・インディカ亜種 (*Oryza sativa* subsp. Inica)	530	K^+/Na^+の恒常性維持の制御に関与	Horie ら (2000)
37	陽イオントランスポーター HKT4 (OsHKT4)	イネ・ジャポニカ亜種 (*Oryza sativa* subsp. Japonica)	552	芽で発現	Garciadeblas ら (2003)
38	おそらく陽イオントランスポーター HKT6 (OsHKT6)	イネ・ジャポニカ亜種 (*Oryza sativa* subsp. Japonica)	530	K^+/Na^+恒常性維持の制御に関わり，弱く発現	Garciadeblas ら (2003)
39	おそらく陽イオントランスポーター HKT7 (OsHKT7)	イネ・ジャポニカ亜種 (*Oryza sativa* subsp. Japonica)	500	K^+/Na^+恒常性維持の制御に関わる	Garciadeblas ら (2003)
40	おそらく陽イオントランスポーター HKT9 (OsHKT9)	イネ・ジャポニカ亜種 (*Oryza sativa* subsp. Japonica)	509	K^+/Na^+恒常性維持の制御に関わる	Garciadeblas ら (2003)
41	推定 Na^+トランスポーター HKT7-A2	ヒトツブコムギ (*Triticum monococcum*)	554	根と葉鞘の木部からの Na^+の流出の制御	Huang ら (2006)
42	CNGC11 (環状ヌクレオチドおよびカルモジュリン制御イオンチャネル 11)	シロイヌナズナ (*A. thaliana*)	621	病原体耐性応答に関与	Yoshioka ら (2006)
43	おそらく CNGC12 (環状ヌクレオチドおよびカルモジュリン制御イオンチャネル 12)	シロイヌナズナ (*A. thaliana*)	649	病原体耐性応答に関与	Yoshioka ら (2006)
44	AtCNGC1 (環状ヌクレオチドおよびカルモジュリン制御イオンチャネル 1)	シロイヌナズナ (*A. thaliana*)	716	Pb^{2+}への耐性が向上	Shunkar ら (2008)
45	AtCNGC2 (環状ヌクレオチドおよびカルモジュリン制御イオンチャネル 2) (DEFENSE NO DEATH 1 タンパク質)	シロイヌナズナ (*A. thaliana*)	726	開いた子葉で強く発現	Kohler ら (2001)
46	AtCNGC4 (環状ヌクレオチドおよびカルモジュリン制御イオンチャネル 4) (AtHLM1)	シロイヌナズナ (*A. thaliana*)	694	エチレンおよびメチルジャスモン酸類の両者の処理で誘導	Balague ら (2003)

（続く）

表３（続き）

シリアル番号	タンパク質名称	生物種	アミノ酸の長さ	機能と発現	参考文献
47	AtKT2/AtKUP2	シロイヌナズナ（*A. thaliana*）		成長段階の葉組織における K^+ 依存的な細胞の伸長	Elumalai ら（2002）
48	HvAKT1	オオムギ（*H. Vulgare*）		葉と根で発現	Boscari ら（2009）
49	HvAKT2	オオムギ（*H. Vulgare*）		成長している葉組織の葉肉細胞への K^+ の取り込みに関与	Boscari ら（2009）

1.5　ゲノミクス，データベースリソース，*in silico* 解析

シロイヌナズナとそれに関連するモデル系（塩生植物）からのゲノム配列は，塩ストレス耐性のような複雑な形質を理解するのに重要である。これは最終的には，耐性に関与する機構のより良い理解のための遺伝的解析とバイオインフォマティクス的比較解析において役に立つ（Bressan ら 2013）。塩ストレス下での転写レベルの遺伝子発現を検証するため，いくつかの種でトランスクリプトミクス解析が行われている。塩耐性の Pokkali および塩感受性の IR29 イネからのトランスクリプトミクスのデータで，両系統とも，塩ストレスによって同一のセットの遺伝子群の発現を誘導されることが明らかにされた。Pokkali でのこれらの遺伝子群の発現はわずか数時間のみであり，その後異なる遺伝子セットに変化する。一方で IR29（塩感受性系統）では，このようなストレス誘導性の遺伝子を発現し続け，その植物は最終的に死ぬ（Kawasaki ら 2001）。同様に，Gong ら（2005）は，シロイヌナズナと *T. salsuginea* 間で，塩で誘導される遺伝子群，抑制される遺伝子群，変化がない遺伝子群に大きな重複があることを見出した。塩耐性の *T. salsuginea* はシロイヌナズナに比べて，高塩濃度の時のみ応答を示す。このように，塩ストレス耐性という点においてこれらの系統は異なってはいるが，いくつかの遺伝子は共通のようである。

バイオインフォマティクスは，ゲノミクス，トランスクリプトミクス，プロテオミクス，メタボロミクスのようなさまざまな「オミクス」に役立つ（Pérez-Clemente ら 2013）。ストレス応答に関与する遺伝子群と，ストレス応答ネットワークへの示唆を伴ったそれらの機能解析が，全ゲノム解析的アプローチで同定された（Vij および Tyagi 2007）。多数の植物のゲノムが塩基配列決定がなされ，これらのゲノムのウェブベース（Gramene，GrainGenes，KEGGPLANT，NCBI，Phytozome，PlantGDB，TAIR，VISTA など）のデータベースが解析用に利用可能である。さまざまな種における，コーディング領域配列，非コーディング領域配列，プロモーター配列，遺伝子ファミリー，分子マーカー，遺伝的多様性の情報も存在する。遺伝子発現データベースリソース（AREX LITE，Genevestigator，NOBLE，PlantCARE，PLACE，TriFLDB，など），プロテオミクスベースのデータベースリソース（Proteomics database，RICE PROTEOME DATABASE，SUBA，など），変異体ベースのデータベースリソース（GABI-KAT，OTL，

RAPID，SALK，SHIP，SIGnAL，TRIM，など)，転写因子ベースのデータベース（DRTF，GrameneTFDB，Grassius，LegumeTFDB，PlantTFDB，など）のような特化したデータベースとともに，上記で言及したデータベースも，塩ストレス応答遺伝子群の同定のための優れた情報源として機能するだろう。**表4**は，植物でトランスポーターの解析で用いられているバイオインフォマティクスツールを示す。

表4 植物のトランスポーターの解析で用いられるバイオインフォマティクスツール

シリアル番号	ツールの名前	目的の解析	リンク	参考文献
1	TMHMM	膜のトポロジー	http://www.cbs.dtu.dk/services/TMHMM/	Krogh ら (2001)
2	GSDS	遺伝子構造	http://gsds.cbi.pku.edu.cn	Guo ら (2007)
3	GENSCAN	ゲノム内の遺伝子発見	http://genes.mit.edu/GENSCAN.html	Burge および Karlin (1998)
4	DIVEIN	分岐	http://indra.mullins.microbiol.washington.edu/DIVEIN/	Deng ら (2010)
5	MEGA5	系統発生関係の再構成	https://www.megasoftware.net/	Tamura (2011)
6	PhyML	系統樹	http://www.atgc-montpellier.fr/phyml/	Guindon ら (2010)
7	Clustal W/X	マルチプル配列アラインメント	http://www.clustal.org/clustal2/	Larkin ら (2007)
8	cMAP	遺伝的地図の比較	http://www.agron.missouri.edu/cMapDB/cMap.html	Fang ら (2003)
9	GeneMANIA	遺伝子の機能推定	http://www.genemania.org/	Warde-Farley ら (2010)
10	Cytoscape	生物学的ネットワークの可視化	http://www.cytoscape.org/	Smoot ら (2011)
11	STRING	タンパク質ータンパク質相互作用ネットワーク	http://string-db.org/	Franceschini ら (2013)
12	Circos	ゲノムの比較	http://mkweb.bcgsc.ca/tableviewer/	Krywinski (2009)
13	SyMAP	シンテニー関係	http://www.agcol.arizona.edu/software/symap	Soderlund (2011)
14	PLAZA	比較ゲノム	http://bioinformatics.psb.ugent.be/plaza/	Van Bel ら (2011)
15	WoLFRSORT	タンパク質の細胞内局在	http://wolfpsort.org/	Horton ら (2007)
16	TargetP	真核生物のタンパク質の細胞内局在	http://www.cbs.dtu.dk/services/TargetP/	Emanuelsson ら (2000)
17	MEME	モチーフ解析	http://meme.nbcr.net/	Bailey ら (2009)

1.5.1　次世代シークエンス技術と比較ゲノム

次世代シークエンス（NGS, next-generation sequencing）技術は，塩耐性の種（*Thellungiella salsuginea*，*T.parvula*，シロイヌナズナ *Arabidopsis* の関連種）と塩感受性の種（シロイヌナズナ *Arabidopsis*）を含むさまざまな分類群からの全ゲノム配列を生成することに役立つ。次世代シークエンサーは，強固なツールであり，比較ゲノミクスの開発および種にまたがって存在する遺伝的相違をピンポイントで解析するのに役立つ。*Thellungiella* は，塩生植物の塩耐性機構を理解するための遺伝的基盤，および塩耐性の系統と塩感受性の系統の遺伝的差異の検証用として用いることができる。使用可能ないくつかの植物のゲノム配列とストレス関連の cDNA ライブラリーは，比較ゲノム研究とストレス応答の遺伝子群とパスウェイの相対的な差を検証する際に，非常に価値のある資源である。オルソログのデータセットが利用可能な場合，シロイヌナズナや *Thellungiella* のようなモデル生物から，イネ，コムギ，トウモロコシやその他のようなより重要な農作物の遺伝子アノテーションの移行のためには，比較ゲノム解析が役に立つ（Ma ら 2012）。*T.parvula* では，遺伝子オントロジー（GO）クラスの中の「biological processes（生物学的過程）」とサブカテゴリーである「response to abiotic or biotic stimulus（非生物学的および生物学的刺激に対する応答）」と「developmental processes（発生過程）」の遺伝子が濃縮されていた。同様に，GO クラスの「molecular function（分子機能）」の中では，サブカテゴリーである「transporter activity（トランスポーター活性）」と「receptor binding or activity（受容体結合および活性）」が，*T.parvula* とシロイヌナズナの間で異なっていることが明らかになった。アノテーション付与された遺伝子の中では，シロイヌナズナと比べて *T.parvula* では，陽イオン，ATPase，核酸，糖のトランスポーターの数が高いことが明らかになった（Dassanayake ら 2011）。陽イオントランスポーター（Na^+と K^+トランスポーター以外）の遺伝子のコピー数の差異は，塩が混入している土壌と他のイオンのバランスが取れていない土壌での *T.parvula* の適応を反映していると指摘されている（Amtmann 2009）。

T.parvula のゲノム配列ではシロイヌナズナと異なり，多数の縦列重複が同定されている。このような遺伝子重複は，*T.parvula* の極限環境生物的な生活様式が可能である根拠および，進化の媒介物としての可能性がある根拠を示唆する（DeBolt 2010；Dassanayake ら 2011）。Cannon ら（2004）と Dassanayake ら（2011）は，シロイヌナズナと *T.sulsuginea* と *T.parvula* のゲノムを比較し，*Thellungiella* は非生物ストレスに関与する重複遺伝子を追加または保持していることが明らかにした。それに対して，シロイヌナズナは生物ストレスに関与する遺伝子を保持していた。*T.parvula* とシロイヌナズナの明確な差は，遺伝子コピー数に存在していた。遺伝子コピー数の多様性は *T.parvula* の表現型の差の重要な機構であると推測されている。このような遺伝子コピー数の多様性は環境への適応を反映している（Hastings ら 2009；Sudmant ら 2010）。*T.parvula* ゲノムは，ストレス適応に関与する遺伝子のオルソログでコピー数が高かった。*AVP1*，*HKT1*，*NHX8*，*CBL10*，*MYB47* のような遺伝子のオルソログの遺伝子コピー数は *T.parvula* よりも高いことが示された（Dassanayake ら 2011）。シロイヌナズナやイネのようなモデル植物で同定された既知のストレス応答転写因子の比較解析を用いて，ダイズ，トウモロコシ，ソルガム，オオムギにおけるいくつかの転写因子が推定された（Mochida ら 2009；

MochidaおよびShinozaki 2011)。そして，新規にシークエンスされた種でも，遺伝子の機能を推定し，理解するのに比較ゲノムは役立つ。さらに，比較ゲノムは，ストレス機構があまり知られていない農作物の塩ストレスに関与する遺伝子の発現プロファイルの解析のみだけでなく，ストレス応答遺伝子の種特異的（モデル植物と農作物植物）な差を発見するのにも役立つ。よって，バイオインフォマティクスは塩ストレス機構の理解において多数の方法で我々の役に立つ。

1.5.2 プロテオミクスアプローチによる標的の同定

ストレス条件下の発現を伴うNa^+とK^+トランスポーターのゲノムの全内容物の解析はプロテオミクスアプローチで達成することができる（AgrawalおよびRakwal 2006)。これはタンパク質相互作用と翻訳後修飾のようなタンパク質の貯蔵庫の情報を与える（Peck 2005)。塩ストレス下でのriceにおけるマススペクトル解析で，UGPase，Cox6b-1，GSの根のアイソザイム，α-NAC，スプライシング様の推定タンパク質，推定上のABP新規タンパク質が同定された（Yanら2005)。同様に，シロイヌナズナやタバコの葉のアポプラストのプロテオーム解析もこの技術を用いて行われた（Daniら2005)。プロテオームとメタボロームの統合的アプローチが，嫌気条件下でのイネとコムギの子葉鞘の差を検証するために用いられた（Shingaki-Wellsら2011)。よって，プロテオミクスとバイオインフォマティクスは，全ゲノムなスキャニングと塩ストレスに関与するタンパク質のための同定の良いツールである。

1.5.3 タンパク質間相互作用

タンパク質−タンパク質相互作用の研究は，塩ストレスに関与するタンパク質ネットワークを発見するのに重要である。タンパク質−タンパク質相互作用研究では，転写活性化因子のDNA結合領域が物理的に活性化領域と結合し，タンパク質−タンパク質間相互作用を引き起こしたときのみ，転写が活性化される。この過程は酵母ツーハイブリッド法と共免疫沈降法の技術を用いて検証することができる（FieldsおよびSong 1989）が，しばしば時間がかかり，煩雑である（**図5**)。したがって，タンパク質ネットワーク解析のために，いくつかのバイオインフォマティクスツールが利用されている。ゲノム配列がまだ解読されていない植物では，異種間の同定アプローチと，すでに特徴付けされた種のオルソロガスなペプチドとの相互作用と興味のあるペプチドを比較することを通してタンパク質を同定することができる（Wittersら2003)。シロイヌナズナにおいて，タンパク質相互作用解析は，Ca^{2+}を介したシグナル伝達と膜シグナル伝達の特徴付

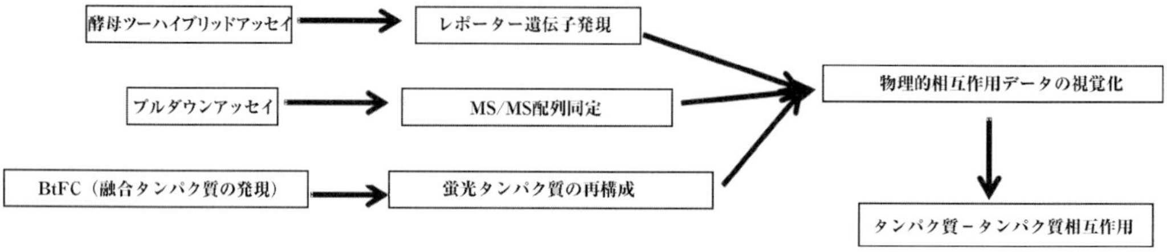

図5 タンパク質ータンパク質相互作用ネットワークのマッピングの三つの主な方法

けに用いられる（Reddy ら 2011；Vernoux ら 2011）。我々の研究室で作製されたタンパク質－タンパク質相互作用地図は，他の Na^+，K^+，Ca^{2+}交換輸送体と Na^+/H^+アンチポーターの相互作用と，ラディカル誘導性の細胞死タンパク質（radical-induced cell death protein）との相互作用を明らかにするのに役立った。バイオインフォマティクスの助けを通して得られるこのような重要な情報は，塩ストレス機構をより良く理解し，塩ストレス条件によく対応できる農作物植物を生産することにも役立つ。よって，バイオインフォマティクスは，モデル植物だけでなく農作物植物においても，重要なタンパク質ネットワークと，複数のストレス条件下でそれに関与する遺伝子群を同定する際に，我々の助けになる。

1.5.4　オミクスと系統遺伝学解析

文献上で非生物ストレス耐性に紐づく個々の遺伝子に関連して大量のデータが蓄積されている。しかし，そのような遺伝子群とそれらの機能と耐性機構を一つの絵に統合することはできなかった。我々は，農作物の塩ストレス耐性に関与する多くの遺伝子を推定し，解析し，解釈し，クラスター化し，比較し，機能的なアノテーションを付与する必要がある。これは，核酸のデータベース，タンパク質相互作用データベース，代謝経路データベース，分子のアノテーション，そして利用可能な文献からのデータマイニングなどの生物学的データベースのデータの統合を必要とする。そして，塩耐性に関与する意味のある情報や機構を得るには，ゲノム配列を詳細にみる必要がある。今日では，タンパク質，それらのネットワーク，タンパク質のクロストーク，塩ストレスに関与する機能を研究するために，より簡単な方法で多数のシステムバイオロジー的ツールが使用可能である（**図6**）。植物細胞での応答の完全な全体像を効率的に決定するためには，複数のオミクスアプローチを組み合わせたシステム解析が必要である（Mochida および Shinozaki 2011）。塩ストレス耐性のような複雑な形質を解決する手段を見つけるために我々は，タンパク質－タンパク質または転写因子ネットワークからのデータで遺伝子－遺伝子相互作用の情報を統合する必要がある。

公共のデータベースのゲノム情報が利用可能になったことで，遺伝子ファミリーの拡大を検証することが可能となった。Demuth および Hahn（2009）の文献によって指摘されてきたように，いくつかの遺伝子は進化の過程で機能を失うが，パラログのようにいくつかは新たな機能をもつことが認識されている。Le ら（2011）は，発生段階と脱水ストレス下での *Glycine max*（ダイズ）で，全ゲノムな解析と植物特異的な NAC（NAM，ATAF および CUC）転写因子ファミリーの発現解析を行った。シロイヌナズナとイネからのストレス関連の NAC 転写因子を用いた系統解析で，152 個の *GmNAC* のうち 58 個が推定上のストレス応答遺伝子であると同定された。さらに，系統的な解析は，詳細な特徴づけと，乾燥耐性の形質転換ダイズの系統開発のための組織特異的および / または脱水応答候補の NAC 遺伝子を同定した。このように，バイオインフォマティクスアプローチは，ダイズでの組織特異的および / または脱水ストレス応答性の NAC 遺伝子の同定により，価値ある情報を提供してきた。

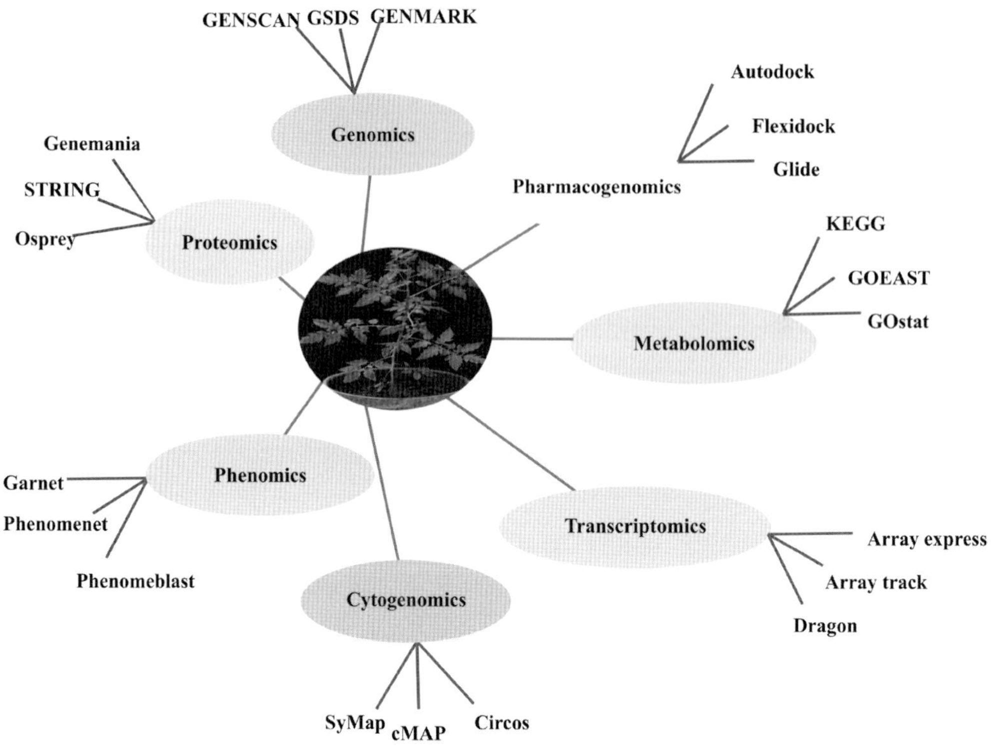

図6　植物のシステムバイオロジーで用いられるさまざまなツール

2. 結論

塩生植物は悪環境の中で生き延び，そのうちいくつかはシロイヌナズナのような非塩生植物の近縁種であるようだ。しかし塩生植物と非塩生植物は複数のストレス条件下では異なって応答し，よって塩耐性のような多遺伝子性の形質を理解するのは非常に複雑である。塩生植物は，多肉，塩類腺，塩類気泡のような非塩生植物がもたない構造多様性をもつ。高等植物のゲノム配列解析で，25000～30000個近くの遺伝子は，塩生植物と非塩生植物で共有または偏在していることが明らかになった。しかし，種または系統，属，科，および目特異的な差は遺伝子の数にみられる。塩生植物と非塩生植物の両方からゲノム配列を利用できることは，塩ストレスに関与する遺伝子の網羅的な発現に関わる重要な情報を取得するのに役立つ。*Thellungiella* のような塩生植物のゲノム配列は，とくにストレス応答に関与する遺伝子が重複していることを明らかにした。さらに，遺伝子発現の変化やコピー数の多様性は重要であり，塩ストレス耐性の基盤である（Kvitek ら 2008；Dassanayake ら 2011；Waterhouse ら 2011）。この遺伝的な構造はおそらく，塩生植物の塩ストレス耐性の生活様式を反映している。極限環境で育つ植物のゲノム配列と農作物植物のゲノム配列が利用可能であることと，全ゲノム連関解析（genome-wide association study, GWAS）を伴った比較解析は，ストレス耐性を検証するための順遺伝学と逆遺伝学的アプローチの両方を大きく促進する（Huang ら 2011）。これは最終的に，塩分への耐性を向上させた農作物の育種への道を拓くだろう。前述したように，非生物的ストレス応答，シグナル伝達，そのほか多くの生物学的事象の分子レベルの機構についての我々の知識を広げるために，タンパク質－タンパク質相互作用解析が用いられている（Morsy ら 2008）。利用可能なデータベースおよび，次世代シークエンスなどの次々と出現してくる技術を伴ったバイオインフォマティクスというツールは，悪環境条件下での農業生産を維持するために機構を明らかにし，農作物の塩耐性を向上させる際にさまざまな面で我々の役に立つ。

文　献

Agrawal GK, Rakwal R (2006) Rice proteomics, a cornerstone for cereal food crop proteomes. Mass Spectrom Rev 25:1–53. doi:10.1002/mas.20056

Amrutha RN, Jogeswar G, Srilakshmi P, Kavi Kishor PB (2007) Rubidium chloride tolerant callus cultures of rice (*Oryza sativa* L.) accumulate more potassium and cross tolerate to other salts. Plant Cell Rep 26:1647–1662. doi:10.1007/s00299-007-0353-4

Amtmann A (2009) Learning from evolution: *Thellungiella* generates new knowledge on essential and critical components of abiotic stress tolerance in plants. Mol Plant 2:3–13. doi:10.1093/mp/ssn094

An R, Chen QJ, Chai MF, Lu PL, Su Z, Qin ZX, Chen J, Wang XC (2007) AtNHX8, a member of the monovalent cation:proton antiporter-1 family in *Arabidopsis thaliana*, encodes a putative Li^+/H^+ antiporter. Plant J 49:718–728. doi:10.1111/j.1365-313X.2006.02990.x

Apse MP, Aharon GS, Snedden WA, Blumwald E (1999) Salt tolerance conferred by overexpression of a vacuolar Na^+/H^+ antiport in *Arabidopsis*. Science 285:1256–1258. doi:10.1126/science.285.5431.1256

Apse MP, Sottosanto JB, Blumwald E (2003) Vacuolar cation/H^+ exchange, ion homeostasis, and leaf development are altered in a T-DNA insertional mutant of AtNHX1, the Arabidopsis vacuolar Na^+/H^+ antiporter. Plant J 36:229–239. doi:10.1046/j.1365-313X.2003.01871.x

Arazi T, Kaplan B, Formm H (2000) A high affinity Calmodulin-binding site in a tobacco plasmamembrane channel protein coincide with a characteristic element of cyclic nucleotide binding domains. Plant Mol Biol 42:591–601. doi:10.1023/A:1006345302589

Bailey TL, Boden M, Buske FA, Frith M, Grant CE, Clementi L, Ren J, Li WW, Noble WS (2009) MEME SUITE: tools for motif discovery and searching. Nucleic Acids Res 37:W202–W208. doi:10.1093/nar/gkp335

Balague C, Lin B, Alcon C, Flottes G, Malmstrom S, Kohler C, Neuhaus G, Pelletier G, Gaymard F, Roby D (2003) HLM1, an essential signalling component in the hypersensitive response, is a member of the cyclic nucleotide-gated channel ion channel family. Plant Cell 15:365–379. doi:10.1105/tpc.006999

Banuelos MA, Garciadeblas B, Cubero B, Rodriguez-Navarro A (2002) Inventory and functional characterization of the HAK potassium transporters of rice. Plant Physiol 130:784–795. doi:10.1104/pp.007781

Bassil E, Ohto MA, Esumi T, Tajima H, Zhu Z, Cagnac O, Belmonte M, Peleg Z, Yamaguchi T, Blumwald E (2011) The *Arabidopsis* intracellular Na^+/H^+ antiporters NHX5 and NHX6 are endosome associated and necessary for plant growth and development. Plant Cell 23:224–239. doi:10.1105/tpc.110.079426

Blumwald E (2000) Sodium transport and salt tolerance in plants. Curr Opin Cell Biol 12:431–434. doi:http://dx.doi.org/10.1016/S0955-0674(00)00112-5

Boscari A, Clement M, Volkov V, Golldack D, Hybiak J, Miller AJ, Amtmann A, Fricke W (2009) Potassium channels in barley: cloning, functional characterization and expression analyses in relation to leaf growth and development. Plant Cell Environ 32:1761–1777. doi:10.1111/j.1365-3040.2009.02033.x

Bressan RA, Park HC, Orsini F et al (2013) Biotechnology for mechanisms that counteract salt stress in extremophile species: a genome-based view. Plant Biotechnol Rep 7:27–37. doi:10.1007/s11816-012-0249-9

Burge CB, Karlin S (1998) Finding the genes in genomic DNA. Curr Opin Struct Biol 8:346–354. doi:10.1016/S0959-440X(98)80069-9

Cannon SB, Mitra A, Baumgarten A, Young ND, May G (2004) The roles of segmental and tandem gene duplication in the evolution of large gene families in *Arabidopsis thaliana*. BMC Plant Biol 4:10. doi:10.1186/1471-2229-4-10

Chanroj S, Wang G, Venema K, Zhang MW, Delwiche CF, Sze H (2012) Conserved and diversified gene families of monovalent cation/H^+ antiporters from algae to flowering plants. Front Plant Sci 3:25. doi:10.3389/fpls.2012.00025

Ciarmiello LF, Woodrow P, Fuggi A, Pontecorvo G, Carillo P (2011) Plant genes for abiotic stress. In: Shanker A, Venkateswarlu B (eds) Abiotic stress in plants-mechanisms and adaptations. Venkateswarlu Intech, Rijeka

Cukkemane A, Seifert R, Kaupp UB (2011) Cooperative and uncooperative cyclic-nucleotide-gated ion channels. Trends Biochem Sci 36:55–64. doi:10.1016/j.tibs.2010.07.004

Dahl S, Sylte I, Ravna A (2004) Structures and models of transporter proteins. J Pharmacol Exp Ther 309:853–860. doi:10.1124/jpet.103.059972

Dani V, Simon WJ, Duranti M, Croy RR (2005) Changes in the tobacco leaf apoplast proteome in response to salt stress. Proteomics 5:737–745. doi:10.1002/pmic.200401119

Dassanayake M, Oh D, Haas JS, Hernandez A, Hong H, Ali S, Yun D, Bressan RA, Zhu J, Bohnert HJ, Cheesman JM (2011) The genome of the extremophile crucifer *Thellungiella parvula*. Nat Genet 43:913–918. doi:10.1038/ng.889

DeBolt S (2010) Copy number variation shapes genome diversity in Arabidopsis over immediate family generational scales. Genome Biol Evol 2:441–453. doi:10.1093/gbe/evq033

Demuth JP, Hahn MW (2009) The life and death of gene families. Bioessays 31:29–39. doi:10.1002/bies.080085

Deng W, Maust BS, Nickle DC, Learn GH, Liu Y, Heath L, Kosakovsky Pond SL, Mulins JI (2010) DIVEIN: a web server to analyse phylogenies, sequence divergence, diversity and informative sites. Biotechniques 48:405–408. doi:10.2144/000113370

Elumalai RP, Nagpal P, Reed JW (2002) A mutation in the *Arabidopsis* KT2/KUP2 potassium transporter gene affects shoot cell expansion. Plant Cell 14:119–131. doi:10.1105/tpc.010322

Emanuelsson O, Nielsen H, Brunak S, von Heijne G (2000) Predicting subcellular localization of proteins based on their N-terminal amino acid sequence. J Mol Biol 300:1005–1016. doi:10.1006/jmbi.2000.3903

Fang Z, Polacco M, Chen S, Schroeder S, Hancock D, Sanchez H, Coe E (2003) cMap: the comparative genetic map viewer. Bioinformatics 19:416–417. doi:10.1093/bioinformatics/btg012

Fields S, Song O (1989) A novel genetic system to detect protein-protein interactions. Nature 340:245–246. doi:10.1038/340245a0

Franceschini A, Szklarczyk D, Frankild S, Kuhn M, Simonovic M, Roth A, Lin J, Minguez P, Bork P, von Mering C, Jensen LJ (2013) STRING v9.1: protein-protein interaction networks, with increased coverage and integration. Nucleic Acids Res 41: D808–D815. doi:10.1093/nar/gks1094

Garciadeblas B, Senn ME, Banuelos MA, Rodríguez-Navarro A (2003) Sodium transport and HKT transporters: the rice model. Plant J 34:788–801. doi:10.1046/j.1365-313X.2003.01764.x

Gaxiola RA, Rao R, Sherman A, Grisafi P, Alper SL, Fink GR (1999) The *Arabidopsis thaliana* proton transporters, AtNhx1 and Avp1, can function in cation detoxification in yeast. Proc Natl Acad Sci USA 96:1480–1485. doi:10.1073/pnas.96.4.1480

Gierth M, Maser P (2007) Potassium transporters in plants-involvement in K^+ acquisition, redistribution and homeostasis. FEBS Lett 581:2348–2356. doi:10.1016/j.febslet.2007.03.035

Gierth M, Maser P, Schroeder JI (2005) The potassium transporter AtHAK5 functions in K^+ deprivation-induced high-affinity K^+ uptake and AKT1 K^+ channel contribution to K1 uptake kinetics in *Arabidopsis* roots. Plant Physiol 137:1105–1114. doi:10.1104/pp.104.057216

Gobert A, Park G, Amtmann A, Sanders D, Maathuis FJM (2006) *Arabidopsis thaliana* cyclic nucleotide gated channel 3 forms a non-selective ion transporter involved in germination and cation transport. J Exp Bot 57:791–800. doi:10.1093/jxb/erj064

Gong Q, Li P, Ma S, Indu Rupassara S, Bohnert HJ (2005) Salinity stress adaptation competence in the extremophile *Thellungiella halophila* in comparison with its relative *Arabidopsis thaliana*. Plant J 44:826–839. doi:10.1111/j.1365-313X.2005.02587.x

Grabov A (2007) Plant KT/KUP/HAK potassium transporters: single family-multiple functions. Ann Bot 99:1035–1041. doi:10.1093/aob/mcm066

Guindon S, Dufayard JF, Lefort V, Anisimova M, Hordijk W, Gascuel O (2010) New algorithms and methods to estimate maximum-likelihood phylogenies: assessing the performance of PhyML 3.0. Syst Biol 59:307–321

Guo AY, Zhu QH, Chen X, Luo JC (2007) GSDS: a gene structure display server. Yi Chuan 29:1023–1026. doi:10.1360/yc-007-1023

Guo KM, Babourina O, Christopher DA, Borsics T, Rebgel Z (2008) The cyclic nucleotide-gated channel, AtCNGC10, influences salt tolerance in *Arabidopsis*. Physiol Plant 134:499–507. doi:10.1111/j.1399-3054.2008.01157.x

Harlan JR (1995) The living fields: our agricultural heritage. Cambridge University Press, New York

Hastings PJ, Lupski JR, Rosenberg SM, Ira G (2009) Mechanisms of change in gene copy number. Nat Rev Genet 10:551–564. doi:10.1038/nrg2593

Horie T, Yoshida K, Nakayama H, Yamada K, Oiki S, Shinmyo A (2001) Two types of HKT transporters with different properties of Na^+ and K^+ transport in *Oryza sativa*. Plant J 27:129–138. doi:10.1046/j.1365-313x.2001.01077.x

Horton P, Park KJ, Obayashi T, Fujita N, Harada H, Adams-Collier CJ, Nakai K (2007) WoLF PSORT: protein localization predictor. Nucleic Acids Res 35: W585–W587. doi:10.1093/nar/gkm259

Huang S, Spielmeyer W, Lagudah ES, James RA, Platten JD, Dennis ES, Munns R (2006) A sodium transporter (HKT7) is a candidate for Nax1, a gene for salt tolerance in durum wheat. Plant Physiol 142:1718–1727. doi:10.1104/pp. 106.088864

Huang YS, Horton M, Vilhja´lmsson BJ, Seren U, Meng D, Meyer C, Amer MA, Borevitz JO, Bergelson J, Nordborg M (2011) Analysis and visualization of *Arabidopsis thaliana* GWAS using web 2.0 technologies. Database 2011:1–17. doi:10.1093/database/bar014

Jaspers P, Blomster T, Brosché M, Salojarvi J, Ahlfors R, Vainonen JP, Reddy RA, Immink R, Angenent G, Turck F, Overmyer K, Kangasjarvi J (2009) Unequally redundant RCD1 and SRO1 mediate stress and developmental responses and interact with transcription factors. Plant J 60:268–279. doi:10.1111/j.1365-313X.2009.03951.x

Karley AJ, Leigh RA, Sanders D (2000) Differential ion

accumulation and ion fluxes in the mesophyll and epidermis of barley. Plant Physiol 122:835–844. doi:10.1104/pp. 122.3.835

Kawasaki S, Borchert C, Deyholos M, Wang H, Brazille S, Kawai K, Galbraith D, Bohnert HJ (2001) Gene expression profiles during the initial phase of salt stress in rice. Plant Cell 13:889–905. doi:http://dx. doi.org/10. 1105/tpc.13.4.889

Kim EJ, Kwak JM, Uozumi N, Schroeder JI (1998) AtKUP1: an *Arabidopsis* gene encoding high-affinity potassium transport activity. Plant Cell 10:51–62. doi:10.1105/tpc.10.1.51

Koehler C, Neuhaus G (2000) Characterization of calmodulin binding to cyclic nucleotide-gated ion channels from *Arabidopsis thaliana*. FEBS Lett 471: 133–136. doi:10.1016/S0014-5793(00)01383-1

Kohler C, Merkle T, Roby D, Neuhaus G (2001) Developmentally regulated expression of a cyclic nucleotide-gated ion channel from *Arabidopsis* indicates its involvement in programmed cell death. Planta 213: 327–332. doi:10.1007/s004250000510

Krogh A, Larsson B, von Heijne G, Sonnhammer EL (2001) Predicting transmembrane protein topology with a hidden Markov model: application to complete genomes. J Mol Biol 305:567–580. doi:10.1006/jmbi.2000.4315

Krzywinski M, Schein J, Birol I, Connors J, Gascoyne R, Horsman D, Jones S, Marra MA (2009) Circos: an information aesthetic for comparative genomics. Genome Res 19:1639–1645. doi:10.1101/gr.092759.109

Kvitek DJ, Will JL, Gasch AP (2008) Variations in stress sensitivity and genomic expression in diverse *Saccharomyces cerevisiae* isolates. PLoS Genet 4:1–18. doi:10.1371/journal.pgen.1000223

Larkin MA, Blackshields G, Brown NP, Chenna R, McGettigan PA, McWilliam H, Valentin F, Wallace IM, Wilm A, Lopez R, Thompson JD, Gibson TJ, Higgins DG (2007) Clustal W and Clustal X version 2.0. Bioinformatics 23:2947–2948. doi:10.1093/bioinformatics/btm404

Lauchli A, James RA, Huang CX, McCully M, Munns R (2008) Cell-specific localization of Na^+ in roots of durum wheat and possible control points for salt exclusion. Plant Cell Environ 31:1565–1574. doi:10.1111/j.1365-3040.2008.01864.x

Le DT, Nishiyama R, Watanabe Y, Mochida K, Yamaguchi-Shinozaki K, Shinozaki K, Phan Tran L (2011) Genome-wide survey and expression analysis of the plant-specific NAC transcription factor family in soybean during development and dehydration stress. DNA Res 18:263–276. doi:10.1093/dnares/dsr015

Lugan R, Niogret MF, Leport L, Guégan JP, Larher FR, Savouré A, Kopka J, Bouchereau A (2010) Metabolome and water homeostasis analysis of *Thellungiella salsuginea* suggests that dehydration tolerance is a key response to osmotic stress in this halophyte. Plant J 64:215–229. doi:10.1111/j.1365-313X.2010.04323.x

Ma Y, Qin F, Phan Tran L (2012) Contribution of genomics to gene discovery in plant abiotic stress responses. Mol Plant 5:1176–1178. doi:10.1093/mp/sss085

Maathuis FJM (2007) Monovalent cation transporters; establishing a link between bioinformatics and physiology. Plant Soil 301:1–15. doi:10.1007/s11104-007- 9429-8

Maathuis FJM, Sanders D (1997) Regulation of K^+ absorption in plant root cells by external K^+: interplay of different plasma membrane K^+ transporters. J Exp Bot 48:451–458. doi:10.1093/jxb/48

Mochida K, Shinozaki K (2011) Advances in omics and bioinformatics tools for systems analyses of plant functions. Plant Cell Physiol 52:2017–2038. doi:10.1093/pcp/pcr153

Mochida K, Yoshida T, Sakurai T, Yamaguchi-Shinozaki K, Shinozaki K, Tran LS (2009) In silico analysis of transcription factor repertoire and prediction of stress responsive transcription factors in soybean. DNA Res 16:353–369. doi:10.1093/dnares/dsp023

Moller IS, Gilliham M, Jha D, Mayo GM, Roy SJ, Coates JC, Haseloff J, Tester M (2009) Shoot Na^+ exclusion and increased salinity tolerance engineered by cell type-specific alteration of Na^+ transport in *Arabidopsis*. Plant Cell 21:2163–2178. doi:10.1105/tpc.108.064568

Moore CA, Bowen HC, Scrase-Field S, Knight MR, White PJ (2002) The deposition of suberin lamellae determines the magnitude of cytosolic Ca^{2+} elevations in root endodermal cells subjected to cooling. Plant J 30:457–465. doi:10.1046/j.1365-313X.2002.01306.x

Morsy M,Gouthu S, Orchard S, Thorneycroft D, Harper JF, Mittler R, Cushman JC (2008) Charting plant interactomes: possibilities and challenges. Trends Plant Sci 13:183–191. doi:10.1016/j.tplants.2008.01.006

Munns R (2002) Comparative physiology of salt and water stress. Plant Cell Environ 25:239–250. doi:10. 1046/j.0016-8025.2001.00808.x

Munns R, Tester M (2008) Mechanisms of salinity tolerance. Annu Rev Plant Biol 59:651–681. doi:10.1146/ annurev. arplant.59.032607.092911

Orlowski J, Grinstein S (1997) Na^+/H^+ exchangers of mammalian cells. J Biol Chem 272:22373–22376. doi:10.1074/jbc.272.36.22373

Peck SC (2005) Update on proteomics in *Arabidopsis*. Where do we go from here? Plant Physiol 138:591–599. doi:10.1105/tpc.107.050989

Pérez-Clemente RM, Vives V, Zandalinas SI, López-Climent MF, Munñoz V, Gómez-Cadenas A (2013) Biotechnological approaches to study plant responses to stress. BioMed Res Int 2013:1–10. doi:10.1155/2013/ 654120

Peterson CA, Murrmann M, Steudle E (1993) Location of the major barriers to water and ion movement in young roots of *Zea-mays* L. Planta 190:127–136. doi:10.1007/ BF00195684

Reddy AS, Ben-Hur A, Day IS (2011) Experimental and computational approaches for the study of calmodulin interactions. Phytochemistry 72:1007–1019. doi:10. 1016/j.phytochem.2010.12.022

Rigas S, Debrosses G, Haralampidis K, Vicente-Agullo F, Feldmann KA, Grabov A, Dolan L, Hatzopoulos P (2001) TRH1 encodes a potassium transporter required for tip growth in *Arabidopsis* root hairs. Plant Cell 13:139–151. doi:10.1105/tpc.13.1.139

Rodriguez M, Canales E, Borras-Hidalgo O (2005) Molecular aspects of abiotic stress in plants. Biotecnol Apl 22:1–10

Rodríguez-Rosales MP, Ga´lvez FJ, Huertas R, Aranda MN, Baghour M, Cagnac O, Venema K (2009) Plant NHX cation/proton antiporters. Plant Signal Behav 4:265–276. doi:10.4161/psb.4.4.7919

Rubio F, Santa-Maria GE, Rodr–guez-Navarro A (2000) Cloning of *Arabidopsis* and barley cDNAs encoding HAK potassium transporters in root and shoot cells. Physiol Plant 109:34–43. doi:10.1034/j.1399-3054.2000.100106.x

Shi H, Ishitani M, Kim C, Zhu JK (2000) The *Arabidopsis thaliana* salt tolerance gene SOS1 encodes a putative Na^+/H^+ antiporter. Proc Natl Acad Sci U S A 97:6896–6901. doi:10.1073/pnas.120170197

Shi H, Quintero FJ, Pardo JM, Zhu JK (2002) The putative plasma membrane Na^+/H^+ antiporter SOS1 controls long distance Na^+ transport in plants. Plant Cell 14:465–477. doi:10.1105/tpc.010371

Shingaki-Wells RN, Huang S, Taylor NL, Carroll AJ, Zhou W, Millar AH (2011) Differential molecular responses of rice and wheat coleoptiles to anoxia reveal novel metabolic adaptations in amino acid metabolism for tissue tolerance. Plant Physiol 156:1706–1724. doi:10.1104/pp. 111.175570

Smoot ME, Ono K, Ruscheinski J, Wang PL, Ideker T (2011) Cytoscape 2.8: new features for data integration and network visualization. Bioinformatics 27:431–432. doi:10.1093/bioinformatics/btq675

Soderlund C, Bomhoff M, Nelson WM (2011) SyMAP v3.4: a turnkey synteny system with application to plant genomes. Nucleic Acids Res 39:1–9. doi:10.1093/nar/gkr123

Sudmant PH, Kitzman JO, Antonacci F, Alkan C, Malig M, Tsalenko A, Sampas N, Bruhn L, Shendure J, Eichler EE (2010) Diversity of human copy number variation and multicopy genes. Science 330:641–646. doi:10.1126/science.1197005

Sunkar R, Kaplan B, Bouche N, Arazi T, Dolev D, Talke IN, Maathuis FJM, Sanders D, Bouchez D, Fromm H (2008) Expression of a truncated tobacco NtCBP4 channel in transgenic plants and disruption of the homologous *Arabidopsis* CNGC1 gene confer Pb^{2+} tolerance. Plant J 24:533–542. doi:10.1111/j.1365-313X.2000.00901.x

Tamura K, Peterson D, Peterson N, Stecher G, Nei M, Kumar S (2011) MEGA5: molecular evolutionary genetics analysis usingmaximumlikelihood, evolutionary distance, and maximum parsimony methods. Mol Biol Evol 28:2731–2739. doi:10.1093/molbev/msr121

Tester M, Davenport RJ (2003) Na^+ tolerance and Na^+ transport in higher plants. Ann Bot 91:503–527. doi:10.1093/aob/mcg058

Tyerman SD, Skerrett IM (1999) Root ion channels and salinity. Sci Hortic 78:175–235. doi:10.1016/S0304-4238(98)00194-0

Uozumi N, Kim EJ, Rubio F, Yamaguchi T, Muto S, Akio T, Bakker EP, Nakamura T, Schroeder JI (2000) The *Arabidopsis* HKT1 gene homolog mediates inward Na^+ currents in *Xenopus laevis* oocytes and Na^+ uptake in *Saccharomyces cerevisiae*. Plant Physiol 122:1249–1260. doi:10.1104/pp. 122.4.1249

Van Bel M, Proost S, Wischnitzki E, Mohavedi S, Scheerlinck C, Van De Peer Y, Vandepoele K (2011) Dissecting plant genomes with the PLAZA comparative genomics platform. Plant Physiol 158:590–600. doi:10.1104/pp. 111.189514

Vernoux T, Brunoud G, Farcot E, Morin V, Van den Daele H, Legrand J et al (2011) The auxin signalling network translates dynamic input into robust patterning at the shoot apex. Mol Syst Biol 7:1–15. doi:10.1038/msb.2011.39

Vij S, Tyagi AK (2007) Emerging trends in the functional genomics of the abiotic stress response in crop plants. Plant Biotechnol J 5:361–380. doi:10.1111/j.1467-7652.2007.00239.x

Waditee R, Hibino T, Tanaka Y, Nakamura T, Incharoensakdi A, Takabe T (2001) Halotolerant cyanobacterium *Aphanothece halophytica* contains an Na^+/H^+ antiporter, homologous to eukaryotic ones, with novel ion specificity affected by C-terminal tail. J Biol Chem 276:36931–36938. doi:10.1074/jbc. M103650200

Ward JM, Maser P, Schroeder JI (2009) Plant ion channels: gene families, physiology, and functional genomics analyses. Annu Rev Physiol 71:59–82. doi:10.1146/annurev.physiol.010908.163204

Warde-Farley D, Donaldson SL, Comes O, Zuberi K, Badrawi R, Chao P, Franz M, Grouios C, Kazi F, Lopes CT, Maitland A, Mostafavi S, Montojo J, Shao Q, Wright G, Bader GD, Morris Q (2010) The GeneMANIA prediction server: biological network integration for gene prioritization and predicting gene function. Nucleic Acids Res 38:W214–W220. doi:10.1093/nar/gkq537

Waterhouse RM, Zdobnov EM, Kriventseva EV (2011) Correlating traits of gene retention, sequence divergence, duplicability and essentiality in vertebrates, arthropods and fungi. Genome Biol Evol 3:75–86. doi:10.1093/gbe/evq083

Wegner LH, Raschke K (1994) Ion channels in the xylem parenchyma of barley roots. Plant Physiol 105:799–813. doi:10.1104/pp. 105.3.799

White PJ (1999) The molecular mechanism of sodium influx to root cells. Trends Plant Sci 4:245–246. doi:10.1016/S1360-1385(99)01435-1

White PJ (2001) The pathways of calcium movement to the xylem. J Exp Bot 52:891–899. doi:10.1093/jexbot/52.358.891

Witters E, Laukens K, Deckers P, Van Dongen W, Esmans E, Van Onckelen H (2003) Fast liquid chromatography coupled to electrospray tandem mass spectrometry peptide sequencing for cross-species protein identification. Rapid Commun Mass Spectrom 17:2188–2194. doi:10.1002/rcm.1173

Yan S, Tang Z, Su W, Sun W (2005) Proteomic analysis of salt stress-responsive proteins in rice root. Proteomics 5:235–244. doi:10.1002/pmic.200400853

Yang Z, Gao Q, Sun C, Li W, Gu S, Xu C (2009) Molecular evolution and functional divergence of HAK potassium transporter gene family in rice (*Oryza sativa* L.). J Genet Genomics 36:161–172. doi:10.1016/S1673-8527(08)60103-4

Yokoi S, Quintero FJ, Cubero B, Ruiz MT, Bressan RA, Hasegawa PM, Pardo JM (2002) Differential expression and function of *Arabidopsis thaliana* NHX Na^+/H^+ antiporters in the salt stress response. Plant J 30:529–539. doi:10.1046/j.1365-313X.2002.01309.x

Yoshioka K, Moeder W, Kang HG, Kachroo P, Masmoudi K, Berkowitz G, Klessig DF (2006) The chimeric *Arabidopsis* cyclic nucleotide-gated ion channel11/12 activates multiple pathogen resistance responses. Plant Cell 18:747–763. doi:10.1105/tpc.105.038786

Zhorov BS, Tikhonov DB (2004) Potassium, sodium, calcium and glutamate-gated channels: pore architecture and ligand action. J Neurochem 88:782–799. doi:10.1111/j.1471-4159.2004.02261.x

第7章　ピーナッツバイオインフォマティクス：ピーナッツアレルギーに対する免疫療法の開発と食物安全性の改良のためのツールと適用

Peanut Bioinformatics: Tools and Applications for Developing More Effective Immunotherapies for Peanut Allergy and Improving Food Safety

Venkatesh Kandula, Virginia A. Gottschalk, Ramesh Katam, and Roja Rani Anupalli

要約

バイオインフォマティクスの先進的ツールが，アレルゲン活性と交差反応性に非常に重要な特徴を評価するために利用されてきた。近年の植物タンパク質に関する膨大なデータ蓄積によって，さまざまなタンパク質ファミリーにおけるアレルゲンの分類が可能となり，大部分の食物アレルゲンは四つのタンパク質ファミリーに分類された。これらのファミリーは，配列と関連構造を比較することで，スーパーファミリーへとまとめることができる。この情報によって，感受性個体で交差反応性抗体の生成を開始する複数の食物アレルギーの発症を起こす可能性がある広範な関連タンパク質の同定が，可能となる。ピーナッツアレルギーは食物誘発性のアナフィラキシーの大部分の事象の原因となるため，適切な免疫療法の開発には，これらのアレルゲン性成分の詳細な免疫学的および分子学的特徴分析が必須である。また，このことによって，ピーナッツのこれらのアレルゲン性成分に類似するアレルゲンの発生の可能性がある遺伝子導入植物の選別ができる。単量体の残基レベルの溶媒への接近性，およびアレルゲンの生物学的な集合体を組み合わせた相同性モデリングは，タンパク質アレルゲン上の抗原性決定因子の価値ある情報を与えることを確実にする。本総説を通じて，ピーナッツアレルギー緩和に向けてのバイオインフォマティクスツールの応用を説明する。

キーワード： ピーナッツ，アレルゲン，アレルゲンデータベース，Ara h および導入遺伝子のアレルゲン性

V. Kandula • R.R. Anupalli
Department of Genetics and Biotechnology, Osmania University, Hyderabad 500007, AP, India

V.A. Gottschalk • R. Katam (✉)
Department of Biological Sciences, College of Science and Technology, Florida A&M University, Tallahassee, FL 32307, USA
e-mail：ramesh.katam@gmail.com

K.K. P.B. et al. (eds.), *Agricultural Bioinformatics*,
DOI 10.1007/978-81-322-1880-7_7, © Springer India 2014

略語：BLAST：Basic Local Alignment Search Tool（基本的局所整列検索ツール）
DNA：Deoxyribonucleic acid（デオキシリボ核酸）
FARRP：Food Allergy Research and Resource Program
（食物アレルギー研究および資源プログラム）
FASTA：Fast alignment（高速整列）
GM crops：Genetically modified crops（遺伝的改変食物）
IgE：Immunoglobulin E（免疫グロブリン E）
IUIS：International Union of Immunoogical Societies（国際免疫学会）
kDa：Kilodalton（キロダルトン）
MW：Molecular weight（分子量）
ORF：Open reading frames（オープンリーディングフレーム）
PR：Pathogenesis-related genes（感染特異的遺伝子）
SDAP：Structural Database of Allergenic Proteins
（アレルゲン性タンパク質の構造データベース）
URL：Uniform resource locator（ユニフォーム リソース ロケータ，
または統一資源位置指定子）

1. はじめに

食物アレルギーは，免疫学的機序による一定の食物に対する有害反応（Matsuda および Nakamura 1993）として記述でき，マメ科植物については増加しているようである。ピーナッツアレルギーは IgE を介して人口の約 1%，および小児の最大 8%に影響する（Ortolani ら 2001；Woods ら 2002；Mills ら 2004）。

成人および小児のアナフィラキシー反応のほぼ大部分は，種子貯蔵タンパク質，とくにピーナッツのタンパク質由来である（Sicherer ら 2003）。ピーナッツアレルギーの治療法はなく，アレルゲンを回避して，手当を促すことに焦点が当てられる（Simons 2008）。ピーナッツアレルギーは，アレルゲンとして知られるいくつかのタンパク質によって起こる主要な食物アレルギーの一つである。食物誘発性のアナフィラキシー反応の約 10〜47%と食物アレルギーの 50%超は，ピーナッツアレルギーが原因である（Bock ら 2001）。

データベースおよびデータレポジトリの探索を支援するアレルギー研究に関する計算ツールおよびバイオインフォマティクスツールは，さまざまなカテゴリーに属する。すなわち，分類のための配列分析と比較，確認されたアレルゲン，および推定されたアレルゲンの遺伝子およびタンパク質の特徴分析，および遺伝子とタンパク質の機能予測と構造分析などである（**図 1**）（Midoro-Horiuti ら 2001；Yang ら 2000）。

DNA 配列解析は，分子全体あるいはそのドメインの，配列の保存パターンの発見，タンパク質二次構造予測，3 次元構造予測，および機能の予測に大きく焦点を当てている（**表 1**）。

感受性のある個体におけるアレルゲン性反応の原因となる三つの主要なピーナッツアレルゲンタンパク質は，Ara h 1（ビシリン）であり，これは二量体あるいは三量体複合体を形成し（Buschmann ら 1996；Shin ら 1998），これらの遺伝子のうち二つは 626 と 614 のアミノ酸をコードする（Burks ら 1995a, b；Wichers ら 2004），2 つ目は，Ara h 2（2S アルブミン コング

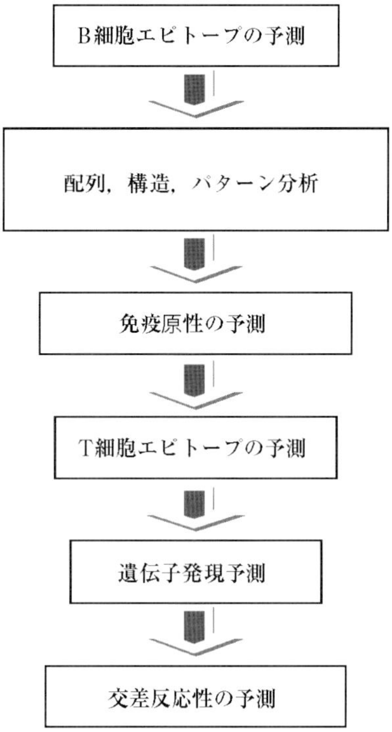

図１　バイオインフォマティクスツールの適用範囲ごとのアレルギーカスケードのさまざまな段階
(Brusic ら 2003)

表１　構造モチーフの同定と３次元構造解析に用いるバイオインフォマティクスツール

バイオインフォマティクスツール	目的	URL	参考文献
タンパク質の予測	花粉，果実および野菜アレルゲンの選択の二次構造予測。花粉および関連食物アレルゲンの共通ドメインとしてPループ領域などの類似した構造エレメントの同定	http://www.predictprotein.org/#	Cuff および Barton (2000) および Scheurer ら (1999)
Jpred2	アレルゲン群内のαヘリックス，βシート，またはコイルを形成するアミノ酸の75%超を予測する	http://www.compbio.dundee.ac.uk/www-jpred/	Cuff および Barton (2000)
PAIRCOIL および COILS	コイル構造の予測	http://groups.csail.mit.edu/cb/paircoil/cgi-bin/ http://embnet.vital-it.ch/software/COILS_form.html	Berger ら (1995) および Lupas (1996)

ルチン, 2S Albumin conglutin）であり，約16および17 kDaの質量をもつ2種のアイソフォームがある（Chatelら2003；Halesら2004），3つ目はAra h 3/Ara h 4（グリシニン, glycinin）であり，分子間ジスルフィド結合で結合した酸性（40〜45 kDa）および塩基性（25 kDa）サブユニット（Piersmaら2005；Koppelmanら2003；Restaniら2005）からなる，の三つである（**表2**）。アレルゲンAra h 1が最も多く（全タンパク質の20%），次にAra h 2（〜10%）およびAra h 3/Ara h 4が続く（Burksら1998；Koppelmanら2001）。

表2　2013年1月までに同定されたピーナッツアレルゲン

アレルゲン	タンパク質ファミリー	分子量（kDa）	イソアレルゲン	参考文献
Ara h 1	Cupin：7Sビシリン（vicilin）様グロブリン	64.0	Ara h 1.0101	Burksら（1995a）
Ara h 2	プロラミン（Prolamin）：2Sアルブリン，コングルチン	17.0	Ara h 2.0101, Ara h 2.0201	Kleber-Jankeら（1999）
Ara h 3	Cupin：レグミン（legumin）様（11Sグロビン，グリシニン）	60.0	Ara h 3.0101, Ara h 3.0201	Rabjohnら（1999）
Ara h 4	Cupin：レグミン様（11Sグロビン，グリシニン）	37.0	Ara h 4.0101	Kleber-Jankeら（1999）
Ara h 5	プロフィリン（Profilin）	15.0	Ara h 5.0101	Kleber-Jankeら（1999）
Ara h 6	プロラミン（Prolamin）：2Sアルブリン，コングルチン	15.0	Ara h 6.0101	Kleber-Jankeら（1999）
Ara h 7	プロラミン（Prolamin）：2Sアルブリン，コングルチン	15.0	Ara h 7.0101, Ara h 7.0201, Ara h 7.0202	Kleber-Jankeら（1999）
Ara h 8	感染特異的タンパク質PR-10	17.0	Ara h 8.0101, Ara h 8.0201	Mittagら（2004）
Ara h 9	プロラミン（Prolamin）：非特異的脂質輸送タンパク質	9.8	Ara h 9.0101, Ara h 9.0201,	Krauseら（2009）
Ara h 10	オレオシン（Oleosin）	16.0	Ara h 10.0101, Ara h 10.0201,	Ponsら（1998，2002）
Ara h 11	オレオシン（Oleosin）	14.0	Ara h 11.0101	IUIS/Allergome： UniProtKB/TrEMB：Q45W87
Ara h 12	ジフェンシン（Defensin, RP-10）	8.0	Ara h 12.0101	Allergome： GenBank Acc：EY396089 EST名：5J9
Ara h 13	ジフェンシン（Defensin, RP-10）	8.0	Ara h 13.0101	Allergome： GenBank Acc：EY396019 EST名：1N15

イソアレルゲンは，アレルゲン性反応の重症度が増加または低下する患者IgEによって認識が異なる可能性がある多様体である（Christensenら2010）。Ara h 3およびAra h 4は91%の相同性を示し，互いにアイソフォームとみなされ，同一のアレルゲンであると考えられている（Allergome, Boldtら2005およびKoppelmanら2003）。Ara h 8は，シラカンバ*Betula verrucosa*（カバノキ）のアレルゲンであるBet v 1に相同性がある（Mittag et al. 2004）。Ara h 11に関しては，ピーナッツ摂取関連症状のある患者7人が14 kDaのバンドを認識した（IUIS）。Ara h 12およびAra h 13は，EST（発現配列タグ）の解析により単離された（GenBank）。使用したデータベースは，Allergome（http://www.allergome.org）およびIUIS（http://www.allergen.org/index.php）である。

略語：MW　分子量，kDa　キロダルトン，IUIS　International Union of Immunological Societies（国際免疫学会）

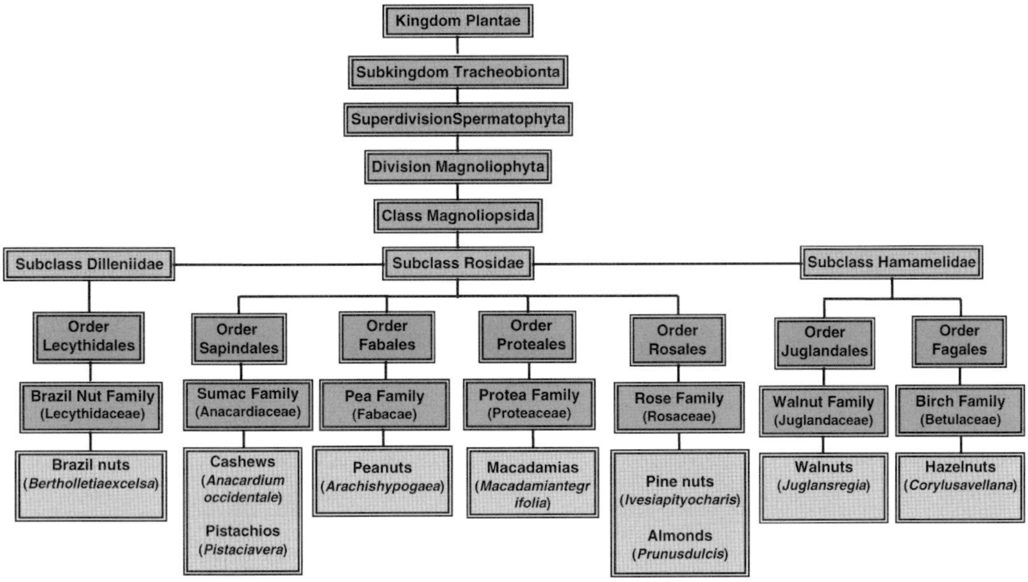

図2　木の実とピーナッツの分類学上の識別。これらは異なる科に属するかもしれないが，ピーナッツと多くの木の実は同じ Magnoliopsida 綱から生じているため，アレルギー交差反応性の原因となる相同タンパク質を含む可能性がある。したがって，ピーナッツアレルギーに罹っている多くの人が同様に多くの木の実にもアレルギーをもつことは驚くことではない。

アレルゲン性と交差反応性に関連する分子的特徴を解明し，低アレルゲン性の誘導体を設計するには，アレルゲンの構造が必要である。分子挙動を模倣するため，分子モデリングには理論的方法と計算機技術が用いられる（Sonika および Anil 2013）。

さらに，ピーナッツアレルギーの多くの人は，他の木の実の類似タンパク質にもアレルギーを有する（Schein ら 2007）。これは，**図2**にみられるように，これらの植物間の関連性を考えると驚くことではない（Oezguen ら 2008）。

2. ALLERDB データベースと統合バイオインフォマティクスツール

バイオインフォマティクスは，アレルゲンデータの管理，アレルゲンの性質の分析，タンパク質のアレルゲン性，および交差反応性において重要な役割を果たすことが示されてきた（Aalberse 2000；Hileman ら 2002）。アレルゲン性タンパク質の配列は，汎用性のタンパク質データベース，特殊目的のアレルゲンデータベースなどさまざまなデータベースに分散している。これらの各データベースは注目する点が異なっており，さまざまなアレルゲン配列の部分集合を含んでいる（**表3**）。

内容に関する最も信頼性の高いデータ源は，IUIS Allergen（IUIS Nomenclature Subcommittee Allergen Database）で，よく定義付のされた基準規定群を用いてアレルゲンを定義している。バイオインフォマティクスによる検索，およびソフトウェアツールは，アレルゲンと非アレルゲンを区別する特徴を定義するように開発されている（Zhang ら 2006；Power ら 2013）。この種のカ

表 3 アレルゲンデータベースおよびアレルゲン性を予測するサーバについての情報をもつ種々のウェブサイトの一覧 (Schein ら 2007)

ウェブサイト名	URL
名称および一般的情報のデータベース	
AllFam	http://www.meduniwien.ac.at/allergens/allfam/
All allergy	http://allallergy.net/
IUIS (International Union of Immunological Societies, 国際免疫学会)	http://www.allergen.org
Allergome	http://www.allergome.org
CSL (Central Science Laboratory, 英国)	http://www.csl.gov.uk/allergen/index.htm
National Center for Food Safety and Technology	Information on Allergens: ftp://ftp.embl-heidelberg.de/ftp.ebi.ac.uk/pub/delete_databases/swissprot/release/allergen.txt
Protall	http://www.ifr.ac.uk/Protall/
Inform all	http://foodallergens.ifr.ac.uk/
配列比較のツールをもつ相互参照データベース	
FARRP	Allergen Online at Nebraska: http://www.allergenonline.org/
ADFS (Allergen Database for Food Safety)	http://allergen.nihs.go.jp/ADFS/
The Allergen Database	http://allergen.csl.gov.uk//index.htm
アレルゲン性予測のための相互参照データベース	
SDAP (Structural Database of Allergenic Proteins) および SDAP-Food	http://fermi.utmb.edu/SDAP
ALLERDB	Zhang ら (2007)
アレルゲン予測のためのウェブデータベース	
WebAllergen	Riaz ら (2005)
AllerTool	Zhang ら (2007)
Allermatch	www.allermatch.org/
Algpred	http://www.imtech.res.in/raghava/algpred/

テゴリー分けはアレルゲン性タンパク質を組織化することを支援し，特異的な免疫療法を促進するさらなる研究によりさらに改善され，ピーナッツに対する免疫寛容を起こすことでアレルギー患者を助けることに使用できる可能性がある (Stadler および Stadler 2003；Hoffman ら 2005)。

アレルギーになる可能性を識別することは，食物を通じてであれ，他の暴露様式を通じてであれ，新しいタンパク質にヒトが接触する時は，重要な問題である。ALLERDB データベースは，Bioware データウェアハウスシステムを用いて構築され維持されている (Koh ら 2004)。ALLERDB は，アレルゲンデータの分析および検索を支援するため，BLAST，Search，XRblast，AllerPredict，および，XRgraph の五つの統合されたツールをもっている。

ALLERDB (Zhang ら 2007) は，アレルゲン性とアレルギー交差反応性の評価のための統合バイオインフォマティクスツールを有するアレルゲン性タンパク質のデータベースである (Schein ら 2007)。それは，食物連鎖に導入されたり，アレルギー患者に密に接触したりする可能性のある無名のタンパク質のアレルゲン性の可能性の評価を促進する。このデータベースは，SDAP（アレルゲンタンパク質の構造データベース）を伴って，配列比較，パターン識別，および結果の可視化のツールなど豊富なツールセットを含んでいる，アレルゲンデータベースの新ブランドを代表するものである（Ivanciuc ら 2003, 2011）。臨床アレルギー学，ゲノミクス，およびプロテオミクスにおける進歩は，アレルゲン研究への膨大なデータ量を産生する。アレルギー交差反応性の分子的基礎は，さまざまな情報源からのタンパク質間の構造的類似性であり，臨床的な関連は，アレルゲンに対する IgE の反応，暴露経路，およびアレルゲンの配列と構造など，いくつかの要因に影響されるようである（Ferreira ら 2004）。ALLERDB の主要目的は，アレルゲン性の分子的分析，アレルギー反応の評価，および臨床上関連するタンパク質アレルゲンのアレルギー交差反応性の支援である。これらのコードされたプログラムは正確であることが示されているが，ヒト食物アレルゲン性の低減を支援するには，まだより多くのプログラムが必要である。

3. ピーナッツアレルゲンの分子モデリング

Ara h 1，Len c 1 および Pis s 1 の分子モデリングは，Insight II，Homology および Discover 3 のプログラム（Accelrys, San Diego CA, USA）を用いて Silicon Graphics O2 R10000 ワークステーション上で実施された（Viquez ら 2003）。X 線法が，βコングリシニンと共有するピーナッツ，レンズマメおよびエンドウのビシリン単量体の％同一性（% identity）および相同性をみるために用いられ，ビシリン単量体の正確な３次元モデルを作成できた（Barre ら 2008）。ピーナッツ（Ara h 1），レンズマメ（Len c 1），およびエンドウ（Pis s 1）由来の主要なビシリンアレルゲン内のエピトープ集合体の原因となる構造的特徴を明らかにするため，相同性に基づいた分子モデリングを行った。B 細胞エピトープは配列の類似性および立体配座が共通しており，同じ IgE 抗体によって認識されることを示唆している。B 細胞エピトープが，おそらくさまざまな種子貯蔵ビシリンに対する IgE の結合交差反応性を最も説明でき，複数のマメ科種子への感作個体のアレルギー反応に関与する可能性が高い（Mills ら 2002）。さらに，熱変性およびタンパク質分解の両方に対する cupin 単量体のホモ三量体構造の抵抗性により，最も結合しやすい部位が保存されていた。これは，アレルゲン性傾向を大きく増加させた。

Ara h 1 の C 末端領域の特徴分析された残りの B 細胞エピトープは，高い相同性を共有し，おそらく種子貯蔵タンパク質ファミリーに共通する B 細胞エピトープに最も一致する。これに関し，これらの相同領域の大部分は，古典的な親水性 / 暴露 / 柔軟性に基づいた予測方法を用いて，Len c 1 と Pis s 1 のアミノ酸配列に沿った露出した B 細胞エピトープと予測された。Ara h 1 およびその他のビシリンアレルゲンは，βコングリシニン，ファセオリン，あるいはカナバリンで見出されるモチーフに類似した cupin モチーフの構造を示すホモ三量体として，仮配置された（Burks ら 1995a, b）。ビシリンアレルゲンでは，アミノ酸残基の大部分は，βコングリシニンホモ三量体の cupin モチーフの界面部分で高度に保存されている（Singh および Raghava 2001）。交差反応性の示唆により，マメ科種子アレルギーに対する抑制剤であることが示された。研究は現在もまだ継続しており，アレルゲン性を完全に中止させるより良い方法を見出そうとしている。

4. 推定されたオープンリーディングフレームに関する食物アレルゲン性

遺伝子改変作物はうまく成長し，16年間ほど前から世界中で消費されてきた。水不足，エネルギー資源，および食物が，人口増加に伴う懸念事項となった（Bruinsma 2009；Gregory および George 2011）。発現タンパク質または推定タンパク質のコード配列による混乱を回避するため，新規のポリペプチド配列が，発現配列またはタンパク質のコード配列と重複する可能性がある場合も，そのオープンリーディングフレーム（ORF）は新規のポリペプチドとされる（Vrtala 2008；Silvanovich ら 2009）。ストップコドンで囲まれたフレームの翻訳，FASTA を用いたアレルゲンオンラインデータベースへの整列，および8残基一致マッチの検索が用いられた（Silvanovich ら 2009）。新規ポリペプチド配列は，六つの DNA リーディングフレームすべてをスキャンして作成された（各 DNA 配列の塩基 1，2 あるいは 3 の位置で開始し，標準遺伝子コドン表を用いて各非重複ヌクレオチドトリプレットをアミノ酸へ翻訳し，その後配列を反転させる，そして，これらの工程を反復する）。

5. 導入遺伝子のアレルゲン性の可能性の評価

遺伝子改変食物は，ヒトまたは動物が消費するため，ある生物から別の生物へ外来遺伝子を導入する組換え DNA 技術を用いて開発される。外来遺伝子からのタンパク質発現は，アレルゲン性反応を起こす可能性があり，この可能性は遺伝子改変作物の批評家や規制当局によって把握されてきた。別の遺伝子改変法の遺伝子抑制技術は，アレルゲンの低減あるいは除去が可能である。現在，導入遺伝子のアレルゲン性の可能性を評価する *in silico* 法が重要となっている（Mishra ら 2012）。アレルゲンと交差反応性を示す新規遺伝子産物の大部分は，相同性をもっている。導入遺伝子のアレルゲン性を評価するために，データベースに対し導入遺伝子の初期の相同性検索と，関連実験による最終的検証を実施する必要がある。

6. 結果

遺伝子	タンパク質配列の長さ（アミノ酸）	これらのデータベースにおける完全長 FASTA 整列（%配列同一性）	並列同一性を示す種
マンガンスーパーオキシドジスムターゼ	228	85.09	パラゴムノキ *Hevea brasiliensis*
		86.207	
		86.20	
イネ　キチナーゼ	175	68.57（Hev b 1.0102）	既知遺伝子
		63.102（Pers a 1）	
		63.40（chitinase Ib）	

（続く）

（続き）

遺伝子	タンパク質配列の長さ（アミノ酸）	これらのデータベースにおける完全長 FASTA 整列（%配列同一性）	並列同一性を示す種
グリシンベタインアルデヒドデヒドロゲナーゼ	490	40.00	既知遺伝子
		41.02	
		43.70	
アルファルファ　ベータ-1 グルカナーゼ	507	34.32	既知遺伝子
		38.96	
		40.86	
		40.90	
コムギ　ベータ-1 グルカナーゼ	399	33.83	既知遺伝子
		36.33	
		41.20	
オスモチン遺伝子	246	91.87 (Lyc e NP24)	既知遺伝子
		88.21 (Cap a 1w)	
		66.50 (Act d 2)	

多くの場合，食物アレルゲンの吸入あるいは摂取は重篤な全身反応をもたらしてきた（Helm および Burks 2000）。アジアでは食物アレルギーが次第に増加し，とくに北アメリカとヨーロッパではピーナッツアレルギーが上昇傾向を示している（Sharma ら 2011；Singh ら 2006；Chandra 2003；Grundy ら 2002；Sicherer ら 2003）。

謝辞
Venkatesh K は CSIR (New Delhi,) の経済援助に感謝する。

文　献

Aalberse RC (2000) Structural biology of allergens. J Allergy Clin Immunol 106:228–238
Barre A, Sordet C, Culerrier R, Rance F, Didier A, Rouge P (2008) Vicilin allergens of peanut and tree nuts (walnut, hazelnut and cashew nut) share structurally related IgE-binding epitopes. Mol Immunol 45(5):1231–1240
Berger B, Wilson DB, Wolf E, Tonchev T, Milla M, Kim PS (1995) Predicting coiled coils by use of pairwise residue correlations. Proc Natl Acad Sci U S A 92(18):8259–8263
Bock SA, Mun–oz-Furlong A, Sampson HA (2001) Fatalities due to anaphylactic reactions to foods. J Allergy Clin Immunol 107(1):191–193
Boldt A, Fortunato D, Conti A, Petersen A, Ballmer- Weber B, Lepp U, Reese G, Becker WM (2005) Analysis of the composition of an immunoglobulin E reactive high molecular weight protein complex of peanut extract containing Ara h1 and Ara h3/4. Proteomics 5(3):675–686
Bruinsma J (2009) The resource outlook to 2050: by how much do land, water, and crop yields need to increase by 2050? FAO expert meeting on ‘How to feed the world in 2050’. FAO, Rome, pp 24–26
Brusic V, Petrovsky N, Gendel SM, Millot M, Gigonzac O, Stelman SJ (2003) Computational tools for the study of allergens. Allergy 58(11):1083–1092
Burks W (2003) Peanut allergy: a growing phenomenon. J Clin Invest 111(7):950–952. doi:10.1172/JCI18233
Burks AW, Cockrell G, Stanley JS, Helm RM, Bannon GA (1995a) Recombinant peanut allergen Ara h I expression and IgE binding in patients with peanut hypersensitivity. J Clin Invest 96(4):1715–1721
Burks AW, Cockrell G, Stanley JS, Helm RM, Bannon GA

(1995b) Recombinant peanut allergen Ara h I expression and IgE binding in patients with peanut hypersensitivity. J Clin Invest 96(4):1715–1721. doi:10.1172/JCI118216

Burks AW, Sampson HA, Bannon GA (1998) Peanut allergens. Allergy 53(8):725–730. doi:10.1111/j. 1398-9995.1998.tb03967.x

Buschmann L, Petersen A, Schlaak M, Becker WM (1996) Reinvestigation of the major peanut allergen Ara h 1 on molecular level. Monogr Allergy 32:92–98

Chandra RK (2003) Food hypersensitivity and allergic disease: a new threat in India. Indian Pediatr 40(2):99–101

Chatel JM, Bernard H, Orson FM (2003) Isolation and characterization of two complete Ara h 2 isoforms cDNA. Int Arch Allergy Immunol 131(1):14–18

Christensen LH, Riise E, Bang L, Zhang C, Lund K (2010) Isoallergen variations contribute to the overall complexity of effector cell degranulation: effect mediated through differentiated IgE affinity. J Immunol 184(9):4966–4972. doi:10.4049/jimmunol.0904038

Cuff JA, Barton GJ (2000) Application of multiple sequence alignment profiles to improve protein secondary structure prediction. Proteins 40(3):502–511

Ferreira F, Hawranek T, Gruber P, Wopfner N, Mari A (2004) Allergic cross-reactivity: from gene to the clinic. Allergy 59(3):243–267. doi:10.1046/j.1398-9995.2003. 00407.x

Gregory PJ, George TS (2011) Feeding nine billion: the challenge to sustainable crop production. J Exp Bot 62(15):5233–5239

Grundy J, Matthews S, Bateman B, Dean T, Arshad SH (2002) Rising prevalence of allergy to peanut in children: data from 2 sequential cohorts. J Allergy Clin Immunol 110(5):784–789

Hales BJ, Bosco A, Mills KL, Hazell LA, Loh R, Holt PG, Thomas WR (2004) Isoforms of the major peanut allergen ara h 2: IgE binding in children with peanut allergy. Int Arch Allergy Immunol 135(2):101–107

Helm RM, Burks AW (2000) Mechanisms of food allergy. Curr Opin Immunol 12(6):647–653

Hileman RE, Silvanovich A, Goodman RE, Rice EA, Holleschak G, Astwood JD, Hefle SL (2002) Bioinformatic methods for allergenicity assessment using a comprehensive allergen database. Int Arch Allergy Immunol 128(4):280–291. doi:10.1159/000063861

Hoffman M, Arnoldi C, Chuang I (2005) The clinical bioinformatics ontology: a curated semantic network utilizing RefSeq information. Pac Symp Biocomput: 139–150

Ivanciuc O, Mathura V, Midoro-Horiuti T, Braun W, Goldblum RM, Schein CH (2003) Detecting potential IgE-reactive sites on food proteins using a sequence and structure database, SDAP-food. J Agric Food Chem 51(16):4830–4837

Ivanciuc O, Gendel SM, Power TD, Schein CH, Braun W (2011) AllerML: markup language for allergens. Regul Toxicol Pharmacol 60(1):151–160. doi:10.1016/j. yrtph.2011.03.006

Kleber-Janke T, Crameri R, Appenzeller U, Schlaak M, BeckerWM(1999) Selective cloning of peanut allergens, including profilin and 2S albumins, by phage display technology. Int Arch Allergy Immunol 119(4):265–274

Koh LYJ,BrusicV,Krishnan SPT, Seah SH, Tan PTJ,Khan M, LiML (2004) BioWare: a framework for bioinformatics data retrieval, annotation, and publishing. In: Proceedings of the symposium model analysis and simulation of computer and telecommunication systems. The University of Sheffield, Sheffield, 25–29 July 2004

Koppelman SJ, Vlooswijk RA, Knippels LM, Hessing M, Knol EF, van Reijsen FC, Bruijnzeel-Koomen CA (2001) Quantification of major peanut allergens Ara h 1 and Ara h 2 in the peanut varieties Runner, Spanish, Virginia and Valencia, bred in different parts of the world. Allergy 56(2):132–137

Koppelman SJ, Knol EF, Vlooswijk RA, Wensing M, Knulst AC, Hefle SL, Gruppen H, Piersma S (2003) Peanut allergens Ara h 3: isolation from peanut and biochemical characterisation. Allergy 58(11):1144–1151

Krause S, Reese G, Randow S, Zennaro D, Quaratino D, Palazzo P, Ciardiello MA, Petersen A, Becker WM, Mari A (2009) Lipid transfer protein (Ara h 9) as a new peanut allergen relevant for a Mediterranean allergic population. J Allergy Clin Immunol 124(4):771–778

Lupas A (1996) Prediction and the analysis of coiled-coil structures. Methods Enzymol 266:513–525

Matsuda T, Nakamura R (1993) Molecular structure and immunological properties of food allergens. Trends Food Sci Technol 4(9):289–293. doi:10.1016/0924-2244(93)90072-I

Midoro-Horiuti T, Goldblum RM, Brooks EG (2001) Identification of mutations in the genes for the pollen allergens of eastern red cedar (*Juniperus virginiana*). Clin Exp Allergy 31(5):771–778

Mills EN, Jenkins J, Marigheto N, Belton PS, Gunning AP, Morris VJ (2002) Allergens of the cupin superfamily. Biochem Soc Trans 30(Pt 6):925–929

Mills EN, Jenkins JA, Alcocer MJ, Shewry PR (2004) Structural, biological, and evolutionary relationships of plant food allergens sensitizing via the gastrointestinal tract. Crit Rev Food Sci Nutr 44(5):379–407

Mishra A, Gaur S, Singh BP, Arora N (2012) In silico assessment of the potential allergenicity of transgenes used for the development of GM food crops. Food Chem Toxicol 50(5):1334–1339

Mittag D, Akkerdaas J, Ballmer-Weber BK, Vogel L, Wensing M, Becker WM, Koppelman SJ, Knulst AC, Helbling A, Hefle SL, Van Ree R, Vieths S (2004) Ara h 8, a Bet v 1-homologous allergen from peanut, is a major allergen in patients with combined birch pollen and peanut allergy. J Allergy Clin Immunol 114(6):1410–1417

Oezguen N, Zhou B, Negi SS, Ivanciuc O, Schein CH, Labesse G, Braun W (2008) Comprehensive 3Dmodeling of allergenic proteins and amino acid composition of potential conformational IgE epitopes. Mol Immunol 45(14):3740–3747. doi:10.1016/j.molimm. 2008.05.026

Ortolani C, Ispano M, Scibilia J, Pastorello EA (2001) Introducing chemists to food allergy. Allergy 56(67):5–8

Piersma SR, Gaspari M, Hefle SL, Koppelman SJ (2005) Proteolytic processing of the peanut allergen Ara h 3. Mol Nutr Food Res 49(8):744–755

Pons L, Olszewski A, Gueant JL (1998) Characterization of the oligomeric behavior of a 16.5 kDa peanut oleosin by chromatography and electrophoresis of the iodinated form. J Chromatogr B Biomed Sci Appl 706(1):131–140

Pons L, Chery C, Romano A, Namour F, Artesan MC, Guéant JL (2002) The 18 kDa peanut oleosin is a candidate allergen for IgE-mediated reactions to peanuts. Allergy 57(Suppl 72):88–93

Power TD, Ivanciuc O, Schein CH, Braun W (2013) Assessment of 3D models for allergen research. Proteins 81(4):545–554. doi:10.1002/prot.24239

Rabjohn P, Helm EM, Stanle JS, West CM, Sampson HA, Burks AW, Bannon GA (1999) Molecular cloning and epitope analysis of the peanut allergen Ara h 3. J Clin Invest 103(4):535–542

Restani P, Ballabio C, Corsini E, Fiocchi A, Isoardi P, Magni C, Poiesi C, Terracciano L, Duranti M (2005) Identification of the basic subunit of Ara h 3 as the major allergen in a group of children allergic to peanuts. Ann Allergy Asthma Immunol 94(2):262–266

Riaz T, Hor HL, Krishnan A, Tang F, Li KB (2005) WebAllergen: a web server for predicting allergenic proteins. Bioinformatics. 21(10):2570–2571

Sampson HA (2004) Update on food allergy. J Allergy Clin Immunol 113(5):805–819

Schein CH, Ivanciuc O, Braun W (2007) Bioinformatics approaches to classifying allergens and predicting cross-reactivity. Immunol Allergy Clin North Am 27(1):1–27

Scheurer S, Son DY, Boehm M, Karamloo F, Franke S, Hoffmann A, Haustein D, Vieths S (1999) Crossreactivity and epitope analysis of Pru a 1, the major cherry allergen. Mol Immunol 36(3):155–167

Sharma P, Singh AK, Singh BP, Gaur SN, Arora N (2011) Allergenicity assessment of osmotin, a pathogenesisrelated protein, used for transgenic crops. J Agric Food Chem 59(18):9990–9995. doi:10.1021/jf202265d

Shin DS, Compadre CM, Maleki SJ, Kopper RA, Sampson H, Huang SK, Burks AW, Bannon GA (1998) Biochemical and structural analysis of the IgE binding sites on ara h1, an abundant and highly allergenic peanut protein. J Biol Chem 273(22):13753–13759

Sicherer SH, Munoz-Furlong A, Sampson HA (2003) Prevalence of peanut and tree nut allergy in the United States determined by means of a random digit dial telephone survey: a 5-year follow up study. J Allergy Clin Immunol 112(6):1203–1207

Silvanovich A, Bannon G, McClain S (2009) The use of E-scores to determine the quality of protein alignments. Regul Toxicol Pharmacol 54(3l):S26–S31. doi:10.1016/j.yrtph.2009.02.004

Simons FER (2008) Emergency treatment of anaphylaxis. BMJ 336:1141–1142. doi:10.1136/bmj.39547.452153.80

Singh H, Raghava GP (2001) ProPred: prediction of HLADR binding sites. Bioinformatics 17(12):1236–1237

Singh AK, Mehta AK, Sridhara S, Gaur SN, Singh BP, Sarma PU, Arora N (2006) Allergenicity assessment of transgenic mustard (*Brassica juncea*) expressing bacterial codA gene. Allergy 61(4):491–497

Sonika R, Anil J (2013) Molecular modelling: a new scaffold for drug design. Int J Pharm Pharm Sci 5(1):5–8

Stadler MB, Stadler B (2003) Allergenicity prediction by protein sequence. FASEB J 17(9):1141–1143

Viquez OM, Konan KN, Dodo HW (2003) Structure and organization of the genomic clone of a major peanut allergen gene. Ara h 1. Mol Immunol 40(9):565–571

Vrtala S (2008) From allergen genes to new forms of allergy diagnosis and treatment. Allergy 63(3):299–309. doi:10.1111/j.1398-9995.2007.01609.x

Wichers HJ, De Beijer T, Savelkoul HF, Van Amerongen A (2004) The major peanut allergen Ara h 1 and its cleaved-off N-terminal peptide; possible implications for peanut allergen detection. J Agric Food Chem 52(15):4903–4907

Woods RK, Stoney RM, Raven J, Walters EH, Abramson M, Thien FC (2002) Reported adverse food reactions overestimate true food allergy in the community. Eur J Clin Nutr 56(1):31–36

Yang CY, Wu JD, Wu CH (2000) Sequence analysis of the first complete cDNA clone encoding an American cockroach Per a 1 allergen. Biochim Biophys Acta 1517(1):153–158

Zhang ZH, Koh JL, Zhang GL, Choo KH, Tammi MT, Tong JC (2007) AllerTool: a web server for predicting allergenicity and allergic cross-reactivity in proteins. Bioinformatics. 23(4):504–506

Zhang ZH, Tan SC, Koh JL, Falus A, Brusic V (2006) ALLERDB database and integrated bioinformatic tools for assessment of allergenicity and allergic cross-reactivity. Cell Immunol 244(2):90–96

第8章　植物の miRNA：概要

Plant MicroRNAs: An Overview

Kompelli Saikumar and Viswanathaswamy Dinesh Kumar

要約

マイクロ RNA（miRNA）は内在性の非コードリボ核酸（RNA）の豊富に存在するクラスである。これらは植物の成長経路に関与する広範囲の遺伝子の発現を転写後レベルで負に制御する。miRNA は植物と動物の両方に存在するが，その生合成，機能様式，進化という点で異なる。miRNA の生成と機能には，特定クラスの保存された RNAi の機構のコアタンパク質が必要である。この章はディープシークエンシング，直接クローニング，計算機的方法を用いた miRNA の同定方法を説明する。植物の miRNA 遺伝子とそれらの標的を同定するのに用いることができるツールを一覧表にし，miRNA クラスター，mirtrons，miRNA のプロモーター，miRNA の設計と応用についての現在の知識の簡単な概要とともに説明する。

キーワード：マイクロ RNA，保存性，シロイヌナズナ，ディープシークエンシング，直接クローニング，人工マイクロ RNA，プロモーター，マイクロ RNA の同定

1. はじめに

miRNA は，高度な相補性をもった標的 mRNA に結合して遺伝子発現を制御することで成長時に重要な役割を担う小分子 RNA 分子の分類クラスである（Bartel 2004）。植物 miRNA の長さは 19〜24 塩基である。miRNA は 1993 年に線虫 *Caenorhabditis elegans* で最初に同定された（Lee ら 1993）。植物，動物，菌類，ウイルスを含む 193 個の種で，全部で 21264 個の成熟した miRNA が報告され，miRNA のデータベース（miRBase 19.0；http://www.mirbase.org/）に寄託されている。

計算機的（バイオインフォマティクス）および／またはディープシークエンシング（Liang ら

K. Saikumar (✉) • V.D. Kumar
Directorate of Oilseeds Research, Rajendra Nagar,
Hyderabad 500 030, India
e-mail: Saikumar_kompelli@yahoo.co.in;
dineshkumarv@yahoo.com

K.K. P.B. et al. (eds.), *Agricultural Bioinformatics*,
DOI 10.1007/978-81-322-1880-7_8, © Springer India 2014

2010；Xin ら 2010；Li ら 2011b；Yang ら 2011b；Wang ら 2011)，直接クローニング (Wang ら 2007；Sanan-Mishra ら 2009)，その他の方法などの実験的手法を通して新規のまたは保存された miRNA が同定された結果，植物の miRNA 数は増加し続けている。多くの miRNA のファミリーは進化的に保存され，植物の miRNA は動物の miRNA よりも高度に保存されている。多数の非保存の miRNA も種特異的な miRNA として同定されているが，いくつかの miRNA は進化の過程で高度に保存されていて，コケから高等植物まで見出されることがいくつかの研究で示されている (Jones-Rhoades ら 2006；Sanan-Mishra ら 2009；Xin ら 2010；Wang ら 2011)。miRNA の発現は特異的な環境条件で変化することが知られている。非保存の miRNA の多くは組織特異的または発生段階特異的な条件で活性をもつ。このことは非保存の miRNA のいくつかが最近の進化によって生じ，有利な影響のために植物特異的な制御ネットワークに統合されたことを示唆し，これらの非保存性の miRNA は組織特異的経路と機能を制御する可能性がある (Cuperus ら 2011)。この総説では，方法論と植物系での同定を強調し，植物 miRNA の簡単な概要を提供する。

1.1 miRNA の体系と遺伝子

植物の成熟した～22 塩基の miRNA は miR というアルファベットと数値で表される (Reinhart ら 2002)。miRBase データベースでは，Ath-miR156 (シロイヌナズナ *Arabidopsis thaliana*)，Zma-miR160 (トウモロコシ *Zea mays*)，Osa-miR171 (イネ *Oryza sativa*) のように，短縮した 3 または 4 文字の接頭辞で生物種を指定している。対応する遺伝子はイタリックで，アルファベットは大文字で示される：miR156a は成熟した miRNA を意味し，*MIR156a* は miRNA をコードする遺伝子を示す (Reinhart ら 2002；Griffiths-Jones 2004)。動物由来の成熟した miRNA は，miR-6 のように，ハイフンで区切られたアルファベット，miR，発見された順を示す数字で示される。もし一つの miRNA をコードする遺伝子座が一つ以上ある場合は，miR-6-1 や miR-6-2 のように末尾に数字が付け加えられる (Griffiths-Jones ら 2006)。

2. 植物の miRNA の生合成

miRNA の遺伝子は真核生物のゲノムの 1～2％を占め，いくつかの生理的過程および細胞レベルの過程に関与する微調整を行う制御因子の重要なクラスを構成する (Sanan- Mishra および Mukherjee 2007；Zeng ら 2010；Axtell ら 2011；Li ら 2011a)。植物の miRNA 遺伝子の大多数は遺伝子間領域に存在する (Lindow および Krogh 2005；Adai ら 2005；Zhang ら 2009c；Li ら 2010b)。miRNA 遺伝子の大多数はタンパク質をコードする遺伝子と同様の方法で RNA ポリメラーゼ II によって転写される (Lee ら 2004；Jones-Rhoades ら 2006) が，一方でいくつかの miRNA は RNA ポリメラーゼ III によって転写されることが知られている (Faller および Guo 2008)。植物と動物ともに，RNA ポリメラーゼ II によって転写される pri-miRNA はキャップと polyA が付加される (Lee ら 2004)。miRNA 遺伝子を構成するゲノム領域は miR 座と呼ばれる。miR 座の転写は，一次 miRNA（pri-miRNA, primary miRNA）と呼ばれる分子内に不完全な折り返し構造をもつ長い dsRNA 分子の生合成をもたらす。多シストロン性である（複数の転写開始点と転写終結点をもつ）こともある長い一次転写物は核内で分解され，一つかそれ以上の pre-miRNA を生成する。HYPONASTIC LEAVES1（HYL1）とともに働く Dicer 様 1（DCL1）タンパク質と呼ばれるタンパク質のクラス，核の dsRNA 結合タンパク質，および RNA 結合タンパク質である DAWDLE（DDL）は pri-miRNA を分解し，miRNA 前駆体（precursor miRNA, pre-miRNA）を形成し，これは DCL1，HYL1，ジンクフィンガータンパク質である SERRATE（SE）によってさらに処理され，約 21〜25 塩基対（bp, base-pair）長の miRNA-miRNA*（* はアンチセンス鎖を示す）の不完全な二本鎖を放出し，これは小分子 RNA メチル化酵素である HUA ENHANCER 1（HEN 1）と呼ばれるメチル基転移酵素による（両鎖の末端の糖の 3' 末端の）メチル化を受けて安定化する。新規に形成された miRNA-miRNA* 二本鎖は，小分子 RNA 分解ヌクレアーゼ（SMALL RNA DEGRADING NUCLEASE：SDN）と呼ばれるエキソリボヌクレアーゼクラスによって分解される（Ramachandran および Chen 2008）。miRNA-miRNA* 二本鎖のメチル化は，ウリジン化とその後の分解を抑制する。メチル化段階はヌクレアーゼおよび / または他のタイプの末端修飾から miRNA-miRNA* 二本鎖を防御するのにも役立つ（Yang ら 2006；Chen 2005）。これらの事象はすべて核内で起こり，多数のメチル化された miRNA-miRNA* 不完全二本鎖が産生され（pri-miRNA の不完全な折り畳み構造の長さと数に依存する），exportin-5（たとえばシロイヌナズナでは exportin-5 のホモログである HASTY）の活性によって ATP 依存的な様式で細胞質へと運び出される。しかし，HASTY の正確な機能はまだ完全には理解されていない。HASTY 遺伝子の機能欠損変異体は核から細胞質の miRNA の移行を減少させただけであり，これは miRNA 二本鎖が他のタンパク質によっても運び出されている可能性があることを示唆する（Voinnet 2009）。細胞質に運び出されメチル化された miRNA-miRNA* 不完全二本鎖は，一本鎖 miRNA 型（成熟型 miRNA）にほどかれる。これは DCL1 と HYL1 によって選択的に RISC（RNA-Induced Silencing Complex）を含む AGO1 に運搬される。miRNA-miRNA* 二本鎖の各鎖の運命決定には熱力学的性質が大きな役割を担う（Schwab ら 2006；Ossowski ら 2008；Li ら 2011a, b）。miRNA-miRNA* 二本鎖の中で，miRNA 鎖はガイド鎖，miRNA* 鎖はパッセンジャー鎖と呼ばれる。ガイド鎖は RISC に入り，miR-RISC（Chen 2005）を形成し，一方 miRNA* 鎖は未知の機構で分解される。しかし，いくつかの miRNA* も RISC に入り，標的遺伝子の発現を制御する（Guo および Lu 2010）。成熟した miRNA3' 末端は RISC の構成要素である Argonaute（AGO）タンパク質の PAZ ドメインに被さるような形で結合し，AGO の PIWI ドメインは効率的に標的を分解する RNaseH 活性を示す。RISC は miRNA によって標的 mRNA へと誘導され（おそらくヘリカーゼスキャニング機構によって），RISC の AGO の PIWI ドメインの割れ目にはまる。PIWI ドメインは，miRNA-mRNA 二本鎖の miRNA の重複部分の 5' 末端から 10 番目と 11 番目の塩基で切断し，二つの mRNA の半断片を生成し（Kidner および Martienssen 2005；Sanan-Mishra および Mukherjee 2007），これは exoribonuclease 4（XRN4）によってさらに分解される（Kidner および Martienssen 2005）。そして，遺伝子サイレンシングは標的 mRNA の分解を介して影響を受ける（Kidner および Martienssen 2005；Sanan-Mishra および Mukherjee 2007；Chapman および Carrington 2007）。miRNA の標的の多くが転写因子をコードしており，これらはさらに下流遺伝子群のセットを制御する（Bartel 2004；Zhang ら 2006）。このように，植物の miRNA の生合成と作用機序には，協力した動きと，DCL1，HYL1，HEN1，SE，AGO，RDR のようないくつかの特別な RNA サイレンシング機構のコアタンパク質との物理的な相互作用が必要である（Kidner および Martienssen 2005；Sanan-Mishra および Mukherjee 2007）。DCL と AGO タンパク質は植物で高度に保存されており，RDR タンパク質のオルソログは動物と昆虫ではみられない（Margis ら 2006）。DCL，AGO，RDR 遺伝子の数は植物ごとに異なる。これらのタンパク質は生合成だけでなく，標的遺伝子の特定とスライシングにも関わる。

よく特徴の分かっている植物の miRNA 生合成経路の構成要素が，さまざまな miRNA 欠損変異体と逆遺伝学的方法で同定された。これらの遺伝子すべては独立に働くとともに，miRNA 生合成経路を達成するために互いに相互作用することが明らかにされた。DCL1 と HEN1 は，miRNA 経路での機能が遺伝学的に明らかにされた最初の遺伝子の一つであり（Park ら 2002；Reinhart ら 2002），この変異体植物は植物の発生段階での miRNA による重要な働きを反映したいくつかの発達上の欠陥を示した。同様に，AGO1 の機能欠損変異体はいくつかの発生段階の多面的な欠陥ならびに miRNA 生合成経路の欠陥を引き起こし，このことは植物の発生と小分子 RNA の生合成においてこの遺伝子が別個の重要な役割をもつ可能性を示唆する（Park ら 2002；Reinhart ら 2002；Bartel 2004）。同様に，*ddl1* 変異体が植物の発生において DCL1 変異体よりもより強い異常性を示すことから，いくつかの証拠から DDL タンパク質が miRNA 生合成だけでなく他でも機能する可能性が示唆されている（Yu ら 2008）。

植物の発生において miRNA が多様で複雑な役割，つまり，発生の制御（Kidner および Martienssen 2005；Glazinska ら 2009；Arenas-Huertero ら 2009；Li ら 2011b），開花時期（Glazinska ら 2009），根粒形成（Subramanian ら 2008），エピジェネティック修飾，mRNA スプライシング，生物的・非生物的ストレス応答（Llave 2004；Zeng ら 2010；Sanan-Mishra ら 2009；Zhang ら 2009a, b, c；Jian ら 2010；Xin ら 2010；Li ら 2011a, b；Khraiwesh ら 2012；Sunkar ら 2012），タンパク質合成，種子の発芽（Wang ら 2011），連作（Yang ら 2011b），内胚乳の発達（Li ら 2009）を担うことも知られている。

2.1 植物と動物の miRNA の生合成と作用機序の違い

miRNA は進化的に古く，植物と動物の系統を通して広がっている。植物と動物ともに miRNA が不完全で安定的な二次構造の切断によって生成され，標的の mRNA との相互作用を介して転写後に遺伝子発現を制御するが，植物と動物の miRNA は根本的に異なった方法で制御を行う。植物と動物の miRNA の生合成と作用機序の違いを**表 1** に列挙した。

表１　植物と動物のマイクロ RNA の違い

植物の miRNA	動物の miRNA
植物の miRNA は RNA ポリメラーゼ II によって転写される (Voinnet 2009)。	動物の miRNA 遺伝子のほとんどは RNA ポリメラーゼ II によって転写される。しかし動物の miRNA の一部の集合 (C19MC) は RNA ポリメラーゼ III によって転写される (Faller および Guo 2008)。
植物は HYL1 とともに DCL1 タンパク質を用いて pri-miRNA から pre-miRNA に分解し，さらに DCL1，HYL1，SERRATE タンパク質によって分解され miRNA-miRNA* 二本鎖を放出する (Voinnet 2009)。	動物は RNaseIII 酵素である Drosha を用い，これは二本鎖 RNA 結合ドメインタンパク質である DGCR8（脊椎動物では pasha として知られている）と共同で pri-miRNA から pre-miRNA へ分解する (Faller および Guo 2008；Axtell ら 2011)。
植物の pre-miRNA の長さは非均一で，70〜数百塩基の範囲に広がる (Axtell ら 2011)。	動物では pre-miRNA の長さはより一定しており，ほとんどが 55〜70 塩基である。Drosophila の pre-miRNA はおおよそ 200 塩基である (Ruby ら 2007a, b；Axtell ら 2011)。
植物の成熟 miRNA は HEN1 によって 3' 末端をメチル化される (Yang ら 2006)。	動物のほとんどの成熟 miRNA はメチル化されていないが，Piwi-interacting RNAs (piRNA) は HEN1 によってメチル化される (Horwich ら 2007)。
ほとんどの植物 miRNA がコードする領域は独立でタンパク質をコードしない領域である。イントロン内の植物 miRNA は非常に稀である (Zhu ら 2008；Joshi ら 2012)。	ほとんどの動物の miRNA がコードする領域は，孤立した，タンパク質をコードしない領域に由来し，おおよそ 30%はイントロンのセンス鎖に存在し，わずかにアンチセンス鎖上に存在する (Bartel 2004；Millar および Waterhouse 2005；Westholm および Lai 2011)。
エクソン，タンパク質をコードする遺伝子，UTR からの miRNA の生成はない (Axtell ら 2011)。	エクソン，タンパク質をコードする遺伝子，UTR からも時折 miRNA が生成される (Voinnet 2009；Han ら 2009a, b；Berezikov ら 2011)。
多シストロン性 miRNA はあまりない (Guddeti ら 2005)。	多シストロン性 miRNA の出現頻度は高い (Voinnet 2009)。
多シストロン性 miRNA の 61〜90%のヘアピン構造は同一の miRNA をコードする。	40%までの多シストロン性 miRNA が無関係な miRNA をコードしている。
植物の miRNA は独自のプロモーターをもつ (Voinnet 2009)。	イントロンの miRNA は，シス制御エレメントが直接宿主 mRNA の発現を制御するという長所を利用する (Isik ら 2010)。
植物の miRNA は核内の RNaseIII Dicer 様 I (DCL1) 酵素で生成される (Margis ら 2006)。	動物の miRNA は核と細胞質の RNaseIII 酵素によって生成される (Faller および Guo 2008)。
非常に少数例では，miRNA* 鎖も AGO-RISC 複合体に組み込まれ，標的 mRNA を切断する (Schwab ら 2006；Ossowski ら 2008)。	Drosophila の多くの miRNA* 鎖も AGORISC 複合体に組み込まれやすい (Faller および Guo 2008)。
植物でのおもな miRNA のエフェクターは AGO1 で，程度の差はあるが AGO10 と他の AGO が含まれる。AGO7 は特別な miRNA である miR390 を運ぶ (Vaucheret 2006；Axtell ら 2011)。	動物のおもな miRNA のエフェクターは，Drosophila では dAGO1，*C.elegans* では ALG1/2，脊椎動物では AGO1 から AGO4 である (Liu ら 2004；Meister ら 2004；Axtell ら 2011)。
植物での Dicer 非依存的な miRNA の経路は発見されていない (Voinnet 2009)。	Dicer 非依存的な miRNA 経路（つまり mirtron 経路，pre-miRNA の末端は Drosha の切断ではなくスプライシングで決定される）が動物で発見された (Yang ら 2010a, b；Axtell ら 2011)。

（続く）

表 1 （続き）

植物の miRNA	動物の miRNA
成熟の miRNA の形成は miRNA-miRNA*二本鎖中間体を介して行われる（Voinnet 2009；Zhang ら 2010）。	成熟 miRNA のほとんどの形成は miRNA-miRNA*二本鎖中間体（miRNA-miRNA*中間体を介さない miR451 経路は例外）を介して行われる（Axtell ら 2011）。
AGO を介した miRNA 生合成は植物では発見されていない（Axtell ら 2011）。	AGO を介した miRNA の生合成が動物で発見された（Okamura ら 2008）。
植物は長い逆方向反復転写産物を小分子 RNA へと分解する広範な能力をもつ（Dunoyer ら 2010）。	広範な dsRNA が抗ウイルスインターフェロン応答を引き起こすため，哺乳類細胞の内在性の長鎖ヘアピンのプロセッシングは限定的なようである（Watanabe ら 2008）。
植物の miRNA はしばしば完全または完全に近い相補な配列を標的とする（Voinnet 2009）。	動物では，標的の認識はおもに「シード」配列（miRNA の中の 2-8 塩基）に依存する（Brennecke ら 2005）。
植物のほとんどの miRNA の結合部位は ORF 内にあり，それより低い頻度で 5' UTR，3' UTR，非コード転写物内にみられる（Axtell ら 2011）。	動物の miRNA の結合部位のほとんどは 3' UTR にみられる。ORF や 5' UTR 上の結合部位はリボソームとの競合で阻害されるようである（Lee ら 2004）。
miRNA は，ほとんどが標的をスライシングすることと，それより低い頻度では翻訳を阻害することで mRNA の制御を行う（Voinnet 2009）。	miRNA は多くの場合 mRNA の不安定化による翻訳の抑制，少数の場合で標的のスライシングによって mRNA を制御する（Fabian ら 2010）。
植物の miRNA の標的は一つの標的部位をもち，一つのみの miRNA で制御される（Axtell ら 2011）。	動物の miRNA の標的遺伝子群は，さまざまな miRNA の保存された標的部位をもつ（つまり一つの標的が多数の miRNA によって制御される）（Flynt および Lai 2008）。
逆向き重複（MITE）からの miRNA の生合成は植物では一般的である（Piriyapongsa および Jordan 2007）。	動物では稀である（しかしハエの hpRNA では一般的である）（Piriyapongsa および Jordan 2008）。
初期に定形的構造をもたない配列からの mi RNA 生合成は植物では稀である（Axtell ら 2011）。	動物で一般的である（Axtell ら 2011）。
植物では，さまざまな場所での miRNA-miRNA*二本鎖を伴った pre-miRNA は長さと構造という点についてより多様である（Mallory および Vaucheret 2006）。	動物の pri-miRNA は loop-to-base 様式で分解され，21 bp の miRNA-miRNA*二本鎖と末端のループを含む構造を形成する（Werner ら 2010）。
miRNA-miRNA*二本鎖は，exportin-5 タンパク質の助けを借り，核から細胞質へと移行される（Park ら 2005）。	pre-miRNA それ自身は，HASTY タンパク質の助けを借りて，核から細胞質へと移行される（Park ら 2005；Axtell ら 2011）。
miRNA-miRNA*二本鎖を形成するための pre-miRNA 転写産物の分解は核内で起こる（Axtell ら 2011）。	miRNA-miRNA*二本鎖を形成するための pre-miRNA 転写産物のプロセッシングは細胞質で起こる（Axtell ら 2011）。

3. miRNA を同定する方法

シロイヌナズナで最初の植物の miRNA が発見された後，植物の遺伝子工学分野では，植物の miRNA の同定と機能と標的遺伝子の検証は，最も重要な研究領域の一つとなった。植物と動物での miRNA の同定には実験的と計算機的手法の両方が広く用いられている。動物の miRNA の保存性は低いため，植物の miRNA よりも動物の miRNA の同定で直接クローニングとディープシークエンシング法が広く用いられる。実証結果は，多くの miRNA は植物で進化的に保存されていることを示している。この保存状態は計算機的手法を使った植物 miRNA の同定を容易にする。ディープシークエンシングと直接クローニング法は種特異的な miRNA の同定に用いられる。

3.1　直接クローニング法

直接クローニング法は動物での miRNA の単離と同定で最初に用いられた。小分子 RNA の単離手順はアダプターライゲーション（連結）を基盤にしている。アダプターオリゴヌクレオチドは，逆転写用と，単離した小分子 RNA の方向と配列の同定用のプライマー結合部位として用いられる。この方法では総 RNA から小分子 RNA を分離し，アダプターと連結し，小分子 RNA cDNA ライブラリが構築される。小分子 RNA ライブラリのシークエンシング後，配列を miRBase と比較し，保存された小分子 RNA を同定し，残った配列は相同領域周辺のゲノム領域が潜在的なステムループヘアピン二次構造をとる可能性によって新規の小分子 RNA を同定するためゲノム配列に対して検索を行う。いったん前駆体配列が，MFE（最小自由エネルギー；minimum free energy），MFEI（最小自由エネルギー指標；MFE Index），AMFE（調整済最小自由エネルギー；adjusted MFE）のようなすべての他の基準を満たしたとき，小分子 RNA は miRNA という注釈（アノテーション）を付与される。最初に植物と動物の miRNA の大多数が直接クローニングで同定され（Wang ら 2007；Sanan-Mishra ら 2009），後に他の方法が採用されてきた。

3.2　ディープシークエンス法

ディープシークエンシング技術は miRNA の同定と発現解析のための進んだ実験的方法である。miRNA のディープシークエンシングは直接クローニング技術よりもより有用である（Unver ら 2009）。Roche 454 と Illumina のプラットフォームが miRNA のシークエンシングと同定に用いられ，各サンプルから数百万のリードが生成され，種特異的 miRNA だけでなくすべての保存性の高い miRNA の同定が可能である（Unver ら 2009）。現在，ディープシークエンシング法を用いることで，植物と動物から数千の miRNA が同定されている（Liang ら 2010；Xin ら 2010；Wang ら 2011；Li ら 2011a, b；Yang ら 2011a, b）。

ハイスループットなシークエンシング技術は分子クローニング実験の感度を大きく向上させた。しかし別の面では，すべての可能な組織，発生段階，増殖条件が小分子 RNA のクローン化したライブラリに表現されたことを保証することは未だに難しい。ゆえに，植物の miRNA の探索において計算機的手法はまだ有用であろう。

3.3　計算機的手法

miRNA の探索においては直接クローニングとディープシークエンシングが最も直接的な方法

であるが，バイオインフォマティクス的方法は miRNA の同定において有用な補足的な戦略である。新規の miRNA は実験的方法で発見され，EST/GSS や WGS データベースのような他のデータベース内の相同な miRNA は計算機的方法で同定することができる。計算機的方法は，Ath-miR 395 や 399 など，存在量が少ないまたは特殊な発現などで単離が困難な miRNA ファミリーの同定に非常に適する。さまざまな方法を用いた miRNA の同定のフローチャートを**図1**に示す。

しかし，miRNA はわずか 19〜24 塩基長であるため，miRNA の配列類似性は相同配列が真の miRNA をコードしているという保証はできない。真に miRNA をコードする遺伝子と偽遺伝子をより良く分類するためには，計算機的検索は常に miRNA の主要な特性，とくにステムループヘアピン構造，MFE，MFEI，AMFE と合わせて用いる必要がある。

Zhang ら (2005) は EST データベースを用いた miRNA を同定する手法解析を開発したが，これと同じ手法は，GSS (Genome Survey Sequences) データベースと WGS (Whole Genome Sequencing) など，他のゲノム配列からの miRNA の同定にも用いることができる。計算機的方法は広く用いられ，多くの保存されている miRNA が多くの植物種から同定された。*in silico* の方法のおもな限界は種特異的な miRNA と新規の miRNA を同定することができないことである。しかし，現在はすべての潜在的な miRNA 遺伝子をゲノム配列から同定することができるパイプライン (たとえば，NOVOMIR や semiRNA) がある。

miRNA 遺伝子の計算機的推定は成熟 miRNA の保存特性と pre-miRNA の二次構造をもとに行われる。植物の miRNA 遺伝子推定の中心的ステップは，ヘアピン前駆体候補を同定するた

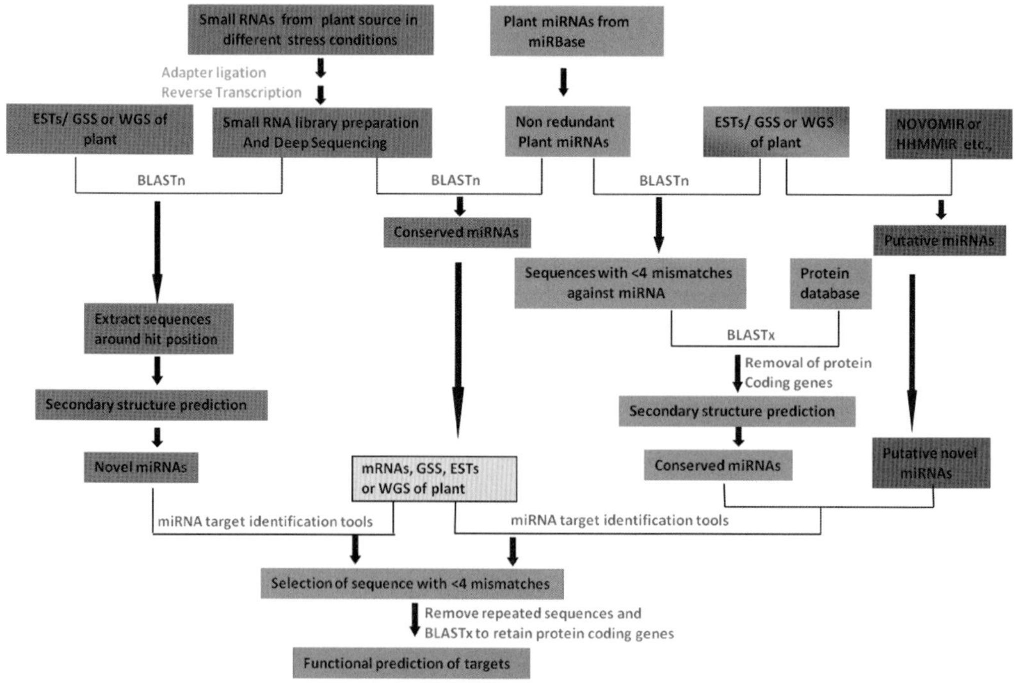

図1　伝統的な方法と計算機的方法を用いた miRNA 同定のフローチャート

めの二次構造解析である。植物の miRNA のヘアピンは長さとループ領域の塩基対の広がりという点で多様である。しかし，推定された pre-miRNA はすべて，miRNA と miRNA*を含む領域に広範囲に及ぶ塩基対をもつ。

計算機的手法は，特別なソフトウェアまたはプログラム技術が必要なく，すべての配列は NCBI GenBank Database からすぐにアクセス可能であるため，直接クローニングやディープシークエンシングのような実験的方法よりも好まれてきた。しかし，この方法はデータベース内で利用できる配列の数で限界が決まる。植物 miRNA の大多数は，シロイヌナズナ *Arabidopsis thaliana* (Wang ら 2004)，セイヨウアブラナ *Brassica napus* (Wang ら 2007)，ヤセイカンラン *Brassicaoleracea*，ブラッシカ・ラパ *Brassica rapa*，*Citrus aestivum* (Song ら 2009)，コナミドリムシ *Chlamydomonas reinhardtii* (Molnar ら 2007)，トウゴマ *Castor bean* (Zeng ら 2010)，ダイズ *Glycine max* (Subramanian ら 2008；Zhang ら 2008)，*Gossypium herbaceum*，*Gossypium hirsutum* (Ruan ら 2009)，*Gossypium arboretum* (Wang ら 2012)，タルウマゴヤシ *Medicago truncatula*，タバコ *Nicotiana tabacum* (Frazier ら 2010)，イネ *Oryza sativa* (Sanan-Mishra ら 2009；Jian ら 2010；Li ら 2010b)，テーダマツ *Pinus taeda*，ブラックコットンウッド *Populus trichocarpa* (Barakat ら 2007)，コトカケヤナギ *Populus euphratica* (Li ら 2011a)，インゲンマメ *Phaseolus vulgaris* (Arenas-Huertero ら 2009)，トマト *Solanum lycopersicum*，ソルガム *Sorghum bicolor*，コムギ *Triticum aestivum* (Han ら 2009b；Xin ら 2010)，およびトウモロコシ *Zea mays* (Zhang ら 2009b) など，完全にゲノム配列決定されている植物と多数の EST と GSS をもつ植物で発見されてきた。植物ゲノムで同定された高度に保存された miRNA ファミリーの数を**表 2** に列挙し，公開されている miRNA データベースである miRBase 19.0 (2012 年 8 月時点) で現在使用可能な植物の miRNA とそれらの分布に関する情報を**表 3** にリスト化した。

公開されているデータベース上の多数の植物種からの多数の配列が利用可能なことが，何人かの研究者にとっての，*in silico* 解析での選択可能な方法となった。よって，*in silico* の miRNA の同定に用いられる方法の簡単な概要をここで示す。

保存された miRNA を同定するために，成熟した非冗長な miRNA 配列を興味のある生物の利用可能な配列に対して BLASTn 検索にかける。BLASTn 検索を向上するために Blast のパラ

表 2　植物で保存されている miRNA の数

Family	Ath	Aly	Osa	Zma	Sbi	Mtr	Gma	Ptr	Ppa	Vvi	Mdo	Rco	Nta	Bdi	Cme
miR156	10	16	19	23	9	10	**28**	12	3	9	**31**	**8**	10	4	10
miR157	4	8	0	0	0	0	0	0	0	0	0	0	0	0	0
miR159	3	6	7	22	2	2	10	6	0	3	3	1	1	1	2
miR319	3	8	4	8	2	2	14	9	7	5	3	4	2	2	4
miR160	3	6	12	13	6	6	7	11	9	5	5	3	4	5	4
miR162	2	4	2	2	1	1	3	3	0	1	2	1	2	1	1
miR164	3	6	6	16	5	4	11	6	0	4	6	4	3	5	4

（続く）

表 2 （続き）

Family	Ath	Aly	Osa	Zma	Sbi	Mtr	Gma	Ptr	Ppa	Vvi	Mdo	Rco	Nta	Bdi	Cme
miR165	2	4	0	0	0	0	0	0	0	0	0	0	0	0	0
miR166	7	14	**26**	26	11	8	26	17	**13**	8	9	6	8	7	9
miR167	4	8	16	20	9	3	10	11	1	5	10	3	5	4	6
miR168	2	4	3	4	1	4	2	4	0	1	2	1	5	1	1
miR169	**15**	**28**	20	**32**	**19**	20	24	**36**	0	**25**	6	3	**19**	11	**20**
miR170	1	2	0	0	0	0	0	0	0	0	0	0	0	0	0
miR171	3	6	14	28	11	9	26	17	2	9	15	7	3	4	9
miR172	6	10	5	8	6	4	15	12	0	4	15	1	10	3	6
miR390	2	4	2	4	1	1	9	5	4	1	6	2	3	1	4
miR393	5	4	3	6	2	3	11	6	0	2	6	1	0	2	3
miR394	2	4	1	4	2	0	9	4	0	3	2	0	1	1	2
miR395	6	15	25	32	12	18	13	11	1	14	9	5	3	**13**	6
miR396	2	4	14	13	5	4	14	9	0	4	7	1	3	5	5
miR397	2	4	4	4	2	0	3	3	0	1	2	1	1	1	1
miR398	3	6	10	4	1	4	3	4	0	3	3	2	1	2	2
miR399	6	19	11	20	11	18	8	12	0	9	10	6	7	2	7
miR403	1	2	0	0	0	0	2	5	0	6	2	2	0	0	0
miR408	1	2	2	3	1	2	7	2	2	1	4	1	1	1	1
miR827	1	2	3	2	0	0	0	1	0	0	1	0	1	1	0
miR828	1	2	0	0	0	0	2	3	0	2	2	0	0	0	1
miR845	2	4	0	0	0	0	0	0	0	5	0	0	0	0	1
miR2111	4	4	0	0	0	**23**	6	2	0	2	2	0	0	0	2
miR473	0	0	0	0	0	0	0	3	0	0	0	0	0	0	0
miR477	0	0	0	0	0	0	0	6	10	1	1	0	2	0	2
miR482	0	0	0	2	0	1	9	5	0	1	5	0	5	0	0
miR529	0	0	2	2	1	21	0	0	7	0	0	0	0	1	0
miR530	0	0	2	0	0	1	5	2	0	0	0	0	3	0	2
miR535	0	0	2	0	0	0	0	0	4	3	4	1	0	0	0
miR536	0	0	0	0	0	0	2	0	6	0	0	0	0	0	0
miR479	0	0	0	0	0	0	0	1	0	1	0	0	2	0	0

Ath. シロイヌナズナ *Arabidopsis thaliana*, Aly. ミヤマハタザオ *Arabidopsis lyrata*, Osa. イネ *Oryza sativa*, Zma. トウモロコシ *Zea mays*, Sbi. ソルガム *Sorghum bicolor*, Mtr. ウマゴヤシ *Medicago truncatula*, Gma. ダイズ *Glycine max*, Ptr. ブラックコットンウッド *Populus trichocarpa*, Ppa. ヒメツリガネゴケ *Physcomitrella patens*, Vvi. ヨーロッパブドウ *Vitis vinifera*, Mdo. リンゴ *Malus domestica*, Rco. トウゴマ *Ricinus communis*, Nta. タバコ *Nicotiana tabacum*, Bdi. ミナトカモジグサ *Brachypodium distachyon*, Cme メロン *Cucumis melo* の植物で保存されている miRNA ファミリーに属する遺伝子座の数を miR Base 19.0 にあるように列挙した。各植物で最も多くの保存されている miRNA を含む mRNA ファミリーを太字で強調した。

表３　植物の miRNA の分布

植物種	miRNA 数
タルウマゴヤシ *Medicago truncatula*	719
イネ *Oryza sativa*	708
ダイズ *Glycine max*	555
ミヤマハタザオ *Arabidopsis lyrata*	375
ブラックコットンウッド *Populus trichocarpa*	369
シロイヌナズナ *Arabidopsis thaliana*	338
トウモロコシ *Zea mays*	321
ヒメツリガネゴケ *Physcomitrella patens*	280
ソルガム *Sorghum bicolor*	242
リンゴ *Malus domestica*	207
ヨーロッパブドウ *Vitis vinifera*	186
タバコ *Nicotiana tabacum*	165
ミナトカモジグサ *Brachypodium distachyon*	136
メロン *Cucumis melo*	120
セイヨウアブラナ *Brassica napus*	92
コナミドリムシ *Chlamydomonas reinhardtii*	85
カカオ *Theobroma cacao*	82
オオムギ *Hordeum vulgare*	69
オレンジ *Citrus sinensis*	64
Selaginella moellendorffii	64
トウゴマ *Ricinus communis*	63
カルドン *Cynara cardunculus*	57
シオミドロ *Ectocarpus siliculosus*	52
Aquilegia caerulea	45
トマト *Solanum lycopersicum*	44
Brassica rapa	43
コムギ *Triticum aestivum*	42
オウシュウトウヒ *Picea abies*	41
Gossypium hirsutum	39
テーダマツ *Pinus taeda*	38
ラッカセイ *Arachis hypogaea*	32
Pinus densata	31
パラゴムノキ *Hevea brasiliensis*	28
Saccharum ssp.	19
クラリセージ *Salvia sclarea*	18
ササゲ *Vigna unguiculata*	18
Amphimedon queenslandica	16
キクイモ *Helianthus tuberosus*	16
サトウキビ *Saccharum officinarum*	16
オニウシノケグサ *Festuca arundinacea*	15
ジギタリス・プルプレア *Digitalis purpurea*	13
ツルマメ *Glycine soja*	13
アカヤジオウ *Rehmannia glutinosa*	13
ジャガイモ *Solanum tuberosum*	11
キャッサバ *Manihot esculenta*	10
インゲンマメ *Phaseolus vulgaris*	10
ヒマワリ *Helianthus annuus*	9
Acacia auriculiformis	7
ヤセイカンラン *Brassica oleracea*	7
ギニアアブラヤシ *Elaeis guineensis*	7
カラタチ *Citrus trifoliata*	6
クレメンタイン *Citrus clementine*	5
コトカケヤナギ *Populus euphratica*	5
Bruguiera cylindrica	4
オヒルギ *Bruguiera gymnorrhiza*	4
タチバナ *Citrus reticulata*	4
Gossypium raimondii	4
ミヤコグサ *Lotus japonicus*	4
Acacia mangium	3
Helianthus argophyllus	3
Helianthus ciliaris	3
Helianthus paradoxus	3
Helianthus petiolaris	3
タルホコムギ *Aegilops tauschii*	2
Helianthus exilis	2
パパイア *Carica papaya*	1
Gossypium arboreum	1
Gossypium herbaceum	1
コーラサンコムギ *Triticum turgidum*	1

メータ設定は通常次のようにする。可能性のあるヒットの数を増やすためにE-valueは1000に設定する。クエリ配列とデータベース配列間のデフォルトのWordマッチサイズは7に設定する。記述(Description)とアラインメントの数を1000に増やす。4個未満のミスマッチをもつすべての配列をさらなる検証用に選択する。反復配列を除くため，選択された配列を互いにBLAST検索する。そして，選択された配列をBLASTx解析に用いる。タンパク質をコードした配列を除去し，タンパク質をコードしない配列を保持する。そして，タンパク質をコードしない配列をMfold (Zuker 2003) のようなウェブベースのツールにかけ，二次構造およびpre-miRNA配列のMFEを推定する。選択された配列の二次構造を予測するためにはMfoldのデフォルトのパラメータを用いる。次の基準を満たしたとき，その配列はmiRNAの可能性があると考える。一つ目は，推定された成熟miRNAが既知の成熟miRNAと比べた時に4個より多いミスマッチをもたないことである。二つ目は選択された配列が適切なステムループヘアピン二次構造に折り畳まれることである。三つ目は，成熟miRNAがステムループ構造の任意の一腕に局在することである。四つ目は，miRNAまたはmiRNA*配列内にループまたは中断がないことである。五つ目は，推定された成熟miRNA配列と二次構造上の逆鎖のmiRNA*配列の間に6個超のミスマッチがないことである。六つ目は，推定された二次構造がMFEとMFEIの値で大きな負の値をとることである。すべてのMFEは負のkcal/molで表現される。MFEの塩基長の潜在的な影響を避けるため，pre-miRNAのMFE解析にadjusted MFE (AMFE, 調整済MFE) 値を計算する。AMFEは100塩基長のRNA配列のMFEを表し，これはMFE/(潜在的なpre-miRNA長)*100と等しく，MFEIはAMFE/(G+C) パーセンテージと等しい (Zhangら2009b)。これらのmiRNAとして含めるRNAの基準を用いることで解析するRNAの数を減らし，これは非miRNAがその後の解析に残る可能性を低減させ，これは誤ったmiRNAの推定の数を大きく減少させる。過去の報告によれば，miRNA前駆体の配列はコードまたは非コード配列に比べて非常に高いMFEIをもち，MFEIが0.85より大きいときにmiRNA候補配列はよりmiRNAの可能性がある (Zhangら2008；Songら2009；Frazierら2010)。他の型のRNAをmiRNA候補として誤って決めるのを避けるため，二次構造を推定するときにはMFEIとAMFEも考慮する。計算機的探索に広く用いられている植物のmiRNA遺伝子推定ツールを**表4**に列挙した。

表4 miRNA推定ツール

ツール名	リンク	プラットフォーム	参照文献	用途
NOVOMIR	http://www.biophys.uni-duesseldorf.de/novomir/	Perl/Linux	TeuneおよびSteger (2010)	植物/ウイルス
HHMMiR	http://www.benoslab.pitt.edu/kadriAPBC2009.html	Hidden Markov Models	Kadriら (2009)	植物/動物
TRIPLET-SVM	http://bioinfo.au.tsinghua.edu.cn/software/mirnasvm/	Linux	Xueら (2005)	植物/動物/ウイルス

(続く)

表４（続き）

ツール名	リンク	プラットフォーム	参照文献	用途
MiRAlign	http://bioinfo.au.tsinghua.edu.cn/miralign/	Windows	Wang ら（2005）	植物/動物
MiRcheck	http://bartellab.wi.mit.edu/software.html	Perl	Jones-Rhoades および Bartel（2004）	植物
MiRFINDER	http://www.bioinformatics.org/mirfinder/	Windows/Linux	Huang ら（2007）	植物
microHARVESTER	http://www-ab.informatik.uni-tuebingen.de/software/microHARVESTER	Linux	Dezulian ら（2006）	植物
MiRPara	http://www.whiov.ac.cn/bioinformatics/mirpara	Perl	Wu ら（2011）	植物/動物
findMiRNA	http://sundarlab.ucdavis.edu/mirna/	Windows	Adai ら（2005）	植物
BayesmiRNAfind	https://bioinfo.wistar.upenn.edu/miRNA/miRNA/login.php	Naive Bayes	Yousef ら（2006）	植物/ウイルス/センチュウ/脊椎動物
miMatcher	http://wiki.binf.ku.dk/MiRNA/miMatcher2	SVM	Lindow および Krogh（2005）	植物
deepBase	http://deepbase.sysu.edu.cn/index.php	Windows	Yang ら（2010a）	植物/動物
MicroPC	http://www3a.biotec.or.th/micropc/application.html	Windows	Mhuantong および Wichadakul（2009）	植物
miRDeepFinder	http://www.leonxie.com/DeepFinder.php	Perl	Xie ら（2012）	植物
miRDeep-P	http://faculty.virginia.edu/lilab/miRDP/	Perl	Yang および Li（2011）	植物
PMRD	http://bioinformatics.cau.edu.cn/PMRD/	Windows	Zhang ら（2010）	植物

4．植物での miRNA の標的の同定

miRNA は，完全にまたはほぼ完全に mRNA に結合し遺伝子発現を抑制する，または mRNA の切断を介在し，遺伝子発現を阻害する。植物では miRNA を介した mRNA の切断が miRNA の作用のおもな機構と考えられているが，動物では miRNA は標的に結合し遺伝子発現を抑制する（Jones-Rhoades および Bartel 2004；Sanan-Mishra および Mukherjee 2007；Li ら 2011a, b）。miRNA の標的の同定と検証は miRNA 研究の重要なステップである。miRNA は相補性をもとに標的配列に結合する。BLASTn 検索は miRNA の標的推定に広く用いられており，この後ウエットラボ実験による検証が行われる。RACE-PCR は，推定標的の検証のために切断部位をみつけるのに広く用いられている（Wang ら 2004；Jones-Rhoades および Bartel

2004；Adai ら 2005；Fahlgren ら 2007；Zeng ら 2010；Li ら 2010a, b, 2011a, b)。リアルタイム PCR とノーザンブロットは miRNA とその標的の発現の確認に用いられる (Zhang ら 2008；Arenas-Huertero ら 2009；Song ら 2009；Zeng ら 2010)。しかし，miRNA は短鎖長であり，伝統的な Blastn 検索は長鎖配列のアライメントで用いるように開発されたため，miRNA の標的の Blastn 検索は修正が必要である。miRNA の標的の同定と擬陽性を除くためには，他の植物種での標的部位の保存性も考慮する必要がある。下記の基準は miRNA とその潜在的な標的 mRNA の間の相補性部位を決定するのに用いられる。一つ目は miRNA と潜在的な標的 mRNA の間に四つ未満のミスマッチのものを許容する。二つ目はこれらの四つのミスマッチのうちポジション 10 と 11 (切断部位と推定される) にあるものは許容せず，二つ以上の連続ミスマッチはどの場所であっても許容しない。三つ目は潜在的 miRNA と推定標的 mRNA の結合部位のギャップは許容しない。miRNA の 2〜8 塩基目の「シード」領域は標的 mRNA との相互作用で最も重要な配列である (Zhang ら 2009b)。計算機的な miRNA の標的同定ツールはこれらの原理に従って開発されている。動物における miRNA の標的の推定用には多くの計算機的ツールが使用可能であるが，植物の miRNA の標的同定用にはわずかのツールしか利用可能な状態にない (**表 5**)。

表 5　植物の miRNA の標的推定ツール

ツール名	リンク	プラットフォーム	参照文献	用途
Target-align	http://www.leonxie.com/targetAlign.php	Windows/Linux	Xie および Zhang (2010)	植物
TAPIR	http://bioinformatics.psb.ugent.be/webtools/tapir/	Windows	Bonnet ら (2010)	植物
miRTour	http://bio2server.bioinfo.uni-plovdiv.bg/miRTour/	Windows	Milev ら (2011)	植物
psRNATarget	http://plantgrn.noble.org/psRNATarget/	Windows	Dai および Zhao (2011)	植物
MicroPC UEA	http://www3a.biotec.or.th/micropc/application_target.html	Windows	Mhuantong および Wichadakul (2009)	植物/動物
sRNA toolkit	http://srna-tools.cmp.uea.ac.uk/plant/cgi-bin/srna-tools.cgi	Windows/Linux/Mac	Moxon ら (2008)	植物
Target Finder	http://carringtonlab.org/resources/targetfinder	Windows/Perl	Fahlgren ら (2007)	植物
p-TAREF	http://scbb.ihbt.res.in/new/p-taref/index.html	Windows/Linux	Jha および Shankar (2011)	植物
starBase	http://starbase.sysu.edu.cn/degradomeSeq.php	Windows	Yang ら (2011a, b)	植物
imiRTP	http://admis.fudan.edu.cn/projects/imiRTP.htm	Windows	Ding ら (2012)	植物
AthaMap	http://www.athamap.de/	Windows	Bulow ら (2012)	シロイヌナズナ

(続く)

表５（続き）

ツール名	リンク	プラットフォーム	参照文献	用途
psRobot	http://omicslab.genetics.ac.cn/psRobot/stemloop_1.php	Windows/Linux	Wu ら (2012)	植物

5. miRNA 遺伝子クラスター

miRNA 遺伝子クラスターは，ゲノム上の近接した領域にクラスター形成した miRNA 遺伝子群である。miRNA に関する最近の研究で，多シストロン性 miRNA の生成やいくつかの異なった特性の成熟した miRNA が同じ配列を形成することを明らかにした。初期の研究で，*Drosophila* ゲノム上の全 miRNA 遺伝子のうち約50%がクラスター化しているが，ヒトゲノムの中ではわずかの miRNA 遺伝子のみがクラスター化していることが示唆されていた (Bartel 2004)。miRNA クラスターの発生は動物でより一般的で，植物ではわずかの miRNA しか発見されておらず，たとえばダイズでは５個 (Zhang ら 2008)，トウモロコシでは７個 (Zhang ら 2009b)，およびタバコでは８個 (Frazier ら 2010) のクラスターが発見されている。植物での miRNA クラスターの発生は，系統特異的な様式で進化してきたことを示唆している (Zhang ら 2008)。動物の多くの miRNA クラスターは，おのおののメンバーの縦列重複と喪失，ならびにクラスター全体の縦列重複，という複雑な歴史を経て形成されたと推定されている (Zhang ら 2009c)。植物の miRNA のクラスターも miRNA 重複の類似の機構で生成されている。クラスター化された動物の miRNA は類似の遺伝子発現パターンを示し，多シストロン性転写産物として転写される。このクラスターは成熟 miRNA へと分解され，この成熟 miRNA が非常に効率的に標的 mRNA 分子の分解を引き起こす。クラスター化された miRNA 遺伝子群は，常にではないがしばしば多シストロン性で存在し，近接した miRNA と宿主遺伝子と共発現していることを示唆する証拠が蓄積されてきている。Yu ら (2006) は，ヒトで同定された51個の miRNA クラスターの発現プロファイルを決定し，39個の miRNA クラスターが一つのクラスター内で調和して発現し，残りの miRNA クラスターは一つのクラスター内で異なる発現を示した。クラスター化された miRNA は，バラバラな miRNA による制御パターンよりもより効率的で複雑で，複雑な細胞シグナリングネットワークの制御に必須であるようにみえる。植物と動物の miRNA クラスターのおもな差異は，各クラスター内の miRNA の数である。動物の miRNA クラスターは40個もの miRNA がクラスター化しているが，植物では５〜10個程度の少数の miRNA のみをもつことが明らかになった (Frazier ら 2010；Zhang ら 2008, 2009c)。

6. Mirtrons

ショウジョウバエ，線虫，マウス，ヒトでの最近の研究で，mirtron と呼ばれる特殊なクラスの miRNA が報告され，これは Drosha 非依存的な方法でスプライスアウトされたイントロンから非古典的な miRNA 経路で生成される。スプライスアウトされたイントロンは pre-miRNA に対応するヘアピンステムループ構造に折り畳まれ，これは宿主の RNAi 機構タンパク質によって分解され成熟 miRNA となる。最近，植物でも mirtron が報告された。Joshi ら (2012) はイネで 70 個の mirtron を同定し，厳密な選択フィルターを通して 16 個の最終的配列を選抜候補とした。この推定精度はノーザン解析と RT-PCR で検証された。Mirtron イントロンはスプライス配列の 5' と 3' の間に広範囲の対形成がみられる。mirtron の構造特性のわずかな差異が他のイントロン配列と見分けることを可能にする。mirtron は，mirtorn イントロンのスプライス受容体の「AG」をもつ保存された標準的なスプライス部位をもち，一般にこれらのヘアピンには 3' 端に 2 塩基のオーバーハング受容部位をもっている (Ruby ら 2007a, b)。イントロンの膨大なレパートリーから，ヘアピン構造をもつ mirtorn イントロンを分けるのは難しい。MirtronPred (http://bioinfo.icgeb.res.in/mirtronPred) 計算アルゴリズムは植物のイントロンのプールから mirtron を推定するために開発された (Joshi ら 2012)。G：U の不安定な対は mirtron の二次構造に負の影響を与える。5' 端のシード領域にある 5 超の G：U 対は mirtron の構造を損なわせると考えられている。約 30%の miRNA 遺伝子はタンパク質をコードする遺伝子のイントロン内に存在し，このことは mRNA の転写と miRNA の産生の何からの関連性を示唆する。小分子 RNA ライブラリ内の mirtron の平均の生成量は，標準的な miRNA と比較して非常に少ない (Ruby ら 2007a, b；Sibley ら 2012；Westholm および Lai 2011)。

7. マイクロ RNA のプロモーター

遺伝子発現の正確な制御は，細胞の発生と生物的・非生物的なストレスへの細胞内の応答において重要な役割をもつ。遺伝子発現制御に関与する因子の同定は，現代の生物学で主要な課題の一つである。時空間的な遺伝子の発現はシスエレメントと呼ばれる DNA エレメントと転写因子 (transcription factors, TFs)，エンハンサー，シグナル分子のようなトランスに働く因子で制御される。転写因子は短い配列モチーフを認識し，配列特異的な様式でそれに結合する。miRNA 遺伝子の制御についての利用可能な情報はほぼない。pri-miRNA は一般には RNA ポリメラーゼ II によって転写され，タンパク質をコードする遺伝子のプロモーターと類似したプロモーターエレメントをもつ。

miRNA のプロモーターの研究は miRNA の生合成経路と作用機序の研究においておもな興味深い研究課題の一つであり続ける。計算機的方法によるシロイヌナズナとイネの最近の研究は，CoVote (common query voting) と呼ばれる新たなプロモーター推定法を用いた miRNA プロモーターとそのエレメントの同定につながった (Zhou ら 2007)。

8. 人工的なマイクロ RNA

植物の内在性の miRNA は標的とのミスマッチをほとんどもたず (0 から 5 個)，局所的な転写物の切断とその後の分解を引き起こす。標的の最大の数は，植物の特定の miRNA で実験的に確認された標的の最大の数はわずか 10 個（Schwab ら 2006）であり，これは一般に多数の標的をもつ動物の miRNA とは対照的である。これらの知見は，この差が miRNA 機構の内的な特性によるのか，多数の標的をもつ植物の miRNA に対する選択によって部分的に生じたのか，という疑問を生じる。どちらの可能性も植物の miRNA を標的特異的な遺伝子サイレンシングに用いる際には不利となることを示唆する。さらに，植物の siRNA を介した遺伝子サイレンシングは二次 siRNA の形成を引き起こし，これは標的以外のサイレンシング（オフターゲット）を引き起こす（Schwab ら 2006）。これは siRNA の考えられうる悪影響を避けるために，人工の miRNA（amiRNA, artifitial miRNA）を介した遺伝子サイレンシング法への適応の必要性を示唆する。

ヘアピン前駆体を含むベクターは第二世代の RNAi ベクターとして認識されている。これらの配列は人工 miRNA（amiRNA）と呼ばれる他で定義された配列の miRNA を植物個体内で用いるのと同じように修正することができる。これらのベクターは，非モデル生物のシステムでも直接的な遺伝子サイレンシングの逆遺伝学的ツールとして用いることができる。人工 miRNA の固有な特徴は一過的で組織特異的なサイレンシングであることと，互いに保存されている領域が標的とされると関連するいくつかの遺伝子が同時にサイレンシングされることである。WMD3（Web microRNA Designer 3）（http://wmd3.weigelworld.org/cgi-bin/webapp.cgi）というウェブサーバーは，全ゲノムのアノテーションまたは重要な EST/cDNA 配列情報が利用可能なさまざまな植物種に適した人工 miRNA 配列を設計することに，ならびにベクター内の pre-miRNA 配列（双子葉植物ではシロイヌナズナ *ath-MIR319a* などの pRS300，単子葉植物ではイネ *osa-MIR528* などの pNW55）の修正に必要なプライマー配列を設計に用いることができる。

WMD3（Web microRNA Designer 3）プラットフォームの「DESIGNER」というツールは目的の標的遺伝子に対する人工 miRNA の設計に用いる。設計された人工 miRNA はツールによってランク付けされ，次のように 4 色に分類される：(a) 緑，最も望ましい amiRNA 候補；(b) 黄と (c) オレンジ，中程度の望ましさの amiRNA 候補；(d) 赤，最も望ましくない amiRNA 候補，である。望ましさの程度が高いほど，ペナルティポイントとオフターゲットのスコアが低くなる。設計された候補人工 miRNA は次の基準を基盤にして選択される。

(a) 1 番目がウリジン，そして可能なら 10 番目がアデニンであることで，どちらも自然界の植物の miRNA と非常に効率的な siRNA で，大きな割合を占める。
(b) 5' 末端側では AT 含量を高く，3' 末端側では GC 含量を高くし，全体の GC の割合を 30～50%とする（もし強い巻き戻しが影響される場合は，弱い二本鎖が影響される）。
(c) 5' 末端側の熱力学的不安定性・さまざまな程度の末端表示・鎖の非対称性（AT 含量が多いと標的の切断後の標的 mRNA から乖離しやすい）。
(d) 特定の場所でのミスマッチを導入，または受容によるオフターゲットの回避または減少。
(e) 21bp の人工 miRNA では，2 から 12 塩基目までは一つ以下のミスマッチが許容され，切断部位（10 と 11 塩基目）はミスマッチが許容されず，13 から 21 までは 4 つまでのミスマッチが許容され，3' 末端では 2 塩基より長い連続ミスマッチは許容されない。3' 末端のミスマッチは，プライマーの作用およびRNA依存性RNAポリメラーゼ（RdRP）による伸長に由来する可能なオフターゲット効果，および潜在的トランジティビティー（siRNAの二次的な生成経路が生成されること）効果を減少させる可能性がある。

(f) 人工miRNA-mRNAは，必ず，完全マッチの場合には自由エネルギーの80～95%の絶対的，および相対的なハイブリダイゼーションエネルギーをもち，1モルあたり−35～−38 kcalの絶対量である。これは，「RNAcofold」および「Mfold」ツールによって決定される。

(g) 目的標的への完全な相補性はない（トランジティビティーの問題となる）。

効率性と特異性の両方について設計する人工miRNAを最適化することが重要である。特異性の最適化（すなわち，オフターゲットを推定して回避すること）はトランスクリプトーム配列情報が利用可能かに依存する。WMDは一つの遺伝子ならびに複数の遺伝子群のサイレンシングを行う人工miRNAを設計することが可能である。伝統的なsiRNAを介した遺伝子サイレンシング法と比較して，人工miRNAを介した遺伝子サイレンシングは多数の利点をもつ（**表6**）。

表6 人工miRNAとsiRNAの違い

人工マイクロRNA	siRNA
人工miRNAの長さは21塩基	siRNAの長さは21～25塩基である
人工miRNAの計算機的設計が必要	不要である
人工miRNAの配列は既知	siRNAの配列は既知ではない
pre-miRNAの骨格が発現に必要	不要である
イントロンを介した遺伝子サイレンシングではない	これはイントロンを介した遺伝子サイレンシングである（イントロンヘアピン技術）
pre-miRNAの長さは約160～200 bp	ヘアピンの長さは約200～3000 bpである
ヘアピン構造に不完全な相補がみられる	ヘアピンでの完全な相補配列がみられる
ヘアピンのGC含有量は30～50%	ヘアピンごとにGC含量が異なる
一つのmiRNA-miRNA*二本鎖はpre-miRNAから由来する	多数の二本鎖がdsRNAから生成される
一つのヘアピンからは一つのみの小分子の効率的なamiRNA分子が生成される	ヘアピンの長さに依存して，多数のsiRNAが形成される
人工miRNAは5' strand/end対称性に従う	5' strand/end非対称性には従っていない
miRNA-miRNA*二本鎖ではmiRNAのみがRISCへと取り込まれる	両鎖は同じ確率でRISCへ組み込まれる
人工miRNAの3'末端の標的への1-2塩基のミスマッチは許容される	ミスマッチは許容されない
人工miRNAと標的mRNAの間の部分的な相補がみられる	siRNAと標的mRNAの間で完全な相補性がみられる
miRNAと標的mRNAの間のミスマッチは許容される	許容されない
一つの人工miRNAで1から10個の標的をサイレンシングできる	不明である
標的におけるオフターゲット部位は既知である	標的のsiRNAスプライス部位は不明である

（続く）

表６（続き）

人工マイクロRNA	siRNA
オフターゲットは回避可能である	不可能である
二次的siRNAの一過性形成はみられていない	観察されている
RdRPとSDE3酵素活性は不要である	二次的siRNAの形成にはRdRPとSDE3酵素活性が必要である
自然界では非均一である（pre-miRNAとmRNAは互いにホモロジーを共有しない）	自然界では均一である

利点は，siRNA法でのオフターゲット効果の可能性を回避するために人工miRNAを介した遺伝子サイレンシング法を採用する必要性を示唆する。人工miRNAを遺伝子の特異的な発現低下の成功例は，双子葉植物ではシロイヌナズナ，トマト，およびタバコ，単子葉植物ではイネ（Schwabら2006；Ossowskiら2008），非種子植物ではコケ類（*Physcomitrella patens*）で示されている（Khraiweshら2008）。シロイヌナズナでは，PIN（pin-形成）オーキシン輸送タンパク質の極性のターゲティング機構に関わる推定フォスファチダーゼ構成要素の同定に人工miRNAが用いられ，これはオーキシンのシグナル伝達には必須である。近年，シロイヌナズナの生物時計（サーカディアンクロック）の制御と花粉形成に関わる遺伝子の機能の解明に人工miRNAが用いられた（Kojimaら2011）。

イネOryza sativaでは人工miRNA技術を用いて，*Phytoene desaturase*（*Pds*），*spotted leaf 11*（*Spl11*），*elongated uppermost internode 1*（*Eui1*）遺伝子がサイレンシングされ，アルビノの表現型（*pds*），病原体のいない状態での自然発生的な病斑の形成（*spl11*），出穂期の節間部の最上部の伸長（*eui1*）（Warthmannら2008）が引き起こされた。

いくつかの報告で，人工miRNAは自然界のmiRNAと比較され，ほとんどの自然界の植物のmiRNAの場合とは異なり，人工miRNAは二次siRNAが形成されているという痕跡はほとんどなく，効率的に一つの遺伝子，複数の遺伝子とも効率的にサイレンシングされる（Schwabら2006；Ossowskiら2008；Khraiweshら2008）ことが明らかになった。人工miRNAのサイズは小さいため，特定の遺伝子座または特定の遺伝子のスプライス型を標的とする人工miRNAの設計をするとともに，複数の無関係な人工miRNAを発現するコンストラクトを作成することも可能である。農作物改良に応用する際に，他の遺伝子サイレンシングおよび/または形質転換のアプローチに比べ，人工miRNAは生物安全性の問題が少ないことも示唆されている（LiuおよびChen 2010）。

9. ストレス応答でのmiRNAの働き

多くの植物の遺伝子は生物的・非生物的なストレスに応答する。ストレス応答は特定のmiRNAの発現の増加または低下を引き起こす，またはストレスに対応する新たなmiRNAを合成する。さまざまな生物的・非生物的なストレス条件下でモデル植物のいくつかのストレス制御性のmiRNAが同定されている。ストレス制御性のmiRNAの多くは独立で働くのではなく，制御ネットワークの重複に関わる (Khraiwesh ら 2012)。ストレス応答性の miRNA はほとんどが発生，ストレス，および防御関連の遺伝子を標的とし，このことは植物の miRNA がストレスによって誘導することができ，構造的かつ機械的な安定性のための重要な防御系として機能することを示唆する (Khraiwesh ら 2012)。

植物と動物は，細菌，ウイルス，およびカビなどの病原体に対する宿主の免疫の重要な機構として小分子 RNA を介した遺伝子サイレンシングを用いている (Padmanabhan ら 2009；Gibbings および Voinnet 2010；Khraiwesh ら 2012)。いくつかの最近の研究は，内在性の小分子 RNA を介した遺伝子サイレンシングが植物の免疫応答の遺伝子発現のリプログラミングのための重要な機構の一つとして働く可能性があることを示唆している。病原性の細菌，ウイルス，線虫，およびカビに感染した植物内で生成された多くの生物的ストレス応答の miRNA が報告されている (Khraiwesh ら 2012)。miR393 は細菌のエリシターの flg22 によって誘導され，オーキシンのレセプターのサイレンシングとその後のオーキシンシグナリングの抑制によって，病原体関連分子パターン誘導免疫 (PTI, pathogen-associated molecular pattern(PAMP)-triggered immunity) に正に貢献する (Navarro ら 2006)。オーキシンは植物の成長を促進し，生体栄養性の病原体に炭素源と窒素源を供給し，それらの毒性と感受性を増加させる。さらに，オーキシンはサリチル酸 (SA, salycylic acid) を介した防御応答を抑制することで病原性を促進させることもできる (Grant および Jones 2009)。miR160，miR167，miR390，および miR393 が，オーキシンシグナル伝達のさまざまな段階に関与し，病原体の増殖を抑制するシグナル伝達の遺伝子群の発現を制御することが明らかになった (Zhang ら 2011)。最近の発見は，miR393 で誘導される転写後の制御が，オーキシン受容体である transport inhibitor response 1 (TIR1) を標的とすることで病原体に対する植物の防御で重要な役割を担うことも示した (Navarro ら 2006)。miR393a を過剰発現させた形質転換シロイヌナズナは毒性の *P. syringae pv*. tomato への耐性を促進する (Shukla ら 2008)。

ディープシークエンシングを用いた小分子 RNA のプロファイリング解析で，miR393 に加えて miR167 および miR160 もタイプ III 分泌系 hrcC の変異型である非病原性の *Pseudomonas syringae pv.* tomato (Pst) DC3000 株によっても誘導されることが明らかになった (Fahlgren ら 2007)。flg22 処理後の AGO1 に結合している小分子 RNA のプロファイリングで，カロースの沈殿における miR160a，miR398b，および miR773 の役割を明らかにし，このことは PAMP 誘導性免疫の関与を示唆する (Li ら 2010a)。miR398 は生物的と非生物的応答の両方に関与する (Sunkar ら 2006；Jagadeeswaran ら 2009)。これは細菌の病原体 Pst DC3000 (avrRpt2) または Pst (avrRpm1) によって発現が抑制される。テーダマツ *Pinus taeda* では検証した 10 個の miRNA (pta-miRNA) ファミリーの発現は，健康な幹に比べて紡錘形さび病 (fusiform rust) カビ (*Cronartium quercuum*) が感染したこぶでは著しく抑制されていた (Lu ら 2007)。さらにマツでは，病気に関する約 82 個の転写産物の発現が miRNA の制御に応答して変化していることが検出された (Lu ら 2007)。アブラナ科では TIR-NBS-LRR クラスの遺伝子群を標的とすると推定されている miR1885 が，Turnip mosaic virus に感染した植物で誘導されていた (He ら 2008)。テーダマツでの別の報告では 10 個の miRNA の発現がさび病のカビに応答して低下することを示唆した（Lu ら 2007）。最近の報告から miRNA が，アグロバクテリウムによる窒素（N）固定と腫瘍形成の際の植物と根粒菌の相互作用の制御でも重要な役割をもつことも示唆されてきた（Wang ら 2009）。植物の miRNA は，乾燥，低温，および重金属のような非生物的ストレスへ応答することが示されてきた（Sunkar および Zhu 2004；Khraiwesh ら 2012）。植物ホルモンのアブシジン酸（abscisic acid, ABA）は環境ストレスへの植物の応答に関与する。miRNA が ABA を介した応答に関与する可能性の最初の示唆は，シロイヌナズナの変異体の ABA 過感受性の観察に由来する。ABA またはジベレリン処理は miR159 の発現を制御し，花器と組織の発達を制御し，ABA 処理したシロイヌナズナの芽生えでは miR159 の発現が増加した。逆に，miR398a は ABA によって発現が抑制されるようであった（Khraiwesh ら 2012）。

重要な栄養素の枯渇下での応答では，硫酸塩とリン酸の枯渇でおのおの miR395 と miR399 が誘導された（Chiou ら 2006）。miR395 は硫酸塩の同化と配分に関与し（Jones-Rhoades および Bartel 2004），miR399 はリン酸の恒常性の維持に重要な役割を担う（Chiou ら 2006）。シロイヌナズナでは miR168，miR17，および miR396 が高塩濃度，乾燥，および低温ストレスに応答することも示唆した（Khraiwesh ら 2012）。過剰な重金属など，いくつかの非生物的ストレスは活性酸素生成による酸化ストレスを引き起こし，miRNA が重金属ストレスへの応答で重要であることが示された（Sunkar および Zhu 2004；Ding ら 2011）。ノーザンブロット解析でシロイヌナズナの miR398 の発現は銅（Cu）や鉄（Fe）のような重金属で低下することを示し，これが活性酸素ラディカル種のスカベンジャーである Cu，Zn スーパーオキシドディスムターゼ（活性酸素分解酵素）（CSD）の蓄積に重要であり（Sunkar および Zhu 2004），セイヨウアブラナ *Brassica napus*（Huang ら 2010）とタルウマゴヤシ *Medicago truncatula*（Zhou ら 2008）の miR393 と miR171 は重金属に応答することを示した。さらに，Huang ら（2010）は，カドミウム（Cd）に応答する 19 個の可能性のある新規 miRNA を単離し，Cd ストレス条件下のイネの根でアノテーションを付けた miRNA（miRBase Release 11.0；http://www.mirbase.org/）の発現パターンのプロファイリングに miRNA マイクロアレイが用いられ，19 個の Cd 応答の miRNA の同定へつながった。Cd ストレス下では，それらのうち miR156，miR162，miR166，miR168，miR171，miR390，miR396，miR444，および miR1318 の miRNA の発現は低下し，miR528 のみ発現が増加していた。標的遺伝子の推定と Cd に応答する miRNA プロモーターの金属ストレス応答のシスエレメント解析は，これらの miRNA が Cd ストレスに関与する可能性を示唆するさらなる根拠を提供した。同定された Cd 応答性の miRNA のデータセットは，イネの Cd 耐性の分子機構のさらなる特定に重要である可能性がある。しかし Cd 応答性の miRNA のさらなる機能解析には，植物の重金属耐性における機能を確認する必要がある（Ding ら 2011）。機能解析はいくつかの植物の miRNA が生物ストレスだけでなく非生物ストレスへの植物の耐性で重要な役割をもつことを示してきた（Mallory および Vaucheret 2006）。

ストレス応答の miRNA の同定に利用可能ないくつかの方法があり，たとえばノーザンブロット，逆転写 PCR（RT-PCR），伝統的なシークエンシング，およびマイクロアレイ解析などである。ストレス応答の miRNA は著しく GC 含量が高いため，GC 含量もストレス制御の植物の miRNA の推定で重要なパラメータになると考えられている。これらの技術を用いて，特定の植物種のすべての注釈付きのmiRNAの発現パターンの大規模な検証を行うことが可能である（Zhaoら2007；Liuら2008）。任意の条件でのmiRNAのプロファイリングは重要な研究分野である。細胞内過程制御に関与するmiRNAの役割の同定と理解は，過剰発現または異所的発現を介した形質転換法による興味のある形質の操作に用いる道を開く（ZhouおよびLuo 2013）。

謝辞

我々は，この本の章を完成させるまでの手引き，非常な忍耐，および各段階での励ましに，Dr. Prashanth Suravajhala（Bioclues.orgの設立者）に感謝する。我々はmiRNA遺伝子の体系への貢献とこの章の明瞭性を改善した批判的査読についてMr. Velu Mani Selvarajに感謝する。我々は，研究室のすべてのメンバーと家族に，この章を書く際のサポートをしてくれたことに感謝する。

文 献

Adai A, Johnson C, Mlotshwa S, Archer-Evans S, Manocha V, Vance V (2005) Computational prediction of miRNAs in *Arabidopsis thaliana*. Genome Res 15:78–91

Arenas-Huertero C, Perez B, Rabanal F, Blanco-Melo D, De la Rosa C, Estrada-Navarrete G (2009) Conserved and novel miRNAs in the legume *Phaseolus vulgaris* in response to stress. Plant Mol Biol 70:385–401

Axtell MJ, Westholm JO, Lai EC (2011) Vive la difference: biogenesis and evolution of microRNAs in plants and animals. Genome Biol 12:221

Barakat A, Wall PK, Diloreto S, Depamphilis CW, Carlson JE (2007) Conservation and divergence of microRNAs in *Populus*. BMC Genomics 8:481

Bartel DP (2004) MicroRNAs: genomics, biogenesis, mechanism, and function. Cell 116:281–297

Berezikov E, Robine N, Samsonova A, Westholm JO, Naqvi A, Hung JH (2011) Deep annotation of *Drosophila melanogaster* microRNAs yields insights into their processing, modification, and emergence. Genome Res 21:203–215

Bonnet E, He Y, Billiau K, Van de Peer Y (2010) TAPIR, a web server for the prediction of plant microRNA targets, including target mimics. Bioinformatics 26:1566–1568

Brennecke J, Stark A, Russell RB, Cohen SM (2005) Principles of microRNA-target recognition. PLoS Biol 3:e85

Bulow L, Bolivar JC, Ruhe J, Brill Y, Hehl R (2012) 'MicroRNA Targets', a new AthaMap web-tool for genome-wide identification of miRNA targets in *Arabidopsis thaliana*. BioData Min 5:7

Chapman EJ, Carrington JC (2007) Specialization and evolution of endogenous small RNA pathways. Nat Rev Genet 8:884–896

Chen X (2005) MicroRNA biogenesis and function in plants. FEBS Lett 579:5923–5931

Chiou TJ, Aung K, Lin SI, Wu CC, Chiang SF, Su CL (2006) Regulation of phosphate homeostasis by MicroRNA in *Arabidopsis*. Plant Cell 18:412–421

Cuperus JT, Fahlgren N, Carrington JC (2011) Evolution and functional diversification of MIRNA genes. Plant Cell 23:431–442

Dai X, Zhao PX (2011) psRNATarget: a plant small RNA target analysis server. Nucleic Acids Res 39:W155–W159

Dezulian T, Remmert M, Palatnik JF, Weigel D, Huson DH (2006) Identification of plant microRNA homologs. Bioinformatics 22:359–360

Ding Y, Chen Z, Zhu C (2011) Microarray-based analysis of cadmium-responsive microRNAs in rice (*Oryza sativa*). J Exp Bot 62:3563–3573

Ding J, Li D, Ohler U, Guan J, Zhou S (2012) Genomewide search for miRNA-target interactions in *Arabidopsis thaliana* with an integrated approach. BMC Genomics 13(Suppl 3):S3

Dunoyer P, Brosnan CA, Schott G, Wang Y, Jay F, Alioua A (2010) An endogenous, systemic RNAi pathway in plants. EMBO J 29:1699–1712

Fabian MR, Sonenberg N, Filipowicz W (2010) Regulation of mRNA translation and stability by microRNAs. Annu Rev Biochem 79:351–379

Fahlgren N, Howell MD, Kasschau KD, Chapman EJ, Sullivan CM, Cumbie JS (2007) High-throughput sequencing of *Arabidopsis* microRNAs: evidence for frequent birth and death of MIRNA genes. PLoS One 2:e219

Faller M, Guo F (2008) MicroRNA biogenesis: there's more than one way to skin a cat. Biochim Biophys Acta 1779:663–667

Flynt AS, Lai EC (2008) Biological principles of microRNA-mediated regulation: shared themes amid diversity. Nat Rev Genet 9:831–842

Frazier TP, Xie F, Freistaedter A, Burklew CE, Zhang B (2010) Identification and characterization of microRNAs and their target genes in tobacco (*Nicotiana tabacum*). Planta 232:1289–1308

Gibbings D, Voinnet O (2010) Control of RNA silencing

and localization by endolysosomes. Trends Cell Biol 20:491–501
Glazinska P, Zienkiewicz A, Wojciechowski W, Kopcewicz J (2009) The putative miR172 target gene InAPETALA2-like is involved in the photoperiodic flower induction of *Ipomoea nil*. J Plant Physiol 166:1801–1813
Grant MR, Jones JD (2009) Hormone (dis)harmony moulds plant health and disease. Science 324:750–752
Griffiths-Jones S (2004) The microRNA registry. Nucleic Acids Res 32:D109–D111
Griffiths-Jones S, Grocock RJ, van Dongen S, Bateman A, Enright AJ (2006) miRBase: microRNA sequences, targets and gene nomenclature. Nucleic Acids Res 34:D140–D144
Guddeti S, Zhang DC, Li AL, Leseberg CH, Kang H, Li XG, Zhai WX, Johns MA, Mao L (2005) Molecular evolution of the rice miR395 gene family. Cell Res 15:631–638
Guo L, Lu Z (2010) The fate of miRNA* strand through evolutionary analysis: implication for degradation as merely carrier strand or potential regulatory molecule? PLoS One 5:e11387
Han J, Pedersen JS, Kwon SC, Belair CD, Kim YK, Yeom KH (2009a) Posttranscriptional cross regulation between Drosha and DGCR8. Cell 136:75–84
Han Y, Luan F, Zhu H, Shao Y, Chen A, Lu C (2009b) Computational identification of microRNAs and their targets in wheat (*Triticum aestivum* L.). Sci China C Life Sci 52:1091–1100
He XF, Fang YY, Feng L, Guo HS (2008) Characterization of conserved and novel microRNAs and their targets, including a TuMV-induced TIR-NBS-LRR class R gene-derived novel miRNA in *Brassica*. FEBS Lett 582:2445–2452
Horwich MD, Li C, Matranga C, Vagin V, Farley G, Wang P (2007) The Drosophila RNA methyltransferase, DmHen1, modifies germline piRNAs and single-stranded siRNAs in RISC. Curr Biol 17:1265–1272
Huang TH, Fan B, Rothschild MF, Hu ZL, Li K, Zhao SH (2007) MiRFinder: an improved approach and software implementation for genome-wide fast microRNA precursor scans. BMC Bioinformatics 8:341
Huang SQ, Xiang AL, Che LL, Chen S, Li H, Song JB (2010) A set of miRNAs from *Brassica napus* in response to sulphate deficiency and cadmium stress. Plant Biotechnol J 8:887–899
Isik M, Korswagen HC, Berezikov E (2010) Expression patterns of intronic microRNAs in *Caenorhabditis elegans*. Silence 1:5
Jagadeeswaran G, Saini A, Sunkar R (2009) Biotic and abiotic stress down-regulate miR398 expression in *Arabidopsis*. Planta 229:1009–1014
Jha A, Shankar R (2011) Employing machine learning for reliable miRNA target identification in plants. BMC Genomics 12:636
Jian X, Zhang L, Li G, Wang X, Cao X, Fang X (2010) Identification of novel stress-regulated microRNAs from *Oryza sativa* L. Genomics 95:47–55
Jones-RhoadesMW, BartelDP(2004) Computational identification of plant microRNAs and their targets, including a stress-induced miRNA. Mol Cell 14:787–799
Jones-Rhoades MW, Bartel DP, Bartel B (2006) MicroRNAS and their regulatory roles in plants. Annu Rev Plant Biol 57:19–53
Joshi PK, Gupta D, Nandal UK, Khan Y, Mukherjee SK, Sanan-Mishra N (2012) Identification of mirtrons in rice using MirtronPred: a tool for predicting plant mirtrons. Genomics 99:370–375
Kadri S, Hinman V, Benos PV (2009) HHMMiR: efficient de novo prediction of microRNAs using hierarchical hidden Markov models. BMC Bioinformatics 10 (Suppl 1):S35
Khraiwesh B, Ossowski S, Weigel D, Reski R, Frank W (2008) Specific gene silencing by artificial MicroRNAs in *Physcomitrella patens*: an alternative to targeted gene knockouts. Plant Physiol 148:684–693
Khraiwesh B, Zhu JK, Zhu J (2012) Role of miRNAs and siRNAs in biotic and abiotic stress responses of plants. Biochim Biophys Acta 1819:137–148
Kidner CA, Martienssen RA (2005) The developmental role of microRNA in plants. Curr Opin Plant Biol 8:38–44
Kojima S, Shingle DL, Green CB (2011) Posttranscriptional control of circadian rhythms. J Cell Sci 124:311–320
Lee RC, Feinbaum RL, Ambros V (1993) The *C. elegans* heterochronic gene lin-4 encodes small RNAs with antisense complementarity to lin-14. Cell 75:843–854
Lee Y, Kim M, Han J, Yeom KH, Lee S, Baek SH (2004) MicroRNA genes are transcribed by RNA polymerase II. EMBO J 23:4051–4060
Li D, Zheng Y, Wan L, Zhu X, Wang Z (2009) Differentially expressed microRNAs during solid endosperm development in coconut (*Cocos nucifera* L.). Sci Hortic 122:666–669
Li Y, Zhang Q, Zhang J, Wu L, Qi Y, Zhou JM (2010a) Identification of microRNAs involved in pathogen-associated molecular pattern-triggered plant innate immunity. Plant Physiol 152:2222–2231
Li YF, Zheng Y, Addo-Quaye C, Zhang L, Saini A, Jagadeeswaran G (2010b) Transcriptome-wide identification of microRNA targets in rice. Plant J 62:742–759
Li B, Qin Y, Duan H, Yin W, Xia X (2011a) Genomewide characterization of new and drought stress responsive microRNAs in *Populus euphratica*. J Exp Bot 62:3765–3779
Li H, Dong Y, Yin H, Wang N, Yang J, Liu X (2011b) Characterization of the stress associated microRNAs in *Glycine max* by deep sequencing. BMC Plant Biol 11:170
Liang C, Zhang X, Zou J, Xu D, Su F, Ye N (2010) Identification of miRNA from *Porphyra yezoensis* by high-throughput sequencing and bioinformatics analysis. PLoS One 5:e10698
Lindow M, Krogh A (2005) Computational evidence for hundreds of non-conserved plant microRNAs. BMC Genomics 6:119
Liu Q, Chen YQ (2010) A new mechanism in plant engineering: the potential roles of microRNAs in molecular breeding for crop improvement. Biotechnol Adv 28:301–307
Liu J, Carmell MA, Rivas FV, Marsden CG, Thomson JM, Song JJ (2004) Argonaute2 is the catalytic engine of mammalian RNAi. Science 305:1437–1441
Liu HH, Tian X, Li YJ, Wu CA, Zheng CC (2008)

Microarray-based analysis of stress-regulated microRNAs in *Arabidopsis thaliana*. RNA 14:836–843
Llave C (2004) MicroRNAs: more than a role in plant development? Mol Plant Pathol 5:361–366
Lu S, Sun YH, Amerson H, Chiang VL (2007) MicroRNAs in loblolly pine (*Pinus taeda* L.) and their association with fusiform rust gall development. Plant J 51:1077–1098
Mallory AC, Vaucheret H (2006) Functions of microRNAs and related small RNAs in plants. Nat Genet 38(Suppl): S31–S36
Margis R, Fusaro AF, Smith NA, Curtin SJ, Watson JM, Finnegan EJ (2006) The evolution and diversification of Dicers in plants. FEBS Lett 580:2442–2450
Meister G, Landthaler M, Patkaniowska A, Dorsett Y, Teng G, Tuschl T (2004) Human Argonaute2 mediates RNA cleavage targeted by miRNAs and siRNAs. Mol Cell 15:185–197
MhuantongW,Wichadakul D (2009) MicroPC (microPC): a comprehensive resource for predicting and comparing plant microRNAs. BMC Genomics 10:366
Milev I, Yahubyan G, Minkov I, Baev V (2011) MiRTour: plant miRNA and target prediction tool. Bioinformation 6:248–249
Millar AA, Waterhouse PM (2005) Plant and animal microRNAs: similarities and differences. Funct Integr Genomics 5:129–135
Molnar A, Schwach F, Studholme DJ, Thuenemann EC, Baulcombe DC (2007) MiRNAs control gene expression in the single-cell alga *Chlamydomonas reinhardtii*. Nature 447:1126–1129
Moxon S, Schwach F, Dalmay T, Maclean D, Studholme DJ, Moulton V (2008) A toolkit for analysing largescale plant small RNA datasets. Bioinformatics 24:2252–2253
Navarro L, Dunoyer P, Jay F, Arnold B, Dharmasiri N, Estelle M (2006) A plant miRNA contributes to antibacterial resistance by repressing auxin signaling. Science 312:436–439
Okamura K, Chung WJ, Ruby JG, Guo H, Bartel DP, Lai EC (2008) The *Drosophila* hairpin RNA pathway generates endogenous short interfering RNAs. Nature 453:803–806
Ossowski S, Schwab R, Weigel D (2008) Gene silencing in plants using artificial microRNAs and other small RNAs. Plant J 53:674–690
Padmanabhan C, Zhang X, Jin H (2009) Host small RNAs are big contributors to plant innate immunity. Curr Opin Plant Biol 12:465–472
Park W, Li J, Song R, Messing J, Chen X (2002) CARPEL FACTORY, a Dicer homolog, and HEN1, a novel protein, act in microRNA metabolism in *Arabidopsis thaliana*. Curr Biol 12:1484–1495
Park MY, Wu G, Gonzalez-Sulser A, Vaucheret H, Poethig RS (2005) Nuclear processing and export of microRNAs in *Arabidopsis*. Proc Natl Acad Sci U S A 102:3691–3696
Piriyapongsa J, Jordan IK (2007) A family of human microRNA genes from miniature inverted-repeat transposable elements. PLoS One 2:e203
Piriyapongsa J, Jordan IK (2008) Dual coding of siRNAs and miRNAs by plant transposable elements. RNA 14:814–821
Ramachandran V, Chen X (2008) Degradation of microRNAs by a family of exoribonucleases in *Arabidopsis*. Science 321:1490–1492
Reinhart BJ, Weinstein EG, Rhoades MW, Bartel B, Bartel DP (2002) MicroRNAs in plants. Genes Dev 16:1616–1626
Ruan MB, Zhao YT, Meng ZH, Wang XJ, Yang WC (2009) Conserved miRNA analysis in *Gossypium hirsutum* through small RNA sequencing. Genomics 94:263–268
Ruby JG, Jan CH, Bartel DP (2007a) Intronic microRNA precursors that bypass Drosha processing. Nature 448:83–86
Ruby JG, Stark A, Johnston WK, Kellis M, Bartel DP, Lai EC (2007b) Evolution, biogenesis, expression, and target predictions of a substantially expanded set of Drosophila microRNAs. Genome Res 17:1850–1864
Sanan-Mishra N, Mukherjee SK (2007) A peep into the plant miRNA world. Open Plant Sci J 2007(1):1–9
Sanan-Mishra N, Kumar V, Sopory SK, Mukherjee SK (2009) Cloning and validation of novel miRNA from basmati rice indicates cross talk between abiotic and biotic stresses. Mol Genet Genomics 282:463–474
Schwab R, Ossowski S, Riester M, Warthmann N, Weigel D (2006) Highly specific gene silencing by artificial microRNAs in *Arabidopsis*. Plant Cell 18:1121–1133
Shukla LI, Chinnusamy V, Sunkar R (2008) The role of microRNAs and other endogenous small RNAs in plant stress responses. Biochim Biophys Acta 1779:743–748
Sibley CR, Seow Y, Saayman S, Dijkstra KK, El Andaloussi S, Weinberg MS (2012) The biogenesis and characterization of mammalian microRNAs of mirtron origin. Nucleic Acids Res 40:438–448
Song C, Fang J, Li X, Liu H, Thomas Chao C (2009) Identification and characterization of 27 conserved microRNAs in *citrus*. Planta 230:671–685
Subramanian S, Fu Y, Sunkar R, Barbazuk WB, Zhu JK, Yu O (2008) Novel and nodulation-regulated microRNAs in soybean roots. BMC Genomics 9:160
Sunkar R, Zhu JK (2004) Novel and stress-regulated microRNAs and other small RNAs from *Arabidopsis*. Plant Cell 16:2001–2019
Sunkar R, Kapoor A, Zhu JK (2006) Posttranscriptional induction of two Cu/Zn superoxide dismutase genes in *Arabidopsis* is mediated by down regulation of miR398 and important for oxidative stress tolerance. Plant Cell 18:2051–2065
Sunkar R, Li YF, Jagadeeswaran G (2012) Functions of microRNAs in plant stress responses. Trends Plant Sci 17:196–203
Teune JH, Steger G (2010) NOVOMIR: De novo prediction of microRNA-coding regions in a single plantgenome. J Nucleic Acids 2010
Unver T, Namuth-Covert DM, Budak H (2009) Review of current methodological approaches for characterizing microRNAs in plants. Int J Plant Genomics 2009:262463
Vaucheret H (2006) Post-transcriptional small RNA pathways in plants: mechanisms and regulations. Genes Dev 20:759–771
Voinnet O (2009) Origin, biogenesis, and activity of plant

microRNAs. Cell 136:669–687
Wang XJ, Reyes JL, Chua NH, Gaasterland T (2004) Prediction and identification of *Arabidopsis thaliana* microRNAs and their mRNA targets. Genome Biol 5:R65
Wang X, Zhang J, Li F, Gu J, He T, Zhang X (2005) MicroRNA identification based on sequence and structure alignment. Bioinformatics 21:3610–3614
Wang L, Wang MB, Tu JX, Helliwell CA, Waterhouse PM, Dennis ES (2007) Cloning and characterization of microRNAs from *Brassica napus*. FEBS Lett 581:3848–3856
Wang Y, Li P, Cao X, Wang X, Zhang A, Li X (2009) Identification and expression analysis of miRNAs from nitrogen-fixing soybean nodules. Biochem Biophys Res Commun 378:799–803
Wang L, Liu H, Li D, Chen H (2011) Identification and characterization of maize microRNAs involved in the very early stage of seed germination. BMC Genomics 12:154
Wang M, Wang Q, Wang B (2012) Identification and characterization of microRNAs in Asiatic cotton (*Gossypium arboreum* L.). PLoS One 7:e33696
Warthmann N, Chen H, Ossowski S, Weigel D, Hervé P (2008) Highly specific gene silencing by artificial miRNAs in rice. PLoS One 3:e1829
Watanabe T, Totoki Y, Toyoda A, Kaneda M, Kuramochi-Miyagawa S, Obata Y (2008) Endogenous siRNAs from naturally formed dsRNAs regulate transcripts in mouse oocytes. Nature 453:539–543
Werner S, Wollmann H, Schneeberger K, Weigel D (2010) Structure determinants for accurate processing of miR172a in *Arabidopsis thaliana*. Curr Biol 20:42–48
Westholm JO, Lai EC (2011) Mirtrons: microRNA biogenesis via splicing. Biochimie 93:1897–1904
Wu Y, Wei B, Liu H, Li T, Rayner S (2011) MiRPara: a SVM-based software tool for prediction of most probable microRNA coding regions in genome scale sequences. BMC Bioinformatics 12:107
Wu HJ, Ma YK, Chen T, Wang M, Wang XJ (2012) PsRobot: a web-based plant small RNA meta-analysis toolbox. Nucleic Acids Res 40:W22–W28
Xie F, Zhang B (2010) Target-align: a tool for plant microRNA target identification. Bioinformatics 26:3002–3003
Xie F, Xiao P, Chen D, Xu L, Zhang B (2012) miRDeepFinder: a miRNA analysis tool for deep sequencing of plant small RNAs. Plant Mol Biol 80:75–84
Xin M, Wang Y, Yao Y, Xie C, Peng H, Ni Z (2010) Diverse set of microRNAs are responsive to powdery mildew infection and heat stress in wheat (*Triticum aestivum* L.). BMC Plant Biol 10:123
Xue C, Li F, He T, Liu GP, Li Y, Zhang X (2005) Classification of real and pseudo microRNA precursors using local structure-sequence features and support vector machine. BMC Bioinformatics 6:310
Yang X, Li L (2011) MiRDeep-P: a computational tool for analyzing the microRNA transcriptome in plants. Bioinformatics 27:2614–2615
Yang Z, Ebright YW, Yu B, Chen X (2006) HEN1 recognizes 21–24 nt small RNA duplexes and deposits a methyl group onto the 20 OH of the 30 terminal nucleotide. Nucleic Acids Res 34:667–675
Yang JH, Shao P, Zhou H, Chen YQ, Qu LH (2010a) DeepBase: a database for deeply annotating and mining deep sequencing data. Nucleic Acids Res 38:D123–D130
Yang JS, Maurin T, Robine N, Rasmussen KD, Jeffrey KL, Chandwani R (2010b) Conserved vertebrate mir-451 provides a platform for Dicer-independent, Ago2-mediated microRNA biogenesis. Proc Natl Acad Sci U S A 107:15163–15168
Yang JH, Li JH, Shao P, Zhou H, Chen YQ, Qu LH (2011a) StarBase: a database for exploring microRNA-mRNA interaction maps from Argonaute CLIP-Seq and Degradome-Seq data. Nucleic Acids Res 39:D202–D209
Yang Y, Chen X, Chen J, Xu H, Li J, Zhang Z (2011b) Differential miRNA expression in Rehmannia glutinosa plants subjected to continuous cropping. BMC Plant Biol 11:53
Yousef M, Nebozhyn M, Shatkay H, Kanterakis S, Showe LC, Showe MK (2006) Combining multi-species genomic data for microRNA identification using a Naive Bayes classifier. Bioinformatics 22:1325–1334
Yu J, Wang F, Yang GH, Wang FL, Ma YN, Du ZW (2006) Human microRNA clusters: genomic organization and expression profile in leukemia cell lines. Biochem Biophys Res Commun 349:59–68
Yu B, Bi L, Zheng B, Ji L, Chevalier D, AgarwalM(2008) The FHA domain proteins DAWDLE in *Arabidopsis* and SNIP1 in humans act in small RNA biogenesis. Proc Natl Acad Sci U S A 105:10073–10078
Zeng C, Wang W, Zheng Y, Chen X, Bo W, Song S (2010) Conservation and divergence of microRNAs and their functions in *Euphorbiaceous* plants. Nucleic Acids Res 38:981–995
Zhang BH, Pan XP, Wang QL, Cobb GP, Anderson TA (2005) Identification and characterization of new plant microRNAs using EST analysis. Cell Res 15:336–360
Zhang B, Pan X, Cannon CH, Cobb GP, Anderson TA (2006) Conservation and divergence of plant microRNA genes. Plant J 46:243–259
Zhang B, Pan X, Stellwag EJ (2008) Identification of soybean microRNAs and their targets. Planta 229:161–182
Zhang J, Xu Y, Huan Q, Chong K (2009a) Deep sequencing of *Brachypodium* small RNAs at the global genome level identifies microRNAs involved in cold stress response. BMC Genomics 10:449
Zhang L, Chia JM, Kumari S, Stein JC, Liu Z, Narechania A (2009b) A genome-wide characterization of microRNA genes in maize. PLoS Genet 5:e1000716
Zhang Y, Zhang R, Su B (2009c) Diversity and evolution of MicroRNA gene clusters. Sci China C Life Sci 52:261–266
Zhang W, Gao S, Zhou X, Xia J, Chellappan P, Zhang X (2010) Multiple distinct small RNAs originate from the same microRNA precursors. Genome Biol 11:R81
Zhang W, Gao S, Zhou X, Chellappan P, Chen Z, Zhang X (2011) Bacteria-responsive microRNAs regulate plant innate immunity by modulating plant hormone networks. Plant Mol Biol 75:93–105

Zhao B, Liang R, Ge L, Li W, Xiao H, Lin H (2007) Identification of drought-induced microRNAs in rice. Biochem Biophys Res Commun 354:585–590

Zhou M, Luo H (2013) MicroRNA-mediated gene regulation: potential applications for plant genetic engineering. Plant Mol Biol 83:59–75

Zhou X, Ruan J, Wang G, Zhang W (2007) Characterization and identification of microRNA core promoters in four model species. PLoS Comput Biol 3:e37

Zhou ZS, Huang SQ, Yang ZM (2008) Bioinformatic identification and expression analysis of new microRNAs from *Medicago truncatula*. Biochem Biophys Res Commun 374:538–542

Zhu QH, Spriggs A, Matthew L, Fan L, Kennedy G, Gubler F (2008) A diverse set of microRNAs and microRNA-like small RNAs in developing rice grains. Genome Res 18:1456–1465

ZukerM(2003) Mfold web server for nucleic acid folding and hybridization prediction. Nucleic Acids Res 31:3406–3415

第9章　植物のEST：我々はどこに向かうのか？

ESTs in Plants: Where Are We Heading?

Sameera Panchangam, Nalini Mallikarjuna, and Prashanth Suravajhala

要約

EST (Expressed sequence tag) はトランスクリプトームの探索において最も重要なリソースである。次世代シークエンス技術は遺伝子，部分的または全ゲノムを表現する数ギガバイトの遺伝コードを生成しており，それらの多くはESTデータセットである。植物における育種，miRNA研究を介した遺伝子発現の制御，気候変動への適応の応用におけるESTの生かし所について説明する。植物に特化したESTの解析の最近のツールのいくつかを列挙する。植物の初期のシステムズバイオロジーは，遺伝子制御ネットワークの解明のためのESTマッピングに影響を受けてきており，2，3の重要な例を示す。本総説では発展し続ける植物のESTの役割を一覧する。

キーワード：EST (発現配列タグ)，植物EST，EST分析パイプライン，miRNA，システムズバイオロジー

1. はじめに

バイオインフォマティクスはシステムズバイオロジーを学ぶ推進力を提供してきた。バイオインフォマティクスのツールは，システムズバイオロジーは何に用いることができるかだけでなく，分子レベルの構成成分という観点で複雑な生物的組織の振る舞いとプロセスをどのように分解するのかの理解を可能にしてきた。これは，さまざまな条件下でのメッセンジャーRNAとして発現するすべての遺伝子の研究とタンパク質と代謝物の特徴決定を含む (Kirschner 2005)。

S. Panchangam (✉) • N. Mallikarjuna
Department of Cell Biology, International Crop
Research, Institute for Semi-Arid Tropics,
Patancheru 502319, AP, India
e-mail: sameera.panchangam@gmail.com

P. Suravajhala
Bioclues Organization, IKP Knowledge Park, Picket,
Secunderabad 500 009, Andhra Pradesh, India

K.K. P.B. et al. eds. , *Agricultural Bioinformatics*,
DOI 10.1007/978-81-322-1880-7_9, © Springer India 2014

マイクロアレイ，自動化されたシークエンシング，および質量分析などのハイスループット（HT, high-throughput）技術の著しい進展は，発見のプロセスを加速化させるさまざまな計算機的ツールによって最適化することができる巨大な量のデータを生成している。Roche/454, Illumina，およびABI SOLiDなどの多数の次世代シークエンシング（NGS, next-generation sequencing）技術へのアクセスは，シークエンシングのコストと時間を劇的に減少させ，シークエンシングのリード長を増加させた。これらのNGS技術はde novoシークエンシング，ゲノムのリシークエンシング，全ゲノム解析，トランスクリプトーム解析に用いられている（MorozovaおよびMarra 2008）。これらの利点，および180種以上の全ゲノム配列が利用可能である（http://www.genomenewsnetwork.org/；http://www.ebi.ac.uk/genomes/）にも関わらず，多数のゲノムからなるデータ集合のほとんどは完全には理解されていない。ゆえに，EST（expressed sequences tags），そのなかでもとくに未シークエンスのゲノムからのESTはゲノムシークエンシング後に重要な役割を担い続け，トランスクリプトームシークエンシングへのNGS技術を応用する。「貧者のゲノム」として知られるESTは短く（200〜800塩基対の長さ）で，未編集で，無作為に選択されたcDNAライブラリ由来の単一パス性のシークエンスリードである（Adamsら1991；Nagarajら2006）。1991年にヒトゲノムの探索の主要なデータ源としてESTが用いられて以来，細菌から脊椎動物までESTデータの生成と蓄積の多面的な成長がみられた（LeeおよびShin 2009）。NGSと組み合わせることで，ハイスループットな遺伝子発見，アセンブリされたゲノム配列上の新規遺伝子・スプライスバリアント・遺伝子の位置・イントロンとエクソンの境界の同定において，ESTは非常に価値のあるリソースであることが証明されてきた。これらは，大きなゲノムをもつ生物やドラフトゲノム配列のない生物の遺伝子のアノテーション付与や分子マーカーの開発において，全ゲノムシークエンシング（whole genome sequencing, WGS）の費用対効果の高い代替策である（Diasら2000）。

2. 植物での望ましい形質のESTのニッチの同定

植物の育種家は，注意深い表現型と遺伝子型の選択が必要な，骨が折れ，時間のかかる伝統的な育種技術を通じて望ましい形質をもつ改良された作物品種を開発するために，努力し続けてきた。多くの種における，生産量，背丈，乾燥耐性，病気耐性の高さなど植物育種で興味のある形質のほとんどは量的であり，多遺伝子的，連続的，多因子的，および複雑な形質ともいわれ，これが育種計画をさらに複雑にしている（Semagnら2010）。

しかし，ゲノミクスとDNAマーカー技術の進展が分子マーカーの開発の助けになっており，これはいくつかの農作物育種計画での遺伝子座やゲノム領域の追跡に広く用いられている。多数の農学的で病気耐性と深く関わるこの分子マーカーによって，おもな農作物種で形質が利用可能になってきた（Jainら2002；GuptaおよびVarshney 2004）。いくつかのSTS（sequence tagged sites）も濃縮されており，PCR（polymerase chain reaction）のマーカーとして使用される可能性がある。過去に開発されたこれらのマーカーの多くはゲノムDNA（gDNA, genomic DNA）と関連しており，ゆえにゲノムの転写領域または非転写領域に属する可能性があった。これらのマーカーはランダムDNAマーカー（RDM, random DNA markers）と呼ばれた（Andersen および Lübberstedt 2003）。その結果として，ここ最近で *in silico* 研究と同様に，ウエットラボ実験を通して多数の遺伝子が同定され，豊富な配列データがBAC（bacterial artificial chromosome）クローン，EST，完全長cDNAクローン，遺伝子の形式で公共のデータベースに蓄積されてきた（たとえば，http://www.ncbi.nlm.nih.gov；http://www.ebi.ac.uk）。完全または部分的な遺伝子群からの莫大な量の配列データが利用可能であることは，遺伝子の部分から直接分子マーカーを開発することを可能にする（Varshney ら 2007）。ESTまたは完全に特徴の明らかとなった遺伝子のようなコーディング配列から作製された遺伝子の分子マーカー（GMMs, genic molecular markers）には，既知の機能が割り当てられることが多い。SSRs（simple sequence repeats, 単純配列反復）やRFLPs（restriction fragment length polymorphisms, 制限酵素断片長多型），AFLPs（amplified fragment length polymorphisms, 増幅断片長多型），SNPs（single nucleotide polymorphisms, 一塩基多型）などのESTによるマーカーと，ESTPs（expressed sequence tag polymorphisms, 発現配列タグ多型），COS（conserved orthologous set, 保存的オルソログセット）マーカーなどの新規マーカーが多数の農作物で作製されてきた（Gupta および Rustgi 2004）。ピーナッツ，ソルガム，キビ，ナンキンマメ，ササゲ，インゲンマメ，ヒヨコマメ，キマメ，キャッサバ，ヤマイモ，およびサツマイモ（Varshney ら 2012）などの孤児作物と，大きく複雑なゲノムをもち，まだゲノム配列が利用可能でないそのほか多くの重要な園芸種や森林植物では，ESTデータから非常に大きな恩恵を受ける。たとえば，脂肪酸と種子貯蔵タンパク質の生合成，青枯れ病の重要酵素をコードする遺伝子群やピーナッツで発見された新規遺伝子群は，さまざまな組織，さまざまな発生段階，さまざまな生物的・非生物的ストレス条件下のESTに由来する（Feng ら 2012）。

より最近は，機能ゲノミクスと生物内でのさまざまなパスウェイの研究へ応用される遺伝子発現制御にマイクロRNA（microRNA, miRNA）が関わることから，miRNAが多くの注目を浴びてきた。植物ではmiRNAは，葉の形態や極性，根の形成，胚発生から栄養成長への移行，開花時期，花器官のアイデンティティ，および生殖などの多様な成長と発生の側面に関与する（Mallory および Vaucheret 2006；Sun 2012）。さらに彼らは，防御機構，ホルモンシグナリング，生物的・非生物的ストレス応答に関わることも発見した（Lu ら 2008）。193種（170種超の植物）でヘアピン前駆体miRNAの21264個のエントリーと，25141個の成熟miRNAが利用可能である（www.mirbase.org/）。一般的に植物のmiRNAは標的と広範囲に及ぶ相補性をもつことが受け入れられており，通常，推定は既知のmiRNAと標的の相互作用から推定された実験的パラメータに依存する。miRNAの生合成は，とくに全ゲノム配列データが利用不可能な場合にESTの既知のmiRNAの相同性検索で新たなmiRNAを発見できることを示唆している（Sunkar および Jagadeeswaran 2008）。ESTは転写された配列を表しているので，保存されているmiRNAを同定する助けとなる比較ゲノミクス用の簡単なツールを用いたこれらの解析はmiRNAの発現の直接的な証拠となる（Zhang ら 2005）。植物のmiRNAの同定に実験的方法と計算機的手法の両方が用いられ，後者は最も簡単で最も効率的な方法とされている（Sun 2012）。いくつかのグループが，ESTを解析することで新規miRNAを同定し，タンパク質をコードした転写物との相互作用を解こうと試みた(Nasaruddinら2007；DasおよびMondal 2010；BoopathiおよびPathmanaban 2012；Muvvaら2012)。植物遺伝子工学への目覚ましい応用と興味の増加に関わらず，miRNAの制御機構と機能の知識はまだ非常に限定的なままである(Liuら2012)。限られた数の実験的に検証されたmRNAの標的，miRNAの時空間的な特異的な制御，プログラミング技術の必要のないGUI(グラフィカルユーザーインターフェース)モデルの不足がおもな制約となっている。しかし，miRNAとその標的の計算機的な同定(C-mii)，miRNAの機能アノテーションの付与(miRFANS)，転写因子-miRNA制御(TransmiR, transcription factor-miRNA regulation)，PMRDなどの植物を専門に扱う使いやすいソフトウェアパッケージは現在公開されており使用可能である(Liuら2012；Numnarkら2012)。

「気候変動」，「持続的農業」，および「エコゲノミクス」は近年の研究に影響を及ぼしてきたパラダイムの例である。ゲノミクスとバイオインフォマティクスは，連鎖地図作成，ゲノムスキャン，転写プロファイリング，および遺伝子制御ネットワークなどの方法を通じてこれらの分野のさまざまな話題を扱う大きな可能性をもち，気候変化への適応の遺伝的構造の理解へと導く(FranksおよびHoffman 2012)。とくに遺伝子の転写プロファイリングは，経済的に重要な形質に関与するこれらの遺伝子や代謝経路の同定への重要な段階の一つであり，ESTはあらゆる生物の遺伝子空間でのアクセスできる手段を提供するため，ESTはゲノミクスと分子生態学をつなぐことができる(BouckおよびVision 2007)。ESTライブラリは，特定の条件下で重要となる遺伝子の特徴を明らかにし，さらには遺伝子に連鎖したマイクロサテライトやSNP (single nucleotide polymorphism, 一塩基多型)などのような分子レベルの遺伝的マーカーの開発の開始点となる費用対効果の高いツールでもある。海洋生物，たとえば生態学的に重要な海中生物である*Zostera marina* (eelgrass, アマモ)では，極限環境への適応の分子遺伝的基盤を明らかにするため，遺伝子に関連したマイクロサテライト(EST-SSR＝simple sequence repeats, 単純配列反復)の同定が成功している。アマモのおおよそ1/3の遺伝子は，陸上の植物のモデルであるシロイヌナズナのストレス応答に特徴的であった(Reuschら2008)。同様に，地中海の乾燥地帯の乾燥耐性のドゥラムコムギの育種に用いるESTを基盤としたSSRマーカー(Habashら2009)，マンゴーやバナナなどの重要な熱帯果物のさまざまな形質の400超のマーカー，アメリカブナのブナ樹皮病耐性の連鎖地図作成(リンケージマッピング)研究とマーカーの同定(Ariasら2012)は，気候変動に適応するさまざまな種のESTの可能性のある応用の最近の事例群である。

3. 植物のEST：EST解析のさまざまなパイプライン

GenBank dbESTのESTのエントリーは2013年1月1日の時点で74186692個である(http://www.ncbi.nlm.nih.gov/dbEST/dbEST_summary.html)。巨大で蓄積の続くデータを効率的に処理することは重要で困難な課題である(Perteaら2003)。ESTは単一パス性のリードであり，mRNAのほんの一部しか含んでいないため，過誤や固有の欠損が起こりやすい。配列内の質の低い領域，冗長性，宿主内の異なる発現量の遺伝子群，ベクターや，リンカーの混入，キメラ配列，自然状態での配列の多様性などの問題はさらなる解析の前に解決する必要がある。ここ数年でのEST解析に関わる各段階用のいくつかのツールが開発されてきた（Hotz-Wagenblatt ら 2003；Mao ら 2003；Kumar ら 2004；Conesa ら 2005）。Nagaraj ら（2006）の文献により，ESTデータセット解析のさまざまな段階の一般的なプロトコルとさまざまなツールのリストが非常に詳細に扱われている。いくつかの段階は強力な計算能力とバイオインフォマティクスの深い知識を必要とし，バイオインフォマティクスの人材や進んだコンピュータシステムにアクセスできない小さな研究グループでは利用できない。多くの研究者がまさに指摘するように，理想のEST解析ツールは（1）入力の波形ファイルからクリーンでアノテーションのついたWeb検索可能なESTデータベースまでを含む全段階の変換パイプラインの中で完全に自動化される，（2）高度にモジュール化され，適用性が高い，（3）パーソナルコンピュータ（PC, personal computer）クラスターで並列に実行でき，これらのシステムのマルチプロセッシングの能力の恩恵を享受できる，（4）他のプログラマーによる改良を取り込みやすくするため，自由に使えるサードパーティのプログラムを使う，（5）最終的なユーザーのニーズに合わせた任意の検索基準を組み合わせたデータマイニングを行うために，詳細な設定が可能で，かつ拡張が可能なユーザーフレンドリーなインターフェースをもつ，（6）さまざまなプロジェクトの要求へのカスタマイズだけでなく，ユーザーとプログラマーのコミュニティによる継続的な開発を可能にするためオープンソースのライセンスに基づく，などのいくつかの特徴をもつべきである（Forment ら 2008）。新たなツールは開発され続け，既存のツールは要求に合うようにアップデートされており，ごく最近のツールのうちいくつかをここに列挙する（**表1**）。

表1　2006年以降に開発されたEST分析ツール

名前	詳細	カテゴリ	参照文献
EST2uni	処理，クラスタリング，注釈づけ	F/D	Forment ら (2008)
ESTPiper	配列決定，アセンブリ，注釈づけ，プローブ設計	F/W/D	Tang ら (2009)
ESTPass	処理，注釈づけ		Lee ら (2007)
ESMP	EST-SSRs パイプライン	F/W	Sarmah ら (2012)
ParPEST	並列計算	RA	D'Agostino ら (2005)
PESTAS	処理，アセンブリ，注釈づけ	RA/W	Nam ら (2009)
SCRAF	454-EST 配列の整列とアセンブリ	F/W	Barker ら (2009)
OREST	解析，注釈づけ	F/W	Waegele ら (2008)
ConiferEST	針葉樹の EST の探索，処理，注釈づけ	F/W	
KAIKObase	カイコデータベース	F/W	Shimomura ら (2009)
OrchidBase	処理，クラスタリング，注釈づけ	F/W/D	Tsai ら (2013)
GarlicEST	マイニング，注釈づけ，発現プロファイリング	F/W	Kim ら (2009)
TomatoEST	トマト機能ゲノミクスデータ	F/W	Agostino ら (2007)
MELOGEN	メロン EST データベース	RA	González-Ibeas ら (2007)
bEST-DRRD	DNA 修復と複製に関与するオオムギ EST	F/W	Gruszka ら (2012)
MoccaDB	アカネ科におけるオルソロガスなマーカー	F/W	Plechakova ら (2009)

F；フリー，W；ウエブベースの，D；ダウンロードできる，RA；アクセス制限のされた

4. システムズバイオロジーとESTマイニングの衝撃

構造ゲノミクスと，より最近の機能ゲノミクスは，持続的な農業，林業，工業，および環境の基盤となってきた（Campbell ら 2003；Diouf 2003；Mazur ら 1999；Somerville および Somerville 1999；Walbot 1999）。作物栽培学に関わる形質と生理的・栄養的な形質のマーカー，生合成酵素をコードする遺伝子，二次・中間代謝物の生産の同定および農作物と飼料作物での生化学経路の理解に多くの労力が注がれてきた（Girke ら 2003；Sweetlove ら 2003；Varshney ら 2007）。システムズバイオロジーはゲノミクスと植物生物学の方法において広範囲の変化を作り出した。ここでの焦点は，全能性（脱分化と再生能），無配合生殖（栄養生殖），胚発生（体細胞，接合子，および小胞子），一倍体の誘導，雑種強勢（heterosis または hybrid vigor），花の発生，共生窒素固定などの植物内の分子レベル，細胞レベル，および個体レベルでの変化である。たとえば，トランスクリプトーム，プロテオーム，メタボロームの研究はオオムギ（*Hordeum vulgare* L.），セイヨウアブラナ（*Brassica napus* L.），タバコ（*Nicotiana spp.*），コムギ（*Triticum aestivum* L.），およびトウモロコシ（*Zea mays*）の小胞子の胚発生の深い理解につながり，これらはストレス誘導性の雄性発生の仕組みの研究のモデル生物と考えられている（Maraschin ら 2005）。新鮮培養および培養済のオオムギの小胞子からの 20000 個の EST 分析によると，発現量の異なる遺伝子のクラスターを明らかにし，雄性発生の誘導と小胞子の胚発生の進行のマーカーとして用いることができる 16 個の遺伝子を同定した（Malik ら 2007）。*in situ* ハイブリダイゼーション用の蛍光標識プローブと免疫蛍光を用いる戦略は，小胞子の胚発生に伴う遺伝子とタンパク質の発現と細胞内の再配置の時空間的なパターンの独特の画像を提供している（Testillano および Risueño 2009）。科学的な解明の進んでいないもう一つの重要な形質は雑種強勢の現象である（Bircher ら 2003）。どのように植物のゲノムが相互作用して表現型を形成するかを決めるためのシステムズバイオロジー的方法が，この現象の最終的な解明に到達するには必要である。

代謝エンジニアリングと合成生物学がシステムズバイオロジーの統合的部分である。エンジニアリング的な見地からは，合成生物学は，機能性をつくるためにバイオインフォマティクスとシミュレーションツールを用いて組み上げることができる標準的な部分（つまり，遺伝子，タンパク質，回路）に重点を置く（Osbourn ら 2012）。植物の研究ではこれらはまだ未熟ではあるが，植物でのシステムズバイオロジーのインパクトは増加し続けており，文献的報告も多い（Fernie 2012）。伝統的な遺伝子検出の二つの主要な方法は EST 地図作成と相同性に基づく検索方法と合わせた計算機的な遺伝子推定である（Wortman ら 2003）。二つ以上の方法を組み合わせるシステムズバイオロジーは，ゲノムの改善された注釈（アノテーション）と新規遺伝子とタンパク質の同定に役立つ（Allmer ら 2006）。これらの技術は，ゲノムのアノテーションの完全さを証明する補足的な方法を提供するだけでなく，*in silico* の遺伝子モデルの検証を提供し，高速で包括的な植物の表現型の分子レベルの解析を可能にする（Naumann ら 2007；Weckwerth 2008）。事例によると，*Chlamydomonas reinhardtii* の分子レパートリーの統合的解析があり，そこでは GCxGC/MS を基盤としたメタボロミクスと LC/MS を基盤としたショットガンプロテオミクスのプロファイリングの技術と合わせたバイオインフォマティクスのアノテーションの方法が多数のタンパク質および代謝物の特徴を決定するのに用いられており，1069個のタンパク質と159個の代謝物の検出につながった。ゲノムのアノテーション情報を実験的に同定した代謝物とタンパク質ゲノムアノテーション情報に統合させることで，*Chlamydomonas*のドラフトの代謝ネットワークが構成され，これはさらなる標的遺伝子の発見または生化学的パスウェイの研究の開始点も提供する（May ら 2008）。トランスクリプトミクスとプロテオミクスの研究と統合したメタボロミクスは，トウモロコシでの窒素欠乏への応答に関与する重要な段階の同定につながった（Amiour ら 2012）。生物機能の推定とさまざまな生化学的な過程の洞察を提供するためのEST解析のもう一つの応用例は，タンパク質相互作用ネットワーク（PIN, protein interaction network）の構築である。タンパク質相互作用ネットワークを推定するためのオルソロジー地図作成と比較方法をつなぐ進歩した方法が利用できるかどうかに関わらず，「予測された」や「類似の」や「推定上の」などのタンパク質のアノテーションは多くの問題点を示している。これを解決するため，Suravajhala および Sundararajan（2012）によって，多様な特徴に基づいてタンパク質の相互作用を評価する六点分類系が提唱された。単為生殖のモデル植物であるイチゴツナギ属*Poa*，チカラシバ属*Pennisetum*，およびシロイヌナズナの無配偶生殖の変異体をもとにして，六点分類系を用いてヒヨコマメにおける胚発生と無配偶生殖に関連する遺伝子群が推定された（Panchangam ら 2012）。ここではヒヨコマメの胚発生に関連したタンパク質のアノテーション付与に用いたEST解析のパイプラインをフローチャートに示す（**図1**）。

システムズバイオロジー法は農作物植物と育種に限定されず，果物，野菜，および芳香植物の

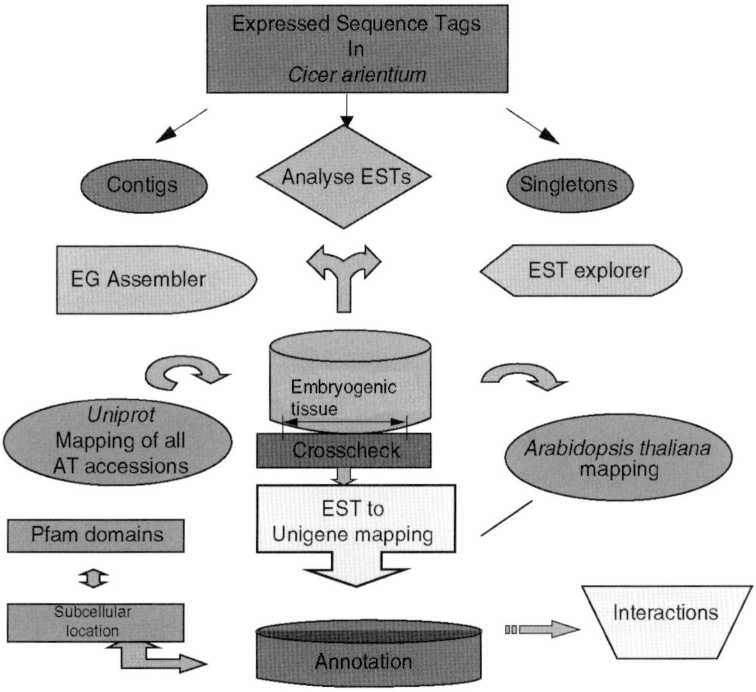

図1　ヒヨコマメESTの解析に関与するステップ

さまざまな代謝パスウェイを解明する方法も見いだす。トマトの果実の形成の検証に，メタボローム，プロテオーム，トランスクリプトームを統合した方法が用いられ，エチレン放出後の果物の完熟期間のエチレンの生合成の制御機構に関わる新規遺伝子の同定につながった（Van de Poel ら 2012）。エチレン処置へ応答した果実の成熟のプロテオーム情報を取得するため，リンゴで類似の研究が行われた（Zheng ら 2013）。EST データセットを基にしたブドウでの分子レベルのネットワークのデータベースが構築され，39423 個のユニークな推定遺伝子とタンパク質の発見につながった。これらのうち 7265 個の遺伝子が 107 個のパスウェイに割り当てられ，これには 86 個の代謝経路，3 個のトランスポーター経路，9 個の遺伝子情報処理経路，および植物ホルモンの情報伝達におもに焦点をあてた 9 個の情報伝達経路が含まれる（Grimplet ら 2008）。多くの薬用植物と芳香植物の代謝経路は Khanuja ら（2012）で概説されている。

5. 結論と将来の方向性

EST 解析は，形質の分子マーカーや遺伝子の注釈づけの開発を支援することだけでなく，重要な発生過程や遺伝子発現の制御の洞察を提供すること，生物の完全なプロテオームのレパートリーを明らかにすることによっても，植物育種において重要な位置を占める（Nagaraj ら 2007）。EST データベースはゲノムスキャフォールドの代替にはならずとも，これらはゲノムシークエンシング時代前で重要な役割を確かに担っており，さまざまな *in vitro* と *in silico* 実験の重要なリソースとなり続けるだろう（Feng ら 2012）。NGS 技術によって大量のデータを迅速かつ安価に産生する能力は，過去には達成不可能であった生物学，とくにゲノムリソースが不足している非モデル系のさまざまな分野を変化させた。伝統的な方法に比べて非常に低コストで得られる大量のデータのおかげで次世代シークエンシングは正確なトランスクリプトームの特徴づけの重要な可能性をもっており，コストの低下に伴い，トランスクリプトームシークエンシングは劇的に近い将来に改善されるだろう。NGS 技術を用いた EST シークエンシングは遺伝子発現を中心とする革命的な応用先である。より深度の高いシークエンシング（たとえば 6-20 層）を用いると，以前の技術では高コストで不可能であったトランスクリプトームのレベルを達成することができる。これらの研究ではトランスクリプトームの 90%より多くをシークエンシングするだけでなく，遺伝子ごとのカバレージは伝統的なシークエンシングに近づくだろう。これは研究者がこれらの遺伝子を用いて経路を同定し，低発現な組織特異的な発現を決めることを可能にし，ゲノムの注釈付与に重要となるだろう（Kerr Wall ら 2009）。過去を振り返ると，EST は全ゲノムシークエンスには負けておらず，NGS 技術やシミュレーション・計算機的なツールと組み合わせることで，塩基配列決定されたゲノムと塩基配列未決定のゲノムの両方への革命的応用を示す。遺伝子，転写物，タンパク質を解析するツールの大規模な開発は，新たな植物生物学を開拓するために有望な大規模データを産生している。ここでの焦点は蓄積された「オミクス」的方法（たとえば，ゲノミクス，エピゲノミクス，トランスクリプトミクス，プロテオミクス，メタボロミクス，インタラクトミクス，イオノミクス，フェノミクスなど）を用いた系統的見地である（Liberman ら 2012）。伝統的な植物育種技術とシステムズバイオロジーと予測科学を合わせることで，非常に近い将来の持続的な農業への道は，ゲノム部品の遺伝的な操作から，よりエンジニアリングを基盤とした方法へと移行することである。

文　献

Adams MD, Kelley JM, Gocayne JD, Dubnick M, Polymeropoulos MH, Xiao H, Merril CR, Wu A, Olde B, Moreno R, Kerlavage AR, Mccombie WR, Venter JC (1991) Complementary DNA sequencing: expressed sequence tags and the human genome project. Science 252:1651–1656

Allmer J, Naumann B, Markert C, Zhang M, Hippler M (2006) Mass spectrometric genomic data mining: novel insights into bioenergetic pathways in *Chlamydomonas reinhardtii*. Proteomics 6:6207–6220

Amiour N, Imbaud S, Clément G, Agier N, Zivy M, Valot B, Balliau T, Armengaud P, Quilleré I, Cañas R, Tercet-Laforgue T, Hirel B (2012) The use of metabolomics integrated with transcriptomic and proteomic studies for identifying key steps involved in the control of nitrogen metabolism in crops such as maize. J Exp Bot 63(14):5017–5033

Andersen JR, Lu¨bberstedt T (2003) Functional markers in plants. Trends Plant Sci 8:554–559

Arias RS, Borrone JW, Tondo CL, Kuhn DN, Irish BM, Schnell RJ (2012) Genomics of tropical fruit crops. In: Schnell RJ, Priyadarshan PM (eds) Genomics of tree crops. Springer, Dordrecht, p 209

Barker MS, Dlugosch KM, Reddy ACC, Amyotte SN, Rieseberg LH (2009) SCARF: maximizing nextgeneration EST assemblies for evolutionary and population genomic analyses. Bioinformatics 25(4):535–536

Bircher JA, Auger DL, Riddle NC (2003) In search of the molecular basis of heterosis. Plant Cell 15:2236–2239

Boopathi N, Pathmanaban R (2012) Additional insights into the adaptation of cotton plants under abiotic stresses by in silico analysis of conserved miRNAs in cotton expressed sequence tag database (dbEST). Afr J Biotechnol 11(76): 14054–14063

Bouck A, Vision T (2007) The molecular ecologists' guide to expressed sequence tags. Mol Ecol 16(5):907–924

Campbell MM, Brunner AM, Jones HM, Strauss SH (2003) Forestry's fertile crescent: the application of biotechnology to forest trees. Plant Biotechnol J 1:141–154

Conesa A, Gotz S, Garcia-Gomez JM et al (2005) Blast2GO: a universal tool for annotation, visualization and analysis in functional genomics research. Bioinformatics 21: 3674–3676

D'Agostino N, Aversano M, Chiusano ML (2005) ParPEST: a pipeline for EST data analysis based on parallel computing. BMC Bioinform 6(4):9

D'Agostino N, Aversano M, Chiusano ML (2007) Tomato EST database: *in silico* exploitation of EST data to explore expression patterns in tomato species. Nucleic Acids Res 35:901–905

Das A, Mondal TK (2010) Computational identification of conserved microRNAs and their targets in Tea (*Camellia sinensis*). Am J Plant Sci 1:77–86

Dias NE, Correa RG, Verjovski-Almeida S, Briones MR, Nagai MA, Wilson DS, Zago MA, Bordin S, Costa FF, Goldman GH et al (2000) Shotgun sequencing of the human transcriptome with ORF expressed sequence tags. Proc Natl Acad Sci U S A 97:3491–3496

Diouf D (2003) Genetic transformation of trees. Afr J Biotechnol 2:328–333

Feng S, Wang X, Zhang X, Dang PM, Holbrook CC, Culbreath AK, Wu Y, Guo B (2012) Peanut (*Arachis hypogaea*) expressed sequence tag project: progress and application. Comp Funct Genomic 2012:373768

Fernie AR (2012) Grand challenges in plant systems biology: closing the circle(s). Front Plant Sci 3:35

Forment J, Gilabert F, Robles A, Conejero V, Nuez F, Blanca JM (2008) EST2uni: an open, parallel tool for automated EST analysis and database creation, with data mining web interface and microarray expression data integration. BMC Bioinform 9:5

Franks SJ, Hoffman AA (2012) Genetics of climate change adaptation. Annu Rev Genet 12(46):185–208

Girke T, Ozkan M, Carter M, Raikhel NV (2003) Towards a modelling infrastructure for studying plant cells. Plant Physiol 132:410–414

González-Ibeas D, Blanca J, Roig C, González-To M, Picó B, Truniger V, Gómez P, Deleu W, Caño-Delgado A, Arús P, Nuez F, García-Mas J, Puigdomènech P, Aranda MA (2007) MELOGEN: an EST database for melon functional genomics. BMC Genomics 8:306–312

Grimplet J, Dickerson JA, Victor KJ, Cramer GR, Fennell AY (2008) Systems biology of the Grapevine. In Proceedings of the 2nd annual national viticulture research conference, University of California, Davis, 9–11 July

Gruszka D, Marzec M, Szarejko I (2012) The barley EST DNA Replication and Repair Database (bEST-DRRD) as a tool for the identification of the genes involved in DNA replication and repair. BMC Plant Biol 12:88–94

Guan H, Kiss-Toth E (2008) Advanced technologies for studies on protein interactomes. Adv Biochem Eng Biotechnol 110:1

Gupta PK, Rustgi S (2004) Molecular markers from the transcribed/expressed region of the genome in higher plants. Funct Integr Genomic 4:139–162

Gupta PK, Varshney RK (2004) Cereal genomics: an overview. In: Gupta PK, Varshney RK (eds) Cereal genomics. Kluwer Academic, Dordrecht, p 639

Habash DZ, Kehel Z, Nachit M (2009) Genomic approaches

for designing durum wheat ready for climate change with a focus on drought. J Exp Bot 60(10):2805–2815. doi:10.1093/jxb/erp211

Hotz-Wagenblatt A, Hankeln T, Ernst P et al (2003) ESTAnnotator: a tool for high throughput EST annotation. Nucleic Acids Res 31:3716–3719

Jain SM, Brar DS, Ahloowalia BS (2002) Molecular techniques in crop improvement. Kluwer Academic, Dordrecht

Kerr Wall P, Leebens-Mack J, Chanderbali AS, Barakat A, Wolcott E, Liang H, Landherr L, Tomsho LP, Hu Y, Carlson JE, Ma H, Schuster SC, Soltis DE, Soltis PS, Altman N, dePamphilis CW (2009) Comparison of next generation sequencing technologies for transcriptome characterization. BMC Genomics 10:347

Khanuja SPS, Jhang T, Shasany AK (2012) Medicinal and aromatic plants: a case example of evolving secondary metabolome and biochemical pathway diversity. In: Sharma VP (ed) Nature at work: ongoing saga of evolution. Springer, Dordrecht, p 355

Kim D-W, Jung T-S, Nam S-H, Kwon H-R, Kim A, Chae S-H, Choi S-H, Kim D-W, Kim RN, Park H-S (2009) GarlicESTdb: an online database and mining tool for garlic EST sequences. BMC Plant Biol 9:61–67

Kirschner MW (2005) The meaning of systems biology. Cell 121:503–504

Kumar CG, LeDuc R, Gong G et al (2004) ESTIMA, a tool for EST management in a multi-project environment. BMC Bioinform 5:176

Lee B, Shin G (2009) CleanEST: a database of cleansed EST libraries. Nucleic Acids Res 37:686–689

Lee B, Hong T, Byun SJ, Woo T, Choi YJ (2007) ESTpass: a web-based server for processing and annotating expressed sequence tag (EST) sequences. Nucleic Acids Res 35:159–162

Liberman LM, Sozzani R, Benfey PN (2012) Integrative systems biology: an attempt to describe a simple weed. Curr Opin Plant Biol 15(2):162–167

Liu H, Jin T, Liao R, Wan L, Xu B, Zhou S, Guan J (2012) miRFANs: an integrated database for *Arabidopsis thaliana* microRNA function annotations. BMC Plant Biol 12:68

Lu Y, Gan Q, Chi X, Qin S (2008) Roles of microRNA in plant defense and virus offense interaction. Plant Cell Rep 27(10):1571–1579

Malik MR, Wang F, Dirpaul JM, Zhou N, Polowick PL, Ferrie AMR, Krochko JE (2007) Transcript profiling and identification of molecular markers for early microspore embryogenesis in *Brassica napus*. Plant Physiol 144:134–154

Mallory CA, Vaucheret H (2006) Functions of microRNAs and related small RNAs in plants. Nat Genet 38:31–36

Mao C, Cushman JC, May GD, Weller JW (2003) ESTAP – an automated system for the analysis of EST data. Bioinformatics 19:1720–1722

Maraschin SF, De Priester W, Spaink HP, WangM(2005) Androgenic switch: an example of plant embryogenesis from the male gametophyte perspective. J Exp Bot 417:1711–1726

Mason ME, Koch JL, Krasowski M, Loo J (2013) Comparisons of protein profiles of beech bark disease resistant and susceptible American beech (*Fagus grandifolia*). Proteome Sci 11:2

May P, Wienkoop S, Kempa S, Usadel B, Christian N, Rupprecht J,Weiss J, Recuenco-Munoz L, Ebenhöh O, Weckwerth W, Walther D (2008) Metabolomics- and proteomics-assisted genome annotation and analysis of the draft metabolic network of *Chlamydomonas reinhardtii*. Genetics 179:157–166

Mazur B, Krebbers E, Tingey S (1999) Gene discovery and product development for grain quality traits. Science 285:372–375

Morozova O, Marra MA (2008) Applications of nextgeneration sequencing technologies in functional genomics. Genomics 92(5):255–264

Muvva C, Tewari L, Aruna K, Ranjit P, Zahoorullah SMD, Matheen KAMD, Veeramachaneni H (2012) In silico identification of miRNAs and their targets from the expressed sequence tags of *Raphanus sativus*. Bioinformation 8:2

Nagaraj SH, Gasser RB, Ranganathan S (2006) A hitchhiker's guide to expressed sequence tag (EST) analysis. Brief Bioinform 8(1):6–21

Nagaraj SH, Deshpande N, Gasser RB, Ranganathan S (2007) ESTExplorer: an expressed sequence tag (EST) assembly and annotation platform. Nucleic Acids Res 35:143–147

Nam S-H, Kim D-W, Jung T-S, Choi Y-S, Kim D-W, Choi H-S, Choi S-H, Park H-S (2009) PESTAS: a web server for EST analysis and sequence mining. Bioinformatics 25(14):1846–1848

Nasaruddin MN, Harikrishna K, Othman YR, Hoon SL, Harikrishna AJ (2007) Computational prediction of microRNAs from Oil Palm (*Elaeis guineensis* Jacq.) expressed sequence tags. Asian Pac J Mol Biol Biotechnol 15(3):107–113

Naumann B, Busch A, Allmer J, Ostendorf E, Zeller M et al (2007) Comparative quantitative proteomics to investigate the remodelling of bioenergetic pathways under iron deficiency in *Chlamydomonas reinhardtii*. Proteomics 7:3964–3979

Numnark S, Mhuantong W, Ingsriswang S, Wichadakul D (2012) C-mii: a tool for plant miRNA and target identification. BMC Genomics 13:7–16

Osbourn AE, O'Maille PE, Rosser SJ, Lindsey K (2012) Synthetic biology. New Phytol 196(3):671–677

Panchangam S, Mallikarjuna N, Suravajhala P (2012) Apomixis in Chickpea: biology and bioinformatics. Poster session presented at VI international conference on legume genetics and genomics, Hyderabad, India

Pertea G, Huang X, Liang F, Antonescu V, Sultana R, Karamycheva S, Lee Y, White J, Cheung F et al (2003) TIGR Gene Indices Clustering Tools (TGICL): a software system for fast clustering of large EST datasets. Bioinformatics 19:651–652

Plechakova O, Tranchant-Dubreuil C, Benedet F, Couderc M, Tinaut A, Viader V, De Block P, Hamon P, Campa C, de Kochko A, Hamon S, Poncet V (2009) MoccaDB – an integrative database for functional, comparative and diversity studies in the Rubiaceae family. BMC Plant

Biol 9:123–129

Reusch TBH, Reusch AS, Preuss C, Weiner J, Wissler L, Beck A, Klages S, Kube M, Reinhardt R, Bornberg-Bauer E (2008) Comparative analysis of expressed sequence tag (EST) libraries in the seagrass *zostera marina* subjected to temperature stress. Mar Biotechnol 10:297–309

Sarmah R, Sahu J, Dehury B, Sarma K, Sahoo S, Sahu M, Barooah M, Sen P, Modi MK (2012) ESMP: a high-throughput computational pipeline for mining SSR markers from ESTs. Bioinformation 8:4

Semagn K, Bjornstad A, Xu Y (2010) The genetic dissection of quantitative traits in crops. Electron J Biotechnol 13:5

Shimomura M, Minami H, Suetsugu Y, Ohyanagi H, Satoh C, Antonio B, Nagamura Y, Kadono-Okuda K, Kajiwara H, Sezutsu H, Nagaraju J, Goldsmith MR, Xia Q, Yamamoto K, Mita K (2009) KAIKObase: an integrated silkworm genome database and data mining tool. BMC Genomics 10:486–493

Somerville C, Sommerville S (1999) Plant functional genomics. Science 285:380–383

Sun G (2012) MicroRNAs and their diverse functions in plants. Plant Mol Biol 80(1):17–36. doi:10.1007/s11103-011-9817-6

Sunkar R, Jagadeeswaran G (2008) *In silico* identification of conserved microRNAs in large number of diverse plant species. BMC Plant Biol 8(37)

Suravajhala P, Sundararajan VS (2012) A classification schema to validate protein interactors. Bioinformation 8(1):34–39

Sweetlove LJ, Last RL, Fernie AR (2003) Predictive metabolic engineering: a goal for systems biology. Plant Physiol 132:420–425

Tang Z, Choi J-H, Hemmerich C, Sarangi A, Colbourne JK, Dong Q (2009) ESTPiper – a web-based analysis pipeline for expressed sequence tags.BMCGenomics 10:174

Testillano PS, Risueño MC (2009) Tracking gene and protein expression during microspore embryogenesis by confocal laser scanning microscopy. In: Touraev A (ed) Advances in haploid production in higher plants. Springer, Dordrecht, p 339

Tsai WC, Fu CH, Hsiao YY, Huang YM, Chen LJ, Wang M, Liu ZJ, Chen HH (2013) OrchidBase 2.0: comprehensive collection of Orchidaceae floral transcriptomes. Plant Cell Physiol 54(2):7

Van de Poel B, Bulens I, Markoula A, Hertog M, Dreesen R, Wirtz M, Vandoninck S, Oppermann Y, Keulemans J, Hell R, Waelkens E, De Proft MP, Sauter M, Nicolai BM, Geeraerd AH (2012) Targeted systems biology profiling of tomato fruit reveals coordination of the yang cycle and a distinct regulation of ethylene biosynthesis during postclimacteric ripening. Plant Physiol 160:1498–1514

Varshney RK, Mahendar T, Aggarwal RK, Börner A (2007) Genic molecular markers in plants: development and applications. In: Varshney RK, Tuberosa R (eds) Genomics-assisted crop improvement: genomics approaches and platforms, vol 1. Springer, Dordrecht, pp 13–29

Varshney RK, Ribaut J-M, Buckler ES, Tuberosa R, Rafalski JA, Langridge P (2012) Can genomics boost the productivity of orphan crops? Nat Biotechnol 30:1172–1176. doi:10.1038/nbt.2440

Waegele B, Schmidt T, Mewes HW, Ruepp A (2008) OREST: the online resource for EST analysis. Nucleic Acids Res 1(36(Web Server issue)):W140–W144

Walbot V (1999) Genes, genomes, genomics. What can plant biologists expect from the 1998 National Science Foundation plant genome research program? Plant Physiol 119:1151–1155

Weckwerth W (2008) Integration of metabolomics and proteomics in molecular plant physiology: coping with the complexity by data-dimensionality reduction. Physiol Plant 132:176–189

Wortman JR, Haas BJ, Hannick LI, Smith RK Jr, Maiti R, Ronning CM, Chan AP, Yu C, Ayele M, Whitelaw CA, White OR, Town CD (2003) Annotation of the arabidopsis genome. Plant Physiol 132(2):461–468

Zhang BH, Pan XP, Wang QL, Cobb GP, Anderson TA (2005) Identification and characterization of new plant microRNAs using EST analysis. Cell Res 15:336–360

Zheng Q, Song J, Campbell-Palmer L, Thompson K, Li L, Walker B, Cui Y, Li X (2013) A proteomic investigation of apple fruit during ripening and in response to ethylene treatment. J Proteomics. http://dx.doi.org/10.1016/j.jprot.2013.02.006

第10章　重要なエスニック薬用植物に関連するバイオインフォマティクス戦略

Bioinformatics Strategies Associated with Important Ethnic Medicinal Plants

Priyanka James, S. Silpa, and Raghunath Keshavachandran

要約

植物は歴史的に，薬物の供給源として用いられており，ハーブ薬は種々の疾患の治療に重要な役割を果たしている。市場で重要ないくつかの現代薬は，植物起源である。薬用植物を研究するおもな目的の一つは，ヒト疾病の治療薬として使用できるアルカロイド，フラボノイドなど植物からの主要抽出物の理解である。バイオインフォマティクスは分子生物学に基づいた技術を用いて生成したハイスループットなデータの分析および解釈に，重大な役割を果たす。バイオインフォマティクスの手法は，二次代謝産物の生成に関わる遺伝子と経路を同定する新しいツールを提供して植物に基づく知識の発見を推進し，また治療上重要な活性化合物の同定を助ける。本章では，重要なエスニック薬用植物に関わるバイオインフォマティクス戦略を解説する。

キーワード：薬用植物，二次代謝産物，データベース，MySql，PhP

略語

AP-1：Activator protein1（アクチベータータンパク質1）
BAX：BCL2-asociated X protein（Bcl-2結合Xタンパク質）
Bcl-2：B cell lymphoma2（B細胞性リンパ腫2）
cAMP：Cyclic adenosine monophosphate（環状アデノシン一リン酸）
c-Fos：Celular oncogene Fos（細胞性癌遺伝子-Fos）
CREB：cAMP response element-bincling protein（cAMP応答配列結合タンパク質）
COX2：Cyclooxygenase2（シクロオキシゲナーゼ2）
CYP3A4：CytochromeP450, family3, subfamilyA, polypepticle4
（シトクロームP450, ファミリー3, サブファミリーA, ポリペプチド4）
Egf：Epidermal growth factor（上皮成長因子）
EST：Expression sequence tags（発現配列タグ）
HTML：HyperText Markup Language（ハイパーテキスト・マークアップ・ランゲージ）
HTTP：Hypertext Transfer Protocol（ハイパーテキスト・トランスファー・プロトコル）

P. James (✉) • S. Silpa • R. Keshavachandran
Bioinformatics Centre, Kerala Agricultural University
Vellanikkara, Thrissur, Kerala 680656, India
e-mail: priyankajames2007@gmail.com

K.K. P.B. et al. (eds.), *Agricultural Bioinformatics*,
DOI 10.1007/978-81-322-1880-7_10, © Springer India 2014

略語（続き）
IKK：I kappa B kinase（I カッパ B キナーゼ）
IUPAC：International Union of Pure and Appiled Chemistry（国際純正・応用化学連合）
MCF-7：Michigan Cancer Foundation-7（ミシガンがん財団-7，乳がん細胞株）
MDR：Multi drug resistance（多剤耐性）
NF-KB：Nuclear transcription factor kappaB（核内因子カッパ B）
NIK：NF κ B-inducing kinase（NF カッパ B 誘導性キナーゼ）
ODC：Ornithine decarboxylase（オルニチンデカルボキシラーゼ）
PhP：Hypertext preprocesor（ハイパーテキストプリプロセッサ）
RDBMS：Relational Database Management System（リレーショナルデータベース管理システム）
SQL：Structured Quely Languge（構造化照会言語）
TNF：Tumor necrosis factor alpha（腫瘍壊死因子アルファ）
TPA：Tissue plasminogen activator（組織プラスミノーゲン活性化因子）

1. はじめに

薬用植物は，無病で健康的な生活の達成を助ける，人類への自然の賜物である。世界の人口の大部分は薬としていまだ薬草に頼っている。合成薬固有の毒性に関する問題点から，とくに長期間使用するとき，有害効果が少なく利用しやすい安全な治療薬の探索が求められてきた（Balunas および Kinghorn 2005）。薬用植物では，一般的に二次代謝産物と呼ばれる治療上有用な化学物質を探索し，これは生物，病気，または環境から自身を防御するストレスに対する反応において産生される。植物は，哺乳類系において意義のある生理学的影響をもつために人間によって利用され，植物の有効成分として知られてきた多数のさまざまな種類の二次代謝産物を産生する（Briskin 2000）。医療で有用な二次代謝産物は，大部分はポリフェノール，アルカロイド，グリコシド，テルペン，フラボノイド，クマリンなどである。植物起源の生薬はインドの医療体系である「アーユルヴェーダ」で使用され，精製物は対症療法で使用される。薬草の生物活性化合物の同定は，植物に基づく薬剤の決定で必須条件である。この総説では，バイオインフォマティクス戦略を用いて，薬用植物，生物活性化合物およびその薬物効果に注目して薬用植物研究に関連するデータ管理の重要性を考察する。

2. 薬用植物研究に対するバイオインフォマティクス手法

バイオインフォマティクスは，分子生物学に基づく技術を用いて生成されたハイスループットデータの分析と解釈に必須の技術を提供する。そのような技術を用いて生成された大量のデータは，系全体の視点から知識を推論するために，バイオインフォマティクスをデータの分析，解釈および統合に重要なものとしてきた（Sharma および Sarkar 2012）。完全配列決定されたゲノムが利用できることは，ゲノムレベルおよびプロテオームレベルで，比較分析を可能にする。植物の EST 配列データは，エクソンの予測と二次代謝産物生成に関するネットワークの同定のために検索できる（Yu ら 2004；Singh ら 2011）。モデル作物を用いた植物の比較ゲノミクス研究は，遺伝子の進化上の保存を示し（Mahalakshmi および Ortiz 2001；Matthews 2003），この情報は他の食用作物の改良に用られる（Paterson ら 2005）。分子バイオテクノロジーの進歩は，ゲノミクス，プロテオミクス，メタボロミクスおよびトランスクリプトミクスなどの種々の生物学的レベルで大量のプロファイリング実験の可能性を開いた。メタボロミクスは，医療に関連する植物種において非常に重要であり，その理由は生物学的経路に対して説明を与えるからであり，薬用植物の研究の主要目的の一つは，ヘルスケア製品として使用でき，または新薬開発のために化合物を誘導できる二次代謝産物あるいは自然産物を理解することである（Edwards および Batley 2004）。

3. 薬用植物の知識ベースの維持

分子生物学および生化学に基づく学際的方法は，研究過程にコンピュータの組み込みを必要とする生物学的データの爆発的増大を導いた。バイオインフォマティクスの主要な適用先の一つは，科学的なデータベースの作成と維持である。何年も集積してきた薬用植物と植物性化学物質（ファイトケミカル）に関する情報量は散乱し，構造化されていない。これは，薬用植物関連の知識を統合する包括的プラットホームを必要とする（Sharma および Sarkar 2012）。ここでは，少数のエスニック薬用植物の活性化合物，関連する経路および治療応用の詳細情報を提供する。文献から収集した重要な天然薬用植物に関するデータを**表1**に示す。表1は，活性成分と生物活性と共に，アルファベット順に薬用植物の植物名を示す。

表1　薬用植物の表

学名	活性成分	治療適用
ベルノキ *Aegle marmelos* (Maity ら 2009)	スキミアミン Skimmianine, ルペオール lupeol, オイゲノール eugenol	抗ガン，抗糖尿病， 抗マラリア， 抗細菌，肝防御作用
ショウブ *Acorus calamus* (Bisht ら 2011)	アントラキノン， テルペノイド	抗真菌，抗ガン
マラバールナッツ *Adhatoda zeylanica* (Ahmad ら 2009)	Vasicine，vasicinone，vasicinol, vasicinine and vasicoline	低血糖，抗細菌， 抗潰瘍，肝防御作用
センシンレン *Andrographis paniculata* (Jarukamjorn および Nemoto 2008)	アンドログラホリド， イソアンドログラホリド， アンドログラフィン	抗ガン， 抗マラリア，低血糖
インドセンダン *Azadirachta indica* (Pankaj ら 2011)	ニンビジン，ニンビン，nimbolide, アザジラクチン	抗炎症，殺精子， 抗細菌。抗ガン， 殺虫剤として用いられる
オトメアゼナ *Bacopa monnieri* (Sudharani ら 2011)	Brahmine，herpestine	抗酸化， 肝防御作用，抗ガン
ナハカノコソウ *Boerhavia diffusa* (Mahesh ら 2012)	Boeravinone A-F，ウルソール酸	免疫制御， 抗糖尿病， 抗ストレス，抗ガン

（続く）

表 1 （続き）

学名	活性成分	治療適用
パパイア *Carica papaya* （Krishna ら 2008）	キモパパイン，パパイン，カルパイン，カルパセミン	抗微生物，抗真菌，抗マラリア，肝防御作用
ツボクサ *Centella asiatica* （Gohil ら 2010）	Asiaticosides，brahmoside，brahminoside	創傷治癒，抗うつ薬，認知症，抗酸化，抗炎症
Cyclea peltata （Patel ら 2010）	テトランドリン	抗ガン
タカサブロウ *Eclipta prostrate* （Jadhav ら 2009）	Dasyscyphin C，eclalbatin，wedelolactone，ecliptalbine，verazine	抗ウイルス，抗ガン，抗細菌，脂質低下
Hemidesmus indicus （Austin 2008）	ヘミデスモール，ルペオール，インジシン，ヘミジン	抗ガン，抗毒素，抗下痢，抗炎症
ワサビノキ *Moringa oleifera* （Fahey および Sc 2005）	4-(4'-O-acetyl-a-L-rhamnopyranosyloxy) benzyl isothiocyanate，niazimicin，pterygospermin	血圧降下，抗ガン，抗細菌
ハス *Nelumbo nucifera* （Mukherjee ら 1996）	Nuciferine，asimilobin，nimbolide	抗糖尿病，抗下痢，強心薬
カミメボウキ *Ocimum sanctum* （Singh ら 2012；Vishwabhan ら 2011）	オイゲノール，ウルソール酸，カルバクロール，リナロール，アピゲニン	抗糖尿病，抗ガン，抗細菌，抗ウイルス，免疫制御
ユカン *Phyllanthus emblica* （Khan 2009）	エラグ酸，ケブリン酸，emblicanins，シクロホスファミド	抗ガン，抗糖尿病，抗酸化，免疫制御，免疫制御，胃保護，抗潰瘍
インドジャボク *Rauvolfia serpentina* （Dey および De 2010）	レセルピン，rauwolfine，rauhimbin	血圧下降作用，総合失調症および，てんかんに有用
ムユウジュ *Saraca asoca* （Pradhan ら 2009）	Epicatechin，ケルセチン，アピゲニン	抗ガン，抗出血，抗毒素
ビャクダン *Santalum album* （Scartezzini および Speroni 2000）	サンタロール，beta santalenes，nuciferol	解熱，抗酸化
イボツヅラフジ *Tinospora cordifolia* （Sankhala ら 2012）	バルベリン，パルマチン，コリン	抗ガン，血糖低下作用，抗炎症
ベチバー *Vetiveria zizanioides* （Chou ら 2012）	Beta vetivone，alpha vetivone，beta vatirenene	抗微生物，抗酸化，リウマチに有用
ニンジンボク *Vitex negundo* （Zargar ら 2011）	エピカテキン，ケルセチン，カテキン，ミリセチン，ケンペロール	抗炎症，抗酸化

4. 薬物価値があるエスニック薬草

4.1　アロエベラ *Aloe barbadensis*

Aloe barbadensis は，アーユルヴェーダ，シッダ，ウナニおよびホメオパシーのような民間医療系で大きな伝統的な役割をもっている。この植物は，フラボノイド，テルペノイド，レクチン，アントラキノン，多糖類，ステロールなどを含む。アロエベラ *Aloe vera* はアントラキノンであるアロエエモジンを含み，これはヒト肺癌（Lee 2001），ヒト舌癌細胞（Chen ら 2010），白血病細胞株（Chen ら 2004），および肝細胞癌細胞株（Kuo ら 2002）などのいくつかの悪性癌細胞の増殖を抑制あるいは阻害する能力を有し，抗腫瘍活性をもつと考えられている（Thomson PDR 2004）。アロエエモジンは，ヒト舌扁平細胞癌細胞にアポトーシスを誘導し，ミトコンドリア機能不全，チトクローム C の遊離，カスパーゼ 3 の活性化，p53 発現レベルの増加，p21 の活性化を伴う細胞周期の停止（Chiu ら 2009）を誘導する。アロエベラに見出される多糖の一つであるアセマンナンは，創傷治癒，炎症阻害，白血球あるいはマクロファージおよび T 細胞の増加，抗ウイルス効果など，いくつかの治療上の重要な特性を有する（Nandal および Bhardwaj 2012）。インターフェロン γ 存在下のアセマンナンは，bcl-2（B-cell lymphoma（B 細胞リンパ腫）2）発現を阻害することで，マウス単球系マクロファージ細胞株 RAW 264.7 にアポトーシスを誘導する（Ramamoorthy および Tizard 1998）。アロエベラの抽出液およびアロエベラのゲル由来の植物性ステロールは血糖降下作様を有し，2 型糖尿病の治療に有用であろう。

4.2　センシンレン *Andrographis paniculata*

kalmegh として一般に知られているセンシンレン *Andrographis paniculata*（キツネノマゴ科 Acanthaceae）は，アーユルヴェーダの重要な伝統的な薬草（ハーブ）で，さまざまな病気の処置の一般的な治療法と考えられている。植物のハーブ抽出物は，免疫刺激作用（Puri ら 1993），消炎作用（Shen ら 2002），抗ウイルス作用（Chang ら 1991），抗 HIV 作用（Calabrese ら 2000），抗血栓作用（Zhao および Fang 1991），抗癌作用（Kumar ら 2004；Rajagopal ら 2003；Matsuda ら 1994）および抗血小板凝固作用（Amroyan ら 1999）を有する。これはまた，心筋虚血（Guo ら 1995）や呼吸器感染症（Coon および Ernst 2004）にも使われる。*A. paniculata* の主要な有効成分の一つはジテルペノイドのアンドログラホリドで，ヒト表皮癌およびリンパ球性白血病細胞に対して細胞毒性を示す。アンドログラホリドは，細胞周期阻害タンパク質 p27 の誘導，およびサイクリン依存性キナーゼの発現低下によって，ヒト乳癌細胞 MCF-7 を阻害する（Satyanarayana ら 2004）。アンドログラホリドは，DNA トポイソメラーゼ II の阻害作用を有した。アンドログラホリドは，p53，BAX，およびカスパーゼ 3 の発現増加，および bcl-2 の発現低下によって，TD-47 ヒト乳癌細胞株にアポトーシスを誘導する（Sukardiman ら 2007）。

4.3 ウコン *Curcuma longa*

ウコン（*Curcuma longa* L.），および関連種の根茎に存在する黄色色素であるクルクミンは，アーユルヴェーダの薬物として何百年も使われてきた。これは無毒で，抗酸化作用，鎮痛作用，抗炎症作用および消毒作用などの治療上の種々の性質を有するからである。クルクミンは，変異誘発，癌遺伝子発現，細胞周期制御，アポトーシス，腫瘍発生，および腫瘍転移に関わる種々の生物学的経路への効果を介した化学的予防の可能性に関し，最も広範に研究されている植物化学物質の一つである（Wilken ら 2011）。TNF-α誘導性のシクロオキシゲナーゼ-2（COX2）遺伝子転写およびNIK/IKK シグナル伝達複合体によるNF-KB 活性化は，おそらくIKKα/βのレベルで，ヒト大腸上皮細胞においてクルクミンによって阻害された（Plummer ら 1999）。クルクミンは，NF-KB およびAP-1（アクチベータプロテイン-1）の両方の12-O-テトラデカノイルホルボール-13-アセテート（TPA）の誘導による活性化を抑制する。NF-KB の阻害は，IKBα分解抑制，およびその後のNF-KB のp65 サブユニットの核移行によるものであった（Han ら 2002）。クルクミンはサイクリンD1 の発現を減少させ，これは転写および転写後レベルで生じる（Bharti ら 2003；Mukhopadhyay ら 2001）。

4.4 コショウ *Piper nigrum*

香辛料の王様である黒コショウは，インド西ガーツの熱帯の常緑森林が起源の重要な香辛料の一つである。コショウ種（ピペラワ科）から分離されるアミドであるピペリンが，黒コショウの辛味の起因である。これは伝統医学の一部の形でも使用され，抗うつ剤様作用（Li ら 2007；Wattanathorn ら 2008），抗酸化作用（Vijayakumar ら 2004），血小板凝集阻害（Park ら 2007），消炎作用（Kumar ら 2007），抗腫瘍作用（Manoharan ら 2009；Wongpa ら 2007），および抗真菌作用（Ahmad ら 2012）など，多数の薬理作用を有し，蚊やハエに対する殺虫作用があることが知られている。ピペリンは，Wnt シグナル伝達の阻害を介する乳房幹細胞の自己複製を阻害する（Kakarala ら 2011）。ピペリンはアポトーシスを誘導して，4 T1 マウス乳癌モデルでG2/M 期の細胞の比率を増加した（Lai ら 2012）。ピペリンは，NF-KB，ATF-2，c-Fos，およびCREB（cAMP 応答性エレメント結合タンパク質）などの転写因子の強力な阻害物質である（Pradeep および Kuttan 2004）。コショウの主要成分であるピペリンは，薬物代謝に影響するヒトP-糖タンパク質およびCYP3A4 の機能を阻害し，複数の機序によって腫瘍細胞の多剤耐性（MDR）を逆転できる（Bhardwaj ら 2002；Li ら 2011）。

4.5 ショウキョウ *Zingiber officinale* Rosc

香辛料として価値があるショウガ（*Zingiber officinale* Rosc）は，ほぼすべての医療系でさまざまな薬物作用が知られ，さまざまな疾患を治癒するために用いられる。ジンギベロール，ジンギベロン，ジンギベレン，辛味および非辛味成分のショーガオール，ギンゲロール，およびジンゲロンなどの種々の生物活性化合物がこの植物から分離され，薬理学的に分析された（Wang ら 2012)。ショウガの根茎は関節炎，リウマチ，捻挫，筋肉痛，疼痛，咽頭痛，けいれん，便秘，消化不良，嘔吐，高血圧，痴呆症，発熱，感染症，および蠕虫病に対する適用が推奨されてきた（Ali ら 2008)。ショウガ（*Zingiber officinale* Roscoe）の辛味の原因であるフェノール様物質であるギンゲロールは，マウス皮膚で発癌活性阻害，および PMA 誘導性のオルニチンデカルボキシラーゼ（ODC）活性阻害および Tnf-α 産生の阻害活性を有することが報告されてきた。6-ギンゲロールは，マウス上皮細胞 JB6 の EGF を阻害することが判明し，腫瘍性形質転換に重大な役割を果たす AP-1 の活性化を低下させた（Bode ら 2001)。6-ギンゲロールは，変異体 p53 発現細胞を G1 期で停止することで，p53 変異癌細胞にアポトーシス性細胞死を誘導できる（Park ら 2006)。

5. 将来の展望と問題点

薬草薬剤と天然分離産物は，医用目的の植物性化合物の需要が増大した製薬業界でおおきな役割を担う。バイオインフォマティクスは，広範な種類の方法で得られたデータの迅速な分析と解釈のために必須の方法とツールを提供することで，薬用植物研究を促進している。バイオインフォマティクスの重要な課題は，生データの現状の氾濫，データの複雑さおよび多様性の増大，および実験データの条件と品質の変動性である。生物学的情報の指数関数的な増大と，および WWW 上への本データの高度に統合されたデータベースへの組み込みは，データの保存と検索にいくつかの課題を示している。学際的方法は，植物による薬物探索を可能とすると思われる治療上重要な二次代謝産物を同定するためにコンピュータおよび実験的要素を統合することで，植物に関する不均一な情報を分析できる。薬用植物データベースの全貌（頭文字をとって *MedBase*）を http://www.kaubic.in/ databases.html に設置する計画である。

6. MedBase の作成

6.1　薬用植物の手動によるキュレーション

治療利用に関連する医療用エスニック薬用植物が収集され，科学文献およびデータベースの広範な手動的キュレーションにより記録された。文献から検索した情報は，植物の学名，一般名，分類階層，使用部位，植物化合物，治療への応用，および地理的位置である。IUPAC 名，分子量，分子式，水素結合ドナーおよびアクセプターの数，および構造などの化学的性質は，化合物データベースの検索を経て植物化合物に割り当てられた。

6.2　データベースの構造と実用化

オブジェクト指向の関係データベース管理システム（RDBMS）である MySQL 5.0（http://

www.mysql.com/）は，収集したデータを表として保存するためにバックエンドで用いられ，データ検索にスピードと柔軟性を与えるSQL（Structured Query Language）クエリを実行する。Webインターフェイスに，動的動作を与えるため，HTMLおよびJavaScriptといっしょに，PHP（Hypertext Preprocessor）プログラミング言語が，フロントエンドで用いられた。MedBaseは，Windows OSで管理されるサーバ上で実行されるApache HTTP server上に配置されるだろう。

文献

Ahmad S, Garg M, Ali M et al (2009) A phytopharmacological overview on *Adhatoda zeylanica* Medic. syn. *A. vasica* (Linn.) Nees. Nat Prod Radiance 8:549–554

Ahmad N, Fazal H, Abbasi BH, Farooq S, Ali M, Khan MA (2012) Biological role of *Piper nigrum* L. (black pepper): a review. Asian Pac J Trop Biomed 2:S1945–S1953

Ali BH, Blunden G, Tanira MO, Nemmar A (2008) Some phytochemical, pharmacological and toxicological properties of ginger (*Zingiber officinale* Roscoe): a review of recent research. Food Chem Toxicol 46(2):409–420

Amroyan E, Gabrielian E, Panossian A, Wikman G, Wagner H (1999) Inhibitory effect of andrographolide from *Andrographis paniculata* on PAF-induced platelet aggregation. Phytomedicine 6:27–31

Austin A (2008) A review on Indian Sarsaparilla, *Hemidesmus indicus*. J Biol Sci 8:1–12

Balunas MJ, Kinghorn AD (2005) Drug discovery from medicinal plants. Life Sci 78:431–441

Bhardwaj RK, Glaeser H, Becquemont L, Klotz U, Gupta SK, Fromm MF (2002) Piperine, a major constituent of black pepper, inhibits human P-glycoprotein and CYP3A4. J Pharmacol Exp Ther 302(2):645–650

Bharti AC, Donato N, Singh S, Aggarwal BB (2003) Curcumin (diferuloylmethane) down-regulates the constitutive activation of nuclear factor-kappa B and IkappaBalpha kinase in human multiple myeloma cells, leading to suppression of proliferation and induction of apoptosis. Blood 101:1053–1062

Bisht VK, Negi JS, Bhandari AK, Sundriyal RC (2011) Anti-cancerous plants of Uttarakhand Himalaya: a review. Int J Cancer Res 7:192–208

Bode AM, Ma WY, Surh YJ, Dong Z (2001) Inhibition of epidermal growth factor-induced cell transformation and activator protein 1 activation by [6]-gingerol. Cancer Res 61(3):850–853

Briskin DP (2000) Update on phytomedicines medicinal plants and phytomedicines. Linking plant biochemistry and physiology to human health. Plant Physiol 124:507–514

Calabrese C, Berman SH, Babish JG,Ma X, Shinto L, Dorr M, Wells K,Wenner CA, Standish LJ (2000) A phase I trial of andrographolide in HIV positive patients and normal volunteers. Phytother Res 14:333–338

Chang RS, Ding L, Chen GQ, Pan QC, Zhao ZL, Smith KM (1991) Dehydroandrographolide succinic acid monoester as an inhibitor against the human immunodeficiency virus. Proc Soc Exp Biol Med 97:59–66

Chen HC, Hsieh WT, Chang WC, Chung JG (2004) Aloe-emodin induced in vitro G2/M arrest of cell cycle in human promyelocytic leukemia HL-60 cells. Food Chem Toxicol 42:1251–1257

Chen YY, Chiang SY, Lin JG (2010) Emodin, aloe-emodin and rhein induced DNA damage and inhibited DNA repair gene expression in SCC-4 human tongue cancer cells. Anticancer Res 30:945–952

Chiu TH, Lai WW, Hsia TC et al (2009) Aloe-emodin induces cell death through S-phase arrest and caspase-dependent pathways in human tongue squamous cancer SCC-4 cells. Anticancer Res 29:4503–4511

Chou S-T, Lai C-P, Lin C-C, Shih Y (2012) Study of the chemical composition, antioxidant activity and anti-inflammatory activity of essential oil from *Vetiveria zizanioides*. Food Chem 134:262–268

Coon JT, Ernst E (2004) *Andrographis paniculata* in the treatment of upper respiratory tract infections: a systematic review of safety and efficacy. Planta Med 70:293–298

Dey A, De JN (2010) *Rauvolfia serpentine* (L). Benth. exKurz – a review. Asian J Plant Sci 9:285–298

Edwards D, Batley J (2004) Plant bioinformatics: from genome to phenome. Trends Biotechnol 22:232–237

Fahey JW, Sc D (2005) *Moringa oleifera* : a review of the medical evidence for its nutritional, therapeutic, and prophylactic properties. Part 1. Tree Life J 1:5

Gohil KJ, Patel JA, Gajjar AK (2010) Pharmacological review on *Centella asiatica*: a potential herbal cureall. Indian J Pharm Sci 72:546–556

Guo ZL, Zhao HY, Zheng XH (1995) An experimental study of the mechanism of *Andrographis paniculata* Nees (APN) in alleviating the Ca (2+)-overloading in the process of myocardial ischemic reperfusion. J Tongji Med Univ 15:205–208

Han S-S, Keum Y-S, Seo H-J, Surh Y-J (2002) Curcumin suppresses activation of NF-kappaB and AP-1 induced by phorbol ester in cultured human promyelocytic leukemia cells. J Biochem Mol Biol 35:337–342

Jadhav VM, Thorat RM, Kadam VJ, Salaskar KP (2009)

Chemical composition, pharmacological activities of *Eclipta alba*. J Pharm Res 2:18–20
Jarukamjorn K, Nemoto N (2008) Pharmacological aspects of *Andrographis paniculata* on health and its major diterpenoid constituent andrographolide. J Health Sci 54:370–381
Kakarala M, Brenner DE, Korkaya H, Cheng C, Tazi K, Ginestier C, Liu S, Dontu G, Wicha MS (2011) Targeting breast stem cells with the cancer preventive compounds curcumin and piperine. Breast Cancer Res Treat 122(3):777–785
Khan KH (2009) Roles of *Emblica officinalis* in medicine – a review. Bot Res Int 2:218–228
Krishna KL, Paridhavi M, Patel JA (2008) Review on nutritional, medicinal and pharmacological properties of Papaya (*Carica papaya* Linn.). Nat Prod Radiance 7:364–373
Kumar RA, Sridevi K, Kumar NV, Nanduri S, Rajagopal S (2004) Anticancer and immunostimulatory compounds from *Andrographis paniculata*. J Ethno-pharmacol 92:291–295
Kumar S, Singhal V, Roshan R, Sharma A, Rembhotkar GW, Ghosh B (2007) Piperine inhibits TNF-alpha induced adhesion of neutrophils to endothelial monolayer through suppression of NF-kappaB and IkappaB kinase activation. Eur J Pharmacol 575(1–3):177–186
Kuo PL, Lin TC, Lin CC (2002) The antiproliferative activity of aloe-emodin is through p53-dependent and p21-dependent apoptotic pathway in human hepatoma cell lines. Life Sci 71:1879–1892
Lai LH, Fu QH, Liu Y, Jiang K, Guo QM, Chen QY, Yan B, Wang QQ, Shen JG (2012) Piperine suppresses tumor growth and metastasis in vitro and in vivo in a 4T1murine breast cancer model. Acta Pharmacol Sin 33(4):523–530
Lee HZ (2001) Protein kinase C involvement in aloe-emodin and emodin-induced apoptosis in lung carcinoma cell. Br J Pharmacol 134:1093–1103
Li S, Wang C, Wang M, Li W, Matsumoto K, Tang Y (2007) Antidepressant like effects of piperine in chronic mild stress treated mice and its possible mechanisms. Life Sci 80:1373–1381
Li S, Lei Y, Jia Y, Li N, Wink M, Ma Y (2011) Piperine, a piperidine alkaloid from *Piper nigrum* re-sensitizes P-gp, MRP1 and BCRP dependent multidrug resistant cancer cells. Phytomedicine 19(1):83–87
Mahalakshmi V, Ortiz R (2001) Plant genomics and agriculture: from model organisms to crops, the role of data mining for gene discovery. Electron J Biotechnol 4(3):169–178
Mahesh AR, Kumar H, Mk R, Devkar RA (2012) Detail study on *Boerhaavia diffusa* plant for its medicinal importance – a review. Res J Pharm Sci 1:28–36
Maity P, Hansda D, Bandyopadhyay U, Mishra DK (2009) Biological activities of crude extracts and chemical constituents of Bael, *Aegle marmelos* (L.) Corr. Indian J Exp Biol 47(11):849–861
Manoharan S, Balakrishnan S, Menon VP, Alias LM, Reena AR (2009) Chemopreventive efficacy of curcumin and piperine during 7,12 dimethylbenz[a] anthracene-induced hamster buccal pouch carcinogenesis. Singapore Med J 50(2):139–146
Matsuda T, Kuroyanagi M, Sugiyama S, Umehara K, Ueno A, Nishi K (1994) Cell differentiation-inducing diterpenes from *Andrographis paniculata* Nees. Chem Pharm Bull 42:1216–1225
Matthews DE (2003) Grain genes, the genome database for small-grain crops. Nucleic Acids Res 31:183–186
Mukherjee PK, Balasubramanian R, Saha K et al (1996) A review on *Nelumbo nucifera* Gaertn. Anc Sci Life 15:268–276
Mukhopadhyay A, Bueso-Ramos C, Chatterjee D, Pantazis P, Aggarwal BB (2001) Curcumin down regulates cell survival mechanisms in human prostate cancer cell lines. Oncogene 20:7597–7609
Nandal U, Bhardwaj RL (2012) *Aloe vera* for human nutrition, health and cosmetic use – a review. Int Res J Plant Sci 3:38–46
Pankaj S, Lokeshwar T, Mukesh B, Vishnu B (2011) Review on neem (*Azadirachta indica*): thousand problems one solution. Int Res J Pharm 2:97–102
Park YJ, Wen J, Bang S, Park SW, Song SY (2006) [6]-Gingerol induces cell cycle arrest and cell death of mutant p53-expressing pancreatic cancer cells. Yonsei Med J 47(5):688–697
Park BS, Son DJ, Park YH, Kim TW, Lee SE (2007) Antiplatelet effects of acid amides isolated fromthe fruits of *Piper longum* L. Phytomedicine 14(12):853–855
Patel B, Das S, Prakash R, Yasir M (2010) Natural bioactive compound with anticancer potential. Int J Adv Pharm Sci 1:32–41
Paterson AH, Freeling M, Sasaki T (2005) Grains of knowledge: genomics of model cereals. Genome Res 15:1643–1650
Plummer SM, Holloway KA, Manson MM, Munks RJ, Kaptein A, Farrow S, Howells L (1999) Inhibition of cyclo-oxygenase 2 expression in colon cells by the chemopreventive agent curcumin involves inhibition of NF-kappaB activation via the NIK/IKK signalling complex. Oncogene 18:6013–6020
Pradeep CR, Kuttan G (2004) Piperine is a potent inhibitor of nuclear factor-kappaB (NF-kappaB), c-Fos, CREB, ATF-2 and proinflammatory cytokine gene expression in B16F-10 melanoma cells. Int Immunopharmacol 4(14):1795–1803
Pradhan P, Joseph L, Gupta V et al (2009) *Saraca asoca* (Ashoka): a review. J Chem Pharm Res 1:62–71
Puri A, Saxena R, Saxena RP, Saxena KC, Srivastava VTJ (1993) Immunostimulant agents from *Andrographis paniculata*. J Nat Prod 56:995–999
Rajagopal S, Kumar RA, Deevi DS, Satyanarayana C, Rajagopalan R (2003) Andrographolide, a potential cancer therapeutic agent isolated from *Andrographis paniculata*. J Exp Ther Oncol 3:147–158
Ramamoorthy L, Tizard IR (1998) Induction of apoptosis in a macrophage cell line RAW 264.7 by acemannan, a beta-(1,4)-acetylated mannan. Mol Pharmacol 53:415–421
Sankhala LN, Saini RK, Saini BS (2012) A review on chemical and biological properties of *Tinospora cordifolia*. Int J Med Aroma Plant 2:340–344
Satyanarayana C, Deevi DS, Rajagopalan R, Srinivas N,

Rajagopal S (2004) DRF 3188 a novel semi-synthetic analog of andrographolide: cellular response to MCF 7 breast cancer cells. BMC Cancer 4:26

Scartezzini P, Speroni E (2000) Review on some plants of Indian traditional medicine with antioxidant activity. J Ethnopharmacol 71:23–43

Sharma V, Sarkar IN (2012) Bioinformatics opportunities for identification and study of medicinal plants. Brief Bioinform 14(2):238–250. doi:10.1093/bib/bbs021

Shen YC, Chen CF, Chiou WF (2002) Andrographolide prevents oxygen radical production by human neutrophils: possible mechanism(s) involved in its anti-inflammatory effect. Br J Pharmacol 135:399–406

Singh VK, Singh AK, Chand R, Kushwaha C (2011) Role of bioinformatics in agriculture and sustainable development. Int J Bioinform Res 3:221–226

Singh N, Verma P, Pandey BR, Bhalla M (2012) Review article therapeutic potential of *Ocimum sanctum* in prevention and treatment of cancer and exposure to radiation: an overview. Int J Pharm Sci Drug Res 4:97–104

Sudharani D, Krishna KL, Deval K, Safia AKP (2011) Pharmacological profiles of *Bacopa monnieri*: a review. Int J Pharm 1:15–23

Sukardiman H, Widyawaruyanti A, Sismindari, Zaini NC (2007) Apoptosis inducing effect of andrographolide on TD-47 human breast cancer cell line. Afr J Tradit Comp Altern Med 4:345–351

Thomson PDR (2004) PDR for herbal medicines, 3rd edn. PDR, Montvale

Vijayakumar RS, Surya D, Nalini N (2004) Antioxidant efficacy of black pepper (*Piper nigrum* L.) and piperine in rats with high fat diet induced oxidative stress. Redox Rep 9(2):105–110

Vishwabhan S, Birendra VK, Vishal S (2011) A review on ethnomedical uses of *Ocimum sanctum* (Tulsi). Int Res J Pharm 2:1–3

Wang W, Zhang L, Li N, Zu Y (2012) Chemical composition and in vitro antioxidant, cytotoxicity activities of *Zingiber officinale* Roscoe essential oil. Afr J Biochem Res 6:75–80

Wattanathorn J, Chonpathompikunlert P, Muchimapura S, Priprem A, Tankamnerdthai O (2008) Piperine, the potential functional food for mood and cognitive disorders. Food Chem Toxicol 46(9):3106–3110

Wilken R, Veena MS, Wang MB, Srivatsan ES (2011) Curcumin: a review of anti-cancer properties and therapeutic activity in head and neck squamous cell carcinoma. Mol Cancer 10:12

Wongpa S, Himakoun L, Soontornchai S, Temcharoen P (2007) Antimutagenic effects of piperine on cyclophosphamide-induced chromosome aberrations in rat bone marrow cells. Asian Pac J Cancer Prev 8(4):623–627

Yu US, Lee SH, Kim YJ, Kim S (2004) Bioinformatics in the post-genome era. J Biochem Mol Biol 37:75–82

Zargar M, Azizah AH, Roheeyati AM et al (2011) Bioactive compounds and antioxidant activity of different extracts from *Vitex negundo* leaf. J Med Plant Res 5:2525–2532

Zhao HY, Fang WY (1991) Antithrombotic effects of *Andrographis paniculata* Nees in preventing myocardial infarction. Chin Med J 104:770–775

第11章　オミクスデータからの知識マイニング

Mining Knowledge from Omics Data

Katsumi Sakata, Takuji Nakamura, and Setsuko Komatsu

要約

多層の生物学的情報のなかで，複雑なデータから知識を抽出するには，複数のオミクスに基づく方法は，強力な方法である。この章では，複数のオミクスデータを統合する代表的方法を紹介し，オミクスデータからの知識のマイニングに関連する話題を考察する。まず，代謝ネットワーク上に複数のオミクスデータをマップし，複数の「オームズ」解析（たとえばゲノム，トランスクリプトーム，メタボローム）を超えた全景を得る方法を紹介する。例として，初期のダイズで統合分析が実施され，浸水ストレスで異なる生物学的層の間に発現変動が起こることを示唆した研究を詳細に述べる。2番目に，観察の有意性を評価するため統計学的検定を述べる。この部分では，p 値の意味を説明し，ダイズの初期幼苗でのタンパク質の発現解析への統計学的検定の適用を紹介する。最後に，距離の尺度であり，データ対象間の類似性を示す計量（メトリック）に焦点を当てる。この計量は，オミクスデータのプロファイル分析で一般的な方法であり，クラスタリング結果に全体的に影響する。この部分では，測定ノイズに対して頑健な計量を示し，その計量の性能をその他の計量群と比較する。

キーワード：オミクス，p 値，計量（メトリック），クラスタリング，ダイズ

K. Sakata (✉)
Department of Life Science and Informatics,
Maebashi Institute of Technology,
Maebashi 371-0816, Japan
e-mail: ksakata@maebashi-it.ac.jp

T. Nakamura
National Hokkaido Agricultural Research Center,
National Agriculture and Food Research Organization
(NARO), Sapporo 062-8555, Japan

S. Komatsu
National Institute of Crop Science, National Agriculture
and Food Research Organization (NARO),
Tsukuba 305-8518, Japan

K.K. P.B. et al. (eds.), *Agricultural Bioinformatics*,
DOI 10.1007/978-81-322-1880-7_11, © Springer India 2014

略語：

2-DE：Two-dimensional polyacrylamide gel electrophoresis（二次元ポリアクリルアミドゲル電気泳動）
BLAST：Basic Local Alignment Search Tool（基本的局所整列検索ツール）
*BLAST はソフトウェアの名称である。
CE/MS：Capillary electrophoresis-mass spectrometry（キャピィラリー電気泳動-質量分析装置）
EST：Expressed sequence tag（発現配列タグ）
TCA cycle：Tricarboxylic acid cycle（トリカルボン酸回路）
UPGMA：Unweighted pair group method with arithmetic mean（算術平均を用いた重みなしペア群）

1. 代謝ネットワーク上のデータマッピングによる「オミクス」にわたる全体像

オミクスデータの統合は，複数の「オミクス」にわたる複雑なデータから生物学的機能に関する知識を抽出するのに有用だろう。代謝は，長い歴史がある科学分野であり，我々の生化学の知識はHans Krebsの実り多い研究で代表されるように，20世紀初期から増加している（Kornbergの総説 2000）。したがって，メタボロームネットワークは，早期に解明され，KEGG（Kanehisa ら 2008）などの公的データベースとして集約された。メタボロームネットワークはより安定である。すなわち，最近発表された大規模なヒトの制御ネットワーク（Gerstein ら 2012）などのトランスクリプトームネットワークなど他のネットワークに比べてほとんど変化しない。代謝ネットワークの潜在能力は，ゲノムからフェノームまで情報を統合できる能力によっても示されている。メタボロームの手法は，複数の分野間を結合する機能（Fiehn ら 2001）をもつと考えられ，多数の代謝産物の包括的分析を提供するだけでなく，同時にいくつかの化合物を標的としている（Nakamura ら 2010）。本章では，代謝ネットワークに基づいた構想によりオミクスデータを統合したいくつか最近の研究を紹介して解説する。

統合的な解析は，発生初期のダイズ（*G. max* 品種 Enrei）で実施された（Sakata ら 2009）。発芽後1日目から6日目まで，幼根，胚軸および根からサンプルを採取した。解析により，106個のmRNA，51個のタンパク質，および89個の代謝産物が，サンプルの発芽後2日目に適用した浸水ストレス下で経時的に変動することを認めた。トランスクリプトーム解析では，高深度（カバレッジ）の遺伝子発現プロファイリング（Fukumura ら 2003）によるデータは，通常および浸水処理の間でのピーク強度の倍数変動に基づいて選択した。検出された29,388個のうち106個のピークが，12時間処理後に25倍以上，処理中に10倍の変動を示すという基準を満たした。106個のmRNAの配列を，ダイズ *G.max* のEST配列データベース（DDBJ, http://www.ddbj.nig.ac.jp），およびダイズゲノム配列データベース（phytozome, http://www.phytozome.net/soybean.php）に対してBLASTN相同性検索（Altschul ら 1990）を実施した。cDNAのマッチングは，GenBankタンパク質データベース，およびダイズUni-Geneデータベース（Komatsu ら 2009）に対して，BLASTX相同性検索を実施した。プロテオームデータについては，定量分析により51個のタンパク質を2次元ポリアクリルアミドゲル電気泳動（2-DE）で検出し，質量分析（MS）で同定し，浸水処理により1.5倍以上の変動を示した（Komatsu ら 2010）。メタボローム分析においては，89個の代謝産物がキャピラリー電気泳動-質量分析（CE/

MS）を用いて同定され，浸水処理により量的変動が認められ，トリカルボン酸（TCA）回路上，およびその周辺にマップされた（Nakamura ら 2012）（**図 1**a）。

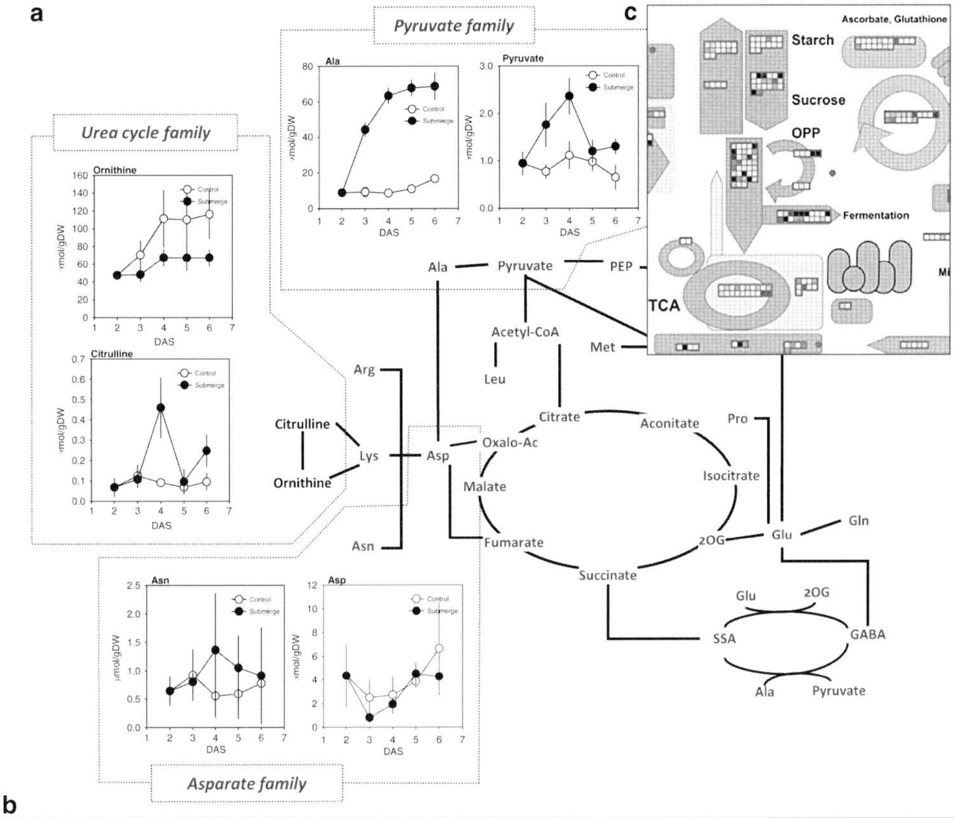

b

Metabolome (89)				Proteome (51)					Transcrip	
Family	Metabolite	Profile(Control / Treatment)		Description	No.	AC	Profile(Control / Treatment)		No.	Description
(SORT)	(SORT)	(SORT)	(SORT)	(SORT)	(SORT)	(SORT)	(SORT)	(SORT)	(SORT)	(SORT)
Metabolism										
Glycolysis	G1P	Down	Down3	UDP-glucose pyrophosphorylase [Amorpha fruticosa]	248	Gm0040z0014	Down2.5	(-)3		
Glycolysis	FBF	(-)5	Up	fructose-bisphosphate aldolase, cytoplasmic isozyme	383	Gm0036x00298	Down3	Down2.25		
Glycolysis	GA3P	(-)3	(-)3	fructose-bisphosphate aldolase, cytoplasmic isozyme	383	Gm0036x00298	Down3	Down2.25		
Glycolysis	3PGA	(-)3	Up3	cytosolic phosphoglycerate kinase [Pisumsativum]	402	Gm0054x00118	(-)2.25	Down2.25		
Glycolysis	2,3-DPG	Down	(-)4	cytosolic phosphoglycerate kinase [Pisumsativum]	402	Gm0054x00118	(-)2.25	Down2.25		
Purine	ADP	Down3	(-)3	nucleoside diphosphate kinase I	792	Gm0072x00084	(-)2.25	(-)2.25		
Purine	GDP	Down3	Down3	nucleoside diphosphate kinase I	792	Gm0072x00084	(-)2.25	(-)2.25		
Purine	ATP	Down5	(-)3	nucleoside diphosphate kinase I	792	Gm0072x00084	(-)2.25	(-)2.25		
Purine	GTP	(-)5	Down3	nucleoside diphosphate kinase I	792	Gm0072x00084	(-)2.25	(-)2.25		
Pyridine	CDP	Down	Down3	nucleoside diphosphate kinase I	792	Gm0072x00084	(-)2.25	(-)2.25		
Pyridine	UDP	Down	Down3	nucleoside diphosphate kinase I	792	Gm0072x00084	(-)2.25	(-)2.25		
Pyridine	CTP	Down5	(-)3	nucleoside diphosphate kinase I	792	Gm0072x00084	(-)2.25	(-)2.25		
Pyridine	UTP	Down3	Down3	nucleoside diphosphate kinase I	792	Gm0072x00084	(-)2.25	(-)2.25		
Oxidative metabolism	NADP	(-)3	(-)4						2 [GRAPH]	CYP96A cytochrome P450 [Arabidopsis thaliana]
Oxidative metabolism	NADPH	Down5	(-)4						2 [GRAPH]	CYP96A cytochrome P450 [Arabidopsis thaliana]
Shikimate pathway	Cinnamate	Down3	(-)3						2 [GRAPH]	CYP96A cytochrome P450 [Arabidopsis thaliana]

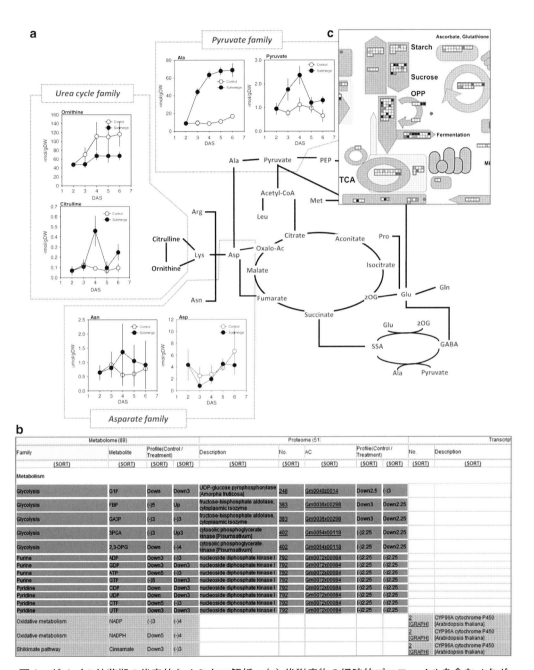

図 1　ダイズの幼苗期の代表的なオミクス解析。（a）代謝産物の経時的プロファイルを含むメタボロームネットワークであり，対照条件下と比較し，浸水ストレス処理下の経時的変動を観察した。（b）mRNA，タンパク質および代謝産物をまたがったオミクスを一覧する表であり，細胞ごとに同じ色で示している。（c）浸水ストレス下の経時的変動を認めた mRNA は，メタボロームネットワーク上にもマップできる。図表（Nanjo ら 2011）は，対照条件と比較した発現量の倍数変動を示し，MAPMAN ソフトウェア（Thimm ら 2004）を用いている。

mRNA，タンパク質，および代謝産物は，複合のオミクス表（図 1b）に示したように，その機能に基づいて分類され一覧表示された。mRNA，タンパク質，代謝産物にまたがった有意な相関が認められた。mRNA とタンパク質の関係は，配列を用いた相同性検索により決定した。代謝産物およびその他の化合物は，統合データベースである IntEnz（Fleischmann ら 2004）および KEGG（Kanehisa ら 2008）に由来する各 mRNA あるいはタンパク質に関連する代謝ネットワーク上の情報を参照して，関連付けされた。

複数のデータにまたがる「オミクス」プロファイルの特徴解析を行うためにタグを用いる方法が開発され（Sakata ら 2009），これはプロファイルに基づくデータ検索に有用である。本研究では，mRNA，タンパク質，および代謝産物の経時的プロファイルが解析された。全体的プロファイル（発現増加または発現減少），および観察期間中に最初にピークが認められた時間が調べられた（**図 2a**）。割当られたタグは，オミクス表の「Profile」欄に表示される（図 1b）。表に保存されたデータは，タグを基にしたテキスト検索で容易にみつけられる。タグの前半部は観察中の全体プロファイルを示し，「Up」は初期値に比べて最終値が 1.5 倍増加したことを示し，「Down」は初期値に比べて最終値が 1.5 倍減少したことを示す。「(－)」は初期値と最終値の間の倍数変動が 1.5 より小さかったことを示す。後半部は，最初のピーク（極値：極大値または極小値）を観察期間中に認めた時間を示す。たとえば，タグが「Up3」の場合，最終値は初期値より 1.5 倍より大きな，幼苗の出現後 3 日目に最初のピーク点が認められたことを示す。タグは単純で，最初のピークの時間情報を含んでいる。最初のピーク情報は，発現変動開始の理解に有用である。対照幼苗（正常な成長），および処理幼苗（浸水下の成長）における mRNA，タンパク質および代謝産物のプロファイルの全般的状況は，タグを用いて解析された（図 2b）。多数の「オミクス」データのプロファイル間の相違はプロファイルのタグに基づいて可視化され，全プロファイルのうち，対照群のサンプルで「Down」あるいは「(－)」として分類された 92 個の mRNA のうち 78 個は，処理群のサンプルでは「Up」に変化した。

2. 結果を検証するための統計検定

解析結果は，統計学的な有意性で評価されたとき説得力があるものとなる。評価のためには，帰無仮説が真である場合に，少なくとも実際に認められた値が極端な検定統計量を得る確率である p 値を計算する（Wilcox 1997）。通常，有意水準 0.05，あるいは 0.01（http://www.jerrydallal.com/LHSP/p05.htm）より p 値が小さい場合，帰無仮説は棄却される。帰無仮説が棄却された場合，その結果は統計的に有意であるという。

経時的プロファイルタグに基づき経時的プロファイルに統計学的検定を適用する（Sakata ら 2009）。これは，統計検定を理解する良い事例を代表する。図 2b で，mRNA，タンパク質および代謝産物を全体的な経時的プロファイルに基づいて分類した。92 個の mRNA のうち，78 個は対照サンプルで「Down」あるいは「(－)」として分類され，処理サンプルで「Up」に変動した。等分散性の検定を実施すると，mRNA とタンパク質の間（$p=0.01$），および mRNA と代謝産物の間（$p=0.01$）で分散が異なることが示された。p 値は上記のように，通常括弧内の確率

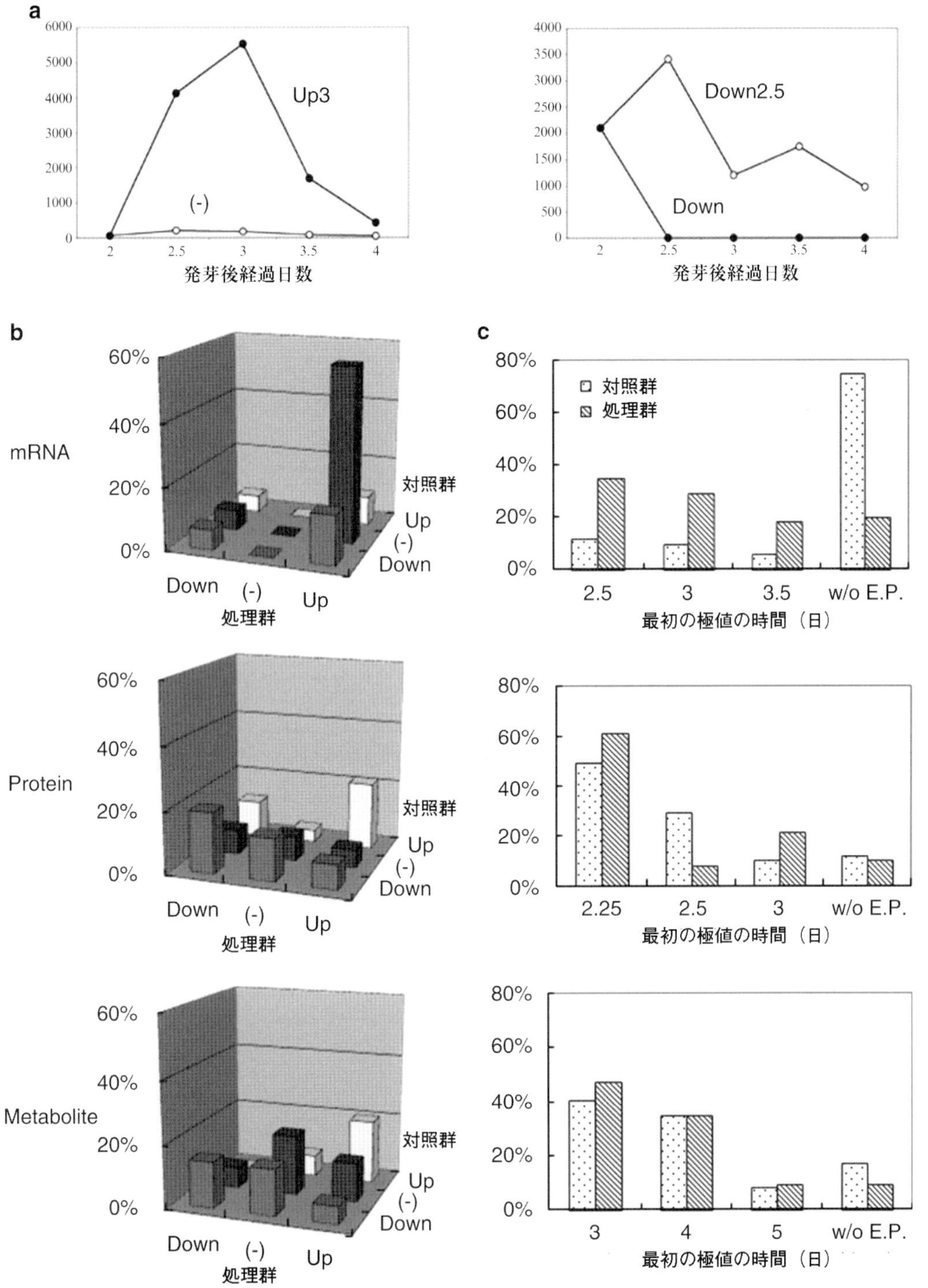

図 2　割り当てられた経時的プロファイルタグと経時的プロファイルタグに基づいた分類。(a) タグの例。「Up」,「Down」, および「(−)」は全体のプロファイルを示し，数は観察期間中で最初のピーク（極値：極大値または極小値）が認められた時間を示す。(b) 全体のプロファイルに基づく分類。(c) 最初のピーク（極値：最大値または最小値）を認めた時間に基づく分類。「w/o E.P.」は,「ピーク点（極値無し）」を意味する（Sakata ら 2009）。

として示される。解析では，検証結果によりダイズにおける浸水ストレスでは，プロテオームおよびメタボロームより，トランスクリプトームのほうが，大きな発現変動を引き起こすことが示された。図 2c に，mRNA，タンパク質，および代謝産物を，最初のピーク（極値：極大値または極小値）が認められた時間に基づいて分類した。mRNA については，対照サンプルと処理サンプルで，ヒストグラムが有意に異なった（図 2c の上図）。ピークなしの mRNA 数は，対照サンプルの 80 個から処置サンプルの 21 個に減少した。等分散性の検定によると，分散は対照サンプルおよび処理サンプル間で mRNA では異なる（$p=0.05$）が，タンパク質，あるいは代謝産物では異ならない（$p=0.05$）ことが示された。これらの結果は，また，浸水ストレスにおいてはまた発現時間の観点から，トランスクリプトームのほうが，プロテオームまたはメタボロームより発現変動が大きいことも示唆される。

統計的検定の他の事例としては，ダイズの幼苗期である器官における発現タンパク質の特異性の評価がある（Ohyanagi ら 2012）。当該研究においては，2 次元電気泳動に基づいて，3,399 個のタンパク質が七つの器官から検出され，210 個の非重複タンパク質がタンパク質配列決定，または質量分析によるペプチドピーク分析により同定された。同定されたタンパク質は，対応する器官に発現するタンパク質の表すものとして解析した（**図 3**a）。

器官において同定された 210 個のタンパク質を評価した。4 個，3 個，2 個，および 1 個の器官に共通して同定されたタンパク質の数は，それぞれ 2 個，7 個，18 個，および 183 個であった。2 個以上の器官で発現していた 210 個のタンパク質のうち，27 個（$=2+7+18$）の p 値と，1 個のみの器官で発現していた 183 個の p 値を計算した。

(1) 第 1 段階目の計算において，30,000 個のタンパク質（高等植物の遺伝子数）がランダムに発現したと仮定し，1 器官あたりでタンパク質が発現する確率（p）は，

$p = 486/30{,}000 = 0.0162$ と計算した。

ここで，発現したタンパク質の数は，1 個の器官あたりにおける検出タンパク質の平均数に等しいとみなされ，486 個（最大数 847 個，最小数 173 個）である。

(2) 第 2 段階目の計算は，1 個のタンパク質が 7 個の器官のうち k 個で発現する確率（P_k）の計算である。すなわち，

$P_k = \mathrm{Combination}\,(7,k) \times p^k \times (1-p)^{7-k}$ である。

(3) 3 段階目の計算は，1 個のタンパク質が 1 個以上の器官で発現する確率（$P_{k>0}$）の計算である。すなわち，

$P_{k>0} = 1-P_0$ である。

(4) 4 段階目の計算は，1 個以上の器官で発現するタンパク質のうち，1 個のタンパク質が 1 個のみの器官で発現する確率 $P_{(1)}$ である。すなわち，以下のように計算する。

$$P_{(1)} = P_1/P_{k>0}$$

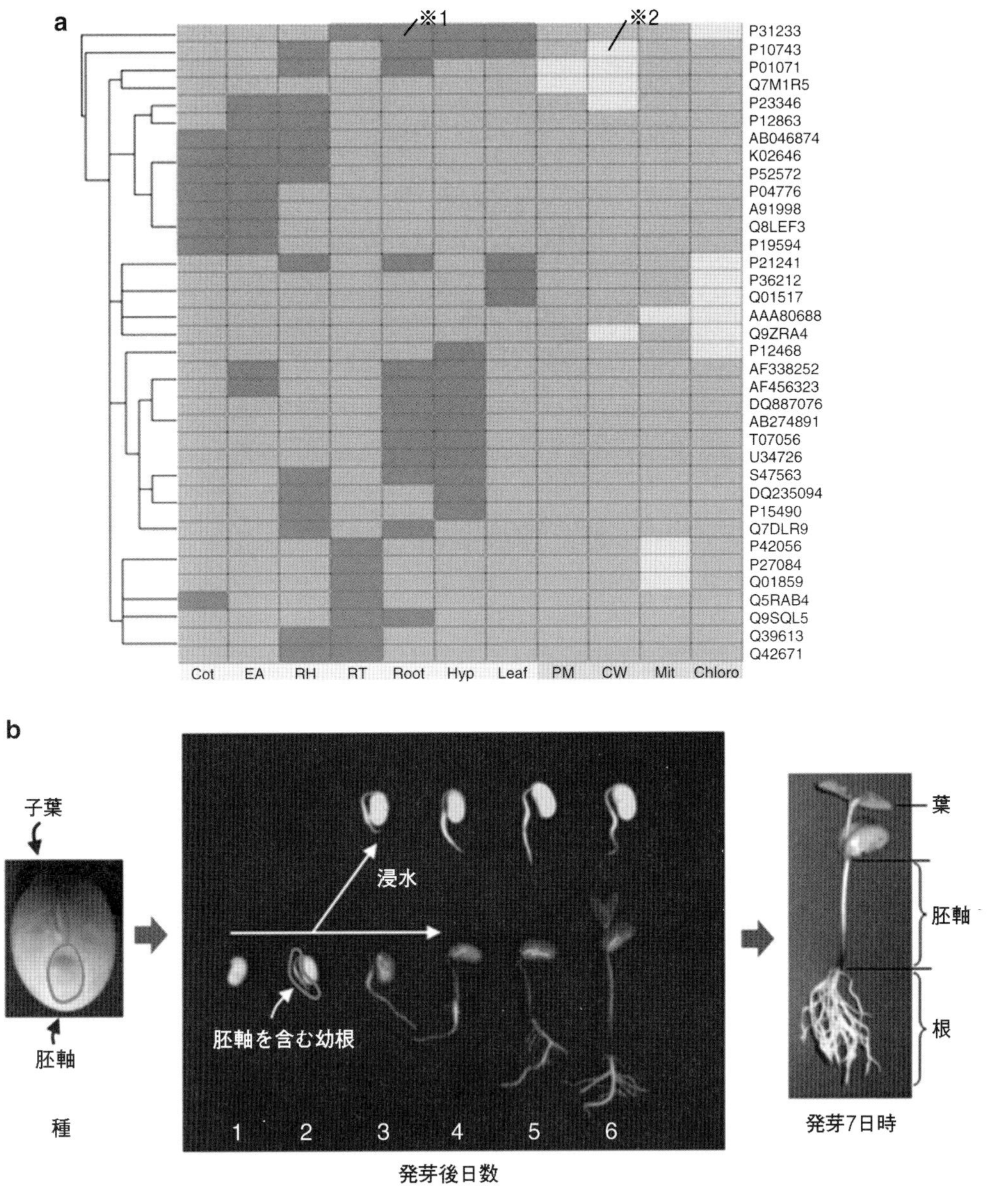

図3　ダイズの初期幼苗段階における1個以上のある器官，および（または）細胞小器官で同定された36個のタンパク質のクラスタリング結果（Ohyanagi ら 2012）。(a) タンパク質の Accession 番号を右側に示す。色付きのボックスは器官（緑色[※1（訳注）]）または細胞小器官（黄色[※2（訳注）]）で見出された同定タンパク質を示す。サンプルは，*Cot*（子葉），*EA*（胚軸 embryonic axis），*RH*（胚軸を含む幼根 radical plus hypocotyl），*RT*（根端 root tip），*Root*（根），*Hyp*（胚軸 hypocotyls），および *Leaf*（葉），の7器官と，*PM*（形質膜），*CW*（細胞壁），*Mit*（ミトコンドリア）および *Chloro*（葉緑体）という四つの細胞小器官で解析された。階層的クラスタリングは，ユークリッド距離を用いて Gene Cluster3.0（de Hoon ら 2004）および重心リンク法（centroid linkage method.）を用いて実施した。その結果得たクラスターは，JavaTreeview（Saldanha 2004）を用いて可視化した。(b) 分析に用いたダイズ材料。子葉および胚軸 embryonic axis はダイズ（*G. max L.*）cv. Enrei. の種子から採取した。種子は2日間発芽させた後，浸水させた。幼苗は，発芽から6日まで成長させた。葉，胚軸 hypocotyls および根は7日齢の幼苗から採取した（Sakata ら 2009）。

(5) 最後に，183 個のタンパク質が 1 個のみの器官で発現し，27 個のタンパク質が 1 個を超える（2 個以上の）器官で発現する確率を計算した。すなわち，

$$\text{Combination}\ (210,27) \times P_{(1)}{}^{183} \times (1 - P_{(1)})^{27} = 2.8\text{e}-6$$

上述のような，小さな p 値（2.8e−6）は，タンパク質がランダムではなく特定器官で特異的に発現することを示唆する。同定された 210 個というタンパク質の数は，より高等の植物での遺伝子数と比べると小さかったが，特定器官でのタンパク質の特異的発現が確認された。さらに，上記の解析は，1 個のタンパク質が 3 個以上の器官でランダムに発現する確率は，

$$1-P_0-P_1-P_2 = 1.4\text{e}-4$$

であることも示している。1 個のタンパク質が 1 個以上の器官で発現する確率は約 1/800 で，$1-P_0=0.108$ で計算する。したがって p 値によると，3 個の器官で同定されたタンパク質である AB046874（ダイズのアレルゲン Gly m Bd 28 K の部分的コード配列に対する mRNA），AF338252（ダイズの BiP-アイソフォーム），AF456323（ダイズのサイクロフィリン），K02646（ダイズのグリシニンサブユニット），P21241（リブロース 1,5-ビスリン酸カルボキシラーゼ（RuBisCO）サブユニット結合性タンパク質の β サブユニット），P52572（推定ペルオキシレドキシン（EC 1.11.1.15））および S47563（ヌクレオシド二リン酸キナーゼ），および 4 個の器官で同定されたタンパク質である P10743（Stem 31 kDa 糖タンパク質前駆体），および P31233（20 kDa シャペロニン，葉緑体）はこれらの器官で有意に発現していることを示す。

3. プロファイル間の類似性を測定する測定基準（計量）

プロファイル分析は，クラスタリング，および転写産物やタンパク質，代謝産物などの変動性化合物の特徴分析のためによく実施される。そのような分析では，結果はデータ対象間の類似性を示す距離の尺度である計量（メトリック）に影響されやすい。時には，各データの大きさより全体的なプロファイルに注目することもある。本節では，全体的な発現プロファイルだけに基づいてデータ対象を分類する計量を提案したい。そのような場合に対する通常の計量は，データ系列内の各データ，および最初の時点のデータなどの対照データとの間の比率を取得し，比率の系列間のユークリッド計量（距離）を計算することであった。この計算は，対照データにおける測定ノイズに敏感であった。改良された計量 d_{nov} が提案され，データ系列 $\mathbf{x}$ および $\mathbf{y}$ 間の正規化係数 λ を含んでいた（Mitsui ら 2008）。

$$d_{\text{nov}} = |\log(\mathbf{x}) - \log(\lambda\,\mathbf{y})|$$

ここで，$|\log(\mathbf{x}) - \log(\lambda\,\mathbf{y})| = \min_{\lambda>0}|\log(\mathbf{x}) - \log(\lambda\,\mathbf{y})|$ である。式 $\log(\mathbf{x})$ は $[\log(x_1), \log(x_2), ..., \log(x_n)]^{\mathrm{T}}$ を意味する。

この計量の二乗は以下のようになる。すなわち，

$$d_{\mathrm{nov}}{}^2 = \sum_{i=1}^{n}\left((\log\lambda)^2 - 2(\log x_i - \log y_i)\log\lambda + (\log x_i - \log y_i)^2\right)$$
$$= n(\log\lambda)^2 - 2\left(\sum_{i=1}^{n}(\log x_i - \log y_i)\right)\log\lambda + (\log x_i - \log y_i)^2$$

したがって以下の最適 λ を得ることができる。

$$\lambda = \exp\left(\frac{\sum_{i=1}^{n}(\log x_i - \log y_i)}{n}\right) \tag{1}$$

この計量は次の特徴をもつ。すなわち，(1) 自動的にデータを正規化し，正規化はデータ系列内の全データに基づいている（式(1)を参照)。これは対照データに含まれるノイズの影響を減らす。(2) この計量は，定常的データに適用可能で，その理由は Pearson 統計量に含まれる標本標準偏差の分母を除くためである。(3) 対数尺度を用いることで，他より優勢な最大尺度の特徴である (Han and Kamber 2000) ユークリッド計量で認められる傾向 (L_2 ノルムなど) を低下させる。(4) この計量は，数学的対称性と三角不等式を有する。

改良された計量は，ストレス処理したシロイヌナズナの遺伝子発現プロファイルに対する通常の計量と比較した。比較に用いた従来型の計量は対数比 (log-ratio) による計量であり，データ系列と対照データ間の比に基づく以下のようなユークリッド計量である。

$$d_{\mathrm{LR}} = \left|\log\left(\frac{x_2}{x_1}\right) - \log\left(\frac{y_2}{y_1}\right), \ldots, \log\left(\frac{x_n}{x_1}\right) - \log\left(\frac{y_n}{y_1}\right)\right|$$

ここで x_1 と y_1 は対照データである。比較は，シロイヌナズナのデータセットである TAIR Expression Set：1007966835 (http://www.arabidopsis.org/) におけるステップ関数様 (sf) の時間経過，およびピーク & 平坦 (pf) の時間経過という二つの型の時間経過を基にして実施した。これらの発現プロファイルは過去の研究で代表的なものと説明されていた (Pandey ら 2004；Ronen ら 2002)。TAIR データセットに基づいて，テストデータセットが作成された。テストデータセットでは，乱数を掛けて人工的ノイズがベースラインの時間経過に付加された。ノイズの強度 (mn) が 2 の場合，人工的データはベースライン時間経過の 1/2〜2 倍の間に存在する。最大のノイズ強度は 2 に設定された。このようなノイズレベルは，DNA マイクロアレイ解析で一般的である (Tu ら 2002)。クラスタリングは，時間経過が 2 個の計量に基づいて 2 個のクラスターに併合するまで，非加重結合法 (UPGMA, unweighted pair group method with arithmetic mean) によって実施された。

図 4 は，改良型計量 (a) および対数比計量 (b) に基づいたクラスタリングの結果を示す。対数比の場合 (図 4b) では，六つの pf (ピーク & 平坦) 時間経過が，sf (ステップ関数様) 時間経過に間違ってグループ分けされ，中央値はベースライン時間経過の下に移動した。改良型計量の場合 (図 4a) は，それぞれの時間経過は正しくクラスタリングされ，中央値はベースライン時間経過に近かった。

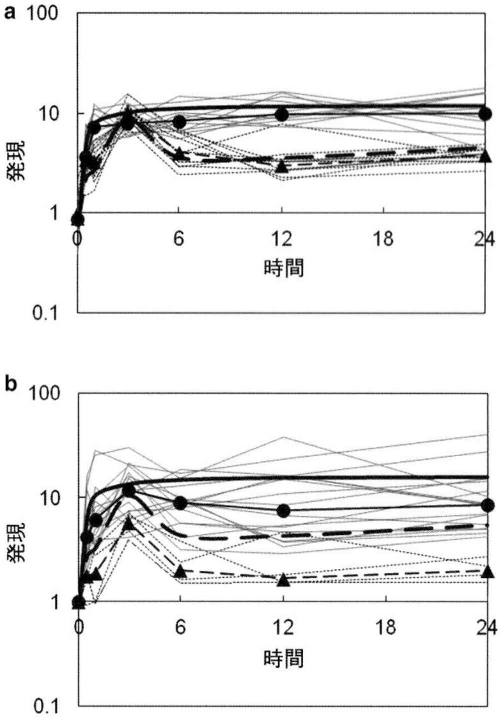

図 4　ノイズレベル（mn）が 2 に設定された時に得られたクラスタリング結果。グレーの線と点線はクラスタリング後の 2 個のグループの各メンバーを示す。平滑な太線およびマークのついた線は，それぞれ各グループのベースライン時間経過と中央値を示す。（a）改良型計量に基づくクラスタリング結果。（b）対数比計量に基づく結果（Mitsui ら 2008）。

改良型計量は，質量作用の法則など冪乗関数を含む数学モデルに基づいた相互作用分析にも有用であるに違いない。

$$z = \alpha x^{a} y^{b} \tag{2}$$

ここで x と y はそれぞれ 1 番目と 2 番目の転写産物の発現レベルを意味し，z は 3 番目の転写産物の発現レベルの時間微分を意味する。べき指数 a および b は，1 番目と 2 番目の転写産物の相互作用の強度を意味する。べき指数の推定量の同じセット $(\hat{a}, \hat{b})$ は，2 つのデータセット（$\{x_1, y_1, z_1\}$ および $\{x_2\ (=k_x\ x_1),\ y_2\ (=k_y\ y_1),\ z_2\ (=k_z\ z_1)\}$）モデルに当てはめること（式(2)）によって得られる。

したがって，$x_2 \fallingdotseq k_x\ x_1$ である場合，データ系列 x_1 および x_2 は同じグループに分類されることが望ましい。改良型計量は，$x_2 = k_x\ x_1$ の時に限り，x_1 と x_2 間の距離はゼロとなる。この特性はクラスタリングに適する。一方，べき指数の推定量 $(\hat{a}, \hat{b})$ は，$\{x_1, y_1, z_1\}$ および $\{x_1^{\,h}\ (h \neq 1), y_1, z_1\}$ のデータセット間で異なるだろう。そのため，x_1 および $x_1^{\,h}$ $(h \neq 1)$ の間の距離として計量が $\neq 0$ を与えることが望ましい。実際に改良型計量は距離として $\neq 0$ を与える。Pearson 計量は，一部の場合に，x_1 および $x_1^{\,h}$ $(h \neq 1)$ の間にゼロを与える。

文　献

Altschul SF, Gish W, Miller W et al (1990) Basic local alignment search tool. J Mol Biol 215:403–410

de Hoon MJL, Imoto S, Nolan J et al (2004) Open source clustering software. Bioinformatics 20:1453–1454

Fiehn O, Kloska S, Altmann T (2001) Integrated studies on plant biology using multiparallel techniques. Curr Opin Biotechnol 12:82–86

Fleischmann A, Darsow M, Degtyarenko K et al (2004) IntEnz, the integrated relational enzyme database. Nucleic Acids Res 32:D434–D437

Fukumura R, Takahashi H, Saito T et al (2003) A sensitive transcriptome analysis method that can detect unknown transcripts. Nucleic Acids Res 31:e94

Gerstein MB, Kundaje A, HariharanMet al (2012) Architecture of the human regulatory network derived from ENCODE data. Nature 489:91–100

Han J, Kamber M (2000) Data mining: concepts and techniques. Kaufmann, Morgan

Kanehisa M, Araki M, Goto S et al (2008) KEGG for linking genomes to life and the environment. Nucleic Acids Res 36:D480–D484

Komatsu S, Yamamoto R, Nanjo Y et al (2009) A comprehensive analysis of the soybean genes and proteins expressed under flooding stress using transcriptome and proteome techniques. J Proteome Res 8:4766–4778

Komatsu S, Sugimoto T, Hoshino T et al (2010) Identification of flooding stress responsible cascades in root and hypocotyls of soybean using proteome analysis. Amino Acids 38:729–738

Kornberg H (2000) Krebs and his trinity of cycles. Nat Rev Mol Cell Biol 1:225–228. doi:10.1038/35043073. PMID 11252898

Mitsui S, Sakata K, Nobori H et al (2008) A novel metric embedding optimal normalization mechanism for clustering of series data. IEICE Trans Inf Syst E91-D:2369–2371

Nakamura T, Okazaki K, Benkeblia N et al (2010) Metabolomics approach in soybean. In: Bilyeu K, Ratnaparkhe MB, Kole C (eds) Genetics, genomics and breeding of soybean, 1st edn, Genetics, genomics, and breeding of crop plants. Science Publishers, Enfield

Nakamura T, Yamamoto R, Hiraga S et al (2012) Evaluation of metabolite alteration under flooding stress in soybeans. Jpn Agric Res Q 46:237–248

Nanjo Y, Maruyama K, Yasue H et al (2011) Transcriptional responses to flooding stress in roots including hypocotyl of soybean seedlings. Plant Mol Biol 77:129–144

Ohyanagi H, Sakata K, Komatsu S (2012) Soybean proteome database 2012: update on the comprehensive data repository for soybean proteomics. Front Plant Sci 3:110. doi:10.3389/fpls.2012.00110

Pandey GK, Cheong YH, Kim K-N et al (2004) The calcium sensor calcineurin B-like 9 modulates abscisic acid sensitivity and biosynthesis in Arabidopsis. Plant Cell 16:1912–1924

Ronen M, Rosenberg R, Shraiman BI et al (2002) Assigning numbers to the arrows: parameterizing a gene regulation network by using accurate expression kinetics. Proc Natl Acad Sci U S A 99:10555–10560

Sakata K, Ohyanagi H, Nobori H et al (2009) Soybean proteome database: a data resource for plant differential omics. J Proteome Res 8:3539–3548

Saldanha AJ (2004) JavaTreeview–extensible visualization of microarray data. Bioinformatics 20:3246–3248

Thimm O, Bla¨sing O, Gibon Y et al (2004) MAPMAN: a user-driven tool to display genomics data sets onto diagrams of metabolic pathways and other biological processes. Plant J 37:914–939

Tu Y, Stolovitzky G, Klein U (2002) Quantitative noise analysis for gene expression microarray experiments. Proc Natl Acad Sci U S A 99:14031–14036

Wilcox RR (1997) Introduction to robust estimation and hypothesis testing. Academic, San Diego

第12章　農業におけるクラウドコンピューティング

Cloud Computing in Agriculture

L.N. Chavali

要約

クラウドコンピューティング環境は，一般的な伝統的な計算機環境からのミッションをともなった枝分れである。クラウドコンピューティングは現在のITインフラの老朽化やIT展望の変動などの要因によって駆動される。インフラの回復は，限られた設備投資のために限定的である。仮想化とクラウドコンピューティングは，ITサービスをクラウドコンピューティングに移行することで，より低コストでITサービスを伝達する方法を変化させた。精密農業経営などのITが可能にした農業経営は情報集約型であり，農村経済に影響を与える。そのため，農業の将来の成長は，農家のニーズに焦点を当てたクラウドコンピューティングなどの新しい技術を利用するやり方に依存している。適切な技術の利用は，アクセシビリティ（アクセスのしやすさ）とアフォーダビリティ（費用を負担できること）の点で農家を助けるに違いない。農業におけるクラウドコンピューティングは，イノベーションを可能にする環境と柔軟な規制環境によるサービスを提供する。

キーワード：クラウドコンピューティング，SaaS，PaaS，IaaS，仮想化，ICT，
マルチテナント，パブリッククラウド，プライベートクラウド

1. はじめに

村の社会は，次の世代に農業経営の知識の形で，最良の慣行を何年もの間伝えてきた。農業は，伝統的に祖先から受け継いだ知識を伝えることで従来は家族によって実践される。農業の生産性は低く，貧しい農村地域では確実性が低く，食料不安をまねいている。情報交換は重要な役割を果たすことができ，貧困の減少を助ける。そのため，情報および通信技術（ICT）の活用は積極的な力として働き，農業の成長，貧困減少および持続可能な資源の利用を約束できる。出現

L.N. Chavali (✉)
Plot #358, Gautham Nagar, Malkajgiri, Hyderabad
500047, India
e-mail: lnchavali@yhaoo.com

K.K. P.B. et al. (eds.), *Agricultural Bioinformatics*,
DOI 10.1007/978-81-322-1880-7_12, © Springer India 2014

しつつある持続可能な発展のトレンドは，適切なツールとしての「インフォマティクス」の活用である。農業は非常に古来のものであるということを考えると，この知識領域へのITのテコ入れは大きな前進である。今日でも，直観と経験は大部分の農村で農業経営の基盤である。農業は，二千年もの間，農業機械への広範な依存，集中的な肥料および農芸化学の管理，作物育種，高収量の交配種，および遺伝子操作など，いくつかの基本的な変化を経験してきた。農業の発展は，資源，インフラ，技術および施設を必要とする。暗黙の知識は経験と実践から得られ，明白な知識は理論や合理性により基盤をおく。将来の情報システムは，知識の両方の形態をもたねばならず，持続プロセスとして形態間の知識の転換を奨励しなければならない。

技術の使用における全体的傾向は以下の通りである。すなわち，

(a) 持続可能な農業の専門化と成長，有機農業経営，ニッチの農業経営，および直接販売

(b) 費用を低下し，生産を改良し，環境に優しい実践を促進するための遺伝子工学

(c) 農産品の生産と販売において，コンピュータやGPS（Global Positioning Systems，全地球測位システム）などの技術の使用増加

クラウドコンピューティングの新興に伴い，これが前述した全体的な傾向をサポートし，暗黙の知を明白な知へと転換するのに非常に適していることを人々は期待できる。クラウドサービスは，農業経営のPDCA（plan-do-check-act，「計画」「実行」「点検」「改善」）ライフサイクル過程（Hori ら 2010）をベースにできる。データの視覚化，データマイニング，および知識管理は農業におけるクラウドサービスの基盤である。農業分野は単なる生産活動ではなく，人々の間のコミュニケーション，販売，ロジスティクスなど，他の活動を含む。携帯電話は村民にとって夢が叶うものである。村の農民はICTを携帯電話に置き換えようとする。携帯電話は音声通信だけに使用されるのではなく，今日の村民はモバイル操作の完全な知識をもち，統合された機能性の点でその価値と利点を理解してきた。そのため，農業のためのM-農業あるいはモバイルアプリが効率性と生産性の改善に重要な役割を担う。バイオインフォマティクスは，植物ゲノムの解読を助ける生物学的データを管理するための情報技術の応用である。ここ20年の間に，生物科学の分野において途方もない量のデータが産生されてきた。まず一連のモデル生物のゲノムの塩基配列決定が開始され，2番目に研究室レベルの研究におけるハイスループットな実験技術が迅速に利用された。以前は研究室や野外，植物クリニックで開始していた生物研究は，いまや，データの分析，実験計画の作成，および仮説構築のためにコンピュータを使用したコンピュータレベルで開始する。生物研究でのさまざまなバイオインフォマティクスツールの利用は，結果の保存，検索，分析，アノテーション，視覚化を可能とし，生物系のより良い理解を十分に促進する。このことは，植物の品質を改良するために，植物のヘルスケアに基づく病気の診断に役立つだろう。微生物は農業での役割が重大であり，バイオインフォマティクスはこれらの生物のゲノム情報を与える。

バイオインフォマティクスツールは，これらの生物種のゲノムに存在する遺伝子に関する情報の付与に重大な役割を果たす。植物と動物のゲノムの配列決定は，農村に巨大な利益をもつはずである。バイオインフォマティクスツールはこれらのゲノム内の遺伝子を探索してその機能を解明するのに利用できる。その後，この特定の遺伝子の知識は，干ばつ，疾病，および昆虫への耐性がより強い作物を生産し，より強い耐病性と生産性をともなってより健康にするために家畜の

品質を改良することに利用できるだろう。

(a) バイオインフォマティクスの統合は植物科学に影響し，次の領域で作物改良を導くだろう。すなわち，遺伝子導入植物の設計と構築との共同によるゲノミクス，発現分析および機能ゲノミクスを通じた重要な遺伝子の同定であり，商業上重要な作物の量的および質的形質を改良する新しい標的遺伝子の同定を助ける。
(b) シグナル認識および伝達経路の構成要素の分析に基づいた農業化学製品の設計。ケモインフォマティクスツールを用いた，除草剤，農薬あるいは殺虫剤として使用できる化合物同定のための標的の選択。
(c) 農業の生物種で遺伝的多様性を保存するための植物遺伝資源の利用。タキソノミー（分類用語）データのニーズは，古典的分数学（タキソノミー）の分野をはるかに超えており，表現型と遺伝子型の属性がついた全種のカタログが必要である。コアのタキソノミーの取り組みは，規制，管理および保存の機関の仕事に安定性を与える。
(d) クローン，細胞株，生物体および種子の生物レポジトリの効率的な利用。通常，既存のレポジトリはデータベース内で互いにリンクしていない。多数の商業的データベースおよびレポジトリもまたバイオインフォマティクスインフラの一部であるが，大部分は今日の共同活動の範囲外で運用している。

バイオインフォマティクスは次の点で役立つ（Singh ら 2011）：
1. 栄養の質の改良で，研究者はビタミン A，鉄およびその他の微量栄養素のレベルを増加するためにイネへの遺伝子導入に成功した。
2. 貧土壌地域で作物を生産するための，土壌のアルカリ性に対する耐性の増加の開発。
3. モデル作物系から得られた情報による他の食用作物の改良。

2. 農業における ICT

農業開発は資源，インフラ，技術および施設を必要とする。市場が農業の成長を駆動するため，現在のマーケティングは情報システムが必要である。

農業での ICT の採用は，教育，訓練，e-サービスおよび農村開発プロジェクトに必須の役割を果たしてきた。村レベルでオープンソースのソフトウェアで構成する情報センターを通じた農業の ICT の利用は，インドなどのとくに発展途上国で農村住民におけるデジタルデバイド（情報格差）のギャップを減少するだろう。農業での ICT（Rudgard ら 2009）活用の主要な駆動輪を以下に述べる。

2.1　低コストで高い普及率の接続性

インターネットおよびモバイル技術は，費用の低下とより良い競合を可能としてきた。

2.2　ICT ツール

ノートパソコン，電話，周辺機器，およびソフトウェアは，イノベーションにより今日の世界で安価に利用できる。SMS（ショートメッセージサービス）などの技術は，大量に販売する場合に 警告の受信と取引行動において農家を助けてきた。

2.3　データストレージおよび変換における進歩

農業での ICT の利用は，遠隔でのデータへのアクセスと共有の能力を改善した。これは農業研究で，より多くの利害関係者（ステークホルダー，stakeholder）を含む機会を与えた。

2.4　オープンアクセス

以前はアクセスが困難だった情報は，ICT のおかげで今やパブリックにアクセス可能である。Facebook などのソーシャルメディアは，農業分野でさえも知識の共有と協力を可能としてきた。

遺伝子改変，バイオインフォマティクス，ゲノム研究および情報技術は農業での成長を刺激する重要な役割を有し，これらの技術の融合は今日の急務である。農業における ICT の目的は，恵まれない集落の生活に変化をもたらすことである。農業における ICT は，地方の農家に他では利用できない情報を与え，他では不可能な結果を与えることであろう。

情報，知識および技能の開発へのアクセスは，地方の農家の生計の改善に非常に重要である。これらの目的に合わせるために ICT を用いた農業配信機構をもつことが必須であり，それは農業で発表中の数々の役者の間での迅速な農業情報交換とイノベーションの点で，協力と通信の促進に対して理想的に適合し，また「農業オンライン（Agriculture Online）」によるオンデマンドサービスの提供に適合しているからである。

ICT は「仲介人」のビジネスモデルの初歩である。仲介人とは，拡張エージェント，コンサルタント，農家などと契約する会社か，助言，知識，協力，および農業セクターのグループやコミュニティ間の相互作用を仲介するために出現してきたその他のものである。地方および種々の施設の数百万人もの農家に，情報を作成し，アクセスし，使用し，および協同する能力を付与することは，ICT によってのみ可能である。さらにそれは e-ラーニングを促進し，高速度かつ信頼できる通信ネットワークは農家が拡張ワーカーや農業ビジネス，研究者などと接触する機会を与える。

世界の農業における携帯電話とインターネットの使用に対する研究機関，拡張エージェントおよび政府の間の政策変動は，ICT による農業のイノベーションに貢献してきた。その変化のおかげで，ICT は農業研究をより包括的にし，開発の目標に注力できるようにしている。知識共有ツールキット（http://www.kstoolkit.org）は，研究計画サイクルの各段階を通じて協力を促進する方法群およびツール群で構成する。

ICT は iFormBuilder（http://www.iformbuilder.com）などのモバイルアプリを用いた農業オンライン調査を可能とし，その研究データはスマートホン，SMS（ショートメッセージサービス）テキストメッセージを用いた携帯電話，PDA（パーソナルデータアシスタント），GPS（全地球測位システム）ユニット，および土壌の栄養レベルの指標を測定するデバイスなどのモバイルデバイスから収集される。このデータは，種々のICTツールを用いて分析される。分析ツールを用いて分析できるGISデータ，遠隔検知データ，作物ゲノムの配列データなどを提供するさまざまな組織がある。これらの分析ツールは法外な値段であり，農業イノベーションを促進するためには発展途上国が無料で利用できるようにしなければならない。

新興の情報技術のツール，すなわち差分全地球測位システムやレーザー探査システム，および携帯型コンピュータの重要性は，農業全般の農業研究，とくに精密農業において卓越している。これらのツールは天然資源の目録およびその管理の作成や，土地台帳の作成およびその更新，参加型地理情報システムの下でのある課題の地図の作成などへの応用に成功した。

農業生産者が使うソフトウェアパッケージは，財務会計のために設計された最も一般的なものを指向したデータである。コンピュータを所有する農場の割合は増加が続いている。大部分の商業的農場は現在コンピュータを所有しインターネットへのアクセスがあり，多くは高速接続である。農場で使用する多数のソフトウェアは大部分がスタンドアローンである。農場のパッケージの大部分は，財務記録を維持するための会計，税金，および家畜問題に取り組むための生産管理に関連している。データベースシステムは田畑や田畑の一部分の情報，とくに利用した肥料や殺虫剤，植えた品種および達成した収量などの情報の追跡の保持に利用できる。その土壌で入手可能な栄養素と農作物の目標収量に基づき，さまざまな農作物にとっての主な肥料源である窒素，リンおよびカリウムを推薦する簡単な仕組みを提供するオンラインソルーションである，ウェブベースのオンライン栄養素システムが利用できる。

「Integrated National Agricultural Resources Information System（統合化国立農業資源情報システム）」という題名がつけられたNational Agricultural Technology Project（NATP，国立農業技術プロジェクト）は，農作物上におけるデータマートを開発した。このプロジェクトのもとで開発された意思決定支援システムの標的ユーザーは，(1) 研究管理者，(2) 研究者，(3) 一般ユーザー，である。これはおそらく世界初の，農業資源のデータウェアハウスの試みである。これは，研究者，プランナー，意思決定者，および開発機関にOLAP（online analytical processing，オンライン分析処理）意思決定支援システムの形で，系統的かつ定期的な情報を与える。

情報システムは，遺伝子挙動の追跡，配給の均衡，健康問題のモニター，施設の予定作成，住居環境の制御，などを支援する。情報システムは，従来の小型の農業経営よりも，生産単位当りのコストを大きく低下（10～15%）できるだろう。情報システムは，戦略的な競合利益の獲得に使用できる。養鶏産業の成長が低下したため，養鶏産業の現状の直接情報を収集して養鶏インフォマティクスのパイロット研究が開始された。養鶏インフォマティクスの集中作業は，養鶏生産活動に勢いをつけることが期待できるだろう。

クラウドコンピューティングサービスは農業イノベーションシステムを改善する莫大な可能性をもつ。資源はインターネットを通じてオンデマンドで準備できるため，コンピュータ資源の共有プールへのアクセスは，今まで非常に高価で手が届かなかったデータ共有の取り組みに対する機会を作った。これはデータ収集と集積の過程にすることにつながり，研究，普及および教育に重要である。

3. 農業での課題

インドや中国などの発展途上国では，農業が約半分となっている主要雇用源である。農業生産は国内総生産に直結し，またそれが産業として扱われる国々では輸出の拡大を約束する。一般的に，収量は面積，種子の品質，肥料の品質，与信状況，および機械化状況に影響される。収量への影響は，生産に影響するために主要な課題である。土地 / 収益記録が計算されれば，次の事項の推定に役立つだろう。すなわち，(a) 灌漑面積，(b) 休耕地，(c) 荒れ地，である。主要課題は，農業生産増強のために休閑地または灌木に覆われた土地へ水を供給することである。利用可能な種子の種類は水と肥料の変更が必要であるため，さらなる課題となっている。交配種が高収量であることは，産業目的に灌漑領域部分を解放する機会を与える。そのため，種子の品質，およびその利用可能性の情報と，有機肥料，無機肥料，およびバイオ肥料の利用可能性は，生産性の改善と意志決定に重要である。トラクター，噴霧機器，作物刈取り機などは農業では重要な役割をもつため，これらが利用可能かなどの時機を得た情報はきわめて重要である。

今日，農業が直面している世界中のおもな課題は次のとおりである。すなわち，

(a) ヘクタール当たりの収量が低いこと，生産の不安定さ，および地域と農作物ごとの生産性の相違。
(b) 生産性向上による農業の成長促進の達成。
(c) 干ばつになり易い環境への持続可能な水管理戦略の開発。
(d) 乾燥地の塩分との戦い。
(e) 遺伝子操作食品を生育させるか否かの意思決定との戦い。
(f) 国内的に一部の商品の輸入品との競合増加への直面。
(g) 森林破壊。
(h) 適切なインフラ，信用および現代技術へのアクセスの欠如または貧弱さ。
(i) 農業投資に影響する農業経営の収穫前および収穫後の効率的で効果的な供給チェーンの欠如。
(j) 多層分画に迅速に変化する耕作地，農家の利益になる企画や保険制度の欠如。
(k) 生産急上昇時の適切な貯蔵あるいは流通，および農家への適切価格提供の欠如。

4. クラウドコンピューティング

4.1 基礎

クラウドコンピューティングのパラダイムは，より広い局面で大規模に分散され，大規模な経済力によって駆動されている。その内部のプールは，抽象化し仮想化された，動的にスケーラブルな，管理されたコンピュータパワーからなっており，保存，プラットホーム，およびサービスが，インターネット上から外部のカスタマーにオンデマンドで配信される。クラウドコンピューティングは，ネットワーク経由でオンデマンドアクセスを提供することにより，より迅速，高スピード，かつ低コストで駆動するサービスの技術によって可能となった配信モデルであり，それ

は最小限のサービスプロバイダとの関わりにより迅速に準備しリリースすることができ，必要に応じて従量課金される共有のコンピューティング資産（たとえば，サービス，アプリ，フレームワーク，プラットホーム，サーバ，ストレージ，およびネットワーク）の伸縮自在なプールへのオンデマンドアクセスの提供によるものである。

John Foleyはクラウドコンピューティングのことを，「自分のデータセンターの外に格納され，他人と共有され，操作が簡単で，会費制の支払いで，ウェブを介してアクセスされる仮想化されたIT資源へのオンデマンドアクセス」と述べている。

Forresterはクラウドコンピューティングのことを，「エンドカスタマーのアプリのホスティングが可能で，消費ごとに請求書が送られるような，抽象化された，高度にスケーラブルで，管理されたコンピュータインフラのプール」と定義している。

米国国立標準技術研究所（NIST, The National Institute of Standards and Technology）のクラウドコンピューティングプロジェクト（Cloud Computing Project）はクラウドを，「最小の管理努力あるいはサービスプロバイダー相互作用によって迅速に準備してリリースできる設定可能なコンピューティング資源（たとえば，ネットワーク，サーバ，ストレージ，アプリ，およびサービス）の共有プールへの便利かつオンデマンドのネットワークアクセスを可能とするモデル」と定義している。

Lewis Cunninghamはクラウドコンピューティングのことを，「誰かのデータセンター内の誰かのハードウェア上で実行する誰かのソフトウェアにアクセスするためにインターネットを使用すること」と定義している。

クラウドコンピューティングは，ICTサービスの配信に対する根本的に新しいアプローチであり，以下の点で有望である。すなわち，

(a) 共有されたコンピューティング資源へ「どこからでも」アクセス

(b) バックエンドのコンピューティング装置およびソフトウェアへの資本支出からの「解放」

(c) 従来モデルより非常に早くかつ安価にコンピューティングサービスを準備する能力

(d) そのようなサービスを計量ベースあるいは使用当りのベースの何らかの形で支払う能力。

クラウドは，強力で，ほかではしばしば得られないITインフラを適度の費用で与える。さらに，個人や小型のビジネスを迅速な陳腐化や融通性欠如の心配から解放する。

クラウドコンピューティングは，共有資源や共通にインフラにアクセスする設備を提供し，変化するビジネスニーズに合う運営を遂行するためにネットワークでオンデマンドサービスを提供する。アクセスする物理的資源やデバイスの場所は，通常はエンドユーザーには知られていない。それはまた，開発し，設置（デプロイ）し，そのアプリを「クラウド上で」管理する設備もユーザーに与え，それ自体を維持し管理する資源の仮想化を伴う。

クラウドコンピューティングは，消費者の緩徐な変化とビジネス経験をその手元のちょっとした装置（ガジェット）で示す。ビジネスのデータ処理とバックエンド作業は，いまやクラウド内で利用できる。小さいビジネスはローカルなインストールにかなりの量を費やす必要はない。大企業と小企業の机上の経験は，いつでも，ほぼどのガジェットによっても起動できるアプリに徐々に置き換わっている。

クラウドコンピューティングソリューションの構成は，(1) クライアント，(2) データセンター，(3) 分散サーバ，である。クライアントは，PDA（携帯情報端末），スマートホン，iPhone およびウェブブラウザなど，情報へアクセスするためにエンドユーザーがクラウドとの対話に使うデバイスである。データセンターは，ストレージ装置の集合体，サーバおよびその他の通信装置が管理されている領域あるいは場所である。サーバは，インターネットあるいはイントラネットからアクセスできる。IT で増加しつつある傾向はサーバを仮想化すること，すなわち一つの物理サーバはさまざまな機能に応じる複数の仮想サーバを収納できる。

農漁食糧省（Department of Agriculture, Food and Marine）などの公的機関は，貯蔵コストを低下し電冷却，基本的管理のコストを共有するために，自分たちのバックエンド ICT インフラあるいはその要素を他の公的サービスセンターのデータセンターに共在あるいは集約させている。クラウドコンピューティングは現在公的機関に，従来の供給モデルに代わるものとして計量ベースで ICT サービスの消費を考慮する機会を与える。

分散サーバは地理的に分離され，異なる場所に配置されている。このことは，フェイルオーバーあるいはセキュリティの選択肢の点でより融通性を提供する。サーバの場所はクラウド加入者には知られていないが，加入者は全サーバが互いに隣に配置されていると感じている。分散の利点は，さらなるサーバが新しい場所に追加でき，それがクラウドの一部になるということである。専門知識，経験および正しい資源がクラウドコンピューティングソリューションの構築の鍵である。クラウドコンピューティングは，正しい資源がない場合にソルーションの供与に重要な役割を果たす。最初は，クラウドベースのソルーションを構築することは高価かもしれないが，そのようなソルーションによって与えられる利益は初めの費用よりはるかに大きい。

通常のコンピューティングおよびクラウドコンピューティングの相違を**表 1** に示す。大部分の農業ソフトウェアは，今日現在，ウィンドウ環境を使用しており，これによってユーザーは情報へのアクセスや一つのアプリから別へとデータの移動，あるいはアプリのリンクが容易となっている。

クラウドベースのソルーションあるいはアプリは，机上の経験を超えたユーザーの移動を可能とするため，そのようなソルーションのクライアントあるいはユーザーエンドへの効果を考慮しなければならない。たとえば，農業市場の場での商人は，グーグルのメール，保険会社サーバの保険データなどを有し，これらは分散サーバとデータセンターのすべてで利用可能である。ユーザーはクラウドにデータを保持し，一方それが保守されることを期待している。したがって，

表 1　通常のコンピューティングとクラウドコンピューティング

	通常のコンピューティング	クラウドコンピューティング
1.	手動で準備	自動的な準備
2.	システム管理者が管理	API が管理
3.	固定キャパシティ	弾性キャパシティ
4.	キャパシティに対する支払い	使用に対する支払い
5.	専用ハードウェア	共有ハードウェア
6.	資本支出と運用支出	運用支出

データはインターネットに分散され，その後にローカルなデスクトップあるいはローカルエリアネットワークのデータベースで利用可能である。**図 1** のクライアントはこれらのユーザーに等しい。ユーザーエンドで双方向アプリケーションを始めつつ，Web 2.0 プログラミング言語技術を採用することが一般的である。クラウドのアプリは開発中に AJAX および Ruby on Rails などの技術を広範に使用する。セキュリティは，最良のユーザーインターフェースをもつにもかかわらず，エンドユーザーにとっておもな課題のままである。この課題とは別に，ユーザーの経験は，クラウドから受信したデータをローカルのハードウェアあるいはガジェットがどのくらい速く処理するかに依存している。普及している SaaS ベンダの一部を**表 2** に述べた (Kang ら 2010)。

4.2　特徴

クラウドコンピューティングは，他のどのコンピューティングパラダイムと比べても新しい一連の特徴を示している。これを次に簡潔に述べる：

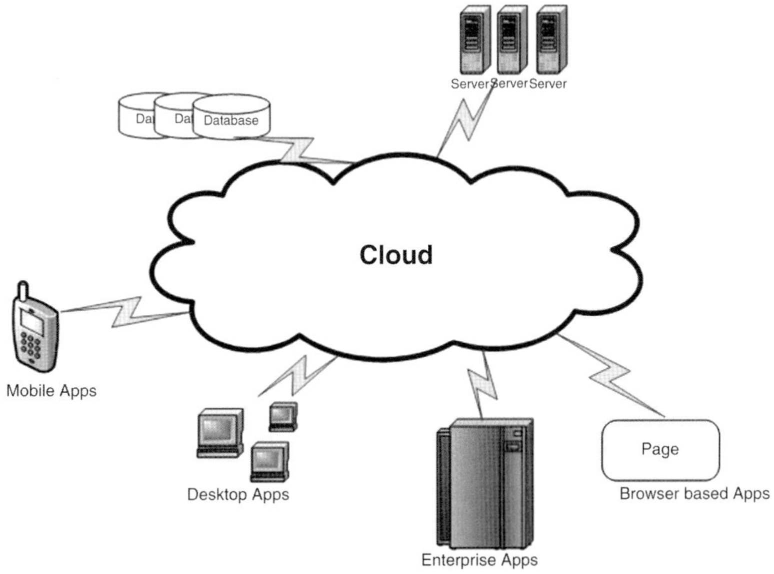

図 1　クラウドコンピューティングの概念図

表 2　商用 SaaS ベンダ

ベンダ	説明	サービス
アマゾン	コンピュータリソース	IaaS
セールスフォース	ウェブベース CRM	PaaS
マイクロソフト	オフィスツール	SaaS
Google	ウェブオフィスツール	SaaS

※　IaaS，PaaS，SaaS の説明は本文に後述 (セクション 4.3)。

(a) **スケーラビリティとオンデマンドサービス**－クラウドコンピューティングは，ユーザーにオンデマンドで資源とサービスを提供する，すなわち，消費者はサービスプロバイダーとの人的対話無しに必要に応じて自動的にサーバ時間やネットワークストレージなどのコンピューティング能力を一方向性に準備できる。資源はいくつかのデータセンターを超えてスケーラブル（拡張可能）である。クラウド環境は高度のスケーラビリティを与え，サービスをより大きい視聴者にビジネスの要求を満たすサービスを与える。

(b) **サービスの質（QoS）**－クラウドコンピューティングは，ハードウェアあるいはCPUパフォーマンス，帯域幅，およびメモリキャパシティの点でユーザーにQoS（サービスの質）を保証できる。サーバの利用可能性は高く，インフラ失敗の機会が最小であるために，より信頼できる。

(c) **ユーザー中心のインターフェース**－クラウドインターフェースは場所に非依存性で，ウェブサービスやウェブブラウザなどの十分確立されたインターフェースによってアクセスできる。また，クラウドは不均一な厚いクライアントプラットホーム（たとえば携帯電話，ノートパソコン，およびPDA）による使用を促進する仕組みによってアクセスできる。

(d) **自律システム**－クラウドコンピューティングシステムは，ユーザーに対して透明に管理された自律システムである。クラウドは「分散モード」環境で働く。ソフトウェアとクラウド内データは，ユーザーのニーズに応じて簡単なプラットホーム上に」自動的に再設定および統合が可能である。クラウド環境は，ユーザー内で資源や業務を共有し，つまり，プロバイダーのコンピューティング資源はマルチテナントモデルを用いて複数の消費者に奉仕するためにプールされるために，より迅速であり，そのさまざまな物理資源および仮想資源は消費者の要望により動的に割当ておよび再割当てされる。

(e) **価格設定**－クラウドコンピューティングは前払いの投資を必要としない。資本支出はまったく不要である。ユーザーは必要な時に，使用料を払う，またはサービスやキャパシティに対価を払う。すなわち，計量能力へのテコ入れにより，資源の自動制御と最適化によって資源の利用状況を管理し，制御し，報告させることができる。プロバイダーとユーザーの間のSLA（Service Level Agreement，合意サービス水準，サービス品質保証）は，サービスの透明性および品質のために従量課金（pay-per-use）様式でサービスを提供する際に決めなければならない。これは，提供されるサービスの複雑性に基づいていると思われる。

(f) **API**－API（アプリケーションプログラミングインターフェース）がユーザーに提供されるため，ユーザーはクラウド上でサービスにアクセスできる。

図2において，クライアントは，UIチャンネルと，ブラウザやモバイルデバイス，スマートホンなどの人間が操作するすべてのタイプのデバイスを参照する。アプリおよびコンポーネントサービスは，別注あるいは注文により動作したアプリまたはコンポーネント，CRMなどの既製品ソルーション，要求に応じた課金，などを参照する。プラットホームは，アプリおよびサービス層をサポートするすべてのソフトウェアから構成される。また，それはアプリとIaaSの間の橋渡しとして働く。インフラ層は，サーバ（コンピューティング），ストレージ，および仮想化

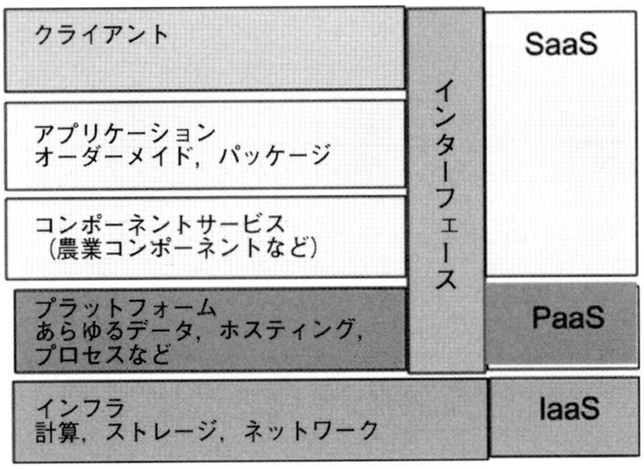

図2　クラウドサービスの階層

を含むネットワークインフラから構成される。外部サービス消費者は，API（アプリケーションプログラミングインターフェース）を用いてサービスと相互作用するために，サービスによって示されたインターフェースを使用する。サービスプロバイダーは，図2に示すように，ハードウェアおよびプラットホームからアプリコンポーネント，ソフトウェアサービス，およびすべてのアプリまで，従来のITスタック全体を含むように利用できる提供物を拡大している。各階層の全水準にわたるクラウドコンピューティング提供物での共有のスレッドは，消費者-プロバイダー間の相互関係と，二つの部分を結合するネットワークへの依存性である（Raines 2009）。

クラウドインフラは，クラウドコンピューティングを支援するために複数施設に分散している物理資源を提供する。仮想マシン（VM）などの概念をもつ仮想化技術は，物理資源のより高度な使用を許容してインフラ層を非常に効率的にした。ストレージ仮想化の進歩のために，ストレージをインターネットに徐々にレンタルすることが可能である。たとえば，1例としてオンデマンドのネットワークベース大規模ストレージがある。サービスとしてのコンポーネントは，サービスコンポーネントが分散しているために，システム同士を統合するように十分定義されたインターフェースを有する。システム統合は組織内でも外部組織にわたってもその複雑性が増加している。SOA（Service Oriented Architecture，サービス指向アーキテクチャ）はコンポーネントを与えることでシステムにわたる統合の能率化を試みている。クラウドコンピューティングとSOAは同義語であり，サービス指向などのいくつか共通の特徴を共有する。クラウドコンピューティングおよびSOAは，補足的な活動として，独立して，あるいは同時に追求できる。図2から，SaaS（software as a service，サービスとしてのソフトウェア），PaaS（platform as a service，サービスとしてのプラットホーム）およびIaaS（infrastructure as a service，サービスとしてのインフラ）という三つの通信モードで，クラウド内のサービスがエンドユーザーに提供されることが明らかである。これは次のセクションで詳細に述べる。

4.3　配信モデル

農業の研究，教育，普及および訓練は，持続可能な農業の必須の 4 本柱である。情報通信技術（ICT）は，これらの四つの要素で果たすべき大きな役割がある。持続可能な発展は，土壌，水，家畜などの天然資源，植物遺伝学，水産，林業，気候，降雨および地形の慎重な活用に依存する。生産性と持続可能な発展は，新しい調査研究ごとに関連をもつ。

農家は，他の農家，資金投資家，教師，公衆電話オペレーター，郵便配達人および医療従事者，政府役人，農業普及者，農業フェアおよび農業大学からのいろいろな情報源を通じて，またラジオ，テレビおよび新聞を通じて，現在の情報を集めることができる。しかし，何らかのそのようなソースで利用できる情報は農家に必ずしも簡単に利用やアクセスができず，農家の無知によりこれらの情報源から何らかの利益を得ることが妨げられる。地域の農業センターは，作物品種，害虫の防除，および政府の計画や補助金に関する最新の情報を持たない。そのため，情報技術のサービス指向フレームワークが持続可能な発展には必須である。

情報技術を基にしたサービスは，土地が市場から遠く，生態学的に虚弱な領域にあり，自分たちの生産性を促進するための資金やツールを欠く小規模農家を支援する触媒として機能するべきである。情報技術ベースのサービスは，クラウド内で管理できる。

4.3.1　サービスとしてのソフトウェア（SaaS）

支配的な流通サービスモデルとしての SaaS は，ウェブサービスおよびサービス指向アーキテクチャー（SOA）を支援する基盤技術である。SaaS モデルでは，ユーザーはインターネット上でプロバイダーが管理しているサービスにサインアップし，その場所あるいは実装の知識なしにそれらを使用する。アプリは，ウェブサーバ（たとえばウェブベースの e-メール）などの二次元的なクライアントインターフェースあるいはプログラムインターフェースを通じてさまざまなクライアントデバイスからアクセスできる。SaaS アプリはエンドユーザーのために設計され，ウェブで配信される。サービスはオンデマンドサービスとして社会に提供され，NGO や協同組合，市場の流通業者と小売業者および農家などからのユーザーにより使用される。これらのサービスを利用する本人は，サーバやソフトウェアライセンスに先行投資する必要はない。SaaS の主要な利点は，使いやすさとアクセスしやすさである。しかし，エンドユーザーは，アプリあるいはサービスの開発に使用された複雑さ，あるいは技術には，気に留めていない。SaaS は，ASP（アプリケーションサービスプロバイダー）とは逆に，高い展開効率とサポート可能なプラットホームをもつサービス指向のフレームワークであり，一方で ASP は展開効率が低いアーキテクチャ指向のソルーションのほうに焦点を当てている。

エンドユーザーは，ネットワーク，サーバ，オペレーティングシステム，ストレージ，あるいは個別のアプリ能力をも含む基盤のクラウドインフラの管理や制御を行わない。SaaS の特徴は以下のとおりである。すなわち，

(a) アプリへのウェブアクセス

(b) 中央の位置から管理されているソフトウェア

(c)「一対多数 (one-to-many)」モデルで配信されるソフトウェア
(d) ユーザーはソフトウェアのアップグレードやパッチの処理が不要
(e) 統合可能な API（アプリケーションプログラミングインターフェース）
図 3 に，農業におけるクラウド消費者が利用可能な SaaS サービスの例を示す。

4.3.2　サービスとしてのプラットホーム (PaaS)

PaaS は，それらのアプリを構築（ビルド）し，配置（デプロイ）し，配信し，管理するために IaaS（サービスとしてのインフラ）上にアプリ中心の開発環境を提供する，すなわち，それは消費者に，プロバイダーによってサポートされたプログラミング言語やライブラリー，サービスおよびツールを用いてクラウドインフラ上に作成する消費者の作成したあるいは獲得したアプリを配置（デプロイ）する能力を与える。それは種々のアプリを配信するためのオペレーティング環境を与え，本質的に SaaS アプリ配信モデルの派生物である。PaaS は，これらのアプリを迅速かつ効率的にコーディングし配置（デプロイ）するように設計されたツールおよびサービスのセットである。構築されたアプリは，プロバイダーのインフラ上で実行される。共同作業する複数のユーザーは同じアプリを利用する。また開発者は，プラットホームが与える認証やデータアクセスのような，追加のインフラ設備を見直すことができる。アプリの管理可能性およびスケーラビリティ条件に適合することは，プロバイダーの責任である。このサービスの限界は，プロバイダーのクラウドインフラへの依存性である。エンドユーザーは，ネットワーク，サーバ，オペレーティングシステムあるいはストレージなどの基盤のクラウドインフラの管理や制御をしない。PaaS は，ウェブ上で配信されるソフトウェアであることよりむしろ，ウェブ上で配信されるソフトウェア作成のプラットホームであること以外は SaaS に類似している。PaaS サービスの配信は，複数の開発者が同じプロジェクトに関与している場所で，またアプリを開発しつつデータ源あるいはインフォマティクスツールなどの既存の資産を見直す時にも採用される。PaaS の限界は，プロプライエタリな（特定業者に独占的な）ツールあるいは言語，ベンダーロックイン[*1]，およびポータビリティ[*2]を含む可能性がある。

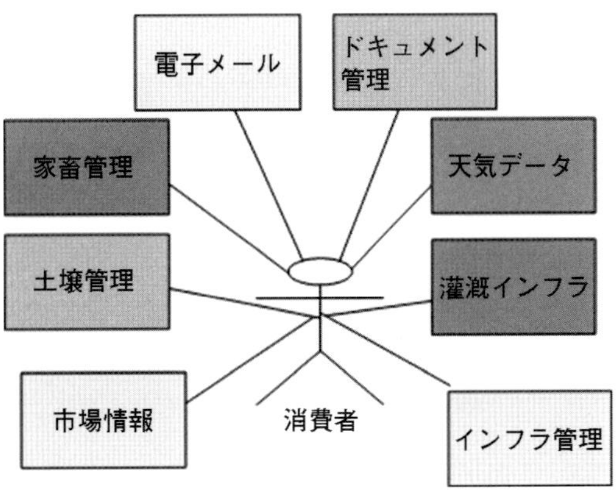

図 3　SaaS 消費者への農業用サービス

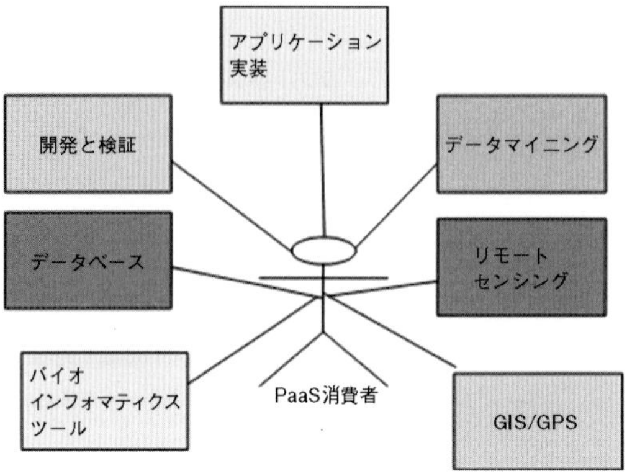

図4 PaaS 消費者への農業用サービス

図4は，農業におけるクラウド消費者の利用できる PaaS サービスの例を示す。

4.3.3 サービスとしてのインフラ（IaaS）

IaaS は，サービスとしてのコンピュータインフラ（通常はプラットホーム仮想化環境）の配信である。IaaS は，**図5**に示すようにサーバ，ストレージシステム，ネットワーキング装置，データセンター空間などの共有資源の点でインフラスタック全体を与える。

IaaS は，ソフトウェアの代わりにハードウェアを配信する点で SaaS とは異なる。計算機資源あるいはその場所の詳細はクライアントあるいはカスタマーには開示されないが，作業負荷を管理するために必要に応じて割当てられる。計算機資源は動的スケーリングによってサービスとして流通する。クライアントは通常はサーバインフラへの十分な制御により自分自身のソフトウェアをサーバインフラ上に配置する，すなわち，ユーザーは基盤のクラウドインフラを管理あるいは制御しないが，オペレーシングシステム，ストレージおよび配置されたアプリの制御と，また場合によっては選択されたネットワーキングの限定的コントロールをもつ。IaaS は，高いサービス価格，サーバのダウンタイム問題などの，それ固有の限界がある。IaaS の基本的な基

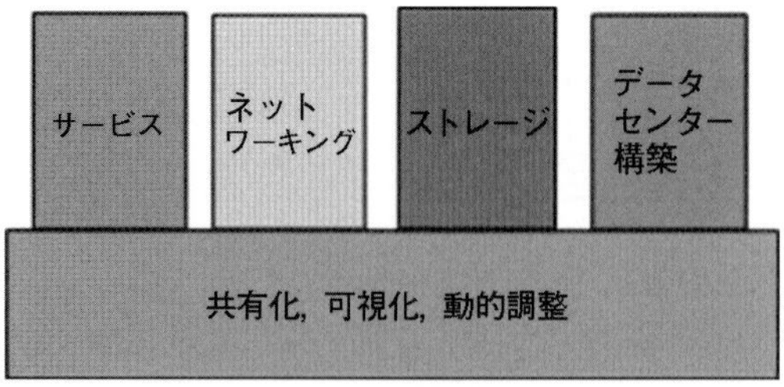

図5 インフラ構築ブロック

＊訳注 1：特定ベンダーに独占的なアプリ，言語，システムなど。
＊訳注 2：ソフトウェアの移植性の問題。

板の上に構築された他の注目されるモデルは，サービスとしてのコンピューティング（CaaS）とサービスとしてのハードウェア（HaaS）である。

上述のサービス配信モデルとは別に多数のバリエーションが存在する，すなわち，サービスとしてのセキュリティ（SECaaS），サービスとしてのモニタリング（MaaS），サービスとしての通信（CaaS），サービスとしてのソフトウェア検証（STaaS），サービスとしてのビジネスプロセス（BPaaS），サービスとしての IT（ITaaS），サービスとしてのデータベース（DBaaS），およびより多くの他のバリエーションが日常ベースで定義されている。

4.3.4　比較

表 3 は各サービスの重要な特徴を簡単に説明している。組織は，所有するデータセンターですべての技術的要素を完全に制御する。**表 4** は，自所有するデータセンターと比べた場合に，さ

表 3　クラウドサービスの特徴比較

サービス名	説明	特徴	例
SaaS	高度にスケーラブルなインターネットベースのアプリケーションは，クラウド上でホスト（管理）され，エンドユーザーへのサービスとして提供される。	1.（従量課金）ソフトウェア	Google メール，Cisco WebEx オフィス，myspace. com，Yahoo! Maps API，Google Calendar API，salesforce.com AppExchange など
		2. 高速で簡単な配備（デプロイ）	
		3. ベンダーによる管理	
		4. 短期使用または長期使用	
		5. ウェブサイトとして，リッチな（豊富な）インターネットアプリケーション	
		6. 連携と e-mail	
		7. 統合のための API 固有のサービス	
PaaS	システム開発ライフサイクル（Systems Development Life Cycle，SDLC）を用いたアプリケーションによる構築のためのプラットフォーム	1. 自分のクラウドサービス内で構築（ビルド）	Microsoft SQL サーバデータサービス，Google App エンジン，Linux，Apache，PHP，限定された J2EE*2，Ruby など
		2. 拡張可能な検証環境	
		3. ベンダーにより管理されたプラットフォーム	
		4. データベース	
		5. メッセージキュー*1	
		6. App サーバー	
IaaS	オンデマンドで提供されるストレージ，データベース，および CPU	1. 時間ごとに課金されるストレージとネットワーク	Amazon EC2 －オンザフライの（即座の）Linux 仮想環境の構築，GoGrid，3tera など
		2. 膨大な拡張性	
		3. 迅速な提供	
		4. 地理的に分散されたサービス	
		5. 仮想的サービス	
		6. Vlan（virtual LAN，仮想化 LAN）	
		7. 論理ディスク	

＊訳注 1：プロセス間通信や同一プロセス内のスレッド間通信に使われるソフトウェアコンポーネント。制御やデータを伝達するメッセージのキュー。

＊訳注 2：米 Sun Microsystems が策定した Java による企業システム構築のための仕様，Java 言語のうちおもにサーバサイドに必要な部品などを中心としたエンタープライズ向けの機能などをまとめたもの。

表 4　サービス配信モデルの制御レベル

シリアル番号	コンポーネント	SaaS	PaaS	IaaS
1	アプリケーション	X	√	√
2.	ミドルウェア	X	X	√
3.	OS	X	X	√
4.	仮想環境	X	X	X
5	サーバ	X	X	X
6	ストレージ	X	X	X
7	ネットワーキング	X	X	X

X －クラウド上でベンダーが管理
√ －クラウド上でクライアントが管理

まざまなサービス配信モデルの技術要素に対する組織活動の制御の度合いを示す。

4.4　配置モデル

ニーズに応じて登録できるさまざまなタイプのクラウドがある。ホームユーザーあるいは小規模ビジネスオーナーとして，あなたはパブリッククラウドサービスを最も使用するだろう。

1. **パブリッククラウド**：パブリッククラウドはインターネット接続およびクラウド空間へのアクセス権をもつどの登録者もアクセス可能である。一般的に，パブリッククラウドはインターネットで第三者あるいは業者が運営しており，ウェブアプリあるいはウェブサービス経由で計算機資源がインターネット上に動的に準備されているためにサービスは従量課金制で提供される。これらはまたプロバイダークラウドとも呼ばれている。セキュリティはパブリッククラウドでは重大な懸念である。

パブリッククラウドに理想的な配置は，またあらゆる公的方面，あるいは非機密の活動に対して最も適切である。すなわち，

(a) オープンデータイニシアチブ
(b) 公的情報レポジトリ
(c) 公的共同施設あるいは研究施設
(d) 取り扱いに注意を要しない，あるいは機密でないデータを含む分析
(e) 機密データを保存しないオンラインサービス，あるいはアプリケーションのフロントエンドの要素
(f) オンラインサービスの利用可能性，頑健性，および機能性のシミュレーション検証
(g) 機密性のバックエンドデータとの深い統合を必要としない新規のアプリあるいはソリューションの開発，検証およびパイロット実装

図 6 は，パブリッククラウド，およびその消費者の簡単な図 (Chavali および Sireesh Chandra 2011) を示す。

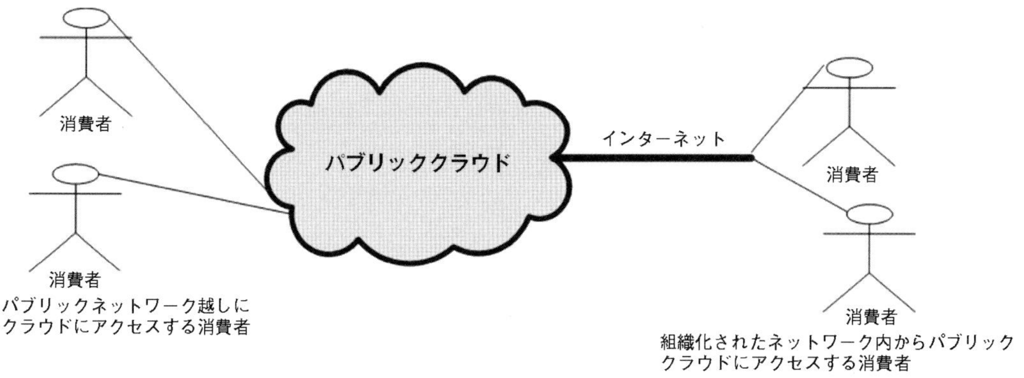

図 6　パブリッククラウドの概要

2. **プライベートクラウド**：プライベートクラウドは特定グループあるいは特定組織のために構築され，データセキュリティとサービスの品質を完全に制御することでアクセスをそのグループだけに限定する。このクラウドコンピューティング環境は組織の境界内部に存在し，組織の利益のためだけに使用される。これらはインターネットクラウドとも呼ばれる。プライベートクラウドは会社自体の IT 組織あるいはクラウドプロバイダーによって構築および管理ができる。
3. **コミュニティクラウド**：コミュニティクラウドは，セキュリティ条件，ポリシーおよびコンプライアンス検討などのクラウド条件が類似する二つ以上の組織の間で共有する。これは第三者または組織自体で管理されると考えられる。
4. **ハイブリッドクラウド**：ハイブリッドクラウドは本質的に，少なくとも二つのクラウドの組み合わせであり，含まれるクラウドはパブリッククラウド，プライベートクラウドあるいはコミュニティクラウドの混合である。

クラウドサービスの配信および配置モデルには固有のリスクがある。パブリッククラウド内の SaaS は，制御範囲が最小で，インターネットリスクが最高であり，一方プライベートクラウド内の IaaS は制御範囲が最大で，リスクが最も少ない。

4.5　課題

サービスの配信と配置モデルの間には固有のリスク関係が存在する。我々がプライベートからハイブリッド，パブリック配置モデルへと移動するにつれて直接の制御は少なくなり，リスクは大きくなり，また我々が IaaS から PaaS，SaaS へと移動するとサービス配信モデルでも同様である。クラウドコンピューティングに伴う一般的リスクの一部を，以下に示す。

1. データのプライバシー
2. データのリカバリーと利用可能性
3. プロバイダーの実行可能性
4. 規制およびコンプライアンスの制限
5. パフォーマンスの信頼性

5. SaaS レベル

SaaSの出現によって，多数のASP (Application Service Provider) の使用者はこの新しいモデルへ移行しようとした。SaaSの概念に適応するために，この節で示す成熟モデルはSaaSサービスの一般的な重要な機能の定義とSaaSサービスの構築成功の助けになるだろう。SaaSモデルでは，開発者，ベンダー，カスタマーなどの多数のロールプレーヤがいる。各マイクロソフトの成熟モデルには，アドホック/カスタム (ad hoc/custom)，設定可能 (configurable)，マルチテナント (multitenant, 複数の顧客企業で共有する事業モデル)，およびスケーラブル (scalable，拡張可能) という四つの成熟モデルがある。この四つのモデルを次に述べる。

5.1 レベル1：アドホック/カスタム

新しいユーザーが追加される時はいつも，ソフトウェアの新しいインスタンスが作成される。ユーザーが何か特定のものを必要とするならば，ソフトウェアのインスタンスが変化する。各ユーザーは，基本的に自分自身のソフトウェア「バージョン」上で実行する。さまざまなユーザーによるソフトウェアの複数のインスタンスはコンテンツを共有せずに実行し，すなわち，**図7**に示すように自身のデータベースと自身のスキームを実行する。

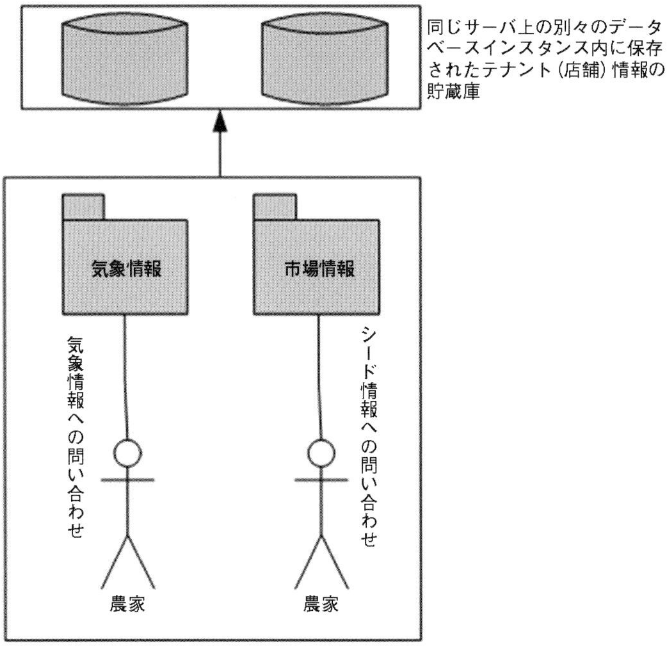

図7 同じサーバ上の天気と市場の情報：アクターごとに一つのインスタンス

5.2　レベル 2：カスタマーごとに設定可能

このレベルは，ソフトウェア（あるいはユーザーのアプリ）の別々のインスタンスと設定可能性を共有サービスに与えるために標準化を目指している。各ユーザーは同じバージョンのソフトウェアで実行する。どのようなカスタマイズも設定経由で行われる。このレベルは共有データベースと専用スキームをサポートする，すなわちテナント（店舗）データは同じデータベースに貯蔵されるが，スキームは別々である（図 8）。

5.3　レベル 3：マルチテナント，および設定可能

このレベルは，複数テナント（複数企業の使用）に焦点を当てた統合をサポートする（ユーザーを超えて資源を共有する）。すべてのユーザーは図 9 に示すように単一バージョンのソフトウェアの，および一つの「インスタンス」で実行する。データベーススキームおよびデータベースは複数テナントに同時に適応するためにそれ自体共有される。ユーザー特定の機能に合うように構築したカスタムコードは無く，これは設定によって達成される。多数のテナントに適用するとこのレベルは限界に達する。

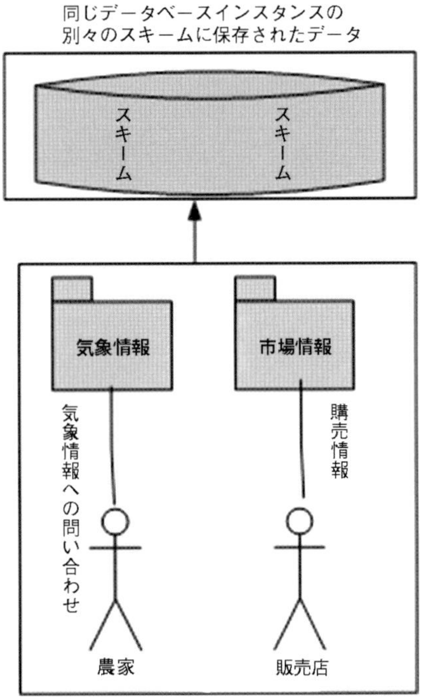

図 8　アクターごとに設定可能な，単一サーバ上の複数のデータストレージ

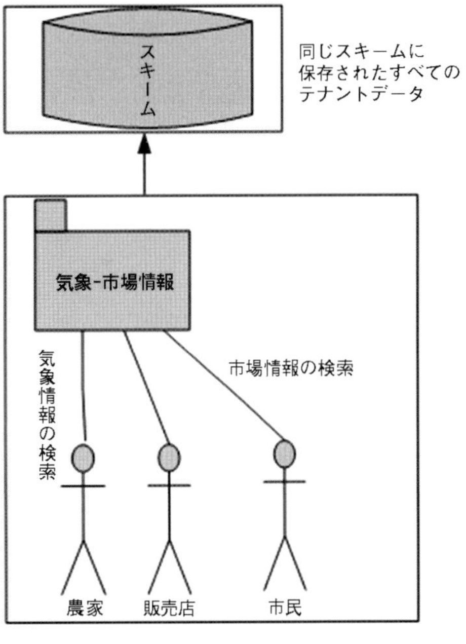

図 9　単一データベース上のさまざまなユーザー間の情報の共有；複数テナント

5.4 レベル4：マルチテナント，設定可能，および拡張可能

このレベルは，仮想化のレベルとみなされる。このレベルは，サービスの調節とカプセル化を介して資源の実質的使用の最大化に，おもに焦点を当てる。経済的理由から，アーキテクチャを決定するよりむしろ，テナントのスケーリングの程度を決定し，すなわち，インスタンス当り最適なテナント数が存在する。**図10**では，Market Info1およびMarket Info2（最新バージョンのサービス）という同じデータベースと同じスキームをもつMarket Infoの二つのバージョンを示し，すなわち，ユーザーの要求に合わせて異なるコードが実行される。

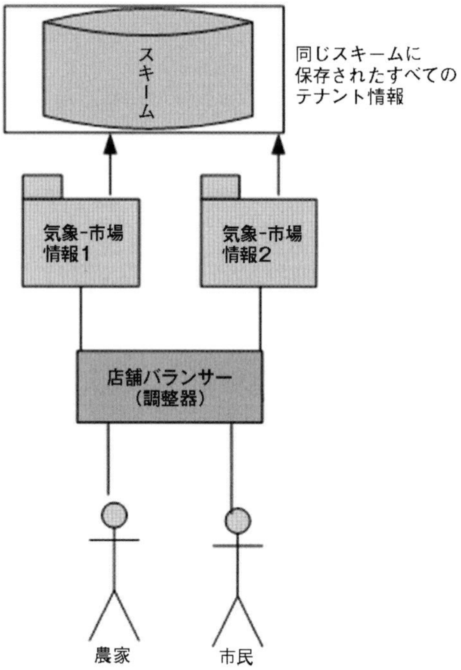

図10 さまざまなサーバでのデータストレージ；拡張可能な複数テナント

6. 農業におけるクラウドサービス

6.1 SaaSサービス

農業サービスの一覧を以下に示す（http://dacnet.nic.in/AMMP/AMMO.htm）。

6.1.1 農薬，肥料および種子（PFS）

このサービスは以下の情報を目的とする。

1. 良い農法
2. 農家に最も近い地域における現在の価格と入手可能性
3. 販売店網
4. 農薬（殺虫剤を含む），肥料および種子の品質管理と保証機構
5. 農薬と肥料の製造販売のための登録と認可
6. 種子を小売する認可の行程
7. 種子栽培者の登録と種子の認証の行程
8. 農薬，肥料および種子からの抜き取りサンプルの公示された品質テスト
9. 農薬，肥料および種子に関する専門家の助言と苦情の管理

6.1.2　土壌の健康（SH）

このサービスは以下の情報提供を目的にしている。

1. 土壌の健康状態
2. 土壌型に適した実践
3. 肥料のバランスのとれた使用
4. 土壌検査試験所の結果
5. さまざまな作物およびさまざまな農業気候地域に対する土壌調査
6. その作物あるいは代替作物の種子に関する専門家の助言
7. 農家への複数のサービス提供チャンネルを通じた苦情管理

農家は，土壌条件と他の農業気候指標を考慮した後，期待される収量や成熟期間に応じた専門家の助言も提供される。

6.1.3　作物と農業機械（CFM）

このサービスは以下の情報提供を目的にしている。

1. 植物集団の管理のための各作物段階についての最良の実践
2. 害虫と病気に対する作物の監視
3. 作物管理のさまざまな場面への専門家の助言
4. 農家への複数のサービス提供チャンネルを通じた苦情管理
5. 農家に対する農業機械の利用可能性，品質およびガイダンス

6.1.4　天気予報（FW）

このサービスは，農家に対する複数のサービス提供チャンネルを通じて，天気予報，農業に合せた助言，天気予報と作物影響のSMS警告，および苦情管理に対するそれぞれの農村環境の小地域ごとに分割された情報提供を目的にしている。

このサービスのおもな目的は，以下のようなリアルタイムの信頼できる天気情報を提供することである。

1. 衛星画像あるいはアニメーション
2. 降雨通報
3. 地理的場所に基づいた予報
4. 一定期間にわたる天気のまとめ

6.1.5　商品の価格および入荷（CPA）

このサービスは以下の情報提供を目的にしている。

1. 最低支援価格（MSP）などの価格
2. 価格，入荷および商品価格指数に関するSMS警告
3. 購入者，販売者および輸送者のためのSMS警告
4. 価格，入荷および商品価格指数

5. 最低支援価格に伴う作物の品質
6. 経時的な価格動向
7. 将来価格と入荷傾向に関する事項への専門家の助言
8. 苦情管理の機構

これは，農業生産のマーケティングの対話的電子プラットホームを提供する。

6.1.6 輸出入の電子証明（EC）

このサービスは，証明手続き，料金，所管官庁，ワークフローに基づく証明行程の自動化，SMS による状況警告，および苦情管理機構に関する情報提供を目的としている。

6.1.7 マーケティングインフラ（MI）

このサービスは以下の情報提供を目的としている。

1. 土地で利用できる収穫後施設である土地市場規制下でのマーケティングインフラ
2. プライベートおよびパブリックセクターでの両者の貯蔵庫 / 倉庫に関する利用可能性，収容力，および料金などの貯蔵インフラ
3. 信用関係における農家の情報ニーズ

6.1.8 スキーム（計画や枠組み）のモニタリングと評価（MES）

このサービスは，州（state）で実施されるスキーム（計画や枠組み）とプログラムに関する情報提供を目的としている。

1. 物理的進歩と資金運用
2. 問題の自動化と利用証明の提出
3. 苦情管理の機構
4. カスタマイズできるクエリを用いた一般的な公的および政府関係者への検索機構
5. さまざまなスキーム上の報告の評価と監視

6.1.9 灌漑インフラ（II）

このサービスは以下の情報提供を目的としている。

1. 放水計画
2. 灌漑についての最良事例
3. 地域での地下水，地下水の汲み上げポンプの利用可能性と実行可能性
4. 貯水池の水量水準と灌漑可能地域
5. 灌漑装置
6. 専門家の助言と苦情管理の機構

6.1.10 家畜管理（LM）

このサービスは以下の情報提供を目的としている。

1. 州レベルでの家畜管理に関する活動
2. 通常および干ばつ環境での家畜に関する専門家の助言
3. 農家に最も近い地域での家畜飼料の利用可能性

6.1.11　市場の情報（MKI）

このサービスは，以下ような市場関連情報を目的としている。

1. 市場料金と市場利用費
2. 市場の機能と市場の規則
3. 市場委員会の情報
4. 農産物の最高および最低価格
5. 市場の信用性や許容される標準などの販売促進情報
6. 食品産物の取引き情報

6.2　IaaS サービス

クラウドプロバイダーは現在，政府専用の自前のデータセンターにおいてクラスドインフラとサービスを分離し始めつつある。クラウドプロバイダーは公共サービス目的での装備，電力，冷却，ネットワークアクセス制御へ投資したり強化する必要がなくなったため，おそらくクラウドプロバイダーが公共サービスの施設で行う同様のことを行うにはもはや高価ではないだろう。

クラウド内のこのインフラは，インフラを管理するために，データセンターでのサーバ，ストレージ，ネットワーキングおよびセキュリティを一緒に組み合わせる。クラウドシステムはサービス自動化，および一点集中したインフラ上で構築される。IBM や HP などの OEM は，クラウドソルーションを自動化するためにさまざまなソルーションを提供しており，インフラの自動化方法に関する詳細な説明は本節の範囲を超える。インフラにおけるクラウド提供物のより詳細情報については，OEM のウェブサイトを参照してほしい。しかし，VMware を用いたデータセンターでのサーバ自動化は，アプリサービスの展望からの読者の理解のために以下に簡単に説明する。

VMware（http://www.vmware.com）を用いたサーバ仮想化の第一の利点の一つに，IT 組織によるサーバ統合を可能にすることがある。仮想化サービスは各コンポーネントサービス/アプリの複雑さ，およびサーバのコンピュータパワーに依存するため，農業サービスの全アプリ，あるいはアプリの全コンポーネントは，単一のサーバで利用できるように構築でき，これは単一の物理サーバが複数の仮想マシン（VM）をサポートできることを意味する。通常は専用サーバを必要とするアプリは，まさに，単一の物理サーバを共有できる。あるアプリ，たとえば「Information on Soil Health（土壌の健康情報）」では，七つのサービスコンポーネントを有し，これらのコンポーネントは二つの物理サーバ上に展開（スプレッド）されている。**図11**（Chavali および Sireesh Chandra 2011）は，データセンター内の各コンポーネントサービスに固有の仮想化環境を説明する。サーバ仮想化はデータセンター内のサーバ数の減少をもたらし，これは設備投資（CapEx）と運用支出（OpEx）の大幅な削減を導く。仮想マシンは，ESX

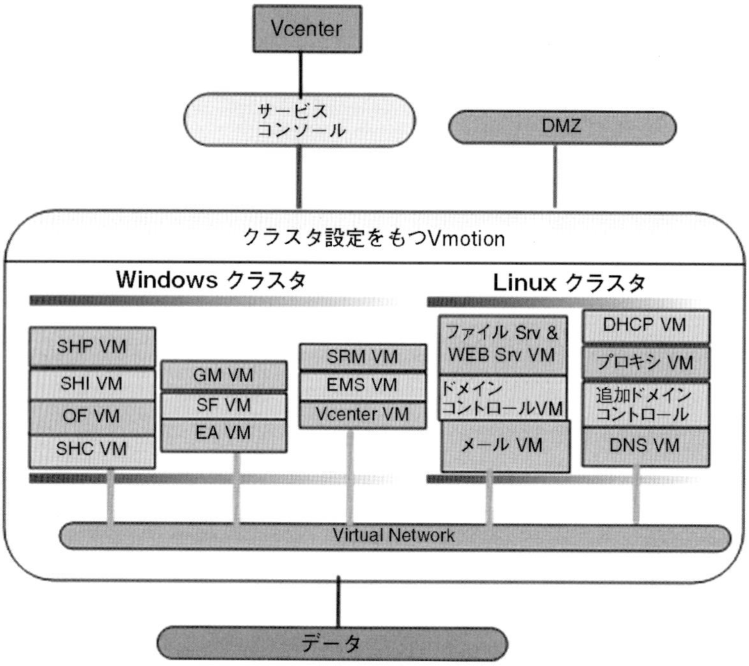

図 11　サービスの仮想ネットワーク

サーバ*1などのような仮想化をサポートするソフトウェアを用いて作成される。仮想ネットワークは，同一の物理ネットワーク上に仮想ネットワークのトラフィックを消費する帯域幅をもたない同じ物理システム上にホストされた仮想マシンの間で構築される。VMwareを用いて作成された仮想インフラは，VMotion (http://www.vmware.com/products/vmotion), DRS (Distributed Resource Scheduler, 分散リソース／スケジューラ)，およびHA (High Availability, 高可用性) クラスタなどが含まれる。VMotionは，仮想マシンがそのMACアドレス (Media Access Control address)*2を保持しながら別のシステムに途切れなくリロケートされることを可能にする。サーバの互換性プール内で仮想マシンの移行に必要なダウン時間は無い。図11では，コンポーネントサービスは仮想マシンとしてVMware ESXサーバ内部で実行されるWindowsおよびLinux上に配置（デプロイ）されている。また，仮想マシンとして実行する他のインフラアプリも，理解のために例として示されている。

サーバの仮想化 (Chavali および Sireesh Chandra 2011) は以下のことを助ける。

1. ハードウェア利用の増加，およびサーバ統合によるハードウェア要件の低下 (Physical to. Virtual (物理環境から仮想環境への) 移行，またはP2V移行としても知られている)。
2. 物理マシンの実質数の減少，および必要とされるデータセンターのラックスペース，電力，冷却，ケーブル接続，ストレージ，およびネットワークコンポーネントの減少。

---

*訳注1：VMware® ESX Serverはサーバ，ストレージ，ネットワークを仮想化するプラットフォームである。
*訳注2：LANカードなどのネットワーク機器のハードウェアに（原則として）一意に割り当てられる物理アドレス。

3. ハードウェアおよびオペレーティングシステムに関係なく，アプリの利用可能性とビジネス持続性を改善。
4. アプリ環境の即時調達と動的最適化によりビジネスニーズへの応答性を改善。

仮想化はデータセンターをよりダイナミックにする利点をもたらし，はるかに低いコストでパフォーマンス，柔軟性，およびキャパシティを与え，作業負荷とビジネス要件に応じた計算機資源の自動的かつ動的な割当てを可能とした。VMware技術では，SRM (Site Recovery Manager, サイト・リカバリ・マネージャ) を用いてプライマリな (一次的な) データからセカンダリな (二次的な) データへとデータを複製できるため，ディザスタリカバリ (災害復旧) の見地から回復力を構築でき，同様にこれらの仮想マシンのスナップショットを作成してそれらを他のサイトに複製できる。

企業管理ソフトウェア (EMS) ツールなどのデータセンターアプリは，オンデマント配信に合わせるために，インフラを制御し管理するために用いられる。

7. クラウドアーキテクチャ

図12は，NIST (National Institute of Standards and Technology, 米国国立標準技術研究所) のクラウドコンピューティング参照アーキテクチャ (Cloud Computing Reference Architecture, Fang ら 2011) を示しており，クラウドコンピューティングの要件，利用，特徴，および標準の理解を目的とした高水準のアーキテクチャである。

クラウドコンピューティングアクター

図12に示すように，NISTクラウドコンピューティング参照アーキテクチャは，五つの主要なアクター，すなわち，クラウドコンシューマ，クラウドプロバイダ，クラウドキャリア，クラウドオーディタ，およびクラウドブローカを定義する。各アクターは，クラウドコンピューティ

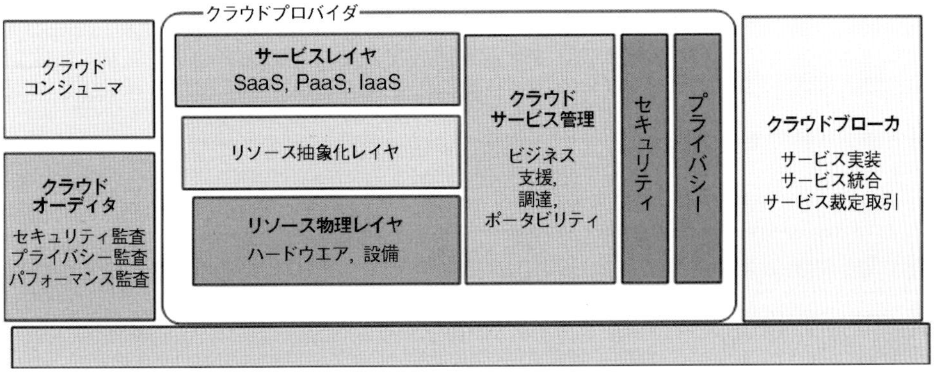

図12 NISTクラウドコンピューティング参照アーキテクチャ

ング内でトランザクション，あるいはプロセスに参加したり，あるいはタスクを実行したりする本体（人あるいは組織）である。

クラウドコンシューマ

クラウドコンシューマ（消費者）は，クラウドプロバイダとのビジネス関係を維持し，クラウドプロバイダからのサービスを使用する人あるいは組織を表す。クラウドコンシューマはクラウドプロバイダからのサービスカタログに目を通し，適切なサービスを要求し，クラウドプロバイダとのサービス契約を設定し，サービスを使用する。クラウドコンシューマは，提供されたサービスに対して課金され，それに従って支払いをする必要がある。

クラウドプロバイダ

クラウドプロバイダは，対象の集団（パーティ）に利用可能なサービスを作成する担当の実体（人あるいは組織）である。クラウドプロバイダは，サービス提供に必要なコンピューティングインフラを獲得して管理し，サービスを提供するクラウドソフトウェアを実行し，ネットワークアクセスを通じてクラウドコンシューマにクラウドサービスを配信する手配をする。

クラウドブローカ

クラウドコンピューティングは進化するため，クラウドサービスの統合はクラウドコンシューマが管理するには複雑すぎる可能性がある。クラウドコンシューマは，クラウドプロバイダに直接接触する代わりに，クラウドブローカからクラウドサービスをリクエストするかもしれない。クラウドブローカは，クラウドサービスの使用，性能，および配信を管理し，クラウドプロバイダとクラウドコンシューマの間の関係を交渉する本体である。

クラウドキャリア

クラウドキャリアは，クラウドコンシューマとクラウドプロバイダの間のクラウドサービスの接続性と転送を提供する仲介者である。クラウドキャリアは，ネットワーク，テレコミュニケーション，および他のアクセスデバイスを通じてコンシューマにアクセスを提供する。たとえば，クラウドコンシューマは，デスクトップコンピュータ，ノートパソコン，携帯電話，および他のモバイルインターネットデバイス（MID）などのネットワークアクセスデバイスを通じてクラウドサービスを取得できる。クラウドサービスの配信は，通常，ネットワーク，および通信キャリア，あるいは転送エージェントによって提供され，ここで転送エージェントとは大容量ハードドライブなどの記憶媒体の物理的輸送を提供するビジネス組織をいう。

参照アーキテクチャの概念の詳細な説明は本節の範囲を超えるが，米国国立標準技術研究所（NIST, National Institute of Standards および Technology）のウェブサイト（https://www.nist.org）を参照するとさらに理解できるだろう。

7.1　クラウドアプリケーション参照アーキテクチャ

クラウドアーキテクチャはサービス指向であり，すなわち，クラウドアーキテクチャに従うクラウドソルーションはサービス指向アーキテクチャ（SOA）のソルーションである。すべてのクラウドサービスはSOAサービスである。しかし，すべてのSOAサービスはクラウドサービスではない。クラウドコンピューティングはSOAを，または配信されたソフトウェアコンポーネントの使用を統合技術として代替しない。クラウド参照アーキテクチャは，SOA参照アーキテクチャのサービス分類，およびNISTクラウドの特徴を結合させたSOA参照アーキテクチャ以外の何物でもない。クラウドアプリケーション参照アーキテクチャは，カスタマーに固有のアーキテクチャおよびデザインを作成する時に使用するための参照アーキテクチャを提供する。一般的に，いずれかのクラウドソルーションに対して三つの視点がある。すなわち，ビジネスの視点，機能の視点，および技術の視点である。サービスタイプと配置モデルの定義は，ビジネスの視点からスタートし，その後，機能の視点，および技術の視点での活動に続く。

7.1.1　ビジネスの視点

クラウドプロバイダは，ビジネスをクラウドに変換しつつ，ビジネスの駆動者，問題，および利益の視点に立たねばならない。すなわち，サービスプラットホーム上のカスタマーと保証されたビジネス持続性のモデルが，クラウドの変換に重要である。コスト低下，ガバナンス，アクセスなどの制限は，ソルーションの実現に重要な役割を果たす。クラウドのユースケースで開発をしつつ，ユーザーによる以下のアクセス機構を，ユースケースの一部として含む必要がある。

(a) プライベートクラウド
(b) 企業からクラウドへ
(c) エンドユーザーからクラウドへ
(d) 企業からクラウドへ，さらにエンドユーザーへ
(e) 企業からクラウドへ，さらに企業へ

7.1.2　機能の視点

機能の視点の主要な目的は，ソルーションが何を行い，また何を提供できるかを理解することである。ソルーションを調べつつ，アーキテクチャスタイルやセキュリティ，パフォーマンス，統合などの評価の考慮事項から離れて，計量された使用，インターネットアクセス，水平スケーリング，マルチテナント，場所非依存性などのクラウドの特徴を考慮することが重要である。サービスは，オンデマンドのスケーリングをもち，従量課金制に基づいてインターネットへ接続できるときのみ，クラウド対応となる。オーダーメイドのアプリの大部分では，プライマリなアーキテクチャスタイルはSOA（サービス指向アーキテクチャ），または並列コンピューティングであり，サービスの機能的な視点は，階層モデルの使用で表現される。それはまた，ソルーションの展望からのクラウドアクターの視点を与える。

7.1.3　技術の視点

この視点はおもに機能を扱い，これらはデータベース管理，設定可能なユーザーインターフェース，およびビジネスワークフロー，および統合技術などのSaaSサービスの技術的問題に関連している。これは，マルチテナント（共有データベース，分散データベーススキーマ），設定（UI，メタデータ，ワークフローなど），統合（マッシュアップ（混ぜ合わせた）API，ウェブサービスなど），およびセキュリティ（認可と認証）を含むように拡張される。

7.2　農業でのソルーション

クラウドにおける農業応用のソルーションアーキテクチャを，**図13**に示す。**付録Ⅱ**に示すような農業のポータル/ウェブサイトの数々は，農家への情報/サービスのシームレスな（途切れない）配信のために相互作用する必要がある。これらの農業ポータルは，サービス指向アーキテクチャ（SOA）フレームワークを採用することで，クラウドにおいて他のポータルと相互作用する。相互運用性（インタオペラビリティ）は，XML（Extensible Markup Language）およびウェブサービス標準の上で構築される。ソルーションの重要な特徴は以下のとおりである。

- クラウドアプリケーションアーキテクチャ
- SaaS（サービスとしてのソフトウェア）としてビジネス機能性を開発する
- サービス接続のあるウェブベースインターフェースを提供する
- デスクトップコンピュータ，IVRS（自動音声応答装置，Interactive Voice Response

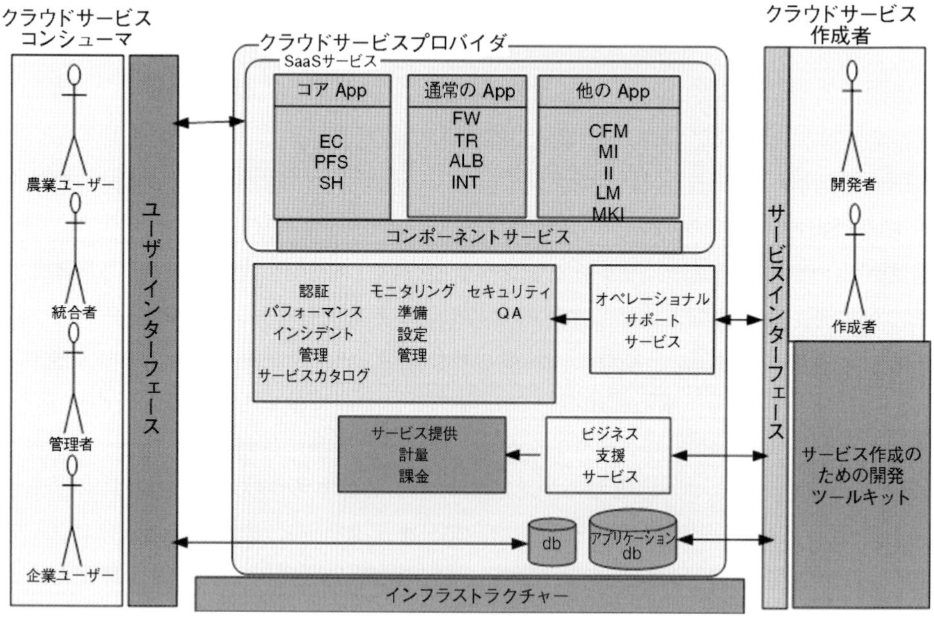

図13　農業サービスのためのサービスアーキテクチャ

System)，マスメディア，モバイルなどの複数のアクセスデバイスをサポートするように拡張可能

クラウドサービスプロバイダは，サービスクリエータ並びにサービスコンシューマとしてふるまい，コンシューマはサービスクリエータとしてふるまうこともある。図13で，トランジション管理者，オペレーション管理者，セキュリティ管理者などのすべてのアクター，およびビジネスおよびオペレーションプロセスは，詳細には示されていない。図13のインターフェースは，コンシューマ，プロバイダおよびクリエータの相互作用のためにAPI（アプリケーションプログラミングインターフェース）をもつだろう。セキュリティは，セキュリティ方針（ポリシー），脆弱性管理，データ方針（ポリシー）強化などを含むが，それに限定されず，これらは詳細には触れない。

図13では，農業アプリは，コアアプリ，通常アプリ，およびその他のアプリに分かれる。サービスは異なるベンダーによって所有され，作成されると思われるが，サービスのためのフレームワークをもつことは二重サービスを根絶し，より良い管理性を保証する。たとえば，殺虫剤登録サービスはウェブサービスを通じて公になり，製造認可が交付される時はいつも同じものが消費可能である。認可を申請した製造者は自身の登録番号を与えられ，それは殺虫剤登録サービスに対して認証されるだろう。

クラウドインテグレータは，ビジネスがクラウド移行の複雑性を切り抜けるのを助けるプロダクトあるいはサービスである。クラウドインテグレータサービス（時には，サービスとしての統合という）は，クラウドコンピューティングを専門とするシステムインテグレータ（SI）のようである。

政府，私企業，農家およびインテグレータ（統合者）は農業ソルーションにおけるステークホルダー（利害関係者）である。それらは，XML，SMS，SMTPおよびWebなどの配信チャンネルを通じてアプリにアクセスし，配信チャンネルサービスを通じてサービスから情報を受け取る。これらのアプリ内のすべてのコンテンツは，もしそれが保護された情報ならばパブリックユーザーには公開されない。ユーザーは，認証と認証プロセスを介してそのような保護された情報へのアクセスが許可される。許可されたユーザーでさえ，ログイン証明書に関連する役割に基づく機能性範囲でしか閲覧することができない。コンテンツ管理は，多数のコンテンツオブジェクトを管理し，ワークフローサービスはデータを処理するためのプロセスとビジネスルールのケアをしている。アイデンティティ管理は，LDAP（Lightweight Directory Access Protocol，ライトウェイト・ディレクトリ・アクセス・プロトコル）などのディレクトリサービスを通じて行われる。そのサービスインターフェース層は，データ交換，メッセージルーティングなどによって互いに通信するために，ソルーション内のさまざまなサービスへのアクセスを可能とする。

8. 結論

インドなどの国では，農業セクターの情報とサービスを提供する多数のウェブサイトおよびポータルがある。さまざまな部門，すなわち，農業，灌漑，肥料，ICAR（インド農業研究委員

会）などのウェブサイトはそれらの中でウェブサービスを共有せず，そのため情報を追跡するために農業セクターでステークホルダー（利害関係者）による個別のウェブサイトへの訪問を誘導する。それぞれのウェブサイトはそれ自体の特色を有し独立して管理されているので，情報のフォローと追跡は不便である。これらのいくぶんの問題を乗り越えるために，いくつかの国の農業官庁はさまざまな他の部門へのリンクで構成される中央農業ポータルを立ち上げ，「ワンストップ単一ウィンドウソルーション」として機能している。

たとえば，インドのCentral Agricultural Portal（http://dacnet.nic.in/）は，すべてのステークホルダー（農家，プライベートセクターおよび政府，研究者）に対してサービスのクラスターを提供することで，情報へアクセスし，サービスを利用し，共同作業を行い，知識を共有するプラットホームを提供する。それは，複数のウェブサイトとアプリをナビゲートする必要が無くなり，農業セクターに関連する政府の情報とサービスへの単一アクセスポイントを与える重要な役割を果たすだろう。それは，複数のオンライン情報源および対話型サービスのセキュア（安全）で個別化したビュー（表示）を与えるだろう。

AGMARNET（http://www.agmarnet.nic.in）は，インドの農業マーケティング情報システム（Agricultural Marketing Information System）であり，市場野（ヤード）でデータを交換し，リアルタイムですべてのステークホルダーへ情報を提供している。それは，300個の商品と約2,000種の品種のデータベースを有し，約700件を超える農産物卸売市場（APWM, agricultural products wholesale markets）と70件を超えるの州立農業委員会/ディレクトリ（State Agric, ultural Boards/Directorates）の全国の市場情報ネットワークがある。その目的は，農家が自分達の産物をより良い価格で売買できるようにすることである。インドの農業ポータルに関するさらなる情報は，付録（Appendix）を参照のこと。

中国は，都市，州，町，卸売市場，仲買代理店，事業所を接続して，農村市場情報ネットワークを確立した。それはさまざまな配信方法を可能とした。

米国農務省（US Department of Agriculture, USDA）は，途方もなく複雑な事業体で，分散した労働力，27個の下部官庁，本土のセキュリティから食品の安全まですべてのものに関わる広範な任務を有する。USDAは，120,000人の連邦労働者を，オンプレミスのメールおよびコラボツールから，マイクロソフトのクラウドコンピューティングソルーションに移行させた。クラウドへの移行は，本質的に異なるメール環境を単一の統一プラットホームへと統合させるというUSDA（http://www.usda.gov/wps/portal/usda/usdahome）の構想（ビジョン）の一部であり，これは費用を減らし，労働力の生産性を上げ，政府機関にわたる通信と共同作業を改善するだろう。いくつかのSaaSコンポーネントがまとめられると，それは「集合体（aggregation）」と呼ばれる。コンポーネントの束は，ほぼほとんど選択肢がない場合にユーザーに提示され，ユーザーが必要に応じてコンポーネントを選択することを可能にする。SaaSの集合体は，多数のSaaSのサプライヤー，多数のユーザーおよび多数のサーバが存在する時に必要となる。

SaaSの集合体プラットホームは，クラウドでのサービス提供に重要である。たとえば，HP AP4SaaS（White 2011）は，すべてのアプリ（SaaS，およびホストされたサービス）の単一アクセスポイントとして提供され，クラウドの「ワンストップショップ」を配信する。集合したプラットホームはスマート情報配布システムを提供し，インドの Central Agricultural Portal のような，農業のための農家中心の統合分散情報システムを確立することを目的としている。

国連食糧農業機関（FAO）がデータベースを維持しているグローバルなパブリックドメインデータベースである AGRIS（International System for Agricultural Science および Technology, 国際農業科学技術情報システム）は，65 か国のさまざまな国々の 150 施設を超える参画機関によって提供されたさまざまなコンテンツを有する。それは農業科学技術に関する 400 万件を超える構造化文献記録を有する。AGRIS 検索システムは，*AGROVOC* シソーラス，特定の雑誌名称あるいは国，研究機関および著者の名前から精密な検索を実行するために，キーワードの使用を許可する。

集合プラットホームは，オンラインアクセスに対して農業に関する利用可能な全情報を集合させる単一仮想プラットホームである。ポータルでの関連リンクは，それぞれの官庁あるいは部門によって管理される。サービス提供における機密情報は，データ暗号によって保護され，認可されたユーザーのみがそのような機密データにアクセスできる。

クラウドコンピューティングは，数人の利用者だった初期から，次第に ICT 戦略の主流になってきたことが，広く認められている。クラウドコンピューティングは時間と共に基本的に ICT 配信の性質を変化させ，効率性，費用対効果，市場へのスピード，新しい機会のテコ入れ，移動度とアクセスの改善，およびコアの活動での資源配置（デプロイ）の点で，利益を与える力を持つことが認められている。その結果，クラウドコンピューティングはパブリックサービスで ICT の戦略的な未来の重要な部分となり，最終的にはプライベートクラウドの必要性を失わせ，事実上，パブリックサービスコミュニティクラウドを開発するデフォルトのプライマリな配信モードになることが期待されている。

クラウドコンピューティングは，効率と費用節約の機会を確実に提供する，一方で，セキュリティ，信頼性，サービスレベル，標準，司法権や法的および契約上の取り決め，技術的インタオペラビリティ（相互運用性），ライセンシング，ダイナミックおよびリアルタイムな利用可能性，必須スキルの利用可能性，および商用モデルの点で，パブリックサービスが必要とする程度にまでは，まだ進化していないことが示されている。

地方でのワイヤレスネットワークの拡大，格安携帯電話，および Wi-Fi ネットワークの高到達性は，情報を動的に集めることを容易にした。携帯電話から集められた情報はクラウドデータセンター内のサーバに即時に送ることができ，それによってデータ統合を改善する。M-農業は情報の収集および分析に重大な役割を果たしている。

今日の農業サイトの大部分は SOA（Service Oriented Architecture）に従っており，私の意見では SaaS のレベル 2 であり，すなわち共有データベース，専用スキーム，および標準化 SLA（Service Level Agreement）である。それは標準化から，データベースおよびスキームが複数の店舗で共有される統合フェーズに進歩しつつあり，SLA が計測されることになるだろう（SaaS のレベル 3）。理想的な実装は，真の仮想化をもつ SaaS を有することであり，すなわちデータベースおよび分散されたスキーマをもつデータ層の仮想化である（SaaS のレベル 4）。

農業は公共サービスであり，さまざまな公共機関によって収集あるいは開発されるデータを公に利用可能とする傾向が増加しており，その価値が認識されるだろう。オープンデータのポリシーは，さまざまな政府機関によって産生された非機密データの共有およびアクセスを可能とするだろう。「データセットは，誰でもその使用，再使用および再配信がフリーならばオープンであるといわれる ― オープンデータは機械により可読となるだろうし，それはまた容易にアクセス可能でなければならない」。インドのデータポータル（http://data.gov.in）は，オープンフォーマットでさまざまな部門によって発表されたデータセットへの照合されたアクセスを提供し，新しいコンポーネントおよびアプリを開発するためにパブリックデータを使用できる農業コミュニティ（http://data.gov.in/community/agriculture-community）を有する。

作物は，さまざまな土壌，水および熱条件へ異なる反応を示すだろう。作物データと土壌データはテラバイトになる可能性がある。このデータを，従来のデータウェアハウスに置くという戦略は，今日生成されているデータ品質の種類のために高価なものになるだろう。ビッグデータは基本的に，大量のデータを蓄積して分析する方法を見つけることである。ビッグデータのソルーションは，大量の構造化および非構造化データを取り込んで，データを精製するためにデータセットに対してアルゴリズムを実行する。オープンデータのポリシーは，農業では以前は決して考えられなかったビッグデータソルーションの機会を投下している。

大部分がオープンソースである非リレーショナルデータ構造が出現したため，データはもはや単純にリレーショナルなテーブルのみには蓄積されない。計算に必要なデータがないクラウド配信モデルは，インフラをより速く提供するにもかかわらず，問題である。パブリッククラウドは，データを緩慢に送ることによってデータの準備ができつつある。現在パブリックドメイン内の多量のデータの利用可能性をもって農業のパブリッククラウドへ突入することは容易である。

付録Ⅰ

定義と略語：

ACL　Access control list：アクセス制御リスト

AGMARKNET　Agricultural Marketing Information System Network：農業市場情報システム網

AgRIS　Agricultural Resources Information System：農業資源情報システム

AGRIS　International System for Agricultural Science and Technology：国際農業科学技術システム

AJAX　Asynchronous JavaScript and XML：JavaScript と XML を用いた非同期通信

API　Application programming interface：アプリケーション・プログラミング・インターフェース

ASP　Application service provider：アプリケーション・サービス・プロバイダ

CMS　Content management system：コンテンツ管理システム

CRM　Customer relationship management：顧客関係管理
DB　Database：データベース
DRS　Distributed Resource Scheduler：分散リソース・スケジューラ
EMS　Enterprise management software：業務管理ソフトウェア
G2B　Government to Business：政府対企業
G2C　Government to Consumer：政府対市民
G2G　Government to Government：政府対政府
GDP　Gross domestic product：国内総生産
GIS　Geographic information system：地理情報システム
GPS　Global positioning system：全地球測位システム
HA　High availability：高可用性
HTTPS　Secure Hyper Text Transfer Protocol：セキュア・ハイパー・テキスト・転送・プロトコル
IaaS　Infrastructure as a service：サービスとしてのインフラストラクチャ
ICAR　Indian Council of Agricultural Research：インド農業研究委員会
ICT　Information and Communications Technology：情報通信技術
LDAP　Lightweight Directory Access Protocol：ライトウェイト・ディレクトリ・アクセス・プロトコル
MAC　Media access control：媒体アクセス制御
MID　Mobile internet device：モバイル・インターネット・デバイス
MSP　Minimum support price：最小サポート価格
NGO　Non-governmental organisation：非政府組織
NIST　Nation Institute of Standards and Technology：米国国立標準技術研究所
OEM　Original equipment manufacturer：相手先ブランド名製造
OLAP　Online analytical processing：オンライン分析処理
PaaS　Platform as a service：サービスとしてのプラットフォーム
PDA　Personal data assistants：携帯情報端末，個人情報端末
QoS　Quality of service：サービス品質
SaaS　Software as a service：サービスとしてのソフトウェア
SI　System integrator：システムインテグレータ
SLA　Service-level agreement：サービス水準合意
SMS　Short message service：ショート・メッセージ・サービス
SMTP　Simple Mail Transfer Protocol：シンプル・メール・トランスファー・プロトコル
SOA　Service-oriented architecture：サービス指向アーキテクチャ
SRM　Site Recovery Manager：サイト・リカバリ・マネージャ
SSL　Secured sockets layer：セキュア・ソケット・レイヤー
VM　Virtual machine：仮想マシン
XML　Extensible Markup Language：エクステンシブル・マークアップ・ランゲージ

付録Ⅱ

農業関係ウエブサイトの一覧

シリアル番号	ウエブサイト	説明	URL
1.	AGMARKNET	おもに農業経営者分野	http://agmarknet.nic.in
2.	インド農業協同局	中央／州の農業部門	http://agricoop.nic.in http://dacnet.nic.in/farmer/new/home-new.html
3.	農業統計ウェブサイト	農業省およびそのユーザー	http://agcensus.nic.in
4.	DACNET	農業省	http://dacnet.nic.in
5.	SEEDNET	中央／州政府，国立種苗機関，州種苗機関，種苗研究所，大学，KVK（農業普及センター），農家	http://seednet.gov.in
6.	農場機械化	中央／州　農業部門	http://farmmach.gov.in
7.	Rashtriya Krishi Vikas Yojana（国立農業開発計画）	農業省およびそのユーザー	http://rkvy.nic.in
8.	農業普及	農業省および普及機関	http://vistar.nic.in
9.	農業研究および教育部門（Department of Agricultural Research and Education）	農業研究および教育部門	http://dare.gov.in
10.	植物保護，検疫および保管機関（Directorate of Plant Protection Quarantine and Storage）		http://ppqs.gov.in
11.	インド農業研究委員会（Indian Council of Agricultural Research）	インド農業研究委員会（ICAR）研究所	http://icarlibrary.nic.in
12.	水資源	一般市民，州政府，水資源省下の組織，研究所	http://mowr.gov.in
13.	中央昆虫局および登録委員会（Central Insecticide Board and Registration Committee）	昆虫産業	http://cibrc.nic.in
14.	植物検疫	輸入業者，輸出業者	http://Plantquarantineindia.nic.in
15.	農業技能のマクロ管理	パブリックドメインにあり誰でも訪問，利用可	http://dacnet.nic.in/macronew
16.	国の園芸に関する任務（National Horticulture Mission）	農家	http://nbm.nic.in
17.	国の竹に関する任務（National Bamboo Mission）	農家	http://nbm.nic.in
18.	経済と統計のディレクトリ	市民	http://dacnet.nic.in
19.	情報システムの小売物価	市民	http://dacnet.nic.in

（続く）

農業関係ウエブサイトの一覧 （続き）

シリアル番号	ウエブサイト	説明	URL
20.	統計情報システムの土地利用	市民	http://dacnet.nic.in
21.	食品加工産業 http://www.iicpt.edu. in	起業家，産業界，輸出業者，政策立案者，政府などの食品加工部門の利害関係者	http://mofpi.nic.in
22.	インド農作物加工技術研究所 (Indian Institute of Crop Processing Technology)	起業家，産業界，輸出業者，政策立案者，政府，研究開発機関，農家などの農業部門の利害関係者	http://www.iicpt.edu. in
23.	畜産，酪農，および漁業部門 (Department of Animal Husbandry, Dairying and Fisheries)		http://dahd.nic.in http://dms.nic.in
24.	国立食肉および家禽加工局 (NMPPB, National Meat and Poultry Processing Board)	起業家，産業界，輸出業者，政策立案者，行政機関などの食肉・家禽部門の利害関係者	http://nmppb.gov.in
25.	AgRIS	州／地区レベルの農業部門と同盟領域部門	http://agris.nic.in
26.	害虫病監視システム		http://dacnet.nic.in/ pdmis
27.	ProFarmer	オーストラリアの週間出版	www.profarmer.co.au
28.	天気ゾーン	オーストラリアの天気情報源システム	www.weatherzone.co. au
29.	農業のポータル	オーストラリアのポータルサービス	www.agriculture.gov. au
30.	オンライン食品市場	中国の食品産業の電子プラットフォーム	www.21food.cn

文　献

Agricultural Mission Mode Project, Ministry of Agriculture, Govt of India. http://dacnet.nic.in/AMMP/AMMO.htm

Chavali LN, Sireesh Chandra V (2011) Information technology consolidation with virtualization in a contract research organization. Curr Trends Bioinform Pharm 5(3):1344–1352

Fang Liu, Jin Tong, Jian Mao, Bohn R, Messina J, Badger L, Leaf D (2011) NIST cloud computing reference architecture. Special publication 500–292, National Institute of Standards and Technology, Gaithersburg MD 20899

Hori M, Kawashima E, Yamazaki T (2010) Application of cloud computing to agriculture and prospects in other fields. Fujitsu Sci Tech J 46(4):446–454

Kang S et al (2010) A general maturity model and reference architecture for SaaS service. In: DASFAA 2010, Part II, LNCS 5982. Springer, Berlin/Heidelberg, pp 337–346

Raines G (2009) Cloud computing and SOA. In System engineers at Mitre service oriented architecture (SOA) series

Rudgard S et al (2009) Enhancing productivity on the farm. In ICT as enablers of agricultural innovative systems. The World Bank, Washington, DC. http://www.ictinagriculture.org/sourcebook/ict-agriculture-sourcebook

Singh VK, Singh AK, Chand R, Kushwaha C (2011) Role of bioinformatics in agriculture and sustainable development. Int J Bioinform Res. http://www.bioinfo.in/contents.php?id=21

White Paper (2011) Understanding the HP cloud system reference architecture. http://www.hp.com/go/cloudsystem

第13章　病原性解析のためのバイオインフォマティクスツールと微生物殺虫剤としての昆虫病原性真菌類

Bioinformatic Tools in the Analysis of Determinants of Pathogenicity and Ecology of Entomopathogenic Fungi Used as Microbial Insecticides in Crop Protection

Uma Devi Koduru, Sandhya Galidevara, Annette Reineke, and Akbar Ali Khan Pathan

要約

昆虫病原性真菌類は，植物保護の無害な要素として働くバイオ農薬の微生物要素として大きな可能性をもつ。これらの真菌類の感染サイクルは非常によく知られている。植物医学での利用改善でこれらの可能性と見通しを明らかにするために，病原性の分子生物学における大規模な実験が過去10年行われてきた。昆虫病原真菌類の感染サイクルの各段階に関与する過程／過程群を理解するため，遺伝子分離，単離および特徴分析，および遺伝子ノックアウト実験のようなウェットの実験室技術から，全ゲノムシークエンスだけでなくcDNA- AFLP（Amplified Fragment Length Polymorphism, 増幅断片長多型），マイクロアレイ，qPCR（Real-time quantitative PCR, リアルタイム定量PCR），cDNA，EST（expressed sequence tag, 発現配列タグ），SSH（suppression subtractive hybridization, 抑制差引ハイブリダイゼーション）ライブラリ構築などのトランスクリプトミクス技術，ならびに全ゲノム塩基配列決定（WGS）技術，および一式のバイオインフォマティクスツールといくつかの生物のデータベースを統合したパイプラインでのデータ解析が行われてきた。これらはとくに，昆虫の上皮への胞子の接着，周辺環境の物理ストレス状況への対処を支援する要因，感染糸の形成，昆虫への浸透，昆虫の防御機構を乗り越え，昆虫内で増殖するのを助ける因子，昆虫を死に至らせ，昆虫の死体から外表に出る毒性の二次代謝産物の生成，他の昆虫で増殖サイクルを繰り返すための胞子形成である。新たに明らかになってきた描画を本章で詳述する。関与する遺伝子やタンパク質，これらの同定を支援する解析について記述する。天然土壌真菌類の多様性について，昆虫病原性真菌類の多数の応用の効果を理解する際の，rRNA配列解析のマルチタグの454パイロシークエンシングを通じた環境ゲノミクスについて記載する。本章では，微生物のバイオ農薬としての昆虫病原真菌類の効果に影響を与える要因のバイオインフォマティクスを用いた評価に焦点を当てる。

キーワード：昆虫病原性真菌類，病原性遺伝子群，真菌多様性，パイロンシークエンシング，*In silico* ツールおよびパイプライン，データベース

1. はじめに

狩猟採集民がやりを鋤に持ち替えた頃から，植物の生産において昆虫との闘いが始まった。農薬使用の減少と，十分な農産物生産を維持することの矛盾したゴールは，従来の化学的農薬に代わる費用対効果の高い代用品の開発を促進した（Lacey および Goettel 1995）。今日の害虫駆除は，生物学的制御が主となる〝統合的昆虫管理（Integrated Pest Managemet:IPM）〟の規範のもとで，工場で生産された有毒で広いスペクトラムをもつ化学農薬に依存していた時代から，ゆるやかに出現してきた。よく考えられた統合的昆虫管理システムにおける応用により，バイオ農薬は化学農薬の使用量を抑え，それゆえに害虫の選択圧を減らす可能性をもつ。その結果，新規の効果的化学農薬が効果をもつ時間を延長することができ，これがサポートする非常に効率的な食糧生産システムをより長持ちさせることができる（Wraight ら 2001）。生物制御はすべての農作物の統合的昆虫管理の構成要素である。1970 年代後半からの生物駆除の復興にも関わらず，昆虫病原体は害虫管理においてまだ巨大な未開発の資源のままである（Goettel ら 2001）。最も汎用される生物殺虫剤は細菌を基盤としており，*Bacillius thuringiensis*（Bt）が最もよく用いられる。

真菌類を基盤とした微生物生物殺虫剤は大きな可能性をもつ（Butt ら 2001）。真菌類の昆虫病原体は，農作物や温室の植物，果樹や観賞用植物，芝土と芝，保存された作物と森林の管理と，家畜の害虫と媒介昆虫の排除と医学的な重要性において，緩やかではあるが利用されている（Lacey ら 2001）。現在よく用いられている細菌を基盤とした生物農薬に比較して，真菌類を基盤としたものはより評価が高く，このことが微生物生物農薬により適した生物にしている。すなわち，(1) 微生物を基盤とした殺虫剤とは異なり，真菌類の侵入様式がおもに昆虫の上皮からであるため，吸汁性昆虫（アブラムシ，ダニ，コナカイガラムシ，コナジラミなど）のように植物の部位を食べない昆虫でさえも標的とすることができる。したがって菌類は接触性殺虫剤として働く。これらは土壌に住む昆虫およびテッポウムシのような隠蔽種（内部寄生の性質による）および樹皮下キクイムシ（樹皮下穿孔虫，bark beetle）にも感染することができる。(2) 真菌類の感染による昆虫の死はその効果と現象の組み合わせであるため，Bt を基盤とした生物農薬とは

U.D. Koduru (✉) • S. Galidevara
Department of Botany, Andhra University,
Visakhapatnam 530003, India
e-mail: umadevikoduru@gmail.com

A. Reineke
Institute of Phytomedicine, Hochschule Geisenheim
University, Von-Lade-Str., 1, D-65366 Geisenheim,
Germany

A.A.K. Pathan
Department of Biochemistry, College of Science, King
Saud University, Riyadh, Kingdom of Saudi Arabia

K.K. P.B. et al. (eds.), *Agricultural Bioinformatics*,
DOI 10.1007/978-81-322-1880-7_13, © Springer India 2014

異なり，昆虫に耐性ができる危険性が低い。(3) 真菌類は，昆虫の死体で真菌症（おびただしい量の分生子を伴う分生子柄の房）を発現するため害虫集団の中で再利用することができ，長期の抑制を行うことができる。昆虫への真菌類の感染は，慢性的感染型よりも急速な感染（動物間流行）の方法をとる。真菌類を基盤とした生物農薬は接種（非常に低濃度の接種だが自律的な集団の増加を伴う）と増強（低濃度の接種だが，それらの増殖に都合が良いように環境が変化する）利用の両方に有用である（Cook 2000）。(4) 昆虫病原性の真菌類は土壌に長く残留し，ゆえに長期の活性抑制を行う（Khan ら 2012）。

真菌性生物農薬は，統合的昆虫管理での生物駆除への影響を考慮してまだ生物農薬市場に深く浸透していない。生物農薬は，生存と活性が環境条件に依存するゆえの不安定な性能に悪評も得てきた。速効性の化学薬品より，生物農薬は働くのがゆるやかである。真菌性生物農薬の市場性は，殺虫速度と直接的に関連すると考えられている（St. Leger および Wang 2009）。～750 種の既知の昆虫病原性真菌類のうち，わずか 6 種のみが真菌農薬としての使用で登録された（Butt ら 2001）。これらは白きょう病菌（*Beauveria bassiana*），*Metarhizium* spp.，*Verticillium*（*Lecanicillium*）*lecanii*，*Nomuraea rileyi*，*Paecilomyces*（*Isaria*）*fumosorosea*，および *Beauveria brongniartii* である。その中でも，白きょう病菌（*Beauveria bassiana*）とメタリジウム菌（*M. anisopliae*）は最も頻用される。これらの 2 種の真菌類を基盤としたさまざまな商品名の製品が市場に出ている（De Faria および Wraight 2007；Jackson ら 2010）。両者の真菌類は非常に広い宿主域をもち，それぞれ白きょう病菌（*B. bassiana*）は～700 種，メタリジウム菌（*M. anisopliae*）は～200 種の昆虫種の宿主域をもつ（Humber 1991；Butt および Goettel 2000）。白きょう病菌（*B. bassiana*）は宿主の選好のない万能型の真菌類（Wraight ら 2003；Rehner および Buckley 2005；Uma Devi ら 2008）であり，広い効果範囲の殺虫剤として用いることができる。

昆虫病原性真菌類の属は，病原性真菌類からの農作物の保護にも役立ち，内部増殖性で，根圏で存在することで植物に有利な影響を与えることが報告されている（Vega ら 2009）。

昆虫病原性真菌類の病原性と毒性，ストレス耐性，土壌への残留性，土壌微生物への影響に関する遺伝子を理解するために，広範囲な実験が行われている。バイオインフォマティクスはこれらの研究で用いられる分子生物学的技術のサポート的な役割を担う。BLAST（Altschul ら 1990）など最も有名なバイオインフォマティクスツールを用いた単純な配列相同性検索を用いた一つまたは少数の遺伝子の研究から始まり，ポストゲノミクス時代のハイスループットな研究へと進化していった。過去 10 年の間，とくにさまざまな昆虫病原性真菌類の株・種に関する真菌類と宿主の相互作用の研究と比較トランスクリプトミクスが劇的に進化してきた。これは次世代型の核酸シークエンシング（パイロシークエンシング）の出現とバイオインフォマティクスの進展による。まとめると，これらの進展は高品質の真核生物のゲノムの de novo アセンブリとハイスループットなタンパク質の同定と機能の推定を可能にした。2010 年まで，病原性の遺伝子は，cDNA-AFLP 技術，マイクロアレイ，qPCR，EST，cDNA，*in vitro* で培養上皮抽出物で培養した，または昆虫内で *in vivo* で培養した昆虫病原性真菌類からの SSH ライブラリ（Freimoser ら 2003；Wang および St. Leger 2005；Wang ら 2005；Freimoser ら 2005；Khan ら 2007）によるトランスクリプトミクスプロファイリングを基に特徴分析が行われてきた。いくつかの例では，遺伝子ノックアウト実験も実施し，毒性／病原性を担うと推定される遺伝子の役割を評価した。3種の昆虫病原性真菌属，すなわちメタリジウム菌（*Metarhizium anisopliae*）および *M. acridium*（Gao ら 2011），サナギタケ（*Cordyceps militaris*）（Zheng ら 2011），および白きょう病菌（*Beauveria bassiana*）（Xiao ら 2012）の全ゲノム配列決定が完了している。バイオインフォマティクスツールを用いた探索でこれらのゲノムの中の病原性の遺伝子が同定され，いくつかは役割が評価された。実験的に評価された病原性，毒性，および動物，植物，菌類，昆虫などの宿主に感染する真菌類性および卵菌性，細菌性病原体（Baldwin ら 2006）からのエフェクター遺伝子をカタログ化した病原体と宿主の相互作用のデータベース（PHI-base）は，比較ゲノムを通じた病原性遺伝子の計算機的同定で有用である。バイオインフォマティクス解析は，いくつかのツールとさまざまなデータベースを統合したパイプラインによって容易になってきた（**表 1**）。これらの研究により，完全ではないが，昆虫病原性真菌類の病原性に関与する遺伝子の広範な描画が与えられた（表 1）。

表 1　昆虫病原性の真菌類の感染過程と非生物ストレス耐性に関与する遺伝子・タンパク質：分子生物学技術的，分析に用いられるバイオインフォマティクスツール，パイプラインおよびデータベース

<table>
<tr><th>感染周期および関与する遺伝子</th><th>関与する遺伝子・タンパク質</th></tr>
<tr><td colspan="2">感染段階</td></tr>
<tr><td>貫通前（昆虫の上皮上）
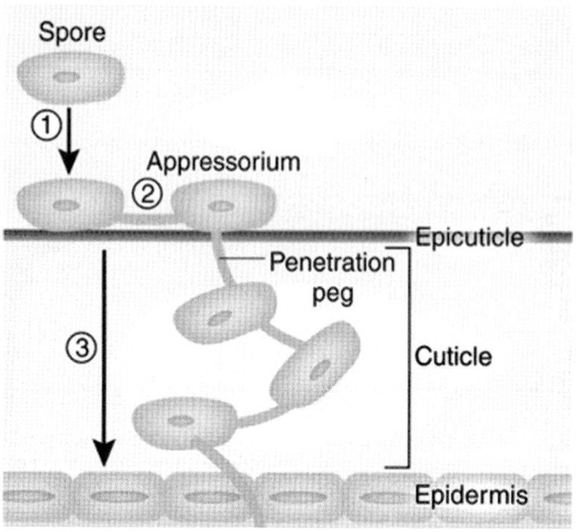
</td><td>分裂促進因子活性化タンパク質（MAP）キナーゼ（Bbmapk1），高浸透圧グリセロール反応キナーゼ（Bbhog1），ハイドロフォビン-コード遺伝子（ssg），細胞膜タンパク質（Mad1，Mad2），カルボン酸トランスポーター遺伝子（BbJEN1），リパーゼ，MrCYP52 遺伝子，ジオキシゲナーゼ遺伝子，グルタチオン S トランスフェラーゼ，シトクローム P450（CYP52），プロテアーゼ（サブチリシン様 Pr1，Pr2，Pr1J，Pr1A），トリプシン様プロテアーゼ，カルボキシペプチダーゼ，メタロプロテアーゼ様，メチオニンアミノペプチダーゼ，セリンプロテアーゼ（bassiasinI），キトサナーゼ，キチナーゼ（BbchitI，VlchitI，CHITI）</td></tr>
<tr><td>貫通後（昆虫の体腔内，血体腔の体液，血リンパ）
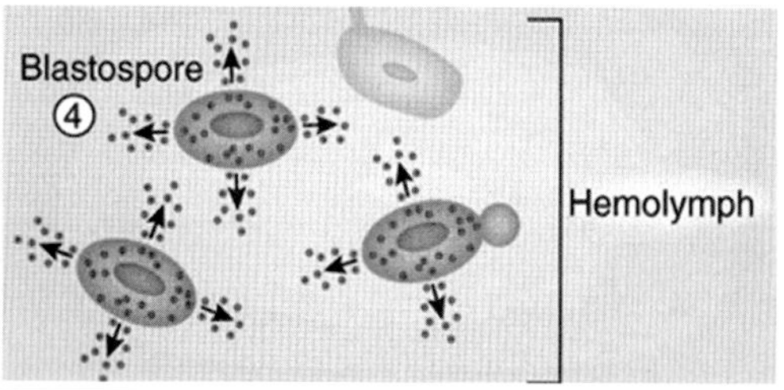
</td><td>酸性ホスファターゼ，コリンデヒドロゲナーゼ（浸透圧センサー），コラーゲンタンパク質（MCL1），シトクローム P450s，小分子分泌性システインリッチタンパク質（SSCP），G タンパク質共役受容体（GPCR），二次代謝産物（ポリケチド，PK），非リボソーム合成ペプチド（NRSP）様 destruxin，デプシペプチド，ボーベリシン，israolides およびミトコンドリア ATPase 阻害ペプチド，多量体酵素様テルペノイド合成酵素 / シクラーゼ</td></tr>
</table>

（続く）

表1　(続き)

感染周期および関与する遺伝子	関与する遺伝子・タンパク質
昆虫の死後　死体からの菌糸の出現と胞子形成 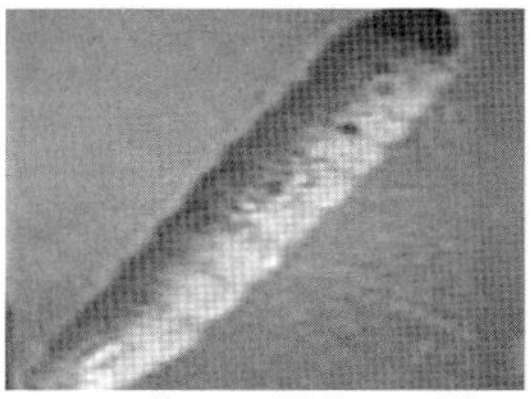 ミイラ化した昆虫の死骸 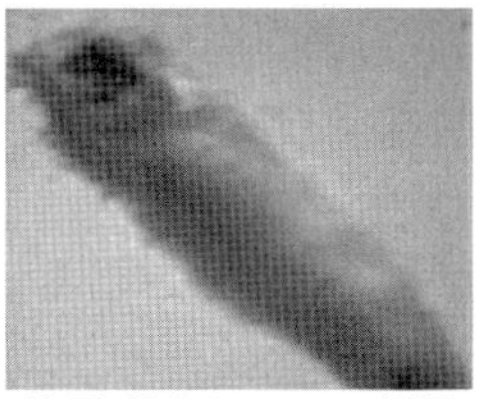 胞子形成している菌類と菌糸に覆われた死骸	サブチリシン様プロテアーゼ(Pr1)，ハイドロフォビン遺伝子(ssga)，分裂促進因子活性化タンパク質(MAP)キナーゼ(BbMPK)
感染性に影響する非生物的要因と関連する遺伝子	
日光の紫外線，熱ストレス，防カビ剤	プロテインキナーゼA(MapKA1)，浸透圧センサー(MOS1)，ラッカーゼ，スーパーオキシドディスムターゼ(Bb-SOD2)，βチューブリン，アデニル酸シクラーゼ
分子生物学的技術	
DNA/ゲノムシーケンシング	サンガー，454，Ion torrent，Illuminaおよび PacBioシーケンシング法
トランスクリプトームプロファイリング	cDNA-AFLP，マイクロアレイ，454パイロシーケンシングによるトランスクリプトーム，cDNAの生成，ESTおよびSSHライブラリ，qPCR，遺伝子ノックアウト
In silico ツールおよびパイプライン	
ツール	antiSMASH，BLAST，Blast2GO，PSI-BLAST，CAFÉ，CLUSTAL-W，Bioedit，interproscan，PareEva，PEDANT，POGO，ProFASTA，PSIPRED，sMEGA，NRPSP predictor，SignalP3.0，SMURF，TargetP1.1，RIPCAL
パイプライン	FastGroupII，RDP，DOTUR，QIIME，SeqTrim，SCATA，WATERS，CANGS，PANGEA，PyroNoise，MEGAN，CLOTU
データベース	
基本データベース	Gene bank，DDBJ，ヨーロッパの核酸アーカイブ
ゲノムデータベース	CAMERA，PATRIC，SEED
タンパク質配列データベース	Uniport，PIR，Swiss-Prot，PEDANT，PROSITE，Pfam
プロテオームデータベース	PRIDE，MitoMiner
タンパク質構造データベース	Protein databank，SCOP，CATH
タンパク質モデルデータベース	SWISS-MODEL，タンパク質モデルポータル
RNAデータベース	Rfam，tmRDB，SRPDB，RDB，SILVA
特殊な データベース	Repeat Maskerライブラリ，縦列反復配列binder，Repベース，病原体-宿主相互作用(PHI)データベース，Dr. NelsonのP450データベース，KinBase，GPCRDB配列s，PEDANT，触媒およびカルボン酸結合モジュールライブラリ，MEROPS

最初の二つの画像はThomas and Read (2007)から改編して掲載した。3枚目の画像は著者らの研究室からのものである。

菌類の感染過程の分子レベルおよび生理学的レベルの理解と関連する遺伝子の同定は，害虫の発生を制御する可能性のある株の導入の知見を増やす。これらの研究は，非生物ストレスへの耐性をもつ毒性の真菌類生物農薬の開発を促進し，また *Bacillus thurigiensis* の *cry* 遺伝子の時と同様に形質転換農作物の開発に適した遺伝子の同定も促進する。

生物農薬として登録されると，ヒトと有益な動物への安全性の検討が行われる。土壌微生物への影響と残留期間の情報も生物駆除薬の利用を検討する際の重要な要素となる。これらの検討には，rRNA 遺伝子と EF1-α 遺伝子データベース（Mahé ら 2012；Quast ら 2013；Hirsch ら 2013）などの適切なデータベースを用いたバイオインフォマティクス解析と組み合わせた培養に依存しない土壌 DNA 抽出技術と特定遺伝子の 454 パイロシークエンシングが用いられた。

これらの情報を土台とした病原性における分子データの研究に焦点をあて，昆虫病原性真菌類の影響と残留性について次に詳述する。

生物農薬として登録されているすべての昆虫病原性真菌類は，ほとんどが栄養胞子形成菌である子嚢菌である。これらはすべて次に記載するように類似の感染サイクルをもつ。

2. 昆虫真菌類の感染過程

感染経路は次のステップからなる：(1) 昆虫の上皮への胞子（分生子）の付着，(2) 胞子の発芽，(3) 上皮への貫通，(4) 宿主の応答と免疫防護応答の打破，(5) 宿主内での増殖と，昆虫を死に至らせる二次代謝物の分泌，(6) 死んだ昆虫からの腐生の伸長と新たな胞子の形成（Boucias ら 1988）（**図 1**）である。ごく近い許容温度および許容湿度で，昆虫の上皮に付着（胞子壁の化学組成および物理的な構造によって促進される）した分生子が発芽する。発芽管が，付着器と呼ばれる感染用の構造に分化し，その後昆虫の上皮を貫通する感染糸を生成する末端のこぶを形成する。機械的（付着器の膨圧）と，いくつかの酵素，すなわちリパーゼ，プロテアーゼ，キチナーゼなど（昆虫の上皮の化学構造を分解する）の分泌のような生理学的応答が昆虫の体内への真菌類の貫通を介在する。脂質は真菌類の胞子のおもな栄養貯蓄であるが，これは付着器に脂肪体として移行され，静水圧を増加させて機械的な貫通力の駆動力となるグリセロールに分解される（Wang および St. Leger 2007a；Fang ら 2009）。昆虫の体腔（血体腔）への貫通が成功すると，真菌類は細胞壁のない（昆虫の免疫応答を回避するため）酵母様の細胞である分節菌体を生成し，これが血リンパ（血液＋昆虫の体液）の循環を通して受動的に分散され，真菌類が昆虫の他の組織に侵入するのを可能にする。血リンパと脂肪体では栄養枯渇状態であるため，出芽によって菌糸体は広範囲に増殖する。そしてこれらは毒性の二次代謝物を生成する。この昆虫は最終的には死ぬ。昆虫の体内で真菌類が広範囲に増殖しても，感染した昆虫の外骨格は無傷で残る。死んだ昆虫はミイラ化される。病原性の段階が終わると，菌類は腐生の段階に入り，昆虫の上皮を通して増殖して外へ出て，死体で大量の胞子を生成する。このように昆虫病原性の真菌類のライフサイクルは二つの段階からなる：昆虫の体の表面（上皮）上での通常の菌糸生長段階と体腔（血体腔）での酵母様の出芽段階である。真菌類のライフサイクルの各段階は遺伝子によって制御されている。

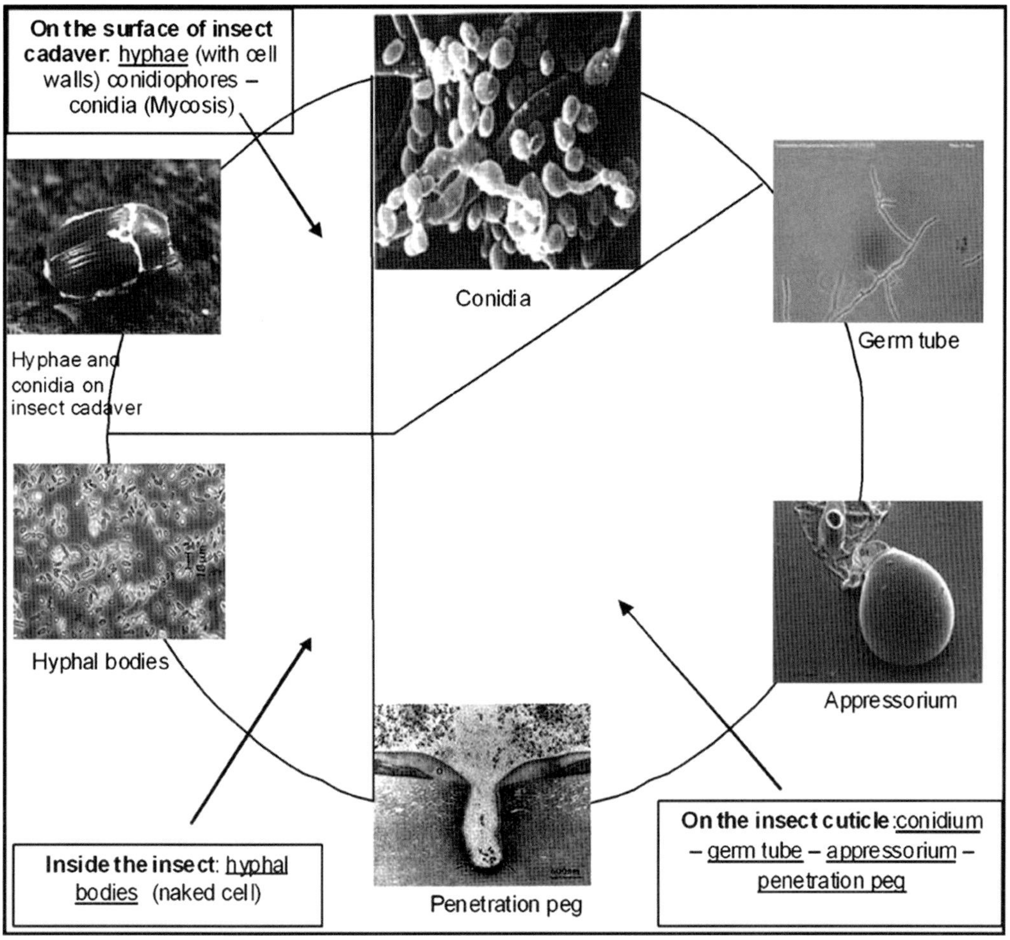

図1　昆虫病原性真菌類の病原性のライフサイクル

初期の感染段階の間，病原性の真菌類は，上皮上の抗真菌性物質，感染時の酸化ストレス，宿主体内の浸透圧ストレス，および蝗害（コウガイ，バッタ類の大量発生による災害）のような行動の変化など，宿主昆虫からのさまざまな有害な状況を経験する（Liu ら 2012)。昆虫のコロニー形成の後，真菌類が侵入し，形態を変化させ，毒性の物質を生成すること，または未知の生化学的な機構によって宿主の免疫系を打破または失わせると考えられている（Charnley 1989)。

真菌類が感染を引き起こす能力は，太陽光の紫外線，温度（おもに熱ショック)，湿度，植物が防御と受精で用いる化学物質などの物理的条件にも影響を受ける。メタリジウム菌（*Metarhizium anisopliae*）の分生子の濃緑色の色素（Roberts および St. Leger 2004）および不浸透性の細胞膜は非生物ストレス耐性を与えていると考えられている。バイオインフォマティクスツールによる解析と組み合わせた分子レベルのアプローチは，非生物的ストレスへの耐性，宿主昆虫からの有害な条件，そして時には昆虫病原性真菌類の毒性における，タンパク質リン酸化酵素A（MapKAI）（Fang ら 2009)，浸透圧センサー（MOS1）（Wang ら 2008)，ラッカーゼ（Fang ら 2010)，スーパーオキシドディスムターゼ（Bb-SOD2）（Xue ら 2010)，βチューブリンに変異の入った遺伝子（Butterrs ら 2003），アデニル酸シクラーゼ（Liu ら 2012）の役割を明らかにした。特定の条件下でのこれらの遺伝子とタンパク質の局在の同定はBLASTP（Altschul ら 1990）と MitoProtII（Claros および Vincens 1996）による相同性解析によって可能であった。MitoProtII は，タンパク質の N 末端のミトコンドリア標的シグナルとその切断部位の同定を助ける（http://ihg.gsf.de/ihg/mitoprot.html）。真核生物のスーパーオキシドディスムターゼのほとんどはミトコンドリアに局在していることが知られている。MitoProtII によって白きょう病菌（*B. bassiana*）の Bb-SOD2 は，むしろ細胞質に存在していることが推定された（Xue ら 2010）。白きょう病菌の β チューブリン遺伝子の重要な変異部位の配列解析で，β チューブリンが防カビ剤である Bavistin（カルベンダジム）への耐性に関わることが明らかになった（Butterrs ら 2003）。

3. 病原性の遺伝子

感染過程の各段階で，真菌類は多数の合図を検出し応答する必要がある。シグナル伝達，遺伝子発現制御，基質の分解・利用，毒素のような二次代謝物を合成するのに関わる酵素などの病原性の決定に実際に関与する遺伝子はすべて，感染段階で発現する。これらすべての三つのクラスの遺伝子が病原性には重要である。

病原性の遺伝子を同定するほとんどの研究は商業的に重要な 2 つの真菌類，白きょう病菌（*B. bassiana*）とメタリジウム菌（*Metarhizium* spp.）について行われている。マイクロアレイと cDNA-AFLP を用いた遺伝子発現差解析で，これらの真菌類のさまざまな昆虫の上皮に対する特異的応答を同定し，昆虫の上皮に応じて遺伝子発現パターンを急速に変化させる能力があることを示した（Freimoser ら 2005；Khan 2006）。これまで白きょう病菌（*B. bassiana*）とメタリジウム菌（*M. anisopliae*）で，それぞれ 13,975 個と 10658 個の EST が報告された（http://www.ncbi.nlm.nih.gov/nucest/）。整理された EST の約 50% は上皮を含む培地で発現が上昇し，PHI（Pathogen-host interaction database）（http://www.phi-base.org）の配列と類似していた。これらの EST のほとんどの機能はまだ明らかにされていない。相同性モデリングの研究と interproscan を用いた解析と他のバイオインフォマティクスツールとデータベース（表 1）は，これらの EST の産物の構造と機能を推定するのに役立つ可能性がある。昆虫病原性真菌類の感染のさまざまな段階に関与すると推定されている遺伝子群が列挙された（Uma Devi ら 2012）。これらはさまざまなバイオインフォマティクスツールとデータベース（表 1）で同定された。配列比較と保存モチーフ検索は，上皮上での増殖の間に発現されるメタリジウム菌の EST の約 60% は，分泌される酵素と毒素をコードすることを示唆した。

3.1 昆虫への付着，感染糸の形成，貫通に関与する遺伝子

Metarhizium spp. のトランスクリプトーム解析で，胞子の付着を助ける Adhesin 遺伝子（MAD1 および MAD2）（Wang および St. Leger 2007a, b），および病原体が宿主の免疫攻撃を

回避するのを助け，細胞を保護する外皮タンパク質（Wang および St. Leger 2006），および付着器の膨圧と分化を制御するペリリピン様のタンパク質（Wang および St. Leger 2007b）が同定された。MAP（mitogen-activated protein）キナーゼ遺伝子である *Bbmpk1* が白きょう病菌で同定され，これは胞子の付着，付着器の形成，感染時の最初の侵入時と昆虫の死後の流出時に昆虫の上皮を横切る能力に必須であることが明らかになった（Zhang ら 2010）。MAP シグナル伝達経路は細胞外シグナルを受け取り，変換し，遺伝子発現を制御するのに重要な役割を担う。SSH（suppressive subtractive hybridisation）ライブラリのバイオインフォマティクス解析によって，*Bbmpk1* は付着器形成に関与する遺伝子の制御に関わることが明らかにされた（Zhang ら 2010）。*Bbmpk1* 遺伝子は小胞輸送，脂質代謝，微小管動態，および付着器の形成と分化の制御に関わることが示唆されている（Li ら 2004）。胞子の付着と付着器の形成は HOG（高浸透圧グリセロール反応）キナーゼ遺伝子，すなわち白きょう病菌（*B. bassiana*）では *Bbhog1* に影響を受けることも明らかにされた（Zhang ら 2009）。*Bbmpk1* と *Bbhog1* 遺伝子はともに，ハイドロフォビンをコードする遺伝子の転写レベルに影響することが明らかになった（Zhang ら 2010）。ハイドロフォビンは分生子の疎水性に関与し，昆虫への付着と付着器の形成に関わる（Holder ら 2007）。

昆虫の上皮はタンパク質とキチンから構成され，炭化水素を多く含む蝋状の層である外表皮でおおわれている。昆虫の上皮のタンパク質とキチンの組成はすべての昆虫で類似しているが，外表皮の組成は同じ昆虫の属内でも非常に異なっている（Wang および St Leger 2005）。昆虫病原性の真菌類は，昆虫の上皮のこれらの二つの層の化学成分を可溶化し，栄養分とすることで，貫通する。このために多数の消化酵素を分泌する。

Metarhizium robertsii で，外表皮の炭化水素の分解に関わる遺伝子が同定されている（Lin ら 2011）。MrCYP52 遺伝子はシトクローム P450 モノオキシゲナーゼ 52 ファミリーに属する（Lin ら 2011）。MrCYP52 遺伝子はバッタの外表皮のアルカンの加水分解に関与し，この分解が発芽と感染構造体の形成へ栄養分を提供することが明らかになった（Lin ら 2011）。バッタ科の上皮上で培養した *M. anisopliae* var. *acridum* では，バッタ科の外表皮に存在することが既知の毒性の物質に作用するジオキシゲナーゼ遺伝子と三つのグルタチオン S トランスフェラーゼ遺伝子の発現が上がることが明らかにされた（Wang および St. Leger 2005）。

昆虫の上皮の構成要素を分解する酵素をコードする遺伝子と，研究から明らかになったそれらの正確な役割を以下に示す。

3.1.1　プロテアーゼ

サブチリシン様プロテアーゼ，トリプシン様プロテアーゼ，メタロプロテアーゼ，exo（細胞外）型で働くペプチダーゼのいくつかのファミリーなどの注目すべき細胞外のセリンプロテアーゼが，宿主の上皮の分解に関与する（St. Leger ら 1997；Bagga ら 2004）。メタリジウム菌（*M. anisopliae*）の上皮培地で八つのサブチリシン遺伝子が発現していた（Freimoser ら 2003；Bagga ら 2004）。これらの中で最も重要なものはスブチリシン様の *Pr1* と *Pr1J* であることが明らかになった（Freimoser ら 2005）。メタリジウム菌（*M. anisopliae*）の *Pr1A* 遺伝子は最も研究されている真菌類のサブチリシンプロテアーゼで，昆虫の上皮を破壊する働きをもつことが一般的に受け入れられている唯一のものである（Shah ら 2005）。*Pr1A* は昆虫の上皮の分解の際に生産されるおもなタンパク質であり，その転写量は 2 番目に多量に発現されるプロテアーゼ *Pr1J* の 10 倍以上多い（Bagga ら 2004）。メタリジウム菌（*M. anisopliae*）からの *Pr1A* 遺伝子がクローン化され，配列決定された（Zhang ら 2008）。*Pr1* 遺伝子のプロモーターは炭素カタボライト抑制（CREA），窒素代謝制御因子（AREA），真核生物 cAMP 応答エレメント結合タンパク質（cAMP response element binding protein, CREB）と類似した制御タンパク質の推定結合部位をもつ（Clarkson および Charnley 1996）。これは低濃度の窒素で活性化され，菌糸が窒素が十分にある血リンパに到達するとオフになる。*Pr1* 遺伝子は，菌類が昆虫の死骸から外に出るときに再度活性化される（Small および Bidochka 2005）。*Pr1* と *Pr2* 遺伝子は，上皮培地上の白きょう病菌（*B. bassiana*）でも高度に発現されている（Khan ら 2007；Donatti 2008；Dias ら 2008）。白きょう病菌（*B. bassiana*）では，*Pr1H* はハスモンヨトウ（*Spodoptera litura*）幼虫とニジュウヤホシテントウ（*Epilachna vigintioctopunctata*）の上皮では発現量が変動しているが，マメアブラムシ（*Aphis craccivora*）とワモンゴキブリ（*Periplaneta Americana*）の上皮では発現量が変動していないことが明らかになった（Khan ら 2007）。セリンプロテアーゼである bassiasin I が白きょう病菌（*B. bassiana*）で報告された（Kim ら 1999）。昆虫の上皮を貫通し，血体腔に到達後，真菌類はセリンプロテアーゼ遺伝子をオフにし，プロフェノールオキシダーゼ系（昆虫の防御機構）の活性化を防ぐ（Wang ら 2005）。

ポストゲノムシークエンスで，昆虫病原性の真菌類のゲノムが非昆虫病原性の真菌類に比べてより多くのタンパク質分解酵素をコードしていることが明らかにされた。そのプロテアーゼはさまざまなファミリーに属しており，すなわちアスパラギン酸，システイン，グルタミン，メタロ，セリン，スレオニンペプチダーゼに属する。MEROPS（タンパク質分解酵素，それらの基質と阻害剤のデータベース）での全ゲノム BLAST 検索によって，白きょう病菌（*B. bassiana*）では全部で 429 個，メタリジウム菌（*Metarhizium robertsii*）では 431 個，*M. acridium* では 360 個のプロテアーゼが同定された（Rawlings ら 2012）。白きょう病菌（*B. bassiana*）は著しく多くのトリプシン（*B. bassiana* では 23 個，植物病原体での平均 2 個），サブチリシン（*B. bassiana* では 43 個，植物病原体での平均 17 個），カルボキシペプチダーゼ（*B. bassiana* では 52 個，植物病原体での平均 32 個）をコードしていることが明らかになった（Xiao ら 2012）。この著しいプロテアーゼの拡がりは広い宿主範囲への適応を示唆する（Xiao ら 2012）。しかし，アスパラギン酸，システイン，スレオニン，メタロペプチダーゼについては，白きょう病菌（*B. bassiana*）と植物病原体で同程度の数をコードしていることが分かった（Xiao ら 2012）。

3.1.2 キチナーゼ

キチナーゼは昆虫病原性の真菌類での病原性の決定要因として報告されている（Charnley および St. Leger 1991；St. Leger ら 1995, 1996）。感染過程におけるキチナーゼとリパーゼの重要な役割が *Nomuraea rileyi* で検証された（El-Sayed ら 1989, 1993）。endo（細胞内）型のキチナーゼである *Bbchit* の過剰発現が白きょう病菌（*B. bassiana*）の病原性を著しく増加させることが示された（Fang ら 2005）。*Verticillium lecanii* の endo 型のキチナーゼ遺伝子である *Vlchit1* は単離され，品種改良に利用するために特徴が解析された（Zhu ら 2008）。*M. anisopliae* ではキチナーゼ遺伝子は上皮を含む培地で培養開始後１時間以内に発現することが発見された（Freimoser ら 2005；Baratto ら 2006）。感染過程におけるキチナーゼの推定の役割に関する，議論の的となるいくつかの実験結果が報告された。*Verticillium lecanii* のキチナーゼを欠損した変異体でもまだアブラムシに感染することができた（Jackson ら 1985）。さまざまな機能的役割をもついくつかのキチナーゼのクラスが昆虫病原性の真菌類で発見された（Fang ら 2005）。キチナーゼ機能のさまざまな性質はキチン結合領域およびシグナルペプチドの違いに依存する。SWISS-MODEL プログラム（三次元構造）と PSIPRED（構造予測）に基づいた相同性モデリング，SignalIP3.0（シグナルペプチド予測），NCBI 保存ドメイン検索ソフトウェア（http://www.ncbi.nlm.nih.gov/Structure/cdd/cdd.shtml）を用いたキチナーゼ配列の保存ドメインの認識，FSPLICE を用いたスプライス部位解析などのバイオインフォマティクスツールは，病原性におけるキチナーゼの機能のキチナーゼ挿入ドメイン内の残基の役割の理解を促進する重要な方法を提供する（Fang ら 2005）。

キチナーゼの A，B，C サブグループの系統遺伝的解析は，*B. bassiana/Cordyceps militaris*, *Metarhizium* spp.，*Trichoderma* spp. が共通の祖先から分岐した時点から数回の遺伝子重複が起こっていることを明らかにし，このことは各クレードの存在量が収斂進化（convergent evolution）によるものであることを示唆した（Xiao ら 2012）。

3.1.3　リパーゼ

メタリジウム菌（*M. anisopliae*）では，リパーゼ活性の阻害剤は感染過程をブロックすることが明らかになった（Gao ら 2011）が，メタリジウム属（*Metarhizium*）で，病原性における個々のリパーゼの役割はまだ実証されていない。

3.2　昆虫（血体腔）へ侵入後に発現する遺伝子群

真菌類は昆虫の上皮を破壊した後に，体腔（血体腔）に侵入し増殖を開始する。この段階では，いくつかの酵素と毒素を生成する。メタリジウム菌（*M. anisopliae*）では，昆虫の血リンパ内の有機リン酸の利用で酸性フォスファターゼが重要な役割を担うことが明らかになった（Xia ら 2001）。昆虫の血リンパは高浸透圧の溶質に富む。メタリジウム菌で，昆虫の血体腔の血リンパの高浸透圧への細胞応答を担う浸透圧センサーが検出された（Charnley 2003；Wang ら 2008）。コリン脱水素酵素などの浸透圧調整物質を合成する酵素は，環境との浸透圧平衡を調整し，酵素および他の細胞内要素を高浸透圧から守ると考えられている（Pollard および Wyn Jones 1979）。血リンパで培養されたメタリジウム菌で，コラーゲン様のタンパク質（MCL1）が発見された（Wang および St. Leger 2006）。このタンパク質のコラーゲン様のドメインは，粘着性の保護膜への抗体様物質として働き，真菌類の細胞壁の抗原性の構成要素をマスクし，宿主の血球からの食作用および封入を防ぐと考えられている（Wang および St. Leger 2006）。

VaxiJen サーバー（http://www.ddg-pharmfac.net/vaxijen/VaxiJen/VaxiJen.html；Doytchinova および Flower 2008）による配列決定で昆虫病原性の真菌類のゲノム内の免疫防御性の新たな因子をコードする遺伝子を発掘することは可能である。

3.2.1 毒性の二次代謝物

白きょう病菌（*B. bassiana*）およびメタリジウム菌（*M. anisopliae*）で多くの毒素が報告されている。これらは三つの主要クラス，すなわち，ポリケチド（polyketide, PK），非リボソーマル合成ペプチド（non-ribosomally synthesised peptide, NRSP），アルカロイドである（Gibson ら 2007）。これらはすべて二次代謝物である。昆虫病原性真菌類のゲノムでは，しばしば二次代謝物の生合成，輸送，転写制御に関与する連続した遺伝子群クラスターとして見出される。ウェブベースのソフトウェアである SMURF（www.jcvi.org/smurf/）と antiSMASH（http://antismash.secondarymetabolites.org/）は，ゲノムによる文脈およびドメインによる文脈でのクラスター化した二次代謝遺伝子を系統的に推定するのに用いられた（Khaldi ら 2010；Medema ら 2011）。推定された生合成クラスターのうち三つは，これまで検証された昆虫病原性の真菌類で高度に保存されているが，他の真菌類では存在しないことが明らかになった（Xiao ら 2012）。白きょう病菌のゲノムサーベイで，45 個の非リボソーマルペプチド合成酵素（non-ribosomal peptide synthetase, NPRS），ポリケチド合成酵素（polyketide synthase, PKS），およびテルペノイド合成酵素・シクラーゼコア遺伝子が存在することが明らかになり，この遺伝子数は Metarhizium spp. で発見された数よりも少ない（Xiao ら 2012）。ポリケチドの生合成は，多量体酵素で脂肪酸合成酵素と非常に類似した方法で機能するポリケチド合成酵素群（polyketide synthases, PKSs）によって組織化されている（Gibson ら 2007）。昆虫病原性の真菌類のほとんどは複数の PKS 遺伝子をもつと推定されている（Gibson ら 2007）。*Verticillium coccosporum* で四つ（Bingle ら 1999），*Tolypocladium inflatum* で七つ（Gibson ら 2007）の PKS 遺伝子が同定された。*Hirsutella thompsonii* は，昆虫殺虫作用のあるホマラクトンである，テトラケチドを生成することが明らかになった（Gibson ら 2007）。

いくつかの非リボソーマル合成ペプチド（non-ribosomally synthesised peptides, NRSP）が昆虫病原性の真菌類で同定された。*Tolypocladium* spp. は少なくとも四つのタイプの生物学的に活性のある NRSP，すなわちミトコンドリアの ATPase 阻害性の推定エフラペプチン（Gupta ら 1992），免疫抑制のシクロスポリン（Billich および Zocher 1987；Bisset 1983），シカダペプチンを含む抗細菌性のアミノイソ酪酸（amino isobutyric acid, Aib）（Krasnoff ら 2004），アミノ酸由来のジケトピペラジン（Chu ら 1993）を生成することが明らかにされた。*Paecilomyces* spp. は，ミトコンドリアの ATPase 阻害ペプチドの別のクラスであるロイシノスタチンを生成することが明らかにされた（Bisset 1983）。

NRSP のもう一つのクラスはデストルキシンと呼ばれる低分子量のサイクリックデプシペプチドである。その中で，低分子量分子であるビューベリシン，エンニアチン，isarolides，およびバシノリドが殺虫作用をもつことが示された（Gupta ら 1994；Castlebury ら 1999）。ビューベリシンは多機能酵素のビューベリシン合成酵素によって合成される 6 アミノ酸のイオノフォアサイクリックペプチドであるが，海水エビと蚊の幼虫に対しては毒性があることが発見された(Hamill ら 1969)。少なくとも 26 個の異なるデストラクシンがメタリジウム菌(*M. anisopliae*)で同定されている。メタリジウム菌ではデストラクシン A，B，および E が主である(Gupta ら 1989；Amiri-Besheli ら 2000)。デストラクシン A と E は他よりもより毒性が強い(Dumas ら 1994)。これらの毒素はメタリジウム菌に感染した昆虫の死の原因と示唆されている(Butt ら 1994；Vestergaard ら 1995)。白きょう病菌(*B. bassiana*)のゲノム探索で 11 個の NRPS と三つの NRPS-PKS ハイブリッド遺伝子クラスターを同定した。白きょう病菌ゲノムに特有の NRPS クラスター，つまり NRPS BsBEAS と NRPS BBBSLS は，それぞれ，殺虫性の毒素であるビューベリシンおよびバシアノリドの生合成に関わることが報告されている(XU ら 2008；XU ら 2009；saXiao ら 2012)。ビューベリシン，バシノリド，およびテネリンのような環状ペプチドの生合成に関わる遺伝子が，トランスクリプトームと生化学的解析によって機能的に検証された(Molnar ら 2010；Xiao ら 2012)。低濃度のデストラクシンを生成する株は猛毒性でもあるので，デストラクシン生成と病原性の直接的関連は常に起こり得るわけではない(Amiri-Besheli ら 2000)。デストラクシンは宿主昆虫のカルシウムチャンネルに影響を与え，昆虫に麻痺を引き起こさせる(Samuels ら 1988)，または昆虫の免疫能力を低下させる(Cerenius ら 1990)。

細菌様の毒素も昆虫病原性の真菌類から報告された。白きょう病菌(*Beauveria bassiana*)とメタリジウム菌(*Metarhizium*)はそれぞれ 13 個と 6 個の熱不安定性のエンテロトキシンをもつ(Xiao ら 2012)。Bt Cry-様デルタエンドトキシンと類似した白きょう病菌(*B. bassiana*)の細菌様の毒素の存在は，昆虫の病原体は細胞の停止または死を制御するために細菌のトキシン-アンチトキシン系を用いている可能性を示唆する。しかし，白きょう病菌(*B. bassiana*)を三つの異なる環境，すなわちバッタの後翼，アメリカタバコガの幼虫の血液，およびトウモロコシの根の滲出液で培養した白きょう病菌(*B. bassiana*)では，細菌様の毒素の発現は非常に低レベルであった。

白きょう病菌(*B. bassiana*)では，P450 モノオキシゲナーゼの EST ホモログは，四つの異なる昆虫の上皮で培養したときに検出されたが，合成培地では検出されなかった(Khan ら 2007)。シトクローム P450(CYP, Cytochrome P450)は，多くの必須の細胞内過程および解毒作用および生体異物の分解への関与に加えて，病原性に関連する二次代謝物の生合成にも関わることが報告されている(Nelson 1999；Guengerich 2001；Ortiz de Montellano 2005)。P450 遺伝子ファミリーの詳細な構造解析で，昆虫上皮のさまざまな構成脂質の酸化と毒素の生成に関与することが明らかになった(Pedrini ら 2010)。白きょう病菌(*B. bassiana*)でのプロテオーム解析ツールの expasy と FSPLICE(http://www.softberry.com/berry.phtml)によるスプライスサイト解析で，イントロンについては P450 遺伝子ファミリーがさまざまな性質をもつことを明らかにした(Pedrini ら 2010)。白きょう病菌(*B. bassiana*)での *in silico* 解析による分子レベルの特徴分析と配列の評価で，さまざまなファミリーに対応し，重複した基質特異性をもつ可能性のある全部で 8 個のシトクローム P450 遺伝子を明らかにした(Pedrini ら 2010)。シトクロム p450 遺伝子(CYP)の数が多い(メタリジウム菌(*Metarhizium* spp.)では〜111 個，白きょう病菌(*B. bassiana*)では 83 個)ことは昆虫病原真菌類の解毒作用と病原性に関与する二次代謝物の生合成

の能力を示唆する (Pedrini ら 2010)。さらに，これらの遺伝子は，白きょう病菌 (*B. bassiana*) での過剰発現で害虫への標的性と病毒性を増加させる候補となる可能性がある (Pedrini ら 2010)。相同性モデリングをもとにした機能解析と組み合わせた形質転換法は，昆虫病原性の真菌類の CYP の遺伝子工学的応用を探索することを可能にするだろう。

分泌型の小分子であるシステインリッチタンパク質 (SSCP) は，内生能力と昆虫への病原性に関与する。白きょう病菌 (*B. bassiana*) での InterProScan 解析で，SSCP のいくつかは，たとえば五つの推定上のクチナーゼと五つのトリプシンといった検証済みの毒性の決定因子の PHI データベースにホモログをもっていた (Xiao ら 2012)。コンカナバリン A 様のレクチンとして六つの Bb SSCP が同定され，これらは昆虫と植物の両方との相互作用で機能できる可能性をもつ (Rappleye および Goldman 2008)。白きょう病菌 (*Beauveria bassiana*) は，植物病原体の病原性決定因子と類似した八つのシステインを含む細胞外膜 (cysteine-containing extracellular membrane, CFEM) ドメインをコードする四つの遺伝子をもつ (Kulkarni ら 2003)。これらの発見は昆虫の病原性真菌類が，植物内の内生の樹立と昆虫の上皮の貫通において共通の機構をもつ可能性を示唆する。

メタリジウム菌 (*Metarhizium*) では，病原体の G タンパク質アルファサブユニットは広く研究されており，細胞外のシグナルを変換し感染特異的な発達を引き起こすため，必須であることが明らかにされている (Solomon ら 2004)。メタリジウム菌 (*Metarhizium* spp.) の遺伝子である MAA_03488 と MAC_04984 はゴキブリでもバッタでも上皮に感染時に高度に発現していることが明らかになった (Kamper ら 2006；Lafon ら 2006；Hane ら 2007；Gao ら 2011)。

4. メタゲノム法を用いた土壌真菌叢における昆虫病原性真菌類の残留性とその影響の評価

真菌類に基づいた生物駆除剤を登録する際には，その生物の拡散と環境中で安定化する可能性を評価するため，真菌類の接種の残留性に関するあらゆるリスクを考慮する必要がある (Scheepmaker および Butt 2010)。さらに，欧州連合の登録当局は，特定の昆虫病原性真菌類の自然界での存在量の情報とともに土壌微生物の競合的置換など長期的非標的効果の情報も要求する。昆虫病原性の真菌類に基づく生物農薬の多数の応用では，これらが天然の土壌微生物の多様性に望まない効果を与えないことを示す必要がある。

初期には昆虫病原性の真菌類の残留性を評価するのに，土壌サンプルからの真菌類の培養を用いる培養に依存した方法 (Hagn ら 2003) や昆虫を餌とする方法が用いられていた。後に，単純配列反復 (SSR, simple sequence repeats, いわゆるマイクロサテライト，Enkerli ら 2001) が菌類の株の同定に用いられた。さまざまな SSR マーカー用のプライマーを設計するために，SSR locator (Carlos ら 2008) や msatcommander (Faircloth 2008) のようなパイプラインをマイクロサテライトの全ゲノムな位置特定に用いることができる。

培養に依存しないメタゲノム的アプローチは，土壌微生物の多様性に対する用いられた昆虫病原性の真菌類の影響を評価するのに便利であろう。このような研究の一つは，白きょう病菌 (*B.*

bassiana）処理後のさまざまな時間間隔で農作物（トウガラシ）畑の土壌 DNA サンプルから回収した真菌類の ITS 配列のマルチタグ 454 シークエンシングを用いて行われた（Hirsch ら 2013）。

454DNA シークエンシング（アメリカの Branford にあるシークエンスの会社である 454 ライフサイエンス社の名前に由来）は次世代シークエンシング技術であり，技術的にはパイロシークエンスとも呼ばれる。これは sequencing-by-synthesis 原理に基づき，生物発光で 4 種の酵素の DNA 合成のリアルタイムモニタリングを行う。これは現在，ハイスループットな方法で一般的な技術である。そのケミストリーの技術的な頑健性に加え，この方法では 1 ランあたりに多数のリードを生成し，非常に大きなカバレージのメタゲノムシークエンスデータを提供する*1。この基本的方法は，rRNA 遺伝子などの普遍的に保存されている標的を利用することで複雑な菌叢内において微生物叢を同定することである。18/16S rRNA 遺伝子内の選択された標的領域を増幅することで（真核生物・原核生物用），保存されたプライマー結合部位と属と種の同定を促進する中間可変配列の効果的な組み合わせで微生物叢を同定することができる（Buée ら 2009；Wu ら 2010）。経時的に土壌微生物叢の多様性に対する微生物の生物農薬の効果を評価するために，さまざまな時間点で回収したサンプルをマークするマルチタグシステムを用いることができ，454 シークエンシング用にすべてのサンプルからの DNA をプールすることができる。土壌サンプルから単離した DNA の保存領域と可変領域に広がる 16/18S rRNA 遺伝子領域のマルチタグ 454 シークエンシングは，経時的ないくつかのコレクションを含む大量のサンプルセットをシークエンシングする安価な方法を提供する。

メタゲノム研究の主要な問題点は，妥当な時間で数百または数千の微生物叢の種の正確な同定をどのように行うかという解析の最終段階にある。これはペアワイズ比較において 95〜97%の類似度でマッチする特徴的配列を必要とする。非常に大量の微生物の配列の多様性を扱うのに，多数のバイオインフォマティクスツールが必須である。現在のバイオインフォマティクスのスループットは非常に低く，大規模なプロジェクト解析の自動化には不十分である。分散計算機ネットワークと強固なサーバー技術が，現在のメタゲノムデータ解析の研究設定の要求に見合っているが，明らかに，十分な計算機力が必須である（Petrosino ら 2009）。配列の収集と確認作業に始まり，配列をトリムし，各リードの品質を確認するのにアルゴリズムが必要である（Huse ら 2007）。もう一つの問題は増幅過程で PCR がキメラ配列を生成する可能性があることである。Greengenes（De Santis ら 2006）や RDP（Cole ら 2007）などのソフトウェア環境において，Bellerophon（Ashelford ら 2005）や Pintail（Huber ら 2004）などのアルゴリズムを用いてアンプリコンの「ハイブリッド配列」を検証するためのキメラを確認するソフトウェアが開発された。混合種の菌叢から一旦高品質の配列が取得されると，次の問題点は並列に多数の微生物叢を正確に同定することである。トリムされた配列は，NAST（De Santis ら 2006）または MUSCLE（Edgar 2004），MAFFT（Katoh ら 2009），STAP（Wu ら 2008）などの一般的な配列

訳者注＊1：この部分は，454 のパイロシークエンシングの説明ではなく，Illumina 社の SBS テクノロジーの説明である。パイロシークエンシングの原理は，配列決定反応にヌクレオチドが付加するときに放出されるピロリン酸を検出することである。

整列ソフトで整列化することができる。Green genes，RDP，ARB，DOTUR は配列整列エディターである MUSCLE に統合されており，WATERS は STAP を配列アライナーとしてもつ。一般的な配列整列ソフトは整列時に rRNA の推定二次構造は考慮しない。rRNA の二次構造の考慮は，アライメントの配列間の配置相同性が保存される尤度を増加させるため，rRNA の二次構造はアライメントの際に考慮すべき重要な特徴である。16S rRNA の二次構造モデルを考慮する RDP や SILVA のようなより最近のアライナー（Cole ら 2007）は 16S rRNA 遺伝子データベースと参照 MSA（マルチプルシーケンスアライメント（multiple sequence alignment）と関連づけられている。MSA の利用は遺伝的距離と微生物の多様性の過大な見積もりにつながり，計算機的複雑性もこれに影響する（Sun ら 2009）。DOTUR，MOTHUR，FastGroupII，RDP-pyro などのパイプラインは MSA に基づき配列に OTU*2 を割りあてる。これらのパイプラインは巨大な計算機メモリ（計算機的複雑性）を必要とするため，大規模なメタゲノムのデータセットには適していない（Sun ら 2009）。これらの問題を克服するため，Needleman-Wunsch アルゴリズム（Needleman および Wunsch 1970）または Blast アルゴリズムを用いたペアワイズアライメントに基づく遺伝的距離を計算することが提案された。CLOTU や ESPRIT のような最近のウェブ上のパイプラインは，操作的分類単位（OTUs, operational taxonomic units）にクラスター分類する前にペアワイズアラインメントを用いる。OTU を割り当てるソフトウェア・パイプラインは重要なペアワイズアライメントと遺伝的距離の計算を行う。OTU への配列の割り当ては，最近傍法（nearest neighbour，一つの連関クラスター解析），最長距離法（complete linkage，完全な連関），平均距離法（average neighbour）の三つのクラスタリングプログラムのどれかに基づいて行われる。OTU の分類体系のアノテーション付与は，ユーザーが定義したデータベースまたは NCBI nr データベースに対する BLASTn を用いたデータベース検索で行われる。

次のものは，454 のリードを処理し，クラスタリングするさまざまなオプションをもつ利用可能な既存のバイオインフォマティクスツールである。FastGroupII（Yu ら 2006），RDP（Cole ら 2007），DOTUR（Schloss および Handelsman 2005），SeqTrim（Falgueras ら 2010），QIIME（Caporaso ら 2010），SCATA（http://scata.mykopat.slu.se/），WATERS（Hartman ら 2010），CANGS（Pandey ら 2010），PANGEA（Giongo ら 2010）PyroNoise（Quince ら，2009），MEGAN（Huson ら 2011），CLOTU（Kumar ら 2011）。各ツールは整列と OTU の割り当て用に独自のアルゴリズムをもつ。分類体系のアノテーション付与には，CLOTU と MEGAN が BLASTn オプションを統合している。QIIME，PANGEA，CANGS，WATERS，DOTUR のような他のパイプラインでは，454 のリードに分類系統的な所属を割り当てるために，ローカルコンピュータにデータベースと BLAST プログラムをユーザーが設定する必要がある。WATERS では，FastTree や QuickTree などの近隣結合法に基づくアルゴリズムに基づくプログラムまたは，最尤法のアルゴリズムに基づくプログラム RAxML を用いて OTU の系統樹を生成することが可能である。CLOTU は高性能計算機環境で作動するウェブベースのサービスプラット

訳者注＊2：細菌の必須遺伝子（一般に，16S リボソーム RNA 遺伝子）の塩基配列をコンピュータ上でその類似度を指標に分類したときに得られる単位，操作的分類単位。

フォームであり，一方QIIME，PANGEA，CANGS，WATERSはローカルにインストールする必要があり，その後のデータセットの詳細解析の時間を節約することができる。

正確な微生物の同定に加えて，サンプル内の微生物の多様性を評価するための指数とアルゴリズムが開発された。興味のある菌叢について微生物学者がもつであろう最初の質問の一つは，ここにどれくらいの種類の生物が含まれているのか？であろう。そして，サンプル間の違いがどれ位か？である。これらの質問に答えるため，存在量の推定値と多様度指数が計算される。存在量の推定値はACE（ChaoおよびLee 1992），Chao1（Chao 1984），希薄化曲線（rarefaction curve, Hurlbert 1971），Shannonの多様度指数，Simpsonの多様度指数で決定される。複数の微生物叢の多様性パターンの比較と，これらの間で観察された差の重要性の評価に多変量解析が用いられる。前者には非計量多次元尺度構成法（NMDS, nonmetric multidimensional scaling）が，後者にはANOSIMが用いられる。計算には統計的プログラムを用いることができる。多様性解析には，EstimateS（Clowee 2006）またはSONS（SchlossおよびHandelsman 2006）が用いられる。微生物叢の序列化の測定には，PC-ORD（McCuneおよびMefford 2011），Vegan（Oksanenら2007），PAST（Hammerら2001）などの統計ツールが用いられる。微生物叢の系統発生的解析はUniFrac（LozuponeおよびKnight 2005）またはPhylocom（Webbら2008）を用いて行われる。パイロシークエンスのパイプラインであるDOTUR，ESPIRT，WATERSでは，存在量推定の統計的計算はOTUの割り当てとともに行うことができる。さらにWATERSでは，複数サンプル間の微生物叢構造の差を統計的に評価するソフトウェアは統合ツールであるUniFracによって可能である。UniFracに加え，複数のコミュニティ構造の比較に，Tree Climber（SchlossおよびHandelsman 2006），LIBSHUFF（Singletonら2001），SONS（Shared OTUs and（N）Similarity），AMOVA（分子レベルの多様性の解析：analysis of molecular variance）などのいくつかの統計的ツールがある。これらは入力ファイルとして距離行列または系統樹を用いる。

インドの農業分野での真菌類の微生物叢構造の特徴解析と，人工的に加えた白きょう病菌（*B. bassiana*）株が土壌真菌類の微生物叢に与える影響と未来の運命の評価に真菌類ITS-1配列のマルチタグの454パイロシークエンスが用いられた（Hirschら2013）。同定された種の一時記録を**図2**に示した。白きょう病菌（*Beauveria bassiana*）を用いたことに由来する土壌菌類の多様性への副作用は観察されなかった（Hirschら2013）。

5. まとめ

植物保護に，微生物を用いた生物農薬として昆虫病原性の真菌類が用いられている。昆虫宿主を死に至らせる宿主への感染の機構と，この過程を促進する遺伝子・酵素が解明された。バイオインフォマティクス解析と合わせた分子生物学的技術は，これらの真菌類で昆虫病原性に関与する一連の遺伝子群を明らかにした。特定の遺伝子とハイスループット手法の研究が，昆虫の上皮を通じた真菌類の侵入におけるプロテアーゼ，キチナーゼ，リパーゼの働きを明らかにした。貫通前のプロセスである胞子形成，感染糸形成，シグナル伝達に関与する遺伝子群と，昆虫の免疫応答の回避，昆虫の体液の浸透圧条件への対応，毒素生成，そして昆虫の死体からの真菌類放出

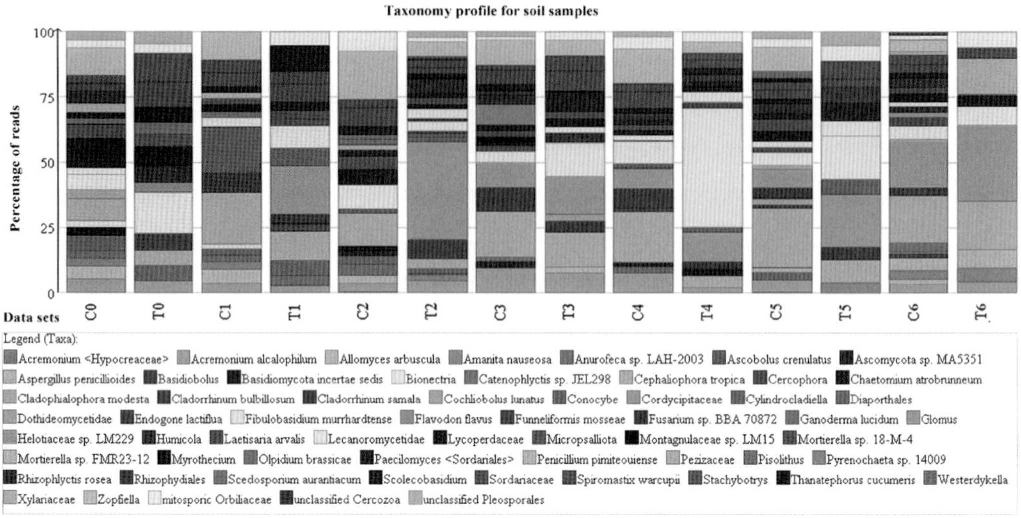

※口絵参照

図2　昆虫病原性真菌類である白きょう病菌（*Beauveria bassiana*）で処理したインドのトウガラシ畑から回収した土壌サンプルの真菌類の多様性解析の一時的記録。サンプルCおよびサンプルTは，おのおの，コントロール（非処理）群と処理群からのプロットを示し，数値は処理後に経過した週を示す。マルチタグ454パイロシークエンシングで生成された真菌類のITSリードの解析（MEGAN（Husonら2011）を用いた）は，各サンプルで同定された比較的多数のさまざまな真菌類の分類群を示す。これらの結果は真菌類の多様性が白きょう病菌（*B.bassiana*）の処理によって影響されないことを示す（結果は著者らの研究室より）

を含む昆虫の体内への侵入後のプロセスに関与する遺伝子群が同定された。バイオインフォマティクスツールとパイプラインとデータベースはこれらの解析に必須である。天然土壌真菌叢への真菌類に基づく生物農薬の大量の接種の生態学的な影響はメタゲノム的手法によって検証されている，この解析は次世代シークエンシング（454パイロシークエンシング）とバイオインフォマティクスツールといくつかのオプションを使用できる統計解析を必要とする。

謝辞

著者らは，昆虫病原性の真菌類の共同研究を進めるにあたり，DST-DFGとDST-DAAD PPPプログラムの経済的支援に感謝する。SandhyaはNew DelhiのシニアリサーチフェローシップCSIRに感謝する。

文　献

Altschul SF, Gish W, Miller W et al (1990) Basic local alignment search tool. J Mol Biol 215:403–410

Amiri-Besheli B, Khambay S, Cameron S et al (2000) Inter- and intra-specific variation in destruxin production by insect pathogenic *Metarhizium* spp. and its significance to pathogenesis. Mycol Res 104:447–4452

Ashelford KE, Chuzhanova NA, Fry JC et al (2005) At least 1 in 20 16S rRNA sequence records currently held in public repositories is estimated to contain substantial anomalies. Appl Environ Microbiol 71:7724–7736

Bagga S, Hu G, Screen SE, Leger RJ (2004) Reconstruction the diversification of subtilisins in the pathogenic fungus *Metarhizium anisopliae*. Gene 324:159–169

Baldwin TK, Winnenburg R, Urban M et al (2006) The pathogen-host interactions database (PHI-base) provides

insights into generic and novel themes of pathogenicity. Mol Plant Microbe Interact 19:1451–1462
Baratto CM, Dutra V, Boldo JT et al (2006) Isolation characterization and transcriptional analysis of the chitinase chi2 gene (DQ011663) from the biocontrol fungus *Metarhizium anisopliae* var *anisopliae*. Curr Microbiol 53:217–221
Billich A, Zocher RJ (1987) Enzymatic synthesis of cyclosporin A. J Biol Chem 262:17258–17259
Bingle LEH, Simpson TJ, Lazarus CM (1999) Ketosynthase domain probes identify two subclasses of fungal polyketide synthase genes. Fungal Gen Biol 26:209–223
Bisset J (1983) Notes on Tolypocladium and related genera. Can J Bot 61:1311–1329
Boucias DG, Pendland JC, Latge JP (1988) Nonspecific factors involved in attachment of entomopathogenic deuteromycetes to host insect cuticle. Appl Environ Microbiol 54:1795–1805
Buée , Reich M, Murat C et al (2009) 454 pyrosequencing analyses of forest soils reveal an unexpectedly high fungal diversity. New Phytol 184:449–456
Butt TM, Goettel MS (2000) Bioassays of entomogenous fungi. In: Navon A, Ascher KRS (eds) Bioassays of entomopathogenic microbes and nematodes. CABI Publishing, Wallingford, pp 141–195
Butt TM, Ibrahim L, Ball BY et al (1994) Pathogenicity of the entomogenous fungi *Metarhizium anisopliae* and *Beauveria bassiana* against crucifer pests and the honey bee. Biocontrol Sci Technol 4:207–214
Butt TM, Jackson C, Magan N (2001) Production, stabilization and formulation of fungal biocontrol agents. In: Butt TM, Jackson C, Magan N (eds) Fungi as biocontrol agents: progress, problems and potential. CABI Publishing, Wallingford, pp 1–8
Butterrs JA, Devi KU, Mohan MC et al (2003) Screening for tolerance to Bavistin, a Benzimidazole fungicide containing methyl benzimidazol-2-yl carbamate (MBC) among strains of the entomopathogenic fungus *Beauveria bassiana* (Balsamo) Vuillemin: sequence analysis of the Beta – tubulin gene to identify mutations conferring tolerance. Mycol Res 107:260–266
Caporaso JG, Kuczynski J, Stombaugh J et al (2010) QIIME allows analysis of high-throughput community sequencing data. Nat Methods 7:335–336
Carlos LM, Palmieri DA, Souza VQ et al (2008) SSR locator: tool for simple sequence repeat discovery integrated with primer design and PCR simulation. Int J Plant Genomics 4:363–374
Castlebury LA, Sutherland JB, Tanne LA et al (1999) Use of a bioassay to evaluate the toxicity of beauvericin to bacteria. World J Microbiol Biotechnol 15:131–133
Cerenius L, Thornqvist PO, Vey A et al (1990) The effect of the fungal toxin destruxin E on isolated crayfish hemocytes. J Insect Physiol 36:785–789
Chao A (1984) Non-parametric estimation of the number of classes in a population. Scand J Stat 11:265–270
Chao A, Lee SM (1992) Estimating the number of classes via sample coverage. J Am Stat Assoc 87:210–217
Charnley AK (1989) Mechanisms of fungal pathogenesis in insects. In: Whipps JM, Lumsden RD (eds) Biotechnology of fungi for improving plant growth. Oxford University Press, London, pp 86–125
Charnley AK (2003) Fungal pathogens of insects: cuticle-degrading enzymes and toxins. Adv Bot Res 40:241–321
Charnley AK, Leger RJ (1991) The role of cuticledegrading enzymes in fungal pathogenesis in insects. In: Cole RT, Hoch HE (eds) Fungal spore disease initiation in plants and animals. Plenum Press, New York/London, pp 267–287
Chu M, Mierzwa R, Truumees I et al (1993) 2 novel diketopiperazines isolated from the fungus *Tolypocladium* sp. Tetrahedron Lett 34:7537–7540
Clarkson JM, Charnley AK (1996) New insights into mechanisms homology modeling and protein engineering strategy of subtilases of fungal pathogenesis in insects. Trends Microbio 4:197–203
Claros MG, Vincens P (1996) Computational method to predict mitochondrial proteins and their target sequences. Eur J Bio 241:779–786
Clowee RK (2006) Estimates: statistical estimation of species richness and shared species from samples. version8, user guide and application published at http://purl.oclc.org/estimates
Cole JR, Chai B, Farris RJ et al (2007) The ribosomal database project (RDP-II): introducing my RDP space and quality controlled public data. Nucleic Acids Res 35:D169–D172
Cook RJ (2000) Advances in plant health management in the 20th century. Annu Rev Phytopathol 38:95–116
De Faria MR, Wraight SP (2007) Mycoinsecticides and mycoacaricides: a comprehensive list with worldwide coverage and international classification of formulation types. Biol Control 43:237–256
De Santis TZ, Hugenholtz P, Larsen N et al (2006) Greengenes, a chimera checked 16S rRNA gene database and workbench compatible with ARB. Appl Environ Microbiol 72:5069–5072
Dias BA, Neves PMOJ, Furlaneto Maia L et al (2008) Cuticle-degrading proteases produced by the entomopathogenic fungus *Beuaveria bassiana* in the presence of coffee berry borer cuticle. Braz J Microbiol 39:301–306
Donatti AC (2008) Production and regulation of cuticle degrading proteases from *Beauveria bassiana* in the presence of *Rhammatocerus schistocercoides* cuticle. Curr Microbiol 56:256–260
Doytchinova IA, Flower DR (2008) Bioinformatic approach for identifying parasite and fungal candidate subunit vaccines. Open Vaccine J 1:22–26
Dumas C, Robert P, Pais M et al (1994) Insecticidal and cytotoxic effects of natural and hemi synthetic destruxins. Comp Biochem Physiol 108:195–203
Edgar RC (2004) MUSCLE: a multiple sequence alignment method with reduced time and space complexity. BMC Bioinform 5:113
El-Sayed GN, Coudron TA, Ignoffo CM (1989) Chitinolytic activity and virulence associated with native and mutant isolates of an entomopathogenic fungus *Nomuraea rileyi*. J Invertebr Pathol 54:394–403
El-Sayed GN, Ignof LTD et al (1993) Cuticular and noncuticular substrate influence on expression of cuticle

degrading enzymes non-cuticular substrate influence on expression of cuticle degrading enzymes. Mycopathologia 122:79–87

Enkerli J,Widmer F, Gessler C et al (2001) Strain-specific microsatellite markers in the entomopathogenic fungus *Beauveria brongniartii*. Mycol Res 105:1079–1087

Faircloth BC (2008) MSATCOMMANDER: detection of microsatellite repeat arrays and automated, locusspecific primer design. Mol Ecol Resour 8:92–94

Falgueras J, Lara AJ, Fernandez-Pozo N et al (2010) SeqTrim: a high-throughput pipeline for pre-processing any type of sequence read. BMC Bioinformatics 11:38

Fang W, Leng B, Xiao Y et al (2005) Cloning of *Beauveria bassiana* chitinase gene Bbchitl and its application to improve fungal strain virulence. Appl Environ Microbiol 71:363–370

Fang W, Pava-Ripoll M, Wang SB et al (2009) Protein kinase A regulates production of virulence determinants by the entomopathogenic fungus *Metarhizium anisopliae*. Fungal Genet Biol 46:277–285

Fang W, Fernandes EKK, Roberts DW et al (2010) A laccase exclusively expressed by *Metarhizium anisopliae* during isotropic growth is involved in pigmentation, tolerance to abiotic stresses and virulence. Fungal Genet Biol 42:602–607

Freimoser FM, Screen S, Bagga S et al (2003) Expressed sequence tag (EST) analysis of two subspecies of *Metarhizium anisopliae* reveals a plethora of secreted proteins with potential activity in insect hosts. Microbiology 149:239–247

Freimoser EM, Hu G, Leger RJ (2005) Variation in gene expression patterns as the insect pathogen *Metarhizium anisopliae* adapts to different host cuticles or nutrient deprivation *in vitro*. Microbiology 151:361–371

Gao Q, Jin K, Ying SH et al (2011) Genome sequencing and comparative transcriptomics of the model entomopathogenic fungi *Metarhizium anisopliae* and *M. acridum*. PLoS Genet 7:1–18

Gibson DM, Krasnoff SB, Churchill ACL (2007) Searching for polyketides in insect pathogenic fungi. In: Rimando AM, Baerson SR (eds) Polyketides: biosynthesis,
biological activity, and genetic engineering, vol 955. American Chemical Society, Washington, DC, pp 48–67

Giongo A, Crabb DB, Davis-Richardson AG et al (2010) PANGEA: pipeline for analysis of next generation amplicons. ISME J 4:854–861

Goettel MS, Hajek AE, Siegel JP et al (2001) Safety of fungal biocontrol agents. In: Butt TM, Jackson C, Magan N (eds) Fungi as biocontrol agents: progress, problems and potential. CABI Publishing, Wallingford, pp 347–376

Guengerich FP (2001) Common and uncommon cytochrome P450 reactions related to metabolism and chemical toxicity. Chem Res Toxicol 14:611–650

Gupta S, Roberts DW, Renwick JAA (1989) Preparative isolation of destruxins from *Metarhizium anisopliae* by high performance liquid chromatography. J Liq Chromatogr 12:383–395

Gupta S, Krasnoff SB, Roberts DW et al (1992) Structure of efrapeptins from the fungus *Tolypocladium niveum*: peptide inhibitors of mitochondrial ATPase. J Org Chem 57:2306–2313

Gupta S, Montillot C, Hwang YS (1994) Isolation of novel beauvericin analogues from the fungus *Beauveria bassiana*. J Nat Prod 58:733–738

Hagn A, Pritsch K, LudwigWet al (2003) Fungal diversity in agricultural soil under different farming management systems, with special reference to biocontrol strains of *Trichoderma* spp. Biol Fert Soils 38:236–244

Hamill RL, Higgens CE, Boaz HE et al (1969) The structure of beauvericin, a new depsipeptide antibiotic toxic to *Artemia salina*. Tetrahedron Lett 49:4255–4258

Hammer O, Harper DAT, Ryan PD (2001) PAST: paleontological statistics software package for education and data analysis. Palaeontol Electron 4:9

Hane JK, Lowe RG, Solomon PS et al (2007) Dothideomycete plant interactions illuminated by genome sequencing and EST analysis of the wheat pathogen *Stagonospora nodorum*. Plant Cell 19:3347–3368

Hartman AL, Riddle S, McPhillips T et al (2010) Introducing W.A.T.E.R.S: a workflow for the alignment, taxonomy, and ecology of ribosomal sequences. BMC Bioinformatics 11:317

Hirsch J, Galidevara S, Strohmeier S et al (2013) Effects on diversity of soil fungal community and fate of an artificially applied *Beauveria bassiana* strain assessed through 454 pyrosequencing. Microb Ecol. doi:10.1007/s00248-013-0249-5

Holder DJ, Kirkland BH, Lewis MW et al (2007) Surface characteristics of the entomopathogenic fungus *Beauveria* (Cordyceps) *bassiana*. Microbiology 153:3448–3457

Huber T, Faulkner G, Hugenholtz P (2004) Bellerophon: a programme to detect chimeric sequences in multiple sequence alignments. Bioinformatics 20:2317–2319

Humber RA (1991) Fungal pathogens of aphids. In: Peters DC, Webster JA, Chlouber CS (eds) Proceedings on aphid plant interactions: populations to molecules still water. Okla State University, pp 45–56

Hurlbert SH (1971) The non-concept of species diversity: a critique and alternative parameters. Ecology 52:577–586

Huse SM, Huber JA, Morrison HG et al (2007) Accuracy and quality of massively parallel DNA pyrosequencing. Genome Biol 8:R143–R143.9

Huson DH, Mitra S, Ruscheweyh HJ et al (2011) Integrative analysis of environmental sequences using MEGAN4. Genome Res 21:1552–1560

Jackson CW, Heale JB, Hall RA (1985) Traits associated with virulence to the aphid *Macrosiphoniella sanborni* in eighteen isolates of *Verticillium lecanii*. Ann Appl Biol 106:39–48

Jackson MA, Dunlap CA, Jaronski ST (2010) Ecological considerations in producing and formulating fungal entomopathogens for use in insect biocontrol. BioControl 55:129–145

Kamper J, Kahmann R, Bölker M et al (2006) Insights from the genome of the biotrophic fungal plant pathogen *Ustilago maydis*. Nature 444:97–101

Katoh K, Asimenos G, Toh H (2009) Multiple alignment of DNA sequences with MAFFT. Methods Mol Biol 537:39–64

Khaldi N, Seifuddin FT, Turner G et al (2010) SMURF: genomic mapping of fungal secondary metabolite clusters. Fungal Genet Biol 47:736–741

Khan AAP (2006) A comparative transcriptomic analysis of the generalist entomopathogenic fungus *Beauveria bassiana* (Balsamo) Vuillemin grown on different insect cuticles and synthetic medium through cDNA-AFLP display. Dissertation, Andhra University, Visakhapatnam, India

Khan AAP, Uma Devi K, Vogel H et al (2007) Analysis of differential gene expression in the generalist entomopathogenic fungus *Beauveria bassiana* (Bals.) Vuillemin grown on different insect cuticular extracts and synthetic medium through cDNA-AFLPs. Fungal Genet Biol 44:1231–1241

Khan S, Guo L, Maimaiti Y et al (2012) Entomopathogenic fungi as microbial biocontrol agent. Mol Plant Breed 3:63–79

Kim HK, Hoe HS, Suh D et al (1999) Gene structure and expression of the gene from *Beauveria bassiana* encoding bassiasinI, an insect cuticle-degrading serine protease. Biotechnol Lett 21:777–783

Krasnoff SB, Reátegui RF, Wagenaar MM et al (2004) Cicadapeptins I and II: new Aib-containing peptides from the entomopathogenic fungus *Cordyceps heteropoda*. J Nat Prod 68:50–55

Kulkarni RD, Kelkar HS, Dean RA (2003) An eightcysteine-containing CFEM domain unique to a group of fungal membrane proteins. Trends Biochem Sci 28:118–121

Kumar S, Carlsen T, Mevik BH et al (2011) CLOTU: an online application for processing and clustering of 454 amplicon reads into OTUs followed by taxonomic annotation. BMC Bioinformatics 12:1–9

Lacey LA, Goettel M (1995) Current development in microbial control of insect pests and prospects for the early 21st century. Entomophaga 40:3–27

Lacey LA, Frutos R, Kaya HK et al (2001) Insect pathogens as biological control agents: Do they have a future? Biol Control 21:230–248

Lafon A, Han KH, Seo JA et al (2006) G-protein and cAMP mediated signaling in aspergilli: a genomic perspective. Fungal Genet Biol 43:490–502

Li Y, Kelly WG, Logsdon JM Jr et al (2004) Functional genomic analysis of the ADP-ribosylation factor family of GTPases: phylogeny among diverse eukaryotes and function in C. elegans. FASEB J 18:1834–1850

Lin L, Fang W, Liao X et al (2011) The MrCYP52 Cytochrome P450 Monooxygenase Gene of Metarhizium robertsii Is Important for Utilizing Insect Epicuticular Hydrocarbons. PLoS ONE 6:e28984

Liu S, Peng G, Xia Y (2012) The adenylate cyclase gene MaAC is required for virulence and multi-stress tolerance of *Metarhizium acridum*. BMC Microbiol 12:163

Lozupone C, Knight R (2005) UniFrac: a new phylogenetic method for comparing microbial communities. Appl Environ Microbiol 71:8228–8235

Mahé S, Duhamel M, Le Calvez TL (2012) PHYMYCO-DB: a curated database for analyses of fungal diversity and evolution. PLoS ONE 7:e431117

McCune B, Mefford MJ (2011) PC-ord. Multivariate analysis of ecological data, version 6.MjM Software, Gleneden Beach, Oregon, U.S.A

Medema MH, Blin K, Cimermancic P et al (2011) antiSMASH rapid identification, annotation and analysis of secondary metabolite biosynthesis gene clusters in bacterial and fungal genome sequences. Nucleic Acids Res 39:W339–W346

Molnar I, Gibson DM, Krasnoff SB (2010) Secondary metabolites from entomopathogenic Hypocrealean fungi. Nat Prod Rep 27:1241–1275

Needleman SB, Wunsch CD (1970) A general method applicable to the search for similarities in the amino acid sequence of two proteins. J Mol Biol 48:443–453

Nelson DR (1999) Cytochrome P450 and the individuality of species. Arch Biochem Biophys 369:1–10

Oksanen J, Kindt R, Legendre P et al (2007) vegan: Community Ecology Package. R package version 1.8-8. Online at: http://r-forge.r-project.org/projects/vegan

Ortiz de Montellano PR (2005) Cytochrome P450: structure, mechanism, and biochemistry, 3rd edn. Kluwer Academic/Plenum Press, New York, p 689

Pandey RV, Nolte V, Schlotterer C (2010) CANGS: a user-friendly utility for processing and analyzing 454 GS-FLX data in biodiversity studies. BMC Res Notes 3:3

Pedrini N, Zhang S, Juarez MP et al (2010) Molecular characterization and expression analysis of a suite of cytochrome P450 enzymes implicated in insect hydrocarbon degradation in the entomopathogenic fungus *Beauveria bassiana*. Microbiology 156:2549–2557

Petrosino JF, Highlander S, Luna RA et al (2009) Metagenomic pyrosequencing and microbial identification. Clin Chem 55:856–866

Pollard A, Wyn Jones KG (1979) Enzyme activities in concentrate solutions of glycine-betaine and other solutes. Planta 144:291–298

Quast C, Pruesse E, Yilmaz P et al (2013) The SILVA ribosomal RNA gene database project: improved data processing and web-based tools. Nucleic Acids Res 41:D590–D596

Quince C, Lanzen A, Curtis TP et al (2009) Accurate determination of microbial diversity from 454 pyrosequencing data. Nat Methods 6:639–641

Rappleye CA, Goldman WE (2008) Fungal stealth technology. Trends Immunol 29:18–24

Rawlings ND, Barrett AJ, Bateman A (2012) MEROPS: the database of proteolytic enzymes, their substrates and inhibitors. Nucleic Acids Res 40:D343–D350

Rehner SA, Buckley E (2005) A Beauveria phylogeny inferred from nuclear 1 ITS and EF1-α sequences: evidence for cryptic diversification and links to Cordyceps teleomorphs. Mycologia 97:84–98

Roberts DW, St Leger RJ (2004) Metarhizium spp., cosmopolitan insect pathogenic fungi: mycological aspects. Adv Appl Microbiol 54:1–70

Samuels RI, Charnley AK, Reynolds SE (1988) The role of destruxins in the pathogenicity of 3strains of *Metarhizium anisopliae* for the tobacco hornworm *Manduca sexta*. Mycopathologia 104:51–58

Scheepmaker JWA, Butt TM (2010) Natural and released inoculum levels of entomopathogenic fungal biocontrol agents in soil in relation to risk assessment and in accordance with EU regulations. Biocontrol Sci Technol 20:503–552

Schloss PD, Handelsman J (2005) Introducing DOTUR, a computer programme for defining operational taxonomic units and estimating species richness. Appl Environ Microbiol 71:1501–1506

Schloss PD, Handelsman J (2006) Introducing Tree Climber, a test to compare microbial community structures. Appl Environ Microbiol 72:2379–2384

Screen S, Bailey A, Charnley K et al (1997) Carbon regulation of the cuticle-degrading enzyme PR1 from Metarhizium anisopliae may involve a trans-acting DNA-binding protein CRR1, a functional equivalent of the *Aspergillus nidulans* CREA protein. Curr Genet 31:511–518

Shah FA, Wang CS, Butt TM (2005) Nutrition influences growth and virulence of the insect-pathogenic fungus *Metarhizium anisopliae*. FEMS Microbiol Lett 251:259–266

Singleton DR, Furlong MA, Rathbun SL et al (2001) Quantitative comparisons of 16S rRNA gene sequence libraries from environmental samples. Appl Environ Microbiol 67:4374–4376

Small CLN, Bidochka MJ (2005) Up-regulation of Pr1, a subtilisin-like protease, during conidiation in the insect pathogen *Metarhizium anisopliae*. Mycol Res 109:307–313

Solomon PS, Tan KC, Sanchez P et al (2004) The disruption of a G alpha subunit sheds new light on the pathogenicity of *Stagonospora nodorum* on wheat. Mol Plant Microbe Interact 17:456–466

St Leger RJ, Wang C (2009) Entomopathogenic fungi and the genomic era. In: Stock SP, Vandenberg J, Glazer I, Boemare N (eds) Insect pathogens: molecular approaches and techniques. CABI Publishing, Wallingford, pp 366–400

St Leger RJ, Joshi L, Bidochka MJ et al (1995) Protein synthesis in *Metarhizium anisopliae* growing on host cuticle. Mycol Res 99:1034–1040

St Leger RJ, Joshi L, Bidochka MJ et al (1996) Characterization and ultra structural localization of chitinases' from *Metarhizium anisopliae*, *Metarhizium. flavoviride* and *Beauveria bassiana* during fungal invasion of host (*Manduca sexta*) cuticle. Appl Environ Microbiol 62:907–912

St Leger RJ, Joshi L, Roberts DW (1997) Adaptation of proteases and carbohydrates of saprophytic, phyto-pathogenic and entomopathogenic fungi to the requirements of their ecological niches. Microbiology 143:1983–1992

Sun Y, Cai Y, Liu L et al (2009) ESPRIT: estimating species richness using large collections of 16S rRNA pyrosequences. Nucleic Acids Res 37:e76

Thomas MB, Read AF (2007) Fungal bioinsecticide with a sting. Nat Biotechnol 25:1367–1368

Uma Devi K, Padmavathi J, Uma Maheswara Rao C et al (2008) A study of host specificity in the entomo-pathogenic fungus Beauveria bassiana (Hypocreales, Clavicipitaceae). Biocontrol Sci Technol 18:975–989

Uma Devi K, Reineke G, Sandhya G et al (2012) Pathogenicity genes in entomopathogenic fungi used as biopesticides. In: Gupta VK, Ayyachamy M (eds) Biotechnology of fungal genes. Science Publishers, Enfield, pp 343–367

Vega FE, GoettelMS BM et al (2009) Fungal entomopathogens: new insights on their ecology. Fungal Ecol 2:149–159

Vestergaard S, Gillespie AT, Butt TM et al (1995) Pathogenicity of the hyphomycete fungi *Verticillium lecanii* and *Metarhizium anisopliae* to the western flower thrips, *Frankliniella occidentalis*. Biocontrol Sci Technol 5:185–192

Wang C, St Leger RJ (2005) Developmental and tran-scriptional responses to host and non host cuticles by the specific locus pathogen *Metarhizium anisopliae* var. *acridum*. Eukaryot Cell 4:937–947

Wang C, St Leger RJ (2006) A collagenous protective coat enables *Metarhizium anisopliae* to evade insect immune responses. Proc Natl Acad Sci 103:6647–6652

Wang C, St Leger RJ (2007a) The *Metarhizium anisopliae* perilipin homologMPL1regulates lipid metabolism, appressorial turgor pressure, and virulence. J Biol Chem 282:21110–21115

Wang C, St Leger RJ (2007b) The MAD1 adhesin of *Metarhizium anisopliae* links adhesion with blastospore production and virulence to insects and the MAD2 adhesin enables attachment to plants. Eukaryot Cell 6:808–816

Wang CS, Hu G, St Leger RJ (2005) Differential gene expression by *Metarhizium anisopliae* growing in root exudate and host (*Manduca sexta*) cuticle or hemolymph reveals mechanisms of physiological adaptation. Fungal Genet Biol 42:704–718

Wang CS, Duan ZB, Leger RJ (2008) MOS1osmosensor of *Metarhizium anisopliae* is required for adaptation to insect host hemolymph. Eukaryot Cell 7:302–309

Webb CO, Ackerly DD, Kembel SW (2008) Phylocom: software for the analysis of phylogenetic community structure and trait evolution Bioinformatics 24:2098–2100

Wraight SP, Jackson MA, de Kock SL (2001) Production, stabilization and formulation of fungal biocontrol agents. In: Butt TM, Jackson C, Magan N (eds) Fungi as biocontrol agents: progress, problems and potential. CABI Publishing, Wallingford, pp 253–287

Wraight SP, Ramos ME, Williams JE et al (2003) Comparative virulence and host specificity of *Beauveria bassiana* isolates assayed against lepidopteran pests of vegetable crops. J Invertebr Pathol 103:186–199

Wu D, Hartman A, Ward N et al (2008) An automated phylogenetic tree-based small subunit rRNA taxonomy and alignment pipeline (STAP). PLoS ONE 3(7):e2566

Wu GD, Lewis JD, Hoffmann C et al (2010) Sampling and pyrosequencing methods for characterizing bacterial communities in the human gut using 16S sequence tags. BMC Microbiol 30:206

Xia Y, Clarkson JM, Charnley AK (2001) Acid phosphatases of *Metarhizium anisopliae* during infection of the tobacco hornworm *Manduca sexta*. Arch Microbiol 176:427–434

Xiao G, Ying SH, Zheng P et al (2012) Genomic perspectives on the evolution of fungal entomopathogenicity in Beauveria bassiana. Sci Rep 2:483

Xu Y, Orozco R, Wijeratne EM et al (2008) Biosynthesis of the cyclooligomer depsipeptide beauvericin, a virulence factor of the entomopathogenic fungus *Beauveria bassiana*. Chem Biol 15:898–907

Xu Y, Orozco R, Kithsiri Wijeratne EM et al (2009) Biosynthesis of the cyclooligomer depsipeptide bassianolide, an insecticidal virulence factor of *Beauveria bassiana*. Fungal Genet Biol 46:53–364

Xue QX, Wang J, Huang BF et al (2010) A new manganese superoxide dismutase identified from *Beauveria bassiana* enhances virulence and stress tolerance when over expressed in the fungal pathogen. Appl Microbiol Biotechnol 86:1543–1553

Yu Y, Breitbart M, McNairnie P et al (2006) FastGroupII: a web-based bioinformatics platform for analyses of large 16S rDNA libraries. BMC Bioinformatics 7:57

Zhang W, Yueqing C, Yuxian X (2008) Cloning of the subtilisin Pr1A gene from a strain of locust specific fungus *Metarhizium anisopliae* and functional expression of the protein in *Pichia pastoris*. World J Microbiol Biotechnol 24:2481–2488

Zhang Y, Zhao J, Fang W et al (2009) Mitogen-activated protein kinase hog1 in the entomopathogenic fungus *Beauveria bassiana* regulates environmental stress responses and virulence to insects. Appl Environ Microbiol 75:3787–3795

Zhang Y, Zhang J, Jiang X et al (2010) Requirement of a mitogen-activated protein kinase for appressorium formation and penetration of insect cuticle by the entomopathogenic fungus *Beauveria bassiana*. Appl Environ Microbiol 76:2262–2270

Zheng P,Xia Y, XiaoGet al (2011) Genome sequence of the insect pathogenic fungus *Cordyceps militaris*, a valued traditional Chinese medicine. Genome Biol 12:R116

Zhu Y, Pan J, Qiu J et al (2008) Isolation and characterization of a chitinase gene from entomopathogenic fungus *Verticillium lecanii*. Appl Environ Microbiol 39:314–332

第 14 章　生物窒素固定に関連する共生ジアゾ栄養生物のゲノムの探索

Exploring the Genomes of Symbiotic Diazotrophs with Relevance to Biological Nitrogen Fixation

Subarna Thakur, Asim K. Bothra, and Arnab Sen

要約

窒素固定は，大気中の窒素を生物学的に利用可能な形態に変換する重要な過程であり，さまざまな環境系にまたがっている。生物窒素固定（biological nitrogen fixation, BNF）はニトロゲナーゼ酵素系の触媒活性を介したジアゾ栄養生物として知られるある微生物集団によって行われる。窒素固定する微生物は，棲息地という観点で広い多様性を示す。自由生活性のものと，高等植物と共生関係を形成するものがある。共生的窒素固定はとくに持続的な農業という文脈に関連する。次世代シークエンス技術の近年の進展は，共生ジアゾ栄養生物を含む数千の完了ゲノムを利用可能にした。共生型窒素固定の根底にある複雑な分子レベルの相互作用を決定して理解するために，バイオインフォマティクスツールを用いたゲノムアプローチが用いられている。ゲノミクスとプロテオミクス解析のための新規の計算機ツールへのアクセスは，おもに窒素固定遺伝子群の比較ゲノミクス，タンパク質化学，および系統樹解析といった窒素固定の研究分野を促進してきた。新たな系統的解析とタンパク質の構造を基盤とした研究は，共生型窒素固定のあまり知られていなかった側面を明らかにするのに非常に有用であることを証明するだろう。

キーワード：ジアゾ栄養生物，共生，窒素固定，バイオインフォマティクス，系統発生

S. Thakur • A. Sen (✉)
NBU Bioinformatics Facility, Department of Botany,
University of North Bengal, Siliguri 734013, India
e-mail: senarnab_nbu@hotmail.com

A.K. Bothra
Bioinformatics Chemoinformatics Laboratory,
Department of Chemistry, Raiganj College,
Raiganj, India

K.K. P.B. et al. (eds.), *Agricultural Bioinformatics*,
DOI 10.1007/978-81-322-1880-7_14, © Springer India 2014

1. はじめに

窒素はすべての生物にとって必須な栄養素である。これは，生命の構成要素であるDNA，RNA，タンパク質などの多くの有機分子の構成要素である。分子状の窒素または二分子窒素(N_2)は大気の5分の4を占めるが，高等植物や動物は代謝で直接用いることができない。いくつかの微生物種では，大気中の窒素をニトロゲナーゼ酵素によってアンモニアに還元する生物窒素固定(biological nitrogen fixation, BNF)を通じて大気中の窒素の使用が可能である(Postgate 1998)。その後，植物のタンパク質，酵素，核酸，クロロフィルなどの合成のための栄養素を供給するため，アンモニアは高等植物へと移行し，食物連鎖に入る。このようにして，自然界のすべての真核生物(高等植物と動物を含む)は窒素源を供給する窒素固定微生物の生物窒素固定活性に依存している。窒素を固定する微生物はジアゾ栄養生物と呼ばれる。現在の知識によれば，原核生物のみ(古細菌と細菌ドメインのメンバー)が生物窒素固定を行うことができる(Klipp 2004)。

窒素を固定する能力は，細菌と古細菌のドメインの両方に広く，側系統的に分布する(Raymond ら 2004)。二つのタイプのジアゾ栄養原核生物が存在し，自由生活型(たとえば *Azobacter*，*Clostridium*，*Klebsiella* など)と共生関係を形成するもの(たとえば *Rhizobium*，*Bradyrhizobium*，*Frankia* など)である。シアノバクテリアのような自由生活型のジアゾ栄養生物では，光合成ジアゾ栄養生物の場合は光エネルギーを用いるが，一方で非光合成型の場合は化学エネルギーを必要とする(Leigh 2002)。根粒菌と呼ばれるいくつかのジアゾ栄養生物はクローバーやダイズなどのマメ科植物と共生関係をつくる。マメ科植物と窒素固定根粒菌の間の共生関係は，おもに根上の結節で起こり，少数のケースでは幹上の結節で起こる(Burns および Hardy 1975)。多数の木本植物種と窒素固定する放線菌である *Frankia* 属の間で類似の共生が起きている(Pedrosa ら 2000)。これらの共生的関係は農業システムの窒素固定に非常に大きく貢献している。

農業的利益への生物窒素固定の利用は長らく強く望まれてきた。生物窒素固定は，人口の増加に伴い，栄養に富み，環境にやさしい，持続的な食糧供給の需要を満たす手段を提供する。これは現状で注目せざるを得ない生物窒素固定の研究の必要性を生み出した。過去20年の間，窒素固定分野では多数のわくわくすることが起き，ゲノムが配列解読され，「オミックス」アプローチが両方の共生生物に用いられ，新たな遺伝子組み換え農作物が農業分野で当たり前となった。窒素固定に関する生化学的研究は一般的にはニトロゲナーゼと呼ばれる酵素複合体に焦点を当てている。これらの通常の機能に加え，この系は，シグナル伝達，タンパク質間相互作用，分子間および分子内の電子移動，酵素的触媒に関与する複雑なメタルクラスターなどのより一般的な生化学的過程のモデルとして見いだされた(Peters ら 1995)。本展望において，農業という文脈でゲノミクス，プロテオミクス，バイオインフォマティクスにとくに焦点を当てた窒素固定の研究について現在の状況を解説することを考えた。

2. 生物窒素固定のさまざまな側面

2.1　生物窒素固定と持続的農業

土壌窒素の自然埋蔵量は通常では少ないため，植物の成長と成長力の増強には商業的に調整された窒素肥料を追加する必要がある。化学肥料は，ここしばらくは食料生産で重要な意味をもっており，現代の慣行農業の必須な部分を担う。しかし発展途上国の農家たちにとっては，窒素肥料を購入する余裕もなく，広く入手可能なものでもない。さらに，窒素肥料の多用の環境への有害な影響が日々明らかになってきている。さらに，窒素肥料の生産に用いる化石燃料は不足してきており，より高額になってきている。それと同時に人口の増加に伴い，食料の需要は増加している。そのため，可能なすべての解決手段を模索する必要がある。生物窒素固定の過程は，外部からの窒素流入を減らし，内部資源の質と量を向上させる，経済的に魅力的で生態学的に妥当な手段を提供する。生物窒素固定では，共生関係，相互作用関係，または自由生活型の原核生物によって，大気中の気体の N_2 ガスを生物が利用可能なアンモニアに変換する (Postgate 1998)。生物窒素固定で提供される固定された窒素は浸出と揮発が起こりにくく，ゆえにこの生物過程は農業への重要で持続的な窒素の流入に貢献する。生物窒素固定を介した窒素流入は，農作物の生産量の増加を達成するための窒素肥料の代替となるだけでなく，土壌の窒素埋蔵量を維持することができる (Peoples および Craswell 1992)。現場で生物窒素固定システムを制御する因子を理解することは，農業という文脈での支援と大規模な採用のためにはきわめて重要である。

Waniet ら (1995) は，半乾燥熱帯地域の持続的農業におけるダイズ類の生物窒素固定の重要性を強調した。ダイズ類は農業で最も重要な植物ファミリーの一つであるが，これはしばしば窒素固定根粒菌との驚くべき共生に関わる。ダイズ類は窒素源の 90%に上る量を N_2 から得ることができるため，しばしば主要な窒素固定系として考えられる。マメ科牧草の生物窒素固定で固定される大気中の窒素の量は一年で 200 kg/ha にまでのぼる (Peoples ら 1995)。根粒を形成することができる種の共生関係は，侵食領域，砂丘，モレーン (氷堆積) などの攪乱された場所の土壌の肥沃度向上に役立つ。根粒を形成できる植物の窒素固定率はダイズでみられるそれと同程度である (Torrey および Tjepkema 1979；Dawson 1983)。窒素を固定するアカウキクサとシアノバクテリアの共生は，中国，ベトナムおよび東南アジアの国々ではイネの水田の有機窒素を豊かにするのに広く用いられている (Watanabe および Liu 1992)。アジアのイネの水田は世界の人口の半分以上を養っているが，これはシアノバクテリアの窒素固定に依存している (Irisarri ら 2001)。

2.2　ジアゾ栄養生物の生理学的・系統発生的な多様性

おそらく古代エジプト時代から農家たちは，エンドウマメ，レンズマメ，およびクローバーのようなマメ科植物が土壌の肥沃化に重要であることを知っていた。輪作，間作，および緑肥は古代ローマ人によって詳細に記載されてきたが，ダイズ類でうまく土壌の肥沃性を復活させることができることの説明は 19 世紀までなされなかった。窒素固定の発見はドイツ人科学者の

Hellriegel と Wilfarth に由来し，1886 年に根の結束をもつダイズが気体状の窒素を利用できることを報告した。その後すぐの 1888 年に，オランダの微生物学者の Beijerinck が根の結束からの微生物株の 分離に成功した。ここで単離されたものが *Rhizobium leguminosarum* 株であった (Franche ら 2009)。Beijerinck (1901 年) と Lipman (1903 年) はアゾトバクター属 (*Azotobacter spp.*) を単離し，Winodgradsky (1901 年) は *Clostridium pasterurianum* の最初の株を単離した (Stewart 1969)。青緑色藻類における窒素固定の発見が，後に確立された (Stewart 1969)。ハンノキ属 (*Alder**) のような非マメ科植物の根の結節からの窒素固定微生物の同定はしばらくの間議論を巻き起こしていた。この微生物に *Frankia subtilis* という名前を付けたのは Brunchorst である (Pawlowski 2009)。Hiltner (1898) はこの結節に住む微生物が *Streptomyces* 属と深く関連するグラム陽性菌である根粒菌であることを認識していた。Pommer (1959) は，単離株を得たおそらく最初の人物である可能性があるが，これは宿主植物には再感染しなかった。長らく，放線菌の窒素固定は *Frankia* 属に限定されていると考えられていたが，他のいくつかの放線菌も *nif* 遺伝子をもつことが示されてきた (Gtari ら 2012)。数年にわたって新たなジアゾ栄養生物が続けて発見されており，この機能が原核生物の非常に多様なグループによって行われることが明らかになった。ここ 10 年で，生物窒素固定の遺伝子を直接検出する分子レベルの技術の使用によって，窒素固定の能力が以前推定されていたよりもより広く拡散していることが示されてきている。

窒素固定は真核生物ではみつかっていないが，細菌，および古細菌で広く分布しており，このことは窒素固定生物の間の非常な多様性を明らかにする。窒素を固定する能力は，緑色硫黄細菌 (green sulfur bacteria)，ファーミバクテリア (Firmibacteria)，放線菌 (actinomycetes)，シアノバクテリア (cyanobacteria)，プロテオバクテリア (Proteobacteria) のすべての亜門などを含むほとんどの細菌の系統発生群でみられる。古細菌では，窒素固定はおもにメタン生成菌に限られる。窒素固定能は，好気性 (たとえばアゾトバクター属 (*Azotobacter*))，通性嫌気性 (たとえばクレブシエラ属 (*Klebsiella*))，嫌気性 (たとえばクロストリジウム属 (*Clostridium*)) の従属栄養生物，非酸素発生型 (たとえばロドバクター属 (*Rhodobacter*)) または酸素発生型 (たとえばアナベナ属 (*Anabaena*)) の光合成生物，化学合成無機栄養生物 (たとえばアルカリゲネス属 (*Alcaligenes*)，チオバチルス属 (*Thiobacillus*)，メタノサルキナ属 (*Methanosarcina*)) にわたる広い生理学的範囲で適応がみられる (Young 1992)。ジアゾ栄養生物は棲息地という観点では非常に広い多様性をもつ。これらは土壌と水中に住む自由生活型のもの，イネ科植物と共生するもの，木本植物と根粒を形成する共生を行うもの，さまざまな植物とのシアノバクテリアの共生などでみられる。最も広く知られており，研究されているジアゾ栄養生物の特徴は根粒菌として総称される多数のマメ科植物との共生関係である。根粒菌はグラム陰性で大きく重要なプロテオバクテリア門に属し，アグロバクテリウム属 (*Agrobacterium*)，アロリゾビウム属 (*Allorhizobium*)，アゾリゾビウム属 (*Azorhizobium*)，ブラディリゾビウム属 (*Bradyrhizobium*)，メソリゾビウム属 (*Mesorhizobium*)，リゾビウム属 (*Rhizobium*)，シノリゾビウム属 (*Sinorhizobium*)，デヴォシア属 (*Devosia*)，メチロバクテリウム属 (*Methylobacterium*)，およ

＊訳注：カバノキ科ハンノキ属の広葉樹。

びオクロバクテリウム属（*Ochrobactrum*）のような属を含む（Franche ら 2009）。これらの土壌細菌は，窒素が限定された環境下でマメ科植物の根に侵入し，非常に特殊化された器官である根の結節形成を誘導する。これらの特殊化された根の構造は微生物に対し窒素を固定する生態学的ニッチ*を提供する（Mylona ら 1995）。共生関係はマメ科に限らず，多くの非マメ科植物にも広がる。これらの中で最も重要なものは根粒を形成する植物とフランキア属（*Frankia*）の共生関係である。*Frankia* 属は糸状の放線菌からなり，モクマオウ科（*Casuarinaceae*），ヒッポファエ属（*Hippophae*），ハンノキ属（*Alnus*），ヤマモモ科（*Myrica*）などのさまざまな科（や属）に属する多数の木本双子葉植物と共生関係を形成する（Benson および Silvester 1993）。*Frankia* 属はニトロゲナーゼを小胞構造内に分画化するが，これはバクテリオホパン脂質を多く含むエンベロープで囲われおり，酸素による不活性化から酵素を保護する機能をもつ（Berry ら 1993；Huss-Danell 1997）。長年，ジアゾ栄養生物は *Mycobacterium flavum*，*Corynebacterium autotrophicum*，*Arthrobacter sp.*，*Agromyces* のような他の放線菌からも報告されてきている（Gtari ら 2012）。何人かの著者の発見（Von Bulow および Dobereiner 1975；Dobereiner 1976；Baldani および Baldani 2005）は，熱帯のイネ科植物と窒素固定細菌の既存の関係が，好ましい環境下ではこれらの植物の窒素の経済に大きく貢献することを明らかにした。この細菌はアゾスピリルム属（*Azospirillum*）に属し，経済的に重要なイネ科植物と穀類の根にコロニーを形成する最も有望な微生物である（Leigh 2002）。

シアノバクテリアが窒素を固定することは長らく知られてきた。異型（たとえばアナベナ属（*Anabaena*），ネンジュモ属（*Nostoc*））と非異型のシアノバクテリア（たとえばトリコデスミウム属（*Trichodesmium*），プレクトネマ属（*Plectonema*）など）はどちらも窒素固定する能力をもつ（Schlegel および Zaborosch 2003）。これらは酸素発生型の光合成と窒素固定の両方を行うことができる唯一の生物である（Klipp 2004）。ゆえに，重要だが共存できない二つの細胞内過程，すなわち酸化的光合成と酸素感受性の窒素固定の均衡をとるという特殊な問題が生じる。いくつかの糸状のシアノバクテリアでは，窒素固定はヘテロシストと呼ばれる特殊化され，末期まで分化した細胞で起こり，この細胞は，呼吸を増加させ，光合成Ⅱ活性を停止させ，酸素の分散を低減する複数層の細胞膜を形成し，微好気環境を形成することでニトロゲナーゼ複合体を酸素ダメージから保護する（Adams 2000）。しかし，リングビア属（*Lyngbya*），*Plectonema* 属などのメンバーのようにヘテロシストが存在しない場合は，窒素固定は内部で組織化された細胞で起こる（Schlegel および Zaborosch 2003）。シアノバクテリアのもう一つの重要な側面は高等植物との共生である。アナベナ属（*Anabaena*）とアカウキクサ属（*Azolla*）の共生（Bohlool ら 1992），ネンジュモ属（*Nostoc*）とグンネラ属（*Gunnera*）の共生（Mylona ら 1995）は多くの窒素を固定することができる。シアノバクテリアと共生したソテツ属（*Cycas*）も窒素を固定することができる（Rai ら 2002）。

＊訳注：生態的地位のこと。生物種が生態系内で種間の争奪競争に勝つか，耐え抜いて，得た地位が生態的地位（ニッチ）である。

2.3　ニトロゲナーゼ複合体：酵素の機構

生物窒素固定に必要な生化学機構は，ニトロゲナーゼ酵素系で提供される（Eady および Postgate 1974；Hoffman ら 2009）。ニトロゲナーゼは二つのタンパク質の構成要素からなる系で，ATP の加水分解と共役した二分子状の窒素からアンモニアへの還元を触媒する（Rees および Howard 2000）。最も広く研究されているニトロゲナーゼ形式はモリブデンを含有する系で，二つの構成要素からなるメタロプロテイン，モリブデン鉄（molybdenum-iron, MoFe）タンパク質，鉄（Fe）タンパク質からなる。ニトロゲナーゼの小さな方の構成要素は鉄タンパク質であり，酸化還元活性剤として働き，基質を還元するためその系で利用可能な電子供与体から電子をモリブデン鉄タンパク質へと移行する（Rees ら 2005）。これは二つの同一のサブユニットをもつ。この鉄タンパク質は一つの鉄硫黄クラスター［4Fe-4S］を含み，これは二つのサブユニットを連結する。鉄タンパク質は各サブユニット内で一つの MgATP 結合部位をもち，二つの MgATP 分子を結合する。鉄タンパク質への MgATP の結合は MgATP の加水分解によるコンフォメーションの変化を引き起こし，これは鉄タンパク質からモリブデン鉄タンパク質への電子の移動を促進する（Rees ら 2005）。この電子の移動が鉄タンパク質のおもな機能であるが，このタンパク質はいくつかの他の機能ももつ。鉄タンパク質はモリブデン鉄の補因子の最初の生合成に必要である。モリブデン鉄補因子の生合成に続き，前もって形成されたモリブデン鉄補因子のモリブデン鉄タンパク質への挿入には鉄タンパク質が必要である（Burgess および Lowe 1996）。ニトロゲナーゼの大きい方の構成要素はモリブデン鉄タンパク質で，これは二つの $\alpha\beta$ ダイマーサブユニットを含む $\alpha_2\beta_2$-テトラマーである。各ダイマーは一つのモリブデン鉄の補因子と一つの P-クラスター［8Fe-7S］を含む。モリブデン鉄補因子は，基質の還元が行われるタンパク質の活性部位に局在する。P-クラスターのおもな役割は，鉄タンパク質から電子を受容し，モリブデン鉄補因子へと供与することによる電子の移動である。各クラスターは八つの金属分子を含み硫黄と結合しており，別々に配置されている。$\alpha\beta$ ダイマーユニットは，サブユニットを介して相互作用し，接触している（Burgess および Lowe 1996）。モリブデン鉄補因子は α サブユニットに局在しているが，P-クラスターは各 α と β サブユニット間を架橋する。このモリブデン含有ニトロゲナーゼに加え，この系に相同な代替ニトロゲナーゼも局在しているが，ほとんどはモリブデンがバナジウムまたは鉄で置換されている（Eady 1996）。このバナジウム・ニトロゲナーゼ系は二つの構成要素をもつ。一つ目は他のニトロゲナーゼ系と同じ鉄タンパク質であり，二つ目の構成要素は他の二つの系と比較して異なるバナジウム鉄（VFe, vanadium-iron）を含むタンパク質である。この型のニトロゲナーゼは *A. vinelandii* および *A. chroococcum* で検出されている（Robson ら 1986）。三つ目の型のニトロゲナーゼは，鉄（Fe）タンパク質ともう一つのタンパク質を含み，これは補因子に鉄しかもたないが，モリブデン鉄タンパク質とバナジウム鉄タンパク質と非常に類似している。この型のタンパク質は *A. vinelandii* のニトロゲナーゼでも検出されている（Eady 1996）。

さまざまな著者による研究（Thorneley および Lowe 1985；Burgess および Lowe 1996）でニトロゲナーゼの基本的な機構が次のようなことに関与していることが明らかにされた。すなわち，(1) 二つの ATP が結合した還元された鉄タンパク質とモリブデン鉄タンパク質の間の複合体形成，(2) ATP の加水分解と共役した二つのタンパク質の間の電子の移動，(3)（フェレドキシンまたはフラボドキシンを介した）再還元を伴う鉄タンパク質の分離および ATP から ADP への変換，および (4) 利用可能な基質を還元するため，十分な数の電子とタンパク質が蓄積されるまでこのサイクルを繰り返す。二分子窒素の還元に加え，ニトロゲナーゼは，アセチレンのような非生理学的基質だけでなく，プロトンの二水素への還元も触媒することが明らかにされた。

2.4　生物窒素固定の遺伝学とゲノミクス

窒素固定の生化学的な複雑性は遺伝的構成と触媒活性に必要な構成要素の発現制御に反映されている。変異，欠失部位のマッピング，クローニングベクターなどのさまざまな技術が窒素固定に関連する遺伝子の同定を促進してきた。遺伝子の構成と制御は 1980 年台初期に明らかにされた。最も単純な構成の窒素固定特異的 (*nif*) 遺伝子をもち，分子遺伝学レベルで最も研究されているものの一つは通性嫌気性の *Klebsiella pneumoniae* である。Arnold ら (1988) はこの生物の *nif* 遺伝子の史上初の詳細な構成を報告した。24 kb の DNA 領域は，*K.pneumonia* の *nif* クラスター全体を含み，これは 20 個の遺伝子を含んでいた。*nif*HDK は，モリブデンニトロゲナーゼの三つのサブユニットをコードする三つの構造遺伝子である。ほとんどの窒素固定原核生物では，これらの三つの遺伝子は *nif*H 遺伝子の前にプロモーターをもつ一つの転写単位を形成する。多くの研究 (Dixon ら 1980；Paul および Merrick 1989；Rubio および Ludden 2005，2008) で，アポモリブデン鉄タンパク質の成熟には，モリブデン鉄補因子の生合成に必要な *nif*E，*nif*N，*nif*V，n*if*H，*nif*Q，および *nif*B の少なくとも六つの遺伝子が必要であるのに対し，アポ鉄タンパク質 (*nif*H) の成熟に *nif*H，*nif*M，*nif*U，および *nif*S の産物が必要であることを示した。*nif*DK と *nif*EN の間には高度な相同性が存在するが，その *nif*EN 産物がモリブデン鉄補因子の生合成の土台を形成し，その後モリブデン鉄補因子から *nif*DK 複合体に変化する (Brigle ら 1987)。Imperial および彼の共同研究者ら (1984) は，*nif*Q 遺伝子産物がモリブデン硫黄前駆体からモリブデン鉄補因子の形成に関与することを示した。*nif*B の変異は，モリブデン鉄補因子を欠損した不完全なモリブデン鉄タンパク質の形成につながる。これは野生型のモリブデン鉄タンパク質から単離したモリブデン鉄補因子を追加することで *in vitro* で活性化される (Roberts ら 1978)。*nif*V 遺伝子の変異はホモクエン酸ではなくクエン酸を結合したニトロゲナーゼの形成につながる。*nif*V の産物はホモクエン酸合成酵素である (Zheng ら 1997)。よって変異の研究に基づき，さまざまな他の *nif* 遺伝子の機能が検証された。*Klebsiella* とは対照的に，*Azotobacter vinelandii* の *nif* 遺伝子の構成は少し複雑である。*Azotobacter* ではモリブデン依存性ニトロゲナーゼの構成要素 (*nif*HDK) をコードする遺伝子とその制御および会合系は二つの分泌領域に局在する (O'Carroll および Dos Santos 2011)。さまざまな根粒菌における窒素固定遺伝子群の構成は遺伝子調節とともに Fischer (1994) により詳細に検討されており，それによれば，根粒菌の *nif* 遺伝子は 20 個の *K. pneumoniae* 由来の *nif* 遺伝子と構造的相同性をもち，保存された *nif* 遺伝子は根粒菌で *K. pneumoniae* と類似の役割をもつことが推測されている。

根粒菌種では*nif*遺伝子以外にも「*fix*」および「*nod*」型の遺伝子が生物窒素固定や結節形成に関与し，多くは*K.pneumonia*のような自由生活型ジアゾ栄養生物と相同性がない。この*fix*遺伝子はバクテロイド（根粒菌）の形態形成や代謝に関与する遺伝子を含む非常に異質なクラスである。Anthamatten および Hennecke (1991)，Batut ら (1991) の研究では*fix*L，*fix*J，および*fix*K遺伝子が制御タンパク質をコードすることを明らかにした。*fix*ABCX遺伝子はニトロゲナーゼへの電子遷移鎖をコードする (Fischer 1994)。*S. meliloti*，*B. japonicum*，および*A. caulinodans*の*fix*ABCXのどれに一変異を導入しても，完全に窒素固定を欠損する。すべての四つの*fix*GHIS遺伝子産物は膜タンパク質であると推定されているが，根粒菌の窒素固定におけるこれらの機能を決定するにはさらなる生化学的解析が必要である (Fischer 1994)。*fix*NOQP遺伝子は膜結合型のシトクロームオキシダーゼをコードし，低酸素環境での根粒菌の呼吸に必要である (Delgado ら 1998)。Johnston と彼の共同研究者らは，*Rhizobium leguminosarum*のプラスミド内に結節に関する遺伝子の存在と，これらの遺伝子の変異が機能を失わせることを発見した。以降の研究 (Schultze および Kondorosi 1998；Perret ら 2000) で，*nod*，*nol*，および*noe*遺伝子が結節シグナルを生成することを示した。さまざまな*nod*遺伝子の相互作用が，根の結節の生成，シグナル伝達カスケード，および結節の分裂組織の形成の引き金となることが多数の研究者によって報告されている (Yang ら 1999；Long 2001；Geurts および Bisseling 2002)。ほとんどの種では，*nod*ABC遺伝子は一つのオペロンの一部となっている。これらの遺伝子の不活性化は植物での共生反応を引き起こす能力を失わせる (Long 1989)。長年，多くの根粒菌で，*nod*D，*nod*EF，*nod*S，*nod*L，および*nod*HPQのような他の*nod*遺伝子の特徴が解析されてきた (Elmerich 1984)。根粒菌と同様に，*Azospirillum*はメガプラスミドおよび，*nod*遺伝子と類似した配列をもつ (Elmerich 1984)。一方で*Frankia*属は多数の*nif*遺伝子をもつが，研究者は*Frankia*属での*nod*遺伝子群の特定をすることができなかった (Ceremonie ら 1998)。

生物窒素固定の背後にある遺伝的機構の理解は，さまざまなジアゾ栄養生物の完全なゲノム配列の達成と新たな高みへと到達した。ゲノムシークエンシングの近年の進展は，根粒微小共生体の完全な遺伝子の目録を提供することでゲノミクス分野にわくわくする新たな展望を開いた。ゲノミクスは窒素固定種の遺伝子構成の徹底的な解析，窒素固定に関与する新たな遺伝子の同定，新たなジアゾ栄養生物の同定を可能にした。*Mesorhizobium loti* strain MAFF303099 (Kaneko ら 2000) は共生細菌の最初の配列で，その後*Sinorhizobium meliloti* (Puhler ら 2004) が解読された。*Rhizobium leguminosarum bv viciae* (Young ら 2006)，*Rhizobium etli* (Gonzalez ら 2006)，*Bradyrhizobium*系統と*Frankia*系統 (Normand ら 2007) のゲノム完全配列決定と，さまざまな棲息地と生態学的ニッチに分布する多数の自由生活型のジアゾ栄養生物の配列は，窒素固定の研究の土台となった。すべてのこれらの窒素固定生物からのゲノム情報は，研究者がすぐにゲノム配列決定から得た情報を発展途上の機能ゲノミクスへと適用することを可能にし，これは共生的と非共生的の両方の窒素固定の複雑な分子関係の新たな洞察を提供する。DNA アレイ技術は，一回の実験で全ゲノムの発現を観察するのに用いられている。全共生レプリコンの最初の大規模な転写解析法は，ジュネーブ大学の*Rhizobium* sp. NGR234 の共生プラスミドの高解像度の転写解析（Perret ら 1999）に基づき，共生の際の細菌の遺伝子の制御を研究する手法を開発した。植物内を含むさまざまな条件下で *S. meliloti* のトランスクリプトームが検証された（Ampe ら 2003；Berges ら 2003）。機能的遺伝子アレイすなわち GeoChip も窒素固定に関与する微生物群のハイスループット解析に用いられている。Xie ら（2011）は酸性鉱山排水のような極限環境での窒素サイクルに関与する機能的遺伝子群をスクリーニングするのに GeoChip による分析を用いた。

3. 生物学的窒素固定研究へのバイオインフォマティクスの適用

ポストゲノミクス時代に入り，生物窒素固定の研究でバイオインフォマティクスツールは重要な手段となっている。大規模なゲノムプロジェクトは莫大な生物学的データを利用可能にした。このデータはタンパク質，コドン利用率などの見解を与えるゲノム情報を含む。現在のデータ氾濫に伴い，計算機的手法が生物学的検証に必須となってきた。バイオインフォマティクスと統計遺伝学の発展は多数のツールの生成へつながり，これはゲノムのアノテーション付けやそれらからの生産的な情報の取得に用いられる（Hogeweg 2011）。バイオインフォマティクスはもともと生物配列の解析で開発されたが，今や，構造生物学，ゲノミクス，および遺伝子発現研究を含む広い範囲の分野を包含する。

バイオインフォマティクスのおもな応用例の一つは，研究者が既存の情報に簡単にアクセスできるように生物学的データをデータベースへ整理することである。GenBank，EMBL，および DDBJ のようなオープンアクセスのデータベースは現在，数千の *nif* H と *nif* D の配列を有している。データベースに保存されている完全に配列決定され，アセンブルされたジアゾ栄養生物種のゲノムの数はここ数年で増加している。同時に，NodMutDB（Nodulation Mutant Database）（Mao ら 2005），RhizoGATE（Becker ら 2009），RhizoBase（http://genome.kazusa.or.jp/rhizobase/）などのような生物窒素固定のさまざまな側面に焦点を合わせた新たなデータベースも近年出現してきた。マメ科のモデル生物である *M. truncatula* で行われた EST プログラムは，窒素固定共生に関与する遺伝子同定のためのデータ探索を可能にするデータベース作成へとつながり，たとえば TIGR *M. truncatula* Gene Index（http://www.tigr.org/tdb/mtgi）（Quackenbush ら 2000），*M. truncatula* データベース MtDB2（http://www.medicago.org），および Medicago Genome Initiative（Bell ら 2001）のデータベースなどがある。さまざまなデータベースに存在するデータは解析可能で，計算機的ツールを用いた生物学的に意味のある方法で解釈することができる。

最近，配列決定済みの原核生物種の数の急速な増加は，窒素固定のような複雑な生化学経路を同定する *in silico* 検索ツールの開発を可能にする。このような推定は推定結果を生成し，それが非常に正確だとしても，遺伝子の機能の遺伝学的，生化学的な検証が不要であるわけではない。BLAST（Basic Local Alignment Search Tool）のような計算機的推定ツールが，窒素固定遺伝子の存在と分布の検証に用いられている。データベース中にあるゲノムは NifHDK をクエリ配列として用いてスキャンされる（O'Carroll および Dos Santos 2011）。おもな *nif* オペロン遺伝子の系統発生は，窒素固定進化史の指標となるタイミングと複雑な遺伝的事象を理解するために，近隣結合法（neighbour-joining）またはUPGMAまたは最尤推定法のような距離行列を基盤とした方法で推定されている（Raymond ら 2004）。今や計算機的ツールは，ジアゾ栄養生物の全ゲノム比較などで研究者たちに日常的に用いられており（Amadou ら 2008；Carvalho ら 2010；Peralta ら 2011；Black ら 2012），これは遺伝子重複，水平伝搬，および細菌の種分化の重要な因子の推定など，より複雑な進化事象の研究を可能にしている。*Frankia* 属の比較ゲノミクスは進化の歴史に関する重要な情報を生成し，微生物系統を保持する宿主植物の生物地理学的な歴史とゲノムサイズの不一致を結び付けた（Normand ら 2007）。システムバイオロジーは，窒素固定などの細胞内経路の複雑な結合と回路を詳細に解析するのにコンピュータを基盤としたシミュレーションを用いるもう一つの分野である。Zhao と共同研究者（2012）は，*S. meliloti* 1021 の共生窒素固定に関与する代謝ネットワークの再構成にいくつかの *in silico* ツールを用いた。これは，根粒細菌とマメ科植物の間の共生関係をより良く理解する知識ベースの枠組みを提供した。*nif*H 遺伝子は最も広く塩基配列決定されているマーカー遺伝子で，窒素固定細菌と古細菌を同定するのに用いられる。*nif*H 遺伝子配列を増幅するため，この遺伝子を標的とした多数の PCR プライマーが開発された。Primer designer，PrimerSelect，Primer3 などのさまざまなプログラムツールが現在使用可能であり，これはプライマー設計を支援し，e-PCR によって評価する（Schuler 1997）。最近，Gaby および Buckley（2012）によってさまざまな *nif*H プライマーの徹底した *in silico* 評価が行われた。

バイオインフォマティクスはプロテオーム解析で得られたデータの検証でも必須である。インターネットでアクセス可能なプロテオームデータベースの秀逸なリソースは，ExPASy（Expert Protein Analysis System）であり，http://www.expasy.ch/ で利用可能である（Gasteiger ら 2003）。さらに，多数のタンパク質発現プロファイルを受け取り，自動的に目的物質の量的変化を同定するソフトウェアパッケージが開発されている。2 次元電気泳動のデータベースはインターネット上でアクセス可能であり，インタラクティブなソフトウェアで閲覧することができ，組織内の結果と統合することができる。COG（cluster of Orthologous Groups of protein）は新たなデータベース検索で，完全ゲノムからのタンパク質の系統発生的分類の試みを行っている（http://www.ncbi.nlm.nih.gov/COG，Tatusov ら 2000）。これは新たに配列決定されたゲノムへの機能アノテーション付与とゲノム進化の研究のプラットフォームとして機能している。さらに，タンパク質のサブセットとしてのドメインの同定は非常に有望な方法であり，InterPro（http://www.ebi.ac.uk/interpro/）のようなデータベースで実装されている。プロテオミクス解析は，多数のジアゾ栄養生物種の直接のゲノムの機能を明らかにした（MacLean ら 2007）。Smit と共同研究者（2012）は，自由生活型のジアゾ栄養生物である *Novosphingobium nitrogenifigens* のプロテオームレベルでの表現型解析に，バイオインフォマティクスツールとともにさまざまなプロテオミクス法を用いた。*in silico* ツールの発展と共役したプロテオミクスでの技術的な専門知識の急速な進展は，窒素固定の研究の促進を保証する構造情報の氾濫を引き起こした。

新たな黄金期へと突入し，利用可能なデータからの意味のある情報の解読のための計算機ツールの実践的な利用は不可欠である。生物窒素固定のさまざまな側面の研究で用いられている重要

表1　生物学的窒素固定における研究に使用されるいくつかのバイオインフォマティクスツール

使用法	ツール	詳述
プライマー設計	PrimerSelect, Primer Premier, Array Designer, Primer2, GPRIME, PRIDE, e-PCR など	進化に沿った鋳型配列の解析とPCR プライマーの設計
コドン使用	CodonW, ACUA, GCUA, CodonExplorer, Codon Plot, CAI 計算機, JCAT, CHIPS など	GC, GC3, NC, Fop, CAI などさまざまなコドン使用指標を評価
配列解析	BLAST, Artemis, ClustalW, Mummer, FASTA3, CnD, Dambe, DnaSP など	配列相同性検索，配列整列，配列視覚化
比較ゲノミクス	Mauve, VISTA ツール , CMB-Biotools, CGAS など	ゲノムの相同性と非相同性の比較と視覚化
進化系統的解析	MEGA, Phylip, PhyML, PAML, Tree view, fastDNAml など	遺伝子の進化系統関係の追跡
プロテイン配列解析	Blocks, MAST, VAST, ProScan, Prosite, ProFunc, NRpred, Bio3D など	モチーフ，ドメイン，アミノ酸配列から機能的に関連する残基の同定
タンパク質構造予測	Modeler, PredictProtein, SWISS-MODEL, YASARA, HHpred	配列相同性に基づいたタンパク質の3次元モデルの予測
メタゲノミクス	MEGAN, MetaCV, GLIMMER, GeneMark, CLaMS, FAMeS など	環境試料における複雑な微生物集合体の構成と処理
プロテオミクス	Calspec, Aldente, amsrpm Census, Mapper, AgBase, OMSSA, ProteinProspector など	ペプチド MASS フィンガープリントデータからのタンパク質の同定，定量プロテオミクス解析
遺伝子発現 / マイクロアレイ	ArrayExpress, DEGseq, Goober, NBIMiner, MetaDE など	発現データの解析と視覚化，マイクロアレイデータ解析

な *in silico* ツールのいくつかを**表1**に記載した。バイオインフォマティクスは生物窒素固定細菌とそのタンパク質機構の研究を次のレベルに促進する可能性をもつ。バイオインフォマティクスツールが利用可能であることは，関与するタンパク質の立体配座・構造的な詳細を伴う比較ゲノミクス，ゲノムの分子進化に焦点を当てる機会を提供する。タンパク質の構造的な研究は窒素固定の機能的な進化のより良い理解を提供する。

3.1　コドン使用頻度解析と比較ゲノミクスの研究動向

ポストゲノミクス時代では，比較ゲノミクスにおけるバイオインフォマティクスツールの利用は，各ゲノムはそれぞれ独自の歴史をもつという考えにつながった。とくに，遺伝コードとその使用頻度傾向は生物科学の観点で最も興味深いものの一つである。初期には，コドン使用パターンの仕事の多くは *E.coli* に焦点を当てていた (Peden 1999)。徐々にコドン使用頻度のバイオインフォマティクス的解析が哺乳類，バクテリア，バクテリオファージ，ウイルス，およびミトコンドリアの遺伝子にも利用されるようになった。Sharp および Li (1987) は，ある遺伝子の同義語コドン使用頻度と参照セットのそれとの類似度を検証するための CAI (Codon Adaptation Index) を開発した先駆者である。CAI のほかにも，GC 含量，GC3 含量，コドンの有効数 (effective number of codons，Nc) (Wright 1990)，相対同義語コドン使用頻度 (relative synonymous codon usage，RSCU）(Sharp ら 1986)，コドンバイアスインデックス（Codon Bias Index，CBI)，および Fop（frequency of optimal codon：最適コドンの頻度）(Ikemura 1985）などの指標は，コドン使用頻度パターンの研究では非常に重要である。窒素固定ジアゾ栄養生物のコドン使用頻度の非常に予備的な研究が Mathur および Tuli（1991）によって開始された。Ramseier および Gottfert（1991）は *Bradyrhizobium* の遺伝子のコドン使用頻度と GC 含量の差を報告した。中程度のコドンバイアスは *Bradyrhizobium japonicum* USDA 110 の窒素固定遺伝子の翻訳の選択に寄与する（Sur ら 2005)。三つの *Frankia* 属ゲノム（CcI3，ACN14a，および EAN1pec 株）の同義語コドン使用頻度パターン解析で，コドン使用頻度は非常に偏りがあるが，三つの菌株の間の多様性が報告された（Sen ら 2008)。CAI（Codon Adaptation Index）を用いて，*Frankia* 属で高度に発現している遺伝子が推定された。*Azotobacter vinelandii* での同義コドン使用頻度解析で非常に大きな不均一性を明らかにした（Sur ら 2008)。503 個の高度に発現している遺伝子が同定され，それらのほとんどは代謝の機能に関わり，そのうち 10 個は窒素固定の中心的機構に関与していた。Sen ら（2012）は，ジアゾ栄養生物の放線菌である *Frankia* 属のゲノムで稀な TTA コドンの役割を探索した。

コドン使用頻度のほかにも，遺伝子の分子進化は検証すべきもう一つの観点である。進化的時間の遺伝的浮動（genetic drift）についてのより信頼性のある指標は，大規模な遺伝子セットに対する Ka（部位ごとの非同義置換）と Ks（部位ごとの同義置換）の比率で，これは関連する種の比較に基づく。この Ka と Ks の比率はほとんどが 1 より小さいが，コーディング配列を保存するのに働く純化選択の広がりの指標として広く用いられている。このパラメータは適応分子進化の解析で広く用いられ，生物の配列進化の速度を測定する一般的な方法としてみなされている。PAML（Yang 1997）のようなプログラムパッケージが，最尤法（ML, maximum likelihood，最尤推定法ともよぶ）による系統解析を基にした核酸置換速度の推定に広く用いられている。Ka/Ks パラメータは植物のヘモグロビン遺伝子（Guldner ら 2004)，ストレプトマイセス属（*Streptomyces*）と酵母の分泌タンパク質遺伝子（Li ら 2009b)，さまざまな疾患原因遺伝子の分子進化を評価するのに用いられている。ジアゾ栄養生物の中で，Crossman ら（2008）は *R. etli* と *R. Leguminosarum* のオルソログ遺伝子の同義置換（Ks）と非同義置換（Ka）の比率を測定した。さらに最近，5 種のリゾビウム目（Rhizobiales)，3 種の植物共生体，1 種の植物病原体，および 1 種の動物病原体で共有されているオルソログ遺伝子の同義と非同義置換の比率が Peralta ら（2011）によって計算された。全ゲノムとは別に，結節特異的遺伝子群（Yi 2009）や最近は SymRK（Mahe ら 2011）のような共生関係と結節に関与する遺伝子群の分子進化がとくに解析されてきた。しかし，配列の特徴という観点での進化速度の完全なシナリオを集めるには，まだ広範囲のジアゾ栄養生物の多数の共生遺伝子群を解析する必要がある。バクテリアの全ゲノム配列の蓄積は，より大きなスケールでのゲノムの探索と比較の機会を生物学者に与える。比較ゲノミクスは，非常に関連の深い菌株間での大きな多様性を強調した新たなコンセプトをもたらした。種はパンゲノム，つまり，すべての株に存在する遺伝子を含むコアゲノム，一つ以上の株で存在しない遺伝子や各株に特有の遺伝子を含む非必須ゲノムの集合和で記述することができる（Medini ら 2005)。パンゲノム中の多様性の研究は，種または属の特徴づけに着目している。

パンゲノムの多様性の低さは安定な環境を反映し，さまざまな環境へ適応する能力をもつバクテリアの種は高いパンゲノム多様性をもつことが想定される（Snipen および Ussery 2010）。2005 年に Tettelin とその共同研究者が *Streptococcus agalactiae* で「パンゲノム」というコンセプトを導入した（Tettelin ら 2005）。その後すぐ，パンゲノムは *S.pneumonia*（Hiller ら 2007），*H.influenza*（Hogg ら 2007），*E.coli*（Rasko ら 2008）などの進化解析の洞察を提供するのに広く用いられた。進化以外にも，*L. pneumophila* などのいくつかの病原体で株特有の病原性因子を検出する（D'Auria ら 2010）のにパンゲノムは広く用いられている。最近，窒素固定細菌である *Sinorhizobium meliloti* の共生パンゲノムが計算機的手法を用いて探索され，共生過程に関与する一群の遺伝的補因子が決定された（Galardini ら 2011）。窒素固定生物のより多くの染色体や共生プラスミドの完全な核酸配列が利用可能になったことで，比較ゲノミクスの段階に突入した。比較ゲノミクスは，自由生活型と共生型の窒素固定の起源と進化を深く理解することを可能にしている。Rhizobiales 目のジアゾ栄養細菌と病原性細菌の進化的な特徴を詳細に検証するため，比較ゲノミクスのアプローチが Carvalho ら（2010）によって用いられた。Black ら（2012）は Rhizobiales の 14 株を扱い，「Symbiome」のコアを定義する妥当性を検証した。著者らのグループは現在，比較ゲノムのプラットフォームである CMG-Biotools を用いて窒素固定放線菌の *Frankia* 属と *Rhizobiales* 目のメンバーとの比較ゲノムに関わっている。すなわちプロテオームを「50/50」ルールを用いて BLASTP と比較した。すなわち，BLASTP のヒットは，アライメントが，長い方の遺伝子（クエリまたはサブジェクトのどちらでも）で少なくとも 50％のアイデンティティと少なくとも 50％の長さの重複部分をもっている場合，BLASTP のヒットが有意と考える。BLAST の結果は BLAST 行列で可視化され，ゲノムのペアワイズ比較でまとめられている。五つの *Frankia* 株について作成されたこのような BLAST 行列の一つが**図 1** に示されている。これらの全ゲノム比較は，異なる共生の進化をより良く理解するのに貢献する，水平伝搬，とくに共生プラスミドとゲノムアイランドなどのいくつかの事象などの貴重な情報を明らかにした。

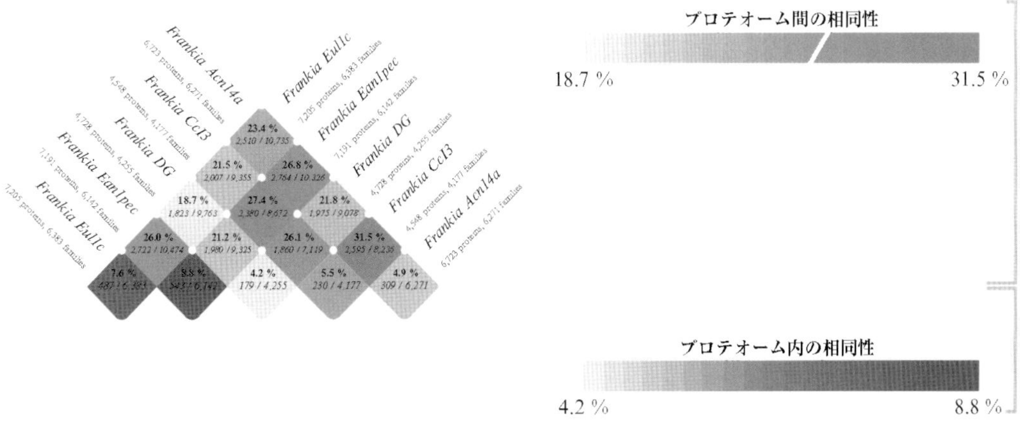

※口絵参照

図 1　比較ゲノム用の CMG-Biotools プラットフォームで生成した *Frankia* 属ゲノムの BLAST 行列。一番濃い緑は二つのゲノム間で類似な遺伝子が発見された最も高い分画を示す。

3.2 生物学的窒素固定に関連したタンパク質の特性評価のためのバイオインフォマティクスアプローチ

配列を基盤とした解析と比較ゲノムとは別に，構造生物学はバイオインフォマティクスツールから大きな恩恵を得ている分野の一つである。構造解析はタンパク質や核酸の構造予測，比較，分類，構造-機能相関の評価を含む。しばしば構造解析は配列解析の結果に依存するようにみられる。たとえば，タンパク質構造予測は配列整列（アライメント）データに依存する。このように，バイオインフォマティクス解析の二つの側面は独立ではなく，しばしば相互作用し統合的な結果を生成する。

プロテオミクスの分野での開発は，大規模な量の生物学的データをパブリックドメインで利用可能にすることにつながった。このデータは，広範囲の微生物からのニトロゲナーゼタンパク質のアミノ酸配列を含む。しかし，これらすべてのタンパク質の構造と役割についてはほとんど知られていない。X 線と NMR の二つの技術は，タンパク質の構造を実験的に決定するためにこれまで最もよく用いられてきた二つの手法である。1992 年に，Kim および Rees (1992) は *Azotobacter vinelandii* のニトロゲナーゼのモリブデン鉄タンパク質の結晶構造の詳細を提供した。ニトロゲナーゼのモリブデン鉄タンパク質の結晶構造は *Clostridium pasterianum* でも記述されている (Kim ら 1993)。*Klebsiella pneumoniae* のニトロゲナーゼコンポーネント 1 (Kp1) の X 線結晶構造が決定され，1.6 オングストロームの解像度にまで洗練された (Mayer ら 1999)。*Azotobacter vinelandii* の NifH タンパク質の結晶構造が 2.9 オングストロームの解像度で Georgiadis ら (1992) によって取得された。しかしさまざまなジアゾ栄養生物，とくに共生生物からの多数のニトロゲナーゼの立体構造はまだ解明されていない。ニトロゲナーゼに窒素が結合した結晶を得るのが困難であるため，これらのタンパク質が働く正確な機構も比較的あまりよく分かっていない。これは静止状態のモリブデン鉄タンパク質が窒素を結合していないためである。さらに最近，X 線結晶構造解析で解かれたタンパク質構造に関して多数の矛盾が生じ，論文の撤回につながった (Chang ら 2006)。これについて，実行可能な代替手段がホモロジーモデリング技術を基にしたタンパク質の三次元構造予測で，それを適切に検証する。ホモロジーモデリングはタンパク質の三次元構造を矛盾なく推定する信頼性の高い技術であり，低解像度で実験的手法で得たのと同じような予測精度である (Marti-Renom ら 2000)。この技術は，既知の構造（鋳型）と相同な関係をもつ未知の構造（標的）のタンパク質配列のアライメントに依存する。この技術はとくに増殖速度が遅く，その後のタンパク質の生成が困難である生物で非常に重要となる。Browne ら (1969) がホモロジーモデリングに関する最初の報告を発表した。手動でニワトリの卵白のリゾチウムの座標を用い，構造に合わないアミノ酸を手動で修正し，α ラクトアルブミンのモデルが構築された。1980 年半ばから，さまざまな折り畳みと機能の多数のタンパク質のホモロジーモデルが論文で報告された (Johnson ら 1994；Sali 1995)。ホモロジーモデリングのアプローチは，海洋の糸状の菌窒素固定シアノバクテリアである *Trichodesmium* sp. からのニトロゲナーゼの鉄タンパク質の構造解析で最初に用いられた (Zehr ら 1997a)。標準的なホモロジーモデリングのアプローチが，*Azotobacter vinelandii* 由来のニトロゲナーゼの鉄タンパク質の構造を基礎として，好熱性の *Methanobacter thermoautotrophicus* のニトロゲナーゼの鉄タンパク質の信頼度の高いモデルを生成するのに用いられた (Sen および Peters 2006)。この著者らのグループは，ホモロジーモデリングの技術を用いた *Frankia* 属 (Sen ら 2010) や *Bradyyhizobium* ORS278 (Thakur ら 2012) のようなさまざまなジアゾ栄養生物からの NifH タンパク質の3次元構造の決定に関与している。Frankia 属の NifH のモデル (**図 2**) は *Azotobacter vinelandii* 由来のニトロゲナーゼ鉄タンパク質の鋳型タンパク質を基礎としている。この構造は信頼度が高く，NifH タンパク質の構造機能相関だけでなく三次元構造のフレームワークの洞察を提供する。相同性に基づくモデルは，構造的な性質やこれらのタンパク質の構造と機能の関連を提供するのに非常に有用である。

ニトロゲナーゼの多数の側面，とくに構造機能相関は，基礎研究でとても興味深い分野である。ニトロゲナーゼなどのようなタンパク質の三次元構造はしばしば，複雑な金属クラスターを介した触媒，電子遷移，金属クラスターの会合，タンパク質間相互作用，および核酸依存的シグナル伝達を研究するのに理想的モデル系としてみられる。分子レベルの動的なシミュレーションは，時間の関数としての分子の動きの詳細を提供し，原子レベルでのタンパク質の動態を研究するのに広く用いられている。最初の 9.2 ps でのタンパク質のシミュレーションは McCammon ら (1977) によって，ウシの膵臓のトリプシン阻害剤 (bovine pancreatic trypsin inhibitor, BPTI) を用いて行われた (McCammon ら 1977)。1979 年の Case および Karplus によるヘムタンパク質へのリガンドの結合の動力学の検証は，タンパク質を移動するリガンドの動態のおそらく最初のシミュレーションである (Case および Karplus 1979)。タンパク質の分子力学力場のエネルギー最小法を用いて低頻度の振動を同定する通常モードの最初の応用が Brooks および Karplus (1983) によって記述された。これはタンパク質のドメインレベルの動きを同定する基本的な技術である。水分子内のタンパク質の最初のシミュレーションは Levitt および Sharon (1988) によって行われた。

ニトロゲナーゼのような金属結合タンパク質は生物分子の広い範囲に見られ，多くの重要な機能に関与している。これらの系，とくに金属補因子のパラメータ決定に関する系の内在的な難し

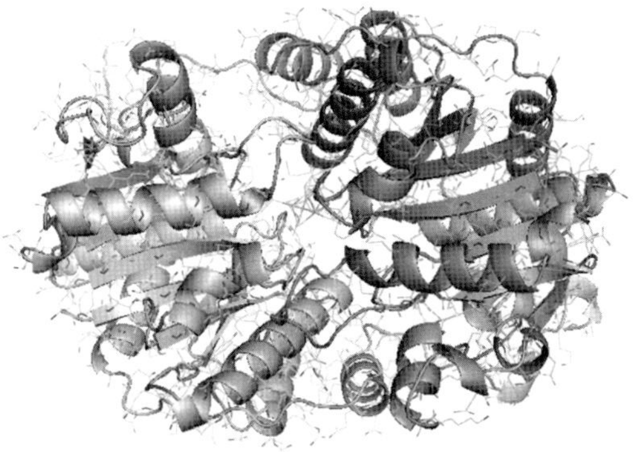

図 2　ホモロジーモデリング技術で生成した *Frankia* sp. CcI3 の NifH タンパク質の 3 次元モデル
(Sen ら 2010)

さに関わらず，いくつかの分子動力学シミュレーションの標的となってきた。これらのタンパク質ではクラスターが貯蔵的役割または電子遷移過程に関与するため，これらの研究はおもに構造的側面に焦点を当てている。鉄硫黄クラスター補因子をもつ金属結合タンパク質の中で，ヘム含有シトクロム P450（Kuhn ら 2001），ルブレドキシン（Grottesi ら 2002），3Fe-4S クラスター含有タンパク質であるフェロドキシンⅠ（Meuwly および Karplus 2004），アデノシンホスホ硫酸還元酵素（dos Santos ら 2009），および hydA1 ヒドロゲナーゼ（Sundaram ら 2010）のようなタンパク質で分子動力学シミュレーションが行われた。より最近では，*A. vinelandii* や *G. diazotrophicus* の両方の FeSII タンパク質とニトロゲナーゼについての分子モデリング，動力学，ドッキングの研究が Lery ら（2010）によって行われ，タンパク質間相互作用の分子レベルでの側面を明らかにした。金属結合タンパク質の分子動力学的シミュレーションで，金属イオン，その配位数，幾何，酸化，スピン状態，リガンドの状態を考慮して事前に金属イオンとそのリガンドの力場パラメータを決める必要がある。金属リガンドの配位幾何を含む，もっとも広く研究されている金属結合タンパク質の活性部位のいくつかのパラメータのセットが報告されている（Banci および Comba 1997；Norrby および Brandt 2001；Comba および Remenyi 2002）。タンパク質全体に大きく影響するパラメータの一つは金属とリガンドの中間の原子の部分電荷である。結合モデルでは，部分電荷は一般的に，半経験的または *ab initio* の計算を用いた RESP（Restained Electrostatic Surface Potential，拘束表面静電位）法（Fox および Kollman 1998）で計算される。*ab initio* 計算はほとんどが，B3LYP 関数または Hartree-Fock 計算を用いた密度汎関数理論（denisty functional theory, DFT）の計算で行われる（Banci 2003）。したがって，金属補因子の適切なパラメータの開発は，古典的な分子力学計算と合わせた量子計算の融合が必要である。これは構造の特性の記述を可能にするだけでなく，金属結合タンパク質の反応性の特性も記述する。

3.3 バイオインフォマティクスを用いた生物窒素固定の進化の追跡

3.3.1 古典的方法

研究者たちは長らくいつ窒素固定が始まったかと，どんな進化圧がそれに影響したかの疑問の答えを探してきた（Postgate および Eady 1988；Berman-Frank ら 2003）。原核生物における窒素固定能（ジアゾ栄養生物）の出現と進化は複雑でまだ完全には明らかになっていない。細菌と古細菌内で高度に保存されている酵素の不完全な分布パターンは，生物窒素固定についての矛盾した仮説の生成につながった。最初の仮説は，窒素固定は細菌と古細菌の最後の共通の祖先の頃の古典的機能であり，垂直伝搬したが，いくつかの事例では水平伝搬を伴いながら子孫の間で広く遺伝子欠損を経てきた，というものである（Hennecke ら 1985；Normand および Bousquet 1989；Fani ら 2000；Berman-Frank ら 2003）。この仮定された時期には還元型の窒素が非常に豊富で，初期のニトロゲナーゼの機能は非常に異なっていた。推定される古代のニトロゲナーゼの初期の機能の一つは，シアン化物や他の化合物の解毒作用に関わるというものである（Silver および Postgate 1973；Fani ら 2000）。この概念はニトロゲナーゼが N_2 以外にも多数の基質を還元し，そのうちのいくつかは毒素（たとえばシアン化物）であるという観察に基づいている。二つ目の仮定では，窒素固定は酸素を生成する光合成の出現の後に出現した嫌気的な能力であり，多くの系統では水平伝搬によって徐々に失われた，と推定している（Postgate 1982；Postgate および Eady 1988）。最近，Hartmann および Barnum（2010）は，モリブデンニトロゲナーゼの系統発生論を検証し，ジアゾ栄養生物の進化の両方の理論を統合した結論を示した。

ニトロゲナーゼ遺伝子は，広い系統発生的範囲および非常に関連した生物の間で，化合物レベル，遺伝的レベルともに高度に保存されている。ニトロゲナーゼ遺伝子の保存性は，窒素固定とそれに関連する遺伝子群の進化の疑問へ答えるための系統学的遺伝マーカーとして役に立つ。Raymond ら（2004）は，ニトロゲナーゼが複数の系統で進化し，ニトロゲナーゼとオペロンにおいて，進化の過程で欠失，重複，水平伝搬，および垂直伝搬の痕跡がみられることを報告した。*nif*D と *nif*K は並列の遺伝子重複の結果生じ（Fani ら 2000；Postgate および Eady 1988），これが酵素の機能的構成要素を生成したと考えられている。2 回目の重複事象は *nif*EN 遺伝子で起きたと考えられている。今日まで，窒素固定を扱う研究のほとんどは *nif* 遺伝子，とくに高度に保存されている *nif*H 遺伝子とともに，広く保存されているが保存度の低い *nif*D，*nif*K，*nif*E，*nif*N 遺伝子に焦点を当ててきた（Normand および Bousquet 1989；Normand ら 1992；Hirsch ら 1995；Fani ら 2000）。*nif* 遺伝子関連の進化の研究には配列整列を基盤にした方法が広く用いられている。Young（2005）はニトロゲナーゼの系統発生と進化について詳細に議論している。Young によると，実際の NifH タンパク質は三つのタイプに分割される可能性があり，すなわち B 型（“細菌” 型）が最もよくみられ，プロテオバクテリア，シアノバクテリア，ファーミキューテス由来の酵素も含み，C 型（“クロストリジウム” 型）はファーミキュート細菌，*Clostridium* 菌，緑色硫黄細菌である *Chlorobium*，および古細菌である *Methanosarcina* でみられ，A 型はモリブデンを含まない新たな（“代替” の）ニトロゲナーゼと関連し，古細菌とプロテオバクテリアでみられる。より遠縁の関連種も多数存在し，それらのうち有名なのは光非依存性のプロトクロロフィライド（Pchlide，protochlorophyllide）である。これらのタンパク質と NifH の類似度が Burke ら（1993）によって解析されて議論され，そこで彼は，窒素固定は光合成以前に出現し，光合成酵素が NifH に由来した可能性があると議論した。NifDKEN ファミリーの系統発生は多くの研究者の題材となっている。Dedysh ら（2004）は NifD の系統発生をメタン資化性のバクテリアの窒素固定能の評価に用いた。Henson ら（2004b）は，グラム陽性細菌だけでなくシアノバクテリア，プロテオバクテリアからのモリブデンを含む *nif*D 遺伝子のみを解析することで窒素固定の系統発生を再度検証した。生物窒素固定における NifH の厳格な要求性とジアゾ栄養生物における普遍的な存在は，このタンパク質を窒素固定者同定の配列タグまたはバーコードとして用いることにつながった。NifH の配列をクエリとして用いたゲノム解析で，NifH，VmfH，および AnfH 構成要素をおのおの含む，モリブデン，バナジウム，鉄のみのニトロゲナーゼが BLAST によるヒットの結果として出力された（Raymond ら 2004）。近年 Dos Santos と同僚たちは窒素固定の計算機的予測の新たな指標を提案し，構造的と生合成の構成要素の最小セットである六つの遺伝子，すなわち NifHDK と NifENB をコードする遺伝子の存在を示した（Dos Santos ら 2012）。Latysheva ら（2012）は，シアノバクテリアでの窒素固定の進化を検証するため，経験的ベイズによる祖先状態の再構成（empirical Baysian ancestral state reconstruction）を行い，さまざまな nif オルソログを検討した。

数年にわたり，窒素固定の進化と分布のおもな動力源として水平伝搬（horizontal gene transfer, HGT）と垂直伝搬（vertical descent）を考える研究者の間で議論がなされてきた。*nif* 遺伝子の出現が早く，その後に *nif* 遺伝子群の垂直伝搬が起きた場合，SSU リボソームと *nif* 遺伝子群のどちらの遺伝子の変異速度も類似しているとき，SSU リボソームの発生系統と *nif* 遺伝子群の発生系統の比較でおおよそ類似の特徴をもつはずである。*nif* 遺伝子が後期に形成され，おもに水平伝搬によって分布した場合，*nif* 遺伝子の系統発生は，rRNA を基盤とした標準的な系統樹とは著しく異なるはずである。何人かの研究者は，SSU rRNA の系統発生と *nif* 遺伝子群を基にした系統発生は一般的に一致するという強固な証拠を示しており，このことは両者が類似の様式で進化したことを示唆する（Hennecke ら 1985；Young 1992；Zehr ら 1997b）。しかし，16S rRNA の系統発生との不一致から，*nif* D（Parker ら 2002；Qian ら 2003；Henson ら 2004a, b），*nif* H（Normand および Bousquet 1989；Hurek ら 1997；Cantera ら 2004；Dedysh ら 2004），および *nif* K（Kessler ら 1997）において水平遺伝子伝搬が起きた可能性を強調したいくつもの研究がある。垂直伝搬と水平伝搬の両方の影響を見出した研究もある（Hirsch ら 1995）。Haukka ら（1998）は，水平遺伝子伝搬は属と低い分類レベルではより重要な役割を担うことを提案した。これはとくにプラスミド上に *nif* 遺伝子群をもつ生物で重要である可能性がある（Normand および Bousquet 1989）。

3.3.2 別の方法

多様に進化した一セットのタンパク質内のタンパク質の進化を追跡するには，その遺伝子のアミノ酸配列と塩基配列の類似度を基にした系統樹を構築することが役に立つ。しかし過去の研究は，系統発生的視点では窒素固定の起源と現在の分布が複雑であることを示唆したが，これの多くは配列の多様性，パラログの関係，水平遺伝子伝搬などの複雑な分子系統発生に由来する（Raymond ら 2004）。これは配列を基盤とした系統発生論は複雑な生物窒素固定の進化の過程を明らかにするには不十分であるという仮説につながった。さらに，多くの研究者（(Nadler 1995；Qi ら 2004；Sims ら 2009）も配列整列を基盤とした方法の問題点を指摘している。したがって系統発生の代替手段が模索されている。配列整列を行わず，核酸のトリプレットを用いる凝縮行列（condensed matrix）法はそのような代替手段の一つである。分子系統発生を研究する凝縮行列法は，DNA 配列の不変な値を考慮し，この不変量を用いて DNA 配列間の類似性の広がりを決定する（Randic ら 2001）。凝縮行列法では，*nif* 遺伝子群のすべての可能なトリプレットが計算され，すべての可能なトリプレットを用いて行列が形成される。そしてこれらの行列の主要な固有値を計算する。この固有値は後の距離行列の構成と系統樹構築で用いる。この方法はアミノアシル t-RNA 合成酵素（Mondal ら 2008），ブタインフルエンザゲノム（Sur ら 2010），細菌のゼータ毒素（Mondal ら 2011），およびニトロゲナーゼタンパク質（Sur ら 2010）の系統発生解析で用いられている。さまざまなジアゾ栄養生物の *nif* H の進化を示す，凝縮行列で生成された系統分岐図を**図 3** に示す。この系統図で，*Frankia* 属の ACN14a が他の放線菌類と離れ

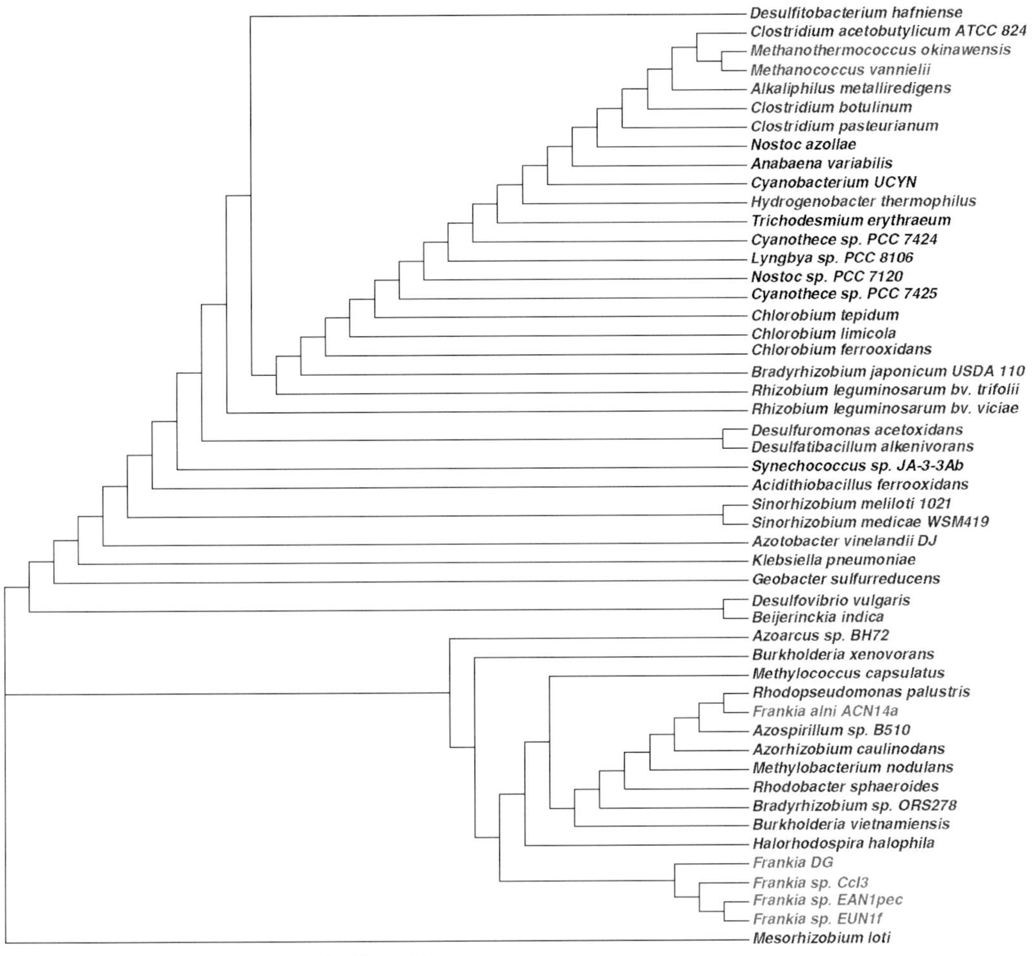

※口絵参照

図3　著者のグループで開発された凝縮行列（condensed matrix）法を基にした*nif*H遺伝子の系統樹。色付きフォントは異なるクラスのジアゾ栄養生物を示す。紫はプロテオバクテリアの株，黒はシアノバクテリアの株，青は緑色硫黄細菌，オレンジは放線菌，緑はファーミキューテス門，赤はメタン生成菌，灰色はアクウィフェクス門を示す。

て配置されていることと，*Synechococcus* sp. JA-3-3Abが他のシアノバクテリア株から離れていることは興味深い。さまざまなクラスのプロテオバクテリア（α，β，γ，およびδ）はトリプレットに基づく系統樹では同じクラスターとなる。シアノバクテリアのまばらな分布は多系統的な起源を示唆している。このように，凝縮行列法を用いた系統発生は，窒素固定の進化の関与した複雑な事象を説明する適した方法のようである。

タンパク質配列の整列の代替手段のもう一つの方法は，構造を基盤とした系統発生である。相同なタンパク質の三次元構造と構造特性はアミノ酸配列よりもよく保存されている（Chothiaら1986；HubbardおよびBlundell 1987）。相同なタンパク質はアミノ酸配列のレベルでの認識を超えて多様化しているが，類似の構造と機能を保持していることが何度か示されてきた。低度の配列類似性のいくつかの場合には，タンパク質は広範な生化学的特徴および/または機能的特性とともに折り畳みも保持しているが，このことは進化的な関連を示唆する（Murzin ら 1995；Russell および Sternberg 1996）。過去の研究（Balaji および Srinivasan 2001）は配列の同一性が低い時，構造を基にした系統発生の方が，伝統的な配列を基盤とした方法よりもより良いタンパク質の進化のモデルを生成した。このように，遠い関連のあるタンパク質の進化をモデル化するときには，タンパク質の三次元構造の類似性を用いるのはより適切である。3 次元構造を用いた系統樹の構築は，短鎖アルコール脱水素酵素（Breitling ら 2001），メタロ β ラクタマーゼ（Garau ら 2005）などのさまざまなタンパク質ファミリーに用いられている。最近，cupin fold をもつタンパク質の機能特徴解析に，三次元構造を基盤とした系統発生法が用いられた（Agarwal ら 2009）。これは構造を基盤とした cupin スーパーファミリーのメンバーのクラスタリングが，機能を基盤としたクラスタリングを反映していることを明らかにした。さらに，系統樹構築法で用いる距離行列の比較は，タンパク質構造を基盤とした系統樹の比較と同等であると考えられている（Balaji および Srinivasan 2001；Pazos および Valencia 2001）。したがって，このような構造を基盤とした方法は，多様な生物学的機能をもった多数のタンパク質からなる，配列の類似性は低いが，構造的な類似度は高い生物窒素固定に関与するタンパク質の発生系統関係を検証するのに用いることができる。

さまざまなジアゾ栄養生物の進化の追跡とともに注目すべきもう一つの特徴は，この生物学的過程に関与するタンパク質の機能的な多様性である。過去の研究者たち（Gu 1999；Dermitzakis および Clark 2001；Raes および Van de Peer 2003）は，遺伝子重複事象がしばしばタンパク質の機能を古代の役割から変化させ，これが多様性を生む結果となり，この結果いくつかの残基が，変化した機能的制約に置かれるようになった，ということを示している。このことは，ある遺伝子ファミリーの異なるホモログ関係の遺伝子では，これらの部位の進化速度がさまざまであることを示唆している。部位特異的に変化した機能制約（または進化速度の変化）は，系統関係が与えられたときは，遺伝子クラスター間の相関速度を比較することで検出できる（Gu 1999）。この方法は，脊椎動物のヘモグロビン（Gribaldo ら 2003），G タンパク質 α サブユニット（Zheng ら 2007），植物の OPR 遺伝子ファミリー（Li ら 2009a），および膜タンパク質のアノクタミンファミリー（Milenkovic ら 2010）の機能の多様性を追跡するために初期に開発されてきた。しかし，NifH/BchI タンパク質ファミリーの機能の多様性の全体像はまだ明らかではない。

4. 問題点と将来の展望

ここ数十年で生物窒素固定機構の理解はめざましい進展があった。この研究はおもにニトロゲナーゼの構造，組成の解明，すべての *nif* 遺伝子産物の機能に焦点を当てていた。以前の生物窒素固定研究の障壁は，環境試料からの *nif* 遺伝子の検出とニトロゲナーゼ酵素の結晶化に伴う困難さであった。ポストゲノム時代にはこれらの障壁はメタゲノムの研究と *in silico* のタンパク質モデリング技術の到来によって取り除かれた。現在の問題点は，既知の情報をまとめ，生化学，遺伝学，バイオインフォマティクス技術を統合した方法を用いて分子レベルでのニトロゲナーゼの機能を決定することである。パブリックドメインに，窒素固定遺伝子をもったさまざまなジアゾ栄養生物種の完全なゲノムの数が急速に増加するに伴い，バイオインフォマティクスのツールは共生的と非共生的な窒素固定の未解決な謎に取り組む武器として出現してきた。これは配列データから意味のある解釈を抽出するのに用いることができる。新たなアルゴリズムと構造の多様性を測定する計算機的なツールの到来により，ニトロゲナーゼ系の機能的進化に関する問題もより良い方法で取り組むことができ，新たな一面も得られるようになった。バイオインフォマティクスツールに支えられたゲノム研究は，窒素固定微生物のゲノムの発現，制御，動力学，および進化のグローバルな視点を提供し，生物資源の保存と向上の新たな機会を提供する可能性をもつ。

謝辞：

Arnab Sen はインド政府の DBT に，北ベンガル大学植物学部のバイオインフォマティクスセンター設立での CREST Award と財政的援助の提供について感謝する。Subarna Thakur は CSIR-SRF フェローシップについて CSIR に感謝する。

文　献

Adams D (2000) Heterocyst formation in cyanobacteria. Curr Opin Microbiol 3:618–624

Agarwal G, Rajavel M, Gopal B, Srinivasan N (2009) Structure-based phylogeny as a diagnostic for functional characterization of proteins with a cupin fold. PLoS One 4:e5736

Amadou C et al (2008) Genome sequence of the beta-rhizobium Cupriavidus taiwanensis and comparative genomics of rhizobia. Genome Res 18:1472–1483

Ampe F, Kiss E, Sabourdy F, Batut J (2003) Transcriptome analysis of Sinorhizobium meliloti during symbiosis. Genome Biol 4:R15

Anthamatten D, Hennecke H (1991) The regulatory status of the fixL- and fixJ-like genes in Bradyrhizobium japonicum may be different from that in Rhizobium meliloti. Mol Gen Genet 225:38–48

Arnold W, Rump A, Klipp W, Priefer UB, Puhler A (1988) Nucleotide sequence of a 24,206-base-pair DNA fragment carrying the entire nitrogen fixation gene cluster of Klebsiella pneumoniae. J Mol Biol 203:715–738

Balaji S, Srinivasan N (2001) Use of a database of structural alignments and phylogenetic trees in investigating the relationship between sequence and structural variability among homologous proteins. Protein Eng 14:219–226

Baldani JI, Baldani VL (2005) History on the biological nitrogen fixation research in graminaceous plants: special emphasis on the Brazilian experience. An Acad Bras Cienc 77:549–579

Banci L (2003) Molecular dynamics simulations of metalloproteins. Curr Opin Chem Biol 7:143–149

Banci L, Comba P (1997) Molecular modeling and dynamics of bioinorganic systems. Kluwer Academic, Dordrecht

Batut J, Santero E, Kustu S (1991) In vitro activity of the nitrogen fixation regulatory protein FIXJ from Rhizobium meliloti. J Bacteriol 173:5914–5917

Becker A et al (2009) A portal for rhizobial genomes: RhizoGATE integrates a Sinorhizobium meliloti genome annotation update with postgenome data. J Biotechnol 140:45–50

Bell CJ et al (2001) The Medicago Genome Initiative: a model legume database. Nucleic Acids Res 29:114–117

Benson DR, Silvester WB (1993) Biology of Frankia strains, actinomycete symbionts of actinorhizal plants. Microbiol Rev 57:293–319

Berges H et al (2003) Development of Sinorhizobium meliloti pilot macroarrays for transcriptome analysis. Appl Environ Microbiol 69:1214–1219

Berman-Frank I, Lundgren P, Falkowski P (2003) Nitrogen fixation and photosynthetic oxygen evolution in cyanobacteria. Res Microbiol 154:157–164

Berry AM, Harriott OT, Moreau RA, Osman SF, Benson DR, Jones AD (1993) Hopanoid lipids compose the Frankia vesicle envelope, presumptive barrier of oxygen diffusion to nitrogenase. Proc Natl Acad Sci U S A 90:6091–6094

Black M et al (2012) The genetics of symbiotic nitrogen fixation: comparative genomics of 14 rhizobia strains by resolution of protein clusters. Genes 3:138–166

Bohlool BB, Ladha JK, Garrity DP, George T (1992) Biological nitrogen fixation for sustainable agriculture: a perspective. Plant and Soil 141:1–11

Breitling R, Laubner D, Adamski J (2001) Structure-based phylogenetic analysis of short-chain alcohol dehydrogenases and reclassification of the 17beta-hydroxysteroid dehydrogenase family. Mol Biol Evol 18:2154–2161

Brigle KE, Weiss MC, Newton WE, Dean DR (1987) Products of the iron-molybdenum cofactor-specific biosynthetic genes, *nif*E and *nif*N, are structurally homologous to the products of the nitrogenase molybdenum-iron protein genes, nifD and *nif*K. J Bacteriol 169:1547–1553

Brooks B, Karplus M (1983) Harmonic dynamics of proteins: normal modes and fluctuations in bovine pancreatic trypsin inhibitor. Proc Natl Acad Sci U S A 80:6571–6575

Browne WJ, North AC, Phillips DC, Brew K, Vanaman TC, Hill RL (1969) A possible three-dimensional structure of bovine alpha-lactalbumin based on that of hen's egg-white lysozyme. J Mol Biol 42:65–86

Burgess BK, Lowe DJ (1996) Mechanism of molybdenum nitrogenase. Chem Rev 96:2983–3012

Burke DH, Hearst JE, Sidow A (1993) Early evolution of photosynthesis: clues from nitrogenase and chlorophyll iron proteins. Proc Natl Acad Sci U S A 90:7134–7138

Burns RC, Hardy RW (1975) Nitrogen fixation in bacteria and higher plants.Mol Biol Biochem Biophys 21:1–189

Cantera JJ, Kawasaki H, Seki T (2004) The nitrogenfixing gene (*nif*H) of Rhodopseudomonas palustris: a case of lateral gene transfer? Microbiology 150:2237–2246

Carvalho FM, Souza RC, Barcellos FG, Hungria M, Vasconcelos AT (2010) Genomic and evolutionary comparisons of diazotrophic and pathogenic bacteria of the order Rhizobiales. BMC Microbiol 10:37

Case DA, Karplus M (1979) Dynamics of ligand binding to heme proteins. J Mol Biol 132:343–368

Ceremonie H, Cournoyer B, Maillet F, Normand P, Fernandez MP (1998) Genetic complementation of rhizobial *nod* mutants with Frankia DNA: artifact or reality? Mol Gen Genet (MGG) 260:115–119

Chang G, Roth CB, Reyes CL, Pornillos O, Chen YJ, Chen AP (2006) Retraction. Science 314:1875

Chothia C et al (1986) The predicted structure of immunoglobulin D1.3 and its comparison with the crystal structure. Science 233:755–758

Comba P, Remenyi R (2002) A new molecular mechanics force field for the oxidized form of blue copper proteins. J Comput Chem 23:697–705

Crossman LC et al (2008) A common genomic framework for a diverse assembly of plasmids in the symbiotic nitrogen fixing bacteria. PLoS One 3:e2567

D'Auria G, Jimenez-Hernandez N, Peris-Bondia F, Moya A, Latorre A (2010) Legionella pneumophila pangenome reveals strain-specific virulence factors. BMC Genomics 11:181

Dawson JO (1983) Dinitrogen fixation in forest ecosystems. Can J Microbiol/(Revue Canadienne de Microbiologie) 29:979–992

Dedysh SN, Ricke P, Liesack W (2004) NifH and NifD phylogenies: an evolutionary basis for understanding nitrogen fixation capabilities of methanotrophic bacteria. Microbiology 150:1301–1313

Delgado MJ, Bedmar EJ, Downie JA (1998) Genes involved in the formation and assembly of rhizobial cytochromes and their role in symbiotic nitrogen fixation. Adv Microb Physiol 40:191–231

Dermitzakis ET, Clark AG (2001) Differential selection after duplication in mammalian developmental genes. Mol Biol Evol 18:557–562

Dixon R et al (1980) Analysis of regulation of Klebsiella pneumoniae nitrogen fixation (*nif*) gene cluster with gene fusions. Nature 286:128–132

Dobereiner J (1976) Plant genotype effects on nitrogen fixation in grasses. Basic Life Sci 8:325–334

dos Santos ES, Gritta DS, Taft CA, Almeida PF, Ramosde-Souza E (2009) Molecular dynamics simulation of the adenylylsulphate reductase from hyperthermophilic Archaeoglobus fulgidus. Mol Simulat 36:199–203

Dos Santos PC, Fang Z, Mason SW, Setubal JC, Dixon R (2012) Distribution of nitrogen fixation and nitrogenase-like sequences amongst microbial genomes. BMC Genomics 13:162

Eady RR (1996) Structure-function relationships of alternative nitrogenases. Chem Rev 96:3013–3030

Eady RR, Postgate JR (1974) Nitrogenase. Nature 249: 805–810

Elmerich C (1984) Molecular biology and ecology of diazotrophs associated with non-leguminous plants. Nat Biotechnol 2:967–978

Fani R, Gallo R, Lio P (2000) Molecular evolution of nitrogen fixation: the evolutionary history of the *nif*D, *nif*K, *nif*E, and *nif*N genes. J Mol Evol 51:1–11

Fischer HM (1994) Genetic regulation of nitrogen fixation in rhizobia. Microbiol Rev 58:352–386

Fox T, Kollman PA (1998) Application of the RESP methodology in the parametrization of organic solvents. J Phys Chem B 102:8070–8079

Franche C, Lindstrom K, Elmerich C (2009) Nitrogen-fixing bacteria associated with leguminous and non-leguminous plants. Plant and Soil 321:35–59

Gaby JC, Buckley DH (2012) A comprehensive evaluation of PCR primers to amplify the *nif*H gene of nitrogenase. PLoS One 7:e42149

Galardini M et al (2011) Exploring the symbiotic pangenome of the nitrogen-fixing bacterium Sinorhizobium meliloti. BMC Genomics 12:235

Garau G, Di Guilmi AM, Hall BG (2005) Structure-based phylogeny of the metallo-beta-lactamases. Antimicrob Agents Chemother 49:2778–2784

Gasteiger E, Gattiker A, Hoogland C, Ivanyi I, Appel RD, Bairoch A (2003) ExPASy: the proteomics server for in-depth protein knowledge and analysis. Nucleic Acids Res 31:3784–3788

Georgiadis MM, Komiya H, Chakrabarti P, Woo D, Kornuc JJ, Rees DC (1992) Crystallographic structure of the nitrogenase iron protein from Azotobacter vinelandii. Science 257:1653–1659

Geurts R, Bisseling T (2002) Rhizobium Nod factor perception and signalling. Plant Cell Online 14:S239–S249

Gonzalez V et al (2006) The partitioned Rhizobium etli genome: genetic and metabolic redundancy in seven

interacting replicons. Proc Natl Acad Sci U S A 103:3834–3839
Gribaldo S, Casane D, Lopez P, Philippe H (2003) Functional divergence prediction from evolutionary analysis: a case study of vertebrate hemoglobin. Mol Biol Evol 20:1754–1759
Grottesi A, Ceruso MA, Colosimo A, Di Nola A (2002) Molecular dynamics study of a hyperthermophilic and a mesophilic rubredoxin. Proteins 46:287–294
Gtari M, Ghodhbane-Gtari F, Nouioui I, Beauchemin N, Tisa LS (2012) Phylogenetic perspectives of nitrogen-fixing actinobacteria. Arch Microbiol 194:3–11
Gu X (1999) Statistical methods for testing functional divergence after gene duplication. Mol Biol Evol 16:1664–1674
Guldner E, Desmarais E, Galtier N, Godelle B (2004) Molecular evolution of plant haemoglobin: two haemoglobin genes in nymphaeaceae Euryale ferox. J Evol Biol 17:48–54
Hartmann LS, Barnum SR (2010) Inferring the evolutionary history of Mo-dependent nitrogen fixation from phylogenetic studies of *nif*K and *nif*DK. J Mol Evol 71:70–85
Haukka K, Lindstrom K, Young JP (1998) Three phylogenetic groups of *nod*A and *nif*H genes in Sinorhizobium and Mesorhizobium isolates from leguminous trees growing in Africa and Latin America. Appl Environ Microbiol 64:419–426
Hennecke H, Kaluza K, Thöny B, Fuhrmann M, Ludwig W, Stackebrandt E (1985) Concurrent evolution of nitrogenase genes and 16S rRNA in Rhizobium species and other nitrogen fixing bacteria. Arch Microbiol 142:342–348
Henson BJ, Hesselbrock SM, Watson LE, Barnum SR (2004a) Molecular phylogeny of the heterocystous cyanobacteria (subsections IV and V) based on *nif*D. Int J Syst Evol Microbiol 54:493–497
Henson BJ, Watson LE, Barnum SR (2004b) The evolutionary history of nitrogen fixation, as assessed by NifD. J Mol Evol 58:390–399
Hiller NL et al (2007) Comparative genomic analyses of seventeen Streptococcus pneumoniae strains: insights into the pneumococcal supragenome. J Bacteriol 189:8186–8195
Hiltner L (1898) Über Entstehung und physiologische Bedeutung der Wurzelkno¨llchen. Forst Naturwiss Z 7:415–423
Hirsch AM, McKhann HI, Reddy A, Liao J, Fang Y, Marshall CR (1995) Assessing horizontal transfer of *nif*HDK genes in eubacteria: nucleotide sequence of *nif*K from Frankia strain HFPCcI3. Mol Biol Evol 12:16–27
Hoffman BM, Dean DR, Seefeldt LC (2009) Climbing nitrogenase: toward a mechanism of enzymatic nitrogen fixation. Acc Chem Res 42:609–619
Hogeweg P (2011) The roots of bioinformatics in theoretical biology. PLoS Comput Biol 7:e1002021
Hogg JS et al (2007) Characterization and modeling of the Haemophilus influenzae core and supragenomes based on the complete genomic sequences of Rd and 12 clinical nontypeable strains. Genome Biol 8:R103
Hubbard TJ, Blundell TL (1987) Comparison of solvent-inaccessible cores of homologous proteins: definitions useful for protein modelling. Protein Eng 1:159–171
Hurek T, Egener T, Reinhold-Hurek B (1997) Divergence in nitrogenases of Azoarcus spp., Proteobacteria of the beta subclass. J Bacteriol 179:4172–4178
Huss-Danell K (1997) Actinorhizal symbioses and their N2 fixation. New Phytol 136:375–405
Ikemura T (1985) Codon usage and tRNA content in unicellular and multicellular organisms. Mol Biol Evol 2:13–34
Imperial J, Ugalde RA, Shah VK, Brill WJ (1984) Role of the *nif*Q gene product in the incorporation of molybdenum into nitrogenase in Klebsiella pneumoniae. J Bacteriol 158:187–194
Irisarri P, Gonnet S, Monza J (2001) Cyanobacteria in Uruguayan rice fields: diversity, nitrogen fixing ability and tolerance to herbicides and combined nitrogen. J Biotechnol 91:95–103
Johnson MS, Srinivasan N, Sowdhamini R, Blundell TL (1994) Knowledge-based protein modeling. Crit Rev Biochem Mol Biol 29:1–68
Kaneko T et al (2000) Complete genome structure of the nitrogen-fixing symbiotic bacterium Mesorhizobium loti (supplement). DNA Res 7:381–406
Kessler PS, McLarnan J, Leigh JA (1997) Nitrogenase phylogeny and the molybdenum dependence of nitrogen fixation in Methanococcus maripaludis. J Bacteriol 179:541–543
Kim J, Rees DC (1992) Structural models for the metal centers in the nitrogenase molybdenum-iron protein. Science 257:1677–1682
Kim J, Woo D, Rees DC (1993) X-ray crystal structure of the nitrogenase molybdenum-iron protein from Clostridium pasteurianum at 3.0-A resolution. Biochemistry 32:7104–7115
Klipp W (2004) Genetics and regulation of nitrogen fixation in free-living bacteria. Kluwer Academic, Dordrecht/Boston
Kuhn B, Jacobsen W, Christians U, Benet LZ, Kollman PA (2001) Metabolism of sirolimus and its derivative everolimus by cytochrome P450 3A4: insights from docking, molecular dynamics, and quantum chemical calculations. J Med Chem 44:2027–2034
Latysheva N, Junker VL, Palmer WJ, Codd GA, Barker D (2012) The evolution of nitrogen fixation in cyanobacteria. Bioinformatics 28(5):603–606
Leigh GJ (2002) Nitrogen fixation at the millennium. Elsevier, Amsterdam/London
LeryLM, Bitar M, CostaMG, Rossle SC, Bisch PM (2010) Unraveling the molecular mechanisms of nitrogenase conformational protection against oxygen in diazotrophic bacteria. BMC Genomics 11(Suppl 5):S7
Levitt M, Sharon R (1988) Accurate simulation of protein dynamics in solution. Proc Natl Acad Sci U S A 85:7557–7561
Li W, Liu B, Yu L, Feng D, Wang H, Wang J (2009a) Phylogenetic analysis, structural evolution and functional divergence of the 12-oxo-phytodienoate acid reductase

gene family in plants. BMC Evol Biol 9:90

Li YD et al (2009b) The rapid evolution of signal peptides is mainly caused by relaxed selection on nonsynonymous and synonymous sites. Gene 436:8–11

Long SR (1989) Rhizobium-legume nodulation: life together in the underground. Cell 56:203–214

Long SR (2001) Genes and signals in the Rhizobiumlegume symbiosis. Plant Physiol 125:69–72

MacLean AM, Finan TM, Sadowsky MJ (2007) Genomes of the symbiotic nitrogen-fixing of Bacteria legumes. Plant Physiol 144:615–622

Mahe F, Markova D, Pasquet R, Misset MT, Ainouche A (2011) Isolation, phylogeny and evolution of the SymRK gene in the legume genus Lupinus L. Mol Phylogenet Evol 60:49–61

Mao C, Qiu J, Wang C, Charles TC, Sobral BW (2005) NodMutDB: a database for genes and mutants involved in symbiosis. Bioinformatics 21:2927–2929

Marti-Renom MA, Stuart AC, Fiser A, Sanchez R, Melo F, Sali A (2000) Comparative protein structure modeling of genes and genomes. Annu Rev Biophys Biomol Struct 29:291–325

Mathur M, Tuli R (1991) Analysis of codon usage in genes for nitrogen fixation from phylogenetically diverse diazotrophs. J Mol Evol 32:364–373

Mayer SM, Lawson DM, Gormal CA, Roe SM, Smith BE (1999) New insights into structure-function relationships in nitrogenase: a 1.6 A resolution X-ray crystallographic study of Klebsiella pneumoniae MoFe-protein. J Mol Biol 292:871–891

McCammon JA, Gelin BR, Karplus M (1977) Dynamics of folded proteins. Nature 267:585–590

Medini D, Donati C, Tettelin H, Masignani V, Rappuoli R (2005) The microbial pan-genome. Curr Opin Genet Dev 15:589–594

Meuwly M, Karplus M (2004) Theoretical investigations on Azotobacter vinelandii ferredoxin I: effects of electron transfer on protein dynamics. Biophys J 86:1987–2007

Milenkovic VM, Brockmann M, Stohr H, Weber BH, Strauss O (2010) Evolution and functional divergence of the anoctamin family of membrane proteins. BMC Evol Biol 10:319

Mondal UK, Das B, Ghosh TC, Sen A, Bothra AK (2008) Nucleotide triplet based molecular phylogeny of class I and class II aminoacyl t-RNA synthetase in three domain of life process: bacteria, archaea, and eukarya. J Biomol Struct Dyn 26:321–328

Mondal UK, Sen A, Bothra AK (2011) Characterization of pathogenic genes through condensed matrix method, case study through bacterial Zeta toxin. Int J Genet Eng Biotechnol 2:109–114

Murzin AG, Brenner SE, Hubbard T, Chothia C (1995) SCOP: a structural classification of proteins database for the investigation of sequences and structures. J Mol Biol 247:536–540

Mylona P, Pawlowski K, Bisseling T (1995) Symbiotic nitrogen fixation. Plant Cell 7:869–885

Nadler SA (1995) Advantages and disadvantages of molecular phylogenetics: a case study of ascaridoid nematodes. J Nematol 27:423–432

Normand P, Bousquet J (1989) Phylogeny of nitrogenase sequences in Frankia and other nitrogen-fixing microorganisms. J Mol Evol 29:436–447

Normand P, Gouy M, Cournoyer B, Simonet P (1992) Nucleotide sequence of *nif*D from Frankia alni strain ArI3: phylogenetic inferences.MolBiol Evol 9:495–506

Normand P et al (2007) Genome characteristics of facultatively symbiotic Frankia sp. strains reflect host range and host plant biogeography. Genome Res 17:7–15

Norrby PO, Brandt P (2001) Deriving force field parameters for coordination complexes. Coord Chem Rev 212:79–109

O'Carroll IP, Dos Santos PC (2011) Genomic analysis of nitrogen fixation. Methods Mol Biol 766:49–65

Parker MA, Lafay B, Burdon JJ, van Berkum P (2002) Conflicting phylogeographic patterns in rRNA and *nif*D indicate regionally restricted gene transfer in Bradyrhizobium. Microbiology 148:2557–2565

Paul W, MerrickM(1989) The roles of the *nif*W, *nif*Z and *nif*M genes of Klebsiella pneumoniae in nitrogenase biosynthesis. Eur J Biochem 178:675–682

Pawlowski K (2009) Prokaryotic symbionts in plants. Springer, Berlin/Heidelberg

Pazos F, Valencia A (2001) Similarity of phylogenetic trees as indicator of protein-protein interaction. Protein Eng 14:609–614

Peden JF (1999) Analysis of codon usage, PhD thesis, University of Nottingham

Pedrosa FO, Hungria M, Yates G, Newton WE (eds) (2000) Nitrogen fixation: from molecules to crop productivity. Kluwer Academic Publishers, Dordrecht

Peoples MB, Craswell ET (1992) Biological nitrogen fixation: investments, expectations and actual contributions to agriculture. Plant and Soil 141:13–39

Peoples MB, Herridge DF, Ladha JK (1995) Biological nitrogen fixation: an efficient source of nitrogen for sustainable agricultural production? Plant and Soil 174:3–28

Peralta H, Guerrero G, Aguilar A, Mora J (2011) Sequence variability of Rhizobiales orthologs and relationship with physico-chemical characteristics of proteins. Biol Direct 6:48

Perret X, Freiberg C, Rosenthal A, Broughton WJ, Fellay R (1999) High-resolution transcriptional analysis of the symbiotic plasmid of Rhizobium sp. NGR234. Mol Microbiol 32:415–425

Perret X, Staehelin C, Broughton WJ (2000) Molecular basis of symbiotic promiscuity. Microbiol Mol Biol Rev 64:180–201

Peters JW, Fisher K, Dean DR (1995) Nitrogenase structure and function: a biochemical-genetic perspective. Annu Rev Microbiol 49:335–366

Pommer EH (1959) Ueber die Isolierung des Endophyten aus den Wurzelknollchen Alnus glutinosa Gaertn. und iiber erfolgreiche Re-infektionsversuche. Ber Dtsch Bot Ges 72:138–150

Postgate JR (1982) The fundamentals of nitrogen fixation. Cambridge University Press, Cambridge

Postgate JR (1998) Nitrogen fixation, 3rd edn. Cambridge University Press, Cambridge/New York

Postgate JR, Eady RR (1988) The evolution of biological nitrogen fixation. In: Bother H et al (eds) Nitrogen fixation: hundred years after. Proceedings of the 7th international congress on nitrogen fixation. Gustav Fischer, Stuttgart, pp 31–40

Puhler A, Arlat M, Becker A, Göttfert M, Morrissey JP, O'Gara F (2004) What can bacterial genome research teach us about bacteria-plant interactions? Curr Opin Plant Biol 7:137–147

Qi J, Wang B, Hao BI (2004) Whole proteome prokaryote phylogeny without sequence alignment: a K-string composition approach. J Mol Evol 58:1–11

Qian J, Kwon SW, Parker MA (2003) rRNA and nifD phylogeny of Bradyrhizobium from sites across the Pacific Basin. FEMS Microbiol Lett 219:159–165

Quackenbush J, Liang F, Holt I, Pertea G, Upton J (2000) The TIGR gene indices: reconstruction and representation of expressed gene sequences. Nucleic Acids Res 28:141–145

Raes J, Van de Peer Y (2003) Gene duplication, the evolution of novel gene functions, and detecting functional divergence of duplicates in silico. Appl Bioinformatics 2:91–101

Rai AN, Bergman B, Rasmussen U (2002) Cyanobacteria in symbiosis. Kluwer Academic, Dordrecht/Boston

Ramseier TM, Gottfert M (1991) Codon usage and G + C content in Bradyrhizobium japonicum genes are not uniform. Arch Microbiol 156:270–276

Randic M, Guo X, Basak SC (2001) On the characterization of DNA primary sequences by triplet of nucleic acid bases. J Chem Inf Comput Sci 41:619–626

Rasko DA et al (2008) The pangenome structure of Escherichia coli: comparative genomic analysis of E. coli commensal and pathogenic isolates. J Bacteriol 190:6881–6893

Raymond J, Siefert JL, Staples CR, Blankenship RE (2004) The natural history of nitrogen fixation. Mol Biol Evol 21:541–554

Rees DC, Howard JB (2000) Nitrogenase: standing at the crossroads. Curr Opin Chem Biol 4:559–566

Rees DC et al (2005) Structural basis of biological nitrogen fixation. Philos Transact A Math Phys Eng Sci 363:971–984, discussion 1035–1040

Roberts GP, MacNeil T, MacNeil D, Brill WJ (1978) Regulation and characterization of protein products coded by the nif (nitrogen fixation) genes of Klebsiella pneumoniae. J Bacteriol 136:267–279

Robson RL, Eady RR, Richardson TH, Miller RW, Hawkins M, Postgate JR (1986) The alternative nitrogenase of Azotobacter chroococcum is a vanadium enzyme. Nature 322:388–390

Rubio LM, Ludden PW (2005) Maturation of nitrogenase: a biochemical puzzle. J Bacteriol 187:405–414

Rubio LM, Ludden PW (2008) Biosynthesis of the iron-molybdenum cofactor of nitrogenase. Annu Rev Microbiol 62:93–111

Russell RB, Sternberg MJ (1996) A novel binding site in catalase is suggested by structural similarity to the calycin superfamily. Protein Eng 9:107–111

Sali A (1995) Modeling mutations and homologous proteins. Curr Opin Biotechnol 6:437–451

Schlegel HG, Zaborosch C (2003) General microbiology. Cambridge University Press, Cambridge

Schuler GD (1997) Sequence mapping by electronic PCR. Genome Res 7:541–550

Schultze M, Kondorosi A (1998) Regulation of symbiotic root nodule development. Annu Rev Genet 32:33–57

Sen S, Peters JW (2006) The thermal adaptation of the nitrogenase Fe protein from thermophilic Methanobacter thermoautotrophicus. Proteins 62:450–460

Sen A, Sur S, Bothra AK, Benson DR, Normand P, Tisa LS (2008) The implication of life style on codon usage patterns and predicted highly expressed genes for three Frankia genomes. Antonie Van Leeuwenhoek 93:335–346

Sen A, Sur S, Tisa L, Bothra A, Thakur S, Mondal U (2010) Homology modelling of the Frankia nitrogenase iron protein. Symbiosis 50:37–44

Sen A, Thakur S, Bothra AK, Sur S, Tisa LS (2012) Identification of TTA codon containing genes in Frankia and exploration of the role of tRNA in regulating these genes. Arch Microbiol 194:35–45

Sharp PM, Li WH (1987) The rate of synonymous substitution in enterobacterial genes is inversely related to codon usage bias. Mol Biol Evol 4:222–230

Sharp PM, Tuohy TM, Mosurski KR (1986) Codon usage in yeast: cluster analysis clearly differentiates highly and lowly expressed genes. Nucleic Acids Res 14:5125–5143

Silver WS, Postgate JR (1973) Evolution of asymbiotic nitrogen fixation. J Theor Biol 40:1–10

Sims GE, Jun SR, Wu GA, Kim SH (2009) Alignmentfree genome comparison with feature frequency profiles (FFP) and optimal resolutions. Proc Natl Acad Sci U S A 106:2677–2682

Smit AM, Strabala TJ, Peng L, Rawson P, Lloyd-Jones G, Jordan TW (2012) Proteomic phenotyping of Novosphingobium nitrogenifigens reveals a robust capacity for simultaneous nitrogen fixation, polyhydroxyalkanoate production, and resistance to reactive oxygen species. Appl EnvironMicrobiol 78:4802–4815

Snipen L, Ussery DW (2010) Standard operating procedure for computing pangenome trees. Stand Genomic Sci 2:135–141

Stewart WD (1969) Biological and ecological aspects of nitrogen fixation by free-living micro-organisms. Proc R Soc Lond B Biol Sci 172:367–388

Sundaram S, Tripathi A, Gupta V (2010) Structure prediction and molecular simulation of gases diffusion pathways in hydrogenase. Bioinformation 5:177–183

Sur S, Pal A, Bothra AK, Sen A (2005) Moderate codon bias attributed to translational selection in nitrogen fixing genes of Bradyrhizobium japonicum USDA110. Bioinformatics Ind 3:59–64

Sur S, Bhattacharya M, Bothra AK, Tisa LS, Sen A (2008) Bioinformatic analysis of codon usage patterns in a free-living diazotroph, Azotobacter vinelandii. Biotechnology 7:242–249

Sur S, Bothra AK, Ghosh TC, Sen A (2010) Investigation of the molecular evolution of nitrogen fixation using nucleotide triplet based condensed matrix method. Int J

Integrative Biol 10:29–65
Tatusov RL, Galperin MY, Natale DA, Koonin EV (2000) The COG database: a tool for genome-scale analysis of protein functions and evolution. Nucleic Acids Res 28:33–36
Tettelin H et al (2005) Genome analysis of multiple pathogenic isolates of Streptococcus agalactiae: implications for the microbial "pan-genome". Proc Natl Acad Sci U S A 102:13950–13955
Thakur S, Bothra AK, Sen A (2012) *In silico* studies of NifH protein structure and its post-translational modification in Bradyrhizobium sp. ORS278. Int J Pharm Bio Sci 3:B22–B32
Thorneley RNF, Lowe DJ (1985) Kinetics and mechanism of the nitrogenase enzyme system. In: Spiro TG (ed) Molybdenum enzymes. Wiley, New York, pp 221–284
Torrey JG, Tjepkema JD (1979) Symbiotic nitrogen fixation in actinomycete-nodulated plants: Preface. Bot Gaz 140(suppl):i–ii
Von Bulow JF, Dobereiner J (1975) Potential for nitrogen fixation in maize genotypes in Brazil. Proc Natl Acad Sci U S A 72:2389–2393
Wani SP, Rupela OP, Lee KK (1995) Sustainable agriculture in the semi-arid tropics through biological nitrogen fixation in grain legumes. Plant and Soil 174:29–49
Watanabe I, Liu CC (1992) Improving nitrogen-fixing systems and integrating them into sustainable rice farming. Plant and Soil 141:57–67
Wright F (1990) The 'effective number of codons' used in a gene. Gene 87:23–29
Xie J et al (2011) GeoChip-based analysis of the functional gene diversity and metabolic potential of microbial communities in acid mine drainage. Appl Environ Microbiol 77:991–999
Yang Z (1997) PAML: a program package for phylogenetic analysis by maximum likelihood. Comput Appl Biosci 13:555–556
Yang GP et al (1999) Structure of the Mesorhizobium huakuii and Rhizobium galegae Nod factors: a cluster of phylogenetically related legumes are nodulated by rhizobia producing Nod factors with alpha, betaunsaturated N-acyl substitutions. Mol Microbiol 34:227–237
Yi J (2009) The Medicago truncatula genome and analysis of nodule-specific genes, PhD thesis, The University of Oklahoma
Young JPW (1992) Phylogenetic classification of nitrogen-fixing organisms. In: Stacey G, Burris RH, Evans HJ (eds) Biological nitrogen fixation. Chapman & Hall, New York, pp 43–86
Young J (2005) The phylogeny and evolution of nitrogenases. In: Palacios R, Newton WE (eds) Genomes and genomics of nitrogen-fixing organisms. Springer, Dordrecht, pp 221–241
Young JP et al (2006) The genome of Rhizobium leguminosarum has recognizable core and accessory components. Genome Biol 7:R34
Zehr JP, Harris D, Dominic B, Salerno J (1997a) Structural analysis of the Trichodesmium nitrogenase iron protein: implications for aerobic nitrogen fixation activity. FEMS Microbiol Lett 153:303–309
Zehr JP, Mellon MT, Hiorns WD (1997b) Phylogeny of cyanobacterial nifH genes: evolutionary implications and potential applications to natural assemblages. Microbiology 143(Pt 4):1443–1450
Zhao H, Li M, Fang K, Chen W, Wang J (2012) In Silico insights into the symbiotic nitrogen fixation in Sinorhizobium meliloti via metabolic reconstruction. PLoS One 7:e31287
Zheng L, White RH, Dean DR (1997) Purification of the Azotobacter vinelandii nifV-encoded homocitrate synthase. J Bacteriol 179:5963–5966
Zheng Y, Xu D, Gu X (2007) Functional divergence after gene duplication and sequence-structure relationship: a case study of G-protein alpha subunits. J Exp Zool B Mol Dev Evol 308:85–96

第 15 章　植物－微生物間相互作用：二つの動的生物学的実体の対話

Plant-Microbial Interaction: A Dialogue Between Two Dynamic Bioentities

Khyatiben V. Pathak and Sivaramaiah Nallapeta

要約

進化の時間経過から，地球上の顕花植物群集は，共生から寄生にわたる多数の相互関係によって，遍在する微生物集団との相互作用を維持してきた。植物と微生物の相互作用の生態は，植物の多様性，代謝，形態，生産性，生理，防御系，および悪環境への抵抗性に影響してきた。同様に微生物集団も，形態，多様性，群落構成などの点で影響を受けてきた。植物と微生物の連携において，植物の健康に正または負の影響を与えずに，微生物集団は避難場所，保護，栄養を植物から取得する。共生的な植物－微生物相互作用において，植物は微生物に，棲処，栄養，悪環境からの保護を提供し，その見返りとして微生物集団は病原体からの保護，植物の育成の促進，非生物ストレスに対する耐性，栄養取得の向上，および適応などのいくつかの利益を提供する。微生物集団による内生菌 (Endophyte) や着生植物は一般的に植物の共生体として認識されている。これらの二つの生物系が競合する関係では，植物は毒性の植物性化学物質を産生することにより植物の拮抗物質が微生物病原体を殺す，あるいは微生物寄生体が自らの生存のために植物の必須栄養源を搾取し，宿主植物の生理状態を変化させることで植物の適応性に有害な影響を与える。植物はどのように微生物とクロストークして微生物と関係を構築するのだろうか？さまざまな応答に関連するシグナルがこのようなクロストークを引き起こす。植物－微生物相互作用における複雑で隠されたシグナル過程の役割を明らかにするために，オミクス（ゲノミクス，プロテオミクス，メタボロミクス）アプローチが用いられている。この章では植物－微生物相互作用についてのこれまでの理解と，このような相互作用におけるシグナル機構の役割を議論する。

キーワード：シデロホア，微生物相互作用，内生菌，根圏細菌，共生

K.V. Pathak (✉)
Bioclues Organisation, IKP Knowledge Park,
Secunderabad 500009, AP, India
e-mail: Khyati835@gmail.com

S. Nallapeta
Bioclues Organization, IKP Knowledge Park, Picket
Secunderabad 500009, AP, India

K.K. P.B. et al. (eds.), *Agricultural Bioinformatics*,
DOI 10.1007/978-81-322-1880-7_15, © Springer India 2014

1. はじめに

進化の過程で微生物（microbe）はさまざまな相互作用を構築することで植物環境との関係を発達させてきた。地球上に存在するほとんどすべての植物は，一種類またはさまざまな微生物群を保有している（Lindow および Brandl 2003；Rosenblueth および Martínez-Romero 2006；Saharan および Nehra 2011）。微生物は隠れ家，栄養，および悪環境からの保護のために植物においてコロニーを形成するが，同時に共生から寄生に至るいくつかの相互作用関係を提供する（Rosenblueth および Martínez-Romero 2006；Wu ら 2009；Reichling 2010）。時々，植物は微生物阻害的な植物化学物質を産生したり，微生物が分泌する化学物質に応答して自己防御機構を誘導したりすることで，微生物病原体に対する防御関連応答も示す（Reichling 2010；Radulović ら 2013）。この関係は植物の多様性，代謝，形態，生産性，生理，防御系，および悪環境への耐性に影響する（Lindow および Brandl 2003；Rosenblueth および Martínez-Romero 2006；van der Heijden ら 2008；Wu ら 2009；Saharan および Nehra 2011）。同様に，植物に棲息する微生物集団は，形態，多様性，および集落構成という点で影響を受ける（Lindow および Brandl 2003；Montesinos 2003；Bever ら 2012）。共生関係では，微生物と宿主植物の両方が互いに利益を得る。共生的相互作用は，植物の成長促進，植物病原体からの防御，栄養の利用可能性の向上と取り込み，植物の適応性，および非生物的ストレスへの耐性の向上などのいくつかの利益を宿主植物へと与える（Lindow および Brandl 2003；Rosenblueth および Martínez-Romero 2006；Saharan および Nehra 2011）。いくつかの植物－微生物間相互作用では，微生物は宿主植物に利益も悪影響も与えずに植物組織にコロニーを形成し，植物もこのようなフローラを内的植物系の構成要素として受け入れる。このような植物－微生物間相互作用は中性的関係とされている。微生物病原体は植物組織へと侵入し，栄養を消費し，植物の健康に影響を与える毒素を放出する。このような相互作用は，植物の成長，発生，栄養動態，防御系などへと影響することがある。

2. 植物のニッチと植物－微生物間コミュニケーション

生理学的，病理的な機能という点では，植物－微生物間の相互作用は非常に多様化している。植物系は，微生物のコロニー形成のためにいくつかの生態学的ニッチを提供し，微生物との相互作用に応じて生物活性のある多様化した植物化合物を産生する（Narasimhan ら 2003；Reichling 2010；Garcia-Brugger ら 2006；Radulović ら 2013）。微生物系は，広範囲の相互関係を維持するため，宿主植物とコミュニケーションをとるために活性のあるいくつかの代謝物も放出する（Shulaev ら 2008；Ryan ら 2008；Braeken ら 2008；Saharan および Nehra 2011）。植物は，大気中と土壌微生物の侵入のために，根圏（rhizosphere），葉圏（phyllosphere），およびエンドスフィア（endosphere）の三つの主要なニッチをもつ。植物と微生物の相互作用関係の多くは化学シグナルによって支配され，植物の成長，発達，適応でおもな役割を担う（Bais ら 2004；Shulaev ら 2008；Braeken ら 2008；Mandal および Dey 2008）。

3. 根圏の根の微生物のコミュニケーション

土壌微生物は一般的に根圏の根を通じて植物系に侵入する。根の表面および滲出液は，栄養豊富なニッチであり，土壌微生物叢（共生細菌，病原体）を引き付ける。植物の根の周囲の根圏の薄い層は，細菌，カビ，放線菌，藻類などのさまざまな微生物が高密度に棲息している。根圏では，これらの微生物の中で細菌の割合が最も高いことが明らかにされた。この根圏周辺の微生物の多様性は，植物の根における栄養と棲息地をめぐる根圏のフローラによる競合的コロニー形成の結果として，植物の生理に影響することがある（Morgan ら 2005）。共生的微生物は，食料と棲息地を競合することで植物病原体からの植物の保護を提供する。植物の微生物の相互作用は互いの認識を必要とする。植物と微生物の両方が認識とコミュニケーションのために多様化したシグナリング分子を産生する（Bais ら 2004；Badri ら 2008a；Braeken ら 2008；Mandal および Dey 2008）。根の滲出液は，炭化水素，タンパク質，フェノール類（phenolics），フラボノイド（flavonoids），およびイソフラボノイド（isoflavonoids）のようなさまざまなシグナル分子からなる（Narasimhan ら 2003；Bais ら 2004）。根の滲出液内のこれらの分子の分泌はおそらく根系のトランスポータータンパク質の発現によって制御されており，組成の多様性は根共生微生物の型に依存する可能性がある（Sugiyama ら 2006；Loyola-Vargas ら 2007；Badri ら 2008a, b）。シロイヌナズナの根の滲出液は糖，アミノ酸，有機酸，フラボノール（flavonols），リグニン（lignins），クマリン（coumarins），オーロン（aurones），グルコシノレート（glucosinolates），アントシアニン（anthocyanins），カロテン（carotenes），およびインドール化合物（indole compounds）からなる（De-la-Peña ら 2008；Mandal および Dey 2008）。エレクトロスプレー質量分析装置と組み合わせた液体クロマトグラフィー（LC-ESI-MS）は，シロイヌナズナの根の滲出液における 125 種類の二次代謝物を含む 149 種類以上の代謝物の同定を可能にした（Dela-Peña ら 2008）。植物の糖類とアミノ酸は，エネルギー代謝と植物の成長と発生に必須な高分子生合成においておもな役割をもつ。糖類，アミノ酸，および有機酸は微生物の運動を規定する化学走化性物質である（Smeekens および Rook 1997；Welbaum ら 2004）。いくつかの滲出液は，植物病原体に対する植物系の保護を提供する抗微生物物質も含む（Bais らによる総説 2004）。これは，選択的にコロニー形成するために競合的な化合物を解毒する能力をもった特定の微生物を植物が許容していることを示唆する。植物系によって分泌されるこのような化学走化性物質および抗微生物物質の組成と濃度は，遺伝的環境的要因によって制御される（Bais ら 2004）。たとえば，イネの根圏に存在する植物の成長を促進しない細菌に比べ，内部寄生性の微生物は，イネの滲出液で誘導される化学走化性応答が 5 倍増加した（Bacilio-Jiménez ら 2003）。De Weert ら（2002）はトマトの根における *Pseudomonas fluorescens* のコロニー形成は根の滲出液による鞭毛の化学走化性の誘導に依存することを報告した。Reinhold とそのグループにより，*Azospirillum* 株の間で，化学走化性物質（糖類，有機酸，およびアミノ酸）によって誘導される化学走化性応答の程度に多様性が観察された（Reinhold およびそのグループ（1985））。これは微生物の能力が，特定の植物環境から利益を得る，または変化する条件に対して自らを調整する能力に大きく依存することを示唆する。感受性の高い非防御植物の植物病原体の攻撃からの保護は，病原体への応答において植物の根によって産生されるファイトアレキシン (phytoalexins)，防御タンパク質，および特定のフェノール化合物の分泌を介して行われる (Garcia-Brugger ら 2006；Mandal ら 2010)。この応答は全身獲得抵抗性 (systemic acquired resistance) として知られている。特定のフェノール酸および，その誘導体である，ケイ皮酸 (cinnamic acids)，フェルラ酸 (ferulic acid)，ヒドロキシ安息香酸 (hydroxy benzoic acid)，シリンガ酸 (syringic acid)，サリチル酸 (salicylic acid)，*p*-クマリン酸 (*p*-coumaric acid)，ヒドロキシアルデヒド (hydroxy aldehyde)，タンニン酸 (tannic acid)，バニリン酸 (vanillic acid)，バニリン (vanillin)，バニリルアルコール (vanillyl alcohol)，配糖体 (glycoside) などが植物で産生され，根圏での植物と微生物の共生的な相互作用の誘導において役割を担っている (Mandal らによる解説 2010)。このように根の滲出液は，植物にいくつかの利益をもたらす生物活性分子の複雑な混合物の宝庫であり，新規生化学物質の理想的資源である。

4. 葉圏と微生物の相互作用

根圏と大気圏の微生物は植物の地上部位へと移行し，一般的に植物の外層でコロニーを形成する。これらの微生物は着生菌として知られる (Lindow および Brandl 2003)。これらは通常は植物表面に付着してとどまる。葉圏では，多様性や微生物との対話関係の研究のために，葉はつぼみや花よりよく利用されている (Beattie および Lindow 1995；Jacques ら 1995；Hirano および Upper 2000；Andrews および Harris 2000)。葉圏は微生物にとって非常に大きな棲息場所 (～6.4×10^8 km^2) であると考えられている (Morris ら 2002)。表面積に基づき，熱帯植物においては，10^{26} 個の細胞の葉圏細菌集団が見積もられている (Morris ら 2002)。葉圏の微生物集団密度は，葉圏との有益，有害，あるいは中立の相互作用を確立するのに十分な大きさである。葉圏は，細菌，酵母，真菌，藻類，原生動物，および高度な細菌集団をもつ線虫など多様な微生物属のコロニー形成を可能にする (～10^8 細胞/g の地上組織) (Beattie および Lindow 1995；Jacques ら 1995；Hirano および Upper 2000)。糸状菌は短命で，葉圏において胞子の形でコロニーを形成するが，一方で迅速な胞子形成真菌および酵母は葉圏で活発にコロニーを形成する (Andrews および Harris 2000)。植物表面上の微生物集団は，その集団規模および短期間にわたる同種の植物内部の形状が多様であり，環境条件によって変化する (Hirano および Upper 1989；Ercolani 1991；Legard ら 1994)。葉圏の栄養条件および物理条件もその微生物生態に影響する (Wilson および Lindow 1994)。地上環境と地下環境の特有の差異は，葉圏と根圏の微生物集団間の顕著な差異を示している。最もありふれた二種の根圏特異的微生物，すなわち *Rhizobium* 属および *Azospirillum* 属が植物の葉組織においてコロニー形成できないことは，植物ニッチの微生物コロニー形成において環境依存的にさまざまな差異があるという証拠を示している (Fokkema および Schippers 1986)。多くの物理化学的要因が葉圏における微生物コロニー形成を制限している。葉圏組織に棲息するために，微小棲息空間を変化させ，栄養を利用できる微生物が葉圏でコロニーを形成する際に環境によって選択される必要がある (Lindow および Brandl 2003)。微生物は，葉圏における微生物の侵入を促進するバイオサーファクタントを産生することで湿潤性を改善できる（Lindow および Brandl 2003）。たとえば，*Pseudomonas tolaasii* により産生されるバイオサーファクタントであるトラセンは葉圏上の細菌運動を促進する（Hutchison および Johnstone 1993）。ありふれた病原性あるいは非病原性の着生菌である *Pseudomonas syringae* による葉圏上におけるバイオサーファクタントであるシリンゴマイシンの産生は，細胞からの代謝物を放出するイオンチャネル形成を誘引することで，イオン輸送に影響し，細胞溶解を起こす可能性がある（Hutchison ら 1995）。非病原性株もまた，低濃度のシリンガ酸代謝物の放出を誘導する（Hutchison ら 1995）。いくつかの着生菌は，植物生長制御因子であるインドール-3-酢酸（indole-3-acetic acid, IAA）とその誘導体を産生する。着生菌 *Pantoea agglomerans* によるインドール-3-酢酸産生は，干ばつ条件下での植物の適合性維持での役割が示された（Brandl および Lindow 1998）。低濃度では，インドール-3-酢酸は植物性細胞壁多糖を放出する（Fry 1989）。この現象は，植物性細胞壁多糖の放出におけるインドール-3-酢酸を介した栄養物の利用可能性による植物の適応性と相関する可能性がある（Fry 1989）。葉圏の微生物集団は細胞壁体外多糖類を分泌し，粘液性かつ粘着性の層を形成する。この層は，乾燥と活性酸素種に対する葉圏および微生物集団の保護を提供する（Kiraly ら 1997）。着生菌の粘着性基質は，栄養欠乏した葉圏環境で生存する着生菌に栄養を提供するために栄養物濃度を増加させている可能性がある（Costerton ら 1995）。病原性細菌は，自らの益するため宿主の代謝を調節し相互作用を促進するために宿主植物の環境を変化させることが知られている。*P.syringae* と宿主植物の相互作用は，その相互作用のさまざまな分子決定要因の役割の理解のために念入りに研究されている（Hutchison および Johnstone 1993；Hutchison ら 1995；Costerton ら 1995）。*P.syringae* において *hrp* 遺伝子によって制御される過敏感反応および病原性は詳細に研究されている。Ⅲ型分泌タンパク質経路*の完全集合と *hrp* 遺伝子クラスターにコードされている関連タンパク質は，葉圏における *P.syringae* の増殖と適応に重要である（Hirano ら 1997, 1999；He 1998）。この研究は，特定の分泌代謝物が *P.syringae* と宿主植物との相互作用を促進し，*P.syringae* に都合の良いように宿主植物系を変化させることも明らかにした（Hutchison および Johnstone 1993；Hutchison ら 1995）。このように，このⅢ型分泌経路は非病原性株による宿主植物の葉圏上でのコロニー形成でも機能する可能性がある。

特定の着生菌は，避難所と栄養を巡って互いに相互作用する。このような細菌の相互作用は，葉圏の病原体と植物表面の霜害に対する防御を提供することによって宿主植物に利益を提供することがある。着生菌群は葉圏上の拮抗因子の存在に常に影響を受け続けている（Lindow 1985）。落葉樹の花，感受性の高い草木植物および熱帯樹木の葉など特定の葉圏は一般的に霜害の影響を受けやすい（Lindow 1987）。氷核活性をもつ着生菌（Ice^+ 細菌）は霜害において一つの役割を担っている（Lindow 1987）。*P.syringae* は氷核活性細菌（Ice^+）細菌で，氷形成の損傷を回避する（Lindow 1987）。これらの着生菌集団は，氷核形成活性に必須の氷核形成温度を上昇させる効果をもつ（Lindow 1995）。したがって，集団における増加は氷核形成温度を上昇させ，植物は霜害の影響を受けやすくなる（Lindow 1987）。高感受性の若い葉圏領域上のこのような細菌

＊訳注：Ⅲ型分泌とは菌体外へタンパク質を分泌させるためにある種の細菌がもつ，注射器のような分泌のこと。

の集団規模は一般的に非常に低く，経時的に増加する。よって霜害からの葉圏の防御は，葉圏から氷核活性細菌を除去することで達成できる（Lindow 1987, 1995）。

葉圏上の氷核活性細菌集団を制御するのに，氷核活性細菌の拮抗細菌をコロニー形成させることが可能性のある戦略である（Lindow 1995）。葉圏での氷核活性のない（Ice^-）細菌の競争的コロニー形成も生物制御の効果的方法を提供する（Lindow 1985, 1987, 1995）。氷核活性細菌の集団規模を制御し霜害から農作物を保護するために，*P.fluorescens* A506の凍結乾燥品を葉にスプレーする方法が商品化されている（BlightBan A506；Nufarm Americas, Inc., Sugar Land, TX）。病気にかかりやすい葉圏上での競合細菌の事前コロニー形成または競争的コロニー形成は，葉圏病原体の生物制御の効果的な戦略を提供する。*Erwinia amylovora* により起こるリンゴやナシの斑点細菌病は，植物の葉圏にとって最も破壊力の高い細菌病である（Mercier および Lindow 2001；Pusey 2002）。この病原体は感染開始前に葉圏上に定着し，この病原体のコロニー形成を抑制する。葉圏上での競合細菌株である *P.fluorescens* A506 および *P.agglomerans* の事前コロニー形成は，*Erwinia amylovora* のコロニー形成抑制の効果的方法であることが示されており，病徴の劇的減少につながる（Lindow ら 1996；Pusey 2002）。葉圏の微生物集団は常に環境変化に応じた変化にさらされており，多様なプラスミドも取り込み，これは細菌集団における遺伝子の混合速度上昇を誘導する（Lilley および Bailey 1997；Bailey ら 2002）。このことは葉圏，とくに葉の表面は遺伝情報の水平伝搬に理想的な場所であり，多様化された微生物生態を育成する重要な基盤を提供している可能性があることを示唆する。

5. エンドスフィアと微生物のコミュニケーション

根圏微生物または着生微生物のいくつかは，宿主植物へ有害効果を起こすことなく，内部組織（エンドスフィア, endosphere）にコロニー形成を行う（Bacon および White 2000）。これらの微生物が内生菌*である。この内生菌はエンドスフィアでコロニーを形成するために自然に選択される。一部の内生菌は種子伝染するが，その他は水平伝搬で拡散する。この内生菌は一般的に，植物にさまざまな利益を提供する共生体とみなされている（Miller ら 1998；Strobel らによる総説 2004；Compant ら 2005；Rosenblueth および Martínez-Romero 2006；Ryan ら 2008）。このエンドスフィアは，細菌，真菌類，藻類の棲処を提供する。草木植物，低木，樹木における真菌の多様性は，さまざまな生物学的応用のために詳細に研究されている（Strobel らによる総説 2004；Compant ら 2005；Rosenblueth および Martínez-Romero 2006；Ryan ら 2008）。菌根菌（mycorrhizal fungi）はほとんどの植物に広範に見られる（Redecker ら 2000）。この真菌は根外菌糸体（extraradical mycelium）を介して土壌内に拡散し，栄養が欠乏した地域で植物が利用可能な栄養素を増加させる。菌根の真菌集落も有機リン酸，窒素，その他の必須栄養素を可溶化し，土壌から植物へと移動させる（Finlay 2008）。これらの真菌も，水分摂取量増加および土

＊訳注：内部共生体の一種で，少なくとも植物の生活環の一時期に宿主の体内で生息し，かつ病原性がないことが明らかなもの。多くの場合，細菌か真菌。

壌肥沃度や病原菌・乾燥・草食動物に対する抵抗性の向上などの利益を与える。さらに，植物が炭素循環において土壌団塊や他の微生物コミュニティへ炭素を供給するのを助ける（Finlay 2008）。菌根菌と同様に，他の内生真菌も植物の成長を促進し，化学的に新規な生物活性代謝物を産生することで草食動物や病原体から宿主植物を防御する（Finlay 2008；Smith および Read 2008；Kawaguchi および Minamisawa 2010）。いくつかの内生真菌は生物学的に重要な植物代謝物を合成する能力をもつ。*Taxus brevifolia* および *Taxus chinensis* などのタキソール（taxol）産生内生真菌は，生物学的に重要な植物性化学物質の微生物による合成を実証する重要例である（Wani ら 1971；Guo ら 2006）。タキソールはイチイの木から単離された重要な植物化学物質である（Wani ら 1971）。これはガン治療に最も効果的に用いられている。農業的に重要な農作物から，さまざまな内生性のプロテオバクテリア（proteobacteria），ファーミキューテス（firmicutes），バクテロイデス（bacteroidetes），および放線菌（actinomycetes）が単離された（Rosenblueth および Martínez-Romero による総説 2006；Wu ら 2009；Ryan ら 2008）。微生物叢の種多様性および有用代謝物産生能は，植物ニッチ，宿主の成長段階，周辺環境，気候などに依存する（Guo ら 2006；Rosenblueth および Martínez-Romero 2006；Ryan ら 2008）。トマトの内生菌集団は植物の成長を促進するが，根圏の微生物コミュニティには植物の成長促進は認められなかった（Pillay および Nowak 1997）。植物の成長促進細菌である *Azospirillum* 属は根圏に対して有用な効果を与え，内部の皮層組織におけるコロニー形成は稀である（Somers ら 2004）。内生微生物は植物ホルモン，抗菌物質，およびシデロホア（siderophore；"鉄運搬体"）を産生し，全身抵抗性を誘導し，および栄養素の利用と取り込みを向上させることが知られている（Sturz ら 1997；Pillay および Nowak 1997；Reiter ら 2003；Somers ら 2004；および Rosenblueth および Martínez-Romero による総説 2006；Ryan ら 2008）。内生菌の窒素固定内生菌の寄与は，全内生菌集団の中で非常に小さい。窒素を限定した土壌で育てたサツマイモから単離された内生細菌が，大気中の窒素を固定することが明らかにされた（Reiter ら 2003）。ニトロゲナーゼ（*nif* H）遺伝子群の存在によって，その窒素固定能がさらに確認された。マメ科植物の小結節も内生細菌をもつ。*Rhizobium rhizogenes* と *R. leguminosarum* pv. *trifolii* はムラサキツメクサの小結節から単離された（Sturz ら 1997）。

6. 微生物クオラムセンシングと植物－微生物相互作用

細菌は，互いにコミュニケーションをとるために化学シグナルを生成する。この過程はクオラムセンシング（quorum sensing, QS）として知られている。細菌細胞は，細菌コミュニティが特定の機能を実行するのを助けるために他の細菌から送られたシグナルを認識する（Fuqua ら 2001）。クオラムセンシングシグナルは，植物と微生物の相互作用で非常に重要である。近年，多数のシグナル物質が同定されてきた（Braeken らによる総説 2008）。グラム陽性菌は一般的にペプチドをベースとしたシグナルを分泌するが，グラム陰性菌は *N*-アシルホモセリンラクトン（*N*-acyl homoserine lacton, AHL）をベースとしたクオラムセンシングシグナルを分泌する（Fuqua ら 2001；Waters および Bassler 2005）。*N*-アシルホモセリンラクトンの自己誘導性シグナルの合成は LuxI 様の自己誘導物質合成酵素に依存する。自己誘導シグナルは細菌の膜を通して自由に拡散し，LuxR 様のタンパク質と結合し，LuxR-HSL 自己誘導物質複合体を形成し，標的遺伝子群の転写を引き起こす（Fuqua ら 2001)。植物共生生物における *N*-アシルホモセリンラクトン（AHL）を基盤としたクオラムセンシング系は病原体と同様に，コロニー形成，遊走運動性，バイオフィルム形成，プラスミドの移行，ストレス耐性，および抗微生物物質・細胞外酵素・菌体外多糖類・バイオサーファクタント（生物系界面活性剤）の合成などに影響を与える（Braeken らによる総説 2008；Waters および Bassler 2005)。たとえば，*Agrobacterium tumefaciens* により産生される 3-oxo-C_8-HSL（ホモセリンラクトン）は Ti プラスミドの移行で機能する（Piper ら 1993)。*P.aureofaciens* 株は，根圏でのコロニー形成，プロテアーゼおよびフェナジン産生を誘導する C_6-HSL を産生する（Wood ら 1997；Chancey ら 1999；Zhang および Pierson 2001)。*P.putida* IsoF により産生される 3-oxo-C_{12}-HSL はバイオフィルム構造の伸展に重要である（Arevalo-Ferro ら 2005)。*P.corrugate* CFBP5454 によって産生される C_8-HSL や 3-oxo-C_6-HSL などのいくつかのクオラムセンシングシグナルは，タバコおよびトマトの茎えそ細菌病での過敏応答を引き起こす（Licciardello ら 2007)。クオラムセンシングシグナルは，窒素固定，小結節形成開始，成長，生物制御において重要である（Braeken らによる総説 2008；Waters および Bassler 2005)。

7. 共生相互作用の応用可能性

いくつかの植物種の根圏，葉圏，エンドスフィアからさまざまな有用微生物が同定され，有益効果探索のために特徴が解析された。微生物との共生相互作用は，植物の健康と生産性に正の効果を与える。この微生物は，植物の成長を促進し，栄養の可用性を向上させ，病原体から保護し，解毒化による環境の汚染からの保護などを行う可能性のある幅広い生物活性物質を生産することが知られている。共生微生物のこのような特性は，農業，環境清掃，製薬産業での商業応用において非常に重要である。

8. 植物の成長促進

細菌ならびに真菌類がコロニー形成した根圏，葉圏，エンドスフィアは植物の成長と形態形成を促進することが明らかとなっている。植物は，植物の成長制御において役割を担うオーキシン（auxins），ジベレリン（gibberellins），エチレン（ethylene），サイトカイニン（cytokinins），およびアブシジン酸（abscisic acid）など五つの主要群のホルモンを産生する。インドール-3-酢酸（IAA）は天然オーキシンとして知られる植物ホルモンである。インドール-3-酢酸は器官形成，細胞増殖，分裂，分化，遺伝子発現制御など，さまざまな植物の形態形成過程で機能する（Ryu および Patten 2008)。植物の根圏，葉圏，エンドスフィア領域で共生する細菌はインドール-3-酢酸およびその誘導体（indole-3-pytuvic acid，indole-3-butyric acid，および indole lactic acid）を合成する（Ryu および Patten 2008)。インドール-3-酢酸誘導体産生は，植物刺激から病状にわたっていくつかの影響を与える植物－微生物相互作用の重要な特徴である（Khalid ら

2004；Narula ら 2006)。微生物によって産生されるインドール-3-酢酸は低濃度で植物成長を促進し，コロニー形成や防御応答など生理学的応答を誘導するシグナル分子としても働く(Spaepen ら 2007)。高濃度のインドール-3-酢酸は成長を阻害する(Spaepen ら 2007)。インドール-3-酢酸産生応答は植物ごとに異なる。低濃度では，植物細胞壁から多糖類を放出させ，植物に利用可能な栄養源を増加させる(Fry 1989)。インドール-3-酢酸およびインドールアセトアミド産生細菌はコムギの成長促進および収量増大をもたらす(Khalid ら 2004)。コムギにおいて，根圏細菌によるインドール-3-酢酸産生は植物の根とシュート重量に正に影響する(Narula ら 2006)。着生性のランである *Dendrobium moschatum* の根から単離された *Rhizobium*, *Microbacterium*, *Sphingomonas*, および *Mycobacterium* 属の細菌は，最も活発なインドール-3-酢酸産生菌として同定された(Saharan および Nehra による総説 2011)。*Sesbania sesban* (L.) Merr および *Vigna mungo* (L.) Hepper の根粒に共生する根粒菌もインドール-3-酢酸産生菌であると同定された(Wu らによる総説 2009；Saharan および Nehra 2011)。根粒菌はまた，インドール-3-酢酸を産生し，土壌から無機物(窒素，リン酸，およびカリウム)を摂取して植物に輸送し，根とシュート長を増大させるため，コムギ生産の際の生物刺激物質および生物肥料としても用いられる(Wu らによる総説 2009；Saharan および Nehra 2011)。根圏のみならず葉圏の微生物からのインドール-3-酢酸生産も報告されており，植物に全体的な共生効果を提供する(Lindow および Brandl 2003；Saharan および Nehra 2011)。ヒヨコマメ由来分離株 *Bacillus*, *Pseudomonas*, および *Azotobacter* もインドール-3-酢酸を生産することが明らかにされた。これまで同定されたすべての根粒菌のうち，85.7%の根粒菌がインドール-3-酢酸を産生する能力を持つことが報告された(Joseph ら 2007)。植物の成長促進根粒菌である *Pseudomonas fluorescens* B16 は，植物成長促進因子およびピロロキノリンキノン(pyrroloquinoline quinone)を合成する(Choi ら 2008)。

9. 栄養素利用可能性と摂取

植物は成長と形態形成に微量栄養素を必要とする。微量栄養素はさまざまな酵素反応過程の補因子として機能できる。鉄，リン，および窒素はすべての生物系にとって必須成長元素である。鉄は地球上でもっとも豊富な金属元素の一つであると考えられているが，Fe^{3+}イオンの溶解度が低いため，鉄の生物学的利用能は土壌や植物などの特定の環境に限定される。葉圏だけでなく土壌上で利用可能な鉄が限定されることは利用可能な鉄の競合激化につながる。これらの鉄が限定された条件下において，特定の植物共生微生物が，シデロフォア(siderophore)として知られる低分子の鉄キレート剤を合成する(Whipps 2001)。微生物は無機物層から鉄を回収し，細胞内に輸送できる可溶性 Fe^{3+}錯体を形成するためシデロフォアを分泌する。微生物内では，一般に細菌は非常に多様なシデロフォアを生産する。*Pseudomonas*, *Enterobacter*, *Burkholderia*, *Rhizobia*, *Yersinia*, *Azotobacter*, *Escherichia* 属などに属するグラム陰性細菌はシデロフォアを産生することが知られている(Saharan および Nehra らによる総説 2011)。第二鉄イオンのキレートに用いられる錯体型に基づいて，シデロフォアは大きく，三つに分類される。すなわち，カテコレート（catecholate），ヒドロキサメート（hydroxamate），およびカルボキシレート（carboxylate）である。根粒菌はヒドロキサメートとカテコレート型のシデロフォアを産生する。フェリオキサミンB（ferrioxamine B）およびシュードバクチン（pseudobactin）などのヒドロキサメートシデロフォアは根圏の微生物により産生される（Sridevi および Mallaiah 2008）。グラム陽性細菌である *Bacillus subtilis* と *B. anthracis* はバシリバクチン（bacillibactin）を生産する。エンテロバクチン（enterobactin），アゾトバクチン（azotobactin），ピオベルジン（pyoverdine），エルシニアバクチン（yersiniabactin），およびオルニバクチン（arnibactin）はそれぞれ，*E. coli*, *Azotobacter vinelandii*, *P. aeruginosa*, *Yersinia pestis*, および *Burkholderia cepacia* により産生されるシデロフォアである（Saharan および Nehra による総説 2011）。*Ustilago sphaerogena* および *Fusarium roseum* などの特定の真菌株もそれぞれフェリクロム（ferrichrome），フサリニンC（fusarinine C）として同定されたシデロフォアを産生する。*Streptomyces pilosus* および *S. coelicolor* などの放線菌はデフェロキサミン（desferrioxamine）型のシデロフォアを産生する（Saharan および Nehra による総説 2011）。近年，植物成長におけるシデロフォア産生微生物の効果を研究するために，さまざまな実験が実施された。サトウキビとライグラスから単離された植物内生 *E.coli* 株は最大量のシデロフォア産生能をもち，植物の成長を促進する（Gangwar および Kaur 2009）。さまざまな農作物で *P. fluorescens* および *P. putida* 株を種子に接種すると植物の成長と生産量の増加につながった（Kloepper ら 1980）。植物共生微生物のシデロフォア産生能は植物の鉄利用可能性を向上することで植物の成長を促進する重要な形質である。これらのシデロフォア産生微生物は，農業で植物成長促進剤として用いられる可能性がある。

リン酸塩は成長と形態形成に必須なもう一つの微量栄養素である。鉄と同様に，リンも多量に存在しているが不溶性のため植物には利用不可能である。いくつかの微生物はリンを可溶化し，植物が利用できるようにする。リン酸塩可溶化微生物は，植物の栄養取り込みを向上させることで植物の成長を促進する働きをもつ。*Bacillus*, *Rhizobium*, および *Pseudomonas* 属に対応する微生物は，リン酸塩を可溶化する性質をもつことが報告されている。*Aspergillus* および *Penicillium* 属に属する真菌類も，リン酸塩可溶化微生物として知られている（Saharan および Nehra 2011）。微生物は有機酸を滲出させ，リン酸塩を溶液中に放出することでリン酸塩を可溶化する。ラズベリーでの *Bacillus* 株（M3 および OSU-142）の同時利用は，生産量，成長，および栄養レベルの増加をもたらした（Orhan ら 2006）。*Prosopis juliflora* の根が混じっていない土，根圏，根面から単離された総微生物集団内では，リン酸塩を可溶化する微生物の数が多い（Rivas ら 2006）。*Arbuscular mycorrhizal*（AM）真菌もリン酸塩を可溶化する能力で知られている。土壌でのリン酸塩可溶化微生物の応用は，植物にリンの利用可能性を増加させることである。可溶性リンの利用は，植物の栄養成長と果実の質を向上させる。リン酸塩の可溶化，インドール-3-酢酸およびシデロフォア産生などの植物の成長促進する特性をもつ，植物共生微生物あるいは混合微生物集団は，農業において農作物生産量を向上させる効果的な生物肥料の開発の可能性をもつ。

10. 窒素固定

窒素固定細菌と植物の根の相互作用は，最も広く研究されている共生関係である。マメ科（*Fabaceae*）の植物は根でリゾビウム種（*Rhizobium* spp.）またはブラジリゾビウム種（*Bradyrhizobium* spp.）と共生することが知られている（Wul ら 2009；Kawaguchi および Minamisawa 2010）。細菌は根毛を通じて宿主植物へと侵入する。さまざまなフラボノイドとイソフラボノイド分子などの根由来浸出物は，根粒菌では細菌による *nod*（結節形成）遺伝子の発現を誘導する（Mandal ら 2010）。根の細胞は，細胞質に放出された細菌細胞による誘導により，根粒含有の細菌細胞群を形成する。細菌は根粒に由来する栄養を用いて，見返りとして大気の窒素分子 N_2 をアンモニウムイオン NH^{4+} に固定する。アンモニウムイオンはさらにアミドへと変換され，導管を通じて植物に運ばれる（Kawaguchi および Minamisawa 2010；Saharan および Nehra 2011）。リゾビウム種またはブラジリゾビウム種とともに，ラルストニア属（*Ralstonia*），バークホルデリア属（*Burkholderia*），メチロバクテリウム属（*Methylobacterium*）などの他の細菌も熱帯のマメ科植物において窒素固定能を有することが報告されている（Kawaguchi および Minamisawa 2010）。窒素の欠乏した土壌での生物肥料と生物活性化因子（bioenhancer）としての窒素固定細菌の利用は，高価な化学肥料の使用を減少させるかもしれない。生物肥料の使用は，土壌の肥沃度に影響する化学肥料の不要な残留物の蓄積も低下させる。

11. 生物制御

植物と相互作用して共生する微生物は，いくつかの手段で植物を病原体から防御する。微生物共生体は棲処と食料で競合することで病原体の侵入を防ぐ。この微生物共生体の競合的コロニー形成は宿主植物の防御を供する。特定の微生物は病原体に対する増殖抑制活性をもつ抗生物質を産生することが知られている。この抗生物質産生能は植物病原体の有害効果からの植物の防御にも動作する。植物共生微生物種である *Bacillus*，*Pseudomonas*，*Serratia*，および *Streptomyces* 属は真菌（カビ）類の細胞壁溶解酵素，抗真菌物質，抗細菌物質の産生能で知られている（Lindow 1985；Lindow ら 1996；Whipps 2001；Mercier および Lindow 2001；Pusey 2002；Ryan らによる総説 2008）。枯草菌 *B.subtilis* および *B.amyloliquefaciens* に属するバンヤン（banyan；ベンガルボダイジュとも呼ばれる）の内部共生菌は，*Aspergillus niger*，*A. parasiticus*，*A. flavus*，*F. oxysporum*，*Alternaria burnsii*，*Sclerotia rolfsii*，*Chrysosporium indicum*，*Lasiodiplodia theobromae* など植物病原真菌に対する広範な抗真菌活性をもつ（Pathak ら 2012）。バンヤンの内部共生菌 *B. subtilis* K1 株は，抗真菌，バイオサーファクタント，抗微生物，および抗ウイルス活性を有するサーファクチン（surfactin），イツリン（iturin），フェンギシン（Fengycin）型のリポペプチドを生産することが報告されている（Pathak ら 2012）。*Pseudomonas stutzeri* は，キチナーゼ（chitinase）とラミナリナーゼ（laminarinase）を産生することでフザリウム-ソラニ *Fusarium solani* に対する阻害活性を示す（Mauch ら 1988）。コムギ，ロッジ（ポール）パイン（別名：コントルタマツ），サヤインゲン，セイヨウアブラナから単離された真菌類競合株である *Paenibacillus polymyxa* 株は，フサリシジンＡ（fusaricidin A），フサリシジンB，フサリシジンC，およびフサリシジンＤなどの抗真菌類物質を産生することが報告されている（Li ら 2007）。*Rhyncholacis penicillata* から単離された内部共生菌 *Serratia marcescens* によって産生されるウーサイジンＡ（oocydin A）は抗真菌活性を示した（Strobel ら 2004）。イネ科の *P. viridiflava* は抗微生物化合物である ecomycins B および C を産生する（Miller ら 1998）。これらの抗生物質生産株は，病原体によって起こる植物の病気制御における生物防除剤として潜在機能をもつ可能性がある。生物防除剤の事前接種は植物の細菌性，真菌類性，およびウイルス性病原体によって起こる損害を低減できる。広範な微生物競合活性を示すさまざまな植物共生微生物が，小規模レベルのみならずフィールドレベルでの生物防除剤としての応用の可能性について研究されてきた。イネの根圏から単離された固有種の *Pseudomonas* 株は，*Xanthomonas oryzae* および *Rhizoctonia solani* によって起こる白葉枯病（bacterial leaf blight isease）および紋枯病（sheath blight diseases）の抗微生物物質依存的抑制を示す。*B.luciferensis* は，プロテアーゼ産生と抗微生物活性の促進とともに根のコロニー形成を促進することでファイトフトラ（Phytophthora）菌胴枯れ病に対して防御効果を発揮することが論文で示されている（Rangarajan ら 2001）。*P.aeruginosa* Sha8 由来の抗菌性の揮発物質は *F.oxysporum* と *Heleminthosporium* 種の増殖を阻害する（Hassanein ら 2009）。抗菌性化合物の産生と同時に，植物共生微生物は，植物防御系の誘導により植物へ防御をもたらす。この戦略は誘導性全身抵抗性（ISR, induced systemic resistance）として知られている。ISR では，ISR を誘導する細菌は宿主植物へは明確な損害を与えない。もう一つの防御応答は，ISR 応答と比較的類似した全身性獲得抵抗性（SAR, systemic acquired resistance）である。SAR では，病原体の一次感染が防御機構を活性化する。植物共生微生物は，植物防護応答の引き金となるエリシター（elicitor）として知られる特定の分子を産生する。真菌細胞壁由来のキトサン，グラム陰性細菌由来のリポ多糖（LPS），*Phytophthora cryptogea* の卵菌由来のエリシチン（elicitin），および細菌性フラジェリン由来の flg22 は，植物における全身抵抗性誘導に対し応答する微生物性エリシターの例である（Garcia-Brugger らによる総説 2006）。

12. 植物共生微生物によるファイトレメディエーションの改良

植物は大気汚染だけでなく土壌汚染も吸収する自然傾向があり，これらの環境汚染物質を修復させる。植物は汚染された土壌で育つと，分解遺伝子をもつ内部共生生物を生育させる。*Pseudomonas*，*Burkholderia*，*Methylobacter*，および *Herbaspirillum* などの属に属する，植物共生微生物は，メタン，トリニトロトルエン，塩化安息香酸，ニトロ芳香族，ベンゼン，トルエン，エチルベンゼン，キシレン，テトラクロロフェノール，およびポリ塩化ビフェニル（PCB）など広範な汚染物質を分解する能力をもつ（Ryan らによる総説 2008）。雑種ポプラ由来の *Methylobacterium* 属内部共生菌は，2,4,6,-トリニトロトルエンを含むニトロ芳香環物質を分解する能力をもつ（Van Aken ら 2004）。マメ科植物における有機塩化物除草剤である 2,4,-ジクロロフェノキシ酢酸（2,4-D, 2,4-dichloro phenoxyacetic acid）を処理した *Pseudomonas* 属内部寄生菌の感染では，2,4-D の蓄積が認められなかった（Germaine ら 2006）。2,4,-D 分解株の前接種のない 2,4,-D 接種に関する別の実験では，有意な除草剤検出，ならびに植物実体積減少および葉の器官脱離などの植物毒性の兆候が検出された。本実験では，2,4-D のファイトレメディエーション改善の際の *Pseudomonas* 株の効果を示した（Germaine ら 2006）。葉圏とエンドスフィアは，分解遺伝子をもつ多様な微生物の集合であるため，プラスミドを介した水平遺伝子伝搬の重要なニッチである。内生菌における分解性プラスミドである pTOM-Bu61 の自然移行は，環境汚染物質のファイトレメディエーションにおいて，重要性を有する分解遺伝子を運搬する微生物の多様性増加という点で，植物共生微生物の重要性を示唆する（Taghavi ら 2005）。

13. 結論

この世界において，微生物は，植物系と共進化し生物学的機能を発揮するため緊密な関係を確立してきたようにみえる。この植物系は微生物生態と植物との関係の多様性を研究するのに重要なニッチである。植物と微生物との共生関係は微生物群落だけでなく植物にも広範囲の利益を提供する。このような相互作用において，植物は微生物が多様化した生物活動を行い，植物の健康に正の影響を与える生物活性をもつ代謝物を産生する枠組みを提供する。植物共生有益微生物は，農業，環境浄化，製薬の分野で広く利用することができる。植物と相互作用し，病原体阻害活性と植物成長促進の能力をもつ微生物は，農業産業分野で生物制御剤や生物肥料として用いることができる可能性がある。抗細菌，抗真菌，抗がん，および抗ウイルスなど，幅広い生物活性をもつ生物活性代謝物を産生するこれらの微生物の能力は，製薬業界における治療薬の開発に利用できる可能性がある。毒性のある環境汚染物質の生物形質転換能力および分解能力は，微生物の介するファイトレメディエーションにおいて，汚染物質からの環境浄化のために，植物共生微生物の利用へとつながる。植物共生微生物は広く研究されているが，これらの相互作用効果と機能は包括的には理解されていない。詳細には，植物と微生物の相互作用関係の理解は，有効な生物肥料，生物制御剤，新規治療薬，環境浄化剤，および有効な栄養補助食品，病害耐性植物作製への扉を開くだろう。

文　献

Andrews JH, Harris RF (2000) The ecology and biogeography microorganisms on plant surfaces. Annu Rev Phytopathol 38:145–180

Arevalo-Ferro C, Reil G, Gorg A, Eberl L, Riedel K (2005) Biofilm formation of *Pseudomonas putida* IsoF: the role of quorum sensing as assessed by proteomics. Syst Appl Microbiol 28:87–114

Bacilio-Jiménez M, Aguilar-Flores S, Ventura-Zapata E, Pérez-Campos E, Bouquelet S, Zenteno E (2003) Chemical characterization of root exudates from rice (Oryza sativa) and their effects on the chemotactic response of endophytic bacteria. Plant Soil 249: 271–277

Bacon CW, White JF (2000) Microbial endophytes. Marcel Dekker, New York

Badri DV, Loyola-Vargas VM, Broeckling CD, De-la-Peña C, Jasinski M, Santelia D, Martinoia E, Sumner LW, Banta LM, Stermitz F, Vivanco JM (2008a) Altered profile of secondary metabolites in the root exudates of Arabidopsis ATP-binding cassette transporter mutants. Plant Physiol 146:762–771

Badri DV, Loyola-Vargas VM, Du J, Stermitz FR, Broeckling CD, Iglesias-Andreu L, Vivanco JM (2008b) Transcriptome analysis of Arabidopsis roots treated with signalling compounds: a focus on signal transduction, metabolic regulation and secretion. New Phytol 179:209–223

Bailey MJ, Rainey PB, Zhang XX, Lilley AK (2002) Population dynamics, gene transfer and gene expression in plasmids: the role of the horizontal gene pool in local adaptation at the plant surface. In: Lindow SE, Hecht-Poinar EI, Elliot VJ (eds) Phyllosphere microbiology. APS Press, St. Paul, pp 173–192

Bais HP, Park SW, Weir TL, Callaway RM, Vivanco JM (2004) How plants communicate using the underground information superhighway. Trends Plant Sci 9:26–32

Beattie GA, Lindow SE (1995) The secret life of foliar bacterial pathogens on leaves. Annu Rev Phytopathol 33:145–172

Bever JD, Platt TG, Morton ER (2012) Microbial population and community dynamics on plant roots and their feedbacks on plant communities. Annu Rev Microbiol 66:265–283

Braeken K, Daniels R, Ndayizeye M, Vanderleyden J, Michiels J (2008) Chapter 11 Quorum sensing in bacteria-plant interactions. In: Nautiyal CS, Dion P (eds) Molecular mechanisms of plant 265 and microbe coexistence, vol 15, Soil biology. Springer, Berlin/Heidelberg

Brandl MT, Lindow SE (1998) Contribution of indole-3-acetic acid production to the epiphytic fitness of *Erwinia herbicola*. Appl Environ Microbiol 64:3256–3263

Chancey ST, Wood DW, Pierson LS III (1999) Two-component transcriptional regulation of *N* acyl-homoserine lactone production in *Pseudomonas aureofaciens*. Appl Environ Microbiol 65:2294–2299

Choi O, Kim J, Kim JG, Jeong Y, Moon JS, Park CS, Hwang I (2008) Pyrroloquinoline quinone is a plant growth promotion factor produced by Pseudomonas fluorescens B16. Plant Physiol 146(2):657–668

Compant S, Duffy B, Nowak J, Cl C, Barka EA (2005) Use of plant growth-promoting bacteria for biocontrol of plant diseases: principles, mechanisms of action, and future prospects. Appl Environ Microbiol 71:4951–4959

Costerton JW, Lewandowski Z, Caldwell DE, Korber DR, Lappin-Scott HM (1995) Microbial biofilms. Annu Rev Microbiol 49:711–745

de Weert S, Vermeiren H, Mulders IH, Kuiper I, Hendrickx N, Bloemberg GV, Vanderleyden J, De Mot R, Lugtenberg BJ (2002) Flagella-driven chemotaxis towards exudates components is an important trait for tomato root colonization by *Pseudomonas fluorescens*. Mol Plant Microbe Interact 15:1173–1180

De-la-Peña C, Lei Z, Watson BS, Sumner LW, Vivanco JM (2008) Root-microbe communication through protein secretion. J Biol Chem 283:25247–25255

Ercolani GL (1991) Distribution of epiphytic bacteria on olive leaves and the influence of leaf age and sampling time. Microb Ecol 21:35–48

Finlay RD (2008) Ecological aspects of mycorrhizal symbiosis: with special emphasis on the functional diversity of interactions involving the extraradical mycelium. J Exp Bot 59:1115–1126

Fokkema NJ, Schippers B (1986) Phyllosphere vs rhizosphere as environments for saprophytic colonization. In: Fokkema NJ, Van den Heuvel J (eds) Microbiology of the phyllosphere. Cambridge University Press, London, pp 137–159

Fry SC (1989) Cellulases, hemicelluloses and auxin-stimulated growth: a possible relationship. Physiol Plant 75:532–536

Fuqua C, Parsek MR, Greenberg EP (2001) Regulation of gene expression by cell-to-cell communication: acyl-homoserine lactone quorum sensing. Annu Rev Genet 35:439–468

Gangwar M, Kaur G (2009) Isolation and characterization of endophytic bacteria from endorhizosphere of sugarcane and ryegrass. Internet J Microbiol 7. doi:10.5580/181d

Germaine K, Liu X, Cabellos G, Hogan J, Ryan D, Dowling DN (2006) Bacterial endophyte-enhanced phyto-remediation of the organochlorine herbicide 2,4-dichlorophenoxyacetic acid. FEMS Microbiol Ecol 57:302–310

Guo BH, Wang YC, Zhou XW, Hu K, Tan F, Miao ZQ, Tang KX (2006) An endophytic taxol-producing fungus BT2 isolated from *Taxus chinensis* var. *mairei*. Afr J Biotechnol 5:875–877

Garcia-Brugger A, Lamotte O, Vandelle E, Bourque S, Lecourieux D, Poinssot B, Wendehenne D, Pugin A (2006) Early signaling events induced by elicitors of plant defenses. Mol Plant Microbe Interact 19(7):711–24, Review

Hassanein WA, Awny NM, El-Mougith AA, Salah El-Dien SH (2009) The antagonistic activities of some metabolites produced by *Pseudomonas aeruginosa* Sha8. J Appl Sci Res 5:404–414

He SY (1998) Type III protein secretion systems in plant and animal pathogenic bacteria. Annu Rev Phytopathol 36:363–392

Hirano SS, Upper CD (1989) Diel variation in population size and ice nucleation activity of *Pseudomonas syringae* on snap bean leaflets. Appl Environ Microbiol 55:623–630

Hirano SS, Upper CD (2000) Bacteria in the leaf ecosys-tem with emphasis on *Pseudomonas syringae*–a pathogen, ice nucleus, and epiphyte. Microbiol Mol Biol Rev 64:624–653

Hirano SS, Ostertag EM, Savage SA, Baker LS, Willis DK, Upper DC (1997) Contribution of the regulatory gene *lemA* to field fitness of *Pseudomonas syringae* pv. syringae. Appl Environ Microbiol 63:4304–4312

Hirano SS, Charkowski AO, Collmer A, Willis DK, Upper CD (1999) Role of the Hrp type III protein secretion system in growth of *Pseudomonas syringae* pv. syringae B728a on host plants in the field. Proc Natl Acad Sci U S A 96:9851–9856

Hutchison ML, Johnstone K (1993) Evidence for the involvement the surface active properties of the extra-cellular toxin tolaasin in the manifestation of brown

blotch disease symptoms by *Pseudomonas tolaasii* on *Agaricus bisporus*. Physiol Mol Plant Pathol 42:373–384
Hutchison ML, Tester MA, Gross DC (1995) Role of biosurfactant and ion channel-forming activities of syringomycin in transmembrane ion flux: a model for the mechanism of action in the plant-pathogen interaction. Mol Plant Microbe Interact 8:610–620
Jacques MA, Kinkel LL, Morris CE (1995) Population sizes, immigration, and growth of epiphytic bacteria on leaves of different ages and positions of field-grown endive (*Cichorium endivia* var. *latifolia*). Appl Environ Microbiol 61:899–906
Joseph B, Patra RR, Lawrence R (2007) Characterization of plant growth promoting Rhizobacteria associated with chickpea (Cicer arietinum L). Int J Plant Prod 1:141–152
Kawaguchi M, Minamisawa K (2010) Plant-microbe communications for symbiosis. Plant Cell Physiol 51:1377–1380
Khalid A, Arshad M, Zahir ZA (2004) Screening plant growth-promoting rhizobacteria for improving growth and yield of wheat. J Appl Microbiol 96:473–480
Kiraly Z, El-Zahaby HM, Klement Z (1997) Role of extracellular polysaccharide (EPS) slime in plant pathogenic bacteria in protecting cells to reactive oxygen species. J Phytopathol 145:59–68
Kloepper JW, Leong J, Teintze M, Schroth MN (1980) Enhanced plant growth by siderophores produced by plant growth promoting rhizobacteria. Nature 286:885–886
Legard DE, McQuilken MP, Whipps JM, Fenlon JS, Fermor TR, Thompson IP, Bailey MJ, Lynch JM (1994) Studies of seasonal changes in the microbial populations on the phyllosphere of spring wheat as a prelude to the release of genetically modified microorganisms. Agric Ecosyst Environ 50:87–101
Li J, Beatty PK, Shah S, Jensen SE (2007) Use of PCR-targeted mutagenesis to disrupt production of Fusaricidin-type antifungal antibiotics in Paenibacillus polymyxa. Appl Environ Microbiol 73:3480–3489
Licciardello G, Bertani I, Steindler L, Bella P, Venturi V, Catara V (2007) *Pseudomonas corrugate* contains a conserved N-acyl homoserine lactone quorum sensing system; its role in tomato pathogenicity and tobacco hypersensitivity response. FEMS Microbiol Ecol 61:222–234
Lilley AK, Bailey MJ (1997) The acquisition of indigenous plasmids by a genetically marked pseudomonad population colonizing the sugar beet phytosphere is related to local environment conditions. Appl Environ Microbiol 63:1577–1583
Lindow SE (1985) Integrated control and role of antibiosis in biological control of fire blight and frost injury. In: Windels C, Lindow SE (eds) Biological control on the phylloplane. APS Press, St. Paul, pp 83–115
Lindow SE (1987) Competitive exclusion of epiphytic bacteria by Ice *Pseudomonas syringae* mutants. Appl Environ Microbiol 53:2520–2527
Lindow SE (1995) Control of epiphytic ice nucleation-active bacteria for management of plant frost injury. In: Lee RE, Warren GJ, Gusta LV (eds) Biological ice nucleation and its applications. APS Press, St. Paul, pp 239–256
Lindow SE, Brandl MT (2003) Microbiology of the phyllosphere. Appl Environ Microbiol 69:1875–1883
Lindow SE, McGourty G, Elkins R (1996) Interactions of antibiotics with *Pseudomonas fluorescens* strain A506 in the control of fire blight and frost injury to pear. Phytopathology 86:841–848
Loyola-Vargas VM, Broeckling CD, Badri D, Vivanco JM (2007) Effect of transporters on the secretion of phytochemicals by the roots of *Arabidopsis thaliana*. Planta 225:301–310
Mandal SM, Dey S (2008) LC-MALDI-TOF MS-based rapid identification of phenolic acids. J Biomol Tech 19(2):116–121
Mandal SM, Chakraborty D, Dey S (2010) Phenolic acids act as signalling molecules in plant -microbe symbioses. Plant Signal Behav 5:359–368
Mauch F, Mauch-Mani B, Boller T (1988) Antifungal hydrolases in pea tissue. II. Inhibition of fungal growth by combinations of chitinase and/3-1,3-glucanase. Plant Physiol 88:936–942
Mercier J, Lindow SE (2001) Field performance of antagonistic bacteria identified in a novel laboratory assay for biological control of fire blight of pear. Biol Control 22:66–71
Miller CM, Miller RV, Garton-Kenny D, Redgrave B, Sears J, Condron MM, Teplow DB, Strobel GA (1998) Ecomycins, unique antimycotics from Pseudomonas viridiflava. J Appl Microbiol 84:937–944
Montesinos E (2003) Plant-associated microorganisms: a view from the scope of microbiology. Int Microbiol 6:221–223
Morgan JA, Bending GD, White PJ (2005) Biological costs and benefits to plant-microbe interactions in the rhizosphere. J Exp Bot 56:1729–1739
Narasimhan K, Basheer C, Bajic VB, Swarup S (2003) Enhancement of plant- microbe interactions using a rhizosphere metabolomics-driven approach and its application in the removal of polychlorinated biphenyls. Plant Physiol 32:146–153
Narula N, Deubel A, Gans W, Behl RK, Merbach W (2006) Paranodules and colonization of wheat roots by phytohormone producing bacteria in soil. Plant Soil Environ 52:119–129
Orhan E, Esitken A, Ercisli S, Turan M, Sahin F (2006) Effects of plant growth promoting rhizobacteria (PGPR) on yield, growth and nutrient contents in organically growing raspberry. Sci Hortic 111:38–43
Pathak KV, Keharia H, Gupta K, Thakur SS, Balaram P (2012) Lipopeptides from the banyan endophyte, *Bacillus subtilis* K1: mass spectrometric characterization of a library of fengycins. J Am Soc Mass Spectrom 23:1716–1728
Pillay VK, Nowak J (1997) Inoculum density, temperature, and genotype effects on in vitro growth promo tion and epiphytic and endophytic colonization of tomato (*Lycopersicon esculentum* L.) seedlings inoculated with a pseudomonad bacterium. Can J Microbiol 43:354–361

Piper KR, von Bodman SB, Farrand SK (1993) Conjugation factor of *Agrobacterium tumefaciens* regulates Ti plasmid transfer by autoinduction. Nature 362:448–450

Pusey PL (2002) Biological control agents for fire blight of apple compared under conditions limiting natural dispersal. Plant Dis 86:639–644

Radulović NS, Blagojević PD, Stojanović-Radić ZZ, Stojanović NM (2013) Antimicrobial plant metabolites: structural diversity and mechanism of action. Curr Med Chem 20:932–952

Redecker D, Morton JB, Bruns TD (2000) Ancestral lineages of arbuscular mycorrhizal fungi (Glomales). Mol Phylogenet Evol 14(2):276–284

Rangarajan S, Loganathan P, Saleena LM, Nair S (2001) Diversity of pseudomonads isolated from three different plant rhizospheres. J Appl Microbiol 91:742–749

Reichling J (2010) Plant-microbe interactions and secondary metabolites with antibacterial, antifungal and antiviral properties. In: Wink M (ed) Annual plant reviews volume 39: functions and biotechnology of plant secondary metabolites, 2nd edn. Wiley-Blackwell, Oxford

Reinhold B, Hurek T, Fendrik I (1985) Strain-specific chemotaxis of *Azospirillum* spp. J Bacteriol 162:190–195

Reiter B, Bürgmann H, Burg K, Sessitsch A (2003) Endophytic *nif*H gene diversity in African sweet potato. Can J Microbiol 49:549–555

Rivas R, Peix A, Mateos PF, Trujillo ME, Martinez- Molina E, Velazqueze E (2006) Biodiversity of populations of phosphate solubilizing rhizobia that nodulates chickpea in different Spanish soils. Plant Soil 287:23–33

Rosenblueth M, Martínez-Romero E (2006) Bacterial endophytes and their interactions with hosts. Mol Plant Microbe Interact 19:827–837

Ryan RP, Germaine K, Franks A, Ryan DJ, Dowling DN (2008) Bacterial endophytes: recent developments and applications. FEMS Microbiol Lett 278:1–9

Ryu R, Patten CL (2008) Aromatic amino acid-dependent expression of indole-3-pyruvate decarboxylase is regulated by 4 TyrR in Enterobacter cloacae UW5. Am Soc Microbiol 190:1–35

Saharan BS, Nehra V (2011) Plant growth promoting rhizobacteria: a critical review. Life Sci Med Res 2011:1–30

Shulaev V, Cortes D, Miller G, Mittler R (2008) Metabolomics for plant stress response. Physiol Plant 132:199–208

Smeekens S, Rook F (1997) Sugar sensing and sugar-mediated signal transduction in plants. Plant Physiol 115:7–13

Smith SE, Read DJ (2008) Mycorrhizal symbiosis, 3rd edn. Academic, Amsterdam/London

Somers E, Vanderleyden J, Srinivasan M (2004) Rhizosphere bacterial signaling: a love parade beneath our feet. Crit Rev Microbiol 30:205–240

Spaepen S, Vanderleyden J, Remans R (2007) Indole-3-acetic acid in microbial and microorganism-plant signalling. FEMS Microbiol Rev 31:425–448

Sridevi M, Mallaiah KV (2008) Production of hydroxamate-type of siderophore by *Rhizobium* strains from *Sesbania sesban* (L). Int J Soil Sci 3:28–34

Strobel G, Daisy B, Castillo U, Harper J (2004) Natural products from endophytic microorganisms. J Nat Prod 67:257–268

Sturz AV, Christie BR, Matheson BG, Nowak J (1997) Biodiversity of endophytic bacteria which colonize red clover nodules, roots, stems and foliage and their influence on host growth. Biol Fertil Soils 25:13–19

Sugiyama A, Shitan N, Sato S, Nakamura Y, Tabata S, Yazaki K (2006) Genome-wide analysis of ATP-binding cassette (ABC) proteins in a model legume plant, *Lotus japonicus*: comparison with Arabidopsis ABC protein family. DNA Res 13:205–228

Taghavi S, Barac T, Greenberg B, Borremans B, Vangronsveld J, van der Lelie D (2005) Horizontal gene transfer to endogenous endophytic bacteria from poplar improved phyto-remediation of toluene. Appl Environ Microbiol 71:8500–8505

Van Aken B, Peres C, Doty S, Yoon J, Schnoor J (2004) Methylobacterium populi sp. nov., a novel aerobic, pink-pigmented, facultatively methylotrophic, methane-utilising bacterium isolated from poplar trees (*Populus deltoides x nigra* DN34). Evol Microbiol 54:1191–1196

van der Heijden MG, Bardgett RD, van Straalen NM (2008) The unseen majority: soil microbes as drivers of plant diversity and productivity in terrestrial ecosystems. Ecol Lett 11:296–310

Wani MC, Taylor HL, Wall ME, Coggon P, Mcphail AT (1971) Plant antitumor agents. VI. Isolation and structure of taxol, a novel antileukemic and antitumor agent from *Taxus brevifolia*. J Am Chem Soc 93:2325–2327

Waters CM, Bassler BL (2005) Quorum sensing: cell-tocell communication in bacteria. Annu Rev Cell Dev Biol 21:319–346

Welbaum G, Sturz AV, Dong Z, Nowak J (2004) Fertilizing soil microorganisms to improve productivity of agroecosystems. Crit Rev Plant Sci 23:175–193

Whipps JM (2001) Microbial interactions and biocontrol in the rhizosphere. J Exp Bot 52:487–511

Wilson M, Lindow SE (1994) Coexistence among epi-phytic bacterial populations mediated through nutritional resource partitioning. Appl Environ Microbiol 60:4468–4477

Wood DW, Gong F, Daykin MM, Williams P, Pierson LS III (1997) *N*-Acyl-homoserine lactone mediated regulation of phenazine gene expression by *Pseudomonas aureofaciens* 30–84 in the wheat rhizosphere. J Bacteriol 179:7663–7670

Wu CH, Bernard SM, Andersen GL, Chen W (2009) Developing microbe-plant interactions for applications in plant-growth promotion and disease control, production of useful compounds, remediation and carbon sequestration. Microb Biotechnol 2:428–440

Zhang Z, Pierson LS III (2001) A second quorum-sensing system regulates cell surface properties but not phenazine antibiotic production in *Pseudomonas aureofaciens*. Appl Environ Microbiol 67:4305–4315

第 16 章　システム生物学におけるサポートベクトルマシン (SVM) に特に注目した機械学習：植物の視点

Machine Learning with Special Emphasis on Support Vector Machines (SVMs) in Systems Biology: A Plant Perspective

Tiratha Raj Singh

要約

システム生物学は，バイオインフォマティクスなどの統合ゲノミクスおよびツールによって進歩している。ハイスループット技術の最近の発展は，洪水のような生物学的データの蓄積を招いた。特定の生物学的問題を処理するために，またこの洪水のようなデータから生物学的に意味のある情報を生成するために，生物学的な視点でその構成要素およびシステム水準を統合する必要があった。システム生物学および計算機生物学からの組合せ戦略は，計算機システム生物学につながった。機械学習からの理論的応用には，これらデータを扱う最先端技術をもちいた多くの応用例がある。生物学における機械学習の応用例は，生物学的問題およびその迅速かつ正確な問題解決の全体的な側面を強化させた本章は，サポートベクターマシーン，植物および関連の研究領域にとくに注目して機械学習技術の意味と応用を述べる。

キーワード：機械学習，SVM（サポートベクトルマシン），バイオインフォマティクス，システム生物学

略語：

ANN：Artificial neural network（人工ニューラルネットワーク）
ATF3：Activating transcription factor 3（活性化転写因子 3）
IFN γ：Interferon gamma（インターフェロンガンマ）
LOO：Leave-one-out（リーブワンアウト）
MCMV：Murine cytomegalovirus（マウスサイトメガロウイルス）
miRNA：micro RNA（マイクロ RNA）
SNPs：Single nucleotide polymorphisms（一塩基多型）
SVMs：Support Vector Machines（サポートベクトルマシン）
TRN：Transcriptional regulatory network（転写制御ネットワーク）

T.R. Singh (✉)
Department of Biotechnology and Bioinformatics,
Jaypee University of Information Technology (JUIT),
Waknaghat, Solan, HP, India
e-mail: tiratharaj@gmail.com

K.K. P.B. et al. (eds.), *Agricultural Bioinformatics*,
DOI 10.1007/978-81-322-1880-7_16, © Springer India 2014

1. はじめに

ハイスループットなデータ蓄積における最近の革命は，研究者がシステムレベルで生物学的実体を研究することを可能にする。生物学的過程の理解についての構成要素レベルからシステムレベルへのパラダイムの変化は，生物学的実体の管理と操作に寄与する複雑な生物学的過程への理解をもたらす。したがってシステム生物学は，事前知識をデータと組み合わせることで複雑なシステムを分析する機会を与える (Huang 2004；Bruggeman および Westerhoff 2007)。

バイオインフォマティクスとシステム生物学は，生物学的データに関連する新しい大きな進歩を促進し，その大部分の標的目標は，生物学的配列，その2次元および3次元構造，またはその相互作用ネットワークである。一方，機械学習はこの流れで開発の主要な駆動力の一つとして，自然に出現した (Huang および Wikswo 2006)。また機械学習は，構造化データ，グラフ推論，半教師付き学習，システムの同定，および新規の組合せ最適化および学習のアルゴリズムの進歩とともに，前進している。理論に基づく機械学習分野に注目が増してきており，相互作用や構造化データなどの大規模生物学的データの利用が可能となってきている。これは，訓練段階，および検証段階を通した教師付き学習のための触媒として機能する。

機械学習技術は，注釈付けがなされていないゲノム DNA の洪水を解釈したり，生物学的データのさまざまな種類の機能の解明に理想的である (Baldi ら 2000)。これらの方法は，相関のないデータの特徴群が存在するときに，組み込みの頑健性をもっており，他の現在の方法よりいくつか利点を有する。これらの機械学習技術は，冗長な配列および他の生物学的情報を捨てて小型化するのに優れた例である (Baldi および Brunak 2001)。機械学習技術は，非線形性を処理でき，連続的な領域に機能的に分離されていない配列空間のより複雑な関係を見つけることができる。一方，これらの技術は，構造的領域，機能的領域，および進化論的領域にも良好に適用できる。

モデリング，シミュレーション，および複雑な生物学的過程の分析についての計算機的方法論の効率的かつ効果的な発展に関し，システム生物学において最先研究の進歩は明確に示されている。システム生物学におけるモデリングは，一般に機械学習の重要な応用領域である。モデリングは，化合物などの小さい成分レベルから，生態系などの非常に広い生体系まで及ぶ可能性がある。それは，遺伝子制御ネットワーク，タンパク質-タンパク質相互作用ネットワーク，代謝ネットワーク，シグナル伝達ネットワーク，および多くの他の種の生物学的ネットワークを含んでいる。この分野ではいくつかの重要かつ重大な進歩が認められ，この急速に出現した領域の輝かしい未来にふさわしいことが分かってきた。

老化や医薬品設計などの領域での，複数の尺度による計算モデリングおよびシミュレーション技術，およびその応用の発展は，有望な結果と成果を示した。Zhang ら (2007) による，3次元の多重尺度脳腫瘍モデルはこの方向での取り組みである。アフリカツメガエル *Xenopus laevis* の形態形成機構を研究する多重尺度計算機フレームワークが示されている (Robertson ら 2007)。センチュウ，ヒト，マウス，ショウジョウバエ，およびその他の生物体で，広範な老化研究がある。生物寿命を延ばすいくつかの遺伝子が発見されてきた。遺伝子改変による寿命延長は，おそらく種々の加齢研究で報告されてきた (Longo および Finch 2003；Kenyon 2005；

Longo ら 2008）。

計算機的方法は，ガン，エイズ，および多くの他の細菌性およびウイルス性疾患の治療および予防を可能にする救命および費用対効果のある医薬品の設計方法などの，重要な課題の解決を与える。システムベースの計算機技術は，有効な治療薬の設計および開発に有用であり，また製薬企業の話題となっている展望でもある。最近，組合せ薬剤の摂動，あるいは薬剤併用の経路反応を予測する方法論が導入されている。その方法は，複数の入力-出力モデルを使用する（Nelander ら 2008）。

別の研究では，ATF3（活性化転写因子3）の機能がマウスサイトメガロウイルス（MCMV）感染に対して検討された。この研究では，ナチュラルキラー細胞でATF3が引き起こしたインターフェロンガンマ（IFN-γ）発現の負の制御を示し，ATF3を有さないマウスはMCMV感染に高い抵抗性を示した。そのため，転写因子に基づく方法も，疾患の有効な治療および予防的介入戦略の考案において重要な役割を可能性がある（Rosenberger ら 2008）。生命におけるあらゆる面でのこれらの進歩は，生命系の将来的促進および前進的改良のために，学びが多くかつ洞察に満ちた予測（**図1**）を与えるだろう。この章の目的は，機械学習とシステム生物学との間の関連を解明し，それを植物特定研究に関連づけることである。

1.1　システム生物学における機械学習の応用

機械学習は膨大なデータ量から有用な情報を抽出することを目指している。その情報は，この量が生物学的性質をもつときに生物学的に意味がある可能性がある。機械学習法は，計算上厳密で，速度，正確性および適合性の観点からコンピュータ技術の進歩から大きな利益を得ている。バイオインフォマティクスおよび機械学習法が十分に取り込まれて生物学，バイオテクノロジー，および

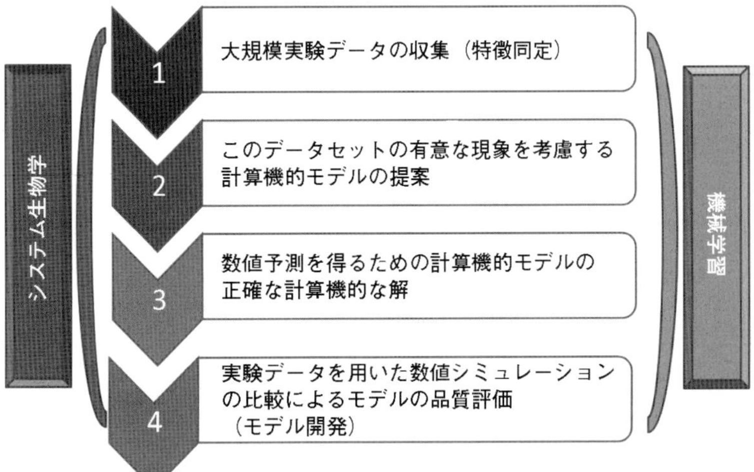

図1　生物系データの分析およびアノテーションについての一般的計算機的方法の図による表示。システム生物学と機械学習は，それぞれデータと分析の二つの側面を表す。

医療に大きな影響を与えることを知るのは興味深い。機械学習法は，遺伝子予測，転写因子結合部位，プロモーター，ヌクレオソームポジショニングシグナル，RNA 二次構造予測，タンパク質構造，タンパク質ファミリー分類，マイクロアレイデータ解析，一塩基多型（SNP）などのバイオインフォマティクスの問題を解決するために実装に成功してきた（Brown ら 2000；Donnes および Elofsson 2002；Ward ら 2003；Morel ら 2004；Garg ら 2005；Matukumalli ら 2006；Yang ら 2008；Singh ら 2011；Wu ら 2011；Gupta および Singh 2013）。

機械学習技術の特定の応用例は，システム生物学を介して作成され，相互作用レベルでの生物学データの分析のために，開発されてきた。これらの方法は，遺伝子制御あるいは転写ネットワーク（De Jong 2002；Tong ら 2004），タンパク質-タンパク質相互作用ネットワーク（Ng ら 2003），シグナル伝達ネットワーク（Klipp ら 2002），代謝ネットワーク（Fiehn 2002；Olivier および Snoep 2004），などの生物学的ネットワークの種々の方面で実装されてきた。それに加えて，系統学的ネットワーク（Singh 2011）および生態学的ネットワーク（Laska および Wootton 1998）などの機械学習に基づいた研究を実施するために，いくつか他の種類の生物学的ネットワークが取り込まれた。

2. サポートベクトルマシン（SVM）

サポートベクトルマシン（SVM）は，優れた機械学習技術である。サポートベクトルマシンは，標識データに作用できる教師付き学習法として，いくつか魅力的な特徴をもつ。サポートベクトルマシンはデータを二つのクラスから識別するために最大マージンをもつユニークな超平面を通じて，構造化のリスクを最小化できる。この特徴はサポートベクトルマシンにブラインドデータセットに対する最善の汎化能力を与える（Yang 2004）。

予測子であるベクトル x をもつサンプルの SVM 分類は，以下に基づいて計算される。

$$f(x) = \mathrm{sign}\left[\sum_i y_i \alpha_i k(x_i, x) + b\right]$$

ここで，カーネル関数 k はその二つのベクトル引数の類似性を計算する。線形 SVM については，内積カーネル関数 $f(x)$ が用いられる。$f(x)$ が正である場合，サンプルは＋1 のクラスであると予測され，そうでない場合は－1 のクラスと予測される。この合計は，クラス間の境界を定義する「サポートベクトル」集合の合計である。サポ-トベクトル x_i は，＋1 または－1 のいずれかであるクラス標識 y_i と関連づけられている。係数 $\{\alpha_i\}$ および b は，データの「学習」によって決定される。サポートベクトルマシンは，訓練集合に対し平均二乗誤差を最小化するより，無関係のデータに対して汎化誤差を最小化しようとする。そのため，それは構造的損失最小化（SRM, Structural risk minimization）を誘導する原理の近似的な実装である。2 群分類について，サポートベクトルマシンはクラス間のマージンを最大化する超平面によってクラスを分離する（Joachims 1999）。

各分類作業についての最適なパラメータは，最初は分かっていないため，最適なパラメータを求めるためにさまざまなパラメータを検証する必要がある。これは，グリッド検索によるパラメータ空間の全体的なサンプル抽出により実行するのが最善である。ここで各パラメータについて開始点，停止点，ステップサイズが与えられた場合に，c および γ の二つのパラメータのいくつかの組合せが検証される。一般的には，RBF カーネル（Radial basis function kernel）が妥当な第一選択であり，線形カーネルと異なり，高次元空間にサンプルを非線形的にマップし，クラス標識と属性の関係が非線形である場合に処理できる。この目的のために，四つの変数が定義され用いられる。すなわち，真陽性（TP：現実と該当者の予測が一致する数），真陰性（TN：現実と非該当者の予測が一致する数）；偽陽性（FP），実際には非該当者であるが該当者であると予測された数），偽陰性（FN），実際には該当者であるが非該当者であると予測された数，の四つである。実際の値と予測値が完全に相関すると，Matthew 相関係数（MCC）の値は 1 となる。ランダムな予測はより小さい値となり次第に 0 に近づく。一方，負の相関は −1 により近くなる。したがって，MCC 値は，サポートベクトルマシンのアルゴリズムの訓練について作成され用いられるモデルの品質を定義するもう一つのパラメータである。

感度（Sensitivity）は，真のものを陽性と，真のものを陰性と予測した集合において，真の陽性を予測した割合[*1]であり，一方，特異度（Specificity）は，偽のものを陰性と，偽を陽性と予測した集合において，真の陰性を予測した割合である[*2]。その計算には，以下の標準パラメータが用いられる。

感度（Sensitivity）＝TP/TP＋FN

特異度（Specificity）＝TN/TN＋FP

正解率（Accuracy）＝TP＋TN/TP＋FP＋TN＋FN

$$\text{Matthew 相関係数 (MCC)} = \frac{(TP*TN)-(FN*FP)}{\sqrt{(TP+FN)*(TN+FP)*}(TP+FP)*(TN+FN)}$$

サポートベクトルマシンによるアルゴリズムは二値型の予測にとくに魅力的である。その理由は，データが高次元で観察数が少ないときに，サポートベクトルマシンが効率的な予測モデルを構築する能力のためである。機械学習法は，訓練に十分な量のデータ量が必要である。いずれか特定のパラメータ集合に対しサポートベクトルマシンのアルゴリズムを訓練して検証する目的で，両方の分類の元のデータ集合から 5 個の異なる集合を無作為に生成することを，5 分割交差検証法（クロスバリデーション）と呼ぶ。各集合はテストデータを 20％と訓練データを 80％含む。もう一つの適用される方法には 10 分割交差検証法（クロスバリデーション）があり，各集合は 10％のテストデータおよび 90％の訓練データを含む。さらにもう一つ重要な方法は，一つ抜き法（リーブワンアウト，LOO）であり，各集合は 1％のテストデータおよび 99％の訓練データを含んでおり，すなわち，各繰り返しにおいて，それぞれテストデータおよび訓練データに対して 1：99 の比率で交差検証を実施する。検証後，予測計算へ最終的に適用するためには適切なパ

＊訳注 1：陽性のものを正しく陽性と判定する確率
＊訳注 2：陰性のものを正しく陰性と判定する確率

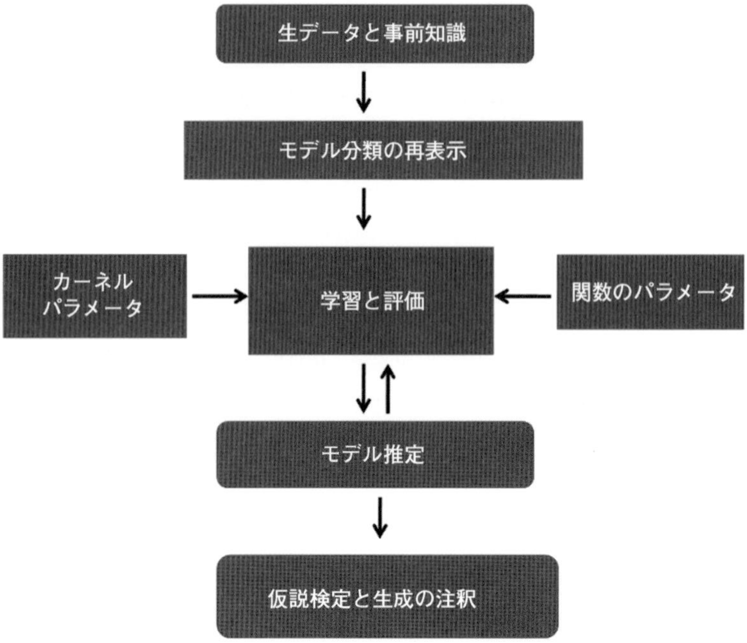

図 2　種々の分類戦略とパラメータ推定を通じた生物学的データの分析およびアノテーションのための一般的な機械学習法のパイプライン

ラメータを決定する。サポートベクトルマシンのパラメータに重点をおいた一般的な機械学習法のための簡単な推論戦略を**図 2** に示す。

2.1　システム生物学におけるサポートベクトルマシーン

サポートベクトルマシーン（SVM）は，MHC 結合物質の予測，タンパク質の二次構造予測，SNP（一塩基多型），マイクロアレイデータ，マイクロ RNA（miRNA）前駆体，および標的の分類や，その他の多くの応用で用いられて成功している（Brown ら 2000；Donnes および Elofsson 2002；Ward ら 2003；Garg ら 2005；Yang ら 2008，およびそれらの参照文献）。複数の網羅的測定法およびキュレーションされたデータベースから統合されたデータは，細胞内の時空的相互作用の理解に必須である。相互作用および結合データの分析のためにサポートベクトルマシーンを利用した沢山の研究がある。機能的アノテーションのための転写制御ネットワーク（TRN, transcriptional regulatory network）ために開発されたフレームワークの実装が存在する（Zhang ら 2008）。

2.2　植物における応用に向けた機械学習とサポートベクトルマシンの実装

機械学習およびサポートベクトルマシンは，植物関連の生物学的側面で，実装され成功している。それらの実装は，無数の視点のシステム的アプローチに利用された。サポートベクトルマシーンに基づいた分類法が開発され，その植物分類の主要基盤は植物の外観の特徴である。実験結果は，サポートベクトルマシンのアルゴリズムを用いて，植物の特徴的なデータを引き出すことで作成できる（Yin-Xiao および Min 2007）。植物疾患の迅速かつ正確な検出，およびその分類のための機械学習に基いた方法が Tang および Baojun（2009）の文献で提案された。Otsu 法による分割（セグメンテーション）法，k-平均クラスタリング，逆伝搬型（back propagation）および順伝搬型（feed forward）ニューラルネットワークが，植物の葉に影響する疾病のクラスタリングと分類のために利用された（Cui ら 2009）。

イネの疾病を早期に正確に検出するための画像処理技術とサポートベクトルマシンの応用が示されている（Cui ら 2009；Tang および Baojun 2009）。Tang および Baojun（2009）は，イネの病斑を薄切りにしてその形状と構造の特徴を抽出し，その分類の特徴的値を用いた。サポートベクトルマシン法は，イネ白葉枯病，イネ紋枯病，イネいもち病を分類するために用いられた。97.2％の全体精度が達成され（Tang および Baojun 2009），特定の植物疾病の早期検出においてサポートベクトルマシンの効果的な利用が示された。Kaundal ら（2006）は，天候による植物疾病を予測するのに，サポートベクトルマシンに基づく予測モデルを提案した。従来の重回帰分析，人工ニューラルネットワーク（ANN），およびサポートベクトルマシンの性能が比較された。著者らは，サポートベクトルマシンに基づく回帰分析法で，環境条件と疾病レベル間の関係をよく記述し，疾病管理に有用である可能性を結論づけている（Kaundal ら 2006）。

植物の葉の画像認識のために色と構造の両方の特徴を用いるもう一つの興味深い方法が，Man ら（2008）によって提案された。著者らは，まず画像を前処理し，植物画像の色と構造の特徴を得た。最後に，サポートベクトルマシン分類器が訓練され，植物画像の認識に用いられた。良好な認識精度により，実験結果において，植物画像が色と構造の両特徴を用いて認識される可能性が示された（Man ら 2008）。

最初は，miRNA の標的転写産物が実験で同定された。実験法は高価で時間がかかる。そのため，miRNA の標的の計算機的予測のほうがより迅速で，多くの時間，費用，エネルギーを節約するだろう。その後，最適候補を実験的に検証できる。この方法が実行され，いくつかの miRNA 標的予測法およびそのツールがこの 10 年間で開発された。そのようなツールのいくつかの例に，MiRTif，miPred，mirTarget，MatureBayes，およびその他多数のもの（**表 1**）がある（Kim ら 2006；Jiang ら 2007；Yang ら 2008；Gkirtzou ら 2010）。

MaturePred（Xuan ら 2011）および miRPara（Wu ら 2011）などのハイブリッドなデータ集合を基にしたいくつかの興味深いツールが開発されてきた。MaturePred は，植物 miRNA を正確に予測でき，既存の方法より高い予測精度を達成できる。さらに，動物の miRNA を予測するために動物データを用いて予測モデル上で訓練された。miRPara は最も確からしい成熟 miRNA コード領域をゲノムスケールの配列から，種特異的に予測する。ここで，miRPara からの配列は，動物，植物およびカテゴリー全体へと分類され，プレ miRNA とその miRNA の物理的特性に関連する 77 個のパタメータの最初の集合を基にして，三つのモデルを訓練するために SVM が用いられた。miRPara は，実験的に検証された成熟 miRNA に対し，最高 80％までの精度を達成し，利用可能な最も正確な方法の一つとなった（Wu ら 2011）。

表1 植物系のシステムレベルの理解の推定に機械学習技術が利用されてきた植物特異的研究についての最新方法，ツールおよび情報資源

方法，ツールおよび情報資源	利用した（データ型および方法）	ウエブアドレス
植物-微生物叢相互作用	微生物相互作用（文献ベース）	http://www.scoop.it/t/plant-microbe-interaction
PathoPlant	植物-病原体相互作用	http://www.pathoplant.de
PHI-ベース	病原体-宿主相互作用	http://www.phi-base.org/
シュードモナス-植物相互作用	植物-病原体相互作用	http://www.pseudomonas-syringae.org/ pst_home.html
AtPID	タンパク質-タンパク質相互作用	http://www.megabionet.org/atpid/webfile/
FPPI データベース	タンパク質-タンパク質相互作用	http://csb.shu.edu.cn/fppi
SIGnal -植物インタラクトームデータベース	タンパク質-タンパク質相互作用	http://signal.salk.edu/interactome.html
miRPara	miRNAs（SVM ベース）	http://159.226.126.177/mirpara/
MatureBayes	miRNAs（ベイジアン統計）	http://mirna.imbb.forth.gr/MatureBayes.html
MaturePred	miRNAs（SVM ベース）	http://nclab.hit.edu.cn/maturepred/

3. 植物におけるシステム生物学にともなう機械学習の最近の進歩と応用

システム生物学においていくつかの進歩があり，転写因子結合部位（TFBS）の同定と分析，miRNA，薬用植物の代謝およびシグナル伝達経路の解明などの植物特異的研究に応用された（Fiehn 2002；Han および Gross 2003，およびそれらに含まれる文献）。ごく最近の研究で，Wang ら（2012）は，植物のプレ miRNA を同定する MiR-PD と名付けられた新しい SVM による検出器を提案した。この分類器は，5 個の全体的特徴および 7 個の部分構造的特徴を含む，12 個のプレ miRNA の特徴量をもとに構築されている。MiR-PD は，790 の植物プレ miRNA および 7900 の偽プレ miRNA で訓練され，96.43％もの 5 分割交差検証法による精度を達成した。MiR-PD は，正確度（accuracy）99.71％，感度（sensitivity）77.55％，特異度（specificity）99.87％が報告され，系統発生上の保存性に依存することなく，植物での種特異的な新規 miRNA を同定するように，この miRNA 検出器が全ゲノムに応用できることが示唆されている（Wang ら 2012）。

環境ストレスへの抵抗で必須の役割をもつ遺伝子の同定は，農学的重要性が高い。Liang ら（2011）は SVM-RFE（Support Vector Machine-Recursive Feature Elimination，サポートベクトルマシン-再帰的特徴量削減）による特徴選択法を，シロイヌナズナの干ばつ抵抗性および水感受性の遺伝子の予測に応用した。その著者らは水抵抗性に関わる重要な遺伝子を予測するために，GEO 由来のシロイヌナズナの遺伝子発現データの 22 セットを用いた。小サンプルサイズを処理するため，ブートストラッピングおよび一つ抜き交差検証法を用いて，SVM-RFE の改変法を開発した（Liang ら 2011）。前に説明したように，植物の特定研究領域に対して豊富な方

法，ツールおよび情報源（表 1）を作成した機械学習技術を介してシステム生物学で多くの開発がなされた。植物-病原体相互作用（Bülow ら 2004；Winnenburg ら 2006），植物反復配列データベース（Shu および Robin 2004），植物特異的タンパク質-タンパク質相互作用データベース（Li ら 2011），真菌-病原体相互作用データベース（Zhao ら 2009），およびその他多くの開発など，さまざまな種類の相互作用情報源がこの 10 年間に開発された。

4. 結論

本章の最初に明言したように，本章の目的は機械学習およびシステム生物学の間の直接の関連を説明することであった。システム生物学は，構成要素のレベルではなく，システム全体のレベルで注釈付けを行い，一方で機械学習はその中で構成要素レベルの特徴抽出を助ける。この組合せにより，最近 10 年間に開発された豊富なアノテーション方法が与えられ，植物の無数のデータ型の生物学的理解を助ける。システム生物学での機械学習実装の実質的進歩および植物科学でのそのさらなる応用にもかかわらず，生物系の自然な設計に関する残された多数の疑問が未解決のままである。さまざまな定性法および定量法による一分子レベルでの植物系の理解は，実験科学者および計算研究者間の協力を確実に発生させるだろう。

文　献

Baldi P, Brunak S (2001) Bioinformatics: the machine learning approach. MIT Press, Cambridge

Baldi P, Brunak S, Chauvin Y, Andersen CAF, Nielsen H (2000) Assessing the accuracy of prediction algorithms for classification: an overview. Bioinformatics 16:412–424

Brown MPS, Grundy WN, Lion D, Cristianini N, Sugnet CW, Furey TS, Ares M Jr, Haussler D (2000) Knowledge-based analysis of microarray gene expression data by using support vector machines. Proc Natl Acad Sci U S A 97:262–297

Bruggeman FJ, Westerhoff HV (2007) The nature of systems biology. Trends Microbiol 15:45–50

Bülow L, Schindler M, Choi C, Hehl R (2004) PathoPlant: a database on plant-pathogen interactions. In Silico Biol 4:0044

Cui D, Zhang O, Li M, Zhao Y, Hartman GL (2009) Detection of soybean rust using a multispectral image sensor. Sens Instrum Food Qual 3:49–56

De Jong H (2002) Modeling and simulation of genetic regulatory systems: a literature review. J Comput Biol 9:67–103

Donnes P, Elofsson A (2002) Prediction of MHC class I binding peptides, using SVMHC. BMC Bioinformatics 3:25

Fiehn O (2002) Metabolomics-the link between genotypes and phenotypes. Plant Mol Biol 48:155–171

Garg A, Bhasin M, Raghava GPS (2005) Support vector machine-based method for subcellular localization of human proteins using amino acid compositions, their order, and similarity search. J Biol Chem 280:14427–14432

Gkirtzou K, Tsamardinos L, Tsakalides P, Poirazi P (2010) Mature Bayes: a probabilistic algorithm for identifying the mature miRNA within novel precursors. PLoS One 5:e11843

Gupta A, Singh TR (2013) SHIFT: server for hidden stops analysis in frame-shifted translation. BMC Res Notes 6:68

Han X, Gross RW (2003) Global analyses of cellular lipidomes directly from crude extracts of biological samples by ESI mass spectrometry: a bridge to lipidomics. J Lipid Res 4:1071–1079

Huang S (2004) Back to the biology in systems biology: what can we learn from biomolecular networks? Brief Funct Genomic Proteomic 2:279–297

Huang S, Wikswo J (2006) Dimensions of systems biology. Rev Physiol Biochem Pharmacol 157:81–104

Jiang P, Wu H, Wang W, Ma W, Sun X et al (2007) MiPred: classification of real and pseudo microRNA precursors using random forest prediction model with combined features. Nucleic Acids Res 35:339–344

Joachims T (1999) Making large-scale SVM learning practical. In: Scholkopf B, Burges C, Smole A (eds) Advances in kernel methods – support vector learning.

MIT Press, Cambridge, pp 169–184
Kaundal R, Kapoor AS, Raghava GPS (2006) Machine learning techniques in disease forecasting: a case study on rice blast prediction. BMC Bioinformatics 7:485
Kenyon C (2005) The plasticity of aging: insight from long lived mutant. Cell 120:449–460
Kim SK, Nam JW, Rhee JK, Lee WJ, Zhang BT (2006) miTarget: microRNA target gene prediction using a support vector machine. BMC Bioinformatics 7:411
Klipp E, HeinrichR et al (2002) Prediction of temporal gene expression.Metabolic optimization by re-distribution of enzyme activities. Eur J Biochem 269:5604–5613
Laska MS, Wootton JT (1998) Theoretical concepts and empirical approaches to measuring interaction strength. Ecology 79:461–476
Li P, Zang W, Li Y, Xu F, Wang J, Shi T (2011) AtPID: the overall hierarchical functional protein interaction network interface and analytic platform for Arabidopsis. Nucl Acids Res 39(suppl 1):D1130–D1133
Liang Y, Zhang F, Wang J, Joshi T, Wang Y et al (2011) Prediction of drought-resistant genes in Arabidopsis thaliana using SVM-RFE. PLoS One 6:e21750
Longo VD, Finch CE (2003) Evolutionary medicine: from dwarf model systems to healthy centenarians. Science 299:1342–1346
Longo VD, Leiber MR, Vijg J (2008) Turning antiaging genes against cancer. Mol Cell Biol 9:903–910
Man Q-K, Zheng C-H, Wang X-F, Lin F-Y (2008) Recognition of plant leaves using support vector machine. Commun Comput Inf Sci 15:192–199
Matukumalli LK, Grefenstette JJ, Hyten DL, Choi I-Y, Cregan PB, Tassell CPV (2006) Application of machine learning in SNP discovery. BMC Bioinformatics 7:4
Morel NM, Holland JM, van der Greef J, Marple EW et al (2004) Primer on medical genomics. Part XIV: Introduction to systems biology-a new approach to understanding disease and treatment. Mayo Clin Proc 79:651–658
Nelander S, Wang W, Nilsson B, Pratilas C, She QB, Rossen N, Gennemark P (2008) Models from experiments: combinatorial drug perturbations of cancer cells. Mol Syst Biol 4:216
Ng SK, Zhang Z, Tan SH (2003) Integrative approach for computationally inferring protein domain interactions. Bioinformatics 19:923–929
Olivier BG, Snoep JL (2004) Web-based kinetic modeling using JWS online. Bioinformatics 20:2143–2144
Robertson SH, Smith CK, Langhans AL, McLinden SE, Oberhardt MA, Jakab KR, Dzamba B, DeSimone DW, Papin JA, Peirce SM (2007) Multiscale computational analysis of *Xenopus laevis* morphogenesis reveals key insights of systems level behaviour. BMC Syst Biol 1:46
Rosenberger CM, Clark AE, Treuting PM, Jhonson CD,
Aderem A (2008) Atf3 regulates mcmv infection in mice by modulating inf γ expression in natural killer cells. Proc Natl Acad Sci U S A 105:2544–2549
Shu O, Robin BC (2004) The TIGR Plant Repeat Databases: a collective resource for the identification of repetitive sequences in plants. Nucleic Acids Res 32:D360–D363
Singh TR (2011) Phylogenetic networks: concepts, algorithms and applications, book review. Curr Sci 100:1570–1571
Singh TR, Gupta A, Riju A, Mahalaxmi M, Seal A, Arunachalam V (2011) Computational identification and analysis of single nucleotide polymorphisms and insertions/deletions in expressed sequence tag data of *Eucalyptus*. J Genet 90:e34–e38
Tang, YH, Baojun Y (2009) Application of support vector machine for detecting rice diseases using shape and color texture features. In: Proceedings of international conference on engineering computation. IEEE Computer Society, pp 79–83
Tong AH, Lesage G, Bader GD, Ding H, Xu H et al (2004) Global mapping of the yeast genetic interaction network. Science 294:2364–2368
Wang Y, Jin C, Zhou M, Zhou A (2012) An SVM-based approach to discover microRNA precursors in plant genomes. Lect Notes Comput Sci 7104:304–315
Ward JJ, McGuffin LJ, Buxton BF, Jones DT (2003) Secondary structure prediction using support vector machines. Bioinformatics 19:1650–1655
Winnenburg R, Baldwin TK, Urban M, Rawlings C, Köhler J, Hammond-Kosack KE (2006) PHI-base: a new database for pathogen host interactions. Nucleic Acids Res 34:D459–D464
Wu Y, Wei B, Liu H, Li T, Rayner S (2011) MiRPara: a SVM-based software tool for prediction of most probable microRNA coding regions in genome scale sequences. BMC Bioinformatics 12:107
Xuan P, Guo M, Huang Y, Li W, Huang Y (2011) MaturePred: efficient identification of microRNAs within novel plant pre-miRNAs. PLoS One 6:e27422
Yang ZR (2004) Biological applications of support vector machines. Brief Bioinformatics 5:328–338
Yang Y, Wang Y-P, Li K-B (2008) MiRTif: a support vector machine-based microRNA target interaction filter. BMC Bioinformatics 9:S4
Yin-xiao MA, Min YAO (2007) Application of SVM in plant classification. Bull Sci Technol 3:404–407
Zhang L, Athale CA, Deisboeck TS (2007) Development of a three dimensional multiscale agent based tumor model: simulating gene protein interaction profiles, cell phenotypes and multicellular patterns in brain cancer. J Theor Biol 244:96–107
Zhang Y, Xuan J, de los Reyes BG, Clarke R, Ressom HW (2008) Network motif-based identification of transcription factor-target gene relationships by integrating multi-source biological data. BMC Bioinformatics 9:203

Zhao X-M, Zhang X-W, Tang W-H, Chen L (2009) FPPI: *Fusarium graminearum* protein-protein interaction database. J Proteome Res 8:4714–4721

第 17 章　キサンチン誘導体：分子モデリングの展望

Xanthine Derivatives: A Molecular Modeling Perspective

Renuka Suravajhala, Rajdeep Poddar, Sivaramaiah Nallapeta, and Saif Ullah

要約

キサンチンンとその誘導体は，植物でよくあるアルカロイド群である。キサンチンアナログはアデノシン受容体およびカルシウム放出チャンネルとして重要な役割を果たすため，行動刺激物質として使用できる。気管支拡張薬，利尿薬，ナトリウム利尿薬，補助鎮痛薬，および脂肪分解薬などの形で，さまざまな刺激物質が使用される。この総説は，構造に基づくターゲット同定法の有望な道程であることが最近証明されたキサンチン誘導体の分子モデリングに焦点を当てる。

キーワード： キサンチン，アデノシン受容体，アポトーシス，生化学的モジュレーター，分子モデリング

略語：

GPCR：G-protein-coupled receptors（G タンパク質共役型受容体）
MD：Molecular dynamics（分子動態）
RESP：Restrained Electrostatic Potential（拘束静電位）
SAR：Structure-activity relationships（構造活性相関）
SEAL：Steric and electrostatic alignment（立体および静電整列）
TM：Transmembrane（膜通過）
XD：Xanthine derivatives（キサンチン誘導体）
XO：Xanthine oxidase（キサンチンオキシダーゼ）

R. Suravajhala (✉)
Department of Science, Systems and Models, Roskilde University, Univesitetsvej 1, 4000 Roskilde, Denmark
e-mail: renu@ruc.dk

R. Poddar • S. Nallapeta
Bioclues Organization, IKP Knowledge Park, Picket, Secunderabad 500009, AP, India

S. Ullah (✉)
Radiometer Medical Aps, Åkandevej 21, 2700 Brønshøj, Denmark
e-mail: saifullahsaul@gmail.com

K.K. P.B. et al. (eds.), *Agricultural Bioinformatics*,
DOI 10.1007/978-81-322-1880-7_17, © Springer India 2014

1. はじめに

キサンチンは，6員環と5員環が融合した二つの炭素環を含む窒素化合物である。ヒポキサンチンとキサンチンは，プリンヌクレオチドの合成と分解の重要な中間物質であるため，核酸の一部としては含まれていない。キサンチンはドイツ人化学者 Emil Fischer によって最初に合成され，後に1899年に造語された。キサンチンは，リボ核酸（RNA）とデオキシリボ核酸（DNA）の構築ブロックを形成するプリンと同じ骨格をもつ。

カフェインは，重要かつ最も一般的に使われるキサンチン誘導体であり，これらは大部分の組織と体液に存在する。カフェイン，テオブロミン，およびテオフィリンはあわせてキサンチン誘導体（XD）と呼ばれる。キサンチンなどいくつかのアルカロイド群は軽度の刺激剤として一般的に用いられた（Snyder ら 1981）。多数のキサンチン類似物が医療で大きな影響をもつことが示されており，カフェインは飲料で広く消費されている（Dally および Fredholm 1998；Dally ら 1998）。

キサンチン誘導体は植物でよく知られている。すなわちコーラナッツ，カカオ豆の植物抽出物である，カフェイン，テオブロミン，およびテオフィリンの局所投与は，しわ形成の治療でいくつかの利用が示された（Mitani ら 2007）。いくつかの誘導体およびその類似化合物は，生理学的過程でアデノシン受容体（Jacobson および Gao 2006）およびカルシウム放出チャンネル（Gerasimenko ら 2006）として重要な役割を果たす。アデノシン受容体およびメチル化キサンチンの行動作用は，気管支拡張薬として広く言及されている（Pascal ら 1985）。胆汁酸などの細胞内の酸が誘導した小胞体（ER）からの Ca^{2+} 放出は，イノシトール三リン酸およびリアノジン受容体を活性化することが知られている。誘導のほかに，多数のこれらの誘導体は，アルツハイマー病の治癒および介入のために，治療薬として働く可能性がある（Arendash ら 2006）。さらに，カフェインはアルツハイマー病マウスを認知機能障害から守り，脳のβアミロイド産生を低下させることが示された（Johnston および Mrotchie 2006）。また，これらの化合物は活性型鎮痛薬としても知られており（Sawynok および Yaksh 1993），多数のそのような補助鎮痛薬は薬物学的作用機序が叙述された（Akkari ら 2006）。消炎薬としてアデノシン受容体リガンドの開発（Usmani ら 2005a）における最近の進歩は，行動刺激薬，利尿薬 / ナトリウム利尿薬，および脂肪分解剤に関する以前の研究を支持した（Beavo および David 1990）。脂肪分解に対するキサンチン誘導体のさまざまな効果によって，不安，高血圧，一定の薬物相互作用，および離脱症状をもたらすことが示された（Dally 2007）。また，メチル化キサンチン誘導体はホスホジエステラーゼおよびアデノシン括抗薬受容体として働き，核酸の成分としてはほとんど見出されない。メチル化キサンチンは，広範囲の生化学的および生理学的作用をもつ。たとえば，カフェインはヒトの種々の器官部位で発癌を変化させることが十分に研究されており，一部の著者は，前駆体である *N*-ニトロソモルホリンおよびウレタンによる処置で腫瘍が減少したことを示した（Nomura 1976）。

アデノシンアンタゴニスト受容体には四つのサブタイプ A1，A2A，A2B および A3 が存在し，器官のストレスあるいは組織障害への反応で細胞外アデノシンによって活性化される。サブタイプのA2Aは抗炎症薬剤として探索されたアゴニスト（作動薬）と，パーキンソン病（Parkinson's Disease, PD）などの神経変異性疾患用に探索されたアンタゴニスト（拮抗薬）とともに，末梢神経系と中枢神経系の両方でシグナルを伝達する（Cristalli ら 2009）。生化学的モジュレーターとアデノシンアンタゴニスト受容体としてのキサンチンの使用は強力であるが，置換されたキサンチン誘導体に関する研究は乏しい。パーキンソン病の治療におけるアデノシン受容体の拮抗作用は臨床的発展へと広く進歩した。キサンチン誘導体とは別に，非キサンチン誘導体（Shah および Hodgson 2010），すなわち非プリンの役割は，キサンチン誘導体のモデリングへの興味を導いた。テオフィリンはモデルが形成され，分子モデリング研究は，キサンチンおよびアデノシン誘導体のリード構造に立体配座類似性があることを示した（Mager ら 1995）。キサンチンのC8とアデノシン誘導体のC2に結合した置換基は，アデノシンA2アンタゴニストおよびアゴニストへの識別に関わることが分かった。キサンチンおよびその誘導体は細胞膜に作用し，抗腫瘍薬を輸送する。抗癌薬への生化学的モジュレーターとしてのキサンチン誘導体の役割は，種々の癌系統で示された（Overington ら 2006）。最近では，癌細胞株で研究されたキサンチン誘導体は，細胞株に対して敏感であることが分かった。高濃度カフェインによる治療のHeLa細胞の研究と低濃度とのその比較は，細胞過程抑制作用への影響を示したが，一方，p53変異細胞のほうが感受性が高かった。HeLa細胞，V79，黒色腫，扁平細胞癌，マウス細胞株，US9-93，LMS6-93，A549（p53導入細胞），T24膀胱細胞株などの細胞株は，キサンチンの高濃度のメチル化誘導体，おもにカフェインとペントキシフィリンによる治療に感受性であることが分かった（Evgeny ら 2008）。しかし，確実な研究が報告されていない大腸，肺，および前立腺などのような一部の癌細胞株では，これらの化合物の研究に空白がある。カフェイン濃度の増加はG期の進行および/あるいはDNA合成阻害を導くため，キサンチン誘導体の分子モデリングに関して大きな範囲の基礎研究が存在する。そのような研究では，前述の癌細胞株におけるアポトーシス誘導の理解に努力が必要だろう（Lu ら 1997）。

2. キサンチン誘導体の応用

2.1　アルツハイマー病

アルツハイマー病の治療に対してさまざまな治療的介入に用いられることが知られている。しかしその大部分は，コリン作動性作用を含む（Bachurin 2003）。にもかかわらずA2Bアデノシンアンタゴニスト受容体は，アルツハイマー病の治療薬候補として研究されている（Rosi ら 2003）。また，A2AおよびA2Bアデノシンアンタゴニスト受容体および，カフェインなどのキサンチン，βアミロイドタンパク質がアルツハイマー病の治療に用いられている（Renata ら 2011）。

2.2　喘息

カフェイン，テオフィリン，ペントキシフィリン，リソフィリン，およびテオフィリンの7位とテオブロミンの3位にアルキルピペラジンが結合したキサンチンが，慢性気管支炎の治療において抗ヒスタミン薬として用いられている（Pascal ら 1985）。新しい抗ヒスタミン性テオフィリンおよびテオブロミン誘導体，A1，A2A および A2B アデノシンアンタゴニスト受容体，およびホスホジエステラーゼ阻害薬が，消炎作用の治療に用いられている（Kramer ら 1977）。新しいメチルキサンチン誘導体のドキソフィリンは，テオフィリンの効果と同様の効果をもつことが最近示され，動物研究とヒト成人の両方で副作用は有意に少なかった（Sankar ら 2008）。

2.3　行動標的

抗うつ薬，抗不安薬，認知機能改善，神経保護，アデノシンアンタゴニスト受容体およびホスホジエステラーゼ阻害薬として治療でのカフェイン使用の広範な研究が，カフェインの行動作用と関連してよく実施されてきた（Dally および Fredholm 1998；Tarter ら 1998）。

2.4　癌

カフェイン，テオフィリンおよびテオブロミンは G2 チェックポイントを阻害することが知られている。これらは，損傷 DNA の修復，および G1 チェックポイントが p53 欠陥修復である癌細胞に対して用いられてきた。そのためカフェインは，G2 チェックポイントを遮断することで，DNA 障害性治療に対する腫瘍細胞の毒性を促進できる。カフェインと一連のキサンチンは，G2 チェックポイントの阻害を示すことが分かった（Katsuro および Hiroyuki 2005）。

2.5　糖尿病

A2B アデノシンアンタゴニスト受容体は，2 型糖尿病の治療で示唆されてきた（Lu ら 2002）。カフェインとカフェイン安息香酸ナトリウムは，紫外線 B 波誘発アポトーシスを促進する紫外線防御効果をもち，SKH-1 マウスで紫外線 B 波誘発皮膚発癌を抑制する（Conney ら 2007）。イソフィリンやペントキシフィリンなどのキサンチンおよびホスホエノールピルビン酸カルボキシラーゼ阻害薬は糖尿病の治療によく研究されただけでなく，ジペプチジルペプチダーゼ IV 阻害薬も肝臓の糖新生でのステップを律速することが知られている（Foley ら 2003）。

2.6　鎮痛薬

数十年間，カフェインは抗鎮痛薬として使用されてきた。補助鎮痛薬としてのカフェインの利益-リスク評価は十分に報告されてきた（Zhang 2001）。

2.7　パーキンソン症候群

カフェインは茶の形で消費されることが知られており，またパーキンソン症候群のリスク低下と関連することが知られており，A2A アデノシンアンタゴニスト受容体およびホスホジエステラーゼ阻害薬は，パーキンソン症候群の治療のために研究されている（Johnston および Mrotchie 2006）。

2.8　腎臓作用と利尿薬

カフェインとテオフィリンは，心不全に伴う浮腫の治療に使用される（McColl ら 1956）。利尿薬としての1位および7位置換メチル化キサンチンはラットで成功しており，腎不全の治療に採用されてきた。

2.9　呼吸器系標的

テオブロミンとその類似化合物は鎮咳薬治療において十分研究されてきた（Usmani ら 2005a, b）が，一方カフェインおよびテオフィリンは，未熟児で通常発生する無呼吸の治療に広く使用され，副作用はほとんど無く（Schmidt ら 2006），また慢性閉塞性肺疾患および嚢胞性線維症でも使用されている（Sang ら 2010）。

3. キサンチン誘導体はモデル化できることが既知である

キサンチン誘導体および，他の化合物との相互作用は，分子モデリングによって広範に研究されてきた。最近ではカフェインやテオフィリンなどのキサンチンは，アンタゴニストとしての使用に勢いをつけた。構造生物学的方法を通じた選択的アデニン*受容体あるいはキサンチン誘導体の設計が試みられた（**図1**および**図2**を参照）。いくつかの計算機研究で，相同性モデリングと de novo 設計を用いてカフェイン，および他のキサンチンアンタゴニストの結合の親和性と様式を検討した。とくに，A3 アンタゴニストファミリーは独特で，それは共通の化学的あるいは構造的特徴を欠如している（Jiang ら 1996）。そのため，共通の電子的および立体的特徴は，量子力学的計算，および立体および静電的アラインメント（SEAL）分析などの ab initio ベースの（実験的操作を行わない）方法を組み合わせて研究された。以前の研究で，ジヒドロピリジン類似化合物が調製され，これは最近報告された構造活性相関（SAR）から予測されたように，ヒト A3 受容体への選択的結合が知られている。

別の例は，その製剤の特性に関して非常に重要な役割を果たすことが知られているGタンパク質（ヘテロ三量体グアニンヌクレオチド結合タンパク質）共役受容体（GPCR）である。GPCR

＊訳注；原著はアデノシンの誤植かもしれない。

は，今日の薬物の約3分の1を標的とすることが分かっている。アデノシン受容体は，中枢神経系でアデノシンに応答するGPCRクラスであり，これらの受容体のさまざまなクラスがさまざまな組織で制御作用を果たす。高解像度の構造データはGPCRの理解に重要なステップであると考えられているものの，構造の欠如はリガンド発見を不十分で確実なものとしなかった。過去

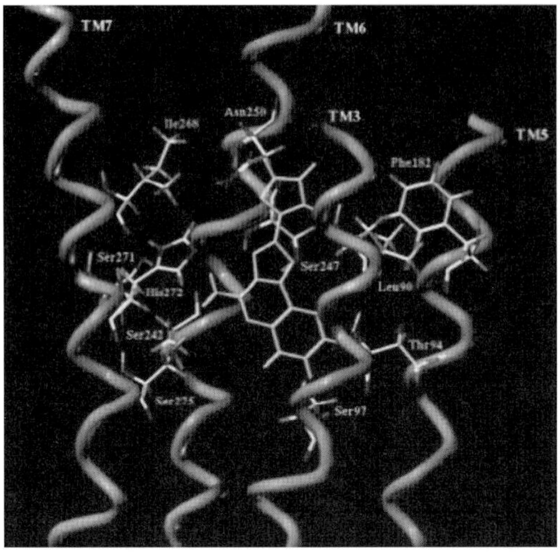

※口絵参照

図1　近接した（e5 Å）のLeu90（*TM3*），Phe182（*TM5*），Ser242（*TM6*），Ser247（*TM6*），Asn250（*TM6*），Ser271（*TM7*），His272（*TM7*）および Ser275（*TM7*）などの側鎖残基をもつトリアゾロキナゾリンアンタゴニスト複合体のドッキングされた側面図

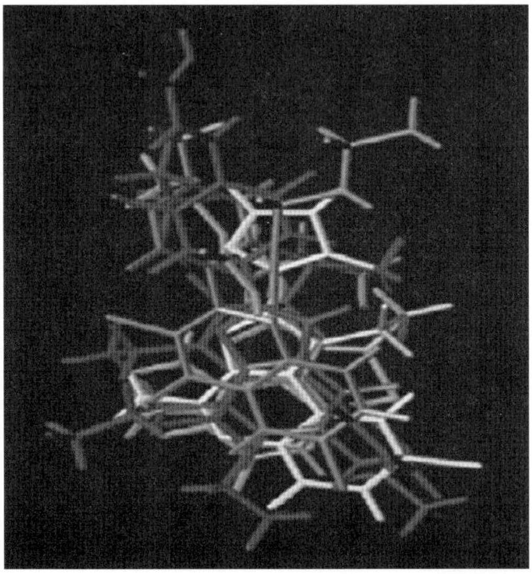

※口絵参照

図2　ドッキングされたA3アンタゴニストモデルの重ね合わせ。Moro ら（1998）と Li ら（1998）による分子モデリングを用いた，N9-アルキルアデノシン誘導体（青色），（3-（4-メトキシフェニル）-5-アミノ-7-オキソチアゾロ［3,2］ピリミジン（緑色），トリアゾロキナゾリンアンタゴニスト（黄色），6-フェニルピリジン誘導体（マゼンダ色）

数十年間，リガンドベースの薬品化学アプローチは数千のリガンドの同定に使用されている。カフェインはA1およびA2受容体に対する非選択的アンタゴニストとして働くことが分かっている（Kolbら2012）。カフェインの作用機序の解明は，アデノシンA2A受容体の制御のための新しいキサンチンベースの化合物の設計に重要な洞察を与えることが分かった。

フラボノイドとキサンチンオキシダーゼの間で行われた構造ベースの分子モデリング研究は，アピゲニンが最も強力な阻害薬であることを示唆し，反応部位での好ましい相互作用を示した。アピゲニンの分子モデリングは，C7とC5のヒドロキシル基，およびC4のカルボニル基が阻害薬と活性部位の間の水素結合と静電相互作用に貢献することを示した（Van Rheeら1996）。同時に，3位置換ヒドロキシルベンゾピラノン環のほうは阻害作用が弱く，これは活性部位の疎水性領域への極性ヒドロキシルの伸長の不安定化によって説明され，結合親和性の低下をもたらす。これは，フラボノイドとキサンチンオキシダーゼの相互作用がキサンチンオキシダーゼを遮断する新しい薬物を開発させる可能性について結論できる基礎を形成する（Linら2002）。薬理作用へ多くの注目を必要とする別の植物化学構成物質は，フラボノイドである。キサンチンオキシダーゼへのフラボノイドの結合の立体化学をもっと広範に研究する必要がある。最近，キサンチンオキシダーゼにおけるリガンドの構造モデルが，Muthuswamy Umamaheswariらによって研究された。彼らは，とくにブテイン，フィセチン，イソラムネチン，ラムネチン，ロビネチン，およびヘルバセチンなどのフラボノイドがキサンチンオキシダーゼと優れた結合作用をもつと結論した（Umamaheswariら2011）。

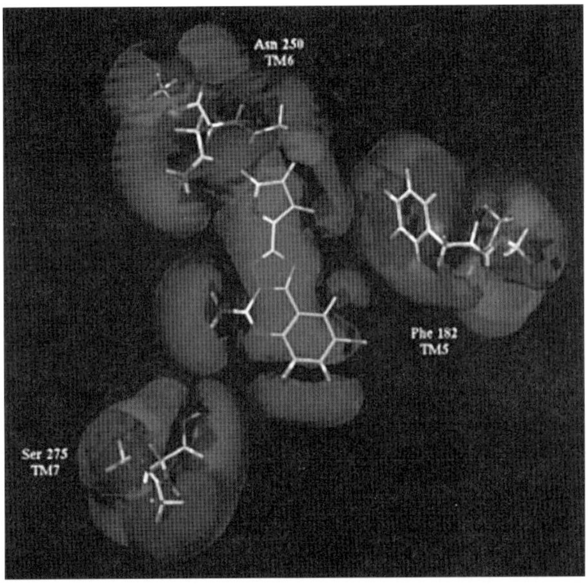

※口絵参照

図3　ドッキングされたトリアゾロキナゾリン複合体の等電位の表面，およびアンタゴニスト構造の近接に位置した三つの重要なアミノ酸。分子モデリングを用いたPhe182（*TM5*），Asn250（*TM6*），Ser275（*TM7*），および赤色：5.0 kcal/molおよび青色：−5.0 kcal/mol（Moroら1998）

最近，分子力学（MD）シミュレーションが，水素原子を付加しながら，ドッキングした状態のカフェインに対して実施されることが知られている。Amber パッケージ（Case ら 2012）などのツールは，これらのシミュレーションを促進するために広く使用された。カフェインは，26,162 個の水分子，225 個の PO ホスファチジルコリン（1-Palmitoyl-2-oleoyl-sn-glycero-3-phosphocholine, POPC）脂質分子，17 個の Cl^{2-} アニオンを含む，およそ 115,930 個の原子をもつことが認められており，これらはさらに，一連のエネルギー最小化によって拘束静電（Restrained Electrostatic Potential, RESP）適合の決定と計算に使用された。図 1〜5 および 6 に，いくつかのキサンチン誘導体がどのようにモデル化されたかをまとめた。

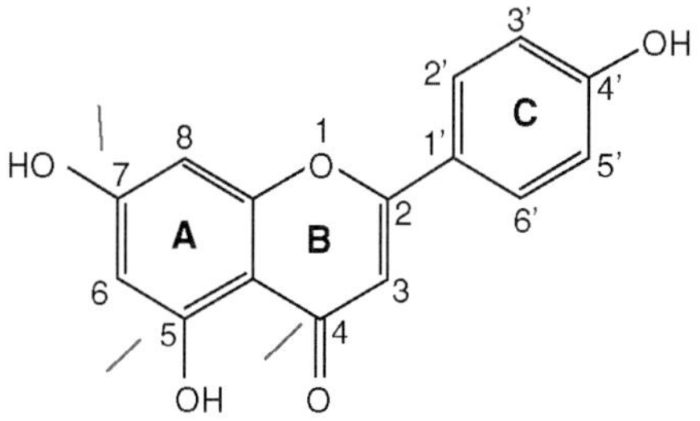

※口絵参照

図 4　アピゲニン（CID；5280443）の構造。アピゲニンの分子モデリングは C7 と C5 でのヒドロキシル基，および C4 でのカルボニル基（赤色で示す）が阻害薬と活性部位の間の水素結合と静電的相互作用に貢献することを示した。

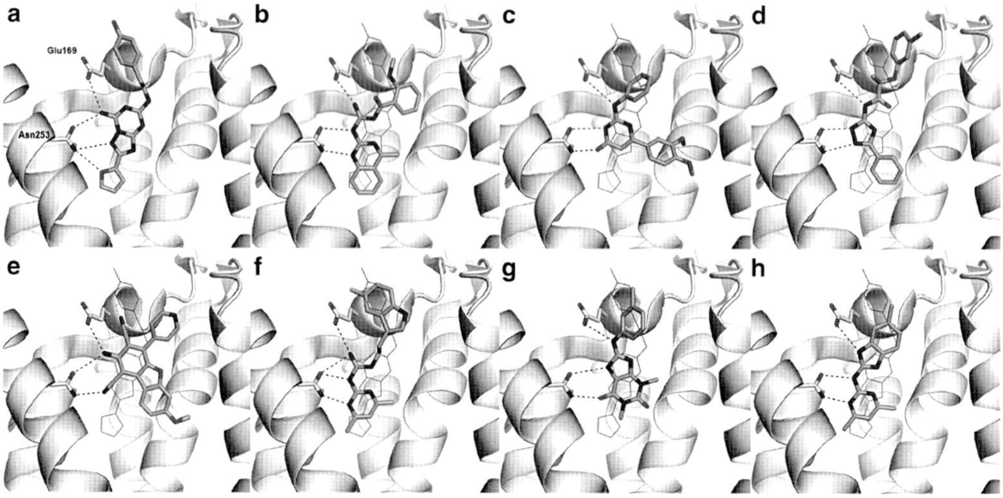

※口絵参照

図 5　(a) A2A 型アデノシン受容体リガンド結合部位を白色リボンで示し，Glu69 と Asn253 の側鎖はスティックで示す。(b〜h) では，結晶学的リガンドは青線で示し，リガンドに対するドッキング姿勢は赤色が酸素原子，オレンジ色が炭素原子を示し，黒の点線は水素結合である（Carlsson ら 2010）。

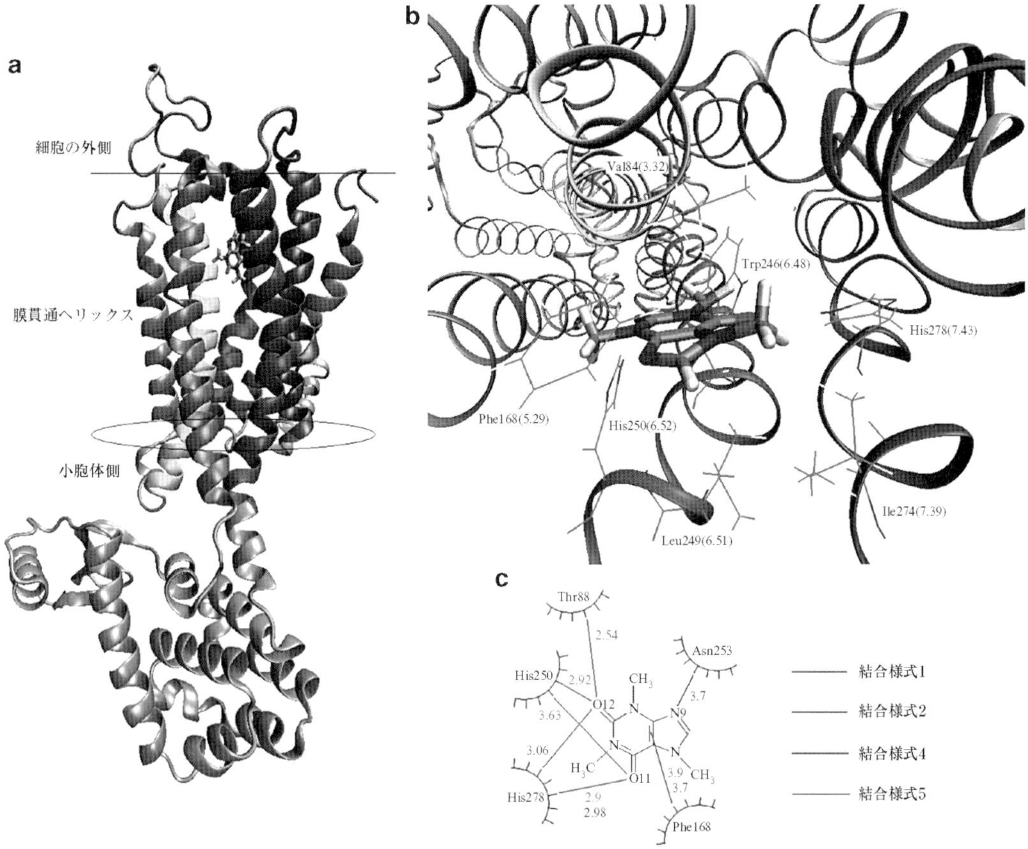

※口絵参照

図6　(a) カフェイン結合穴（キャビティ）。カフェイン結合穴を規定する五つの膜貫通（*TM*）ヘリックスは別々の色で描く。TMⅡは緑色；TMⅢは黄色；TMⅤはシアン色；TMⅥはマゼンタ色；TMⅦは灰色；その他すべてはピンク色。(b) カフェイン結合キャビティ，細胞外の図。(c) カフェイン結合キャビティを規定する五つの膜貫通（*TM*）ヘリックスは別々の色で描く。TMⅡは緑色；TMⅢは黄色；TMⅤはシアン色；TMⅥはマゼンタ色；TMⅦは灰色。いくつかの重要なポケット残基を標識して線で示す。他のすべてはピンク色で示す。括弧内の位置番号は，どの膜貫通ヘリックスに残基が存在するか，またヘリックス上の最も保存された残基に対する残基の相対的位置を示す。たとえば，Pro248は膜貫通ヘリックスⅥ上の最も保存された残基である。その位置番号は6.50として規定される。そのため，Leu249の位置番号は6.51である。

4. 結論

結論として，キサンチン誘導体は糖尿病，肥満，高血圧症，炎症および癌などのさまざまな疾患の治癒および介入のための，可能性ある治療用物質として働く。キサンチン誘導体の分子ドッキング研究は，新しいリガンドを開発する探索において重大な役割を果たし続ける。というのは，それは，さまざまな受容体を同定することが分かっているからである。しかし，結合部位に関するコンピュータ作成モデルの予測は，リガンド合成，および部位特異的変異誘発を通じた受容体構造の修飾をさらに取り組むことで試験しなければならない。これは結局，それらを治療手段での標的を定めるのに役立つことになるだろう。計算生物学および分子生物学の統合した取り組みが，新しい化学的実体の合理的設計をさらに可能とするさまざまな他のキサンチン誘導体の検証と最適化を導くだろう。プリンは，植物で異化を通じたウレイド合成での役割が重要である。プリンの尿酸への異化を触媒するキサンチンオキシダーゼ（XO）によって，後者はたとえばマメ科植物での窒素代謝に重要な役割を果たすことができる。治療標的として機能できる新しいキサンチン誘導体を合成およびモデル化できるという希望がある。

文　献

Akkari R, Burbiel JC, Joachim C, Hockemeyer JM, Christa E (2006) Recent progress in the development of adenosine receptor ligands as anti inflammatory drugs. Curr Top Med Chem 6:1375–1399

Arendash GW, Schleif W, Rezai-Zadeh K, Jackson EK, Zacharia LC, Cracchiolo JR, Shippy D, Tan J (2006) Caffeine protects Alzheimer's mice against cognitive impairment and reduces brain beta-amyloid production. Neuroscience. doi:10.1016/j.neuroscience.2006.07.021

Bachurin SO (2003) Medicinal chemistry approaches for the treatment and prevention of Alzheimer's disease. Med Res Rev 23:48–88. doi:10.1002/med.10026

Beavo JA, David HR (1990) Primary sequence of cyclic nucleotide phosphodiesterase isozymes and the design of selective inhibitors. Trends Pharmacol Sci 11:50–155. doi:10.1016/0165-6147(90)90066-H

Carlsson J, Yoo L, Gao Z-G, Irwin JJ, Shoichet BK, Jacobson KA (2010) Structure-based discovery of A2A adenosine receptor ligands. J Med Chem 53(9):3748–3755

Case DA, Darden TA, Cheatham TE III, Simmerling CL, Wang J, Duke RE, Luo R, Walker RC, Zhang W, Merz KM, Roberts B, Hayik S, Roitberg A, Seabra G, Swails J, Goetz AW, Kolossváry I, Wong KF, Paesani F, Vanicek J, Wolf RM, Liu J, Wu X, Brozell SR, Steinbrecher T, Gohlke H, Cai Q, Ye X, Wang J, Hsieh M-J, Cui G, Roe DR, Mathews DH, Seetin MG, Salomon-Ferrer R, Sagui C, Babin V, Luchko T, Gusarov S, Kovalenko A, Kollman PA (2012) AMBER 12. University of California, San Francisco

Conney AH, Zhou S, Lee MJ, Xie JG, Yang CS, Lou YR, Lu Y (2007) Stimulatory effect of oral administration of tea, coffee or caffeine on UVB-induced apoptosis in the epidermis of SKH-1 mice. Toxicol Appl Pharmacol 224(3):209–213. doi:10.1016/j.taap.2006.11.001

Cristalli G, Muller CE, Volpini R (2009) Recent developments in adenosine A2A receptor ligands. Handb Exp Pharmacol 59–98. doi:10.1007/978-3-540-89615-9_3

Dally JW (2007) Caffeine analogs: biomedical impact. Cell Mol Life Sci 64:16

Dally JW, Fredholm BB (1998) Caffeine – a typical, drug of dependence. Drug Alcohol Depend 51:199–206

Dally JW et al (1998) Pharmacology of caffeine. In: Handbook of substance abuse: neurobehavioral pharmacology. Plenum Press, New York. doi: 10.1007/978-1-4757-2913-9_5

Evgeny AR, Ki WL, Nam JK, Haoyu Y, Masaaki N, Ken-Ichi M, Allan HC, AnnMB, ZigangD (2008) Inhibitory effects of caffeine analogues on neoplastic transformation: structure–activity relationship. Carcinogenesis 29(6): 1228–1234

Foley LH, Wang P, Dunten P, Ramsey G, Gubler ML, Wertheimer SJ (2003) Modified 3-alkyl-1,8-dibenzyl-xanthines as GTP-competitive inhibitors of phosphoenolpyruvate carboxykinase. Bioorg Med Chem Lett 13:3607–3610. doi:10.1016/S0960-894X(03)00722-4

Gerasimenko JV, Sherwood M, Tepikin AV, Petersen OH, Gerasimenko OV (2006) NAADP, cADPR and IP3 all release Ca2+ from the endoplasmic reticulum and an acidic store in the secretary granule area. J Cell Sci 119:226–238

Jacobson KA, Gao ZG (2006) Adenosine receptors as therapeutic targets. Nat Rev Drug Discov 5:247–264. doi:10.1038/nrd1983

Jiang JL, van Rhee AM, Melman N, Ji XD, Jacobson KA (1996) 6-Phenyl-1,4-dihydropyridine derivatives as potent and selective A3 adenosine receptor antagonists. J Med Chem 39:4667–4675. doi:10.1002/chin.199708139

Johnston TH, Mrotchie JM (2006) Drugs in development for Parkinson's disease: an update. Curr Opin Invest Drugs 7:25–32

Katsuro T, Hiroyuki T (2005) Caffeine enhancement of the effect of anticancer agents on human sarcoma cells. Cancer Sci 80(1):83–88

Kolb P, Phan K, Gao ZG, Marko AC, Sali A, Jacobson KA (2012) Limits of ligand selectivity from docking to models: *In silico* screening for A1 adenosine receptor antagonists. PLoS One 7(11):e49910. doi:10.1371/journal.Pone.0049910

Kramer GL, Garst JE, Mitchel SS, Wells JN (1977) Selective inhibition of cyclic nucleotide phosphodiesterases by analogs of 1- methyl-3-isobutyl xanthine, 1977. Biochemistry 16(15):3316–3321

Li AH, Moro S, Melman N, Ji XD, Jacobson KA (1998) Structure activity relationships and molecular modeling of 3,5-diacyl-2,4-dialkyl pyridine derivatives as selective A3 adenosine receptor antagonists. J Med Chem 41(17):3186–3201

Lin CM, Chen CS, Chen CT, Liang YC, Lin JK (2002) Molecular modeling of flavonoids that inhibits xanthine oxidase. Biochem Biophys Res Commun 294(1):167–172. doi:10.1016/S0006-291X(02)00442-4

Lu YP, Lou YR, Xie JG, Yen P, Huang MT, Conney AH (1997) Inhibitory effect of black tea on the growth of established skin tumors in mice: effects on tumor size, apoptosis,mitosis and bromodeoxyuridine incorporation into DNA. Carcinogenesis 8:2163–2169. doi:10.1093/carcin/18.11.2163

Lu YP, Lou Y-R, Xie J-G, Peng Q-Y, Liao J, Yang CS, Huang M-T, Conney AH (2002) Topical applications of caffeine or (−)-epigallocatechin gallate (EGCG) inhibit carcinogenesis and selectively increase apoptosis in UVB-induced skin tumors in mice. Proc Natl Acad Sci U S A 99(19):12455–12460

Mager PP, Reinhardt R, Richter M, Walther H, Rockel B (1995) Molecular simulation of 8-styrylxanthines. Drug Des Discov 13(2):89–107

McColl JD, Parker JM, Ferguson JKW(1956) Evaluation of some 1- and 7-substitutedmethylated xanthines as diuretics in the rat. J Pharmacol Exp Ther 118:162–167

Mitani H, RyuA, Suzuki T,Yamashita M, ArakaneK,Koide C (2007) Topical application of plant extracts containing xanthine derivatives can prevent UV-induced wrinkle formation in hairless mice. Photodermatol Photoimmunol Photomed 23(2–3):86–94. doi:10.1111/j.1600-0781.2007.00283.x

Moro S, Li A-H, Jacobson KA (1998) Molecular modeling studies of human A3 adenosine antagonists: structural homology and receptor docking. J Chem Inf Comput Sci 38(6):1239–1248

Nomura T (1976) Diminution of tumorigenesis initiated by 4-nitroquinoline-l-oxide by post-treatment with caffeine in mice. Nature 260:547. doi:10.1038/260547a0

Overington JP, Al-Lazikani B, Hopkins AL (2006) How many drug targets are there? Nat Rev Drug Discov 5:993–995. doi:10.1038/nrd2199

Pascal JC, Beranger S, Pinhas H, Poizot A, Désiles JP (1985) New antihistaminic theophylline or theobromine derivatives. J Med Chem 28(5):647. doi:10.1021/jm50001a019

Renata VA, Eliane MSO, Ma´rcio FDM, Grace SP, Tasso MS (2011) Chronic coffee and caffeine ingestion effects on the cognitive function and antioxidant system of rat brains. Pharmacol Biochem Behav 99(4):659–664

Rosi S, McGann K, Hauss WB, Wonk GL (2003) The influence of brain inflammation upon neuronal adenosine A2B receptors, 2003. J Neurochem 86:220–227. doi:10.1046/j.1471-4159.2003.01825.x

Sang SK, Kyung SH, Bo MK, Yeon KL, Jinpyo H, Hye YS, Antoine GA, Dong HW, Daniel JB, Eun MH, Seung HY, Chun KC, Sung HP, Sun HP, Eun JR, Sung JL, Jae-Yong P, Stephen FTC, Justin L (2010) Caffeine-mediated inhibition of calcium release channel inositol 1,4,5-trisphosphate receptor subtype 3 blocks glioblastoma invasion and extends survival. Tumor Stem Cell Biol 70:1173–1183

Sankar J, Lodha R, Kabra SK (2008) Doxofylline: the next generation methyl xanthine. Indian J Pediatr 75(3):251–254

Sawynok J, Yaksh TL (1993) Caffeine as an analgesic adjuvant: a review of pharmacology and mechanisms of action. Pharmacol Rev 45:43

Schmidt B, Roberts RS, Davis P, Doyle LW, Barrington KJ, Ohlsson A, Solimano A, Tin W (2006) Caffeine therapy for apnea of prematurity. N Engl J Med 354:2112–2121. doi:10.1056/NEJMoa054065

Shah U, Hodgson R (2010) Recent progress in the discovery of adenosine A(2A) receptor antagonists for the treatment of Parkinson's disease. Curr Opin Drug Discov Devel 13(4):466–480

Snyder SH, Katims JJ, Annau Z, Bruns RF, Daly JW (1981) Adenosine receptors and behavioral actions of methyl xanthines. Proc Natl Acad Sci U S A 78(5):3260–3264

Tarter RE, Ammerman RT, Ott PJ (eds) (1998) Plenum, New York, pp 53–68

Umamaheswari M, Madeswaran A, Asokkumar K, Sivashanmugam T, Subhadradevi V, Jagannath P (2011) Discovery of potential xanthine oxidase inhibitors using *in silico* docking studies. Scholars Res Libr Der Pharma Chemica 3(5):240–247

Usmani OS, Belvisi MG, Patel HJ, Crispino N, Birrell MA, Korbonits M, Korbonits D, Barnes PJ (2005a) Theobromine inhibits sensory nerve activation and cough. FASEB J 19:231

Usmani OS, Belvisi MG, Hema JP, Natascia C, Mark AB, Márta K, Dezso K, Peter JB (2005b) Theobromine inhibits sensory nerve activation and cough. FASEB J 19:231–233. doi:10.1096/fj.04-1990fje

Van Rhee AM, Jiang JL, Melman N, Olah ME, Stiles GL, Jacobson KA (1996) Interaction of 1,4-dihydropyridine and pyridine derivatives with adenosine receptors-selectivity for A3 receptors. J Med Chem 39:2980–2989

Zhang WY (2001) A benefit-risk assessment of caffeine as an analgetic adjuvant. Drug Saf 24:1127–1142. doi:10.2165/00002018-200124150-00004

索　引

英　数

CaaS ⋯⋯⋯⋯⋯⋯⋯⋯⋯⋯⋯⋯⋯⋯ 237	
CAI⋯⋯⋯⋯⋯⋯⋯⋯⋯⋯⋯⋯⋯⋯⋯⋯ 293	
carotenes ⋯⋯⋯⋯⋯⋯⋯⋯⋯⋯⋯⋯⋯ 311	
=カロテン	
CE-MS ⋯⋯⋯⋯⋯⋯⋯⋯⋯⋯⋯⋯⋯⋯ 48	
Central Agricultural Portal⋯⋯⋯⋯ 252	
centromeric retrotransposon elements (CRMs)	
⋯⋯⋯⋯⋯⋯⋯⋯⋯⋯⋯⋯⋯⋯ 76	
=レトロトランスポゾンエレメント	

Dicer-Like 2 ⋯⋯⋯⋯⋯⋯⋯⋯⋯⋯⋯ 26
Dicer-Like 4 ⋯⋯⋯⋯⋯⋯⋯⋯⋯⋯⋯ 26
Dicer 様 1 ⋯⋯⋯⋯⋯⋯⋯⋯⋯⋯⋯⋯ 165
DNA リガーゼ ⋯⋯⋯⋯⋯⋯⋯⋯⋯⋯ 71
Dynamic Programming ⋯⋯⋯⋯⋯ 88
　　=動的計画法
D 値 ⋯⋯⋯⋯⋯⋯⋯⋯⋯⋯⋯⋯⋯⋯⋯⋯ 7
D' 値 ⋯⋯⋯⋯⋯⋯⋯⋯⋯⋯⋯⋯⋯⋯⋯⋯ 7
EIGENSTRAT 法 ⋯⋯⋯⋯⋯⋯⋯⋯ 11
elicitin ⋯⋯⋯⋯⋯⋯⋯⋯⋯⋯⋯⋯⋯⋯ 320
　　=エリシチン
CGIAR ⋯⋯⋯⋯⋯⋯⋯⋯⋯⋯⋯⋯⋯⋯ 108
EMBL ⋯⋯⋯⋯⋯⋯⋯⋯⋯⋯⋯108, 115
chitinase ⋯⋯⋯⋯⋯⋯⋯⋯⋯⋯⋯⋯⋯ 319
Emsembl ⋯⋯⋯⋯⋯⋯⋯⋯⋯⋯⋯⋯ 86
　　=キチナーゼ
endosphere ⋯⋯⋯⋯⋯⋯⋯⋯⋯310, 314
CIMMYT ⋯⋯⋯⋯⋯⋯⋯⋯⋯⋯⋯⋯ 107
　　=エンドスフィア
cinnamic acids ⋯⋯⋯⋯⋯⋯⋯⋯⋯ 312
enterobactin ⋯⋯⋯⋯⋯⋯⋯⋯⋯⋯ 318
　　=ケイ皮酸
　　=エンテロバクチン
Clostridium ⋯⋯⋯⋯⋯⋯⋯⋯⋯⋯⋯ 286
eQTL ⋯⋯⋯⋯⋯⋯⋯⋯⋯⋯⋯⋯⋯⋯ 18
　　=クロストリジウム属
　　=定量的形質遺伝子座
Clustal ⋯⋯⋯⋯⋯⋯⋯⋯⋯⋯⋯⋯⋯ 88
EST ⋯⋯⋯⋯⋯⋯⋯⋯⋯97, 106, 190
Clustal Omega ⋯⋯⋯⋯⋯⋯⋯⋯⋯ 90
EST-SSR ⋯⋯⋯⋯⋯⋯⋯⋯⋯⋯⋯ 97
ClustalW ⋯⋯⋯⋯⋯⋯⋯⋯⋯⋯⋯⋯ 88
EST データベース ⋯⋯⋯⋯⋯⋯⋯ 73
ClustalX ⋯⋯⋯⋯⋯⋯⋯⋯⋯⋯⋯⋯ 90
ethylene ⋯⋯⋯⋯⋯⋯⋯⋯⋯⋯⋯⋯ 316
COG ⋯⋯⋯⋯⋯⋯⋯⋯⋯⋯⋯⋯⋯⋯ 292
　　=エチレン
CoGE ⋯⋯⋯⋯⋯⋯⋯⋯⋯⋯⋯⋯⋯⋯ 84
ExPASy⋯⋯⋯⋯⋯⋯⋯⋯⋯⋯⋯⋯ 292
CoGeBlast ⋯⋯⋯⋯⋯⋯⋯⋯⋯⋯⋯ 84
ExPASy Proteomics ⋯⋯⋯⋯⋯⋯ 115
Compute pI/Mw ⋯⋯⋯⋯⋯⋯⋯⋯ 115
FAO ⋯⋯⋯⋯⋯⋯⋯⋯⋯⋯⋯⋯⋯⋯ 253
condensed matrix（法）⋯⋯⋯⋯⋯ 300
　　=国連食糧農業機関
　　=凝縮行列（法）
FDR ⋯⋯⋯⋯⋯⋯⋯⋯⋯⋯⋯⋯⋯⋯ 13
coumarins ⋯⋯⋯⋯⋯⋯⋯⋯⋯⋯⋯ 311
　　=偽陽性率
　　=クマリン
FeatView ⋯⋯⋯⋯⋯⋯⋯⋯⋯⋯⋯ 84
CREP ⋯⋯⋯⋯⋯⋯⋯⋯⋯⋯⋯⋯⋯ 114
Fengycin ⋯⋯⋯⋯⋯⋯⋯⋯⋯⋯⋯ 319
CRM ⋯⋯⋯⋯⋯⋯⋯⋯⋯⋯⋯⋯⋯⋯ 233
　　=フェンギシン
cyanobacteria ⋯⋯⋯⋯⋯⋯⋯⋯⋯ 286
ferrichrome ⋯⋯⋯⋯⋯⋯⋯⋯⋯⋯ 318
　　=シアノバクテリア
ferrioxamine B ⋯⋯⋯⋯⋯⋯⋯⋯ 318
cyclic nucleotide-gated channels ⋯⋯ 129
　　=フェリオキサミン B
　　=環状ヌクレオチド感受性チャネル
ferulic acid ⋯⋯⋯⋯⋯⋯⋯⋯⋯⋯ 312
cytokinins⋯⋯⋯⋯⋯⋯⋯⋯⋯⋯⋯⋯ 316
　　=フェルラ酸
　　=サイトカイニン
Firmibacteria ⋯⋯⋯⋯⋯⋯⋯⋯⋯ 286
C 値 ⋯⋯⋯⋯⋯⋯⋯⋯⋯⋯⋯⋯⋯⋯ 69
　　=ファーミバクテリア
DArTs ⋯⋯⋯⋯⋯⋯⋯⋯⋯⋯⋯⋯⋯ 9
firmicutes ⋯⋯⋯⋯⋯⋯⋯⋯⋯⋯⋯ 315
　　=多様体アレイ技術
　　=ファーミキューテス
dbEST ⋯⋯⋯⋯⋯⋯⋯⋯⋯⋯⋯⋯⋯ 106
flavonoids ⋯⋯⋯⋯⋯⋯⋯⋯⋯⋯⋯ 311
DCL 1⋯⋯⋯⋯⋯⋯⋯⋯⋯⋯⋯⋯⋯ 165
　　=フラボノイド
DCL 2⋯⋯⋯⋯⋯⋯⋯⋯⋯⋯⋯⋯⋯ 26
flavonols ⋯⋯⋯⋯⋯⋯⋯⋯⋯⋯⋯ 311
DCL 4⋯⋯⋯⋯⋯⋯⋯⋯⋯⋯⋯⋯⋯ 26
　　=フラボノル
DDBJ ⋯⋯⋯⋯⋯⋯⋯⋯⋯⋯⋯⋯⋯ 108
Frankia ⋯⋯⋯⋯⋯⋯⋯⋯⋯⋯⋯⋯ 287
Devosia ⋯⋯⋯⋯⋯⋯⋯⋯⋯⋯⋯⋯ 286
Frankia subtilis ⋯⋯⋯⋯⋯⋯⋯⋯ 286
　　=デヴォシア属
DIALIGN ⋯⋯⋯⋯⋯⋯⋯⋯⋯⋯⋯ 92
DICER ⋯⋯⋯⋯⋯⋯⋯⋯⋯⋯⋯⋯ 26

あ行

か行

さ行

た行

な行

は行

ま行

や行

ら行

わ行

翻訳版
Agricultural Bioinformatics
オミクスデータとICTの統合

発行日	2018年10月9日　初版第一刷発行
原著編者	Kavi Kishor P.B., Rajib Bandopadhyay, Prashanth Suravajhala
監訳者	石井　一夫
翻訳者	石井　一夫　　大前　奈月
発行者	吉田　隆
発行所	株式会社 エヌ・ティー・エス 〒102-0091 東京都千代田区北の丸公園2-1　科学技術館2階 TEL.03-5224-5430　http://www.nts-book.co.jp
印刷・製本	株式会社 ニッケイ印刷

ISBN978-4-86043-521-9

©2018　石井一夫，大前奈月

落丁・乱丁本はお取り替えいたします。無断複写・転写を禁じます。定価はケースに表示しております。
本書の内容に関し追加・訂正情報が生じた場合は、㈱エヌ・ティー・エスホームページにて掲載いたします。
※ホームページを閲覧する環境のない方は、当社営業部(03-5224-5430)へお問い合わせください。